Carbon-Neutral Technology and Green Development

# 碳中和技术与绿色发展

孙东平 黄 洋 编著

科学出版社

北 京

## 内 容 简 介

本书以碳循环规律为切入点,论述了碳减排对保持生态平衡、实现经济社会可持续发展的重要意义。本书重点介绍风能和太阳能等可再生能源的发展现状和趋势,同时讨论电化学能源存储和转化技术在清洁能源利用、电动车辆发展、智能电网搭建等方面的重要价值。此外,从无机矿化、光电催化、微生物转化三个方面对 $CO_2$ 捕集、封存及再利用进行介绍。全书力求从技术角度介绍绿色、低碳、可循环的能源生产和消费模式,为实现 $CO_2$ 减排、零排、负排提供行之有效的技术方案。

本书适合作为高等院校中新能源类、化学化工类、生态环境类等专业高年级本科生和研究生的学习用书,也可作为低碳能源与生态环境领域科技人员、政府公务人员及其他"双碳"领域工作人员的参考用书。

**图书在版编目(CIP)数据**

碳中和技术与绿色发展/孙东平,黄洋编著. —北京:科学出版社,2023.9
ISBN 978-7-03-075015-0

Ⅰ.①碳… Ⅱ.①孙… ②黄… Ⅲ.①二氧化碳–节能减排–关系–绿色经济–经济发展–研究–中国 Ⅳ.①X511②F124.5

中国国家版本馆 CIP 数据核字(2023)第 037886 号

责任编辑:李涪汁 沈 旭/责任校对:郝璐璐
责任印制:赵 博/封面设计:许 瑞

科学出版社出版
北京东黄城根北街 16 号
邮政编码:100717
http://www.sciencep.com

北京厚诚则铭印刷科技有限公司印刷
科学出版社发行 各地新华书店经销
*

2023 年 9 月第 一 版 开本:787×1092 1/16
2024 年 1 月第二次印刷 印张:26 1/2
字数:629 000

**定价:199.00 元**
(如有印装质量问题,我社负责调换)

# 序　言

温室气体排放增加导致的气候变暖及极端气象灾害频发已成为全球共识。进入新时代，中国政府矢志不渝地坚持创新驱动、生态优先、绿色低碳的发展导向。

推进碳达峰和碳中和是以习近平同志为核心的党中央经过深思熟虑做出的重大战略决策，事关中华民族永续发展和人类命运共同体构建。要坚持尊重自然、顺应自然、保护自然的准则，促进人与自然和谐共生，建设美丽中国。在新时代，保障经济发展与维护生态环境应同步并举。为全面落实党中央、国务院关于"双碳"战略的有关部署，围绕"双碳"目标和任务，应加快推动产业结构、能源结构、交通运输结构、用地结构等的调整，尽快推动形成节约资源和保护环境的经济结构、生产方式、生活方式、空间格局，完善能源消费总量和强度双向控制方案。

我国减碳降碳相关的政策长期以来着力于节约能源和减少污染物排放，其主题从"节能减排"逐渐演变为"低碳"发展并过渡到如今的"双碳"时代。相比于世界大多数国家，我国在电力、交通、工业、建筑等行业的减碳力度及压力前所未有。几十年后，我国电力行业将实现零排放或负排放，这对于全球应对气候变暖而言，将有着非凡的意义。

碳达峰碳中和的实现，是一场涉及能源、产业、科技等多体系的广泛而深刻的系统性变革，既要坚定不移执行，又要积极稳妥推进。能源是碳排放的主要行业，减排也应一马当先，迄今世界三次工业革命均以化石能源为支柱，在当下低碳新时代来临之际，应该确立以非化石能源为主的新型能源消费体系，强化可再生能源在现代能源体系中的地位和作用。在推动自然生态系统质量改善方面，应该完善生态安全屏障体系，构建自然保护地体系，健全碳循环生态补偿机制，大力推动低碳循环技术发展，推动重点行业清洁生产评价认证和审核，加快绿色技术交易中心建设。实现"双碳"目标需要依托技术的突破性进展，"十四五"期间要坚持绿色低碳发展原则，推动绿色低碳技术的研究与应用，强化基础研究和前沿技术布局，加快先进适用技术的研发和推广。

该书聚焦于"双碳"目标核心任务，从全球碳循环机制入手，深刻阐述了碳减排与全球生态系统可持续发展的重要关系。在低碳、负碳技术方面涵盖了风能、太阳能光伏发电、低碳建筑、电化学新能源技术、碳捕集与封存（CCUS）技术、$CO_2$ 光电催化转化及微生物在实现"双碳"目标中的作用等多个科技领域和产业门类。该书融合课程思政，对实现"双碳"目标的技术创新和产业应用进行了系统介绍，分析了主要行业面临的重大任务和严峻挑战，展望了关键技术的发展趋势和应用前景，并提出了相应政策建议。"双碳"技术学科覆盖面广、技术前瞻性强，迫切需要各行业专家协同创新、勠力攻坚，该书为奋战在"双碳"相关领域的学者彼此学习、相互融通提供了良好的机会。

中国科学院院士

陈骏

2023 年 5 月于南京

# 前　言

自中华人民共和国成立以来，特别是改革开放这40多年，我国始终致力于维护全球稳定，促进世界繁荣与发展，与各国共筑尊崇自然、绿色发展的生态体系。1992年，我国成为最早签署《联合国气候变化框架公约》的缔约国之一。作为世界上最大的发展中国家，我国克服经济、社会发展中的诸多困境，制定并推动实施了一系列有利于低碳发展的政策方案和行动纲领，为全球绿色、可持续发展和应对气候变化做出了积极贡献。2015年，中国引导和推动了《巴黎协定》等重要成果文件的达成，为推动构建公平、合理的全球气候治理体系贡献了中国智慧、发挥了中国力量。近年来，中国在光伏产业、风能利用、新能源汽车、智慧社区等低碳相关领域迅速发展，极大地促进了对可再生能源的高效利用，让全世界看到绿色能源规模化应用的光明前景，从根本上提振了全球实现能源低碳发展和应对气候变化的信心和决心。

截至2019年底，我国提前完成了2020年气候行动目标，在世界范围内树立了重诺守信的大国形象。"双碳"目标的确立是中国基于推动构建人类命运共同体的责任担当和实现可持续发展的内在要求而做出的重大战略决策，展现了我国为应对全球气候变暖所做出的新努力和新贡献，为国际社会全面落实《巴黎协定》注入强大动力，彰显出中国积极应对气候变化、走绿色低碳发展道路、推动全人类共同发展、实现人与自然和谐共生的信心和决心。2021年联合国格拉斯哥气候变化大会使《巴黎协定》的成果得以巩固和发展，而我国从应对气候变化的积极参与者、努力贡献者，逐步转变为低碳发展的重要引领者。

自工业革命以来，人类社会的现代化进程迅速发展，人们对物质的需求得到了极大的满足，但这一切建立在消耗大量包括化石能源在内的不可再生资源的基础之上。这种高能耗、高排放的增长模式改变了人类赖以生存的生态环境，日渐频繁的极端气候事件反复侵扰人们的生产和生活。为了实现永续发展，人类必须节约使用不可再生资源，同时减少温室气体的排放，走绿色、低碳的发展道路。

作为全球最大的发展中国家，中国不能置身事外。目前我国正处于工业化发展和现代化建设的关键时期，正在为全世界制造品类多样、数量庞大的工业品。由于我国能源结构不合理、化石资源利用率偏低，碳排放量长期以来处于全球高位，严重影响了经济效率、降低了人民的幸福指数。加快低碳绿色发展、建设生态文明社会变得尤为迫切。

党的二十大报告中明确了到2035年我国发展的总体目标，其中之一是"广泛形成绿色生产生活方式，……生态环境根本好转，美丽中国目标基本实现"。党的二十大报告还对"积极稳妥推进碳达峰碳中和"做出具体部署。要把碳达峰、碳中和纳入生态文明建设整体布局，拿出抓铁有痕的劲头。这是习近平生态文明思想指导中国生态文明建设的最新要求，体现了中国走绿色低碳发展道路的内在逻辑。

"双碳"目标对中国绿色低碳发展具有引领性、系统性，可以带来生态环境改善和产业结构优化等多重效应。实现"双碳"目标有利于促进经济结构、能源结构、产业结构转型升级，有利于推进生态文明建设和生态环境保护、持续改善生态环境质量，对于加快形成以国内大循环为主体、国内国际双循环相互促进的新发展格局，推动高质量发展，建设美丽中国，均具有重要助推作用。

笔者所在的江苏省低碳技术学会主要由涉及低碳领域的高等院校、科研院所、技术型企业所组成，成员包含众多低碳领域行业专家，学会目前下设新能源材料与器件、碳中和及降解材料、碳捕集利用与封存(CCUS)、标准化工作制定四个专委会，主要涵盖新能源技术、零碳建筑、末端脱碳技术(即 CCUS 技术)、$CO_2$ 转化与利用、可降解材料加工、"双碳"标准制定等技术方向。

本书以碳循环规律作为切入点，论述了碳减排对维持生态平衡的重要意义。对可再生能源的高效利用，是实现碳中和的必由之路。因此，重点介绍了风能和太阳能技术在取代化石燃料、减少温室气体排放方面所发挥的重要作用。作为间歇性能源的收集方式，电化学能源存储和转化技术在构建清洁能源智能电网、推动零碳智慧社区建设、完善传统能源可替性方案等方面均发挥了极为重要的作用。本书还从无机矿化、光电催化、微生物转化三个方面介绍了 $CO_2$ 捕集、封存及再利用的实施路径。总体而言，本书立足于前沿技术创新，向读者介绍了绿色、低碳、可循环的资源利用模式和能源消费方式，为全社会实现温室气体的减排、零排、负排提供了行之有效的技术方案。

本书主编南京理工大学孙东平教授和南京林业大学黄洋副教授负责确立全书章节和内容架构，并负责最终统稿。参与本书编写的有南京理工大学孙汴京博士后(第 1 章)，盐城工学院胡国文教授(第 2 章)，江苏协鑫硅材料科技发展有限公司刘广梅高级工程师(第 3 章)，江苏龙腾工程设计股份有限公司徐正宏研究员级高级工程师和南通四建集团有限公司潘东庆高级工程师(第 4 章)，南京理工大学张根教授、苏剑教授和许冰清副教授(第 5 章)，南京大学赵良教授和朱辰助理研究员(第 6 章)，南京林业大学范孟孟副教授(第 7 章)，南京大学庞延军高级工程师(第 8 章)，江苏大学杨鲁豫博士和南京理工大学张蕾副教授、陈春涛副教授、孙东平教授（第 9 章），南京林业大学黄洋副教授（第 10 章）。南京理工大学陈春涛副教授等为本书的排版、图表编辑和校对做了大量的工作。本书写作过程中参考了大量国内外相关文献，在此向这些文献的作者表示感谢。

由于低碳技术近年来发展迅速，且涉及面广阔，加之我们水平有限，书中内容难免有疏漏之处，还望国内外同行批评指正。

南京理工大学教授<br>
江苏省低碳技术学会理事长<br>
2023 年 5 月于南京

# 目 录

序言
前言
第1章 地球碳循环简介 ·············································································· 1
  1.1 地球碳存储——碳库 ········································································· 1
    1.1.1 大气碳库与碳循环 ···································································· 2
    1.1.2 海洋碳库与碳循环 ···································································· 3
    1.1.3 岩石碳库与碳循环 ···································································· 7
    1.1.4 陆地碳库与碳循环 ···································································· 8
  1.2 全球碳循环 ····················································································· 9
    1.2.1 碳循环与全球气候 ·································································· 10
    1.2.2 碳循环与温室效应 ·································································· 12
  1.3 人类活动对全球碳循环的影响 ··························································· 14
    1.3.1 化石燃料的燃烧 ····································································· 14
    1.3.2 土地利用方式的改变 ······························································· 16
  参考文献 ······························································································ 18

第2章 风能技术与碳中和 ·········································································· 21
  2.1 风能技术与碳中和概述 ··································································· 21
    2.1.1 风能利用与碳中和的关系 ························································· 21
    2.1.2 世界和我国的能源形势 ··························································· 26
  2.2 风能的开发利用与减少碳排放 ··························································· 29
    2.2.1 风能开发利用的必要性 ··························································· 29
    2.2.2 世界风能开发概况 ·································································· 31
    2.2.3 我国风能开发概况 ·································································· 36
    2.2.4 风力发电与减少碳排放 ··························································· 41
  2.3 风能的开发与利用 ·········································································· 44
    2.3.1 风力发电机的基本结构 ··························································· 44
    2.3.2 风力发电机的基本理论 ··························································· 46
    2.3.3 风力发电机系统的结构和工作原理 ············································ 48
  2.4 风力发电系统的并网与减排计算 ······················································· 54
    2.4.1 风力发电并网对电网的影响 ····················································· 54
    2.4.2 风力发电并网的技术要求与规范 ··············································· 57
    2.4.3 风力发电的并网与控制技术 ····················································· 60
    2.4.4 风力发电的减排计算 ······························································· 65

2.5 中国风电节能减排潜力分析 ·········· 69
参考文献 ·········· 69
**第3章 太阳能光伏发电技术** ·········· 71
3.1 太阳能发电概述 ·········· 71
3.2 晶体硅太阳能电池发电原理 ·········· 73
  3.2.1 硅的晶体结构及掺杂原理 ·········· 73
  3.2.2 p-n 结的形成及特性 ·········· 74
  3.2.3 硅基太阳能电池的结构 ·········· 76
  3.2.4 太阳能电池的技术参数 ·········· 76
3.3 多晶硅原料的制备 ·········· 77
  3.3.1 冶金级硅的制备 ·········· 77
  3.3.2 太阳能级多晶硅的制备 ·········· 78
3.4 晶体生长 ·········· 83
  3.4.1 铸造多晶硅方法 ·········· 83
  3.4.2 铸造单晶 ·········· 86
  3.4.3 提拉单晶 ·········· 88
3.5 晶体硅太阳能电池 ·········· 91
  3.5.1 晶体硅太阳能电池种类 ·········· 91
  3.5.2 晶体硅太阳能电池技术 ·········· 94
3.6 薄膜太阳能电池 ·········· 101
  3.6.1 薄膜太阳能电池的主要特征 ·········· 101
  3.6.2 薄膜太阳能电池的种类 ·········· 103
3.7 光伏的应用 ·········· 111
  3.7.1 常见的光伏应用 ·········· 111
  3.7.2 未来光伏应用场景 ·········· 113
  3.7.3 光伏电站的管理方案 ·········· 117
参考文献 ·········· 118
**第4章 低碳建筑简介** ·········· 119
4.1 低碳建筑概述 ·········· 119
4.2 绿色低碳建筑 ·········· 119
  4.2.1 绿色低碳建筑的概念与发展 ·········· 119
  4.2.2 绿色低碳建筑的内涵与特征 ·········· 122
4.3 绿色低碳建筑类型与标准 ·········· 124
  4.3.1 绿色低碳建筑类型 ·········· 124
  4.3.2 绿色低碳建筑评价体系 ·········· 125
  4.3.3 绿色低碳建筑评价体系设计原则 ·········· 127
4.4 常规建筑低碳化改造 ·········· 127
  4.4.1 常规建筑低碳改造的主要方向 ·········· 128

## 目　录

　　4.4.2　我国低碳建筑推广的困境 ·················································· 132
　　4.4.3　走出低碳建筑发展困境 ······················································ 133
4.5　新材料在低碳建筑中的应用 ························································ 134
　　4.5.1　绿色低碳建材定义 ····························································· 134
　　4.5.2　发展绿色低碳材料的意义 ··················································· 135
　　4.5.3　绿色低碳建材评价 ····························································· 135
　　4.5.4　几种绿色低碳建材简介 ······················································ 136
4.6　新能源在低碳建筑中的应用 ························································ 139
　　4.6.1　太阳能建筑一体化 ····························································· 139
　　4.6.2　太阳能建筑一体化的实际应用 ············································ 140
　　4.6.3　地源热泵建筑节能空调技术 ··············································· 142
　　4.6.4　低碳建筑与新能源的关系 ··················································· 143
4.7　建筑装修低碳发展 ···································································· 144
　　4.7.1　装修精简 ·········································································· 144
　　4.7.2　装修低耗能 ······································································ 145
　　4.7.3　低碳环保装修材料 ····························································· 146
　　4.7.4　低碳节能装修材料 ····························································· 146
4.8　智能低碳建筑发展 ···································································· 148
　　4.8.1　智能建筑与低碳建筑协调发展 ············································ 148
　　4.8.2　智能建筑介绍 ··································································· 148
　　4.8.3　智能建筑与低碳建筑融合 ··················································· 150
　　4.8.4　低碳智能建筑与数字化时代 ··············································· 150

参考文献 ··························································································· 153

## 第5章　电化学新能源技术 ································································ 154
5.1　电化学能量存储 ······································································· 154
　　5.1.1　电化学储能器件的基本组成 ··············································· 154
　　5.1.2　锂离子电池 ······································································ 156
　　5.1.3　金属空气电池 ··································································· 168
　　5.1.4　钠离子电池 ······································································ 171
　　5.1.5　锂硫电池 ·········································································· 172
　　5.1.6　液流电池 ·········································································· 175
5.2　电化学能量转化——燃料电池 ···················································· 177
　　5.2.1　燃料电池的工作原理 ························································· 177
　　5.2.2　燃料电池元件 ··································································· 185
　　5.2.3　水热管理 ·········································································· 186
5.3　燃料电池新能源的应用 ····························································· 187
　　5.3.1　燃料电池汽车 ··································································· 187
　　5.3.2　燃料电池巴士 ··································································· 188

|  |  |  |
| --- | --- | --- |
| 5.3.3 | 燃料电池在航空航天中的应用 | 188 |
| 5.3.4 | 燃料电池在军事中的应用 | 189 |
| 5.3.5 | 便携式燃料电池 | 190 |
| 5.3.6 | 发展期望 | 191 |

参考文献 ... 192

## 第6章 $CO_2$ 捕集、利用与封存（CCUS）技术 ... 195

### 6.1 CCUS 技术简介 ... 195
- 6.1.1 CCUS 的意义和重要性 ... 195
- 6.1.2 燃烧后碳捕集和封存 ... 196

### 6.2 $CO_2$ 矿化与利用工艺 ... 205
- 6.2.1 $CO_2$ 矿化热力学原理 ... 205
- 6.2.2 $CO_2$ 碳酸盐矿化过程 ... 208
- 6.2.3 $CO_2$ 矿化的化学原理 ... 214

### 6.3 $CO_2$ 矿化与原料利用 ... 230
- 6.3.1 天然硅酸盐与碳酸盐矿物 ... 230
- 6.3.2 钢铁工业炉渣 ... 236
- 6.3.3 飞灰、底灰和粉尘 ... 246
- 6.3.4 造纸、建筑、采矿过程中的固废 ... 251

### 6.4 $CO_2$ 矿化与利用进展 ... 256
- 6.4.1 矿化利用示范试验项目 ... 257
- 6.4.2 示范项目对比 ... 266

### 6.5 $CO_2$ 矿化与利用潜力 ... 267
- 6.5.1 全球废弃物矿化固碳潜力 ... 267
- 6.5.2 江苏省 $CO_2$ 矿化利用潜力 ... 272

参考文献 ... 276

## 第7章 $CO_2$ 的光、电催化转化 ... 285

### 7.1 $CO_2$ 的电化学还原转化 ... 285
- 7.1.1 $CO_2$ 电化学还原的意义 ... 285
- 7.1.2 $CO_2$ 电催化转化技术基本原理 ... 287
- 7.1.3 电催化 $CO_2$ 还原的研究现状 ... 289
- 7.1.4 $CO_2$ 电化学还原催化剂种类及特点 ... 289

### 7.2 Cu 基催化剂 ... 290
- 7.2.1 Cu 的表面价态 ... 290
- 7.2.2 Cu 的晶面效应 ... 295
- 7.2.3 Cu 的尺寸效应 ... 296
- 7.2.4 Cu 的形貌效应 ... 297
- 7.2.5 Cu 基合金催化剂 ... 299
- 7.2.6 非金属修饰 Cu 催化剂 ... 299

| | | |
|---|---|---|
| | 7.2.7 其他金属催化剂 | 299 |
| 7.3 | 非金属催化剂 | 300 |
| | 7.3.1 氮掺杂碳纳米材料 | 301 |
| | 7.3.2 硼掺杂碳纳米材料 | 303 |
| | 7.3.3 硫掺杂碳纳米材料 | 304 |
| | 7.3.4 碳纳米材料形貌结构 | 304 |
| 7.4 | 电催化 $CO_2$ 还原的实验装置、评价方法及影响因素 | 306 |
| | 7.4.1 反应装置的影响 | 306 |
| | 7.4.2 气体扩散层的影响 | 309 |
| | 7.4.3 电解装置隔膜的影响 | 309 |
| | 7.4.4 电解液类型的影响 | 311 |
| 7.5 | 电催化 $CO_2$ 还原的前景及存在问题 | 314 |
| 7.6 | $CO_2$ 光化学转化 | 315 |
| | 7.6.1 $CO_2$ 光化学转化的意义 | 315 |
| | 7.6.2 $CO_2$ 光化学转化基本原理 | 315 |
| | 7.6.3 $CO_2$ 光化学转化的研究现状 | 316 |
| | 7.6.4 $CO_2$ 光化学转化催化剂种类及特点 | 317 |
| 7.7 | $CO_2$ 光化学转化实验装置及评价方法 | 321 |
| 7.8 | $CO_2$ 光化学转化的前景及存在的问题 | 322 |
| 参考文献 | | 323 |

## 第 8 章 微生物在实现"双碳"目标中的作用

| | | |
|---|---|---|
| 8.1 | 微生物在碳素循环中的地位和作用 | 331 |
| 8.2 | 生物固碳与生物储碳 | 332 |
| | 8.2.1 生物固碳与生物储碳的背景 | 332 |
| | 8.2.2 蓝藻微生物与大气中 $CO_2$ 的关系 | 337 |
| 8.3 | 藻类生物质用于替代燃料 | 344 |
| | 8.3.1 以 $CO_2$ 为碳源的光驱动合成生物技术 | 344 |
| | 8.3.2 微生物固碳可能的发展前景 | 346 |
| 8.4 | 微生物对生活垃圾产生 $CO_2$ 的转化利用 | 348 |
| | 8.4.1 厌氧发酵处理技术 | 350 |
| | 8.4.2 好氧发酵(堆肥)处理技术 | 351 |
| | 8.4.3 厌氧和好氧联合处理技术(MBT 技术) | 352 |
| 8.5 | 微藻固碳及生物资源利用研究进展 | 353 |
| 参考文献 | | 355 |

## 第 9 章 水伏发电技术

| | | |
|---|---|---|
| 9.1 | 水伏发电概述 | 359 |
| 9.2 | 水-固相互作用基础 | 360 |
| | 9.2.1 水分子的吸附机制 | 360 |

|    |       | 9.2.2 接触带电和双电层 | 363 |
| --- | --- | --- | --- |
|    |       | 9.2.3 吸水膨胀效应 | 366 |
|    | 9.3   | 水伏发电机及发电机制 | 367 |
|    |       | 9.3.1 由水蒸发驱动的发电机(EEG) | 367 |
|    |       | 9.3.2 由水分吸附驱动的发电机(MEG) | 371 |
|    |       | 9.3.3 由水滴驱动的发电机(DEG) | 376 |
|    |       | 9.3.4 由气泡驱动的发电机(BEG) | 381 |
|    |       | 9.3.5 由水分响应致动器驱动的发电机(MDG) | 385 |
|    | 9.4   | 水伏发电技术的应用和面临的挑战 | 392 |
|    |       | 9.4.1 水伏发电技术的应用 | 392 |
|    |       | 9.4.2 水伏发电技术所面临的挑战 | 393 |
|    | 参考文献 |  | 395 |
| 第10章 | 能源发展政策规划与导向 |  | 399 |
| 10.1 | 概述 |  | 399 |
| 10.2 | 我国能源发展指导方针 |  | 399 |
|    |       | 10.2.1 能源发展基本原则 | 399 |
|    |       | 10.2.2 能源发展目标 | 400 |
| 10.3 | 加快推动能源绿色低碳转型 |  | 400 |
|    |       | 10.3.1 大力发展非化石能源 | 400 |
|    |       | 10.3.2 推动构建新型电力系统 | 401 |
|    |       | 10.3.3 减少能源产业碳足迹 | 402 |
|    |       | 10.3.4 更大力度强化节能降碳 | 403 |
| 10.4 | 江苏省能源发展形势 |  | 404 |
| 10.5 | 江苏省能源发展基本原则 |  | 405 |
| 10.6 | 江苏省能源发展重点任务 |  | 405 |
|    |       | 10.6.1 构建自主可控、多轮驱动的能源安全体系 | 405 |
|    |       | 10.6.2 构建全域覆盖、全民共享的能源网络系统 | 406 |
|    |       | 10.6.3 构建布局合理、发展可续的低碳能源体系 | 408 |
|    |       | 10.6.4 构建自主可控、科学先进的能源创新体系 | 409 |

# 第1章　地球碳循环简介

碳元素位于元素周期表中的第二周期第Ⅳ主族，在地壳中的质量分数约为 0.027%。碳是地球上所有生命体物质基础的重要组成元素，在生命体物质中占比约 24.9%（质量分数）[1]，它维系着所有生命形式的各类新陈代谢过程，在生命体系中占有极其重要的地位。

碳原子共计有六个电子，除了 1s 轨道上分布两个电子外，第二主层的 2s 和 2p 轨道上各分布两个电子。在碳原子处于激发态时，2s 轨道中的一个电子会跃迁至 2p 空轨道中，此时 2s 与 2p 的三个分立轨道（$2p_x$、$2p_y$、$2p_z$）中各含有一个电子。上述 2s 和 2p 中共计四个原子轨道能够通过能态重组形成各类杂化轨道类型（包括 $sp^3$、$sp^2$、sp 杂化），但凡经过杂化后的原子轨道都具有相同的能量，且以"头对头"的形式形成 σ 键，未参与杂化的 p 轨道电子则以"肩并肩"的方式形成 π 键。这些多样化的成键形式使得碳原子可以单键、双键、三键等多种方式参与成键。除了多样化的成键形式以外，碳原子还易于形成长链化合物和环状化合物，所形成的各类物质为有机化学和生物化学奠定了研究基础[2]。此外，单质碳（0 价）主要以金刚石和石墨的形式存在于自然环境中，该类碳在总碳中的占比较低，在地球系统碳循环中也不起主要作用。不论是含碳化合物还是单质碳，经过一系列物理、化学作用后都可以转化为 $CO_2$ 气体。

$CO_2$ 分子中的碳元素是+4 价，由于处于元素最高价态，所以 $CO_2$ 具有氧化性而无还原性，但氧化性并不强。此外，$CO_2$ 还是碳酸的酸酐，是一种酸性氧化物，具有酸性氧化物的特征。$CO_2$ 分子能够吸收太阳短波辐照和地表反射的长波，并对外发射长波以维持地表温度长期处于较高的数值，是最主要的温室气体种类。有研究表明，当大气中 $CO_2$ 浓度上升至原来的两倍时，地表全年的平均温度将上升 5℃左右。

$CO_2$ 是大气的组成成分之一，在大气中的体积占比约 0.035%，它是空气中含有碳元素的主要气体，也是碳元素参与物质循环的主要形式。$CO_2$ 在自然环境下主要由以下几种方式产生：①动植物残体在分解、发酵、腐败、变质的过程中释放出 $CO_2$；②煤炭、石油、天然气等化石燃料在燃烧过程中释放出 $CO_2$；③石油化工产品在生产和加工过程中释放出 $CO_2$；④人畜粪便、腐殖酸在发酵、熟化的过程中释放出 $CO_2$；⑤大部分生命体在呼吸过程中会呼出 $CO_2$；⑥火山喷发和森林火灾等自然灾害产生 $CO_2$。

## 1.1　地球碳存储——碳库

目前，世界上已知的含碳物质有数千万种之多，碳元素在地球岩石圈、水圈、生物圈、大气圈中被不断交换，在整个地球生态系统中持续循环。碳库是地球化学领域中的一个重要名词，它指的是在全球碳循环过程中地球系统中各个存储碳素的部分。

图 1.1 展示了地球上主要碳库的相对丰度。很明显，岩石圈中的无机碳沉积物，如石灰岩、白云石、白垩和其他碳酸盐，构成了地球上最大的储碳层。这些矿物质是碳的

热力学最稳定形式。以化石燃料(如天然气、石油、煤、泥炭、焦油等)形式存在的碳在地壳中的储量为4000~5000 Gt[3]。岩石圈和化石燃料构成了地球上最大的储存碳元素的"仓库"。在漫长的地质时期中,岩石圈和化石燃料中的碳元素迁移、转化活动较为缓慢,一般通过一系列地质过程(如板块运动、岩石风化等)实现碳素转运,故发挥着贮存、稳定全球碳素的作用。此外,碳元素还能以有机碳的形式存在,主要包括土壤有机质(如腐殖质)、生物圈中的碳(如植物、生物体)等,它们在总碳"清单"中占有相对较少的份额。大气中的$CO_2$一方面可经由植物吸收、转化,另一方面还可借助降水过程与海洋进行碳交换。海洋除了与大气进行碳交换之外,表层海水与深层海水中的碳元素还会随着洋流运动、海洋生物转运等方式发生交换。图1.1中还包含了"氧气限制"的值,该值代表燃烧大气层中氧气所消耗的化石碳当量。

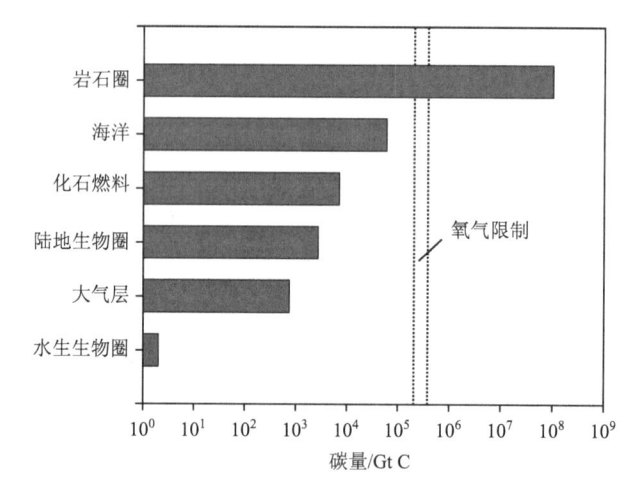

图1.1 地球上的主要碳库及碳储层中包含的碳量

在地球上发生的碳循环由一系列极为复杂的过程所构成。在这些循环过程中,碳元素在几大碳库之间进行交换。每个碳库中碳元素的总量及碳库之间碳元素的交换速率都会随着季节、年代、地质时期等发生变化。$CO_2$气体则在很大程度上充当了碳库之间碳流通的"载流子"。目前整个地球碳流通的所有内在机制和规律尚未完全被探明。

### 1.1.1 大气碳库与碳循环

地球大气碳库的碳含量为700~800 Gt。尽管看上去体量很大,但是大气中的碳元素仅占大气总质量的万分之三,与其他碳库相比,该占比是最小的。然而,大气碳库密切联系着海洋和陆地生态系统,是关联海洋碳库和陆地各类碳库的桥梁和纽带。可以说,大气含碳量的多少将直接影响整个地球系统的物质循环和能量流动。大气中的含碳气体主要有$CO_2$、$CH_4$、CO等,其中$CO_2$的含量最大,所以将大气中$CO_2$浓度视作大气碳含量的重要指标。利用极地冰芯对远古大气成分的分析研究可知,在距今约42万年的大

气中 $CO_2$ 浓度在 180～280 ppm①；从公元 1000 年到工业革命前夕，大气中 $CO_2$ 浓度一直维持在 260～280 ppm；但是在工业革命至今，大气中 $CO_2$ 浓度增加了约 30%；近十几年里每年 $CO_2$ 浓度平均升高 1～3 ppm，当前大气中的 $CO_2$ 含量是过去 42 万年中前所未有的高浓度。

运用大气环流模型和近地面的湍流混合模型研究 $CO_2$ 的输运轨迹，结果表明与陆地生物群落相关的大气 $CO_2$ 也呈现出梯度变化规律，但是其体量仅相当于由化石燃料燃烧引起的 $CO_2$ 浓度的一半。对极地冰芯采样研究后还发现，在过去的 16 万年里，大气中 $CO_2$ 和 $CH_4$ 浓度与气温指标之间具有显著的正相关关系。在极度严寒的末次盛冰期里，大气中 $CO_2$ 和 $CH_4$ 的浓度分别约为 200 ppm 和 0.4 ppm。随着温暖的间冰期的来临，大气中 $CO_2$ 和 $CH_4$ 的浓度则快速升高至约 280 ppm 和 0.6 ppm。利用大量模拟实验，对太阳辐射、大气 $CO_2$ 强迫、地表能量反射、水蒸气-温度反馈等对末次盛冰期降温率的贡献进行量化衡量，可知该时期 4.5℃的降温幅度中有 20.8%源自大气中 $CO_2$ 浓度减小，太阳辐照和地表能量反射的贡献约为 40.0%，水蒸气-温度反馈的作用约为 38.6%。

1750 年，全球大气 $CO_2$ 平均浓度约为 280 ppm，到 1955 年该浓度升高至 315 ppm。此后，大气中 $CO_2$ 平均浓度不仅呈增加趋势，而且增速不断提高。到 2019 年，全球 $CO_2$ 平均浓度已经达到了 415 ppm。自有观测记录（始于 1955 年）以来，大气 $CO_2$ 浓度已经增加了约 100 ppm。近现代以来，每年人为释放到大气中的 $CO_2$ 约有 44%被海洋和陆地生态系统所消纳，其余的 $CO_2$ 则长期留存在大气之中。

### 1.1.2 海洋碳库与碳循环

数百万年来，地球上的 $CO_2$ 一直在大气和海洋之间不断进行交换。据估计，工业革命之前海洋中的碳含量分别超过大气和陆地的 60 倍和 20 倍[4]，被认为是地球上最重要的碳库之一，在全球碳循环体系中发挥着极其重要的作用。$CO_2$ 在大气和海洋之间的自然交换是一个相对来说比较缓慢的过程。大气与海洋表层的 $CO_2$ 达到平衡状态所需的时间大概是 1 年，平衡时间受到风速、温度、盐度、降水、热通量等诸多因素的影响。多项研究[5]表明，整个大气-海洋碳交换过程的限速步骤并不是空气和海水之间的气体交换，而是表层海水和深层海水之间的对流交换，这个交换过程是非常缓慢的。尽管从理论上来说海洋能够吸收高达 70%～80%的人为 $CO_2$ 排放量，但由于海洋表层与深层对流交换非常缓慢，则对 $CO_2$ 的捕集效应受到诸多潜在因素的影响[5]。

海洋中的碳元素主要以五种形式存在，即溶解性无机碳（dissolved inorganic carbon, DIC）、溶解性有机碳（dissolved organic carbon, DOC）、不溶性有机碳（undissolved organic carbon, UOC）、不溶性无机碳（undissolved inorganic carbon, UIC）、海洋生物。

#### 1.1.2.1 海洋溶解性无机碳

海洋中的溶解性无机碳（DIC）主要包括海水中溶解的 $CO_2$、$H_2CO_3$、$HCO_3^-$、$CO_3^{2-}$ 等几种含碳物质的总和。海洋中的 DIC 总含量约为 37400 Gt，是大气中碳含量的 50 多倍。

---

① ppm 指百万分之一。

由于大气中的$CO_2$不断与海洋表层的溶解性$CO_2$进行交换,且年均碳交换量高达100 Gt,可以认为海洋影响甚至决定了大气中$CO_2$的浓度。相关研究表明,人类活动所产生的$CO_2$中,约40%将被海洋吸收。然而,海洋接受空气中$CO_2$能力也不是无限的,它取决于海洋中岩石受侵蚀后形成的阳离子数量。在人类社会步入工业文明后,由人为因素所排放的$CO_2$速率远大于海洋中阳离子的释放速率(大几个数量级)。此外,通常来说,海洋中碳的周转周期一般在几百年甚至上千年。综上可知,在未来有限的时间跨度内,海洋碳库的变化几乎与人类活动无关,随着大气中$CO_2$浓度不断升高,被海洋所吸收的$CO_2$占比将逐渐下降。

海洋中的溶解性无机碳(DIC)系统参与海洋中诸多的转运过程,常见的主要包括海洋-大气界面交换、海洋沉积物-海水界面交换等。此外,DIC还能够控制海水的pH,直接影响海洋中诸多化学平衡反应。同时,碳元素还是重要的生命物质组成元素,故$CO_2$和碳酸盐的转化化学反应平衡对海洋生物及其生物活动会产生十分重要的影响。海水里$CO_2$-碳酸盐体系中各种形式的碳之间的平衡关系如下:

$$CO_2(g) \longleftrightarrow CO_2(aq) \tag{1.1}$$

$$CO_2(aq) + H_2O \longleftrightarrow H_2CO_3 \tag{1.2}$$

$$H_2CO_3 \longleftrightarrow H^+ + HCO_3^- \tag{1.3}$$

$$HCO_3^- \longleftrightarrow H^+ + CO_3^{2-} \tag{1.4}$$

$$Ca^{2+} + CO_3^{2-} \longleftrightarrow CaCO_3 \tag{1.5}$$

以上几种形式的DIC中$HCO_3^-$是最主要的存在形式,其占比可高达约90%。此外,以$CO_3^{2-}$形式存在的DIC占比约9%。剩下仅1%左右的DIC则以$CO_2$和$H_2CO_3$的形式存在[4]。

### 1.1.2.2 海洋溶解性有机碳

溶解性有机碳(DOC)一般指的是能够通过0.45 μm孔径的滤膜,而且不会在蒸发过程中发生损失的溶解性有机物质。DOC尽管在水体中的浓度不高,但是其组成成分却非常复杂,主要种类包括氨基酸类、碳水化合物类、维生素类、腐殖质类等。其中腐殖质主要来自海洋中浮游生物的排泄物,以及生物残体经分解、转化后所形成的结构复杂且性质稳定的大分子聚合物。DOC反映出海洋中可溶性有机物的总量,水体中浮游生物的光合作用、生物代谢活动、细菌种类和活性等对DOC的含量影响显著。DOC含量的多少与地球生物化学中微量元素和营养盐的循环和转运密切相关,它是体现海洋中有机物含量和生物活动水平的重要参数,能够直观反映人类活动对于水体的影响、水体被污染的程度、水生动植物活动水平等,是研究海洋碳循环的重要指标之一。

通常来说,DOC在海水中的含量呈现出近岸区域高于大洋深处的分布特征。这主要是因为近海岸处的水体易受到人类活动和陆源输入的影响。此外,大洋水体中的DOC还表现出随季节变化的特点,这与海洋中浮游生物随季节变化的规律趋于一致。与之相比,近岸水体中DOC的季节变化规律则要复杂得多,它主要受到人为输入、近岸上升流、水团混合、沉积物再悬浮等诸多因素的交互影响。从纵向的角度来说，DOC 的季节变化幅度由表层到底层逐渐减小，当延伸至深层海水时，其 DOC 的浓度几乎不随季节而发生变化。

### 1.1.2.3 海洋不溶性有机碳

海洋不溶性有机碳(UOC)主要包括海洋生物在生命活动中所产生的残骸和代谢产物等。在环境样品分析上，UOC 一般指颗粒粒径大于 0.7 μm 的不溶性物质。

海洋中的 UOC 来源比较多样化，按照途径来说可以分为陆源输入、海洋自生、海底沉积再悬浮。

陆源输入又可以细分为水体汇入和大气转运。每年都有大量的陆源 UOC 通过地表径流汇入海洋中。有研究结果表明，全球每年通过河流进入海洋中的 UOC 约为 0.43 Gt，其中汇入的 UOC 主要来自农田、土壤中的有机碳，森林植物腐殖质，人为释放的物质等。但是，由河流引入的 UOC 绝大部分不能抵达大洋深处，它们在近海区域即被沉淀和分解。大气转运指的是处于大气中的气态或颗粒态有机物随降雨、干湿沉降、气体交换等方式进入海洋中而引入的 UOC。在自然环境下，不论是刮风还是降雨都存在极大的偶然性和不确定性，这给问题的研究带来了困扰，但是大气转运方式对于海洋 UOC 的影响是不可忽视的。

此外，海洋内部也存在 UOC 的来源，主要包括海洋中的浮游动植物、浮游生物的代谢产物、海洋微生物等。值得一提的是，浮游植物可以通过光合作用生成大量的 UOC，而海洋中的 UOC 又不断被浮游动物摄食，代谢产生出更多的 UOC。对于受大陆影响较小的海区(如两极地区)，海洋生物及其代谢产物是 UOC 的主要来源。此外，海洋中的微生物也是 UOC 的重要来源之一。

对于沉积在海洋底部的 UOC，在受到强烈对流、风浪、沿岸升流、底栖生物扰动等外界因素介入时，就有可能引起再悬浮现象，重新进入海水中。有关数据表明，在海洋大陆架和大陆坡的沉积物中，有 40%～85%的固体有机碳会发生再悬浮。通过建立模型定量计算出了我国东海陆架区发生再悬浮颗粒物的比重。结果发现，表层海水及离海底约 5 m 的水层中再悬浮颗粒物的比重高达约 96%，在深度为 15 m 的水层再悬浮比例也达到了约 33%。除此以外，海水中的大分子 DOC 很容易被无机矿物质所吸附，最终在矿物质表面形成有机物絮凝体。因此，海水中的部分 DOC 在一定的环境条件下可以转化为 UOC，这也是海洋 UOC 的一个重要来源。

### 1.1.2.4 海洋不溶性无机碳

总体而言，海洋沉积物中的碳可以划分为有机碳(UOC)和无机碳(UIC)两大类。由前文可知，UOC 主要来自于海洋中复杂的生化物质、代谢产物、腐殖质等，而 UIC 的主要成分则为碳酸盐类物质。

由陆地地表水文系统转运到海洋中的碳酸盐成分主要在温带和热带海底发生沉积，可以说海洋是碳酸盐沉积的主要场所。然而，随着水深和水压的增加，碳酸盐类物质的溶度积有不同程度的提升，当其溶解速率和沉积速率达到动态平衡时，则碳酸盐的沉积量维持不变。据统计，自中新世以来，海洋中碳酸盐的沉积量年均值为 19 Gt（以碳排放量计），而经陆地水文系统注入海洋的溶解性碳酸盐年均值仅为 12 Gt。海洋系统可以通过溶蚀深海海底的碳酸盐而不断调控海水中"碳-水-钙"达到新的循环平衡，在这一过程中海洋极有可能需要从大气中吸收 $CO_2$。

普遍认为，近海区域的沉积物是大气中 $CO_2$ 进入海水后的最终归宿。当然，在一定条件下海洋沉积物中的碳也可能以气态形式进入水体甚至返回大气中。可见海洋沉积物是全球碳循环的一个关键环节，可以看作是碳循环系统中重要的"源"与"汇"。尽管近十年来，围绕海洋沉积物碳循环开展了一些卓有成效的研究工作，但是关于沉积物对碳循环的作用机理、作用范围、作用程度等基础问题依旧无法给出全面而准确的解释。要回答上述问题，还需要相关研究人员长期的艰苦努力。

#### 1.1.2.5 海洋生物

海洋生物系统在海洋碳循环中发挥了非常重要的作用。在联合国政府间气候变化专门委员会（IPCC）的组织和大力推动下，全球相关领域的专家对海洋浮游植物生物固碳作用开展了大量的研究。浮游植物可以对海水中的 DIC 进行吸收和利用，合成有机物质，是食物链中最底层的生产者。其他更高层次的海洋生物则可将浮游植物本身或其合成的有机质进行次级生产，把它们转化成为 DOC 和 UOC。最后，该类生物群体通过呼吸作用和分解作用消耗掉部分有机碳成分。海洋生物主要可以分为如下几个方面。

1. 浮游植物

作为海洋中的初级生产者，浮游植物能够在海水中通过光合作用将溶解性的无机 $CO_2$ 转化为含碳有机化合物。经光合作用被浮游植物所固定的碳通过食物链向上层层传递，而上层生物的代谢产物和残体分解产物又将碳以有机物的形态溶于海水中，参与海洋碳循环。尽管海洋中的浮游植物仅占地球生物圈初级生产者总量的 0.2%，但是却提供了约 50% 的初级生产力。浮游植物对海洋碳汇和碳循环发挥了重要的作用。

2. 海洋微生物

海洋中的微生物主要可以分成两种类型，一种是作为生产者的自养型微生物，如蓝细菌等；另一种是以分解其他有机质而获得能量的异养型微生物。海洋中自养型蓝细菌可以在光照条件下吸收并暂存海水中的 $CO_2$，具有该特性的海洋细菌约占海洋细菌总量的一半。在全球多数海区中，蓝细菌的生物量占浮游植物总生物量的 20% 左右，蓝细菌的初级生产力占海洋总初级生产力（gross primary productivity，GPP）的 60% 左右。由此可见，蓝细菌对海洋固碳意义重大。

3. 贝类海洋生物

贝壳中的主要成分是无机碳酸盐（$CaCO_3$），该类 UIC 在海洋中性质较为稳定，能够维持较长的时间，是一类持久性较好的碳汇。此外，贝类海洋生物普遍拥有十分发达的滤食系统，能够充分利用周边水域的 UOC，此类有机碳中的一部分被同化固定在贝类生物体内。对于未被贝类生物同化的 UOC 则以粪和假粪的形式逐渐成为生物性沉积物。该类沉积物质量大且粒径大，故其沉降速率远高于海洋中的悬浮性颗粒物，属于一种"生物泵"作用，加速了碳从水体向海底垂直迁移的进程，缩短了碳在浅层海水和深层海水之间交换的周期。

4. 棘皮海洋动物

海洋中的海星、海胆、海参、蛇尾等都属于棘皮动物类别。大部分的棘皮动物都具有发达的骨骼，骨骼由众多分立的 $CaCO_3$ 骨板所构成。有关研究发现，棘皮动物能够直接从海洋中吸收碳元素以形成外骨骼，而死亡后原本封存在外骨骼中的碳会沉入海底，同时脱离海洋和地球碳循环。据统计，棘皮动物通过吸收碳形成外骨骼每年封存的碳高达约 1 亿 t。棘皮动物外骨骼主要依靠吸收海水中的碳而形成，骨骼发达程度决定了它们固碳能力的强弱。据此可知，海胆个体的固碳能力最强，而海参个体的固碳能力最弱。

5. 海洋硬骨鱼类

海洋硬骨鱼类可从肠道中分泌出碳酸氢根离子，这些含碳的无机离子能与钙离子和镁离子结合形成碳酸盐晶体，被固定下来的碳元素可随硬骨鱼的粪便被排出体外，最后沉入海底成为碳酸盐泥岩。

### 1.1.3 岩石碳库与碳循环

地球地壳岩石圈中封存的碳元素的量在所有碳库中是最大的，其中绝大部分是以碳酸盐岩的形式存在的，整个地壳岩石中碳元素平均含量约为 0.027%（质量分数）。除了无机碳酸盐以外，地壳中含碳的物质还包括石油、煤炭、天然气等化石燃料。封存在地壳中的碳元素可以通过岩浆喷发、地表侵蚀、搬运与堆积等途径发生迁移和转化，参与地表碳循环过程。对于地壳内部的 $CO_2$，可以通过活动断裂带、地热区域、火山区域等被不断地释放出来。这些 $CO_2$ 能够直接进入大气圈，也可能被储存在沉积地层中成为 $CO_2$ 的气田。美国西部的马默斯休眠火山区中土壤孔隙里的 $CO_2$ 占比高达 30%～96%，每天的 $CO_2$ 流通量不低于 1200 t。土耳其帕默克莱地区和意大利罗马附近地壳内部的地幔源 $CO_2$ 浓度高达 23%～90%，这些 $CO_2$ 气体通过活动断裂带向大气中释放，由此还形成了大量的钙化沉积物。科研人员对罗马附近方圆 1000 $km^2$ 内的钙化沉积物进行了定量和同位素地质年代分析，结果表明该区域每年 $CO_2$ 的释放量高达约 $1.2 \times 10^5$ t。在西班牙南部地区，人们对当地碳酸盐岩区域的地下水过量开采，这直接导致了岩区深部浓度高达 85%（质量分数）的 $CO_2$ 外泄。上述多发性的 $CO_2$ 大规模释放案例也证明了地球内部存在大型 $CO_2$ 高压气库，而且该 $CO_2$ 气库有可能在自然或人为扰动下参与外部环境的碳循环。

近年来，相关科研人员越来越重视地壳深部碳库在全球碳循环中的显著作用。然而，关于地球深部碳的转运和富集机制、赋存位置及碳在地球内各圈层间的交换规律等基础问题尚存在诸多研究空白。国内外在近十年的时间里开展了大量借助金属同位素追踪碳循环轨迹的研究。研究发现俯冲板块的碳酸盐在金属同位素组成上较地幔中的碳酸盐存在显著差异。针对天然火山岩的地球化学研究结果显示，地幔的转换带可能是重要的碳元素富集区域。不过也有研究表明，地球上最关键的富碳带存在于浅部的岩石圈里，而不是在深部地幔。地质观测和一些高温高压试验表明，俯冲板块中大部分碳能够经过冷的俯冲带进入地幔，这必然导致地表碳元素的减少和深部碳的富集。由此可见，板块俯冲中碳的地球化学行为为深入研究地壳内部碳元素富集、转运、循环规律提供了重要的切入点。

全球地表碳酸盐岩石圈封存的碳库总量预估接近 $10^8$ Gt，占全球碳总量的 99%以上，分布在 $2.2 \times 10^7$ km$^2$ 的面积上。地球碳酸盐岩体是以往全球碳循环方向和强度变化过程中被封存的部分，它的产生与地质历史上大气、气候、生物环境等因素密切相关。大气中酸性气体 $CO_2$ 浓度增加后，将显著加强对碳酸盐岩的溶蚀作用，而溶蚀后产生的阳离子又为从水圈回收大气中的 $CO_2$ 提供了必备的条件。

### 1.1.4 陆地碳库与碳循环

全球陆地生态系统中碳的总量约为 2000 Gt，其中活体动植物含碳共计 600～1000 Gt，生物残骸与土壤有机质中含碳量约为 1200 Gt。由于陆地上的植被碳库和土壤碳库占比较高，且以多种路径参与地球碳循环，下面将主要针对这两大碳库进行介绍。

#### 1.1.4.1 植被碳库

陆地上的森林是地球主要的植被碳库。有关研究表明，目前全球森林系统所封存的碳约占地表生态圈地上碳储量的 80%。从世界地理分布情况来看，森林覆盖面积最大的区域地处低纬度(0°～25°)，总面积约为 $1.76 \times 10^9$ hm$^2$，占全球森林总面积的 42%左右。一般来说，幼龄林的生长速率和对碳的吸收速率均较快。与成熟的森林相比，幼龄林在单位面积、单位时间内通过光合作用积累的净有机碳总量(即植被净初级生产力，net primary productivity，NPP)上具有显著优势。然而，幼龄林对碳储存的贡献却非常有限。这主要是因为林地中的生物残骸在自然环境下会被逐渐分解，分解后产生的气态含碳物质甚至高于森林 NPP，故这类森林无法充当碳汇地。如针叶木森林遭遇火灾后，重新形成的幼林需要经过几十年才能实现生物残骸呼吸与幼林 NPP 的平衡。对于发育成熟的森林来说，天然老龄林对陆地碳循环的影响远大于幼龄林。森林碳循环的基本单元是由叶片和根系之间的碳周转驱动发生的，这种循环往复的周转过程在无自然和人为灾害发生时能够显著增加稳定化的土壤有机碳成分，即能够提升土壤永久碳库的碳储存量。研究还表明，这部分永久性的碳储量会随着林龄的增加而呈现指数上升的趋势。

尽管地球上的大部分森林起到碳汇的作用，但是近现代以来掠夺式的人类活动对地球森林系统造成了极大的侵害，如不加节制的采伐、改变林地原有属性(清林)、生态破坏和环境污染等。这些人类行为使得部分地区的森林已由碳汇地变成了碳源地。要提升现有森林系统的碳储存能力，则需要重点保护具有较高未伐林分的生物量、不断提升人工林的营造面积、保护现有大型林区的自然生态平衡等。相关研究表明，在温带阔叶林区对森林系统进行科学、有效的管理，同时利用人工造林扩增林区面积，能够显著提升森林碳汇的作用。

#### 1.1.4.2 土壤碳库

陆地碳库不仅包含地表之上的植被,还包括地面以下不易为人所观察到的土壤碳库。而土壤碳库所储存的碳量远远大于地面之上的植物。最新的研究发现,土壤储碳的深度远远超过我们以往的认知。在热带湿地区域,地下泥炭的贮存深度应该大于 10 m,而西伯利亚部分冻土带的储碳平均深度甚至达 25 m 以上。研究表明,永久冻土带不仅是全球至关重要的地下碳库,还是一类极为活跃(不稳定)的陆地碳储库,易受到外部环境的影响而参与全球碳循环。只要全球升温变暖,冻土就可能融化而释放出含碳气态化合物。现存的北半球冻土里,有些冻土早在十多万年前的 MIS6 冰期时就已经形成了,在距今约 12 万年前的间冰期(MIS5)就融化了一部分;而有些冻土则形成得较晚,冰期只有距今 300~400 年的时间,是小冰期地质时代的产物。研究人员估计,以当前全球变暖的趋势,到 2100 年时目前温度在 –2.5~0℃的冻土可能会全部融化,这将对北半球一半以上的冻土带造成显著影响。值得一提的是,冻土带碳库不仅限于陆地,如环北冰洋冻土一直延伸到北冰洋的大陆架,其中还包括大面积的海底冻土。所以冻土碳库可由大气圈和海洋圈两种路径参与全球碳循环。全球升温对于冻土的影响涉及非常复杂的地球化学生物学过程,由于微生物活性增强,可以强化对有机碳的分解作用。$CH_4$ 作为主要的分解产物也是一种典型的温室气体,它将在全球变暖过程中持续释放并起到温室效应。近年来的研究表明,随着全球变暖程度加剧,植被生长的速率有所下降,热带森林的碳源作用反而有所增强。

地球土壤碳库中碳元素的主要存在形式是有机碳,无机矿物质碳的含量较少。活体动植物、土壤微生物及它们的遗体残骸、排泄物、分泌物、分解产物、腐殖质等是土壤有机碳的主要来源,也是土壤碳库的主体成分。土壤无机矿物质碳则主要来自母岩风化所形成的碳酸盐,其在土壤碳库中占比小于 25%,且无机碳库普遍较为稳定,不易参与碳循环。

就目前来说,人为因素是影响土壤碳库的首要因素,它主要体现在耕作制度和土地利用方式这两个方面。在土壤中增加秸秆作物的填埋量可以显著提升土壤有机碳的密度。此外,免耕管理比传统的耕作方式更有利于土壤有机碳的保持。土地利用方式的改变对于土壤有机碳的影响也十分明显。草场过度放牧、毁林开垦、森林砍伐等均会极大减小土壤有机碳的储量,同时还会改变土壤有机碳在地表的分布情况。显然,植被的类型和面积及土壤碳密度是决定土壤碳储量的重要因素,但是目前尚且缺少一个普适的植被种类分类体系。此外,对于土壤碳密度的测算也缺少数量充足且分布合理的样本。

## 1.2 全球碳循环

在地球漫长的地质时期中,生物通过光合作用固定 $CO_2$ 的能力逐渐超过了有机碳的呼吸氧化作用,这使得地球大气层中氧气的含量不断上升,而 $CO_2$ 的含量则不断减少。碳循环在地球上不断发生演化,该循环是一个极为复杂的过程,包含了碳原子在自然界中所有的迁移和转化。从本质上讲,它是一系列循环过程,在这些过程中碳元素在四大碳库(大气圈、水圈、岩石圈、陆地圈)之间不断进行交换。每个碳库中的碳元素的量及碳库之间碳元素的交换速率都会随着季节、年代、地质时期等发生变化，而这一系列过程的根本机制尚未完全被探明。目前来说，普遍认为$CO_2$在各碳库彼此碳交换过程中发挥了关键的作用。但是也有研究表明，同为温室气体的$CH_4$在此过程中也起到了不小的作用。

图1.2显示了从20世纪80年代至2005年这段时期内各碳库间碳通量的演变情况[5]。很显然，由化石燃料所产生的$CO_2$的量及$CO_2$在大气中的水平在这期间处于持续增长的趋势。由人为因素向大气中排放的$CO_2$在某种程度上被从大气向海洋和陆地转运的碳通量所抵消。因此，从大的层面来说，海洋和陆地碳库体系都可被看作是碳汇。

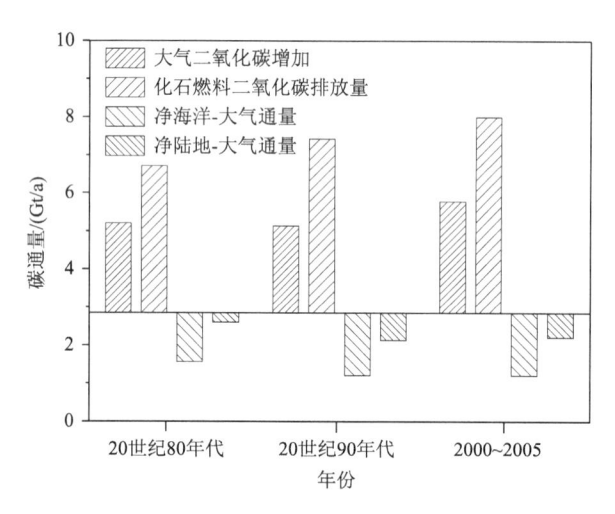

图 1.2　1980～2005年期间大气、陆地和海洋之间碳通量的变化[5]

横线以上即正通量是向大气中排放$CO_2$，横线以下即负通量是从大气中消耗$CO_2$

## 1.2.1　碳循环与全球气候

自然界的碳循环与环境气候之间的相互作用是非常复杂的，这主要是因为它们涉及大量的物理、化学、光化学、生物、生物地球化学等相关过程，而其中有很多内容难以界定或者给出明确解释。人们普遍认为，地球上的气候主要受太阳辐射及各物理作用(如表面大气层对辐射能的吸收、反射、释放)的影响。气候系统自身也是一个极为复杂的体系，它受到包括大气、地表、海洋、冰川、沙漠、陆地生物圈等多方面的影响。气候通常由一段时间内(通常为30年)的平均温度、降水、风力等气象因素所决定[4]的。气候系统又一直处于不断变化的状态，这主要是由于受到自身内部动力学因素和大量外部因素(如太阳辐射、火山喷发、大气变化等)的影响。

在排除自然和人为因素影响后，地球的气候变化则主要由入射的太阳辐射所决定，太阳辐射的能量大约为1370 W/m$^2$。如果在较长的一个时期内取平均值，则这些辐射能可以在地球频繁的吸能和耗能过程中逐步被中和掉。图1.3展示的是地球能量的平衡示意图，它详细说明了各类能量在地表和地表附近被吸收、反射、释放的过程。根据进一步的观察和分析，研究人员增补了地球的年平均能量收支情况（图1.3 括号中数据）。粗略估计，有三分之一的太阳辐射被地球上部的大气层、云层、气溶胶及地表反射回太空。通常来说，气溶胶对太阳辐射的反射作用不明显，但是当发生火山喷发或者雾霾频发的时候气溶胶的反射作用就不可忽略了。

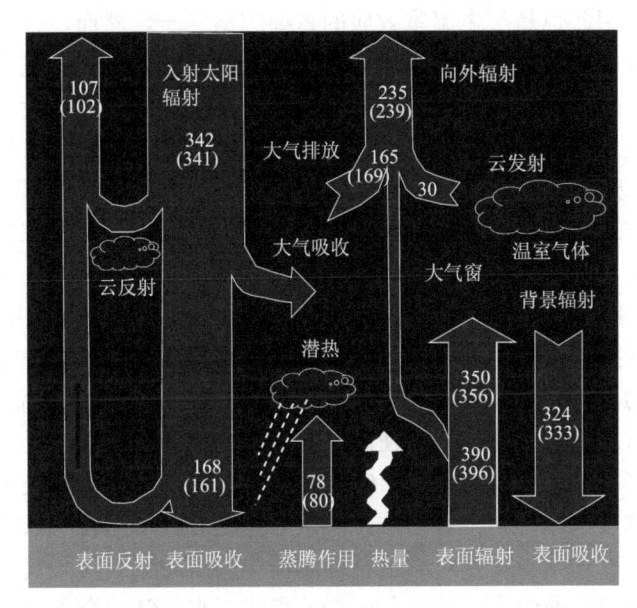

图1.3 地球的全球年平均能量平衡（图中显示的值以 $W/m^2$ 为单位）[6]

大部分太阳辐射能（235~239 $W/m^2$）被地球大气层和地表所吸收。为了维持能量平衡，我们的地球必须将等量的辐射能释放到太空之中，这一过程中主要反射的是长波射线（如红外线）。地球表面吸收了大约一半的太阳辐射能（161~168 $W/m^2$），这些能量一般通过三种方式向大气层传送：①通过与地面接触加热地表空气；②蒸发蒸腾，即通过海洋和地表水的蒸发作用吸收能量，然后在水蒸气高空冷凝过程中释放能量；③云层和大气层吸收地面长波（红外）辐射。通过具有"热能捕获"性质的大气吸收长波（红外）辐射的特性被认为是温室效应，具有相应性质的气体被称为"温室气体"。

以下几种因素可能会打破地球表面的辐射平衡：①来自太阳辐射的强弱；②太阳辐射被反射的多少；③从地球反射回太空中的长波辐射被吸收的多少。很显然，第一种情况不是人类现有技术手段所能够控制的（如改变地球轨道或改变太阳辐射能）；第二种情况在不久的将来是有可能实现的，比如通过改变陆地生态系统、改变云层云量、调控大气气溶胶的量以改变对太阳辐射的反射能力；第三种情况则与大气中能够吸收长波辐射的温室气体密切相关。上述任一条件发生变化都将显著影响地球的气候环境，它们会通过一系列直接或间接的反馈机制对生态系统和气候变化发挥作用。

反馈机制一般包括正向和负向两个方向的效应。正向的反馈特别值得关注，因为它易导致能量"散逸"情况的发生。关于正反馈的一个重要例子是涉及所谓的冰反射率的反馈效应。大气中温室气体含量的提升使其能够吸收更多的热量，这显著增加了地球大气层的温度，从而使地球表面冰川融化。与冰雪所覆盖的陆地相比，直接暴露在太阳辐射下的陆地和海洋能够吸收更多的太阳热能，由此引发的大气温度升高将导致更多的冰雪开始融化。这种正向反馈将导致地表温度不断攀升，其根本原因就是大气中混入了温室气体，该类气体即便在浓度不高的情况下仍然可以起到非常显著的正反馈效应。

另外一个能够调控地球气候的重要因素是大气中的云层。云层对于长波辐射具有非常强的吸收作用，因此也是产生温室效应的重要因素之一。然而，云层对来自太空的太阳辐射也有非常好的反射作用。云层增多意味着更多来自太阳的能量被反射，地球温度将下降，因此它同时还属于一种负向反馈的因素。云层厚度或云层所处位置即使发生微小的变化都可能决定反馈的正负属性。气候反馈机制具有重要的科研价值，同时它对人类的生产、生存、发展会产生显著影响，因此这个领域已成为全世界研究的热点和焦点。

地球碳循环与气候之间的关系既密切又复杂。值得一提的是，在自然界碳循环的过程中海洋、生物圈、人类活动等都能够影响大气中温室气体的水平，进而对生态系统产生影响。任何陆地和大气及海洋和大气之间碳通量的改变都会对大气中$CO_2$浓度造成潜在的影响，从而间接地影响地球气候环境。例如，地表植被能够从大气中吸收$CO_2$然后转化为碳水化合物，从而缓解温室效应。从另外一个方面来说，人类活动（如燃烧化石燃料）导致大气中$CO_2$水平上升，因此使温室效应加剧、气候变暖。反馈机制的差异性使得$CO_2$对气候的影响有所区别。其中，$CO_2$-水蒸气反馈回路会对气候产生十分显著的影响。大气中$CO_2$浓度的增加可能会造成水蒸气含量提升，从而使气候变暖。温度升高后不仅导致水蒸气浓度进一步提升，而且使得海洋中的碳通量流向大气中，进一步加剧了温室效应和气候变暖。据估计，与仅存在$CO_2$相比，水蒸气的介入可使温室效应的影响翻倍[4]。

### 1.2.2 碳循环与温室效应

自然界中所有的物体(包括太阳和地球)无时无刻不在对外放射电磁波。根据斯特藩-玻尔兹曼(Stefan-Boltzmann)定律，地球表面所辐射出的能量是地表温度四次方的函数：

$$E=\varepsilon\sigma T^4 \quad (1.6)$$

式中，$E$表示物体辐射出的总能量；$\varepsilon$表示发射系数；$\sigma$表示Stefan-Boltzmann系数；$T$表示热力学温度。

如果我们根据这个方程计算出某物体释放出235 W/m²的辐射能，那么此时该物体的温度大约在$-18\sim-19$℃[7]，远低于地表的平均温度(14℃)。其中约32℃的温度差主要源于大气中具有热量捕集作用的温室气体$CO_2$和水蒸气。温室气体在大气层中吸收辐射能，然后将绝大部分长波能量反射回地表，仅有很少部分的长波被辐射向太空。

图1.4提供了温室效应作用机制的示意图。地球以热辐射的形式接受太阳能，这些太阳能的波长在0.2~4.0 μm，其中包括一小部分的紫外(UV)线(0.2~0.4 μm)、可见光(0.4~0.8 μm)和红外线(0.8 μm以上)区域。图中左边曲线表示入射到地表的太阳辐射，这与加热到约5500 K的黑体的光谱基本一致(谱峰处于可见光区域)。如上所述，地球的辐射谱图基本上是温度的函数，由此产生的黑体辐射曲线从波长1~3 μm延伸至波长70~80 μm，其中谱峰在10 μm左右的位置(图1.4右侧曲线)。$H_2O$(气态)、$CO_2$、$CH_4$、

$N_2O$、$O_3$ 这些物质的分子结构和电子排布决定了它们对于来自太阳的直接辐射几乎没有任何吸收作用,但是它们对于从地表向太空中辐射的红外线具有非常有效的吸收能力(吸收率高达 80%)。图 1.4 中展示了这些温室气体的辐射-吸收性质,其中水平条带的长度正比于分子在红外区域的吸收带宽。

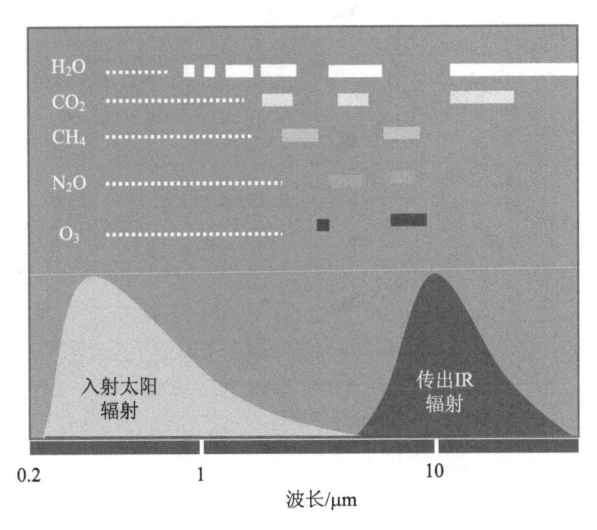

图 1.4　温室效应作用机制的简化示意图[5]

IR 指红外线

$H_2O$(气态)、$CO_2$、$CH_4$、$N_2O$、$O_3$ 这些气体分子的共同特征是它们的分子至少由三个原子构成,这种特征使得它们在受到红外线辐射的时候会产生非常强烈的基频振动。相比较而言,分子结构较为简单的双原子分子则不易产生温室效应。气体分子基频振动的次数可由以下公式所确定:

$$V = 3N - 5 \text{(适用于线性分子,如} CO_2\text{)} \tag{1.7}$$

$$V = 3N - 6 \text{(适用于非线性分子,如} H_2O、CH_4、O_2\text{)} \tag{1.8}$$

式中,$V$ 表示可能的基频振动数;$N$ 表示分子中的原子数。

基于式(1.7)和式(1.8),$H_2O$ 分子具有三种振动形式,即两种伸缩振动和一种弯曲振动;$CO_2$ 分子有四种振动形式,即两种伸缩振动(对称伸缩和非对称伸缩)和两种弯曲振动(面内弯曲和面外弯曲)。

图 1.5 简要地展示了 $CO_2$ 和 $H_2O$ 分子不同的振动类型所对应的红外吸收波段。较复杂的气体分子(如氢氯氟烷)会表现出更多的振动形式,一般来说它们对红外辐射的吸收能力也较强。如图 1.4 所示,$H_2O$(气态)、$CO_2$、$CH_4$、$N_2O$、$O_3$ 几种气体在特定的波段内都可以高效地吸收红外辐射,并将其转化为热振动能量。值得注意的是,气体对于辐射的吸收能力不仅仅取决于它们的吸收波带,还取决于气体分子在大气中的浓度。$CO_2$ 和 $H_2O$ 这类气体分子在大气中含量相对较高,因此它们的热捕获效应较其他气体强很多。总的来说,这些气体分子能够吸收从地表辐射出的绝大部分波段范围的波。对于 $CO_2$ 和 $H_2O$ 而言,仅对很窄的一段波段吸收能力较差。从正面的角度来说,这使得大气层能

够较好地保持地表温度。地球碳循环过程能够比较好地维持 $CO_2$ 在大气中的含量,因此对于调控温室效应具有十分重要的影响。

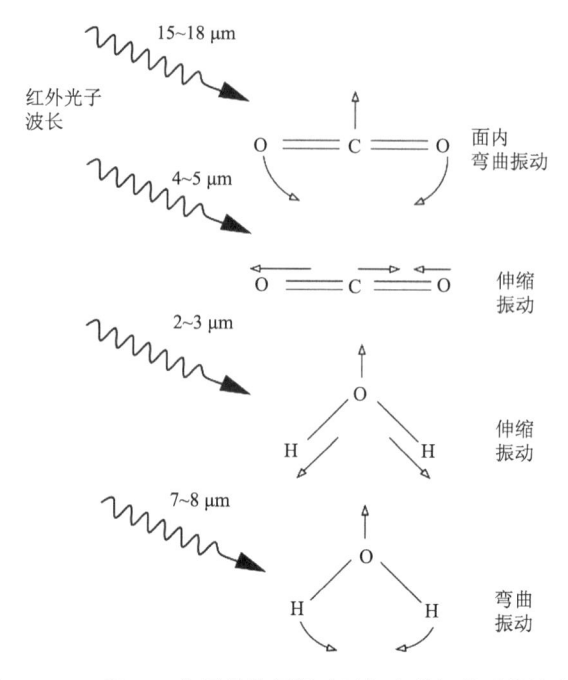

图 1.5　$CO_2$ 和 $H_2O$ 分子的特征振动及相应的红外吸收波段[5]

## 1.3　人类活动对全球碳循环的影响

地球系统中的碳主要存储在大气、陆地和海洋这三个碳库中,与其中的生命与非生命部分都存在着相互关联,全球碳循环可以看作是储存在地球系统不同碳库中的碳相互间交换碳通量的过程(图 1.6)[7]。在人类活动成为一个重要的扰动之前,在比地质年代时间尺度短的周期内,各个碳库之间的交换相当稳定,并维持相对稳定的动态平衡。人类活动正在以各种方式根本性地改变着地球的各种系统和循环。不同时间尺度和空间尺度的碳自然循环都保持着动态平衡,人类活动的参与使这种平衡机制受到了扰动,并已成为当前全球碳循环变化的主要驱动因素。总而言之,地球系统各个碳库之间的循环包括各种各样的物理、化学和生化过程,这都会对全球气候系统产生极大的影响。

### 1.3.1　化石燃料的燃烧

伴随着社会革命、科技革命、工业革命的发展,可利用的优质能源形态和先进能源技术也不断演化发展,自旧石器时代远古人类发现和使用火开始,历经薪柴、煤炭、油气三次用能转换,推动人类文明从原始文明、农业文明、工业文明逐步向绿色生态文明转型,也使人类活动从认识自然、改造自然逐步向保护自然发展。包括煤炭、石油和天然气在内的化石能源储存的化学能来源于几亿年前地球上古植物光合作用捕获的古太阳能，古植物将 $CO_2$ 转化成更高能量的碳，经过漫长的生物化学和地质演变转化形成化石燃料。化石燃料的形成与人类历史相比，较难在短期内恢复及再生，属于不可再生的能源(表 1.1)。

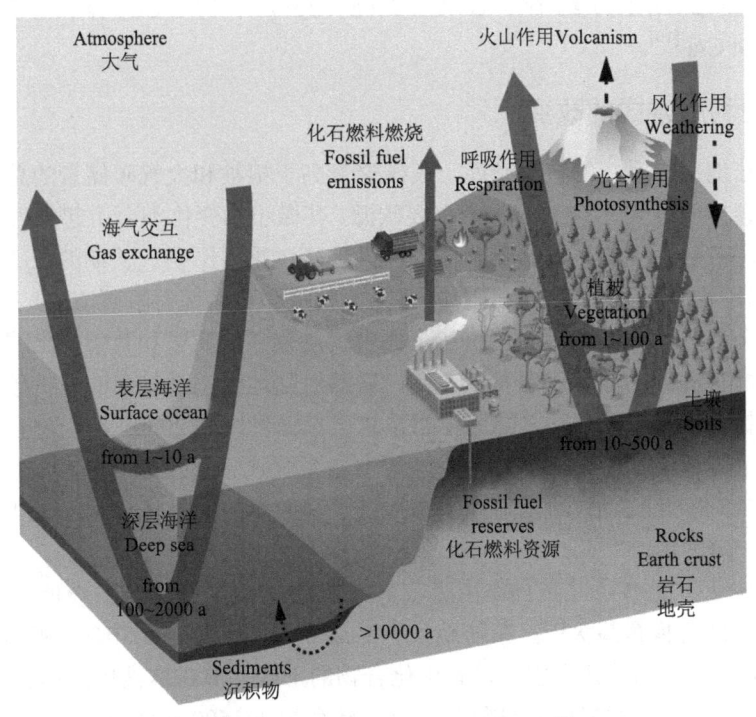

图 1.6 全球碳循环的主要过程示意[7]

图中数字表示碳在地球系统的一些主要碳库中进行交换的典型时间尺度

表 1.1 地球上化石能源的种类、规模与特点[8]

| 能源名称 | 供能机理 | 利用方式 | 规模 |
| --- | --- | --- | --- |
| 煤炭 | 古代植物埋存地下后形成以碳、氢、氧为主的固态可燃性矿物 | 燃煤发电，工业锅炉、生活燃料用煤，冶金与炼钢原料等 | 探明储量 $1.07×10^{12}$ t，储采比 132；2020 年产量 $77.42×10^8$ t |
| 石油 | 古代海洋或湖泊中生物历经成深成作用，形成以碳、氢为主的液态烃类混合物 | 燃油、润滑油、塑料、合成橡胶及生活用品原料等 | 探明储量 $2.444×10^{12}$ t，储采比 50；2020 年产量 $41.7×10^8$ t |
| 天然气 | 古代海洋或湖泊中生物历经成岩、深成、后成、变质作用，形成以碳、氢为主的气态烃类混合物 | 城市燃气、工业燃料、天然气发电、天然气化工、天然气交通等 | 探明储量 $188.1×10^{12}$ $m^3$，储采比 50；2020 年产量 $3.85×10^{12}$ $m^3$ |

化石燃料作为自工业革命以来的主体能源，助力人类完成了工业化和现代化进程，但传统用能方式与人类社会的快速发展，逐渐引起了地球原有自然环境的变化，这已成为全世界共同关心的首要问题[8]。自工业革命以来，大量 $CO_2$ 通过化石燃料的燃烧等方式排放，大大加速了碳从化石燃料到大气之间的转化，使得大气中的 $CO_2$ 浓度不断升高。观测结果显示，2018 年 $CO_2$ 平均浓度已经达到了 $(408±0.1)$ ppm，与 1750 年左右大气中

$CO_2$ 浓度(278 ppm)相比，提升了近 47%。在最近五十年中，大气中 $CO_2$ 浓度增长速率已经超过了过去百年时间尺度上的平均增长速率[9]。温室效应引起的全球变暖，已对全球碳循环产生了重大影响。研究表明，自工业革命以来，人类活动向大气中累计排放的 $CO_2$ 量已经达到了约 665 Gt C，2008~2017 年平均 $CO_2$ 排放速率已经达到了 $(10.8 \pm 0.8)$ Gt C/a [10]。

### 1.3.2 土地利用方式的改变

土壤是陆地生态系统的核心碳库，其碳储量高于植被和大气碳储量的总和[11]，在碳循环过程中碳排放是大气 $CO_2$ 的一个重要碳源，其微小的变化都会引起大气中 $CO_2$ 浓度的较大波动，对陆地生态系统乃至全球的碳循环产生重要影响。长期的土壤碳库是由碳输入(植被凋落物和根系凋落物)和碳输出(异养呼吸和可溶性有机碳流失)之间的平衡所决定的[12]。土地利用方式的不同会引起土壤有机质输入的质量和数量、土壤的质量和养分情况及土壤有机碳的分解速率发生改变，从而对陆地生态系统中的有机碳含量和转变过程产生控制效应[13]。据估计，陆地生态系统碳总储量约为 $2030 \times 10^6$ t，全球 1 m 深度土壤中碳储量可达 $1502 \times 10^6$ t，占全球陆地生态系统碳储量的 74%左右，分别是大气和生物碳库的 2.5 倍和 3.3 倍，所以陆地生态系统土壤碳库的变化将会对气候变化和生物圈碳循环造成一定的影响[14]。

陆地植被圈层能够通过光合作用吸收大气中的 $CO_2$，在地球系统所有碳库中与大气碳库之间的碳交换量最大[7]。在陆地生态系统中，陆地植被每年净吸收 $CO_2$ 的量可达到 0.4 Gt C，吸收的碳元素主要以有机化合物的形式存储在植被体内(储存量在 450~650 Gt C)[15]，以及地表枯枝落叶层和土壤里(储存量在 1500~2400 Gt C)[16]。陆地植被圈通过光合作用固定的有机碳总量称为总初级生产力(GPP)，这一部分固定的碳储量约为 $(123 \pm 8)$ Gt C/a[17]。固定在植被中的碳随后在植物组织、枯枝落叶和土壤中进行循环，并且会通过植被的自养呼吸、土壤微生物及植物根系等异养呼吸及其他扰动过程排放回大气中(图 1.7)。植被的总初级生产力与植被的自养呼吸所排放的 $CO_2$ 之间的差异被称为植被的净初级生产力(NPP)，净初级生产力与土壤微生物和根系等异养呼吸排放的 $CO_2$ 之间的差异可以反映陆地植被圈层对大气中 $CO_2$ 的吸收能力[18]。陆地植被圈层对减少大气中 $CO_2$ 含量做出的贡献受到人类活动对土地利用方式改变的影响，如大规模地砍伐森林，或者开垦农田、收割庄稼等，以及自然扰动过程的影响，如森林火灾等[19]。

土地利用变化是指人类通过土地利用和土地管理方式的变化，导致土壤覆被的改变，主要体现在植被覆盖和土壤有机碳库的动态变化、地表热量及大气温室气体浓度的变化、地表反射率和粗糙度的改变等。随着人类社会的快速发展，土地利用变化的范围不断扩大、强度不断加剧，对土壤环境的影响更是不言而喻[20]。土地利用方式显著影响着土壤碳储量、碳组分和碳循环过程，而森林、草地及农田是最重要的三大陆地生态系统，是全球尺度上最大的土壤碳库。其中，森林和草地上土壤碳储量占全球陆地生态系统土壤碳贮藏量的 39%和 30%，农田土壤 $CO_2$ 排放量占人为 $CO_2$ 排放量的 21%~25%[21]。但人类活动作为陆地生态系统碳循环的重要驱动力，直接或间接地对植物光合作用和生态系统的光合能力产生影响。

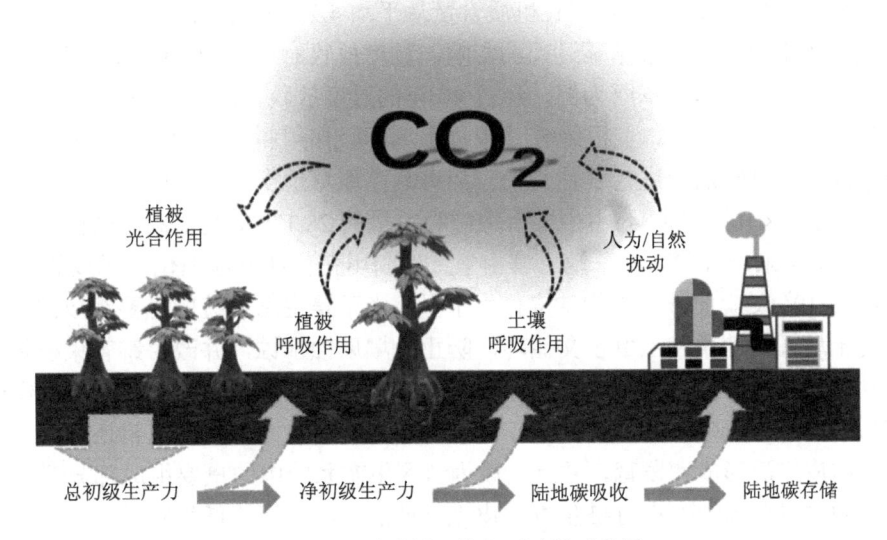

图 1.7 陆地碳循环的主要过程示意图

陆地植被通过光合作用吸收大气中的 $CO_2$,同时植被自养呼吸作用、土壤异养呼吸作用及一些自然或人为扰动过程均会向大气中释放 $CO_2$。陆地植被通过光合作用吸收的碳除去这些释放回大气的碳,即为长期存储在陆地中的碳

森林是陆地生态系统的主体,是陆地生态系统最大的碳库,其土壤碳储量约为 $(790\sim930)\times10^6$ t,占全球土壤碳储量的 39%,因此森林土壤呼吸是大气 $CO_2$ 浓度变化的主要碳源之一[22]。森林的砍伐和破坏导致大量有机碳的分解损失,释放大量 $CO_2$ 进入大气,在 1860~1980 年由于森林砍伐导致的 $CO_2$ 净释放量为 $1.35\times10^{11}\sim2.28\times10^{11}$ t C,其中 1980 年有 $1.8\times10^9\sim2.28\times10^9$ t C 释放到大气中,80%主要是热带森林砍伐所导致的[23]。森林开垦变成农田后的土壤有机碳损失可达 25%~40%。其中,0~20 cm 深度的耕作层损失量最大,可高达 40%;森林变成草原和轮种后,土壤中碳损失分别占 20%和 18%~27%;草地开垦转化为农田后,土壤中有机碳的损失为 30%~50%。碳损失的变化量取决于原来土壤的初始碳含量、土壤条件、管理措施及气候条件[23]。

草地生态系统作为全球分布最广的生态系统类型之一,储存了陆地生态系统中约 1/3 的有机碳,有着近 30%的净初级生产力,提供了全球 30%~50%的畜牧产品,在全球碳循环中发挥着重要的作用[24]。不合理的放牧活动和风蚀不仅会对草地生态系统的稳定性及生物多样性造成一定的威胁,而且会改变草原生态系统的结构和功能,植被类型和土壤理化性质的变化会引起碳尤其是有机碳储量的减少,进一步加速和刺激未来气候变化的进程[24]。我国是世界第二草地大国,草地面积辽阔,占全国国土面积的 1/3 有余,主要集中分布于北方干旱、半干旱地区,具有很大的固碳潜力。

近半个世纪以来,随着人口的增长和经济的快速发展,过度开垦和放牧给土地利用及覆盖带来了巨大的变化,进而引起了草地和耕地的大面积退化,加速了沙漠化的进程,使区域碳循环发生变化。研究表明,不合理的放牧活动显著减少了土壤碳库、植物地下部分碳库、土壤微生物量碳库和凋落物碳库,减少幅度分别为 10.28%、13.72%、21.62%和 8.93%[25]。温仲明等[26]研究表明,黄土高原森林草原区退耕地植被自然恢复使土壤有机质明显增加，恢复40年后土壤有机质含量从平均4.258 g/kg增加到了6.763 g/kg。

土壤中碳平衡受到土壤循环过程的影响，过度放牧对土壤的呼吸起到了促进作用。以内蒙古锡林河流域羊草草原为例，经过40年的过度放牧，0～20 cm深度的土壤表层中碳储量降低了12.4%[27]。王根绪等[28]根据土壤呼吸作用和土地利用方式变化与草地退化，对草地土壤碳排放量进行了估算，表明青藏高原草地土壤通过呼吸作用每年排放的$CO_2$达到$11178 \times 10^8$ t C/a，约占中国土壤呼吸总量的28.13%，明显高于全国乃至全球平均值。近30年来，青藏高原草地土壤由于土地利用变化和草地退化所释放的$CO_2$估计约有$30123 \times 10^8$ t C。此外，生物结皮作为干旱、半干旱生态系统的重要组成部分，可以显著改变土壤理化性质和土壤水文循环，防止土壤风蚀水蚀，并改善维管束植物的生物多样性功能。生物结皮作为土壤-大气间物质能量交换的界面层，可通过光合作用固定$CO_2$，显著影响土壤碳排放。自1999年国家在黄土高原大面积实施退耕还林还草工程以来，生物结皮广泛形成和发育，并逐渐成为该区生态系统中的重要组成部分[29]。干扰作为自然界中常见现象[30]，在打破生物结皮完整性的情况下可降低生物结皮盖度和物种多样性，并改变生物结皮光合固碳速率和呼吸速率，进而影响土壤碳的输入、输出及土壤碳库，最终影响土壤碳循环[31]。

作为陆地生态系统的一部分，农田生态系统分布广泛，是人类活动最频繁和强度最大的场所，农业管理措施直接影响农田生态系统碳循环过程，农业生产、土地整治等人类活动显著影响着农田生态系统循环，并对整个陆地生态系统循环有着巨大的影响[32]。一方面，农作物通过光合作用从大气中吸收$CO_2$，耕作过程中施肥带来土壤碳积蓄量的增长，并在生长周期中以秸秆、根茬及凋落物的形式回归到土壤碳库中，土壤和农作物的呼吸作用会产生大量的温室气体，形成农田系统碳循环；另一方面，农田生态系统的内部碳库与外部碳库之间的交换，也伴随人类活动而流动，部分碳素沿着食物链迁移，形成生态系统的碳输出，部分随着动物粪便重新返回农田生态系统，人类活动过程中的物料投入和能源消耗也随之进入农田生态系统中。

虽然由人类活动产生的碳通量仅占大气-海洋-陆地系统总自然通量的很小一部分，但与前工业化时期相比，人为因素的存在仍然使碳库发生了显著的变化。因此，人为产生的碳排放可能会对自然界的碳循环造成较大扰动，其影响程度取决于碳的浓度。例如，在海洋生态环境中，生物泵不会直接吸收和存储人为排放的碳，而在高浓度的$CO_2$条件下，通过海洋生物循环能够实现对碳的吸收和封存[4]。海洋吸收人为排放碳的能力和速率由地表水的流动及其与海洋深层之间的交换速率所决定。海洋吸收$CO_2$主要是通过沉积物中可溶性$CaCO_3$的中和作用来实现，而这一过程极其缓慢（耗时数千年）。据估计，大气中的$CO_2$大约有一半可以在30年内通过碳循环去除，而约20%的$CO_2$可能会在大气中停留数千年之久[33]。

## 参 考 文 献

[1] 金涌, 胡山鹰, 张强, 等. 2060中国碳中和[M]. 北京: 化学工业出版社, 2022.
[2] 付东, 王乐萌, 齐立强, 等. 碳循环与碳减排[M]. 北京: 冶金工业出版社, 2022.
[3] Lackner K S. Climate change. A guide to $CO_2$ sequestration[J]. Science, 2003, 300(5626): 1677.

[4] IPCC. Intergovernmental Panel on Climate Change[R]. 4th Assessment Report, 2007.

[5] Turley C M, Blackford J, Widdicombe S, et al. Reviewing the Impact of Increased Atmospheric $CO_2$ on Oceanic pH and the Marine Ecosystem[M]. Cambridge: Cambridge University Press, 2006.

[6] Ciais P, Sabine C, Bala G, et al. Carbon and Other Biogeochemical Cycles[M]//Climate Change 2013—The Physical Science Basis. Cambridge: Cambridge University Press, 2014.

[7] Kreith F. The CRC Handbook of Thermal Engineering[M]. Boca Raton: CRC Press, 2000.

[8] 邹才能, 马锋, 潘松圻, 等. 论地球能源演化与人类发展及碳中和战略[J]. 石油勘探与开发, 2022, 2: 411-428.

[9] Oceanic N. Trends in Atmospheric Carbon Dioxide[R]. BioInteractive, 2015.

[10] Quere C, Andrew R M, Friedlingstein P, et al. Global carbon budget 2018[J]. Earth System Science Data, 2018, 10(4): 2141-2194.

[11] Lehmann J, Kleber M. The contentious nature of soil organic matter[J]. Nature, 2015, 528: 60-68.

[12] Yue K, Peng Y, Peng C H, et al. Stimulation of terrestrial ecosystem carbon storage by nitrogen addition: A meta-analysis [J]. Scientific Reports, 2016, 6: 19895.

[13] 李燕. 不同土地利用方式下土壤有机碳的分布特征及其影响因素——以海南岛东部地区为例[D]. 海口: 海南师范大学, 2018.

[14] IPCC. Land Use, Land-Use Change and Forestry[M]. Cambridge: Cambridge University Press, 2000.

[15] Prentice I C, Farquhar G D, Fasham M J R, et al. The Carbon Cycle and Atmospheric Carbon Dioxide[M]//Climate Change 2001—The Scientific Basis. Cambridge: Cambridge University Press, 2001.

[16] Batjes N H. Total carbon and nitrogen in the soils of the world[J]. European Journal of Soil Science, 1996, 47(2): 151-163.

[17] Beer C, Reichstein M, Tomelleri E, et al. Terrestrial gross carbon dioxide uptake: Global distribution and covariation with climate[J]. Science, 2010, 329: 834-838.

[18] Bond-Lamberty B, Thomson A. Temperature-associated increases in the global soil respiration record[J]. Nature, 2010, 464(7288): 579-582.

[19] Houghton R A, House J I, Pongratz J, et al. Carbon emissions from land use and land-cover change[J]. Biogeosciences, 2012, 9(12): 5125-5142.

[20] 李娟, 魏甲彬, 杨宁. 土地利用变化对土壤有机质影响的研究进展及展望[J]. 湖南生态科学学报, 2022, 9(3): 106-111.

[21] Sun W, Luo X, Fang Y, et al. Biome-scale temperature sensitivity of ecosystem respiration revealed by atmospheric $CO_2$ observations[J]. Nature Ecology & Evolution, 2023: 1-12.

[22] 李克让, 陶波, 邵雪梅, 等. 中国陆地生态系统碳通量及其年际变化[C]. 中国气象学会 2003 年年会, 2003.

[23] 郑淑颖, 管东生. 人类活动对全球碳循环的影响[J]. 热带地理, 2001, 21(4): 369-373.

[24] 高静静. 风蚀和放牧对温带草原碳循环的影响[D]. 开封: 河南大学, 2013.

[25] 周贵尧. 放牧对草原生态系统碳、氮循环的影响: 整合分析[D]. 镇江: 江苏大学, 2016.

[26] 温仲明, 焦峰, 刘宝元, 等. 黄土高原森林草原区退耕地植被自然恢复与土壤养分变化[J]. 应用生态学报, 2005, 16(11): 2025-2029.

[27] 梁茂伟. 内蒙古典型草原不同利用强度群落类型碳循环机制研究[D]. 呼和浩特: 内蒙古大学,

2014.

[28] 王根绪, 程国栋, 沈永平. 青藏高原草地土壤有机碳库及其全球意义[J]. 冰川冻土, 2002, 24(6): 693-700.

[29] 杨雪芹. 模拟放牧干扰对黄土丘陵区生物结皮土壤碳循环的影响及机制[D]. 咸阳: 西北农林科技大学, 2019.

[30] 陈利顶, 傅伯杰. 干扰的类型、特征及其生态学意义[J]. 生态学报, 2004, 20(4): 581-586.

[31] Liu H J, Han X G, Li L B, et al. Grazing density effects on cover, species composition, and nitrogen fixation of biological soil crust in an Inner Mongolia Steppe[J]. Rangeland Ecology & Management, 2009, 62(4): 321-327.

[32] 张庶. 农用地整治项目对农田生态系统碳循环的扰动效应分析与核算研究[D]. 南京: 南京大学, 2016.

[33] Archer D. Fate of fossil fuel $CO_2$ in geologic time[J]. Journal of Geophysical Research Atmospheres, 2005, 110(C9): C09S05.

# 第 2 章　风能技术与碳中和

目前随着世界经济的不断发展，能源的需求量将会越来越大，而传统的化石能源随着不断的大规模开采正不断减少并将很快枯竭，同时化石燃料的使用造成了大量 $CO_2$ 的排放和地球温室效应的产生，使得地球的生态环境不断恶化，以至于影响到人类的进一步生存和发展。所以碳中和技术变得越来越重要，已经引起世界各国的普遍关注。其中，风能的开发与利用将会是碳中和的一个重要的技术路径。本章主要介绍风能技术与碳中和概述、风能的开发利用与减少碳排放、风能的开发与利用、风力发电系统的并网与减排计算等技术内容。

## 2.1　风能技术与碳中和概述

风能是一种可再生能源，是一种取之不尽、用之不竭的新能源，目前已经进入大规模开发和利用阶段，将会在碳中和过程中起到非常重要的作用。本节主要介绍风能利用与碳中和的关系、世界和我国的能源形势、我国未来的能源发展战略等内容。

### 2.1.1　风能利用与碳中和的关系

目前，地球上的能源主要分为非再生能源和可再生能源两大类。所谓非再生能源是指随着人类的开发利用而逐渐减少的能源，如煤炭、石油、天然气、核能等，它们经过亿万年形成而在短期内无法恢复再生，属于用掉一点便少一点的资源。所谓可再生能源是指在自然界中可以不断得到补充或能在较短周期内再产生的取之不尽、用之不竭的能源，如太阳能、风能、水力能、生物质能、地热能、海洋能等能源。目前人类大量使用的能源主要为常规能源。所谓常规能源是指开发利用时间长、技术成熟、已经大规模生产并得到广泛应用的能源，如煤炭、石油、天然气、水力能和核能等，目前这五类能源几乎支撑着全世界所有的能源消费。

近二百年来，随着世界经济的不断发展，人类使用了大量的化石能源，这一方面造成了化石能源的不断减少和枯竭，另一方面又造成了大量 $CO_2$ 的排放和地球温室效应的产生，从而地球的生态环境不断恶化，以至于影响到人类的进一步生存和发展。目前威胁人类生存、发展，造成气候变化的主要原因是工业革命之后 $CO_2$ 排放量的持续增加，其中应对全球气候变化的议题在最近几年频频被提上日程，而控制碳排放量是解决该问题的关键。2020 年 9 月 22 日，在第七十五届联合国大会一般性辩论上，实现全球碳达峰和碳中和的目标被首次提出。目前，全球主要发达国家和部分发展中国家(包括中国)，都对碳中和时间表做出了承诺[1]。

那么风能利用与碳达峰和碳中和有什么关系呢？

碳达峰和碳中和这两个名称中都有一个"碳"字，指的就是 $CO_2$。碳达峰指的是 $CO_2$

的总排放量在一定的平台期内达到一个历史的峰值。尽管在这个测试的时间中碳排放的总量会有波动，但是其总体的趋势是平缓的，之后的碳总排放量会有所回落。碳中和指的是通过植树造林、节能减排、环境治理等形式，抵消自身所产生的$CO_2$，实现$CO_2$"净零排放"。图2.1为截止到2020年全球$CO_2$的排放情况[2]。如图2.1所示，全球$CO_2$排放量中，最大的是能源工业产生的，第二是其他工业燃烧，第三是交通运输。要想实现全球碳排放达峰，并进一步实现碳中和，首先要解决发电问题。有了清洁的电力，交通运输和其他工业燃烧很多碳排放也能够相应减少，如新能源汽车、电炉和氢气炼钢等。一旦使用上清洁的电力资源就可以大大减少碳排放。

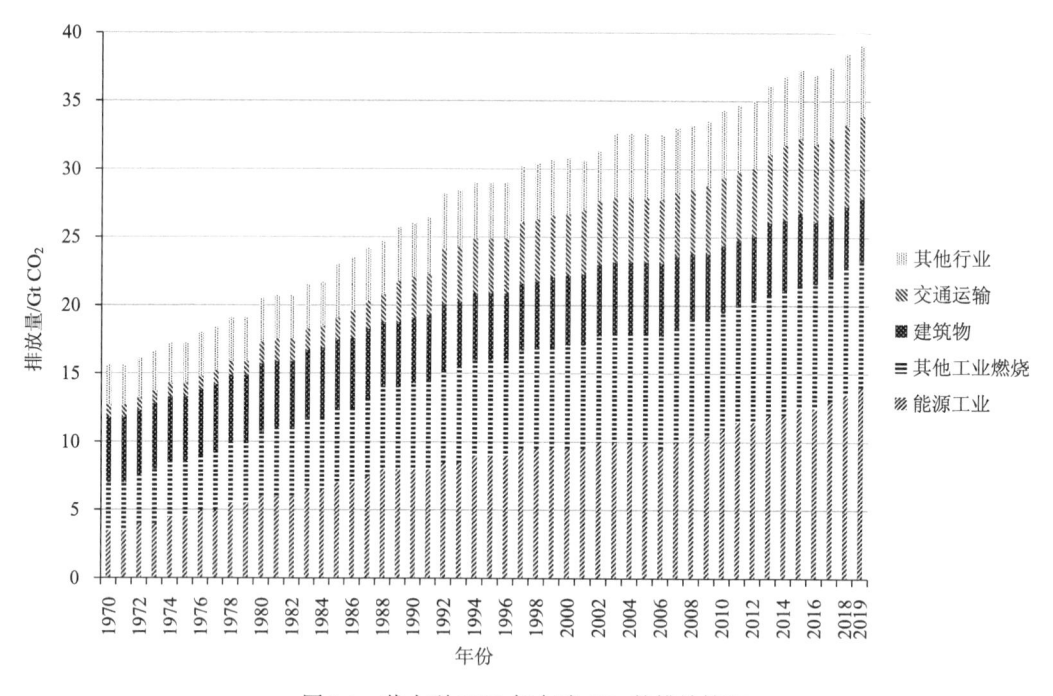

图2.1 截止到2020年全球$CO_2$的排放情况

图2.2为截止到2020年全球发电量的能源分配情况[2]，从图中可以看出，截止到2020年全球发电量中的60%左右来源于化石燃料，其中煤电占33.77%、天然气占22.78%、石油占4.36%。如果全球要实现碳中和目标，首先需要将绝大部分的电力来源从化石能源变成清洁新能源。这是个宏伟的目标，因为这需要把地球目前占发电量60%的火电彻底取代掉。

那么要实现这个目标需要依靠哪些新能源呢？

由图2.2中可以看出，从1985年到2020年，火电整体的比例只从63%下降到61%，基本是原地踏步。要实现这一目标仅仅依靠水电是不行的。因为能建设水电站的河流和水库资源是有限的。此外，西方有些环保主义者对水力发电持反对态度，并不热衷于水电项目的建设。从图2.2中可以看出，1985年水电占全球电力总量的20%，到了2020年该比例反而下降到了16.84%。

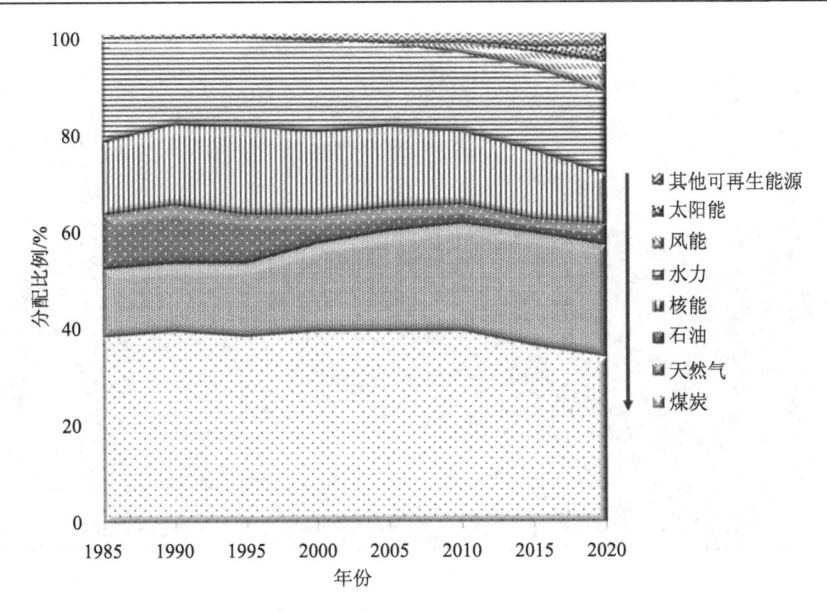

图 2.2　截止到 2020 年全球发电量的能源分配情况

目前核电在全球发电量中的占比还不高,在安全性和环境保护方面还有待进一步完善。主要问题包括：第一核电未必清洁,第二西方环保主义者更加排斥核电。目前,核电占全球电力总量的比例已经从 1985 年的 15%下降到了 2020 年的 10.12%(图 2.2)。而可控核聚变还需要很长时间的研发之后才能投入实际使用。根据有关专家的估计,至少还需要几十年的时间才能实现这一目标。

从图 2.2 中可以看出,目前真正呈增长态势的新能源体系就是风能和太阳能。在 2000 年,风能和太阳能发电量只占全球发电总量的 0.2%,到 2020 年该比例已经达到了 9.41%。虽然风能和太阳能都存在电力输出不稳、"看天吃饭"等诸多缺点,但这两类能源是最有希望被大规模发展和建设的,也是最有可能取代火电的可再生新能源。对于一些欧洲国家,比如英国和德国,风能和太阳能已经占到国家总发电量的 30%左右。图 2.3 为截止到 2020 年德国电力生产中的能源利用和分配情况[3]。目前中国风能和太阳能合计发电量占比约 9.5%,该值和世界平均水平比较接近。

图 2.4 为高盛公司预测全球到 2050 年时的电力需求情况。根据高盛公司的预测,全球到 2050 年时电力需求将是目前的 3 倍。其中,太阳能和风能提供的电力占比将达到 65%,太阳能占 35%以上,风能接近 30%。这意味着到 2050 年,全球太阳能的发电量将是现在的 30 倍,而风能的发电量将是现在的 15 倍[2]。

图 2.5 为彭博社(Bloomberg)预测全球到 2050 年时的电力需求情况。彭博社的预测相对保守一点,认为到 2050 年,全球仍会有 24%的能源由化石燃料提供,但风能和太阳能也会占到全部发电量的 56%左右[2,3]。

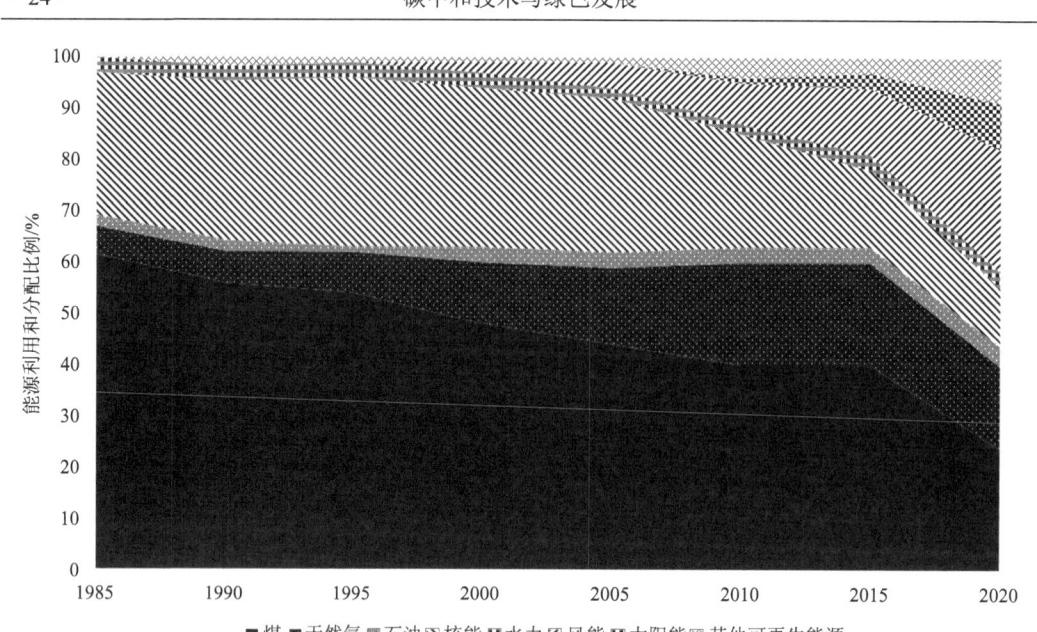

图 2.3 截止到 2020 年德国电力生产中的能源利用和分配情况

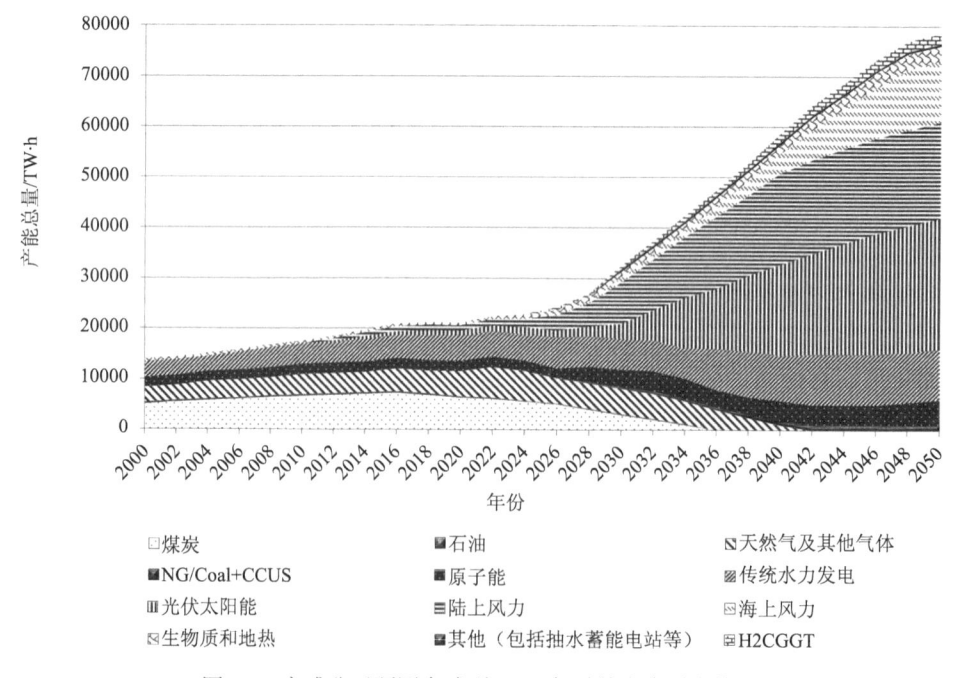

图 2.4 高盛公司预测全球到 2050 年时的电力需求情况

NG 指天然气；Coal 指煤炭；CCUS 指 $CO_2$ 捕集、利用与封存；H2CGGT 指氢能源技术；下同

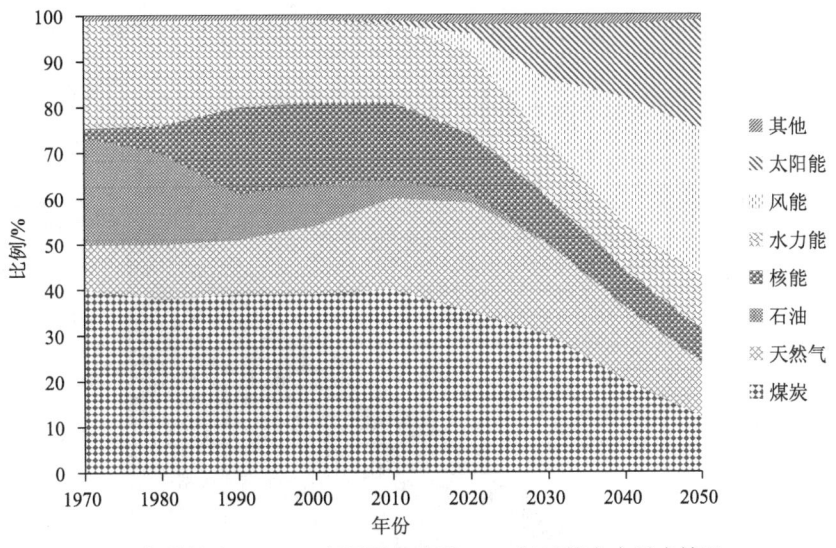

图 2.5 彭博社(Bloomberg)预测全球到 2050 年时的电力需求情况

两家金融机构对风能和太阳能如此乐观，主要原因是在过去十年间风能和太阳能发电的成本快速下降。从 2010 年到 2020 年的十年间，太阳能模组的成本下降了约 89%，风机的成本下降了约 59%。

图 2.6 为彭博社预测到 2050 年中国和美国风能/太阳能的发电成本情况[3]。从图 2.6 中可以看出，根据彭博社的预测，在 2025 年左右无论是中国还是美国，风能和太阳能的发电成本都将会低于煤电等火电的发电成本，成为最低成本的发电方式。当然，不能简单比较发电的成本，风能和太阳能出力不稳的问题还是需要通过高效储能的办法予以解决。

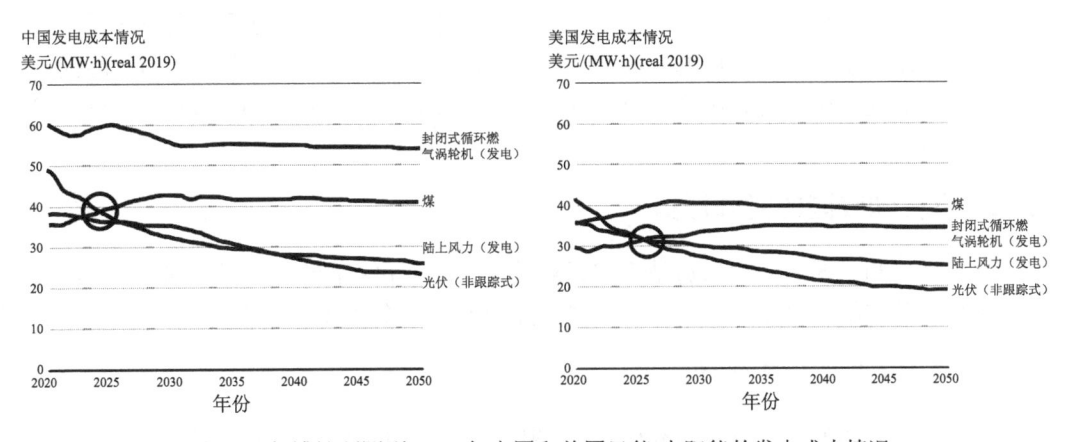

图 2.6 彭博社预测到 2050 年中国和美国风能/太阳能的发电成本情况

图 2.7 为高盛公司预测的到 2060 年时中国的电力需求情况[4]。根据高盛公司的预测，到 2060 年中国的电力需求有望增加到目前的 3 倍，而其中 60%以上的电力将由太阳能和风能提供。这意味着，届时中国的太阳能和风能的累计发电能力将至少是目前的 20

倍以上，其中太阳能将达到目前30多倍的水平，风能将达到目前约12倍的水平。

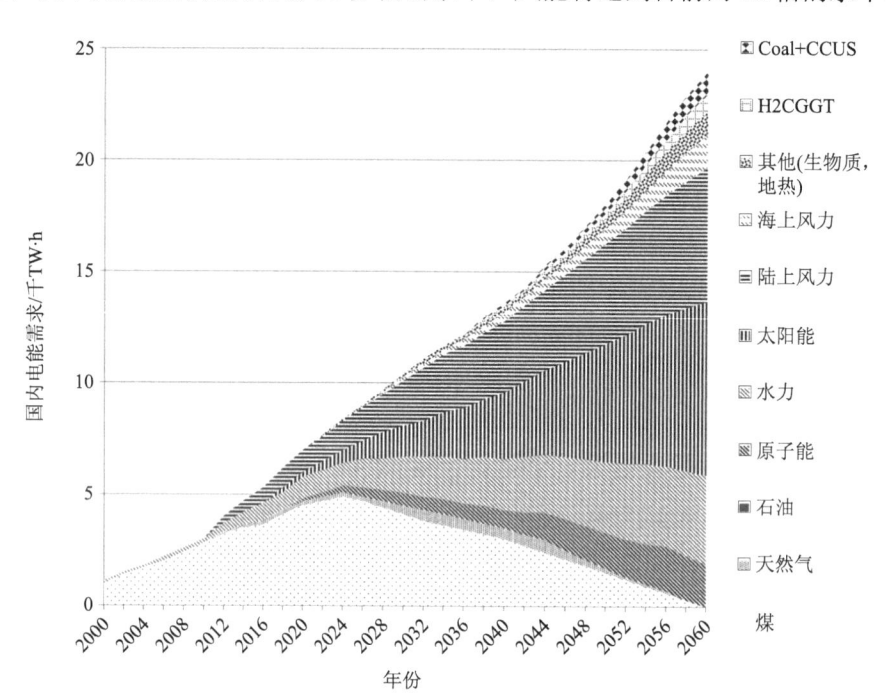

图 2.7 高盛公司预测到2060年中国的电力需求情况

从以上分析可以看出，风能的开发利用与碳达峰和碳中和的关系是非常密切的。我们可以利用风能发电来大量减少煤炭等化石能源的发电量。根据高盛公司的预测，全球到2050年时对电力的需求将是目前的3倍。其中，太阳能和风能提供的电力占比将达到65%，太阳能占35%以上，风能占比接近30%。根据高盛对中国的预测，到2060年中国对电力的需求有望增加到目前的3倍，而其中有60%以上的电力将由太阳能和风能提供。不难看出，无论是全球还是中国，风能的开发与利用对于实现碳达峰、碳中和目标来说意义十分重大。

### 2.1.2 世界和我国的能源形势

目前世界和我国的能源形势是不容乐观的，传统的化石能源随着大规模的开发已经不断减少，并将很快枯竭，而新的替代能源还没有能完全替代传统能源。

#### 2.1.2.1 世界化石能源形势

目前全世界的能源形势是不容乐观的，根据高盛公司对世界能源的预测和统计（《BP世界能源统计2006》），截至2005年全世界已探明的石油储量大概为1636亿t，储采比大概为40.6年；全世界已探明的天然气储量大概为179.8万亿m³，储采比大概为65.1年；全世界已探明的煤炭储量大概为9091亿t，储采比大概为164年[5]。

图2.8为BP集团2008年对世界和中国常规能源（化石能源）储量使用年限的预测[6]，

表 2.1 为 BP 集团 2012 年公布的对世界和中国化石能源储采比预测的数据[7]。从图 2.8 和表 2.1 可以看出石油、煤炭、天然气储量的预测情况。由相关数据可知，世界的能源形势确实不容乐观，必须大力发展可再生新能源以替代传统能源体系。尽快在全世界范围内推行碳达峰和碳中和相关技术已经变得非常迫切。

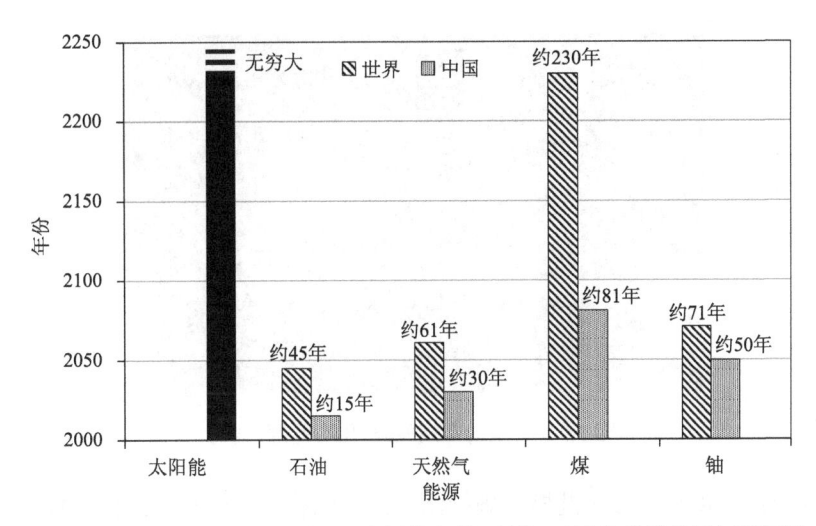

图 2.8 BP 集团 2008 年对世界和中国常规能源(化石能源)储量使用年限预测

**表 2.1　BP 集团 2012 年公布的世界和中国化石能源储采比比较**

| 国家/地区 | 化石能源储采比 (2004/2010) 储采比/a |  |  |
|---|---|---|---|
|  | 石油 | 煤炭 | 天然气 |
| 中国 | 13.4/9.9 | 59/35 | 54.7/29.0 |
| 世界平均 | 40.5/46.2 | 164/118 | 66.7/58.6 |
| 经合组织 | 10.9/13.5 | 180/184 | 13.7/14.7 |
| OPEC | 73.9/85.3 | — | — |
| 美国 | 11.1/11.3 | 245/241 | 9.8/12.6 |
| 俄罗斯 | 21.3/20.6 | >500/495 | 81.5/76.0 |
| 中东地区 | 81.6/81.9 | 399/>500 | >100 |
| 日本 | — | 268/382 | — |

#### 2.1.2.2　我国的能源结构和形势

我国是一个能源大国，在能源结构当中煤炭资源的储量相对比较丰富。图 2.9 为中国的常规能源(化石能源)结构情况[7,8]。如图 2.9 所示，我国的能源结构当中煤炭占比达到了 63%，而石油占比只有 18%，天然气占比仅有 5%。如图 2.8 所示，我国化石能源的储量和可使用年限在世界范围上来看是非常一般的。从图 2.8 可以看出，根据 2008 年的数据统计结果，我国当年自有可开采的煤炭可以再使用约 81 年，石油可以再使用约 15

年，天然气可以再使用约 30 年，以上使用年限均低于世界平均水平。而 2008 年我国的商品能源消费总量就已经达到了 20 亿 t 标油的水平，就能源消费而言，我国已经成为世界第二大能源消费国。我国的能源结构呈现的是"富煤、贫油、少气"的特点，液体燃料供需矛盾日益突出、环境污染日趋严重，$SO_2$ 和 $CO_2$ 的排量分居世界第一和第二位。

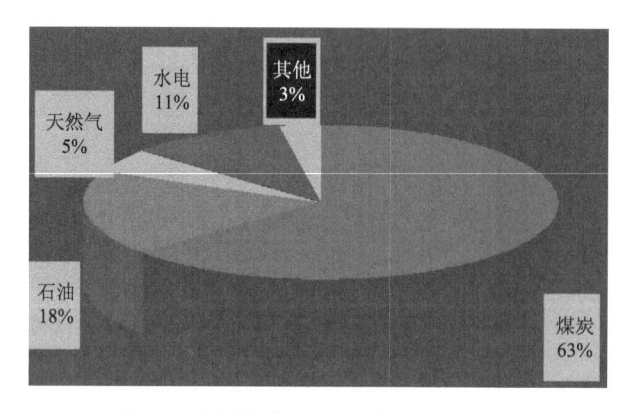

图 2.9　中国的常规能源(化石能源)结构

图 2.10 为 2018 年中国与世界常规能源的消费结构对比[7,8]。可以看出，我国的能源形势较为严峻。直到 2018 年煤炭在我国一次能源中的占比仍然高达 58%，而石油和天然气仅分别占 20% 和 7%。从全球平均水平来看，石油、天然气、煤炭的占比更加均衡，分别为 34%、24%、27%；美国、欧盟的化石能源都更加依赖于石油和天然气，而煤炭占比仅分别为 13% 和 17%。我国的石油和天然气消费都低于世界平均水平。煤炭资源的过度使用是我国成为 $SO_2$ 和 $CO_2$ 排放大国的重要原因之一。根据有关统计，中国人均能源拥有量仅为世界平均值的一半左右，化石燃料的储采比低于世界平均值，但工业能耗又高于工业发达国家。

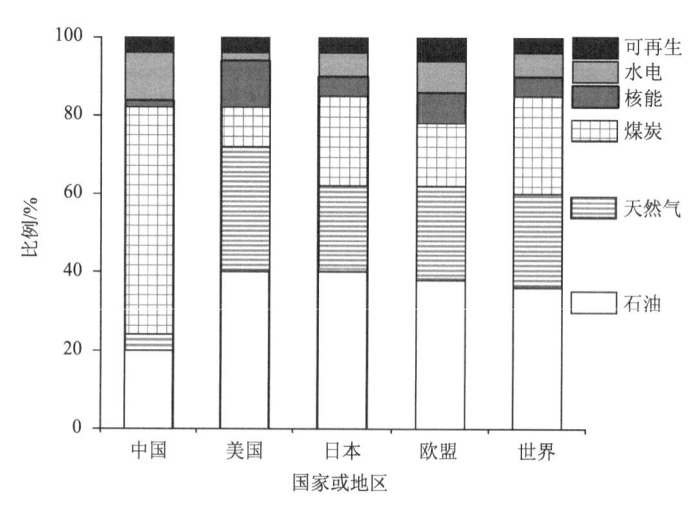

图 2.10　2018 年中国与世界一次常规能源的需求结构对比

从图 2.9 和图 2.10 可以看出，常规能源消费结构中"煤多油少"是目前中国能源消费结构的基本特点，这种结构特征到今后 20 年，甚至到 21 世纪中叶都很难改变。

## 2.2 风能的开发利用与减少碳排放

风能的大规模开发利用对减少碳排放起到了决定性作用。本节主要介绍风能开发利用的必要性、世界风能开发概况、我国风能开发概况和风力发电与减少碳排放等内容。

### 2.2.1 风能开发利用的必要性

化石能源的大量开采和利用是造成人类生存环境恶化的主要原因之一，燃烧化石能源所排放出的 $CO_2$ 和含硫化合物直接导致了地球温室效应和酸雨的产生。图 2.11 为地球 $CO_2$ 排放的历史情况，图 2.12 为燃烧化石能源造成地球 $CO_2$ 排放的历史情况，图 2.13 为燃烧化石能源造成地球环境温度上升的历史情况[9-11]。

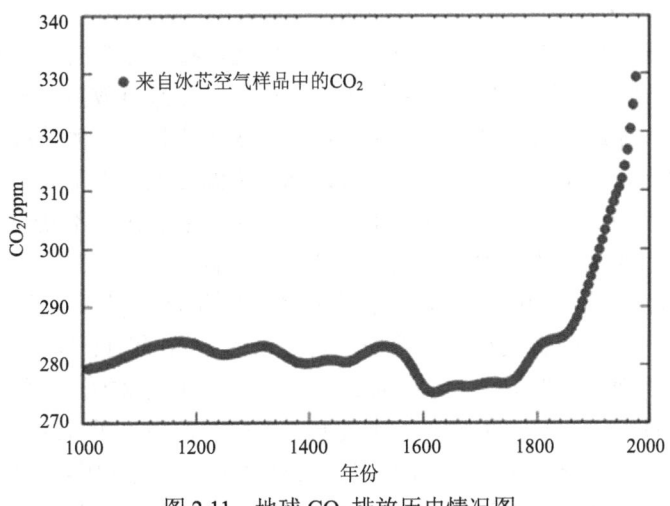

图 2.11 地球 $CO_2$ 排放历史情况图

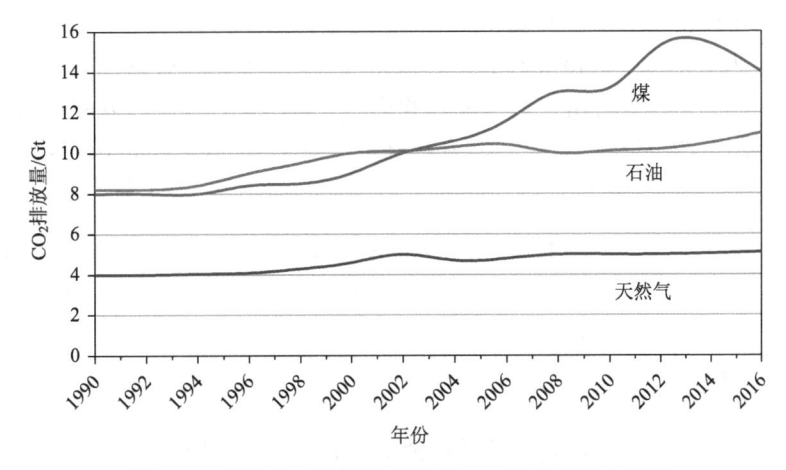

图 2.12 燃烧化石能源造成地球 $CO_2$ 排放的历史情况

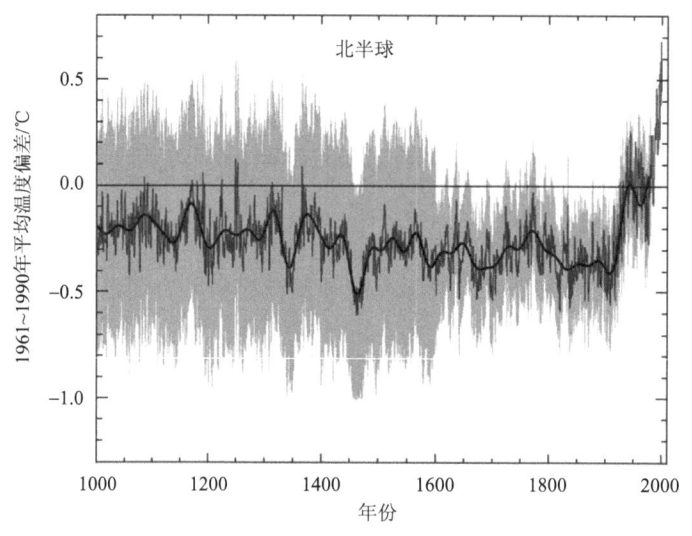

图 2.13 燃烧化石能源造成地球环境温度上升的历史情况

从图 2.11 地球 $CO_2$ 排放历史情况和图 2.12 燃烧化石能源造成地球 $CO_2$ 排放的历史情况来看,自 18 世纪人类进入工业革命以来,地球的 $CO_2$ 排放量呈直线上升的趋势。其原因主要是化石能源的大量开采和利用。从图 2.13 燃烧化石能源造成地球环境温度上升的历史情况来看,自 19 世纪 20 年代以来地球环境温度上升得十分明显。

地球环境温度的明显上升直接导致了高山上冰雪覆盖的区域不断缩小,如加拿大境内的落基山脉等山体上的冰雪大量融化。全球范围内有大量的研究表明,地球环境温度明显上升,不仅直接导致高山上冰雪区域缩小,而且使地球南极和北极的冰川开始融化,这将会进一步导致海平面的上升[11]。根据中新网北京 2006 年 11 月 16 日的消息,由于温室效应造成海平面不断地上升,大洋洲岛国图瓦卢的居民将被迫举国搬迁。而酸雨会对森林、土壤、渔业、原料、生物、人类健康带来严重危害。所有这一切都是由于对化石能源的过度开采和不合理利用造成的,我们只有更加广泛地使用可再生能源,减少 $CO_2$ 的排放,进一步提高能源利用效率,才能够真正解决上述问题。从这个角度上来说,风能的开发和利用就变得非常有必要。

21 世纪,人类面临着经济和社会可持续发展的双重挑战,必须在有限资源和环境保护要求的双重制约下发展经济,这就要求我们所寻求的替代能源必须是可再生的清洁能源。目前,风能开发与利用的最有效的方式就是风力发电,表 2.2 是不同发电方式的 $CO_2$ 排放量情况。

表 2.2 不同发电方式 $CO_2$ 排放量　　　　[单位: g/(kW·h)]

| 燃煤发电 | 燃油发电 | LNG 发电 | 风力、太阳能发电 |
|---|---|---|---|
| 246.32 | 188.42 | 128.86 | 0 |

注:LNG 指液化天然气。

从表 2.2 不同发电方式 $CO_2$ 排放量的情况来看,燃煤发电方式的 $CO_2$ 排放量是最高的,风力发电和太阳能发电方式的 $CO_2$ 排放量是最低的,几乎是零。可以说风力发电和太阳能发电对于减少 $CO_2$ 排放,缓解地球温室效应和防止酸雨的产生,尽早实现碳达峰、碳中和目标来说具有非常重要的意义。

### 2.2.2 世界风能开发概况

地球上的风能资源是十分丰富的,根据相关资料统计,每年来自外层空间的辐射能为 $1.5 \times 10^{18}$ kW·h,其中约 2.5%即 $3.8 \times 10^{16}$ kW·h 的能量被大气层吸收,产生大约 $4.3 \times 10^{12}$ kW·h 的风能。风能是一种清洁而稳定的可再生能源,在环境污染和温室气体排放日益严重的今天,风力发电作为全球公认的可以有效减缓气候变化、提高能源安全、促进低碳经济增长的方案,已得到各国政府、投融资机构、技术研发机构、项目运营企业等的高度关注。相应地,风电也成为近年来世界上增长速度最快的新能源形式。

20 世纪 70 年代,石油危机的爆发对世界经济造成了巨大影响。石油资源作为化石能源,储藏量有限,在目前世界能源消费仍以石油为主导的情况下,如果能源消费结构不改变,那么能源危机将会提前到来。在此背景下,各国政府都在积极寻求替代化石燃料的能源并竭力发展新能源技术。由于与其他新能源技术相比,风电技术相对成熟,且具有更高的成本效益和资源有效性,因此在过去的 30 多年里,风电发展不断超越其预期的发展速度,一直保持着全球增长速度最快的能源地位。

图 2.14 为 2015~2019 年全球风电装机总容量增长情况[12]。从图 2.14 中的数据可以看出,全球在 2015~2019 年,陆上和海上风电每年新增装机总容量一直处于逐年增加的趋势。图 2.15 为全球 2001~2013 年风电累计装机容量及增长率的变化情况[13]。从图 2.15 中可以看出,自 2007 年开始全球风电累计装机容量的增长速度是明显加快的。根据全球风能理事会(Global Wind Energy Council)统计的数据,在 2001~2013 年的 12 年间,全球风电累计装机容量的年复合增长率达到了 24.08%,累计总装机容量从 2001 年 12 月 31 日的 23900 MW 增加至 2013 年 12 月 31 日的 318137 MW[13,14]。

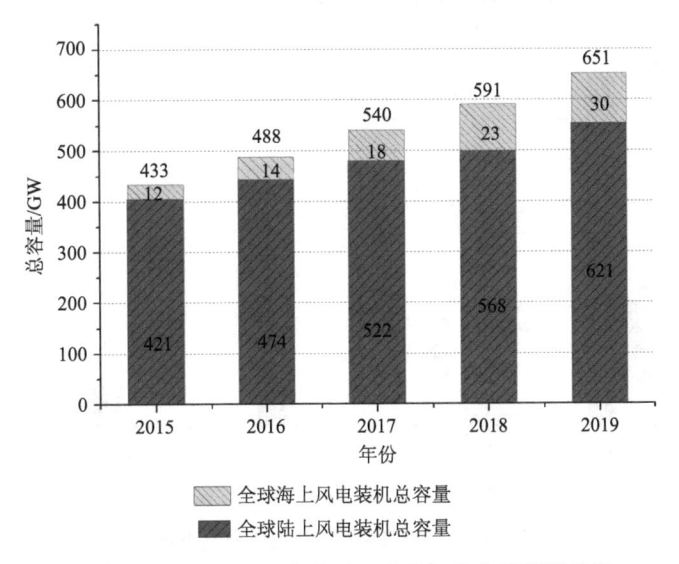

图 2.14 2015~2019 年全球风电装机总容量增长情况

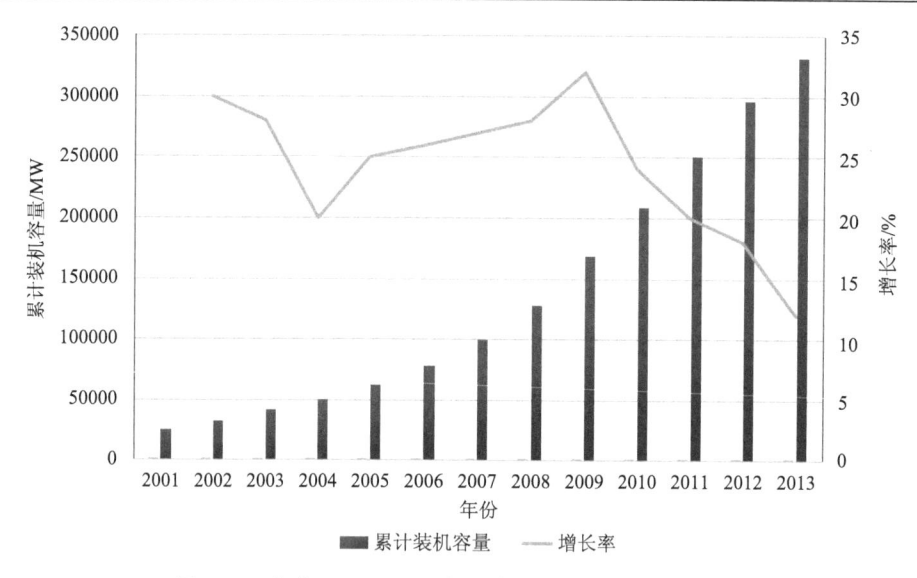

图 2.15　全球 2001～2013 年风电累计装机容量及增长率

图 2.16 为全球 2007 年前的风力发电地区分布情况,图 2.17 为全球 2007 年前各国的风电累计装机容量对比情况[12-14]。表 2.3 为截至 2013 年底全球前五大风电市场的风电累计装机容量[12-14]。从图 2.16 和图 2.17 的对比情况看,2007 年前全球风力发电累计装机容量比较多的地区是欧洲各国和美国,欧洲装机容量比较多的是德国和西班牙。而从表 2.3 可以看出,到 2013 年底,中国已经成为全球最大的风电市场,风电累计装机容量是全球最多的。按照 2013 年底的风电累计装机容量计算,全球前五大风电市场依次为中国、美国、德国、西班牙和印度。在 2001 年至 2013 年间,上述五个国家风电累计装机容量年均复合增长率均超过了 10%,而中国则达到了 57.12%,成为全球第一大风电市场,累计装机容量年均复合增长率也是全球最高的[12-14]。

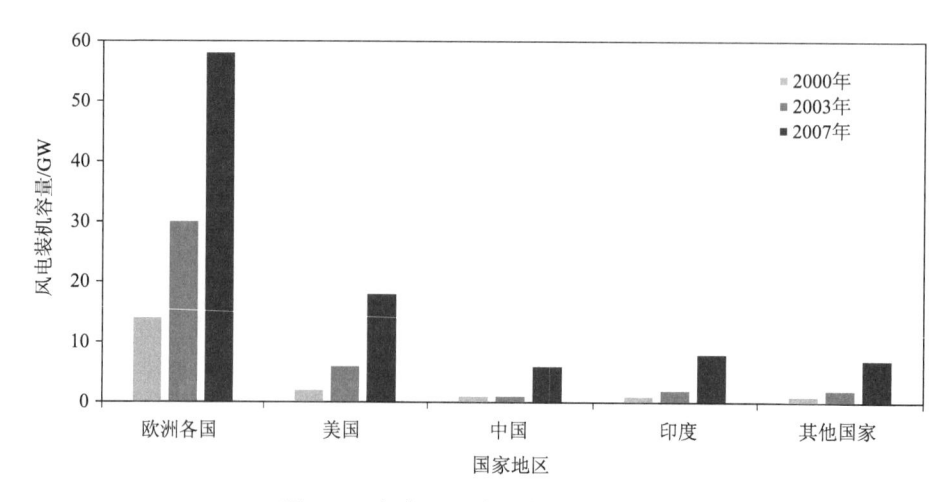

图 2.16　全球 2007 年前的风力发电地区分布

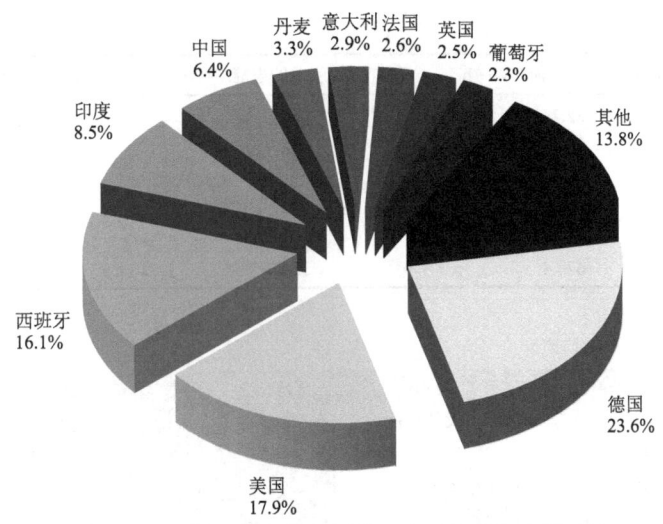

图 2.17 全球 2007 年前各国的风电累计装机容量对比

表 2.3 截至 2013 年底全球前五大风电市场风电累计装机容量

| 国家 | 截至 2001 年 12 月 31 日风电累计装机容量/MW | 截至 2013 年 12 月 31 日风电累计装机容量/MW | 2001～2013 年年均复合增长率/% |
| --- | --- | --- | --- |
| 中国 | 404 | 91424 | 57.12 |
| 美国 | 4275 | 61091 | 24.81 |
| 德国 | 8754 | 34250 | 12.04 |
| 西班牙 | 3337 | 22959 | 17.44 |
| 印度 | 1456 | 20150 | 24.40 |

表 2.4 为截至 2015 年世界所有能源发电数据和风力发电占世界总发电量的份额。图 2.18 为根据表 2.4 数据所绘制的截至 2015 年风力发电占世界总发电量的份额曲线图[12-14]。从表 2.4 中具体数据和图 2.18 中曲线图可看出，从 1996 年到 2005 年的 10 年间，全球风力发电占世界总发电量份额的增长速度是比较缓慢的，而 2005 年后风力发电占世界总发电量份额的增长速度是比较快的，2005 年为 0.69%，到 2015 年已增长到接近 3.00%，但总体上所占比例还是不高。

表 2.4 截至 2015 年世界所有能源发电数据和风力发电占世界总发电量的份额

| 年份 | 风能所发的电能/TW·h | 所有能源所发的电能/TW·h | 风力发电占世界总发电量的份额/% |
| --- | --- | --- | --- |
| 1996 | 12.23 | 13613 | 0.09 |
| 1997 | 15.39 | 13949 | 0.11 |
| 1998 | 21.25 | 14340 | 0.15 |
| 1999 | 23.18 | 14741 | 0.16 |
| 2000 | 37.30 | 15153 | 0.25 |
| 2001 | 50.27 | 15577 | 0.32 |
| 2002 | 64.81 | 16233 | 0.40 |

续表

| 年份 | 风能所发的电能/TW·h | 所有能源所发的电能/TW·h | 风力发电占世界总发电量的份额/% |
|---|---|---|---|
| 2003 | 82.24 | 16671 | 0.49 |
| 2004 | 96.50 | 17019 | 0.57 |
| 2005 | 120.47 | 17512 | 0.69 |
| 2010 | 312.8 | 19634 | 1.59 |
| 2015 | 679.4 | 23178 | 2.93 |

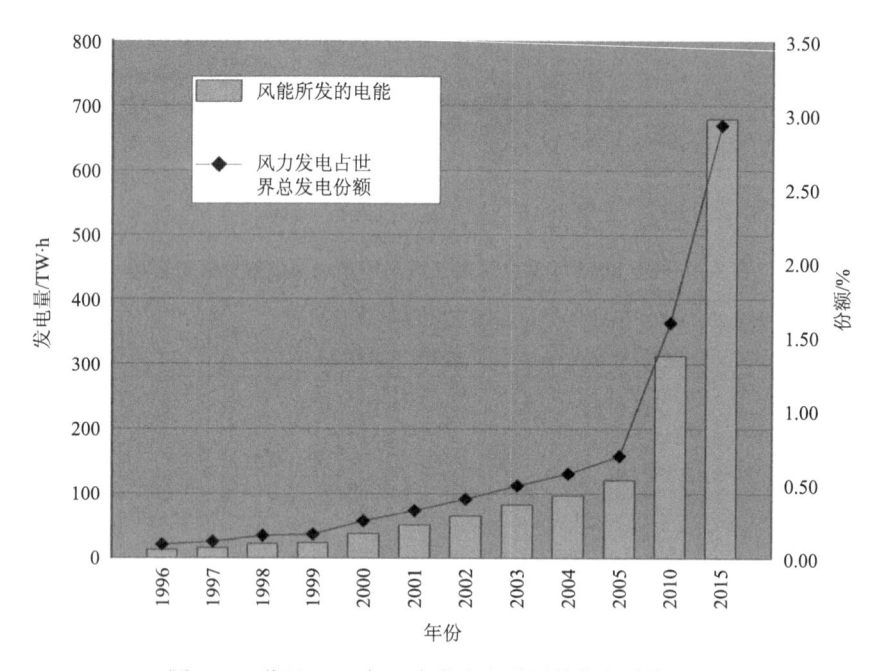

图 2.18 截至 2015 年风力发电占世界总发电量的份额

目前风电产业在全球普及的程度有所提高，已有 100 多个国家开始发展风电。但市场相对集中，主要集中在欧洲、亚洲和北美。根据全球风能理事会的统计数据，2007 年上述三个地区在全球风电累计装机容量中占据 97.62%的比例，至 2013 年底，依然保持 96.91%的比例。从国家来看，截至 2013 年底，全球前十大风电装机容量国家合计装机容量占全球总量的 84.8%，其中前五大国家合计占全球总量的 72.2%。2013 年全球前十大新增装机容量国家新增容量合计占全球新增总量的 81.0%，其中前五大国家新增装机容量合计占全球总量的 69.2%[12-14]。

除了欧洲、北美、亚洲之外，非洲和拉丁美洲也显现出快速发展的迹象。根据全球风能理事会的预测，拉丁美洲风机装机容量在 2010~2015 年将实现 56.75%的年复合增长率，其中巴西和墨西哥是拉丁美洲风电发展较为集中的地区。

目前风力发电成本已经初步具备竞争优势。风力发电已成为当前技术最成熟和最具商业应用价值的可再生能源之一，与传统能源相比，风力发电有着清洁、安全、可再生等优点。在忽略火力发电环境治理投资和运营费用的基础上，"成本过高"曾经被认为是风电的弱点。但作为全球减排的最重要手段之一，风力发电的经济性受到越来越多的关注，随着风电在能源供应中的比例日益增大，各大风电运营企业不断提高成本意识，致力于减少风电与传统电力间的成本差异，推动产业快速、健康发展。

一方面，风机价格下降降低了风电成本。自 2004 年中期开始，高涨的风电市场需求曾经使风机的价格一路飙升。然而到 2008 年，由于配套生产能力的提高及关键部件和主要部件的供应基本平衡，风机的价格开始趋于平稳。2009 年以来，随着我国风机产能的不断增长，欧美市场需求受全球金融危机等综合因素影响，风机制造商在成本和质量上的竞争日益激烈，风机价格持续下降。因为风机价格的下降，2011 年初风电成本已经降到了历史新低。另一方面，风电场选址的优化、风场运营效率的提高、风机质量和维护水平的提升等同样起到了降低风电成本的作用。目前，在北美及欧盟各国，风电的收购价格已经和其他能源一致。图 2.19 为全球风力发电成本走势。

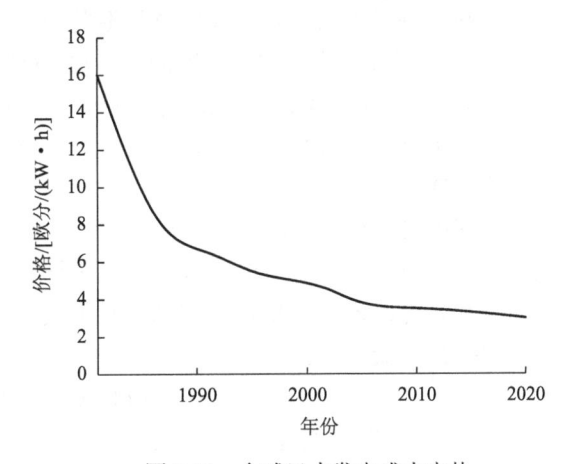

图 2.19　全球风力发电成本走势

从图 2.19 可以看出，全球的风力发电成本一直是在下降的，到 2020 年全球每千瓦时的风力发电成本从 1981 年的 16 欧分下降到了 3 欧分左右，已经具备与火力发电竞争的条件[15]。

根据 2020 年前瞻网发布的《2020 年全球及中国风电行业市场现状及发展前景分析》[16]，目前风电机组的技术更新速度在加快，机组大型化已成为发展的趋势。随着现代风电技术的不断发展，新产品、新技术不断涌现。第一，风电机组呈现大型化趋势。全球目前最大的风机直径已经达到 160 m，风力发电机组最大容量已经达到 10 MW 以上。理论上，风电机组单机功率越大，每千瓦时风电成本越低，因此风电机组的技术发展趋势向增大单机容量、减轻单位千瓦重量、提高转换效率的方向发展。大型风机的出现，也为开发海上风电提供了条件。第二，风电机组向适应低风速区发展。随着风能转化效率的提高，使得较低风速区域也可以建设大规模的风电场，推动了风力发电在更广泛的范围内快速发展。

海上风电快速增长，将成为风电开发的重要发展方向。从全球风电的发展情况来看，由于陆地风电场可开发的地方逐渐减少，而海上风能资源丰富稳定，且沿海地区经济发达，电网容量大，风电接入条件好，风电场开发已呈现由陆上向近海发展的趋势。目前全球共有 12 个国家建立了海上风电场，其中 10 个在欧洲，其余为中国和日本。我国东部沿海地区的经济发展和电网特点与欧洲类似，适合大规模发展海上风电。2021 年，国家推出了江苏及山东沿海两个千万千瓦级风电基地的建设规划，并在 2017 年出台了《海上风电开发建设管理办法》。与此同时，海上风电建设也取得了重大突破，2010 年我国第一个国家海上风电示范项目——上海东海大桥 102 MW 海上风电场的 34 台机组已经实现并网发电[12]。

目前在鼓励风电发展的相关政策方面许多国家都出台了相应的政策和法案。亚洲、欧洲、北美是全球风电领域最为发达的三个地区，引领着全球风电产业的发展。这三个地区的累计装机容量超过全球装机总容量的 97%。其中，欧美均属于发达国家，无法享受到《京都议定书》中的履约机制，即清洁发展机制（CDM）的收益[17]。但是，其政府制定的风电激励机制，很好地支持了本国风电产业保持长期蓬勃的发展。

欧洲各国政府的支持政策可以归纳为两种类型，即固定上网电价制和证书补贴制[12]。

固定上网电价制，代表国家有德国、法国、西班牙、丹麦[12]。由政府制定统一的较高的风电上网电价，弥补了风电场投资的高成本，使投资者获得合理的利润，提高了投资者的热情，推动了行业的发展。

证书补贴制，代表国家有瑞典、英国、波兰、罗马尼亚[12]。这些国家的政府通过立法确定：除了风电场正常并网发电售电所获得的收入外，风电场每发一度电，将获得相应数量的证书，风电场的所有者可以通过在特定的市场交易中获得的证书换取额外的收入，从而保证了风电产业的持续健康发展。

由于美国的电价水平不高，其风电产业的发展与政府长期实行的完善合理的税务和促进政策密不可分，主要可分为两种类型：生产税收抵免（PTC）和投资税收抵免（ITC）[12]。

生产税收抵免（PTC），风电场所发电力收入，享受长期的所得税抵免权利，这种权利可以通过合作的方式出售给另一家或多家在美国注册并运营的企业，这样的企业称为税务投资人。通过这种交易，税务投资人获得了免税的额度，从而在自己的经营中获得了利益；而风电场所有者，获得了税务投资人购买免税额度所带来的额外收入，增加了投资运营风电场的收益[12]。

投资税收抵免（ITC），风电场所有者在规定的时间节点前完成风电场的建设，联邦政府将会把跟风力发电直接关联的设备总投资金额的 30% 以现金的方式返还给投资者，不仅加快了投资者资金回收的速度，还提高了风电场的收益[12]。

### 2.2.3 我国风能开发概况

我国幅员辽阔、海岸线长，陆地面积约为 960 万 km$^2$，海岸线（包括岛屿）长达 32000 km，拥有丰富的风能资源，并具有巨大的风能发展潜力[12]。

根据中国风能密度分布和中国每年 3～20 m/s 风速累计小时数分布情况，中国气象局在 2009 年公布了离地面高度为 50 m 的风能资源测量数据，其中达到三级以上风能资源陆上潜在开发量的为 2380 GW（三级风能资源指风功率密度大于 300 W/m$^2$），达到四级以上风能资源陆上潜在开发量的为 1130 GW（四级风能资源指风功率密度大于 400 W/m²），而且 5~25 m 水深线以内的近海区域三级以上风能资源潜在开发量为 200 GW。根据有关方面的统计，我国是风力资源较为丰富的国家之一，每年可开发利用的风能约 1 亿 kW[12]。

中国的风能分区及占全国面积百分比如表 2.5 所示[12]。我国的风能资源分布相对比较广泛，其中较为丰富的地区主要集中在东南沿海和附近岛屿，以及北部（东北、华北、西北）的三北地区，内陆也有个别风能丰富点，近海区域风能资源相对较为丰富。

表 2.5　中国风能分区及占全国面积百分比

| 指标 | 丰富区 | 较丰富区 | 可利用区 | 贫乏区 |
| --- | --- | --- | --- | --- |
| 年有效风能密度/(W/m²) | >200 | 200~150 | 150~50 | <50 |
| 年风速 3 m/s 累计小时数/h | >5000 | 5000~4000 | 4000~2000 | <2000 |
| 年风速 6 m/s 累计小时数/h | >2200 | 2200~1500 | 1500~350 | <350 |
| 占全国面积的百分比/% | 8 | 18 | 50 | 24 |

沿海及其岛屿地区主要包括山东、江苏、上海、浙江、福建、广东、广西和海南等省（市、区）沿海近 10 km 宽的地带，年风功率密度在 200 W/m² 以上，风功率密度线平行于海岸线。

北部地区风能丰富带主要包括东北三省、河北、内蒙古、甘肃、宁夏和新疆等省（自治区）近 200 km 宽的地带。风功率密度在 200~300 W/m²，有的可达 500 W/m² 以上，如阿拉山口、达坂城、辉腾锡勒、锡林浩特的辉腾梁、承德围场等地区。

内陆风能丰富区，风功率密度一般在 100 W/m² 以下，但是在一些地区由于湖泊和特殊地形的影响，风能资源也较为丰富。

近海风能丰富区，东部沿海水深 5~20 m 的海域面积辽阔，但受到航线、港口、养殖等海洋功能区划的限制，近海实际的技术可开发风能资源量远远小于陆上。不过在江苏、福建、山东和广东等地，近海风能资源丰富，距离电力负荷中心很近，近海风电可以成为这些地区未来发展的一项重要的清洁能源。

我国大部分风能资源地理分布与现有电力负荷不匹配。沿海地区电力负荷大，但是风能资源丰富的陆地面积小；北部地区风能资源很丰富，电力负荷却较小，给风电的经济开发带来困难。由于大多数风能资源丰富区，远离电力负荷中心，电网建设薄弱，大规模开发需要电网延伸的支撑。

我国风能资源的季节性很强，一般春、秋和冬季丰富，夏季贫乏，不过风能资源的季节分布恰好与水能资源互补。我国水能资源是夏季丰富，雨季在南方大致是 3~6 月或 4~7 月。因此，大规模发展风力发电可以在一定程度上弥补我国水电冬春两季枯水期发电电力和电量不足的缺陷。

我国风电场建设始于 20 世纪 80 年代，其后，经历了初期示范阶段和产业化建设阶段，装机容量平稳、缓慢增长。图 2.20 为中国 2007 年前风力发电增长情况[18]。自 2003 年起，随着国家发改委首期风电特许权项目的招标，风电场建设进入规模化及国产化阶段，装机容量增长迅速。特别是从 2006 年开始，连续四年装机容量翻番，形成了爆发式的增长态势。从图 2.20 可以看出，自 2003 年起，我国的风力发电增长速度是非常快的。

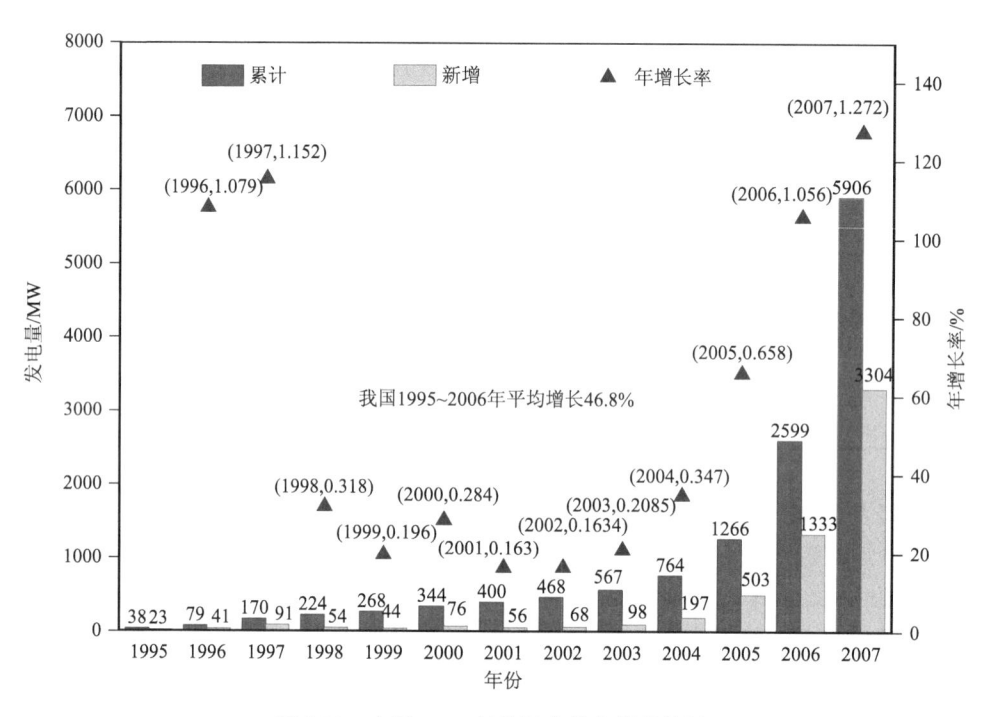

图 2.20　中国 2007 年前风力发电增长情况

据全球风能理事会统计，2009 年中国在风力发电装机容量方面增加量约为 13800 MW，和 2008 年相比增加了 1.24 倍。在新增装机容量方面跃居世界榜首，在 2009 年超过了当时排世界第二的美国。在装机总容量方面也是屡破新高，成功跃居德国和西班牙之上，成为全球装机容量第二大国家。仅仅在一年之后的 2010 年，我国就超过了美国，成为装机总容量全球第一的国家，累计装机容量增加到 4473 万 kW。而新增装机容量仍然位居全球榜首，达到了 1893 万 kW。在"十一五"规划中，中国的风力发电产业发展更加迅猛。在规划的 5 年中，新增装机容量增加了 40 多倍。2011 年首届中国储能产业发展国际峰会召开，会上提出了在"十二五"规划期间政府将出台推进风电产业向分布式发展的新政策。要求风能发电实行以集中式开发和分布式接入双向发展的模式。根据当时的情况推测，到 21 世纪 30 年代初我国风力发电机组装机容量将有可能大大超过预估的 2.3 亿 kW，甚至可能到达 3 亿 kW 规模[12, 14, 18]。根据国家能源局 2016 年 11 月公布的《风电发展"十三五"规划》，在"十三五"规划期间我国将加快开发中东部和南方地区陆上风能资源，按照"就近接入、本地消纳"的原则，发挥风能资源分布广泛和应用灵活的特点，在做好环境保护、水土保持和植被恢复工作的基础上，加快中东部和南方地区陆上风能资源规模化开发。结合电网布局和农村电网改造升级，考虑资源、土地、交通运输以及施工安装等建设条件，因地制宜推动接入低压配电网的分散式风电开发建设，推动风电与其他分布式能源融合发展。到 2020 年，中东部和南方地区陆上风电新增并网装机容量 4200 万 kW 以上，累计并网装机容量达到 7000 万 kW 以上。为确保完成非化石能源比重目标，相关省（区、市）制定本地区风电发展规划不应低于规划确定的发展目标。在确保消纳的基础上，鼓励各省(区、市)进一步扩大风电发展规模，鼓励风电占比较低、运行情况良好的地区积极接受外来风电[19]。

据全球风能理事会的统计，2010 年我国除台湾省外共新增风电机组 12904 台，新增装机容量达 18928 MW，2011 年新增装机容量 18000 MW，继续保持全球新增装机容量第一的排名。2012 年新增装机容量 12960 MW，位列全球新增装机容量第二位，2013 年新增装机容量 16100 MW，位列全球新增装机容量第一[12, 14]。2010 年底我国累计风电装机容量为 44733 MW，全球累计装机容量排名由 2008 年的第 4 位、2009 年的第 2 位上升到 2010 年的第 1 位。2011～2013 年累计装机容量增长率分别为 40.24%、20.07%、21.37%，2001～2013 年我国风电累计装机容量及年增长率如表 2.6 所示[12, 14, 18]。

表 2.6  2001～2013 年我国风电累计装机容量及年增长率

| 年份 | 截至当年 12 月 31 日风电累计装机容量/MW | 年增长率/% |
| --- | --- | --- |
| 2001 | 404 | — |
| 2002 | 470 | 16.34 |
| 2003 | 568 | 20.85 |
| 2004 | 765 | 34.68 |
| 2005 | 1272 | 66.27 |
| 2006 | 2559 | 101.18 |
| 2007 | 5871 | 129.43 |
| 2008 | 12024 | 104.80 |
| 2009 | 25805 | 114.61 |
| 2010 | 44733 | 73.35 |
| 2011 | 62733 | 40.24 |
| 2012 | 75324 | 20.07 |
| 2013 | 91424 | 21.37 |

大规模集中开发是我国在"十一五"期间风电开发的主要模式。在"十一五"期间，为了更好推动我国风电发展，国家发改委于 2008 年提出了按照"建设大基地、融入大电网"的要求，规划建设八个千万千瓦级风电基地的发展目标。八个千万千瓦级风电基地分别位于甘肃酒泉、新疆哈密、河北、吉林、内蒙古东部、内蒙古西部、江苏、山东等风能资源丰富的地区。

在"十二五"期间，提出了规模化和分布式发展相结合的风电发展模式。在"十一五"期间风电场建设比较密集，但绝大部分分布于"三北"（华北、西北、东北)地区，远离东南部电力消费地区，使得风电并网难度较高。因此在"十二五"期间，国家能源局提出了我国的风电发展模式为"大型风电基地建设为中心，规模化和分布式发展相结合"，即在过去建立大基地融入大电网促进风电规模化发展的基础上，支持资源不太丰富的地区，发展低风速风电场，倡导分散式开发模式。这样能避免风电场由于过度集中而对电网造成压力，尤其是在东部建设低风速风电场可以就近为东部电力负荷较大的地区供电，缓解电网输配电压力。

在"十二五"期间，我国规划建设了 1 亿 kW 的风电装机目标，确定了三条具体的风电规划路径，分别为陆上大型风电基地建设、陆上分散式风电并网开发、海上风电基地建设。

陆上分散式风电并网开发建设，主要是对山西、辽宁、黑龙江、宁夏、河南、江西、湖南、湖北、安徽、云南、四川、贵州及其他内陆省份，由于资源条件和建设条件较好，故适宜作为分散式并网开发的场址，可以因地制宜开发建设中小型风电项目。

海上风电基地的建设，主要是在江苏、山东、河北、上海、浙江、福建、广东、广西和海南等沿海区域开发建设海上风电场。到 2020 年底，已经实现了海上风电场装机容量 899 万 kW。图 2.21 为 2014~2020 年全国海上风电累计装机容量情况[20]。

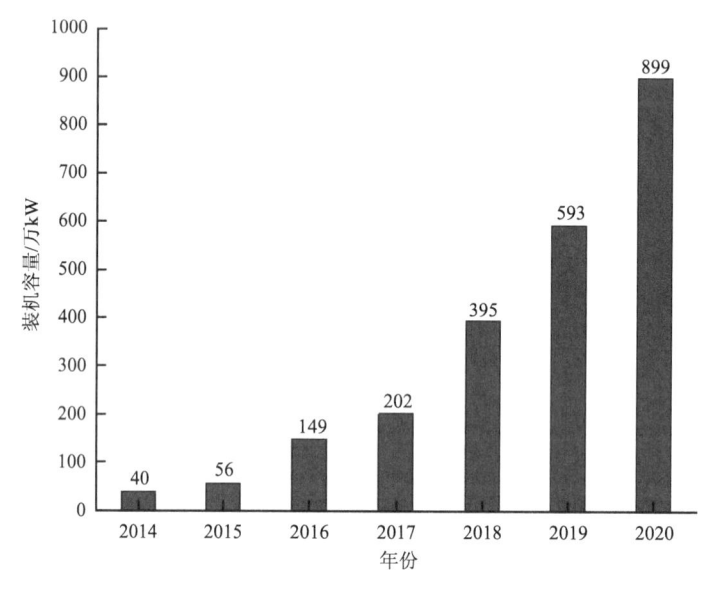

图 2.21　2014~2020 年全国海上风电累计装机容量

在"十三五"期间，对于风电我国继续实行了规模化和分布式发展相结合的建设模式。如表 2.7 所公布的 2020 年中国各类电源装机及发电量统计数据显示，到 2020 年全国风电累计装机容量已经达到 2.815 亿 kW。根据国网能源研究院有限公司编写的《2021 中国新能源发电分析报告》[20]，到 2020 年底，我国陆上风电累计装机容量达到了 2.71 亿 kW，海上风电累计装机容量约为 899 万 kW，同比增长了 52%，分布主要集中在江苏、上海、浙江、福建和广东沿海。"十三五"期间海上风电新增装机容量为 843 万 kW。2020 年全国风电新增装机容量为 7167 万 kW，是 2019 年新增装机容量的 2.8 倍，风电累计装机容量为 2.8 亿 kW，同比 2019 年增长了 34.59%，占全国各类电源总装机容量的 12.79%。

表 2.7 2020 年中国各类电源装机及发电量统计

| 序号 | 发电类型 | 装机/万 kW | 装机增长/% | 装机占比/% | 装机占比变动/% | 发电量/亿 kW·h | 发电量增长/% | 发电量占比/% | 发电量占比变动/% |
|---|---|---|---|---|---|---|---|---|---|
| 1 | 燃煤 | 107990 | 3.77 | 49.06 | −2.71 | 46320 | 1.72 | 60.79 | −1.36 |
| 2 | 水力 | 37020 | 3.40 | 16.82 | −0.99 | 13550 | 4.06 | 17.78 | 0.01 |
| 3 | 风力 | 28150 | 34.59 | 12.79 | 2.39 | 4670 | 15.22 | 6.13 | 0.60 |
| 4 | 太阳能 | 25410 | 24.45 | 11.54 | 1.39 | 2610 | 16.67 | 3.43 | 0.38 |
| 5 | 燃气 | 9800 | 8.60 | 4.45 | −0.04 | 2490 | 7.10 | 3.27 | 0.10 |
| 6 | 核电 | 4990 | 2.38 | 2.27 | −0.15 | 3660 | 4.96 | 4.80 | 0.04 |
| 7 | 生物质 | 2952 | 30.97 | 1.34 | 0.22 | 1330 | 19.71 | 1.75 | 0.23 |
| 8 | 其他火电 | 3770 | 4.26 | 1.71 | −0.09 | 1620 | 8.65 | 2.13 | 0.09 |
| 9 | 合计 | 220082 | 9.50 | 100 | 0.00 | 76250 | 4.00 | 100.00 | 0.00 |

到 2020 年底，中国风电新增装机规模已经占全球总新增装机规模的 2/3，是美国的 5 倍，中国已经成为全球风力发电规模最大、增长最快的市场，在风力发电新增装机容量、风力发电规模、风力发电增长率方面都已位居全球第一[14, 18]。

## 2.2.4 风力发电与减少碳排放

风力发电是目前全世界公认的风能开发与利用的最重要和最有效的技术手段，也是减少碳排放最有效的技术路径之一。

### 2.2.4.1 世界风力发电减少碳排放概况

根据国际新能源网 2020 年 2 月 10 日公布的题为《减少碳排放提高风力发电能力》的文章介绍[21]，美国的堪萨斯城电力公司的母公司 Evergy 于 2019 年宣布计划减少碳产量，并在其电力公司的机队中增加可再生能源。到 2050 年，这家公用事业供应商将比 2005 年减少 80%的 $CO_2$ 排放量，并将其风能组合扩大至 660 MW。到 2020 年底，Evergy 已实现 40%的碳减排量。为了实现碳减排，该公司计划在 2040～2050 年期间将几乎所有的煤电厂退出发电序列。该公司的 660 MW 风电将来自四个新项目，这将使 Evergy 的总风力发电能力提高到超过 4.5 GW，使其跻身至美国前五大风能供应企业。

根据中国能源报 2020 年 2 月 26 日的报道，2019 年欧洲风光发电量首超煤电[22]。德国能源转型智库能源转型集会(Agora Energiewende)和英国气候变化组织 Sandbag 共同发布《欧洲电力部门 2019》报告(以下简称"报告")指出[22]：2019 年，欧洲风能和太阳能提供的电力首次超过了煤炭。仅仅一年，欧盟的煤炭发电量就下降了 24%，且欧盟各国均提出了逐步淘汰煤炭的计划。欧洲电力的清洁转型正在加速。

报告数据显示，2019 年，欧盟的可再生能源发电(不包括水电)增加了 65 TW·h，发电量占欧盟总发电量的 35%。其中，风能和太阳能的发电量首次超过了煤炭，占总发电量的 18%；生物质能发电量增长了 1%，大部分来自英国和意大利；水力发电量同比下降了 6%。

报告还指出："风能和太阳能的增长速度表明，低成本可再生能源的经济机会越来越明显。"根据欧盟委员会"长期战略"的设想，到 2030 年，风能发电总量将会达到 350 GW，太阳能发电能力将达到 320 GW。

报告中数据还显示，2019 年，欧洲风力发电量增加了 14%，主要增长点在德国、法国、西班牙、英国、瑞典、荷兰和意大利。欧洲风能行业协会预计，到 2023 年，欧洲陆上风力发电量有望年均增加 1220 万 kW，其中，德国、西班牙、法国和瑞典将成为市场领头羊；到 2023 年底，平均每年将有 370 万 kW 的海上风电投入使用。

根据报告，2019 年，由于可再生能源的增长和传统化石燃料发电需求的减少，欧洲化石燃料发电总量下降了 4%。其中，2012 年至 2019 年期间，欧盟煤炭发电总量下降了 24%。欧盟中有 6 个国家已经实现无煤，有 14 个国家承诺在 2030 年或更早实现无煤。

报告指出，煤炭发电量降幅最大的国家，可再生能源发电量增幅也往往较大。数据显示，2012 年至 2019 年，英国和德国的煤炭发电总量分别减少了 136 TW·h 和 106 TW·h，可再生能源(不包括水电)发电量则分别增加了 78 TW·h 和 102 TW·h；2012 年至 2019 年，希腊褐煤发电下降 18.5 TW·h，可再生能源发电增加 5.6 TW·h。

报告同时显示，2019 年欧洲电力行业碳排放量下降了 12%，工业领域碳排放下降 1%。报告指出，随着电力行业碳排放的下降，工业领域碳排放在欧盟排放交易体系中所占的比例将越来越大。

根据欧洲环境署的数据，由于英国脱欧，欧盟 27 国 2018 年的温室气体排放水平比 1990 年低了 20.6%。英国脱欧后，预计欧盟 27 国将不得不再增加 2~3 个百分点的减排量以达成与以往相同的减碳目标。

根据 2020 年 2 月路透社援引独立气候智库 Ember 的研究显示，到 2019 年，全球电力行业碳排放量下降 2%，风电光伏发电量增长了 15%。风电和光伏发电量的增加导致煤炭使用量减少，欧美等国家和地区的煤炭使用量于 1990 年前后产生了较为显著的下降。同时，2019 年全球燃煤发电量下降了 3%，也创下了 1990 年以来的最大降幅。在转型可再生能源的进程中，欧洲燃煤发电量下降 24%，美国则下降了 16%，但其最大的原因来自于天然气的取代作用。

中国作为全球最大的煤电国家，在 2019 年依然占全球燃煤发电量的一半左右，且 2019 年煤炭发电量依然持续增长，但是其增幅有明显放缓的态势。这体现出了中国在减少碳足迹方面所做出的努力。

该报告显示，由于 2019 年煤炭使用量的下降以及可再生能源方面不断得到发展，全球电力行业的碳排放量已经出现下降的趋势。这一趋势还得益于廉价天然气的影响和全球电力需求增速放缓等因素。该报告还认为，为了使全球平均温度的升温幅度控制在 1.5℃ 以内，煤炭的产量每年必须下降 11%。报告的主要作者兼电力分析师 Dave Jones 表示："全球煤炭和电力行业碳排量的下降对全球气候而言是个好消息，但各国政府必须大力加快电力转型，以使全球煤炭产量在 20 年代末的时候大幅下降。"他补充说道："从煤炭转换为天然气只是将一种化石燃料换成另一种。"

报告提出，2019 年，风能和太阳能发电量增加了 270 TW·h，即增长了 15%。为了实现《巴黎协定》中的气候目标，每年都需要保持这一增长率。该报告审查了覆盖全球

85%发电量的相关数据,并对剩余 15%的数据进行了估算。

国际能源机构(IEA)在 2020 年 1 月表示,可再生能源的持续增长和从煤炭到天然气的燃料转换导致发达经济体的碳排放普遍降低,全球由电力所产生的 $CO_2$ 排放量在 2019 年趋于平缓[23]。

从上述分析可知,到 2019 年底,全球由于风力发电、太阳能发电等新能源不断发展,以及天然气发电容量的进一步提升,以煤炭为主要能源的火力发电容量趋于减少,从而有效降低了碳排放量。

#### 2.2.4.2 中国风力发电减少碳排放概况

根据国际新能源网 2011 年 12 月 29 日的报道[24],风电降低了中国碳排放,如果中国能够利用风电来满足其日益增长的能源需求,那么在未来二十年里,中国将能够削减约 30%的碳排放量。

而根据国家能源网 2020 年 12 月 28 日的报道[25],位于内蒙古的乌兰察布风电基地一期 600 万 kW 示范项目首台风机成功发电。据了解,该项目全容量投产后每年可为京津冀地区提供约 180 亿 kW·h 的绿色电力,每年减少 $CO_2$ 排放约 1530 万 t。等同于 64 个奥林匹克森林公园产生的环保效益。同时,每年节省财政补贴 24 亿元,可向当地缴税费 9 亿元。

乌兰察布风电基地一期 600 万 kW 示范项目,是 2018 年 12 月 29 日乌兰察布市发改委核准由国家电投内蒙古察哈尔公司投资建设的,并在 2019 年 9 月 26 日开工。该项目是当时全球规模最大的单一陆上风电基地项目,是国家首个大规模可再生能源平价上网项目,是推动我国风力发电去补贴化、新能源转型发展的重大项目,对于探索新能源优势区域可持续发展具有重要示范意义。项目总投资近 400 亿元,规划区域总面积达 2072 $km^2$。为我国碳达峰、碳中和工作做出具有示范性意义的重要贡献,将引领清洁能源发展新变革。

从我国替代能源的资源和技术条件来看,风电被公认为是技术最成熟、最具开发前景的可再生能源。我国风资源丰富,目前风电电价远低于除水电以外的其他可再生能源。目前从安全性、技术成熟度、资源储备量、开发成本和价格等方面看,风电作为替代化石能源的主力军都是毋庸置疑的。表 2.8 为中国 2007~2016 年历年风力发电减排量的相关数据[26]。

表 2.8 中国 2007~2016 年历年风力发电减排量

| 年份 | 风力发电量/亿 kW·h | 碳排放/亿 t | 减排量/万 t |
| --- | --- | --- | --- |
| 2016 | 2410 | 101.51 | 21449 |
| 2015 | 1863 | 101.5 | 16580.7 |
| 2014 | 1534 | 102.84 | 13652.6 |
| 2013 | 1349 | 102.5 | 12006.1 |
| 2012 | 1008 | 100.2 | 8971.2 |

续表

| 年份 | 风力发电量/亿 kW•h | 碳排放/亿 t | 减排量/万 t |
|---|---|---|---|
| 2011 | 732 | 97.26 | 6514.8 |
| 2010 | 500.97 | 87.69 | 4458.6 |
| 2009 | 269 | 79.95 | 2394.1 |
| 2008 | 128 | 75.47 | 1139.2 |
| 2007 | 56 | 70.25 | 498.4 |
| 合计 | 9849.97 | 919.17 | 87664.7 |

表 2.8 中风力发电量换算成碳排放量的计算是根据《电力发展"十三五"规划(2016—2020 年)》中所提供的数据进行的。2015 年,我国火电机组平均供电煤耗为 315 g/(kW•h),燃煤机组为 318 g/(kW•h)。按照燃煤和燃气机组的发电比例计算,燃气机组的供电煤耗为 247 g/(kW•h)。进一步按照相应的折算系数可以推算得出我国燃煤机组的平均 $CO_2$ 排放强度在 890 g/(kW•h)左右,燃气机组的平均 $CO_2$ 排放强度在 390 g/(kW•h)左右。

根据表 2.8 中有关数据可以得知,2016 年风力发电量相当于煤电发电量的 6.17%,而当年消耗煤炭 18 亿 t。以此计算,我国风电约替代了 1.11 亿 t 的煤炭。而根据国家能源局发布的《能源发展"十三五"规划》,2020 年风电装机容量规模达到 2.1 亿 kW。通过计算可知约可替代 5.355 亿 t 的煤炭。所以说风电减排的效果是相当明显的,是降低碳排放量的最有效途径之一。

## 2.3 风能的开发与利用

风能的开发与利用技术主要有风能的直接利用技术和风能的发电利用技术。风能的直接利用技术主要有传统的风力提水技术,如风车提水技术、风能驱动车船技术、海上利用风能航行技术等。风能的发电利用技术主要为现代的各种风力发电技术,分为小型风力发电机技术和大型风力发电机技术,目前风力发电机技术有多种形式。本节主要介绍风力发电机的基本结构、风力发电机的基本理论、风力发电系统的结构和工作原理等内容。

### 2.3.1 风力发电机的基本结构

风能是目前除水力能之外最可能实现市场化运营的清洁能源,已经得到世界主要国家与地区的认可。在世界主要国家与地区中风力发电已经实现大规模的产业化运营,且风电不会产生重大环境污染或者生态灾难。图 2.22 为目前常用的风力发电机结构示意图,它主要由叶片、轮毂、增速齿轮箱、发电机、偏航系统、塔架组成。

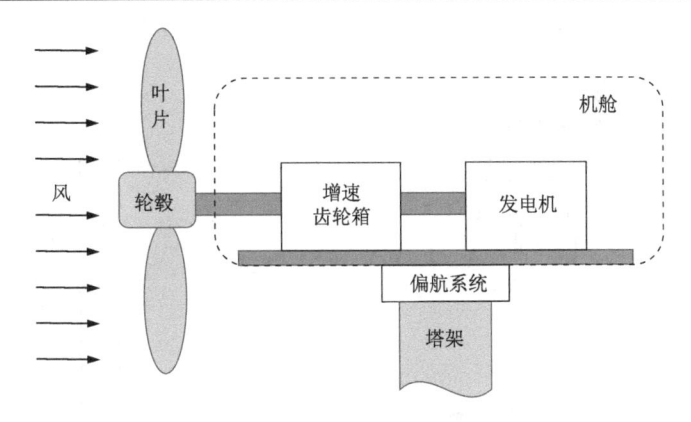

图 2.22  风力发电机的结构示意图

其工作原理是：当风以一定的速度和攻角流过桨叶时，风轮会获得旋转力矩而转动，风轮通过主轴连接齿轮箱，经齿轮箱增速后带动发电机发电。

目前风力发电机的类型主要有水平轴和垂直轴两大类。图 2.23 为水平轴风力发电机形式，水平轴风力发电机又分为高速风力发电机和低速风力发电机形式，目前大型风力发电机都为低速风力发电机形式。

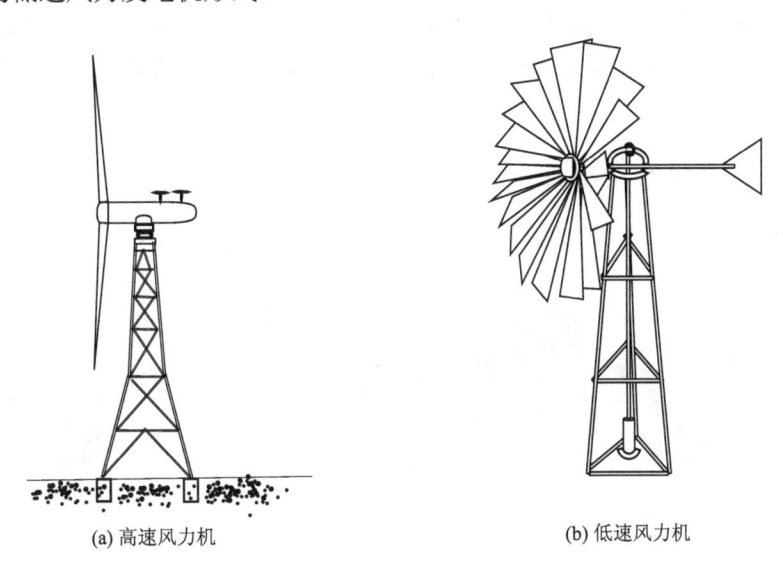

(a) 高速风力机　　(b) 低速风力机

图 2.23  水平轴风力发电机

图 2.24 为垂直轴风力发电机模型示意图。垂直轴风力发电机又分为 S 型风力发电机和达里厄(Darrieus)型风力发电机形式，S 型风力发电机和达里厄型风力发电机都为高速风力发电机形式，主要用于小型风力发电机系统中。

目前国际上风力发电机技术的创新发展非常迅速，主要特点有：①更大的单机容量。目前国际上主流的风力发电机为 2～5 MW，我国目前最大的单机容量风力发电机已经达到 10 MW，全球此前最大的单机容量风力发电机一般认为是通用公司的 Halida-X-12MW 机组，容量已达到 12 MW。然而在 2021 年 2 月 10 日维斯塔斯宣布推出的 V236-15.0MW

(a) S型风轮　　　　　　　　(b) 达里厄型风力机

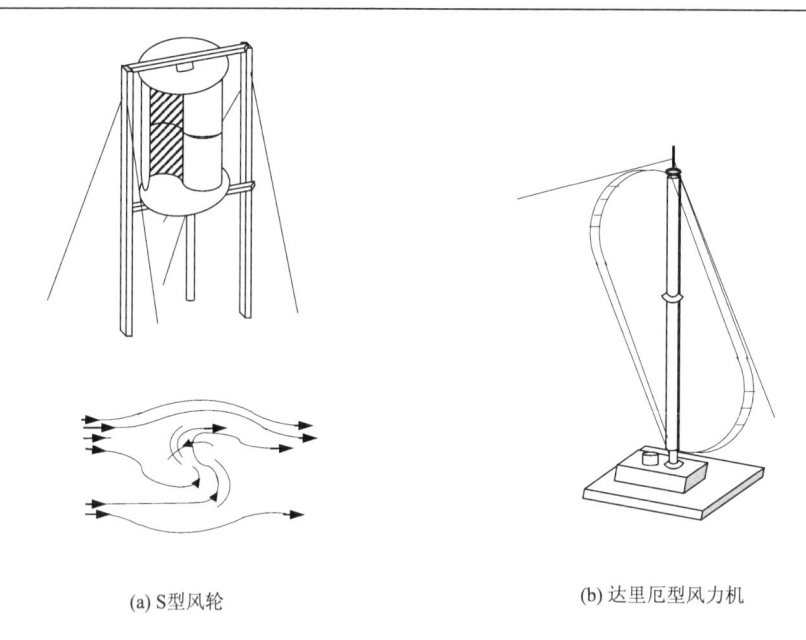

图 2.24　垂直轴风力发电机

海上风力发电机，单机容量达到了 15 MW。②采用新型机组结构形式和材料。最新主流技术为变桨、变速、恒频和无齿轮箱直驱技术。③开始对海上专用风电机组进行规模化装备探索。

### 2.3.2　风力发电机的基本理论

如图 2.25 所示，风力发电机的基本理论主要有贝茨(Betz)理论、叶素理论和动量理论。

贝茨(Betz)理论

假定风轮是理想的，没有轮毂，叶片无穷多，并且对通过风轮的气流没有阻力，是纯粹的能量转换器。根据该理论可以计算风轮获取的风能和功率

叶素理论

把叶片分割成无限多个微元，每个微元都是叶片的一部分，每个微元的长度无限小。用于分析微元的空气动力学特征

动量理论

应用该理论可研究风力发电机组各部件的运动规律及运动状态

图 2.25　风力发电机的三大基本理论

贝茨理论是研究风力发电领域中有关风能利用效率的最基本的核心理论,该理论是由德国的物理学家 Albert Betz 于 1919 年提出的。贝茨理论建立在一个假定"理想风轮"的基础之上,即风机能接受通过风轮的流体中所有的动能,且流体无阻力,是连续的、不能压缩的流体。或者说,假定风轮是理想的,没有轮毂,叶片无穷多,并且对通过风轮的气流没有阻力,是纯粹的能量转换器。根据该理论可以计算风轮获取的风能和功率。

根据贝茨理论,叶片处单位时间内通过的风的质量为

$$M = \rho S (v_1+v_2)/2 \tag{2.1}$$

式中,$v_1$ 表示进入风速(上游风速)(m/s);$v_2$ 表示残余风速(m/s);$\rho$ 表示空气密度(kg/m³);$S$ 表示叶片扫风面积(m²)。

根据牛顿第二定律,叶片吸收的动能等于风残余动能与风初始动能之差,于是得

$$P = \frac{1}{2} \times M (v_1^2 - v_2^2) \tag{2.2}$$

式中,$P$ 表示叶片转换的动能(W)。

将式(2.1)代入式(2.2)得

$$P = \frac{\rho}{4}(v_1^2 - v_2^2)(v_1+v_2)S \tag{2.3}$$

风能的基本计算公式为

$$P_0 = \frac{\rho}{2} v_1^3 S \tag{2.4}$$

则

$$P/P_0 = \frac{1}{2}\left[1 - \left(\frac{v_2}{v_1}\right)^2\right]\left(1+\frac{v_2}{v_1}\right) \tag{2.5}$$

式中,$P_0$ 表示风的初始动能(W)。

由此可见 $P/P_0$ 为 $v_2/v_1$ 的二次函数,当 $v_2/v_1 = 1/3$ 时,$P/P_0$ 为最大值 16/27。贝茨理论告诉人们,想要 100%地转换风能是不可能的,理想情况下将风能转换成电能的极限比值为 16/27,约为 59.3%。

叶素理论是把叶片分割成无限多个微元,每个微元都是叶片的一部分,每个微元的长度无限小,用于分析叶片微元的空气动力学特征,是分析和计算风力发电机的风能所能转换成电能的一种方法,但它是一种比较复杂的分析方法。

动量理论是进一步应用叶素理论的研究方法,主要用于研究风力发电机组各部件的运动规律及运动状态。

根据风力发电机的基本理论,通常风力发电机从自然风中捕获风能后所获得的机械功率可按照下面的公式进行计算。

$$P_\text{m} = \frac{1}{2} C_\text{p} \rho v_1^3 S \tag{2.6}$$

式中，$P_m$ 表示机械功率(W)；$v_1$ 表示进入风机的上游风速(m/s)；$\rho$ 表示空气密度(kg/m³)；$S$ 表示叶片扫风面积(m²)；$C_P$ 表示风能利用系数，根据上述贝茨理论极限，通常 $C_P < 0.593$。

风能利用系数 $C_P$ 是体现风轮气动特性的主要参数，是风机叶尖速比 $\lambda$ 和桨叶桨距角 $\beta$ 的非线性函数，而叶尖速比 $\lambda$ 为风轮叶片叶尖的线速度与风速 $v_1$ 之比，即

$$\lambda = 2\pi R n/(60 v_1) = \omega R/v_1 \tag{2.7}$$

式中，$n$ 表示风轮的转速(r/min)；$\omega$ 表示风轮的角转速(rad/s)；$R$ 表示风轮的半径(m)。

在风力发电系统设计和实际运行中，根据式(2.1)、式(2.2)、式(2.6)、式(2.7)等公式，即可计算风力发电系统风机捕获风能所获得的机械功率，再根据风力发电系统的机械传动效率和发电机的转换效率，计算出风力发电机的发电功率。

### 2.3.3 风力发电机系统的结构和工作原理

风力发电系统把风力机吸收到的风能转换为机械能，然后通过发电机把机械能转换为电能输出到电网。风力发电系统从是否并网发电的角度，主要分为离网风力发电系统和并网风力发电系统。从系统的结构形式角度，目前主要有四种结构形式，分别为恒速恒频风力发电系统、变速恒频风力发电系统、永磁直驱变速恒频风力发电系统、半直驱变速恒频风力发电系统。

#### 2.3.3.1 恒速恒频风力发电系统

图 2.26 为恒速恒频风力发电系统结构图，系统主要由叶片、风机轮毂、增速齿轮箱、鼠笼式异步发电机(SCIG)、无功补偿电容、并网变压器等组成，其发电机大多数为笼式异步发电机。其工作原理是风机叶片在自然风的推动下带动风机轮毂低速转动，将风能转变为机械能，然后风机轮毂带动增速齿轮箱转动。通过增速齿轮箱使原来风机轮毂的低转速得到了提速，然后驱动发电机转动发电。最终将风能转变为机械能的能量转换成了电能，通过变压器将电能送入电网。

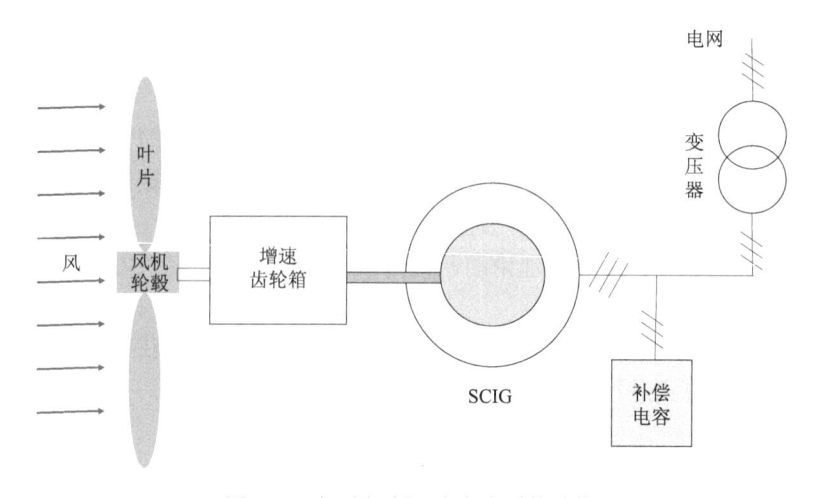

图 2.26 恒速恒频风力发电系统结构

恒速恒频风力发电系统的风力机转速比较低，一般为 10~30 r/min。对于恒速恒频风力发电系统而言，其发电机一般为异步发电机，而异步发电机的转速要求比较高，如 4 极异步发电机的额定转速一般在 1500 r/min 左右，因此就需要用增速齿轮箱连接高速的发电机与低速的风力机。其笼式异步发电机的定子绕组是通过变压器直接与电网相连接的，并网后只有风机带动异步发电机的旋转磁场转速与交流电网的频率相同时，才能将发电机所发出的电能送入电网，即风机带动发电机的转速达到电网的恒速恒频要求时，才会向电网送出电能。异步发电机的转速低于或高于电网恒速恒频要求的风能是不能并网发电的。异步发电机的转差率通常保持在 2%~5%，转速变化范围比较小，故称之为恒速恒频风力发电系统。为了尽可能多地捕获风能，恒速恒频风力发电机必须按照装机区域最可能的风速来设计风机的最佳转速。当风速发生改变时，恒速恒频风力发电机的运行效率将会降低，所以这种风力发电机的风能转换效率是受到限制的。

恒速恒频风力发电系统的异步发电机组本身是没有励磁系统的，运行时需要从电网中吸收无功来建立磁场，从而会导致电网的功率因数降低，因此需要在发电机出口处安装无功补偿装置及时进行无功补偿，以维持发电机出口节点电压。

恒速恒频风力发电系统的额定功率通常在 1000 kW 以下，20 世纪 80 年代到 90 年代的工程应用中大多数为这种类型的风力发电机，目前仍有少数厂商在生产这种风力发电机组。

#### 2.3.3.2 变速恒频风力发电系统

图 2.27 为变速恒频风力发电系统结构，系统主要由叶片、风机轮毂、增速齿轮箱、双馈式异步发电机（DFIG）、可逆变换器、并网变压器等组成。系统中的可逆变换器是电力电子装置，系统中的发电机一般为转子带有绕组的异步发电机。其工作原理是风机叶片在自然风的推动下带动风机轮毂低速转动，将风能转变为机械能，然后风机轮毂带动增速齿轮箱转动。通过增速齿轮箱使原来风机轮毂的低转速得到提升，然后驱动异步发

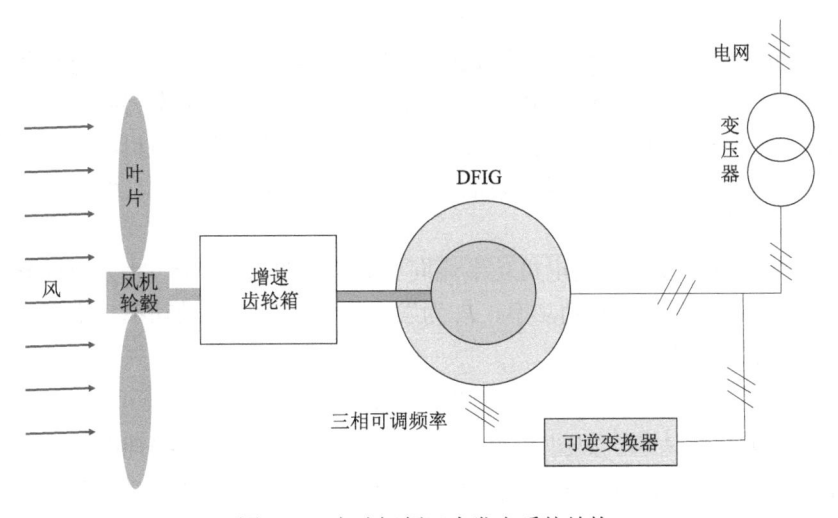

图 2.27 变速恒频风力发电系统结构

电机转动发电，从而将风能转变为机械能的能量转换成了电能，通过变压器将电能送入电网。对于变速恒频风力发电系统而言，其发电机定子绕组通过变压器直接与电网相连接，而发电机的转子绕组则需要通过可逆变换器与电网相连接，也就是说其发电机发出的电能是通过两条路径与电网相连接的。这种风力发电机组被称为双馈异步风力发电系统。

双馈异步风力发电系统异步发电机的定子绕组直接与工频电网相连接，转子绕组则通过电力电子可逆变换器装置与电网相连接进行三相交流励磁，产生相对转子旋转的磁场，在电机气隙中以同步速旋转，切割定子绕组产生出同步频率的感应电动势。实际上双馈异步发电机的定子和转子都参与了励磁。与普通的异步发电机和同步发电机不同的是，双馈异步发电机的定子和转子电路同时与电网相连，电能既可以从转子电路输出到电网，也可以由电网向转子电路馈入，正常运行时定子和转子电路同时向电网发送电能，所以称这种风力发电机组为双馈异步风力发电系统。

双馈异步风力发电机不仅可以通过调节转子励磁电流的频率改变发电机的转速，采用定向矢量控制模式的双馈异步风力发电机，还能实现发电机输出有功功率、无功功率的解耦控制和电压控制的能力。根据电机学理论，要使电机稳定运行，定子磁场与转子磁场应保持相对静止且同步旋转，则定子侧的感应电势同步频率即

$$f_1 = \frac{p}{60}n \pm f_2 \tag{2.8}$$

式中，$f_1$ 表示定子频率(Hz)；$f_2$ 表示转子频率(Hz)；$n$ 表示转子转速(r/min)；$p$ 表示定转子极对数。

在电机变速恒频控制时，转子电流产生的交流励磁磁场的旋转速度为 $n_2$，定子电流产生的交流励磁磁场的旋转速度为 $n_1$，$n_1$ 实际上就是电机气隙中旋转磁场的同步转速。根据电机学理论，转子电流产生的旋转磁场转速度 $n_2$ 叠加转子的实际转速 $n$ 应该始终等于同步转速 $n_1$，即

$$n_1 = n \pm n_2 \tag{2.9}$$

当电机的转子转速变化时，可以通过调节转子励磁电流频率 $f_2$ 来维持定子输出频率 $f_1$ 的恒定。只要保证 $n_1$ 为常数，则发电机定子绕组的感应电势频率将始终维持为 50 Hz 的电网频率，这就是变速恒频风力发电机运行的基本原理。根据电机学理论，上述异步电机的旋转磁场转速与转子转速之间的转差率关系为 $s=(n_1-n)/n_1$，其转子电流频率为 $f_3 = \pm sf_1$，$f_3$ 称为转差频率。

图 2.28 为双馈异步风力发电机功率流向。如图 2.28(a)所示，$P_r$ 为双馈异步风力发电机转子注入机侧逆变器的有功功率，$P_s$ 为发电机定子输出有功功率，根据电机的转矩平衡关系，$P_r$ 与 $P_s$ 的关系式如下

$$P_r = -sP_s \tag{2.10}$$

式中，$sP_s$ 也称为转差功率。如图 2.28 所示，在不计定子、转子损耗的情况下，则风力机输出到发电机转子轴上的机械功率为 $P_m$。如网侧逆变器从电网吸收的有功功率为 $P_g$，则有如下功率平衡关系：

$$P_s = P_m - P_r \tag{2.11}$$
$$P_g = -P_r = sP_s \tag{2.12}$$

则双馈异步风力发电机输出到电网的有功功率有如下平衡关系：

$$P_e = P_s - P_g = (1-s)P_s \tag{2.13}$$

式中，$P_e$ 表示发电机输出到电网的有功功率(kW)；$P_s$ 表示发电机定子输出到电网的有功功率(kW)；$s$ 表示发电机的转差率；$P_g$ 表示发电机网侧逆变换器从电网吸收的有功功率(kW)。

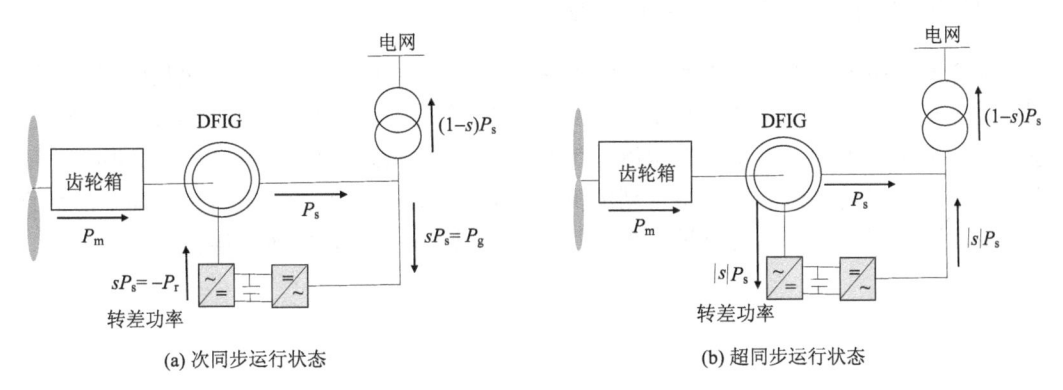

图 2.28 双馈异步风力发电机功率流向

双馈异步风力发电机的转差率运行范围一般为 $|s| < 0.3$，转速一般为 0.7~1.3 倍同步转速，发电机的转差功率 $sP_s$ 等于流进逆变器的功率 $P_g$，约为 $\pm 30\% P_s$，$P_g$ 决定了逆变器容量的大小，因此双馈异步风力发电机逆变器的容量约为发电机额定功率的 30%。所以逆变器的容量是限制双馈异步风力发电机转速变化范围的一个重要因素。由于双馈异步风力发电机的转速变化范围有限，有时也称之为半变速风力发电系统。

根据转子转速的不同，双馈异步风力发电机有以下三种运行状态。

（1）次同步运行状态：$n < n_1$，$n_1 = n + n_2$，即在此状态下转子转速 $n$ 小于同步转速 $n_1$，转子电流频率为 $f_2$，转子电流所产生的励磁旋转磁场的转速 $n_2$ 与转子转速 $n$ 方向相同，此时定子电动势保持 50 Hz 恒定频率。如图 2.28(a)所示，此时转差率 $s > 0$，发电机网侧逆变换器从电网吸收的有功功率 $P_g = sP_s > 0$，电网向转子馈送有功功率，此时定子向电网输出有功功率。

（2）超同步运行状态：$n > n_1$，$n_1 = n - n_2$，即在此状态下转子转速 $n$ 大于同步转速 $n_1$，转子电流频率为 $f_2$，转子电流所产生的励磁旋转磁场的转速 $n_2$ 与转子转速 $n$ 方向相反，此时定子电动势保持 50 Hz 恒定频率不变。如图 2.28(b)所示，此时转差率 $s < 0$，发电机网侧逆变换器从电网吸收的有功功率 $P_g = sP_s < 0$，此时转子发出的电能经可逆变换器向电网输出有功功率，同时定子也向电网输出有功功率。

（3）同步运行状态：$n = n_1$，$n_2 = 0$，即在此状态下转子转速 $n$ 等于同步转速 $n_1$，转子电流频率 $f_2 = 0$，转子电流所产生的励磁旋转磁场的转速 $n_2 = 0$，转子中电流为直流励磁电流，此时定子电动势保持 50 Hz 恒定频率不变。此时转差率 $s = 0$，发电机网侧逆变换器从电网吸收的有功功率 $P_g = sP_s = 0$，转子既不从电网吸收有功功率也不向电网输出有功功率，只有定子向电网输出有功功率，此时风机传递到发电机的机械能全部转化为电能通过定子绕组输出送入电网，此时双馈异步发电机相当于普通的同步发电机运行状态。

所以这种风力发电机的风能转换效率是比较高的。通常称这种变速恒频风力发电系统为双馈风力发电系统，它的电功率传输是双向的。这种风力发电机通常在 1000 kW 以上，目前工程应用中大多数为这种类型的风力发电机，且大多数厂商正在生产这种风力发电机组。

#### 2.3.3.3 永磁直驱变速恒频风力发电系统

图 2.29 为永磁直驱变速恒频风力发电系统结构，系统主要由叶片、风机轮毂、永磁同步发电机、全功率变换器、并网变压器等组成。系统中的功率变换器为电力电子装置，系统中的发电机为转子无绕组的永磁同步发电机，转子磁极由永磁材料构成。其工作原理是风机叶片在自然风的推动下带动风机轮毂低速转动，将风能转变为机械能，然后直接驱动永磁转子转动带动发电机发电，其工作原理基本与普通同步发电机相同。

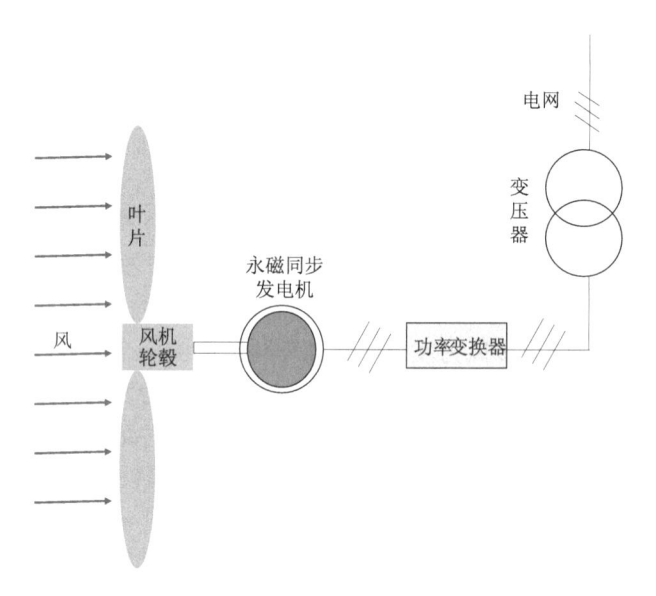

图 2.29 永磁直驱变速恒频风力发电系统结构

在风力发电系统中，由于风轮转速比较低，通常需要通过增速齿轮箱提高转速以适应发电机高转速的要求，否则将会要求普通发电机的体积非常大。增速齿轮箱的存在不仅增加了机组质量，而且增速齿轮箱的高速旋转增加了系统的机械能源损耗，降低了风能的利用效率。同时由于增速齿轮箱需要安装于塔架顶部的机舱内，增加了维修保养的难度，成为制约风力发电机组发展的因素之一。直驱式永磁变速恒频风力发电系统则比较好地解决了这一难题。

直驱式永磁同步风力发电机的转子采用多极永磁材料构成，使得相同容量的发电机体积大大降低，从而可以不用增速齿轮箱来增大速度，风力机与发电机直接相连接，实现了直驱模式，大大降低了整体机组的重量，也大大缩小了塔架顶部机舱的体积，提高了系统结构的稳定性和可靠性。图 2.30 为直驱式永磁风力发电机外形。从图 2.30 可看出塔架顶部机舱体积比有增速齿轮箱的风力发电机组要小得多。

图 2.30 直驱式永磁风力发电机外形

永磁风力发电机的转子不需要直流励磁系统，结构简单。没有了励磁损耗，风力发电系统整体效率比较高。发电机通过全功率变换器接入电网，逆变器的结构与双馈风力发电系统的逆变器相类似，但发电机所发出的电功率全部都要通过逆变器进行变换，所以其逆变器的容量更大，逆变器的容量一般要比发电机的容量大一些，故称之为全功率变换器。全功率变换器将发电机定子发出的频率变化的交流电能转换为与电网频率相同的恒定频率电能。永磁同步发电机的运行特性完全取决于全功率变换器的控制策略。

直驱式永磁同步风力发电机系统运行时，风力机与低速永磁同步风力发电机转子直接耦合，发电机转速随着风机转速变化，发电机所发出的电能为频率变化的交流电能，然后通过全功率变换器转换为与电网频率相同的恒定频率电能输出送入电网。直驱式永磁同步风力发电机有比较宽的转速运行范围，可以在 70%～+115% 的额定转速范围内运行。在低于额定风速下运行时，风力机根据最大风能获取曲线随着风速变化而不断变化，最大限度地捕获风能以提高机组的发电效率；在等于或高于额定风速下运行时，风力机通常采用变桨距的调节方式来保持发电机向电网输出恒定频率的电能。

随着大功率电力电子器件产品性价比的不断提高，直驱式永磁同步风力发电机在风力发电市场中具有越来越良好的发展前景，将会成为风力发电市场中的主流产品。

#### 2.3.3.4 半直驱变速恒频风力发电系统

半直驱变速恒频风力发电系统主要由叶片、风机轮毂、增速齿轮箱、交流发电机、逆变器、并网变压器等组成。其系统组成基本与双馈变速恒频风力发电系统相类似。不过其增速齿轮箱的变速级数比较少，一般只有双馈机组的一半，其发电机有采用异步发电机的，也有采用永磁同步发电机的。如采用异步发电机，其系统组成或与恒速恒频风力发电系统相同，或与双馈变速恒频风力发电系统相同。如采用永磁同步发电机，其系统组成基本与直驱式永磁同步风力发电系统相同，但与直驱式永磁同步风力发电系统相比要多一个半直驱的增速齿轮箱。如2008年底，Gamesa公司在西班牙的Cabezo Negro地区就安装了半直驱的G128-4.5 MW风力发电机组，其风轮直径为128 m，机头重量250 t，传动系统采用紧凑型设计，包含主轴（双轴承）、两级增速齿轮箱（速比为 1∶37）、永磁同步发电机、多变量控制系统等，显著减少了叶片的振动和载荷。

目前风力发电系统的产品和市场应用以变速恒频的双馈异步风力发电系统和永磁直驱变速恒频风力发电系统为主。从长期来看，永磁直驱变速恒频风力发电系统将会成为主流。

## 2.4 风力发电系统的并网与减排计算

风力发电系统的并网是大规模风能开发利用中的一个非常重要的技术内容，也是大规模风能开发利用中所面对的一个很大的技术难题，目前新能源技术领域和电力界专家正在逐步解决这一技术难题。风能的大规模开发利用和风力发电的大规模、大容量并网，对于减少碳排放的作用是非常明显的。根据碳排放量的计算方法及与电能的换算公式，即可以定量计算风力发电机组减少碳排放的具体量值。本节主要介绍风力发电并网对电网的影响、风力发电并网的技术要求与规范、风力发电的并网与控制技术、风力发电的减排计算等内容。

### 2.4.1 风力发电并网对电网的影响

由于风能资源丰富的地区往往离用电负荷中心比较远，需要接入大电网进行远距离输送，而风能的变化具有随机性和不确定性，这就造成风力发电的出力具有间歇性和随机波动的特性，所以风能发电具有明显的不稳定性。大规模风电接入电网对电网的电能质量控制、系统的安全稳定运行和电网的优化运行控制等都会产生一系列影响。图2.31为大规模风电接入电网后带来的影响。

如图2.31所示，大规模风电接网主要产生以下四个方面的影响。

1. 对电网调峰调频的影响

由于风力发电的出力具有随机性、间歇性，反调节特性明显，这增加了系统调峰的难度。图2.32为大规模风电并入电网后对电网调峰调频影响的实际运行曲线。如图2.32所示，实际风力发电功率曲线的波峰与实际负荷曲线的波峰并不吻合，有时甚至会相反。电网运行的负荷波峰数值和频率特性具有明显的反调节特征。

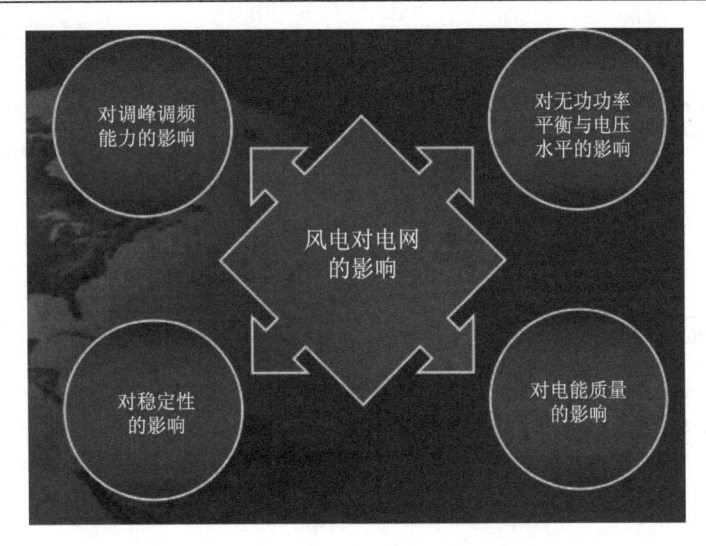

图 2.31 大规模风电接入电网后产生的影响

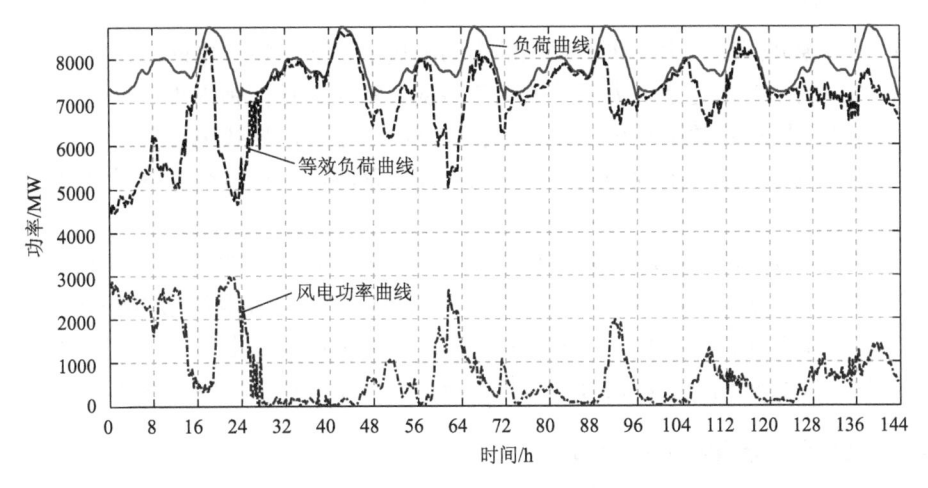

图 2.32 大规模风电并入电网后对电网调峰调频的影响

2. 对电网电压稳定控制的影响

我国风电接入地区大多处于电网末端,由于风力发电的出力具有随机性、间歇性,故有时会造成风电功率的大幅度变化,导致电网运行电压调整十分困难,影响系统的电压稳定。图 2.33 为大规模风电并入电网对电网电压稳定控制的实际影响情况。

如图 2.33 所示,由于风电出力快速增长,在风力发电出力的随机性和间歇性的影响下,导致东北白城电网的同发风电场母线电压最低下降到了 215 kV,并大幅波动,严重影响了白城电网电压的稳定性。

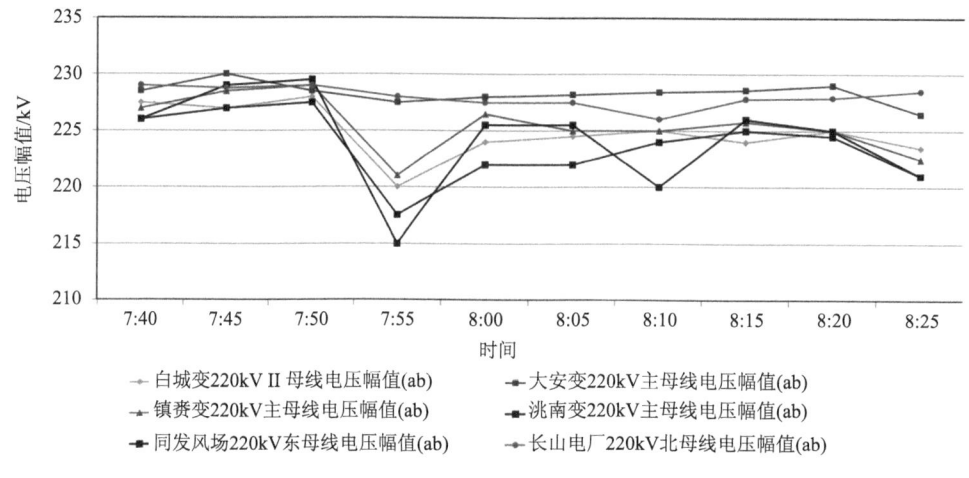

图 2.33 大规模风电并入电网对电网电压稳定控制的实际影响

**3. 对电网安全稳定运行控制的影响**

风电大规模并网后,由于风力发电的出力随机性、间歇性,电网稳定运行的风险随之增加。带来的主要问题是电力系统的潮流多变,断面运行控制困难;系统惯量下降,动态稳定性水平降低;故障后风电无法重新建立机端电压,导致电压失稳;风电机组没有低电压穿越能力,在系统扰动造成电压的瞬间跌落时,风机自行脱网对电力系统造成巨大冲击。

一般当风电场并网的穿透功率小于 5%时,风电对电网调度的影响不明显;当风电场并网的穿透功率在 5%~10%时,就会明显感受到风电出力对发电计划的影响;当风电场并网的穿透功率在 10%~15%时,就可能会出现限风电现象;当风电场并网的穿透功率超过 15%时,将会对电网调度运行产生极大压力,严重时将会影响电网的稳定运行。

**4. 对电网电能质量控制的影响**

电网在正常运行情况下是非常稳定的,因为电网由稳定控制的若干个火力发电厂及水力发电等稳定的发电电源和输变电线路及设备组成,通常情况下整个系统的控制非常稳定。但是在风电大规模并网后,由于风力发电出力的随机性、间歇性,使得电网稳定运行的风险增加。如图 2.33 所示的东北白城电网就是实际运行的案例。风电大规模并网后,在风力发电出力的随机性和间歇性的影响下,导致了东北白城电网的同发风电场母线电压最低下降到了 215 kV,并大幅波动,结果严重影响了白城电网电压的稳定控制。

对于电网而言,在风电出力随机波动的影响下,往往会引起电网电压的波动和闪变,严重时会发生电压波动和电压闪变超标现象。在风电场出力大幅波动的情况下,往往会引起附近 35 kV 变电所的母线电压越限。同时风力发电系统中的电力电子设备也会给电网带来一定的谐波污染,导致电能质量下降。

对于大型风力发电场的并网运行,除了对电网的调峰调频控制、电压稳定控制、安全稳定运行控制、电能质量控制的影响外,其风电出力的不确定性还会对传统电网的经济调度、电力系统的规划等带来一系列影响。所以必须要采取有别于传统电网的调度控制方法和控制策略，采取更为复杂的优化运行和设计规划技术来处理含风力发电场的电网调度和规划问题，同时从并网的技术标准等方面采取更为先进的技术措施加强对大型风力发电场的控制[27]。

## 2.4.2 风力发电并网的技术要求与规范

为了保证风力发电场并网后电力系统的安全性、可靠性和经济性，除了要对风力发电机组并网的运行特性进行研究外，还需要制定风力发电场并网的技术规范和要求，明确电网公司与风电开发商的责任和义务，从而适应大规模风电开发建设的需要。

世界上风力发电比较早的国家和地区及其电力行业协会都先后制定了符合各自国家情况的风力发电并网技术导则和标准。如丹麦、德国、欧盟、美国等国家和地区。丹麦是世界上最早制定风力发电场接入电网技术规定的国家，丹麦的电力研究院和 ELTRA 输电公司分别于 1998 年和 2000 年提出了《风电机组接入中低压电网的技术规定》《风电场并网技术规范》等具体技术标准要求。德国最大的电网运营商于 2003 年 8 月颁布了针对发电厂和风力发电场接入电网的《高压和超高压电网的并网标准》通用技术要求。美国的联邦能源管理委员会(FERC)于 2005 年制定了全美统一的《风力发电并网规定》(FERC No.661)，此外还对风电场的有功功率控制、无功功率控制、并网通信协议等制定了相关实施细则(FERC No.21-26)[27]。

我国于 2005 年 12 月颁布了风力发电并网国家技术标准《风电场接入电力系统技术规定》(GB/Z 19963—2005)，考虑到当时我国风力发电还处在发展初期，该标准适当降低了相关技术要求。2011 年 12 月我国又对其进行了修订，发布了新的国家技术标准《风电场接入电力系统技术规定》(GB/Z 19963—2011)(以下简称《规定》)，该规定对风电场并网的有功功率、无功功率、风电场电压控制、低电压穿越、电能质量指标及二次系统等都做了具体规定，对我国风力发电事业的快速发展起到了非常重要的技术指导作用。风电场接入电网的技术要求和规范主要从以下几个方面进行考虑[27]。

### 1. 风电场并网的有功功率控制要求

风电场的控制可以通过切入/切出风力发电机组或切入/切出整个风电场的控制方法来进行并入电网的有功功率控制。对于变桨距的风力发电机还可以通过调节桨距进行并入电网的有功功率控制。通常风电场需要装设有功功率控制系统，以实现有功功率的控制和调节，并要求能够接收执行电力系统调度机构下达的有功功率变化控制要求。我国对正常运行情况下风电场并网的有功功率变化最大限值的技术规定要求如表 2.9 所示。

表 2.9 正常运行情况下风电场并网的有功功率变化最大限值 （单位：MW）

| 风电场装机容量 | 10 min 有功功率变化最大限值 | 1 min 有功功率变化最大限值 |
| --- | --- | --- |
| <30 | 10 | 3 |
| 30~150 | 装机容量/3 | 装机容量/10 |
| >150 | 50 | 15 |

此外，考虑风力发电出力的随机性、间歇性对电网可靠稳定运行的影响，要求风电场应配置风电功率预测系统。具体规定如下：

(1)对于风电并网穿透功率小于 5%时，要求配置风电功率预测系统及资源实时监测系统；

(2)对于风电并网穿透功率在 5%～10%时，要求配置风电调度日前计划系统；

(3)对于风电并网穿透功率在 10%～15%时，要求配置日内滚动计划系统；

(4)对于风电并网穿透功率超过 15%时，要求配置完整的风电调度支持系统。

要求具有 0～72 h 短期风功率预测功能、15 min～4 h 超短期风电功率预测功能；并要求风电场每 15 min 自动向电力系统调度机构滚动上报未来 15 min～4 h 的风电场发电功率预测曲线，预测数值的时间分辨率为 15 min。同时还要求风电场第二天按照电力系统调度机构规定的时间上报次日 0:00～24:00 风电场发电功率预测曲线，预测值的时间分辨率为 15 min。

2. 风电场并网的无功功率控制要求

风电场并网导则中规定了风电场并网的静态特性和动态特性要求。其中，静态特性规定了风电场并网的功率因数范围、并网电压范围和远程电压控制、并网频率范围、谐波和电压闪变等的控制要求。动态特性则规定了风电场并网的低电压穿越(LVRT)能力、故障特性的控制要求。

上述静态特性规定的风电场并网的功率因数范围的控制，实际上就是风电场并网的无功功率控制。根据交流电路理论，交流电路中的有功功率、无功功率、视在功率三者之间是一个直角三角形关系，分别用 $P$、$Q$、$S$ 表示。其中 $S$ 为直角三角形的斜边，$Q$ 为直角三角形 $\psi$ 角的对边，$P$ 为直角三角形 $\psi$ 角的邻边，其中 $\psi$ 角就是功率因数角。所以调节了有功功率或无功功率大小，直角三角形中的 $\psi$ 角的大小就会改变，也就是调节了功率因数的大小，当然视在功率 $S$ 的大小也会改变。

风电场的无功电源来自于风电机组和无功补偿装置，可以采用分组投切无功补偿电容器和电抗器方法，也可以采用先进的动态无功补偿装置来进行控制。

3. 风电场并网的电压范围和电压远程控制要求

上述静态特性规定的风电场并网电压范围和远程电压控制要求，与风电场并网的无功功率控制是密切相关的[27]。实际上风力发电机的等效电路相当于一个交流电源与电阻 $R$、电感 $L$ 串联的电路。根据交流电路理论，交流串联电路中的有功电压 $U_R$、无功电压 $U_Q$、总电压 $U$ 三者之间的关系与功率直角三角形一样，也是一个直角三角形关系，并且与功率直角三角形之间是一个对应的关系。其中 $U$ 为直角三角形的斜边，$U_Q$ 为直角三角形 $\psi$ 角的对边，$U_R$ 为直角三角形 $\psi$ 角的邻边，$\psi$ 角就是功率因数角。所以调节了有功电压或无功电压大小，直角三角形中 $\psi$ 角的大小就会改变，也就调节了功率因数的大小，则并网的总电压 $U$ 的大小就会发生改变。直角三角形中的有功或无功调节都会引起电压的变化。

所以风电场并网后其有功出力的变化和功率因数的调节都会对接入电网的电压产生

直接影响，而电网电压的变化也会引起风电场并网点高压侧母线电压及风力发动机组接线端的电压变化。因此，风电场的电压调节既可以通过调节风电场的无功补偿装置投入的无功功率大小进行调节，也可以通过调整风电场中心变电站主变压器的变比进行调节。

风电场的电压远程控制是指风电场的控制中心或上一级机构在远程直接对风电机组和变压器的电压高低进行调节和控制[27]。

我国的风电场并网《规定》对并网风电场并网电压的要求是：

(1) 当公共电网电压处于正常范围时，要求风电场并网点的电压在额定电压的97%～107%范围内可以调节；

(2) 当风电场并网点的电压为额定电压的90%～110%时，要求风电机组应能正常运行；

(3) 当风电场并网点的电压超过额定电压的110%时，要求风电机组应能根据具体风电机组的性能坚持运行一定的时间。

4. 风电场并网的频率范围和频率控制要求

根据我国的风电场并网《规定》，风电场并网的频率应根据表2.10中风电场并网频率范围规定的要求运行[27]。

表2.10 风电场并网频率范围规定

| 电力系统频率范围/Hz | 风电机组工作要求 |
| --- | --- |
| 低于48 | 根据风电场内风电机组允许运行的最低频率而定 |
| 48～49.5 | 每次频率低于49.5 Hz时要求风电场具有至少运行30 min的能力 |
| 49.5～50.2 | 连续运行 |
| 高于50.2 | 每次频率高于50.2 Hz时，要求风电场具有至少运行5 min的能力，并执行电力系统调度机构下达的降低出力或高周切机策略，不允许停机状态的风电机组并网 |

5. 风电场并网的谐波和电压闪变等电能质量指标控制要求

风电场的电能质量指标控制要求需要符合国家电能质量标准的统一规定，具体指标要求如下[27]：

(1) 电压偏差。风电场并网点的电压正、负偏差的绝对值之和不超过额定电压的10%，正常运行情况下，其电压偏差应在额定电压的-3%～+7%范围内。

(2) 电压闪变。当风电场并网点的电压闪变值满足GB/T 12326、谐波值满足GB/T 14549、三相电压不平衡度满足GB/T 15543的规定时，风电场内的风电机组应能正常运行。

(3) 谐波。风电场接入公共连接点的谐波注入电流应满足GB/T 14549的要求，其中风电场向电力系统注入的谐波电流允许值应按照风电场装机容量与公共连接点上具有谐波源的发/供电设备总容量之比进行分配。

(4) 电能质量指标控制。风电场应配置电能质量监测设备，以实时监测风电场电能质量指标是否满足要求；若不满足要求，风电场需安装电能质量治理设备，以确保风电场合格地输出电能质量。

### 2.4.3 风力发电的并网与控制技术

由于风力发电的随机波动性和不稳定性,根据交流电路理论和电力系统的运行要求,风力发电机组并网时要求发电机的电压值、频率值、相位值三个要素,以及波形等必须与电网的数值保持一致,防止对电网产生冲击,引起电力系统发生振荡,影响电力系统的稳定运行。所以对风力发电机组的并网必须进行精确可靠的并网控制,需要根据不同的风力发电机组形式,采取不同的并网控制方式。

#### 2.4.3.1 恒速恒频异步风力发电机组的并网技术

恒速恒频异步风力发电机组的发电机一般为无转子绕组的异步发电机,其结构简单、容易进行并网控制,运行时依靠转差率来调节功率输出。一般而言,恒速恒频风力发电机组对机组的调速精度要求并不高,只要转速达到接近同步速度就可以并网,并且并网后不会产生振荡和失步,运行比较稳定。但是异步发电机运行时要从网上吸收无功功率来建立磁场,所以需要有无功补偿装置,这样可以有效降低异步发电机并网时对电网电压和电流的冲击影响。恒速恒频异步风力发电机组的并网方式主要有直接并网、准同期并网、降低电压并网、采用双向晶闸管控制的软切入并网。

#### 2.4.3.2 变速恒频双馈异步风力发电机组的并网技术

变速恒频双馈异步风力发电机组并网连接示意图如图2.34所示。双馈式风力发电机组异步发电机的转子绕组电路经转子侧和网侧变流器连接到电网,定子绕组电路直接与电网相连接。控制器1和控制器2分别控制转子侧和网侧变流器,转子侧发出的频率变化的交流电经转子侧变流器先变换为频率为零的直流电,然后经网侧变流器逆变为与电网频率相同的交流电,再经过滤波器滤波后接入电网。

如图2.34所示,定子绕组电路与电网直接相连接,所以其发出的交流电频率由电网交流电的频率所决定。也就是说,变速恒频双馈异步风力发电机的旋转磁场一直是由电网强行同步运行的,当定子发出的交流电旋转磁场转速高于电网交流电的旋转磁场转速时,则定子旋转磁场带动电网交流电的旋转磁场转,此时异步发电机定子向电网输出有功功率;如定子发出的交流电旋转磁场转速低于电网交流电的旋转磁场转速时,则电网交流电的旋转磁场带动定子旋转磁场转,此时异步发电机定子将会从电网吸收有功功率。变速恒频双馈异步风力发电机组的并网方式主要有空载并网、带独立负载并网、孤岛并网三种方式。

**1. 双馈异步风力发电机组空载并网**

并网时双馈异步风力发电机组不带本地负载。并网前发电机定子侧开路,定子电流为零,发电机不参与能量和转速控制,完全由原动机风机来控制发电机的转速。如图2.35所示,此时转子回路是接入电网的,因此转子回路由交流电网电流进行励磁,通过改变转子回路励磁电流调节定子输出电压,使其达到电网电压要求时即可以进行并网,并网后将变换器的控制策略切换为稳态发电控制策略,根据风速变化进行功率的实时调整,实现最大功率点的跟踪[27]。

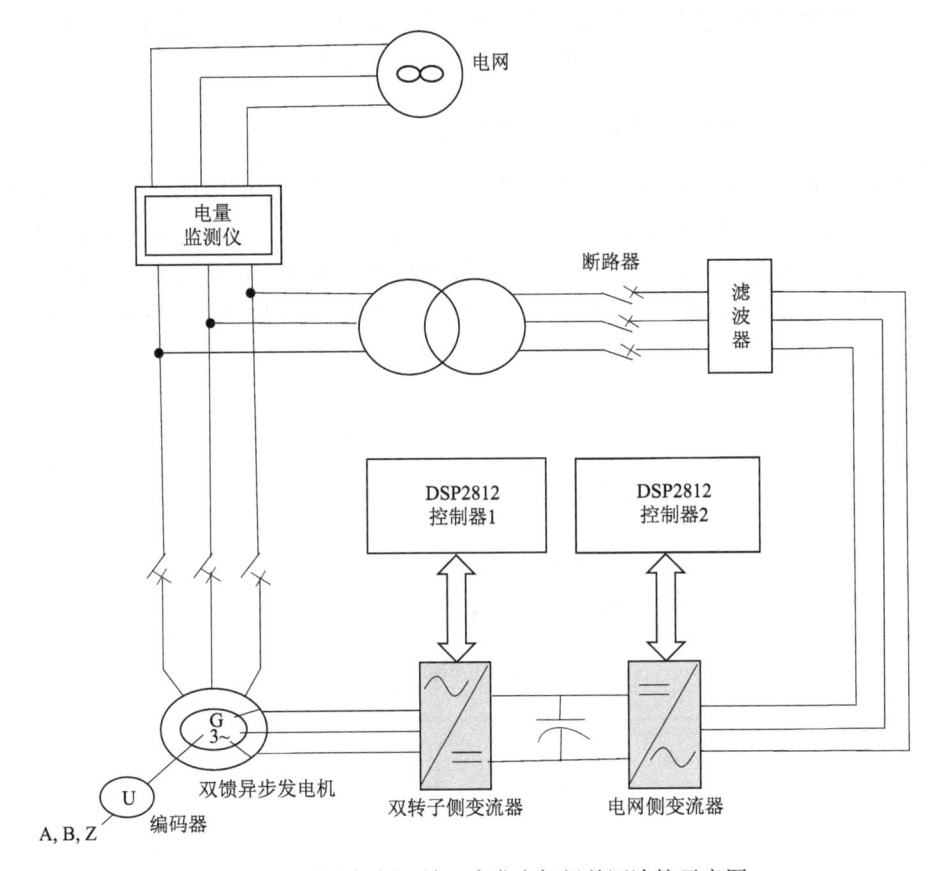

图 2.34　变速恒频双馈风力发电机组并网连接示意图

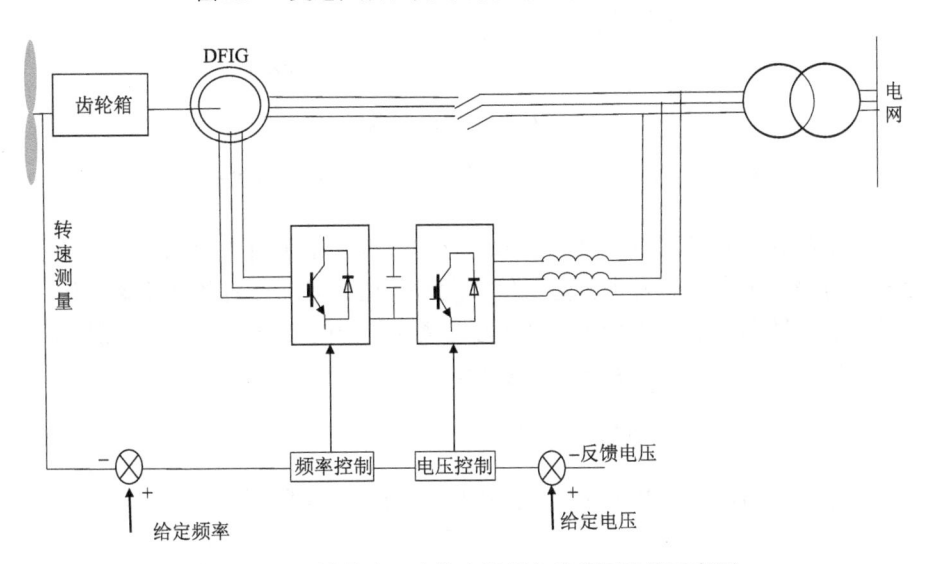

图 2.35　双馈异步风力发电机组空载并网接线示意图

这种并网方式使用设备少,控制策略比较简单,并网过程几乎没有冲击电流。但并网前发电机的转速完全由风机的转速决定,完全依靠调节风机的桨距角来实现发电机的转速调节,因此需要风机具有比较强的调速能力,对原动机机械性能的要求比较高。这种并网方式一般适用于直接向电网供电的大型风电场的并网控制。

**2. 双馈异步风力发电机组带独立负载并网**

其主电路如图 2.36(a)所示,其控制电路原理框图如图 2.36(b)所示[27]。并网前异步发电机带负载运行,此时定子有电流,并网前发电机参与原动机风机的能量控制。并网时根据电网的控制信号和定子电压、电流对发电机进行控制,满足并网条件时进行并网操作。带独立负载并网同样能实现无冲击并网,并网后发电机可以切除负载运行,也可以不切除负载运行。切除负载运行时,则定子侧发电功率全部并入电网。

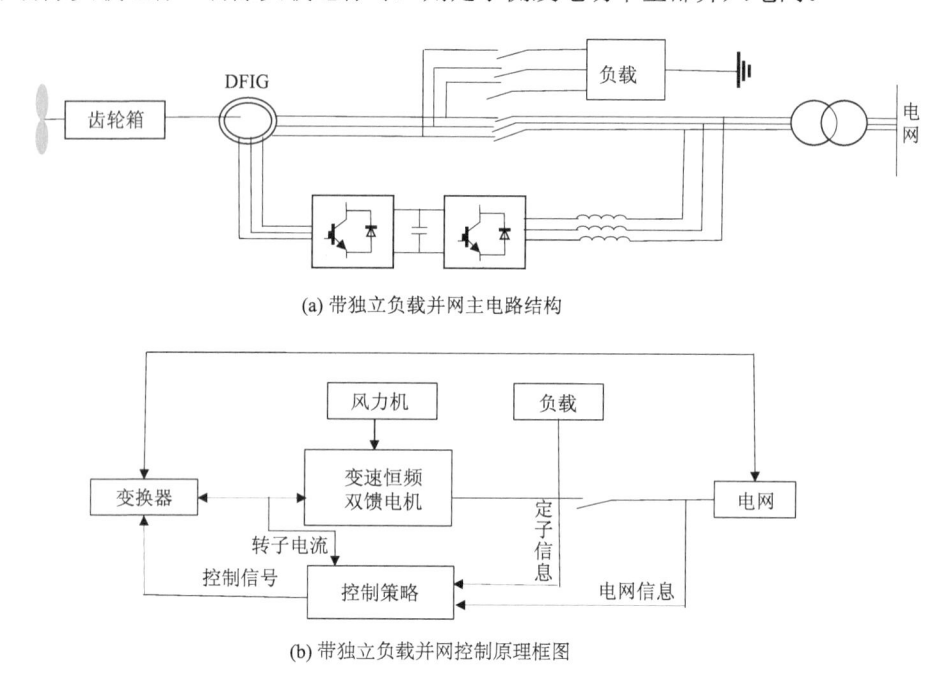

(a) 带独立负载并网主电路结构

(b) 带独立负载并网控制原理框图

图 2.36 双馈异步风力发电机组带独立负载并网接线示意图

带独立负载并网时发电机是带着负载运行的,因此定子有电流输出,并网所需要的控制信号同时来自于电网和发电机定子侧。此时发电机具有一定的能量调节作用,将配合参与风力机的转速调节,可以降低对风力机调速能力的要求,但需要检测更多的电压、电流等控制信号,所以说控制系统比较复杂。

**3. 双馈异步风力发电机组孤岛并网**

其并网原理电路如图 2.37 所示,其并网过程分为三个阶段[27]。

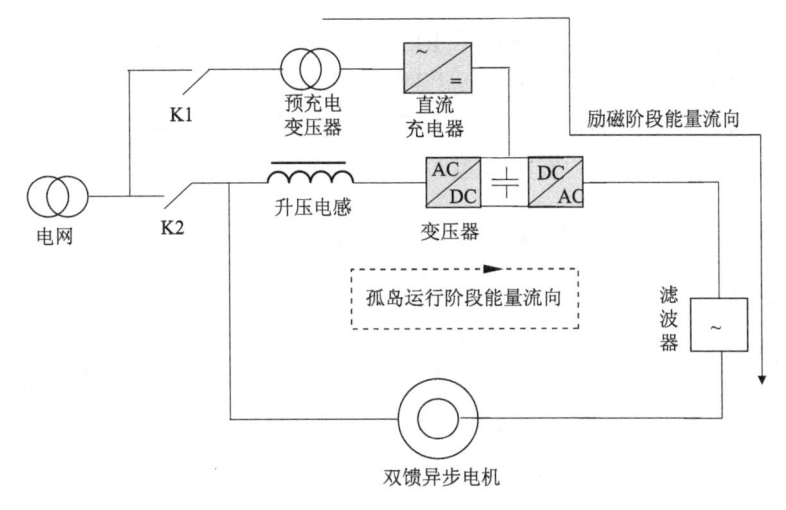

图 2.37 双馈异步风力发电机组的孤岛并网电路原理图

第一阶段为励磁阶段，此阶段通过预充电回路控制双馈异步风力发电机定子侧电压上升至额定值。如图 2.37 所示，在此阶段开关 K1 闭合，K2 处于断开状态，由电网经开关 K1、预充电变压器、直流充电器、变压器、滤波器向发电机转子侧回路充电励磁。具体过程是：通过直流充电器把输入的交流电变换为直流电，向变压器中的直流侧的电容进行充电，充电完成后，启动电机侧变压器开始工作，将直流电变换为交流电经滤波器供给双馈异步风力发电机转子侧励磁电流，使转动的发电机定子电压不断上升，直至定子电压达到额定值时励磁阶段结束。

第二阶段为孤岛运行阶段，此时将开关 K1、K2 断开，启动电网侧变压器开始工作，通过升压电感，使发电机定子升压运行，将变压器直流母线侧电压升高到额定值。在此阶段，发电机能量在网侧变压器、发电机转子侧变压器和发电机定子转子回路之间流动，从而构成能量孤岛运行。

第三阶段为发电机并网运行阶段，当发电机定子侧的电压幅值、频率和相位都与电网侧相同时，将开关 K2 闭合，开关 K1 仍为断开状态，发电机进入并网运行状态。并网后，通过调节风机的桨距角来增加风机的输出能量，从而实现并网稳定发电运行。在此阶段，闭合开关 K2，同样可以实现发电机与电网之间的无冲击并网。由于此种并网方式需要有预充电电路，所以成本比较高，而且控制系统也变得比较复杂。

#### 2.4.3.3 永磁直驱变速恒频风力发电机组的并网技术

永磁直驱变速恒频风力发电机组的并网连接示意图如图 2.38 所示。由于其发电机为永磁同步发电机，所以只有定子有绕组，转子上无绕组，即只有定子上有发电电能输出。通过全功率变换器与电网进行连接，发电机定子侧所发出的频率变化的交流电能先通过电机侧逆变器变换为直流，再通过电网侧逆变器变换为与电网频率、电压幅值、相位相同的交流电并网进入电网。其系统结构相对比较简单，控制也比较容易。为了实现并网瞬间的频率、电压幅值、相位与电网完全一致，必须通过变换器的控制器采集电网侧的电压、频率、相位等参数，与逆变器输出的电压、频率、相位等参数进行比较，达到无冲击的软性并网的理想条件后才能启动并网操作。这种并网方式在并网时一般不会对电网产生冲击电流，对电网的稳定性和发电机及其他机械系统损害都比较小。所以，这种风电机组是目前比较好的风力发电机组。

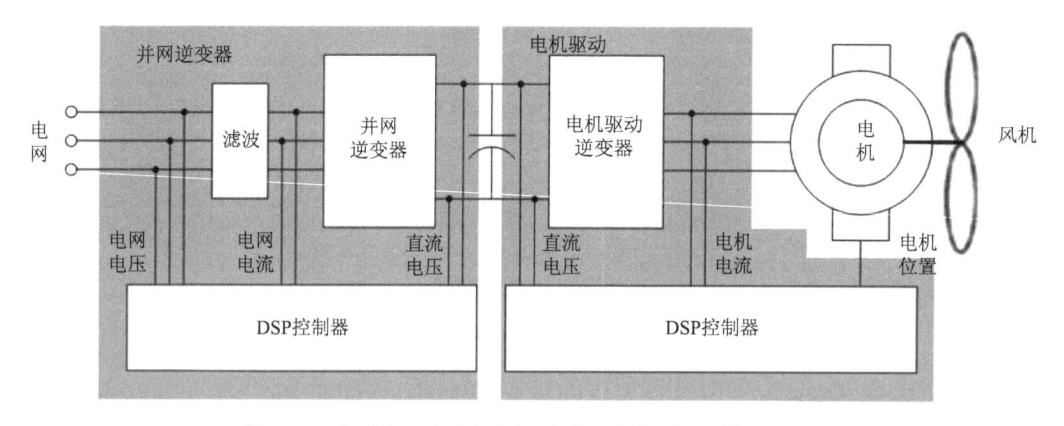

图 2.38　永磁直驱变速恒频风力发电机组并网连接示意图

DSP 指数字信号处理

### 2.4.3.4　风力发电并网的无功电压控制与无功补偿

大规模的风电场往往都远离高压大电网，需要经过远距离输电线路才能与大电网相连接，同时由于风力发电受到气象环境的影响比较明显，风力发电存在出力随机性、间歇性等特点，对电网电压的影响比较明显。因此，很容易造成电网电压的大幅度波动，这给系统的电压控制增加了难度。

目前主要采用两种方法对风电场的电压进行控制，一是利用风电机组自身的无功电压调节能力，采用合适的控制策略来保证系统的电压控制水平；二是利用增加的无功补偿设备进行无功电压控制。对于双馈异步发电机组和永磁直驱同步发电机组的发电机输出端电压控制，一般可以通过机组自身的控制系统控制其输出的无功大小来实现，进而实现调节连接电网的电压水平[27]。

对于风电机组和风电场的无功补偿设备，目前主要有三种装置[27]。

第一种是控制并联无功补偿电容器组的多少来实现无功补偿和无功电压控制，这种技术装置只能提供容性无功补偿，不能提供感性无功补偿，并且提供的容性无功补偿是不连续的，是有级差的。

第二种是静止无功补偿装置，称为 SVC 装置。SVC 装置由晶闸管控制的电容器与电抗器并联组成，既可以产生超前的容性无功也可以产生滞后的感性无功，可灵活调节吸收和发出的无功，可实现对系统无功的连续平衡调节作用，还可以实现对系统无功的动态补偿和功率因数的动态调节。SVC 补偿技术装置是应用比较早的装置，也是目前应用较为广泛的补偿技术装置，它可以实现无功的无级柔性补偿，也称为 FACTS 装置。

第三种是静止同步补偿装置，称为 STATCOM 技术装置，也称为静止无功发生器，即 SVG 技术装置。STATCOM 技术装置是利用大功率可开关的电力电子器件(如 IGBT、GTO 等开关器件)构成的自换相桥式电路,经电抗器和变压器与电网并联。STATCOM 技术装置可以快速产生超前的容性无功,也可以快速产生滞后的感性无功,可实现对系统无功的快速连续平衡调节作用,也可以实现对系统无功的动态快速补偿和功率因数的快速动态调节。与 SVC 技术相比,STATCOM 技术输出的无功功率与系统的电压高低无关,即使在电压比较低的情况下仍可以向电网注入较大的无功电流,具有低电压穿越能力;能够连续控制输出的无功功率极性和大小,具有动态响应速度快、可控性能好、体积小等优点。目前对于风力发电系统而言是比较理想的无功补偿技术装置。

### 2.4.3.5 风电场的低电压穿越

由于风电场并网端往往会出现电压故障,所以风电场并网技术规程要求风电场须具备外部电压故障情况下不间断运行能力,即低电压穿越能力。在电网故障或扰动引起风电场并网点电压跌落时,风电机组仍应保持与电网的连接,并应能向电网继续提供一定的无功功率,支撑电网继续运行,直到电网恢复正常运行,即"穿越"这个低电压运行时间,称为低电压穿越(LVRT)[27]。

所谓低电压穿越是指,风力发电机并网端口电压因故障从运行的额定电压突然跌落到额定电压值的 20%时,要求风电场的风电机组能坚持不脱网运行的能力。并网规定要求,在并网端口额定电压突然跌落到额定电压值的 20%的故障期间,要求风电机组能坚持运行 0.625 s,并在故障恢复期间的 3 s 内能以 10%的电压上升速率,使并网端口的电压上升到额定电压值的 90%。

一般在电网出现故障或网内大型异步电动机的频繁起停等干扰都会导致电网电压的快速跌落,给风力发电机组带来一系列暂态过程,如出现转速上升、过电压、过电流等现象,严重危及风力发电机组及其控制系统的安全稳定运行。所以针对此现象,风力发电机组的控制系统中必须要采取相应的低电压穿越技术措施。并且针对恒速恒频异步风力发电机组、变速恒频双馈异步风力发电机组、永磁直驱变速恒频风力发电机组各自的运行特性采取相应的技术措施。由于该方面的技术内容较多,也比较复杂,在此就不赘述了。

## 2.4.4 风力发电的减排计算

在风能的利用当中,风力发电对于减少碳排放的作用是非常明显的。根据碳排放量的计算方法及与电能的换算公式,即可定量计算风力发电减少碳排放的具体量值。

### 2.4.4.1 碳排放量的计算方法及与电能的换算公式

我国是以火力发电为主的国家,火力发电厂是利用燃烧燃料(煤、石油及其制品、天然气等)所产生的热能发电的。节约化石能源和使用可再生能源(如风力发电和太阳能发电等)是减少 $CO_2$ 排放的两个关键途径。那么,如何计算 $CO_2$ 减排量的多少呢?以发电厂为例,节约 1 kW·h 电或 1 kg 煤到底减排了多少"二氧化碳"呢?

我们以燃烧煤炭的火力发电为参考,计算节电的减排效益[28]。根据有关专家统计:

每节约 1 度(kW·h)电，就相应节约了 0.4 kg 标煤，同时减少排放 0.272 kg 碳粉尘、0.997 kg $CO_2$、0.03 kg $SO_2$、0.015 kg 氮氧化物($NO_x$)[28]。据此可以推算出以下计算公式，根据节约 1 度电 = 减排 0.997 kg "二氧化碳" = 减排 0.272 kg "碳"为依据，则有

$$G_{减CO_2} = 0.997 W_{节} \tag{2.14}$$

$$G_{减C} = 0.272 W_{节} \tag{2.15}$$

式中，$W_{节}$表示节约电量(kW·h)；$G_{减CO_2}$表示二氧化碳减排量(kg)；$G_{减C}$表示碳(C)的减排量(kg)。

根据节约 1 kg 标煤 = 减排 2.493 kg "二氧化碳" = 减排 0.68 kg "碳"为依据，则有

$$G_{减CO_2} = 2.493 C_{节标煤} \tag{2.16}$$

$$G_{减C} = 0.68 C_{节标煤} \tag{2.17}$$

式中，$C_{节标煤}$表示节约的标煤(kg)。

根据节约 1 kg 原煤 = 减排 1.781 kg "二氧化碳" = 减排 0.486 kg "碳"，则有

$$G_{减CO_2} = 1.781 C_{节原煤} \tag{2.18}$$

$$G_{减C} = 0.486 C_{节原煤} \tag{2.19}$$

式中，$C_{节原煤}$表示节约的原煤(kg)。说明：以上电能的折标煤按等价值计算，即系数为 1 度电 = 0.4 kg 标煤，而 1 kg 原煤 = 0.7143 kg 标煤。

#### 2.4.4.2 风力发电减少碳排放量的计算

对于火力发电厂而言，每天发电量 = 装机容量×24，年发电量 = 装机容量×电网公司同意上网年小时数[28]。

对于风力发电而言，存在每天的有效发电小时数和有效风时数问题。所以每天的发电量是不稳定的。其有效发电小时数为统计周期内风机发电量折算到满负荷状态下的发电时间，即总发电量除以风机的额定装机容量。

而有效风时数为统计周期内风机在高于切入风速、低于切出风速之间的累计运行时间。切入风速是指达到并网条件的风速，也就是可以发电的最低风速，低于此风速会自动停机。切入速度与风机叶片的空气动力性能有关。当达到切入风速时，发电机可以持续稳定地发电。切出风速指风力发电机组并网发电的最大风速，超过此风速机组将切出电网，即风机会停机，终止发电过程。

所以对于风电场的风力发电减少碳排放量的计算就要考虑上述有关因素。根据上述过程我们可以按照以下公式来计算单台风力发电机每天的发电量和年发电总量。

$$W_{单台天发电} = \eta_{台} \times h_{天有效时} \times P_{单台容量} \tag{2.20}$$

式中，$W_{单台天发电}$表示单台风力发电机每天发电量(kW·h)；$h_{天有效时}$表示单台风力发电机每天有效发电时间(h)；$\eta_{台}$表示单台风力发电机利用系数，即单台风机发电效率(%)；$P_{单台容量}$表示单台风力发电机装机容量(kW)。

$$W_{单台年发电} = \eta_{台} \times h_{年有效时} \times P_{单台容量} \tag{2.21}$$

式中，$W_{单台年发电}$为单台风力发电机每年发电量(kW·h)；$h_{年有效时}$为单台风力发电机每年有效发电时间(h)。

式(2.20)和式(2.21)中的单台风力发电机利用系数，即单台风机发电效率$\eta_{台}$，是主要综合考虑了风力发电机的机械损耗、并网逆变器电路损耗、风力发电机运行的功率因数等的参数。单台风力发电机每天有效发电时间$h_{天有效时}$和单台风力发电机每年有效发电时间$h_{年有效时}$，综合考虑了单台风力发电机在有效风时数的情况下每天和每年累计运行的时间，是一个针对具体风力发电机类型在一定时间内的统计数据平均值，与不同的季节或不同的天气条件有关。

对单台风力发电机风力发电量的计算而言，在某一个季节里的某一天的发电量可以按照式(2.20)进行计算；某一个季节的风力发电量可以按照式(2.20)的计算结果乘以在此季节里的有效发电天数进行计算。单台风力发电机某一年的风力发电量可以按照式(2.21)进行计算，也可以根据式(2.20)按照季节进行一天和一个季节的发电量计算，然后按一年四季进行一年的发电量计算。

整个风电场的每天发电量和每年发电量可以按照以下公式来计算。

$$W_{场天发电} = \eta_{场天} \times h_{场天有效时} \times P_{场容量} \tag{2.22}$$

式中，$W_{场天发电}$表示风电场每天发电量(kW·h)；$\eta_{场天}$表示整个风电场风力发电机组每天综合利用系数，即风电场每天发电效率(%)；$h_{场天有效时}$表示整个风电场每天有效发电时间(h)；$P_{场容量}$表示整个风电场风力发电机装机容量(kW)。

$$W_{场年发电} = \eta_{场年} \times h_{场年有效时} \times P_{场容量} \tag{2.23}$$

式中，$W_{场年发电}$表示整个风电场每年发电量(kW·h)；$\eta_{场年}$表示整个风电场风力发电机年利用系数，即风电场年发电效率(%)；$h_{场年有效时}$表示整个风电场每年有效发电时间(h)。

式(2.22)中的整个风电场风力发电机组每天综合利用系数，即风电场每天发电效率$\eta_{场天}$，是主要考虑了所有风力发电机的机械损耗、所有并网逆变器电路损耗、风力发电机运行的功率因数、风电场中每天有效运行的风力发电机台数等的综合参数，是在某一个季节里每天的发电效率的平均值，是一个风电场在某一个季节里每天的发电效率的统计平均计算值。式(2.23)中整个风电场风力发电机年利用系数，即风电场年发电效率$\eta_{场年}$，是主要考虑了所有风力发电机的机械损耗、所有并网逆变器电路损耗、风力发电机运行的功率因数、风电场中每年有效运行的风力发电机台数等的综合参数，是一个风电场的统计参数计算值。整个风电场每天有效发电时间$h_{场天有效时}$和整个风电场每年有效发电时间$h_{场年有效时}$，综合考虑了整个风电场风力发电机在有效风时数的情况下每天和每年累计运行时间，是一个针对具体风力发电机类型在一定时间内的统计数据平均值，与不同的季节或不同的天气条件有关。

对于一个风电场的风力发电量计算而言，在某一个季节里的某一天的发电量可以按照式(2.22)进行计算；某一个季节的风力发电量可以按照式(2.22)的计算结果乘以在此季节里的有效发电天数进行计算。风电场某一年的风力发电量可以按照式(2.23)进行计算，也可以根据式(2.22)按照季节进行一天和一个季节的发电量计算,然后按一年四季进行一年的发电量计算。

对于单台风力发电机的风力发电量和一个风电场的风力发电量的具体计算而言,除了可以按照上述有关计算公式进行估算外,实际上还可以根据风电场的计算机控制系统和风电场有功电能计量仪表进行统计计算。而且通过风电场的有功电能计量仪表进行统计计算的结果应该是最准确的,是实际运行情况的真实记录。所以上述的有关理论计算方法也只能是一种估算方法。

根据式(2.14)～式(2.19),可以得到如下计算单台风力发电机每天减少 $CO_2$ 排放量、碳(C)排放量、节约的标煤量、节约的原煤量计算公式。

$$G_{单台天减CO_2}=0.997W_{单台天发电}=0.997\times\eta_{台}\times h_{天有效时}\times P_{单台容量} \quad (2.24)$$

$$G_{单台天减C}=0.272W_{单台天发电}=0.272\times\eta_{台}\times h_{天有效时}\times P_{单台容量} \quad (2.25)$$

$$C_{单台天节标煤}=(1/2.493)W_{单台天发电}$$
$$=(1/2.493)\times 0.997\times\eta_{台}\times h_{天有效时}\times P_{单台容量} \quad (2.26)$$

$$C_{单台天节原煤}=(1/1.781)W_{单台天发电}$$
$$=(1/1.781)\times 0.997\times\eta_{台}\times h_{天有效时}\times P_{单台容量} \quad (2.27)$$

式中,$G_{单台天减CO_2}$ 表示单台风力发电机每天减少二氧化碳排放量(kg);$G_{单台天减C}$ 表示单台风力发电机每天减少碳的排放量(kg);$C_{单台天节标煤}$ 表示单台风力发电机每天可减少利用标煤的量(kg);$C_{单台天节原煤}$ 表示单台风力发电机每天可减少利用原煤的量(kg)。

整个风电场每天减少 $CO_2$ 排放量、碳(C)排放量、节约的标煤量、节约的原煤量计算公式如下:

$$G_{风电场天减CO_2}=0.997W_{场天发电}=0.997\times\eta_{场天}\times h_{场天有效时}\times P_{场容量} \quad (2.28)$$

$$G_{风电场天减C}=0.272W_{场天发电}=0.272\times\eta_{场天}\times h_{场天有效时}\times P_{场容量} \quad (2.29)$$

$$C_{风电场天节标煤}=(1/2.493)W_{场天发电}$$
$$=(1/2.493)\times 0.997\times\eta_{场天}\times h_{场天有效时}\times P_{场容量} \quad (2.30)$$

$$C_{风电场天节原煤}=(1/1.781)W_{场天发电}$$
$$=(1/1.781)\times 0.997\times\eta_{场天}\times h_{场天有效时}\times P_{场容量} \quad (2.31)$$

式中,$G_{风电场天减CO_2}$ 表示整个风电场的所有风力发电机组每天减少 $CO_2$ 排放总量(kg);$G_{风电场天减C}$ 表示整个风电场的所有风力发电机组每天减少碳的排放总量(kg);$C_{风电场天节标煤}$ 表示整个风电场的所有风力发电机组每天可减少利用标煤的总量(kg);$C_{风电场天节原煤}$ 表示整个风电场的所有风力发电机组每天可减少利用原煤的总量(kg)。

整个风电场年减少 $CO_2$ 排放量、碳(C)排放量、节约的标煤量、节约的原煤量计算公式如下:

$$G_{风电场年减CO_2}=0.997W_{场年发电}=0.997\times\eta_{场年}\times h_{场年有效时}\times P_{场容量} \quad (2.32)$$

$$G_{风电场年减C}=0.272W_{场年发电}=0.272\times\eta_{场年}\times h_{场年有效时}\times P_{场容量} \quad (2.33)$$

$$C_{\text{风电场年节标煤}} = (1/2.493)W_{\text{场年发电}}$$
$$= (1/2.493) \times 0.997 \times \eta_{\text{场年}} \times h_{\text{场年有效时}} \times P_{\text{场容量}} \quad (2.34)$$

$$C_{\text{风电场年节原煤}} = (1/1.781)W_{\text{场年发电}}$$
$$= (1/1.781) \times 0.997 \times \eta_{\text{场年}} \times h_{\text{场年有效时}} \times P_{\text{场容量}} \quad (2.35)$$

式中，$G_{\text{风电场年减}CO_2}$表示整个风电场的所有风力发电机组每年减少 $CO_2$ 排放总量(kg)；$G_{\text{风电场年减}C}$表示整个风电场的所有风力发电机组每年减少碳的排放总量(kg)；$C_{\text{风电场年节标煤}}$表示整个风电场的所有风力发电机组每年可减少利用标煤的总量(kg)；$C_{\text{风电场年节原煤}}$表示整个风电场的所有风力发电机组每年可减少利用原煤的总量(kg)。

根据式(2.24)~式(2.35)，即可以对单台风力发电机和一个风电场减少的 $CO_2$ 排放量、减少碳的排放量、减少利用标煤的量、减少利用原煤的量进行具体计算，可以按照每天、每个月、每个季节、每年对一台风力发电机和整个风电场进行碳排放的具体计算和估算。当然，除了可以按照上述有关计算公式进行估算外，也可以根据风电场的计算机控制系统和风电场有功电能计量仪表所记录发出的实际有功电能，对式(2.24)~式(2.35)进行换算和统计计算。而根据风电场的有功电能计量仪表所记录发出的实际有功电能进行减排换算和统计计算应该是比较准确的，而上述的有关理论计算只能算是一种间接估算的方法。

## 2.5　中国风电节能减排潜力分析

根据中国气象局公布的《全国风能资源详查和评价报告》[29]，全国陆地离地面 10 m 高度的风能资源总储量约为 43.5 亿 kW，技术可开发量约为 3 亿 kW，海上可开发利用的风能约为 7.5 亿 kW。可见我国的风力资源极为丰富，绝大多数地区的平均风速都在 3 m 以上，特别是东北、西北、西南高原和沿海岛屿，平均风速更大。有的地方，一年三分之一以上的时间都是大风天。在这些地区，发展风力发电是很有前景的。

现存问题主要表现在规模化程度还不够高；对于并网电气自动化系统的部件、电力电子器件和控制芯片的国产化程度还需要进一步提高；风电设备质量良莠不齐；在风能资源丰富的"三北"地区，存在电网对风电的输送与市场消纳能力不足的问题。在未来需要通过注重大中小、分散与集中、陆地与海上相结合的方式开发风力发电；加强风机生产过程的行业管理，遏制风机设备制造投资过热、重复引进和低水平重复建设等现象发生；同步开展风电开发、市场消纳和送电方案等研究。重点需要解决风电并网难的发展困境，同时还需要进一步提高风电中能量间的转化效率和利用效率。

### 参 考 文 献

[1] 巢清尘. 碳达峰和碳中和的由来[J]. 气象知识, 2021.
[2] 魏一鸣, 余碧莹, 唐葆君, 等. 中国碳达峰碳中和路径优化方法[J]. 北京理工大学学报(社会科学版), 2022, 24(4): 3-12.
[3] 王金龙, 李侃. 2021 年—2050 年全球电力市场分析及展望[J]. 中国工程咨询, 2021, 4: 28-33.

[4] 高盛. 世界能源展望 2020 [R]. 高盛, 2020.
[5] BP 集团. BP 世界能源统计 2006 [R]. BP 集团, 2006.
[6] BP 集团. BP 世界能源统计 2008 [R]. BP 集团, 2008.
[7] BP 集团. BP 世界能源统计 2012 [R]. BP 集团, 2012.
[8] 高盛. 中国能源状况报告[R]. 高盛, 2003.
[9] 宋峰, 刘中军. 全球碳排放量 2018 年再创新高[J]. 生态经济, 2019, 2: 5-8.
[10] 任国玉. 世界各国 $CO_2$ 排放历史和现状[R]. 中国气象局国家气候中心, 2017.
[11] 程明. 可再生能源发电技术[M]. 北京: 机械工业出版社, 2012.
[12] Liu T T, Chen Z, Xu J P. Empirical evidence based effectiveness assessment of policy regimes for wind power development in China[J]. Renewable and Sustainable Energy Reviews, 2022, 164: 112535.
[13] Zhang S, Wei J, Chen X, et al. China in global wind power development: Role, status and impact[J]. Renewable and Sustainable Energy Reviews, 2020, 127: 109881.
[14] Veers P, Sethuraman L, Keller J. Wind-power generator technology research aims to meet global-wind power ambitions[J]. Joule, 2020, 4(9): 1856-1863.
[15] 杨俊杰. 全球风电项目成本趋势分析[R]. 北极星风力发电网, 2018.
[16] 前瞻产业研究院. 2020 年全球及中国风电行业市场现状及发展前景分析[R]. 前瞻网, 2020.
[17] 何后裕, 何华琴, 王骞, 等. 考虑碳足迹与交易的分布式光伏发电成本分摊[J]. 电力建设, 2020, 41(6): 85-92.
[18] 王天营, 宫芳, 沈菊华. 中国能源利用效率变动对环境影响研究[J]. 中国人口·资源与环境, 2012, 22(11): 74-77.
[19] 国家能源局. 风电发展"十三五"规划[R]. 中国政府网, 2016.
[20] 国网能源研究院有限公司. 2021 中国新能源发电分析报告[M]. 北京: 中国电力出版社, 2021.
[21] 风电产业. 减少碳排放提高风力发电能力[R]. 国际新能源网, 2020.
[22] 德国能源转型集会, 英国气候变化组织. 欧洲风光发电量首超煤电[R]. 中国能源报, 2020.
[23] 国际能源署(IEA). 世界能源展望报告[R]. 中国驻法国大使馆, 2020.
[24] 陈春华, 路正南. 经济增长对风电产业成长的调节效应分析[J]. 经济问题, 2012, 1: 87-90.
[25] 白格平, 任国瑞, 苏雁飞, 等. 乌兰察布地区风资源波动性及聚合特性分析[J]. 电网与清洁能源, 2022, 38(7): 81-91.
[26] Shi R, Fan X, He Y. Comprehensive evaluation index system for wind power utilization levels in wind farms in China[J]. Renewable and Sustainable Energy Reviews, 2017, 69: 461-471.
[27] 王曼, 杨素琴. 新能源发电与并网技术[M]. 北京: 中国电力出版社, 2017.
[28] Peng B, Tong X, Cao S, et al. Carbon emission calculation method and low-carbon technology for use in expressway construction[J]. Sustainability, 2020, 12: 3219.
[29] 中国气象局. 全国风能资源详查和评价报告[M]. 北京: 气象出版社, 2014.

# 第 3 章 太阳能光伏发电技术

## 3.1 太阳能发电概述

"碳达峰"和"碳中和"给化石能源和煤炭行业带来严峻挑战。全球对可再生能源投资持续增加,而光伏发电将成为新能源供应主力。光伏发电将与储能、氢能技术结合,大大降低用能成本。在"双碳"目标、《巴黎协定》的政策推动下,全球能源结构正在由高碳化石能源向绿色、低碳、可再生能源转型,作为可再生能源的重要组成部分,光伏发电正迎来持续高速发展阶段。欧美、日本和澳大利亚等国际市场对光伏产品保持旺盛需求,发展中国家(印度、巴西、智利)在光伏领域表现抢眼,新兴市场不断增加。至 2021 年上半年,在"双碳"目标和屋顶分布式光伏开发等多重政策利好的推动下,我国光伏行业装机规模稳步增长。2021 年 1～6 月我国光伏新增装机 13.01 GW,同比增长 12.93%;在分布式发电中,户用市场新增装机 86 GW,同比增长 280%,是上半年新增装机的主要来源。2021 年开始新建的光伏发电进入平价上网阶段,光伏发电已由过去严重依赖补贴发展的阶段,步入以市场化驱动为主的高速发展阶段,随着全球"碳中和"进程的加速推进,预期光伏行业将迎来巨大的发展空间。图 3.1 是欧盟联合研究中心对太阳能发电在能源市场中的预测。

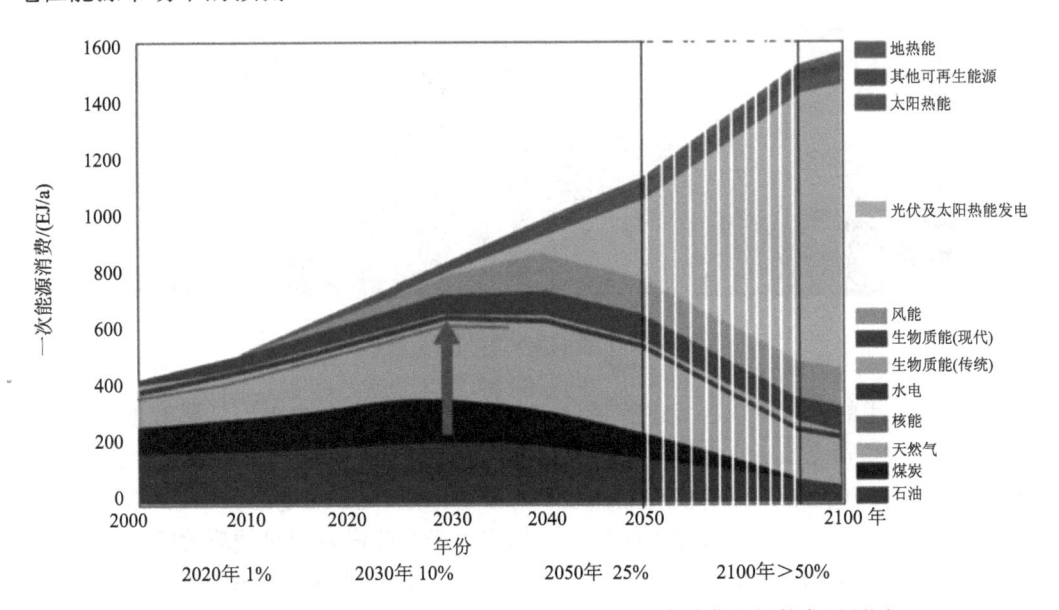

图 3.1 欧盟联合研究中心对太阳能在一次能源中消费比例的发展预测

光伏发电之所以能成为可再生能源的主力军,是因为太阳能属于重要的可再生清洁能源,其储量巨大,取之不尽、用之不竭,且没有环境污染。而传统化石能源——石油、天然气、煤炭都是不可再生资源。图 3.2 是研究人员对各类能源使用年限做出的预测。我国石油储量可继续开采 11.9 年，天然气可再用 28 年，煤炭可再用 31 年，而太阳能却源源不断，趋于无穷大。每秒到达地面的太阳能量高达 80 万 kW，假如把太阳能的 0.1%转化为电能，转换率按照 5.0%计算，其发电量相当于世界能耗总量的 40 倍，所以大力推广光伏发电迫在眉睫。

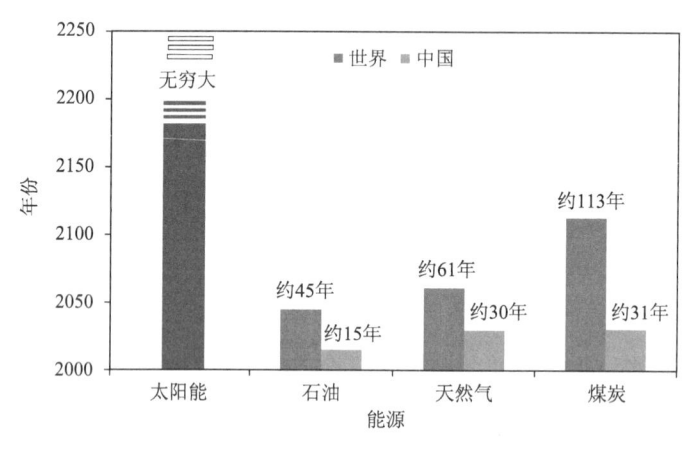

图 3.2 对各类能源使用年限的预测

光伏发电技术的适用领域非常广泛，几乎可以用在任何需要电源的场合，上至航天器，下至家用电器，大到兆瓦级电站，小到玩具，可以说光伏电源无处不在(图 3.3)。

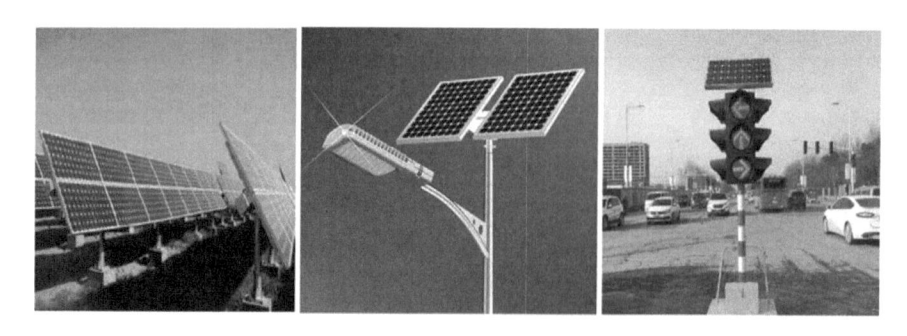

图 3.3 光伏发电可能的应用场景

根据所使用的光伏材料种类进行划分，电池可分为晶体硅电池、非晶硅电池、碲化镉(CdTe)电池、铜铟镓硒(CIGS)电池、染料敏化(DSSC)电池、有机薄膜太阳能电池(OPV)、钙钛矿电池等。目前仅有晶体硅和非硅基电池、CdTe 电池、CIGS 电池成功投入实际生产，其他种类中的薄膜太阳能电池均尚处于产业研发或科技攻关阶段。

本章简单介绍太阳能电池发电的基本原理、硅料制备、晶体生长、晶体硅太阳能电池、薄膜太阳能电池、光伏应用等内容。读者通过本章可了解到太阳能电池的基本工作原理、常规的生产流程、光伏应用场景、发展历程与最新动态等内容。

## 3.2 晶体硅太阳能电池发电原理

对于晶体硅太阳能电池而言，其产业链大致如下：冶金级硅矿石生产出太阳能级硅料，太阳能级硅料通过铸锭或拉晶产生硅锭或晶棒，硅锭或晶棒通过开方截断磨面生成多晶或单晶硅块，硅块通过切片生产出硅片，硅片通过电池线制造出芯片，最后再组装成太阳能电池组件和电池发电系统(图3.4)。

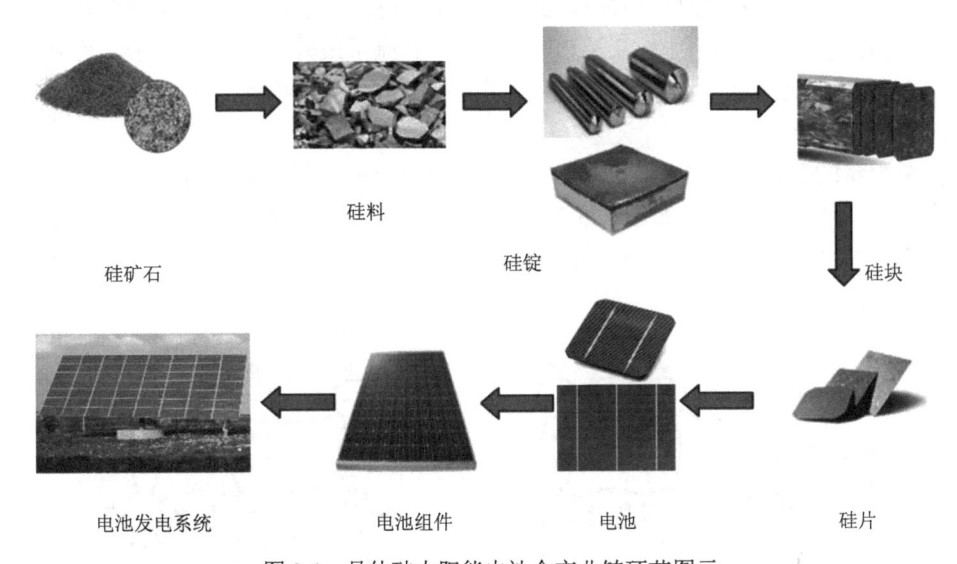

图 3.4 晶体硅太阳能电池全产业链环节图示

### 3.2.1 硅的晶体结构及掺杂原理

太阳能电池发电的基本原理主要是半导体的光电效应，硅半导体材料的主要结构如图 3.5 所示。

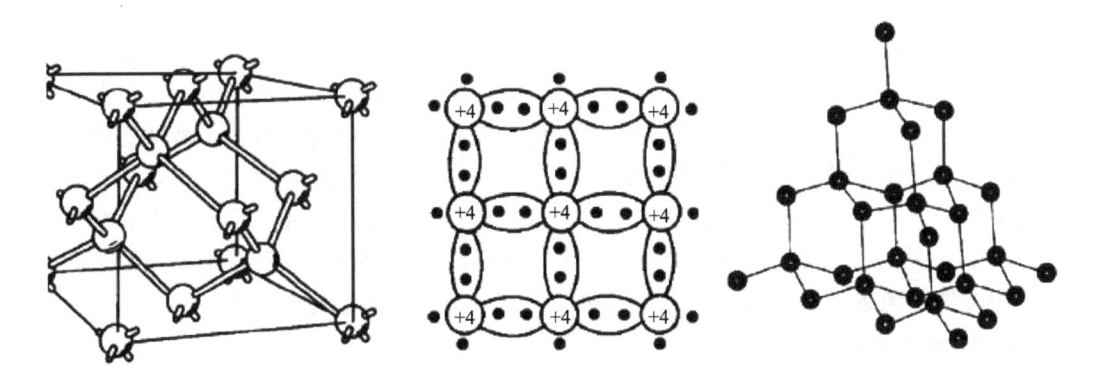

图 3.5 硅晶体材料的原子排列结构

硅晶体中的硅原子在空间上按面心立方结构无限排列，长程有序。每个硅原子的邻近处有四个硅原子，两个硅原子之间有一对电子与这两个原子的原子核有相互作用，称为 Si—Si 共价键。基于共价键的作用，硅原子紧密地结合在一起，构成晶体硅材料。

在一块晶体中，所有晶胞的排列方式和取向完全一致，就形成了长程有序，则称其为单晶体；由许多小尺寸单晶体杂乱无章地排列在一起所形成的晶体称为多晶体；非晶体虽然没有上述特征，但仍保留相互间的结合形式。如一个硅原子仍将形成四个共价键，原子组合中短程是有序的，长程是无序的，一般称其为非晶体或无定形材料。

晶格完整且不含杂质的半导体称为本征半导体材料。硅半导体掺杂少量五价元素磷（P），称为 n 型掺杂。这是因为掺入 P 原子以后，P 原子最外层有五个电子，其中四个电子参与配对形成化学键，因此会剩下一个电子且该电子的化学活泼性较强，最终成为 n（negative）型半导体材料。

掺杂少量的三价元素（B、Ga、In）则称为 p 型掺杂。以掺杂 B 为例，B 原子周围只有三个电子，所以就会产生如图 3.6 所示的空穴，这个空穴因为没有电子而变得非常不稳定，容易结合电子而被中和。一般把这种易于形成空穴而结合电子的半导体材料称为 p（positive）型半导体。

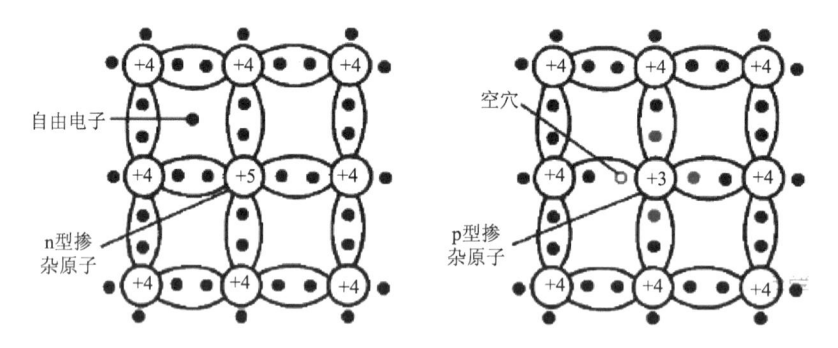

图 3.6 晶体硅材料 n 型掺杂和 p 型掺杂的电子模式图

### 3.2.2 p-n 结的形成及特性

n 型半导体中含有较多的电子，而 p 型半导体中含有较多的空穴，因此当 p 型和 n 型半导体结合在一起时，就会在接触界面处形成电势差，也就是形成了 p-n 结。当 p 型和 n 型半导体结合在一起时，在这两种半导体的交界面区域里会形成一个特殊的薄层，界面的 p 型一侧带负电，n 型一侧带正电。这是由于 p 型半导体多空穴，而 n 型半导体多自由电子，故出现了电子的浓度差。n 区里的电子会扩散到 p 区，而 p 区里的空穴也会扩散到 n 区。一旦发生扩散就会形成一个由 n 指向 p 的"内电场"，从而阻止扩散的进一步发生。当达到平衡后，在这个特殊的薄层中将形成固定的电势差，而这个薄层就是 p-n 结（图 3.7）。

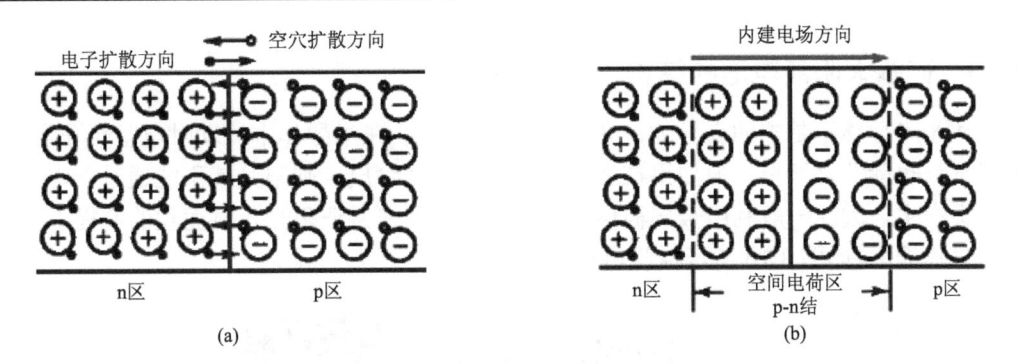

图 3.7　形成 p-n 结前载流子的扩散过程(a)与空间电荷区内建电场形成模式图(b)

当晶片接受光照后，p-n 结中 n 型半导体中的空穴向 p 型区迁移，而 p 型区中的电子往 n 型区移动，从而形成了从 n 型区到 p 型区的电流，同时在 p-n 结中形成电势差，这就是光伏材料产生电能的基本原理(图 3.8)。

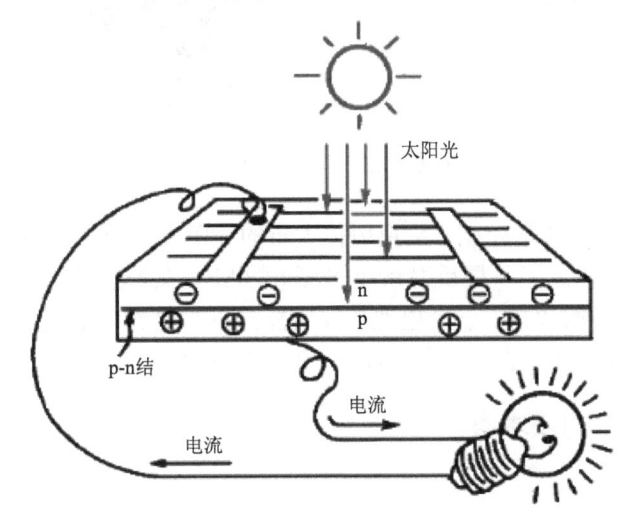

图 3.8　光伏材料产生电能的模式示意图

p-n 结具有单向导电性。当 p-n 结加上正向偏压，外加电场的方向和内建电场的方向相反，打破了扩散运动和漂移运动的相对平衡，形成了通过 p-n 结的电流，称为正向电流，正向电流一般较大；当在 p-n 结上施加反向偏压，构成 p-n 结的反向电流，反向电流则一般很小(图 3.9)。

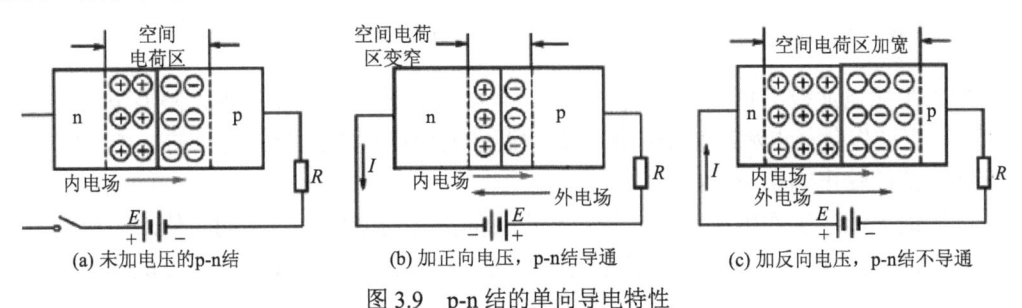

图 3.9　p-n 结的单向导电特性

### 3.2.3 硅基太阳能电池的结构

由于半导体不是电的良导体，电子通过 p-n 结后，在半导体中流动时电阻会非常大，能量损耗也就非常严重。但如果在上层全部涂上金属涂层，则阳光就不能通过，电流也就不会产生。因此一般利用金属栅格覆盖 p-n 结从而在保证阳光入射面积的前提下提高电子导通能力(如图 3.10 所示梳状电极)。

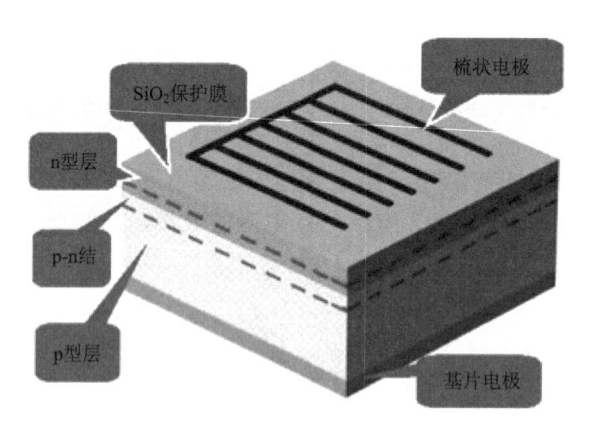

图 3.10 太阳能电池结构示意图

另外，硅材料表面非常光亮，会反射掉大量的太阳光，反射光不能被电池所利用。因此，科研人员给它涂上了一层反射系数非常小的 $SiO_2$ 保护膜(图 3.10)，该层保护膜能将反射损失控制在 5.0% 以内。一个电池单元所能提供的电流和电压毕竟是有限的，于是人们通常将很多电池(一般是 36 个)并联或串联起来使用，形成太阳能光电板。

### 3.2.4 太阳能电池的技术参数

1. 开路电压

受光照的太阳能电池处于开路状态，光生载流子只能积累于 p-n 结两侧而产生光生电动势，此时在太阳能电池两端测得的电势差称作开路电压，通常用符号 $U_{oc}$ 表示。

2. 短路电流

将太阳能电池从外部短路后所测得的最大电流称为短路电流，一般用符号 $I_{sc}$ 表示。

3. 输出功率和最佳功率

把太阳能电池接上负载，负载电阻中便有电流流过，该电流称为太阳能电池的工作电流 $I$，也称作负载电流或输出电流。负载两端的电压称为太阳能电池的工作电压 $U$，太阳能电池的输出功率 $P = UI$。

太阳能电池的工作电压和电流随负载电阻的变化而变化，以不同阻值所对应的工作电压和电流作曲线，就得到了太阳能电池的伏安特性曲线。如果选择负载电阻值使得输出电压和电流的乘积最大,即可获得最大输出功率 $P_m$,此时的工作电压和工作电流被称为最佳工作电压 $U_m$ 和最佳工作电流 $I_m$,它们之间同样满足等式 $P_m = U_m I_m$。

### 4. 填充因子

太阳能电池的另一个重要参数是填充因子(filling factor, FF),它是最大输出功率与开路电压和短路电流的乘积之比[见式(3.1)]。FF 是衡量太阳能电池板输出特性的重要指标,它反映电池在最佳负载时能够输出的最大功率特性,其值越大代表电池的输出功率越大。

$$FF = \frac{P_m}{U_{oc} I_{sc}} = \frac{U_m I_m}{U_{oc} I_{sc}} \tag{3.1}$$

### 5. 转换效率

太阳能电池的能量转换效率($\eta$)指的是在外部回路上连接最佳负载电阻时所表现出的最大能量转换效率,在数值上它等于太阳能电池的最大输出功率与入射到太阳能板表面的入射功率($P_{in}$)之比:

$$\eta = \frac{P_m}{P_{in}} \times 100\% = FF \times \frac{U_{oc} I_{sc}}{P_{in}} \times 100\% \tag{3.2}$$

由式(3.2)可知,在入射到太阳能电池表面的太阳能谱一定的情况下,太阳能电池的转换效率与 $I_{sc}$、FF、$U_{oc}$ 有关。根据 $I_{sc}$、FF、$U_{oc}$ 三者的极限值可以计算出太阳能电池的理论效率值,其中单晶硅、多晶硅、非晶硅、砷化镓光伏材料的理论能量转换效率分别为 27.0%、20.0%、15.0%、28.5%。

## 3.3 多晶硅原料的制备

硅是一种化学元素,化学符号为 Si,旧称矽,由于矽和锡同音,故于 1953 年改称为硅。硅的原子序数是 14,相对原子质量 28.09,固体密度为 2.33 g/cm³,液体密度为 2.53 g/cm³,熔点 1420℃,沸点 2355℃。晶体硅属于原子晶体,质地坚硬而外观有光泽。硅材料具有半导体属性,其同素异形体有无定形硅和晶体硅两大类,无定形硅为黑色,而晶体硅则为钢灰色。

### 3.3.1 冶金级硅的制备

冶金级硅是制造太阳能级硅或电子级硅的主要原料,它一般是由石英砂在电弧炉中用碳还原而制得。在约 1800℃ 的高温下冶金级硅经历的化学变化如下:

$$SiO_2 + 2C \longrightarrow Si + 2CO \tag{3.3}$$

实际上,冶金级硅的还原过程是比较复杂的,一般随着炉内温度变化及炉料所在区域的不同发生各种各样的副反应。

冶金级硅的纯度在 98%~99%,其杂质除了来自还原剂级石墨电极的碳成分之外,还有来自石英砂和还原炉中的金属杂质 Fe、Al、Mg、Ti、B、P、Ni、Zr、Cr、Cu、Mn、Mo、V 等，其中 Al 和 Fe 是主要杂质。工业上控制杂质的方法通常是：①碳等还原剂进炉前彻底清洗；②在液态硅倒入浅槽凝固的同时在表面吹入氧化性气体进一步提纯，或在反应炉中添加容易产生炉渣的物质（如 $SiO_2$、$CaO$、$CaCO_3$）除去比硅活性强的杂质元素，如 Al、Ca、Mg 等。冷却后的块状冶金级硅通过压碎机破碎成微米尺寸的硅颗粒，以满足下一步工序的需要。

### 3.3.2 太阳能级多晶硅的制备

多晶硅生产从原料种类上可划分为三氯氢硅法（俗称"改良西门子法"）和硅烷法，两种方法均可用化学气相沉积（CVD）炉和流化床反应器（FBR）分别生产棒状多晶硅和粒状多晶硅。三氯氢硅法以生产棒状多晶硅为主，而硅烷法以生产粒状多晶硅为主。棒状和粒状多晶硅两种料在硅片制造的铸锭或拉晶过程中常配合使用，可增加装料量，有利于降低硅片制造成本。粒状多晶硅还具有易流动的特性，是直拉单晶中重复加料、连续给料良好的备选原料。

#### 3.3.2.1 三氯氢硅还原法

三氯氢硅还原法是德国西门子（Simens）公司 1954 年发明的，又称为西门子法。西门子法不断改善，经历了第一代、第二代和第三代技术，改良西门子法是第三代技术，又称为闭环式三氯氢硅氢还原法，改良西门子法对副产物能实现100%的回收利用，是近几年多晶硅料生产成本降低、污染和能耗减少的重要措施。改良西门子法主要包括以下几个环节：$SiHCl_3$ 合成、$SiHCl_3$ 分馏提纯、$SiHCl_3$ 氢气还原、尾气回收和 $SiCl_4$ 氢化分离等。

1. $SiHCl_3$ 合成流程

冶金级硅通过颚式破碎机破碎，送入球磨机研磨，过筛后进入料池，用蒸汽干燥，再进入电感加热干燥炉干燥，经硅粉计量罐计量后，定量加入沸腾炉内。当沸腾炉升温到一定温度后在加入 HCl 的同时切断加热电源，转入自动控制模式，生产出的 $SiHCl_3$ 气体中残存少量硅粉，经旋风除尘器和布袋过滤器去除。$SiHCl_3$ 气体经水冷却器和盐水冷凝，得到 $SiHCl_3$ 液体，流入计量罐，其余尾气经淋洗塔向外排出。$SiHCl_3$ 合成的工艺流程图如图 3.11 所示。

2. $SiHCl_3$ 的制备原理

沸腾炉中的硅粉和氯化氢通过以下反应生成 $SiHCl_3$：

$$Si + 3HCl \xrightarrow{280 \sim 320℃} SiHCl_3 + H_2 + 50 \text{ kcal/mol} \tag{3.4}$$

此反应为放热反应，为了保证产品质量稳定并提高实收率，需要将炉内反应温度控制在 280～320℃并保持温度相对恒定，因此有必要将反应热及时排出。随着反应温度的升高，$SiCl_4$ 的生成量不断增加，当温度超过 350℃后则会生成大量的 $SiCl_4$：

$$Si + 4HCl \xrightarrow{>350℃} SiCl_4 + 2H_2 + 54.6 \text{ kcal/mol} \tag{3.5}$$

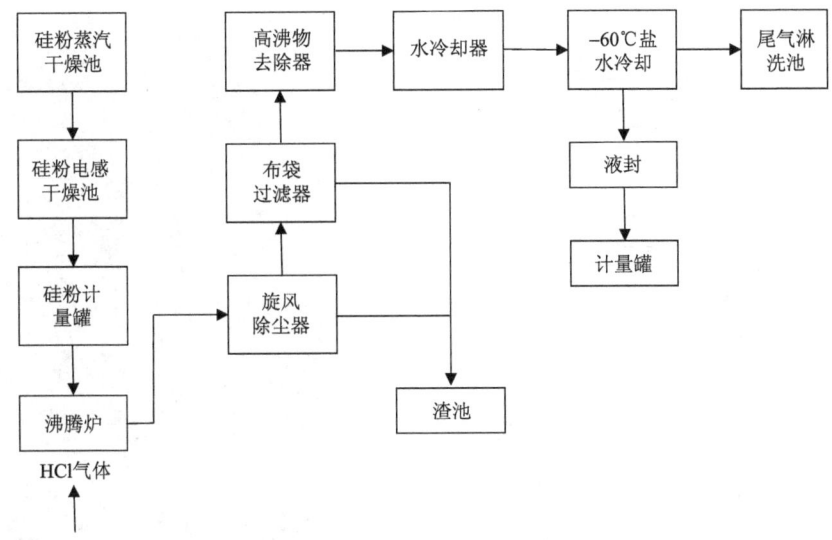

图 3.11 SiHCl₃ 合成的工艺流程图

若温度控制不当,有时产生的 SiCl₄ 比例甚至高达 50%以上。此反应还会产生各种氯硅烷,Fe、C、P、B 等的聚卤化合物,以及 $CaCl_2$、$AgCl$、$MnCl_2$、$AlCl_3$、$ZnCl_2$、$TiCl_4$、$CrCl_3$、$PbCl_2$、$FeCl_3$、$NiCl_2$、$BCl_3$、$CCl_4$、$CuCl_2$、$PCl_3$、$InCl_3$ 等物质。

若温度过低,则易生成 $SiH_2Cl_2$ 低沸物:

$$Si + 4HCl \xrightarrow{<280℃} SiH_2Cl_2 + Q \tag{3.6}$$

式中,Q 指热量。

由上述反应所得产物可以看出,合成三氯氢硅的过程中反应复杂,因此要严格地控制该反应的操作步骤和条件。

### 3. SiHCl₃ 精馏提纯

精馏是利用 SiHCl₃ 和副产物 $SiH_2Cl_2$、$SiCl_4$ 及 $FeCl_3$、$BCl_3$、$PCl_3$ 等杂质氯化物的蒸气压和沸点不同从而达到提纯和除杂的目的,经过粗馏和精馏两道工序 SiHCl₃ 中的杂质含量可降低到 $10^{-10} \sim 10^{-7}$ g/m³。

### 4. SiHCl₃ 氢还原

高纯 H₂ 和精制 SiHCl₃ 进入还原炉(图 3.12),多晶硅沉积在通电加热至 1100℃的倒 U 形硅芯上,形成硅棒。硅芯直径在 5~10 mm、长度在 1.5~2.0 m,经过反应产生的硅棒直径达到 150~200 mm。

其化学反应式为

$$SiHCl_3 + H_2 \longrightarrow Si + 3HCl \tag{3.7}$$

$$2SiHCl_3 \longrightarrow SiH_2Cl_2 + SiCl_4 \tag{3.8}$$

$$SiH_2Cl_2 \longrightarrow Si + 2HCl \tag{3.9}$$

$$SiHCl_3 + HCl \longrightarrow SiCl_4 + H_2 \tag{3.10}$$

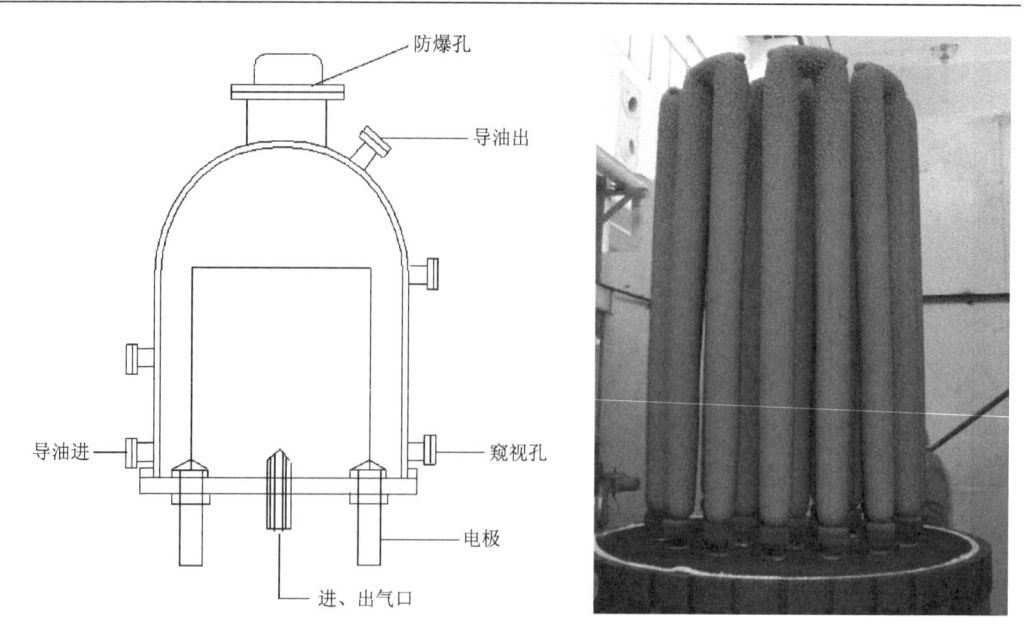

图 3.12 还原炉结构简图及实物照片

或者将高纯多晶硅粉末置于加热流化床上,通入中间化合物 $SiHCl_3$ 和高纯氢气,使生成的多晶硅沉积在硅粉上,形成高纯度的颗粒状多晶硅。

从 2018 年至今西门子法的技术发展方向主要包括如下几个方面:

(1) 通过还原炉的大型化改造和沉积工艺的精细化设计,提升了单炉产量且提高了多晶硅的质量,持续降低了还原电耗和综合能耗。

(2) 冷氢化技术被普遍采用。冷氢化技术已成为国内多晶硅企业处理副产物四氯化硅的主流技术。目前国内正投入运行的多晶硅企业已全部淘汰热氢化技术,新建和技改的项目单套冷氢化装置三氯氢硅年产能达到 20 万 t,实现稳定生产,新开发单套年产能 25 万 t 三氯氢硅的冷氢化装置已投入运行。采用冷氢化技术生产三氯氢硅的电耗约为 0.5 kW·h/kg-TCS(三氯氢硅),与热氢化电耗 2~3 kW·h/kg-TCS 相比较,氢化环节节约能耗 70% 以上,节能优势十分明显。

(3) 副产物综合利用。三氯氢硅法工艺中副产物包括四氯化硅和二氯二氢硅等。四氯化硅主要采用冷氢化技术将其变成三氯氢硅原料,经提纯后返回系统使用;副产物二氯二氢硅主要采用反歧化技术,与四氯化硅在催化剂作用下反歧化生产三氯氢硅,经提纯后返回系统使用,反应条件温和、能耗低、成本低。也有企业将多晶硅副产物中其他高沸组分分离提纯,用于生产集成电路用电子气体。通过对以上技术的应用,可大幅降低多晶硅生产过程中的原料消耗。按硅材料消耗进行计算,硅耗已从 1.2 kg/kg 多晶硅降低到 1.1 kg/kg 左右,已经接近理论消耗值。

(4) 精馏系统优化与综合节能。采用吸附、高效筛板与填料组合的加压精馏提纯技术和热偶合技术联用,将一个塔的高温原料气体用于加热另一个塔的进料,使塔底蒸汽消耗和塔顶循环水消耗大幅度降低,从而降低整体能耗 45%~70%。

(5) 智能化、免沾污多晶硅棒破碎、分选、包装系统。该系统包括自动化的棒状多晶硅输送系统、颚式破碎系统、振动筛分系统，可以将破碎后的多晶硅块自动分选为 30~150 mm、10~30 mm、2~10 mm、0.5~2 mm 及 0.5 mm 以下等粒度等级。根据下游用户要求，按粒度配重、包装。与多晶硅接触的各个环节，均采用特种材料，以减少磨损与沾污。

(6) 安全与环保。多晶硅的生产过程曾经被认为是一个"高污染"的行业，甚至有人将四氯化硅"妖魔化"。实际上四氯化硅是生产多晶硅的原料，经过氢化系统后可以转化为三氯氢硅返回系统循环使用，有利于降低成本。也有企业将部分四氯化硅经分离提纯，用作光纤预制棒原料，成功实现对光纤预制棒用四氯化硅的进口替代。2019 年以来，多晶硅行业以绿色发展理念为指引，国内相关企业进一步提升技术、加强管理；环保部门常态化在线监测与频繁巡视、监管抽查相结合，再加上民众的环保意识逐渐加强，污染型企业早无生存之地。目前，国内多晶硅企业普遍情况是厂区洁净、环境优美、物料闭路循环。污染问题已经基本被杜绝。

(7) 投资与土地占用。受益于三氯氢硅法的技术进步、设备大型化等显著优势，三氯氢硅法生产多晶硅的新建项目起点已达年产 3 万 t 级以上体量，其中最大单项为年产 5 万 t 多晶硅。项目投资从 2009 年的 10 亿元/千 t 以上降低到目前的 1.5 亿元/千 t 以下，新建多晶硅项目占地面积从 6 hm²/千 t 降低到目前的 1 hm²/千 t 以下。多晶硅产品投资成本大幅降低，新建的多晶硅产能多集中在新疆、内蒙古等能源价格低廉的地区。

### 3.3.2.2 硅烷热分解法

用硅烷作为中间化合物有很多优点。首先，硅烷易提纯，硅中的金属杂质在硅烷的制备过程中，不易形成挥发性的金属氢化物气体，硅烷一旦形成，其剩余的主要杂质仅仅是 B 和 P 等非金属，相对容易去除；其次，硅烷可以热分解直接生成多晶硅，分解温度低、速度快、能耗低(约 50 kW·h/kg)。但硅烷热分解法工艺易燃、易爆，安全问题突出，这些缺点使得工业生产中多晶硅的制造普遍采用西门子法。

在建和已投入运行的硅烷生产工艺都以三氯氢硅为原料，采用两步歧化法生产硅烷，副产品四氯化硅通过冷氢化技术再转变为三氯氢硅进入反应体系。美国 REC 公司和国内两家多晶硅企业均采用此法生产硅烷，该硅烷生产工艺成熟、稳定，经过低温精馏提纯，即可以制得高纯度的硅烷。

硅烷热分解法可以使用两种设备生产多晶硅：①钟形罩反应炉；②流化床。硅烷热分解的反应方程式如下：

$$SiH_4 \longrightarrow Si + 2H_2 \tag{3.11}$$

在钟形罩反应炉中硅烷热分解沉积到硅芯上，温度是硅烷热分解的主要影响参数，硅芯温度高有利于加快沉积速率，但如果整个反应炉都处于高温，则会导致硅烷在尚未达到硅芯前就受热分解，从而产生硅粉。因此，反应炉中要有有效的水冷系统，硅芯温度应该稳定在 600~900℃，炉中其他位置的温度在 100~200℃，不要超过硅烷热分解温度 300℃，硅烷由于沉积温度低，可以降低电耗[1]。使用该工艺，硅烷转化效率较高，可达到约 95%。

在流化床中硅烷热分解沉积到晶种上，形成颗粒状多晶硅。原料气体硅烷通过输送气体 $H_2$ 运送到流化床中，晶种由反应炉上方注入，通过控制气体流动速率使晶种在炉中翻腾，当原料硅烷上升到加热区后发生分解，生成的硅沉积到硅晶种上。随着沉积硅的增加，颗粒粒径越来越大，当硅颗粒所受重力超过气体的浮力时即向流化床底部落下，成为颗粒状多晶硅(图 3.13)。硅烷热分解流化床的操作温度为 600～800℃，硅烷转化效率约为 99%。流化床温度、硅烷和气体流量会影响晶硅沉积速度。一般情况下温度升高、气体流量增加将提高沉积速率。

图 3.13　颗粒状硅材料外观

流化床反应炉与钟形罩反应炉相比有如下优点：颗粒硅可以连续化生产，炉体尺寸较大，硅烷热分解速率和硅沉积速率高，多晶硅产率提高、成本较低、操作安全、操作温度低、能耗较小(约 12 kW·h/kg，约为西门子法的 1/10)。产生的颗粒状硅需要氢热处理才能进入下一步工艺，去氢方法为真空氛围高温(100～1200℃)持续时间约为 2 h。

保利协鑫投入巨大的研发经费，经过十多年的自主研发掌握了颗粒硅核心制备技术，2019 年保利协鑫的硅烷法颗粒硅制备技术在研发和生产端均取得突破性进展，尤其在产品品质的提升上取得了巨大飞跃。2019 年年中推出的 901A 新产品完全满足直拉单晶复投使用的要求，并在连续拉晶实验炉上显示出优于其他细碎硅料的特性。产线产品几乎全部达到 901A 标准以上要求。协鑫多晶硅料(包含江苏中能及新疆协鑫)单月产出已超 9000 t，稳居全球第一。与改良西门子法相比，硅烷流化床法生产颗粒硅的能耗更低，生产成本和碳排放量均大大降低。光伏行业上游材料制造端是典型的高能耗、高污染型制造产业，在"碳中和"的大背景下，"供给端深度脱碳"已成为光伏行业新的技术革新焦点。而颗粒硅"低成本、低能耗、低排放"的特点，不仅在平价上网时代具有性价比优势，而且相较于棒状硅更符合碳减排的相关政策要求。利用该法每生产 1 万 t 颗粒硅将减少碳排放 44.8 万 t，较改良西门子法降低约 74%，可节省燃煤 16.64 万 t，相当于每年多种 218.6 万棵树。

2022 年 5 月，中国质量认证中心为颗粒硅颁发了首张碳足迹证书，每功能单位颗粒硅的碳足迹数值仅为 20.74 kg 二氧化碳当量，刷新了全球最低每功能单位 57.559 kg 二氧化碳当量的世界纪录。随着实现"双碳"目标的行动向纵深推进，新批项目"双控"准入门槛将越来越高，颗粒硅的优势将越发明显。在未来碳排放权交易全面实行之际，符合能耗"双控"趋势的颗粒硅产品将更具有市场主导权，有效解决过去多晶硅环节在光伏产业链前端能耗高、排碳量大的痛点，实现光伏产业原材料生产端向"低耗能、高效能"的方向转变。

## 3.4 晶体生长

太阳能电池工业领域使用的硅材料包括直拉单晶、薄膜非晶硅、铸造多晶硅、铸造单晶、带状多晶硅和薄膜多晶硅。直拉单晶和铸造多晶硅是目前大规模工业化生产太阳能电池的主要光电材料；直拉单晶电池效率高、工艺稳定成熟，但成本较高。1990年以后，相对低成本、高效率的铸造多晶硅和带状多晶硅得到快速发展。2001年铸造多晶硅已占整个国际太阳能光伏材料市场50%以上的份额，成为主要的太阳能光伏材料；2015年国家能源局推出光伏"领跑者"计划，对太阳能电池的转化效率提出了更高的要求，直拉单晶的优势由此凸显出来。金刚线切片及PERC(passivated emitter and rear cell)电池技术均有利于单晶制备。2018年后单晶硅片市场占有率逐步增加，而多晶硅片市场份额则逐步减少。2018~2020年，江苏协鑫硅材料科技发展有限公司投入大量经费研发铸锭单晶技术，取得了显著的成效，电池转换效率达到了21.2%，基本和直拉单晶产品持平。2021年公司调整战略把铸锭单晶技术和锭炉转让给宝峰国际，目前宝峰国际仍继续投入大量资本研发铸锭单晶技术，铸锭单晶在异质结电池产品中优势显著。

### 3.4.1 铸造多晶硅方法

铸造多晶硅主要有两种方法：①浇铸法，即在一个坩埚内将硅原料熔化，然后浇铸在另一个经过预热的坩埚内冷却，通过控制冷却速率，采用定向凝固技术制备大晶粒的铸造多晶硅；②直接熔融定向凝固法，简称直熔法，又称布里奇曼法，先将多晶硅在坩埚内熔化，然后增加底部散热，通过坩埚底部热交换方式，采用定向凝固技术制备多晶硅(图3.14)。这两种方法都属于铸造法制备多晶硅，只是前者用了两只坩埚。第一种技

(a) 硅锭浇铸法        (b) 直接熔融定向凝固法

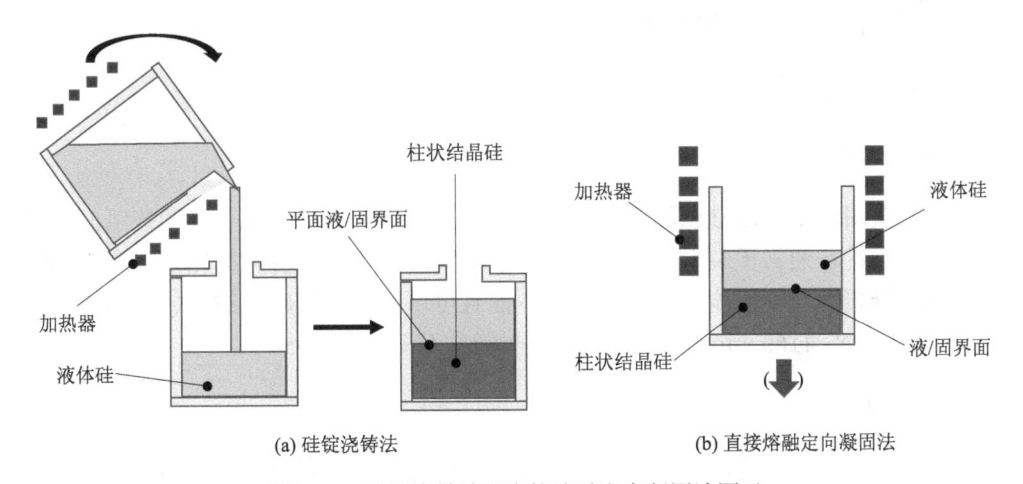

图3.14 硅锭浇铸法和直接熔融定向凝固法图示

术已很少使用,第二种铸造技术在产业界得到推广应用。该铸造技术所需相关技术人工少、晶体生长过程易控制、易实现自动化,而且晶体生长完成后将一直保持高温,可对多晶硅晶体进行"原位"热处理,使晶体内热应力降低,最终可以降低晶体内的位错密度[2]。

以下介绍的铸造多晶和铸造单晶制备方法用的就是直接熔融定向凝固法。

### 3.4.1.1 铸锭炉结构

铸造单晶和铸造多晶都是用铸锭炉生产制备,铸锭炉依据散热方式分为隔热笼移动及大底板移动;依据加热方式分为五面加热和六面加热;依据铸锭炉型分为 G5、G6、G7,其中 G5 装料量 400～470 kg,G6 装料量 700～850 kg,G7 装料量 1080～1200 kg,随着行业的逐渐升级,G5、G6 炉型被淘汰,G7 炉型则占主要地位。

铸锭炉外部结构包含:①上炉体;②下炉体;③炉盖;④机械泵;⑤罗茨泵;⑥变压器;⑦工控机;⑧氩气进气控制系统;⑨水冷系统等[图 3.15(b)]。

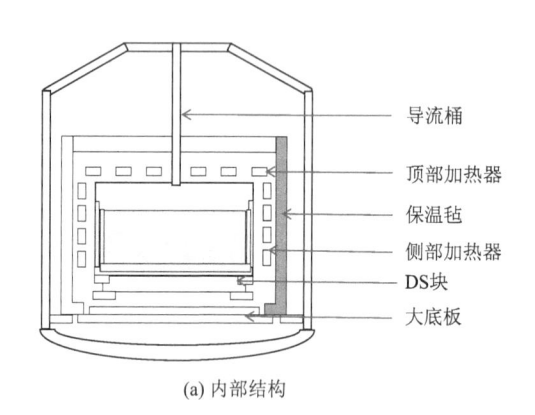

(a) 内部结构

(b) 外部结构

图 3.15 铸锭炉内外部结构

铸锭炉内部结构主要有:①大底板;②热交换平台(DS)块;③侧部加热器;④顶部加热器;⑤保温毡;⑥导流桶[图 3.15(a)]。

### 3.4.1.2 铸锭工艺步骤

**1. 喷涂工序**

高纯石英坩埚是盛放硅料的容器,为了避免硅熔体和石英坩埚长时间接触而粘锅,导致脱模时裂锭,通常于装料之前在坩埚内壁上喷涂氮化硅涂层。氮化硅隔离硅熔体和石英坩埚直接接触,不仅能解决粘锅问题,而且可以降低多晶硅中的氧、碳杂质浓度;内径 1160 mm × 1160 mm 的 G7 坩埚每锅喷涂氮化硅 880～950 g。

**2. 装料工序**

与直拉单晶相比,铸造方法生产多晶硅锭,对硅料纯度有更大的包容度,硅粉、沫子料、单晶头尾料、单晶焖炉料、碎片均可用于多晶铸锭,原料成本要低于直拉单晶。

装料工序负责把已经搭配好的料装进坩埚，G7 装料量一般在 1080~1200 kg，装料量受料况的影响较大。

**3. 铸锭工序**

已装好料的坩埚外面安装石墨护板(石墨护板在高温下对石英坩埚起支撑作用)，用叉车投炉，投炉后开始抽真空检漏，检漏合格后，系统自动运行炉中预先设定的工艺，工艺主要包括加热、熔化、长晶、退火、冷却等。

(1) 加热：石墨加热器给炉体加热，首先石墨部件、隔热层、硅原料、坩埚表面吸附的水分蒸发，然后继续缓慢升温，使石英坩埚温度达到 1200~1300℃，该过程需要 4~5 h。

(2) 熔化：通入氩气保护气体，炉压设置在 400~600 mbar[①]，逐渐增加加热器功率，使石英坩埚内的温度逐步升高到 1500~1520℃ 以使硅料慢慢熔化。如果采用黑砂或白砂全熔法，硅料全部融化完成后设置高温滞留时间，硅液穿刺氮化硅涂层和籽晶融合；如果采用半熔法，需用石英棒测硅料剩余高度，当底部硅料(籽晶)剩余 12~16 cm 时，工艺跳转到硅液稳定步骤，为长晶做准备。

(3) 长晶：长晶阶段通过逐步增加大底板开度或隔热笼开度(炉子自身结构决定)及降低长晶温度，形成纵向温度梯度，晶体硅从底部开始生长，形成柱状晶。生长过程中要求液面保持水平状态，这样生长出的多晶硅锭缺陷密度最低。但实际生产过程中液面往往呈现出微 W 形。1080~1200 kg 装料量长晶时间一般控制在 38~41 h。

(4) 退火：晶体生长完成后，晶体底部和上部存在较大的温度梯度，因此晶锭中还存在热应力，在硅片加工和电池装配过程中容易造成硅片碎裂，所以晶体生长完成后，须将晶体在 1300~1370℃ 退火 1~3 h，使晶锭温度均匀以减少热应力带来的损伤。

(5) 冷却：晶体在炉内退火后，关闭加热功率，提升隔热装置，炉内持续大流量通入惰性气体氩气，使晶锭温度逐渐降低至 400℃，炉压升到 980 mbar，然后再开炉移除硅锭。

(6) 脱模工序：G7 锭出炉后冷却 4 h 拆去石墨护板，冷却 16 h 后脱模。

### 3.4.1.3 铸造多晶工艺方法

与直拉单晶相比，铸造多晶的主要优势是材料利用率高、能耗小、制备成本低，而且晶体生长要求不苛刻，易于形成大尺寸晶粒；缺点是含有晶界、高密度位错、微缺陷和相对较高的杂质浓度，晶体质量普遍低于单晶。一般来说多晶太阳能电池光电转化效率低于单晶材料，铸造多晶硅太阳能电池的光电转化效率比直拉单晶硅低 1%~2%。

铸造多晶可分为全熔法和半熔法。全熔法经历三个发展阶段：①大锭底部初始籽晶主要来源自发形核及在氮化硅上形核。这种方法成本低、工艺控制简单，但晶粒不均匀、位错密度高、转化效率低，因此 2012 年后被光伏行业所淘汰。②白砂全熔，在坩埚底部均匀放置 $SiO_2$(粒径 50~70 目)做成白砂高效坩埚，通过控制熔化工艺，硅液穿刺过氮

---

① mbar，毫巴，非法定压强单位，1 mbar=100 Pa。

化硅涂层，在 SiO$_2$ 上异质形核，底部可形成大小均匀的小晶粒，且晶粒缺陷较少，较第一种全熔锭效率可提升约 0.3%。但是这种工艺对控制要求较高，容易粘锅裂锭，对喷涂、铸锭、脱模、锭检等各方面要求严格。2012 年，荣德太阳能有限公司研发白砂全熔技术，该技术工艺先进、产品品质优良，已经实现规模化生产。③黑砂全熔，在坩埚底部均匀放置硅颗粒（粒径 30～50 目），做成黑砂坩埚，通过控制熔化工艺，硅液穿刺氮化硅后，在黑砂上同质形核，底部可形成均匀的小颗粒，缺陷较少，但对工艺控制要求高，黑砂容易全熔，比半熔高效锭效率低约 0.03%。④半熔法，半熔法是在坩埚底部铺籽晶，用石英棒探测籽晶高度，最终将籽晶高度控制在 10～14 mm，在籽晶上同质形核；籽晶可以是碎片、原生破碎料（粒径 1～10 mm）、颗粒料、硅粉、棒料，其中棒料铺底效率最高，其次是原生破碎料和颗粒料铺底，碎片铺底效率最低。图 3.16 是棒料铺底和碎料铺底的光致发光（photoluminescence，PL）对比，棒料铺底 PL 缺陷明显较低[3]。

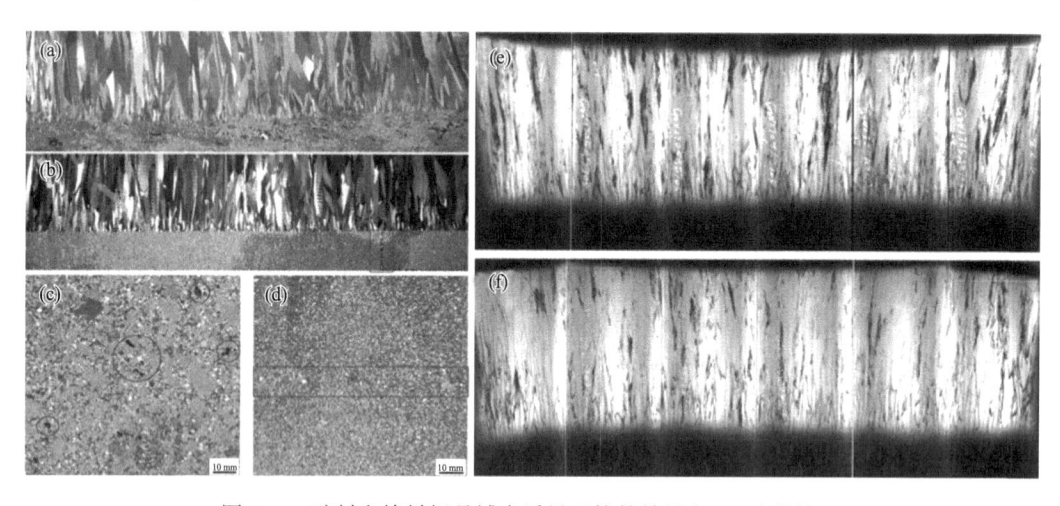

图 3.16　碎料和棒料籽晶铺底诱导形核的差异和 PL 改善情况

(a)、(c) 碎料籽晶形核纵横断面晶粒形貌；(b)、(d) 棒料籽晶形核纵横断面晶粒形貌；
(e)、(f) 碎料和棒料籽晶硅锭 PL 对比

黑砂全熔相比半熔热对流剧烈，排杂效果好，料况越差，全熔的优势越明显。2012 年，江苏协鑫硅材料科技发展有限公司自主研发出半熔高效锭，相关技术处于行业领先水平。相比较而言，全熔法因不需要底部硅料籽晶，底部少籽寿命红区更短，因此收率更高一些；而半熔法更容易控制形核质量和密度，能更有效地控制铸锭的质量，多晶硅电池片的转换效率要稍高于全熔硅片，因此为大部分企业所广泛采纳。

## 3.4.2　铸造单晶

Ciszek 等[4]首先报道了铸造单晶的制备方法。铸造单晶属于一种铸锭半熔法制备工艺，需先在坩埚底部铺具有〈100〉晶向的单晶籽晶，用石英棒测量籽晶的高度，将籽晶剩余高度控制在 15～18 mm，用籽晶诱导长出单晶大方锭。实验结果证明铸锭类单晶太阳能电池的效率比直拉单晶低 0.5% 左右[5]。

2012 年前后，铸造单晶硅产品曾经短暂在市场应用过一段时间，一度占有 10%～20%

的市场份额。当时没能被市场快速接受的主要原因是组件晶花外观问题和效率拖尾问题，如图 3.17 所示。晶花部分为非〈100〉晶向，在传统电池碱制绒工艺处理后表现出不同的色差。外观问题主要是类单晶硅锭边缘区域受到多晶侵入的影响，而拖尾问题主要是受类单晶硅锭生长过程中位错快速增殖的影响。几乎在同一时期，籽晶辅助法生长小晶粒高效多晶技术获得迅速发展，多晶硅锭位错水平大幅下降。在传统铝背场电池工艺占主流的历史背景下，多晶和直拉单晶转化效率的差距被迅速缩小，多晶硅片市场份额迅速膨胀，直拉单晶市场受到挤压，也促使铸造单晶逐渐退出市场。

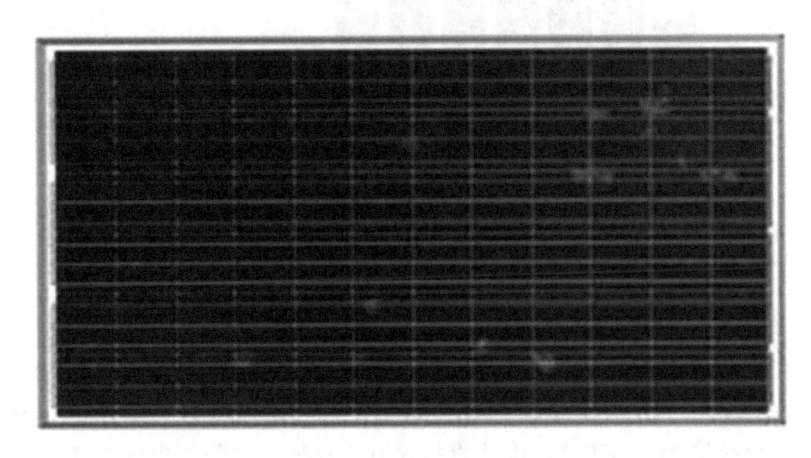

图 3.17 铸造单晶外观色差

2017 年，该技术重新得到关注，国内主要相关企业持续进行重点研发。2019 年初，保利协鑫第三代铸造单晶技术取得突破，产品开始进入量产阶段。该产品兼具多晶的低成本和单晶的高效率，再次赢得了业界的广泛关注。第三代产品较之传统铸造单晶产品，消除了以往铸锭生产中容易产生的二类片及曾占成品高占比的三类片。铸造单晶无论是外观还是内在的位错密度，都接近于直拉单晶硅片。2019 年 11 月，保利协鑫在无锡新能源会展上推出了新一代 G4 鑫单晶硅片，与单晶效率相比仅差 0.2%以内，电池效率分布更加集中，166 mm 尺寸 72 片版型 MBB(multi-busbar，多毛栅技术)半片铸造单晶组件平均功率可达 430~435 W，可以与直拉单晶组件产品相媲美。

相对于直拉单晶硅片，铸造单晶硅片体内有较低的硼氧复合体浓度，铸造单晶光伏组件拥有较直拉单晶组件更优异的抗光致衰减表现。依据国际电工委员会(International Electrotechnical Commission，IEC)标准对铸造单晶和直拉单晶电池进行光致衰退测试，铸造单晶显示出了优异的抗光致衰减性能。相同剂量的辐照实验后，铸造单晶组件功率衰减仅为 0.96%，低于直拉单晶产品的 1.44%，也低于 IEC 指导标准的 2.0%。铸造单晶在多家太阳能电池制造商大批量的应用结果显示，使用目前主流的 PERC 电池制造工艺，铸造单晶效率为 21.95%，与直拉单晶电池的转换效率绝对值差值不到 0.3%。

2020 年保利协鑫开发出籽晶多次重复回用技术，解决成本较高的直拉法(Czochralski process，Cz)籽晶只能使用一次的问题。图 3.18 展示了新籽晶和回用籽晶铸造单晶硅锭效率分布情况。采用该回用技术生产的硅锭晶体的缺陷增殖能够得到有效控制，籽晶成本下降60%以上。

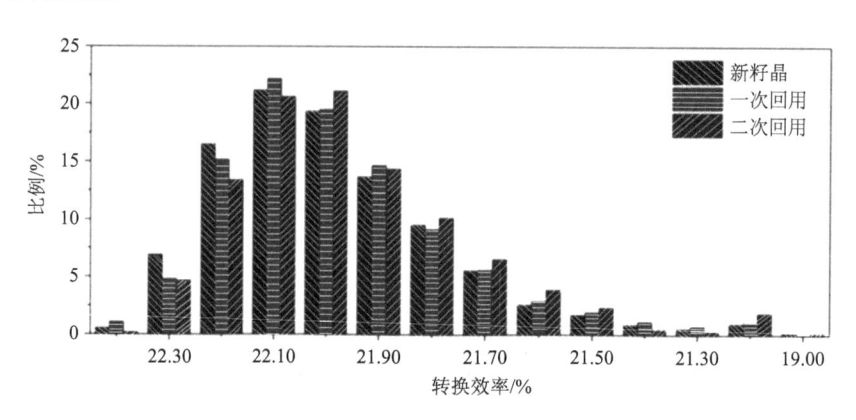

图 3.18 新籽晶和回用籽晶铸造单晶硅锭效率分布对比图

### 3.4.3 提拉单晶

单晶生长技术目前主要是直拉法(Cz)和区熔法(Fz)，由于区熔技术制备的单晶硅成本较高，在太阳能光伏领域很少应用。而Cz法由于成本优势得到了规模化应用，目前占据着单晶产业化的主导地位，该项技术仍在持续发展改进之中。近年来，磁场直拉法(MCz)、直拉区熔法(CFz)、连续直拉法(CCz)制备太阳能电池用单晶硅也有所报道。其中，MCz法是在Cz拉晶设备上增加了磁场装置，抑制了熔体对流，使单晶中氧含量明显降低。但MCz法运行成本相对较高，磁场设备一次性投资较大。CFz法则是利用直拉技术拉制多晶硅原料棒，从而替代价格昂贵的高纯多晶硅原料沉积制备的原料棒，然后再通过区熔技术制备低氧浓度的区熔单晶硅；但是区熔技术设备投资也较大，工艺更为复杂，成本增加明显。因此，上述两种单晶硅制备工艺都没有得到大规模产业化推广应用。CCz法是在拉制单晶硅棒时，同时添加硅料，使添加的硅料质量与拉制出的单晶硅棒质量相当，保持坩埚中的硅料量恒定。目前随着江苏中能硅业科技发展有限公司颗粒料技术的逐步完善，已经解决了CCz技术中硅料来源的问题。但CCz法需要使用多个坩埚，存在氧杂质含量偏高、投料量低的问题。CCz技术还在不断完善和发展过程中。

目前，Cz法已经垄断了太阳能用单晶生产，相应的工艺技术指标多年持续大幅提升，从而推动了单晶产品在市场占有率上的快速提升。到2019年底，单晶产品的市场占有率达到了70%左右。

#### 3.4.3.1 直拉单晶炉结构

直拉单晶炉的外部结构主要包括基座、坩埚提升旋转机构、下炉室、上炉室、炉盖、观察窗、隔离阀室、控制器、晶体提升旋转机构；直拉单晶炉的内部结构主要包括电极、加热器、坩埚托杆、坩埚托盘、下保温罩、中保温罩、上保温罩、导流筒等(图3.19)。

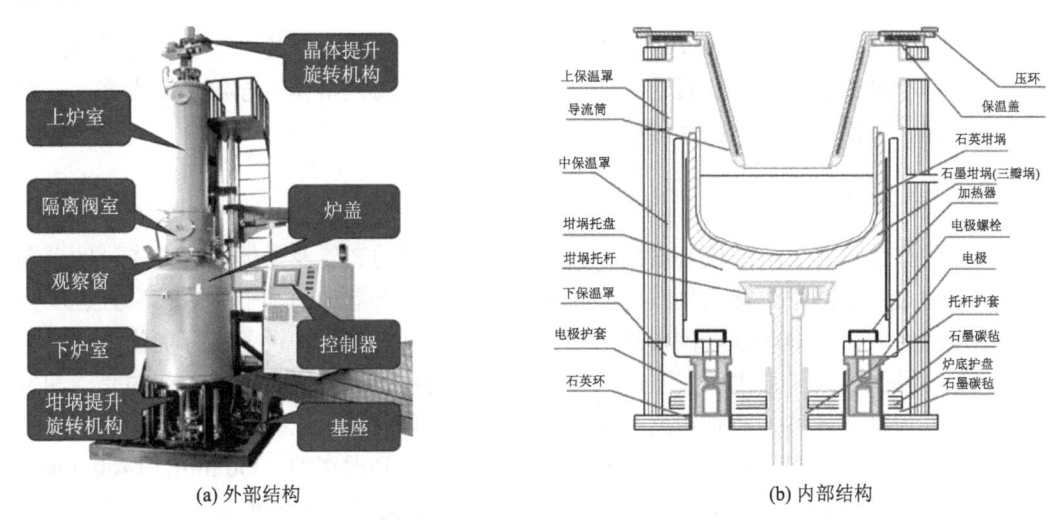

图 3.19 直拉单晶炉的外部结构组成与炉体的内部结构组成

### 3.4.3.2 直拉单晶工艺步骤

直拉单晶的工艺步骤主要包含以下几个方面：熔料、引晶、放肩、等径、收尾等（图 3.20）。

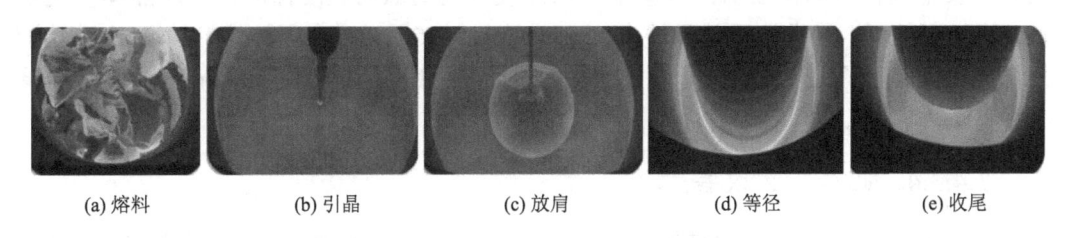

图 3.20 直拉单晶五个工艺步骤照片

(1) 熔料：单晶炉抽真空后，充入一定流量的氩气保护气体，通过石墨加热器加热升温，加热温度达到硅料熔点 1420℃，使硅料熔化。

(2) 引晶：硅料熔完后，需要保温一段时间，使熔硅的温度和流动状态达到稳定，然后再进行晶体生长。籽晶截面的法线方向就是直拉单晶硅晶体的生长方向，太阳能电池晶面一般选用晶体硅的⟨100⟩方向。籽晶刚触碰到液面时，由于热振动可能在晶体内部产生位错，这些位错坑可延伸到整个晶体。因此，种晶完成后，籽晶快速向上提升，晶体生长速度加快，新结晶的单晶硅的直径比籽晶的直径小，位错很快滑移出单晶硅表面，保障直拉单晶硅能够实现无位错结晶生长。

(3) 放肩：在引晶完成后，晶体拉速降低，晶体直径迅速增大，直至增加到所需的直径停止。

(4) 等径：放肩到预定晶体直径时，晶体生长速度加快，系统通过调整参数保证等径生长。等径生长要关注是否断棱，一旦产生位错棱线将中断。对棱线进行实时监控可以在生产中判断是否有位错产生，⟨100⟩方向生长有四条棱线，它们之间互成 90°夹角。

(5)收尾：晶体生长结束后，提升拉速，同时升高硅熔体的温度，使晶体直径不断缩小，形成一个圆锥形。收尾的目的是防止晶体硅突然脱离硅熔体，导致热应力高，在界面产生位错，并反向延伸到晶体硅中。

#### 3.4.3.3 单晶设备的发展方向

单晶炉作为单晶生长的核心设备，直接决定了拉晶的产能及晶体品质。先进的单晶生产企业通过对单晶炉进行优化改造，提升了设备的生产能力。国内单根 8 in[①]直拉单晶棒的长度已经突破 4300 mm。国内单晶炉制造企业通过对单晶炉设备进行优化改造，不仅在关键部件上实现了自主研发生产，而且通过控制系统的优化实现了工艺的完善和发展，设备的自动化程度、控制精度和安全性均得到大幅提升，拉晶成本持续降低。单晶炉主炉筒的内径已从几年前的 1100 mm、1200 mm 增加到现在的 1300 mm、1400 mm，并且配置的强制冷却装置大幅提升了晶体的生长速度，支持 1 炉 $X$ 根（$X$ 为 2～5）晶体生长工艺的推广应用。值得一提的是，越来越多的单晶生产企业和单晶炉制造企业进行连续直拉单晶（CCz）设备研制或存量单晶炉的 CCz 改造，通过对技术自主开发或消化吸收再创新，基于 CCz 技术的设备研制或改造已取得长足发展。目前，以浙江晶盛机电股份有限公司为代表的国产设备厂商生产的单晶炉具有以下几个方面的优势：①实现从真空—检漏—压力控制—熔料—稳定—引晶—放肩—转肩—等径生长—收尾—停炉单晶硅生长全过程自动化控制；②采用水冷技术提高纵向温度梯度，实现晶体快速生长，降低了能耗；③设计了单晶炉内/外部多次投料装置，可在不停炉的情况下多次内/外部加料，提高了生产效率，降低了能耗；④推出了适合生长直径 300 mm 的光伏硅单晶炉型。

#### 3.4.3.4 拉晶工艺改善

在优化拉晶设备和热场的基础上，Cz 法拉晶工艺技术得到了快速提升和发展。国内先进企业通过大装料、高拉速、多次装料拉晶（RCz）等工艺技术的快速发展与推广应用，大幅提高了投料量和单炉产量，显著降低了拉晶成本。在装料量的提升上，坩埚尺寸的主流在 26 in 和 28 in，单炉投料量达到 900～1200 kg。拉速达到 1.5～1.7 mm/min，单位产出率达到 5.0～5.2 kg/h 圆棒。RCz 仍是当前行业中提高单炉投料量的核心技术方案。

2018 年以来，国内一些企业先后宣布在连续拉晶（CCz）技术上有所进展，引起了行业内的关注。CCz 技术与 RCz 技术相比，在品质控制方面有一定的优势，在成本降低方面优势尚不明显。目前，业内相关企业对于该项技术仍处于研发阶段，产业化规模应用还需要合适的技术与市场环境。

RCz 技术每次拉晶后坩埚内硅料都会不断减少，由于掺杂剂的分凝依然会造成硅棒头尾电阻率的差异，给电池品质带来负面影响。而 CCz 技术则通过辅助化料进料使拉晶主坩埚内硅液面在拉晶过程中保持不变，消耗的硅液不断得到补充，通过调节补充的硅

---

① in，英寸，长度单位，非法定，1 in=2.54 cm。

料中的掺杂剂含量,使拉晶过程中硅液的掺杂浓度保持不变,从而使拉出的单晶棒头尾电阻率保持一致,提高了硅片产品品质,这有利于下一步对电池工艺的把控。图3.21是CCz拉晶过程示意图。CCz技术对于分凝系数较低的掺杂剂(如镓等)显示出更好的电阻率均匀性,有利于后续电池工艺对品质的提升。特别是低电阻率且分布较为集中的硅片,在组装成电池后表现出了较常规方法制备硅片更高的转换效率。

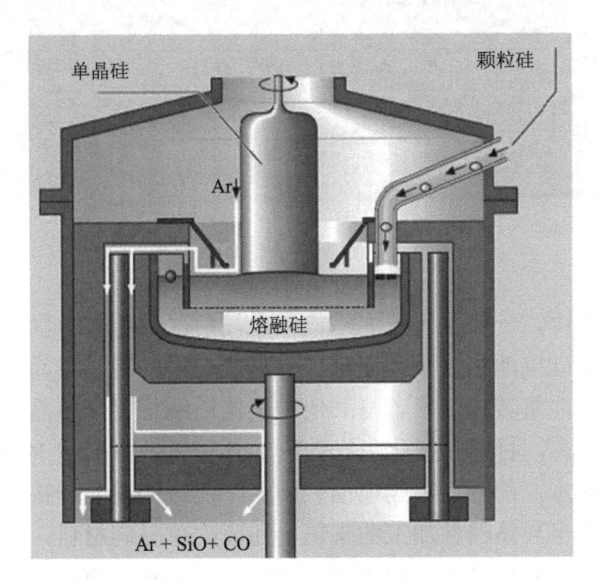

图 3.21　CCz 拉晶过程示意图

## 3.5　晶体硅太阳能电池

### 3.5.1　晶体硅太阳能电池种类

太阳能电池主要以半导体材料为基础,其工作原理是利用光电材料吸收光能后发生光电子转换反应。其中硅是最理想的太阳能电池材料,因为硅是地壳表层除了氧以外丰度排在第二位的元素,本身无毒,主要以沙和石英状态存在,易于开采和提炼。借助于半导体器件工业的发展,晶体硅生长、加工技术日益成熟,因此晶体硅成了太阳能电池的主要光伏材料。

晶体硅太阳能电池是以晶体硅为基体材料的太阳能电池。晶体硅是目前太阳能电池应用最多的材料,包括单晶硅太阳能电池、多晶硅太阳能电池及准单晶硅太阳能电池。

#### 3.5.1.1　单晶硅太阳能电池

单晶硅是指硅材料整体结晶为单晶形式,是目前普遍使用的光伏发电材料(图3.22)。单晶硅有较好的品质,单晶硅太阳能电池量产用的是〈100〉晶向的单晶硅片。单晶硅片原子长程有序排列、缺陷少、自由电子和空穴复合概率小。单晶硅太阳电池是硅基太阳电池中技术最成熟的。相对于多晶硅和非晶硅太阳电池,其光电转换效率更高。此外,单晶太阳能电池的产量在所有光伏产品中占主导地位。

图 3.22 单晶硅太阳能电池板

在电池制作过程中，一般采用表面织构化、发射区钝化、分区掺杂等技术，开发的电池主要有平面单晶硅电池和刻槽埋栅电极单晶硅电池。通过单晶硅表面微结构处理和分区掺杂工艺来提高能量转化效率。与其他种类的电池相比，单晶硅太阳能电池的性能更稳定、转换效率更高，目前规模化生产的电池其转化效率已达 19.5%～23.0%。

为了降低生产成本，部分太阳能电池采用太阳能级的单晶硅棒，材料性能指标有所放宽。有的也可使用半导体器件加工的头尾料和废次单晶硅材料，经过复拉制成太阳能电池专用的单晶硅棒。将单晶硅棒切成片，一般片厚 150～200 nm。硅片经过抛磨、清洗等工序，制成待加工的原料硅片。

经过抽查检验合格的单晶硅电池单体片，即可按所需要的规格组装成太阳能电池组件(太阳能电池板)，用串联或并联的方式调整所需要的输出电压和电流。最后再用框架和材料进行封装。用户根据系统设计，可将太阳能电池组件组成各种大小不同的太阳能电池方阵，亦称太阳能电池阵列。

1. 单晶硅太阳能电池的组件构成

(1)钢化玻璃的作用为保护发电主体(如电池片)，该玻璃层对光线的透过性是有要求的。首先材料的透光率必须高(一般在 91%以上)；其次需要进行超白钢化处理。

(2)乙烯-醋酸乙烯共聚物(ethylene vinyl acetate, EVA)用来黏结固定钢化玻璃和发电主体(如电池片)。透明 EVA 材质的优劣直接影响到组件的寿命。暴露在空气中的 EVA 易老化发黄，从而影响组件的透光率和组件的发电质量。

(3)电池片的主要作用是发电。晶体硅太阳能电池设备成本相对较低，能耗及光电转换效率一般较高。

(4)背板的主要作用是密封、绝缘、防水。

(5)铝合金保护层压件起到一定的密封和支撑作用。

(6)接线盒保护整个发电系统，起到电流中转站的作用。

(7)硅胶起密封作用，用来密封组件与铝合金边框、组件与接线盒交界处。

2. 应用领域

(1) 高纯的单晶硅是重要的半导体材料，可用于太阳能电池、二极管、三极管、晶闸管和各种集成电路[如计算机的芯片、中央处理器(CPU)等]。

(2) 单晶硅同时也是航空领域、金属和陶瓷行业重要的原材料。

(3) 单晶硅可用于光导纤维通信。

(4) 单晶硅可用作高性能含硅有机化合物的原材料。

(5) 其他领域包括太阳能汽车/电动车、电池充电装置、汽车空调、换气扇、冷饮箱等；太阳能制氢燃料电池的再生发电系统；海水淡化设备供电能源等。

#### 3.5.1.2 多晶硅太阳能电池

多晶硅太阳能电池具备单晶硅电池的高转换效率和长使用寿命等优势，同时兼具非晶硅薄膜电池制造工艺简单、易于规模化生产等方面的特点。在制作多晶硅太阳能电池时，用作原料的高纯硅不是拉成单晶的，而是高温熔融后凝固铸造成硅锭，然后再经过开方-截断-磨面-倒角-切片-清洗等工艺得到合格的多晶硅片，最后再装配成电池。由于多晶硅片是由多个不同大小、不同取向的晶粒所构成，内部存在晶界，晶界处有较多的悬挂键，故电子和空穴移动受阻，增加了电子和空穴复合的概率，导致电流下降。此外，晶界处会聚集很多杂质，这些杂质有些是深能级复合中心，这也会提升电子和空穴复合的概率。因而多晶硅电池的转换效率要比单晶硅电池低。规模化生产的多晶硅电池的转换效率达 18.5%～20%。虽然多晶硅片制造成本比较低，但它比单晶硅片光电转换效率低，不符合国家"531"政策的导向。目前，多晶硅太阳能电池占比较少，国内生产的多晶硅太阳能电池基本以出口印度为主。

1. 多晶硅太阳能电池的组件构成

多晶硅太阳能电池组件和单晶硅太阳能电池构成相同，均由钢化玻璃、EVA、电池片、背板、铝合金保护层、接线盒和硅胶组成，具体作用详见单晶硅太阳能电池组件构成介绍。

2. 应用领域

(1) 用户太阳能电源：小型电源 10～100 W 不等，用于边远无电地区(如高原、海岛、牧区、边防哨所等)军民生活用电，如照明、电视、收音机等；3～5 kW 家庭屋顶并网发电系统；光伏水泵，解决无电地区的深水井抽提、灌溉。

(2) 交通领域：如航标灯、交通/铁路信号灯、交通警示/标志灯、宇翔路灯、高空障碍灯、高速公路/铁路无线电话亭、无人值守道班供电等。

(3) 通信领域：太阳能无人值守微波中继站、光缆维护站、广播/通信/寻呼电源系统；农村载波电话光伏系统、小型通信机、士兵 GPS 供电等。

(4) 石油、海洋、气象领域：石油管道和水库闸门阴极保护太阳能电源系统、石油钻井平台生活及应急电源、海洋检测设备、气象/水文观测设备等。

(5) 家庭灯具电源：如庭院灯、路灯、手提灯、野营灯、登山灯、垂钓灯、节能灯等。

(6) 光伏电站：10 kW～50 MW 独立光伏电站、风光(柴)互补电站、各种大型停车场充电站等。

(7) 太阳能建筑：将太阳能发电与建筑材料相结合，使未来大型建筑真正实现电力自给，这是打造低碳建筑、构建低碳社区的重要举措。

#### 3.5.1.3 准单晶硅太阳能电池

准单晶硅是通过铸锭的方式形成的晶硅材料，在一定尺寸的硅片上表现为同一晶向的晶粒面积大于硅片总面积的 50%。通过铸锭技术形成准单晶的功耗只比普通多晶硅多 5%，所产生的准单晶硅的质量接近于直拉单晶硅。简单地说，这种技术就是用多晶硅的成本生产单晶硅的技术。目前准单晶硅的制造主要有两种方式，分别是有籽晶的铸锭和无籽晶的铸锭。

有籽晶的铸锭技术首先把籽晶、硅料、掺杂剂放置在坩埚中，进而加热熔化硅料，进入长晶阶段；在长晶阶段控制降温，调节固液相的温度梯度，使硅晶体沿未熔化的籽晶方向生长，待晶体长成后，经退火冷却得到大晶粒硅锭。这种技术的难点在于确保在第二步熔化硅料阶段籽晶不被完全熔化，以及控制好温度梯度的分布。这些是提高晶体生长速率和晶体质量的关键。

无籽晶铸锭类单晶的制备方法基本和铸造多晶相同。其核心是精密控制定向凝固时的温度梯度和晶体生长速率，从而提高多晶晶粒的尺寸大小，形成所谓的准单晶。这种准单晶硅片的晶界数量远小于普通的多晶硅片。无籽晶的单晶铸锭技术难点也在于控温。这两种铸锭类单晶技术都存在晶体生长速度与晶体质量相互矛盾的关系。

准单晶硅片技术是近些年发展起来的硅晶体生长技术，具有氧浓度低、光衰减小、结构缺陷密度低等特点。相比于多晶材料，准单晶硅片晶界少、位错密度低、电池转换效率比普通多晶高 0.7%～1.0%。而且准单晶技术并不能生长全单晶硅锭，只有中间接近 90% 的面积为单晶。该区域的单晶品质不如普通单晶，在冷却热应力的作用下，单晶中存在大量位错缺陷。准单晶硅的能量转化效率比普通单晶硅低 0.3%。该类材料多晶区域占比约 10%，品质不如普通多晶硅，电池效率较低。虽然准单晶硅具有一定的优势，但仍存在很多技术难点，要实现产业化应用还需要攻克很多技术壁垒。

### 3.5.2 晶体硅太阳能电池技术

晶体硅电池以硅片为衬底，根据硅片的差异分为 p 型电池和 n 型电池。两种电池发电原理无本质差异，都是依据 p-n 结进行光生载流子分离。在 p 型半导体材料上扩散磷元素，形成 n+/p 型结构的太阳电池即为 p 型电池片；在 n 型半导体材料上注入硼元素，形成 p+/n 型结构的太阳电池即为 n 型电池片。

p 型电池主要有 BSF(aluminium back surface field)铝背场电池和 PERC 钝化发射极背面接触电池。光伏早期电池以 BSF 为主要技术路线，该电池技术于 1973 年被提出，其特点是采用铝背场钝化技术，理论转化效率上限约 20%。2015 年之前，BSF 电池占据约 90% 的市场；随着光伏产业对转化效率要求的不断提高，加之 PERC 技术日渐成熟、成本降低，故 2016 年之后 PERC 电池产量逐步增加。到 2020 年，PERC 电池在全球市场中的占比已经超过 85%。PERC 技术不断完善，目前其转化效率已接近 24.5%。为了追求更高的转化效率，n 型电池成为下一代重点发展的技术。n 型电池主要有 TOPCon (tunnel oxide passivated contact) 氧化层钝化接触，其理论转化效率达 28.7%；HJT (heterojunction with intrinsic thin-film) 本征薄膜异质结电池，理论转化效率为 27.5%；IBC (interdigitated back contact) 交叉指式背接触电池技术，理论转化效率为 31%。下面将对 PERC、TOPCon、HJT 电池技术做简要介绍。

#### 3.5.2.1 PERC 电池技术

PERC 技术，即钝化发射极背面接触技术，通过在太阳能电池背面形成钝化层，以提升能量转换效率。图 3.23 为 PERC 太阳能电池的结构示意图。PERC 电池具有工艺简单、成本低廉、与现有电池生产线兼容性好等优点，有望成为未来高效太阳能电池的主流发展方向。

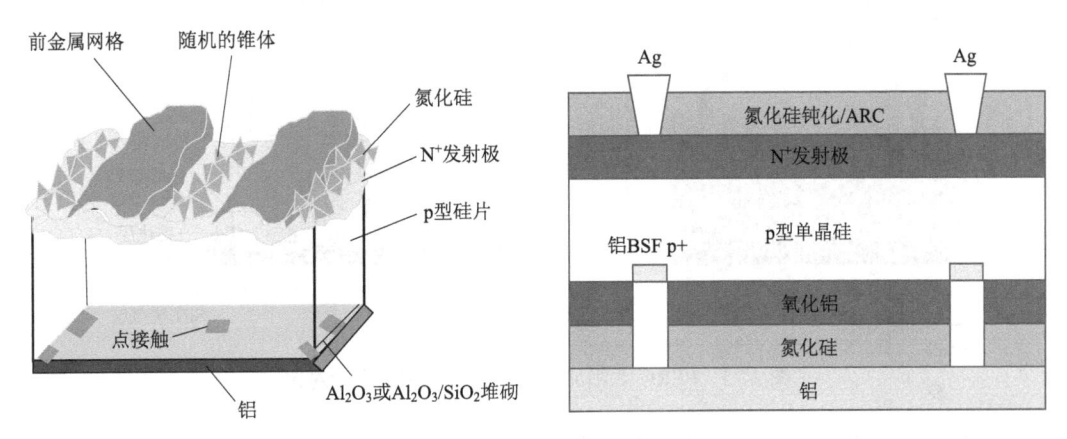

图 3.23 PERC 太阳能电池结构示意图

**1. PERC 太阳能电池的生产工艺**

相比于常规光伏电池生产流程，PERC 太阳能电池的生产要增加两道工序并改进原有一道工序，其余工艺步骤均与常规太阳能电池生产流程相同。其中，需要增加的两道工序是沉积背面钝化和开口以形成背面接触；需要改进的工序是针对性地改进基于化学湿台的隔离步骤，硅片背面绒面金字塔形结构需要被溶蚀掉。抛光的程度基于选用技术的不同而有所区别。因此，钝化膜沉积设备和膜开口设备都需要在传统的电池生产线上额外增加加工设备，其流程如图 3.24 所示。

PERC 技术通过在电池的后侧 (图 3.25) 添加一个电介质钝化层来提高能量转换效率。标准电池结构中进一步提高效率主要受限于光生电子重组的趋势。PERC 电池最大化跨越了 p-n 结的电势梯度，这使得电子能更加稳定地迁移、减少电子重组，进而提升效率水平。

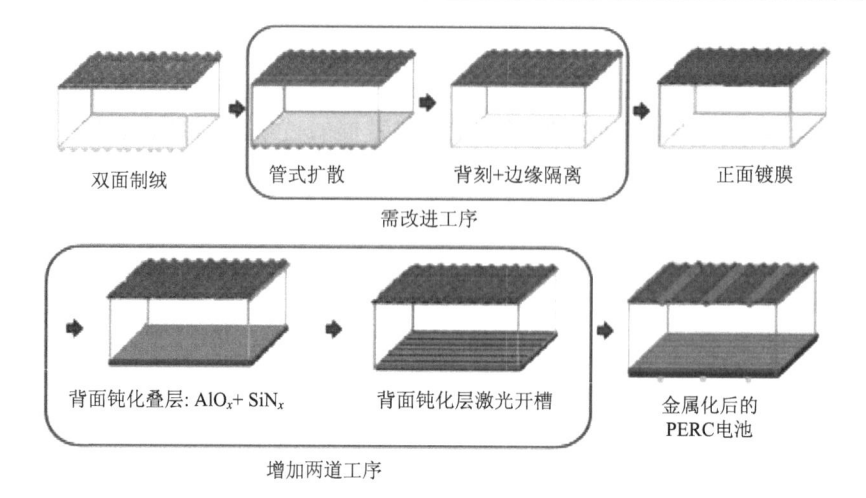

图 3.24　PERC 电池生产流程

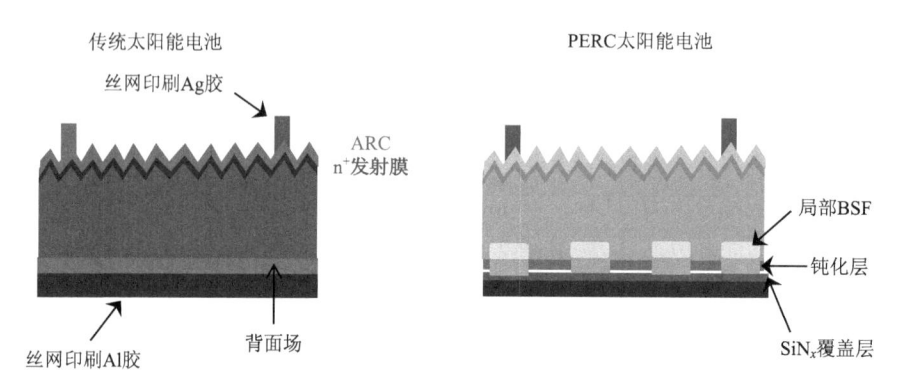

图 3.25　PERC 太阳能电池与常规太阳能电池对比

与标准电池相比，PERC 电池的优势主要有两个方面：内背发射增强，降低了长波的光学损失；高质量的背面钝化，使得 PERC 电池的开路电压（$U_{oc}$）和短路电流（$I_{sc}$）较标准电池有大幅提升，电池转化效率较高。

2. PERC 太阳能电池的特点

PERC 电池的特点主要包括：①电池的正反两面都沉积钝化；②背面的铝浆直接覆盖在背面钝化膜上与硅基体形成局部接触。

根据 PERC 电池的结构特点，电池需要双面钝化和背面局部接触，从而大幅降低表面复合，提高电池的转化效率。双面钝化则要求电池两面都要镀介质膜，背面局部接触则需要背面开膜，因此 PERC 电池工艺流程为：①碱制绒；②三氯氧磷（$POCl_3$）扩散；③湿法背面刻蚀；④双面钝化薄膜；⑤背面介质薄膜开孔；⑥金属化。

PERC 电池的显著进展主要取决于以下三个方面，即工艺、设备、相关材料。工艺方面的关键在于背面钝化及背面局部接触技术的实现。背面钝化技术涉及钝化膜的选择，其工艺则是实现背面局部接触的关键，目前主要采用的方式有背面钝化膜的局部激光开孔和腐蚀浆料开孔,开孔后在背面钝化膜上印刷铝浆,铝浆通过上述开孔和硅材料实现局部接触。

**3. PERC 太阳能电池总结**

由于 p 型单晶硅 PERC 电池理论转换效率极限为 24.5%,这导致 p 型 PERC 单晶电池效率很难再有大幅度的提升。此外,以 p 型硅片为基底的电池普遍存在难以解决的光衰现象。这些因素使 p 型硅电池很难有进一步的发展空间。与传统的 p 型单晶电池和 p 型多晶电池相比,n 型电池具有转换效率高、双面率高、温度系数低、无光衰、弱光效应好、载流子寿命长等诸多优点,因此 n 型电池未来将会逐步占据市场的主导地位。

#### 3.5.2.2 HJT 电池技术

异质结 HJT(heterojunction with intrinsic thin layer)电池,是以光照射侧的掺杂非晶硅薄膜及本征非晶硅薄膜(膜厚 3~10 nm)和背面侧的本征非晶硅薄膜及掺杂非晶硅薄膜(膜厚 5~0 nm)夹住单晶硅片而构成。电池的结构和主要生产流程如图 3.26 所示。

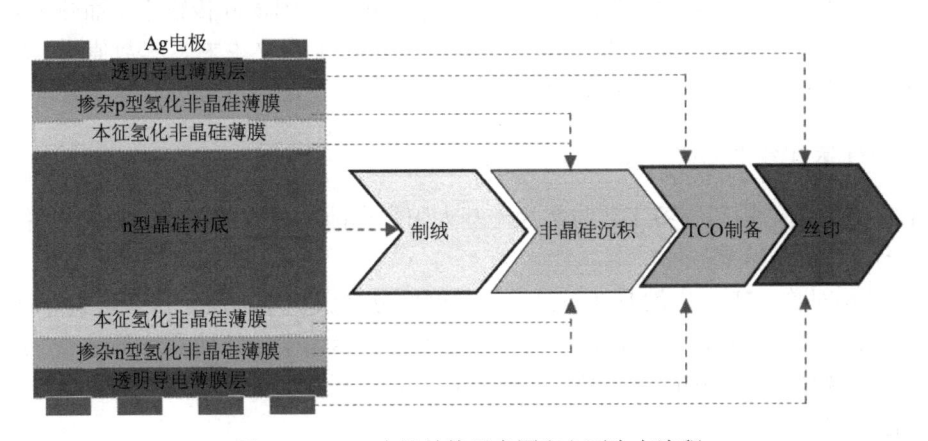

图 3.26 HJT 电池结构示意图和主要生产流程

**1. HJT 太阳能电池的生产工艺**

以 n 型晶硅衬底电池为例,n 型晶硅衬底作为光吸收层,光学带隙比较小,大概为 1.2 eV。其一方面与正面的 p-a-Si:H 薄膜层形成载流子分离的 p-n 异质结,产生内建电场;另一方面作为入射光的吸收层,在光照条件下产生载流子。中间的 i-a-Si:H 作为钝化层,可以减少 n 型晶硅衬底表面的悬挂键,减少复合、增大电流。图 3.27 为 p 型硅基双面异质结的能带图,前表面处导带带阶较大,所以电子的迁移受到阻碍,较低的价带对空穴的传输不构成阻碍。背面 i-a-Si:H 及 n-a-Si:H 与 n 型晶硅衬底形成了有效的背表面场(BSF),其界面处较大的价带带阶阻碍了少数载流子空穴的传输,减少了少数载流子在背面的复合。

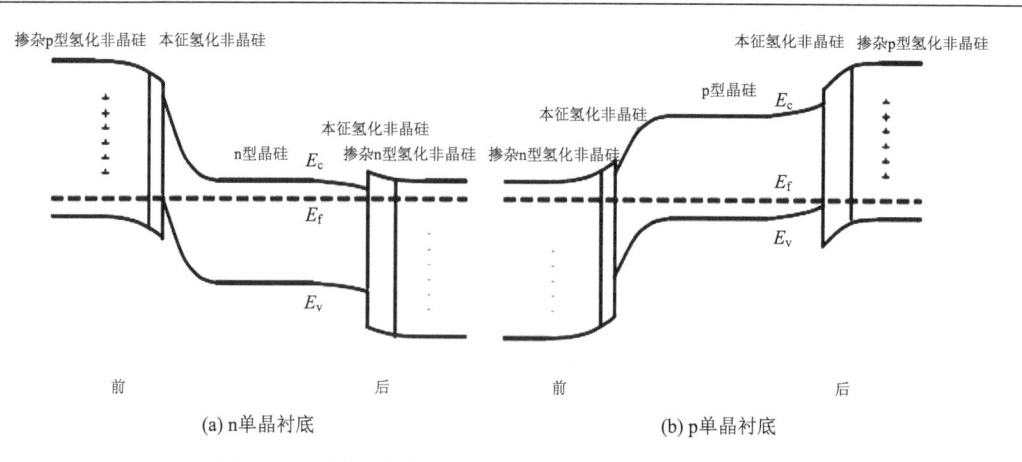

图 3.27 n 单晶衬底和 p 单晶衬底 HJT 电池能带示意图

$E_c$ 为导带底能量；$E_f$ 为费米能级；$E_v$ 为价带顶能量

TCO 是透明导电氧化物，以这一层作为电极，具有高透光特性，以被电池充分利用；同时高导电性也保证了电流的横向传输，减少了常规电池因横向传输不足而热损耗高的缺点。a-Si:H 层和 TCO 层的光学带隙分别为 1.7 eV 和 4.0 eV 左右，其数值比 c-Si 带隙大，这有利于使更多的光到达 c-Si 层。

2. HJT 太阳能电池的特点

HJT 电池的结构和制备工艺与常规硅基太阳能电池有很大的区别。总的来说，HJT 太阳能电池有如下特点。

(1) 结构对称：HJT 电池是在单晶硅片的两面分别沉积本征层、掺杂层和 TCO，以及双面印刷电极。这种对称结构便于简化工艺设备。相比于传统的晶体硅电池，HJT 电池的工艺步骤也更少。同时由于 HJT 电池双面对称，正反面受光照后都能发电，故可以做成双面发电组件。

(2) 低温工艺：HJT 电池采用硅基薄膜工艺制备成 p-n 结发射区，制作过程中的最高温度也就是非晶硅薄膜的形成温度(200℃)，这与传统晶体硅电池高温(约 950℃)下才能形成 p-n 结相比优势明显。采用低温工艺在降低能耗的同时还可以减少对硅片形成的热损伤。这就是说，HJT 电池可以使用薄型硅片做衬底，有利于降低材料的成本。

(3) 高开路电压：HJT 电池中的本征薄膜能有效纯化晶体硅和掺杂非晶硅的界面缺陷，因而 HJT 电池的开路电压比常规电池要高很多。规模化生产的 HJT 电池的开路电压可以达到 735 mV 以上，高开路电压对于获得较高能量转换效率是非常有利的。

(4) 温度特性好：太阳能电池的性能数据通常是在 25℃的标准条件下测试得到的，而光伏组件的性能却是在实际应用环境下获得的。目前公布的 HJT 温度系数为–0.23%/℃，该值仅为晶体硅电池温度系数(–0.45%/℃)的一半。这使得 HJT 电池在高温与低温环境下都具有较好的温度特性。

(5) 光照稳定性好：HJT 电池一般采用 n 型硅片作为衬底，不存在 p 型硅片中的 B-O 复合对，在光照一段时间后不会有 B-O 复合对引起的光致衰减问题。同时 HJT 电池可封装为双玻璃组件，不需要金属边框。在电站运行中，可以极大地降低因电位诱导衰减而引起的发电量降低的问题。

(6) 低热损耗：传统电池为了降低掺杂量来降低光生电子。因此，主工艺路线是高方阻路线。但是高方阻将引起热损耗增加，导致 p-n 结性能降低。所以，为了提高方阻，电池电极制备需采用复杂的工艺技术。HJT 电池中，TCO 导电膜层的引入实现了杂质浓度和导电性的分离，在低掺杂的情况下也可以降低载流子横向迁移过程中的损耗，同时 TCO 导电膜层的存在，还可以使电极金属化的技术路线得到拓展。

(7) 双面发电：HJT 电池因为是对称结构，所以可封装为双面发电组件，进一步提高电池的能量转换效率。据统计，HJT 电池封装成双玻组件后，年均发电量较常规单面组件可以提高 10% 左右。

**3. HJT 太阳能电池总结**

HJT 太阳能电池组件是目前已经量产的高效率硅基电池。由于 HJT 电池组件具有较低的温度系数，温度升高后电池效率和输出功率下降得相对较少，单面 HJT 电池比常规晶体硅电池在一天中能多发电 8%~10%。同时，由于结构对称，能够制作成双面 HJT 电池组件，HJT 双面组件比单面组件能多发电 10% 以上。因此，使用高效率的 HJT 电池组件能充分节约土地资源和屋顶资源，在分布式光伏电站中表现出广阔的应用前景。随着 HJT 电池组件效率的进一步提升，以及生产成本的逐步下降，它将在电池组件市场中赢得越来越大的市场份额，并得到更为广泛的应用。

#### 3.5.2.3 TOPCon 电池技术

2013 年，德国 Fraunhofer 太阳电池研究所首次提出了 TOPCon 隧穿氧化层钝化接触太阳能电池结构技术，其发布的 N 型衬底电池开路电压达到 703 mV、效率为 23.7%；2014 年，德国 Fraunhofer 太阳电池研究所通过优化金属接触面积，将效率提升至 24.4%；2015 年，该研究所通过将 TOPCon 结构应用在电池背面，获得了 25.1% 的效率；2017 年，Feldmann 通过优化硅片厚度与电阻率，在面积为 4 cm$^2$、电阻率为 1 Ω·cm、厚度为 200 μm 的区熔硅片(float zone, Fz)上实现了 25.8% 的转化效率；同一时期 Fraunhofer 研究所在 100 cm$^2$ 大面积 P 型硅片上制备的电池效率高达 24.5%。

图 3.28 是 TOPCon 电池结构示意图，该结构可以阻挡少子空穴复合，提升电池开路电压及短路电流。超薄氧化层可以使多子电子隧穿进入多晶硅层，同时阻挡少子空穴复合。超薄氧化硅和重掺杂硅薄膜良好的钝化效果使得硅片表面能带产生弯曲，从而形成场钝化效果，电子隧穿的概率大幅增加，接触电阻下降，提升了电池的开路电压和短路电流，从而提升了电池的转化效率。

**1. TOPCon 太阳能电池的生产工艺**

TOPCon 技术基于 N-PERT 电池结构，是在 N-PERT 电池背面增加 TOPCon 结构，用超薄氧化层叠加掺杂的多晶硅薄膜结构。其中采用湿法化学生长的背面氧化层厚度约为 1.4 nm，再在超薄氧化层上沉积一层厚度约为 20 nm 的掺磷非晶硅薄膜，然后经过退

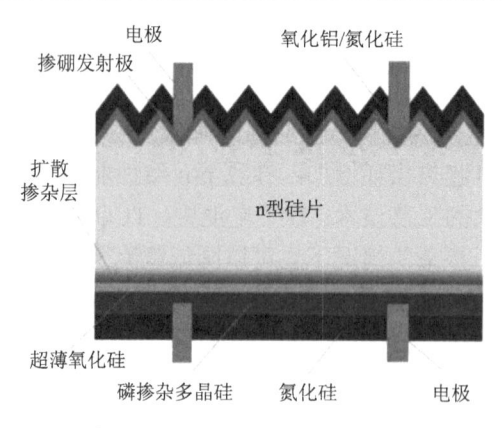

图 3.28 TOPCon 电池结构示意图

火重结晶后即可完成。2013 年，德国 Fraunhofer 太阳能研究所首次提出了 TOPCon 电池结构技术，发布的 N 型衬底电池开路电压达到 703 mV、效率为 23.7%；2014 年，德国 Fraunhofer 太阳能研究所通过优化金属接触面积，将效率提升至 24.4%；2015 年，该研究所通过将 TOPCon 结构应用在电池背面，获得了 25.1% 的效率；2017 年，Feldmann 通过优化硅片厚度与电阻率，在面积为 4 cm$^2$、电阻率为 1 Ω·cm、厚度为 200 μm 的区熔硅片(float zone，Fz)上实现了 25.8% 的转化效率，该值作为 TOPCon 电池效率的世界纪录一直保持至今。同一时期，Fraunhofer 研究所在 100 cm$^2$ 大面积 P 型硅片上制备的电池效率高达 24.5%。

2. TOPCon 太阳能电池的特点

TOPCon 电池钝化结构的特点是用一层超薄的氧化硅层加上一层重掺杂的多晶硅层共同钝化电池的背表面。采用的钝化机理是超薄氧化硅直接与硅基体接触，中和硅表面的悬挂键，进行化学钝化处理；重掺杂的多晶硅层因与硅基体存在费米能级的差异，故在硅基体表面形成能带弯曲，这样可以更加有效地阻挡少子的通过，而不会影响多子电子的传输，最终实现载流子的选择性收集。

TOPCon 结构用于晶硅电池时，与传统 PERC 电池相比，表现出如下优点：全面积钝化背表面、避免金属和硅的直接接触、有利于提升填充因子(FF)。图 3.29 是 PERC 电池和 TOPCon 电池的载流子输运示意图。

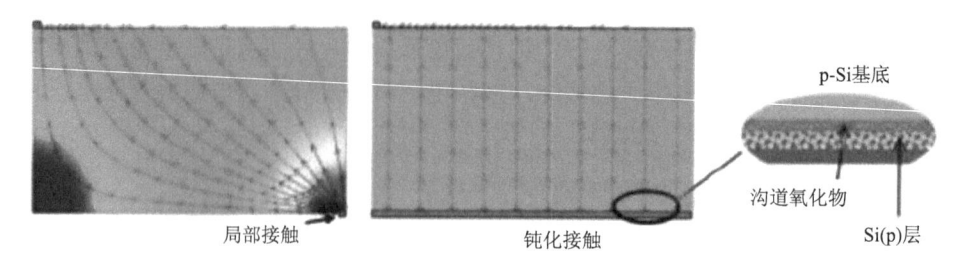

图 3.29 局部接触和钝化接触的载流子传输示意图

从图 3.29 中可以看出，TOPCon 结构属于一维传输结构，载流子可以直接高效地通过氧化层进行一维纵向传输，使得电流传输路径达到最短，避免了载流子在二维传输过程中引起的复合，降低了电池的串阻，使得电池具有更高的填充因子，因而可以获得更高的光电转换效率。

3. TOPCon 太阳能电池总结

TOPCon 电池自提出以来，就成为新一代电池技术的研究热点。隧穿氧化层接触结构不但能实现与异质结结构相当的表面钝化效果，而且可以与高温工艺相互兼容，同时还避免了电极接触带来的高复合问题。在短短几年时间内，电池效率不断被刷新。据报道，目前双面电极结构 TOPCon 电池的最高效率已达到 25.7%。然而 TOPCon 电池的正表面仍然是金属和半导体接触，此时金属-半导体接触的复合损失成为限制 TOPCon 电池效率继续提升的主要因素。为了进一步提高电池效率，电池正面也需要钝化接触。与背面的钝化接触类似，用于前表面的钝化接触也要求具有良好的钝化行为和电学传输能力。但用于前表面的钝化接触，还必须要求有高度的光学透明度，以避免寄生吸收带来的损失。因此，前表面的钝化接触将成为日后研究的热点，也将会是 TOPCon 结构的重要发展趋势。

## 3.6 薄膜太阳能电池

众所周知，晶体硅太阳能电池表现出良好的光伏稳定性和较高的能量转换效率，在过去的近 50 年里该类电池被视为光伏能源的主要代表。然而，传统晶体硅电池需要使用大量的半导体材料，而该类材料合成过程会消耗大量的能源且排放大量废气、废渣，属于典型的高能耗、高污染产业。此外，硅基半导体材料售价普遍较高，这从成本层面限制了太阳能电池的快速推广普及。相比之下，薄膜太阳能电池取材广泛、用料较少、价格低廉、适用场景广，因此近年来受到了人们的关注。在发展低碳建筑/零碳建筑的迫切要求下，建筑师提出了光伏-建筑一体化的设计理念，这又为薄膜太阳能电池的发展提供了重要的契机。

### 3.6.1 薄膜太阳能电池的主要特征

与传统晶体硅太阳能电池相比，薄膜太阳能电池具有以下显著优势：

1. 材料消耗少

薄膜太阳能电池对光线吸收系数大，电池可以做成很薄的形态。对于一般的晶体硅材料而言，若要充分吸收太阳光则其厚度应该达到 180 μm 左右；而对于薄膜非晶硅来说这个厚度仅为 1 μm 即可。此外，薄膜光伏材料一般可以实现直接成膜，因此免去了切割过程所造成的损耗。综上所述，薄膜太阳能电池对材料的消耗和浪费远小于传统晶体硅电池。

## 2. 制备过程连续、自动化程度高

制备薄膜太阳能电池一般采用等离子增强化学气相沉积、真空磁控溅射等方法。制备手段先进，且生产方式易于实现自动化控制。具体的操作过程往往在连续的几个真空沉积室内依次完成，抑或是多片薄膜同时在一个沉积室内进行制备。该种合成方式易于实现自动化、连续化、批量化生产。

## 3. 制备过程能耗较少

在制备非晶硅薄膜过程中使用气体分解法，该合成工艺中基板的温度仅为 200～300℃，而且放电电极所需要的放电功率密度一般较低。与高能耗制备晶体硅过程相比，薄膜光伏材料合成过程对电能的需求大为减少。

## 4. 材料生产成本低

薄膜光伏材料的合成温度比较低（通常在 200℃左右），因此生产过程中可以在玻璃、铝箔、陶瓷、耐热高分子、石英玻璃等基底上沉积成膜。这对于实现规模化生产、降低生产成本来说是十分重要的。

## 5. 高温环境下性能良好

一般情况下，太阳能电池工作温度上升则其输出功率就会下降。而薄膜光伏材料的温度系数比较低，故该类材料的输出功率受温度影响较晶体硅材料要小很多。对于一座 1 MW 功率的单晶硅光伏电站，在太阳能电池温度达到 65℃时其输出功率仅为 800 kW，而使用相同功率的 CdTe 薄膜电池，在相同的温度下其输出功率可以达到 900 kW。

## 6. 弱光响应性好

由于非晶硅光伏材料在整个可见光波段范围内对光谱的响应范围宽，在实际应用过程中尤其对低光强具有较好的吸收和转化能力，再加上非晶硅材料对散射光的捕获能力较强，因此与功率相同的晶体硅太阳能电池相比，非晶硅薄膜太阳能电池的发电量具有显著优势。

## 7. 适用于建筑-光伏一体化等应用场景

可以根据需要制备成具有不同透光率、不同色彩、形状各异的薄膜太阳能电池组件，用以替代建筑中广泛使用的玻璃幕墙；也可以将柔性电池与不锈钢或高分子衬底整合到一起用于建筑物曲面屋顶或围护结构等；还可以充分发挥该类电池超薄和柔性的特点，制作成便携式、可折叠能源器件，为移动终端、可穿戴器件、小型设备等提供光伏能量。

除了上述优点之外，薄膜太阳能电池尚存在一些问题，主要包括如下几个方面：

(1) 能量转换效率偏低。就目前的技术水平而言，批量化大规模生产的非晶硅太阳能电池组其能量转换效率仅为晶体硅电池组的一半左右。

(2) 电池占地面积明显增加。在输出功率相同的情况下，非晶硅薄膜电池的面积明显大于晶体硅材料。这对于占地面积较为有限的安装环境将是十分不利的。

(3) 运行稳定性不佳。目前的非晶硅薄膜太阳能电池还存在光致衰减的特征。该类光伏电池在强光辐照下能量转换效率会逐渐衰减。该特征严重影响了这种低成本薄膜电池的广泛应用。

(4) 设备设施投资大。在薄膜光伏材料的生产过程中需要使用较为先进的加工设备,且整个生产过程对于环境的洁净程度要求较高,因此该类产品对于固定资产的投资额度要求较高。

### 3.6.2 薄膜太阳能电池的种类

根据所使用的光伏材料种类不同,薄膜太阳能电池通常可以分为非晶硅电池、碲化镉(CdTe)电池、铜铟镓硒(CIGS)电池、钙钛矿电池、染料敏化(DSSC)电池、有机薄膜太阳能电池(OPV)等。目前仅有非晶硅电池、CdTe 电池、CIGS 电池成功投入实际生产,其他种类的薄膜太阳能电池尚处于产业研发或科技攻关阶段。

#### 3.6.2.1 非晶硅薄膜太阳能电池

非晶硅薄膜光伏材料最早由 R. C. Chitteck 等在 20 世纪 70 年代通过等离子体增强化学气相沉积法(PECVD)制得。在 1976 年,美国普林斯顿大学的 Cave 和 Chris Wronski 共同合成了世界上第一块非晶硅薄膜太阳能电池,当时该电池的能量转化效率仅为 2.4%。到 1979 年,科研人员在原有非晶硅薄膜合成的基础上适当提高了氢稀释度,得到了一种氢化微晶硅薄膜材料,该薄膜电池能够将光电转化效率提高至 3.0% 以上。1980 年,日本三洋公司首次将非晶硅太阳能电池用于计算器中,为小型电子设备提供光伏能量。经过整个 20 世纪 80 年代的持续研究和开发,非晶硅太阳能电池的能量转换效率和运行稳定性均得到了显著提升。1988 年非晶硅薄膜太阳能电池首次与建筑材料相结合成功用于绿色建筑试点工程。

进入 20 世纪 90 年代,为了进一步解决薄膜太阳能电池在转换效率和运行稳定性方面的问题,研发人员提出了叠层非晶硅电池的概念。这段时期内一种 1 $m^2$ 左右、效率约为 6.0% 的非晶硅太阳能电池组成为市场的新宠儿。美国应用材料公司作为全世界最大的半导体设备供应商对光伏产业的发展前景非常乐观。该公司凭借其在薄膜晶体管液晶显示器(LCD)领域的技术储备和硬件设施成功进军薄膜光伏产业。美国应用材料公司推广采用了一套 40 MW 非晶硅太阳能电池集成生产线,成功使面积为 5.72 $m^2$ 的光伏电池组光电转换效率提升至 6.0%。该企业在 2008 年还推出了相同组件尺寸的 65 MW 非晶硅叠层电池生产线。该公司下属的 SunFab 生产线可生产出尺寸大小为 2.2 m × 2.6 m 的非晶硅薄膜太阳能电池,该电池组的转换效率可达 8.0%,输出功率接近 458 W,被认为是目前世界上最大的非晶硅电池组。与此同时,日本真空、韩国周星、瑞士欧瑞康等几家企业也凭借自身在 LCD 领域的积累建设完成了整套非晶硅薄膜电池生产线,相关产品的光电转换效率在 8.0%~12.0%。

氢化非晶硅材料是一种性能十分复杂的半导体,其中很多性质尚未被人们真正认识,相关的理论还处于不断发展和完善的阶段。尽管近年来非晶硅太阳能电池在技术和理论层面均获得了长足发展,但是与晶体硅电池相比在材料合成、器件组装、故障诊断等方面尚有不小的差距。

#### 3.6.2.2 碲化镉(CdTe)太阳能电池

CdTe 太阳能电池的光电转换效率虽然不如晶体硅电池,但是该类材料比非晶硅光电转化效率高,且运行稳定性良好,价格较低廉。科研人员很早就开始了对 CdTe 太阳能电池的研究工作,但是 Cd 元素具有较高的毒性,鉴于安全考虑没有广泛使用该类光伏材料。事实证明,无论是生产阶段还是实际使用过程中,CdTe 太阳能电池都不会产生毒害作用。近年来,CdTe 电池已经成为发展最为迅速的薄膜太阳能电池体系,目前在薄膜电池领域 CdTe 电池产能最高、应用范围最广,受到了广泛的关注。

Cusano 等于 1963 年首次宣布合成了异质结 CdTe 薄膜电池。该电池光伏材料的基本构成为 N-CdTe/P-$Cu_{2-x}$Te,转化效率约为 7.0%。Adirovich 等首先在透明的导电玻璃表面沉积 CdS 和 CdTe 薄膜,开发出了目前广泛使用的 CdTe 薄膜电池。T. L. Chu 等于 1991 年报道了一种能量转换效率高达 13.4%的 N-CdS/P-CdTe 薄膜太阳能电池。到 2001 年,X. Wu 等将该类 N-CdS/P-CdTe 光伏材料的转换效率提高至 16.5%。随后,First Solar 公司于 2011 年和 2016 年两度刷新 CdTe 薄膜电池的效率,其值分别为 17.3%和 21.0%。

1. CdTe 材料及其光伏特性

从物理性质来看 CdTe 光伏材料的特点主要包括如下几个方面:

(1)CdTe 是一种第Ⅱ族和第Ⅵ族元素相互结合的半导体材料,属于一种直接带隙材料。厚度仅为 1 μm 的 CdTe 膜材就可以吸收 99%以上的可见光,该厚度仅为单晶硅的百分之一,因此 CdTe 适合做成薄膜电池。由于材料用量较少,故 CdTe 太阳能电池成本较低,且制备过程能耗也不高。

(2)CdTe 的带隙宽度约为 1.5 eV,这与太阳光入射到地面的光谱特征吻合得很好,这也是选用 CdTe 作为光伏材料最为重要的原因。砷化镓(GaAs)光伏材料的能隙宽度与 CdTe 非常接近,而 GaAs 电池的能量转化效率已经可以做到 25%。因此,CdTe 电池未来的发展空间还很大。

(3)作为一种二元化合物,CdTe 中两元素之间的键能高达 5.7 eV。CdTe 化合物的熔点高达 321℃,薄膜太阳能电池实际运行时其工作温度一般不会超过 100℃。此外,CdTe 化合物不会溶解在水中,对于酸性和碱性环境也有一定的耐受性。因此在实际应用过程中非常稳定且安全。

(4)在温度低于 320℃时,元素 Cd 与 Te 反应后的产物仅有合金化合物 CdTe(Cd 与 Te 摩尔比为 1∶1)及多余的金属单质,而不会生成其他比例形式的金属合金,因此对于生产工艺无特别苛刻的要求。材料制备和加工过程中,条件和环境的波动对 CdTe 薄膜的光伏特性影响不显著。因此,在生产线上获得的 CdTe 光伏产品良品率高、稳定性好,非常适合大规模工业化生产。

(5)当所处的环境温度高于 400℃时 CdTe 合金将出现固体升华的现象,即 CdTe 以蒸汽的形式从固体表面逸出。当温度低于 400℃抑或气压升高时升华过程被极大削弱。

根据这一材料学特性，研发人员利用近真空升华获得气态形式的 CdTe，然后再进行气相输运沉积成膜。值得关注的是，在这一气相成膜过程中，一旦设备的真空或高温系统遭到破坏，CdTe 蒸汽将会迅速固化形成颗粒状，避免向外部扩散危及工作人员的健康。

(6) CdTe 薄膜材料的光电转换效率受温度影响不大且对弱光的利用率相对较高。对于一般的晶体硅材料而言，温度的变化将通过对材料能隙的影响显著降低电池的效率。因此，在实际应用中 CdTe 材料对光能的综合利用效率更高。

CdTe 薄膜电池通常采用 CdS 作为窗口层，采用 CdTe 作为光吸收层。这两个功能层与电极间的能带匹配关系成为决定 CdTe 类电池效率和运行稳定性的关键因素。此外，单质 Cd 和单质 Te 本身具有很强的毒性，因此在生产和使用 CdTe 光伏产品的过程中对人员和环境尚存在潜在的风险。

### 2. CdTe 薄膜电池产业化发展

目前全球范围内从事生产 CdTe 薄膜太阳能电池的企业中 First Solar 公司占据重要地位。该公司的前身 Solar Cell 公司成立于 1986 年，在有关研发机构的支持下长期开展针对 CdTe 薄膜电池的技术革新与改良，在马来西亚的居林(Kulim)和美国的佩里斯堡(Perrysburg)分别建有自己的生产基地。在 2005 年时该企业年产能约 25 MW，到 2009 年时生产的 CdTe 薄膜电池组就已达到了 1.11 GW，成功跻身全球十大光伏企业的行列。该企业在 2015 年时产能已达到 2.52 GW 左右，其市场份额约占全球光伏产业的 5.0%。目前，该企业所生产的薄膜电池产品能量转化效率最高可达 18.6%，平均转化效率约为 16.2%，已经接近多晶硅太阳能电池的能量转化效率。

#### 3.6.2.3 铜铟镓硒(CIGS)太阳能电池

一般情况下，薄膜太阳能电池的能量转换效率不及晶体硅电池体系，这是目前薄膜电池发展面临的最大障碍。在众多薄膜光伏材料之中，铜铟镓硒(CIGS)目前表现出最高的转化效率，且光伏性能较为稳定。CIGS 薄膜材料可以制备成形状各异的柔性电池，在能源-建筑一体化设计中发挥十分重要的作用。该领域有关专家认为，CIGS 薄膜电池是未来光伏产业最具发展前景的能源体系。

1974 年美国贝尔实验室首次合成出了 CIGS 薄膜电池，该实验室的 Wagner 等率先开发出了 $CuInSe_2$/CdS 单晶异质结太阳能电池，该电池的能量转换效率约为 12%。20 世纪 80 年代中期，波音(Boeing)公司利用三元共蒸法合成了一种 $CuInSe_2$ 多晶薄膜。1987 年 ARCO 公司通过溅射 Cu、In 预制层和 $H_2Se$ 硒化工艺联用的办法制备出 $CuInSe_2$ 薄膜电池，该电池的能量转换效率可达 14.1%，成为当时薄膜光伏领域的突破性进展。Boeing 公司于 1989 年在 $CuInSe_2$ 的基础上又引入了 Ga 元素，用以提升电极材料的开路电压，从而获得了 CIGS 薄膜光伏材料。随后美国国家可再生能源实验室开发出三步共蒸发工艺，于 2008 年将 CIGS 薄膜电池的转化效率直接提升至 19.9%。2010 年德国巴登-符腾堡州太阳能和氢能研究中心(ZSW)将转化率纪录刷新至 20.3%，2016 年该公司宣布所推出的玻璃基底 CIGS 电池能量转化效率可达到 22.6%。为了不断提高 CIGS 的能量转化效率，来自德国、瑞士、法国、意大利、卢森堡等欧洲 8 国的 11 个研发团队组建了薄膜光伏研究联盟，并发布了联合声明，宣布实施"Sharc25"计划，目标为提升CIGS薄膜电池的能量转化效率至25%以上。

### 1. CIGS太阳能电池的特点

(1) CIGS属于一种直接带隙的半导体材料，非常适合加工形成薄膜材料。CIGS光伏材料对于光线的吸收系数极高，因此薄膜厚度可以降低至2.0 μm左右，对于节约材料用量来说是极为有利的。在生产工艺上，CIGS主流的合成方案为物理溅射法和化学浸渍法联用，该方案易于规模化合成大面积尺度均匀薄膜，因此能够显著降低光伏薄膜的生产成本。

(2) 将Ga元素掺入$CuInSe_2$晶体结构之中可以将该半导体的禁带宽度调整至1.04~1.67 eV，能够在相对合适的范围内灵活地调控材料的禁带宽度。如果在沿着膜厚度的方向上调整Ga元素的含量，则会形成梯度带隙半导体材料，产生背表面场效应，从而进一步提升电流的输出值，提高p-n结附近的带隙，形成V字形带隙分布。CIGS光伏材料这种特有的带隙裁剪性质是其相对于Si系和CdTe系太阳能电池的最大优势。

(3) CIGS材料能够在玻璃基质上形成缺陷少、晶粒大的高品质晶体。所形成的晶粒粒径是任何其他种类多晶材料所无法比拟的。

(4) 在所有已知的半导体材料中CIGS的光吸收系数是最高的，能够达到$10^5 cm^{-1}$。

(5) CIGS半导体材料不具备光致衰退效应(SWE)。相反，持续的光照甚至会提高该类光伏材料的能量转化效率。所以，CIGS太阳能电池的工作寿命一般较长，有关实验研究表明该类电池的使用寿命甚至比单晶硅电池更长。

(6) 对于一般的Si基半导体材料来说，应该尽量避免引入Na等碱金属元素。而对于CIGS光伏材料而言，掺入极为少量的Na元素反而会提高太阳能电池的能量转换效率和产品成品率。因此，当CIGS薄膜选用钠钙玻璃作为基底材料时一般会在此晶体薄膜中掺杂少量的Na元素，以达到改善性能的效果。此外，选用钠钙玻璃还能在一定程度上降低产品的成本。

### 2. CIGS光伏薄膜材料的制备

CIGS光伏材料的制备方法有很多，主要可分为真空沉积和非真空沉积两大类，从目前产业化发展和科学实验的进展情况来看，一般采用溅射硒化处理的技术路径。

溅射硒化处理方法是将Cu、In、Ga元素同时溅镀到Mo电极表面形成预制层，然后再使其与$H_2Se$或者含Se的气氛之间发生反应，得到符合相应化学计量比例的薄膜材料。此类技术工艺对于生产设备的要求不高，故成为产业化合成CIGS光伏薄膜的主要技术选择。该过程的主要问题在于，硒化过程中Ga元素的含量和分布难以被有效调控，不能够形成理想的双梯度结构。在实际操作中有时在硒化工艺的后段引入硫化步骤，利用掺杂的S原子替代Se原子，在薄膜表面形成一层宽带隙的$Cu(In,Ga)S_2$晶体，该方案能够有效降低薄膜界面复合，同时提高太阳能电池的开路电压。

上述技术路线的主要难点在于硒化过程。该过程易于产生副产物$Ga_2Se$和$In_2Se$，从而造成薄膜在不同区域的组成失配，给薄膜的均匀性带来非常不利的影响。因此，对于硒化工艺的控制就显得尤为重要。整个硒化过程主要由低温段(250℃)、快速升温段(25℃/min)、高温段(500℃)组成。低温段主要为了避免膜表面形成过于致密的 CIGS 层以阻碍材料内部硒化进程；快速升温阶段主要是防止 $In_2Se$ 和 $Ga_2Se$ 过度挥发而造成损耗；高温段则是为了促进 CIGS 充分结晶形成更加完整的晶粒。

3. CIGS 薄膜太阳能电池产业化发展

CIGS 薄膜太阳能电池具有较高的技术难度，电池各组分的原子配比不能很好地调控，产品的稳定性尚难以令人满意，因此 CIGS 薄膜太阳能电池的产业发展比较缓慢。近年来随着智能制造、自动化操作、精密加工等一系列先进技术手段的开发和应用，CIGS 薄膜太阳能电池迎来了加速发展的新时代。2014 年 4 月，汉能集团的 Solibro 经过第三方权威机构测试认定，开创了 CIGS 薄膜电池能量转化效率高达 21.0%的新纪录；2016 年 5 月，德国 ZSW 宣称在玻璃基底上应用 CIGS 薄膜电池时电池效率可高达 22.6%，再次刷新了纪录。日本的 Solar Frontier 公司从 2014 年 6 月就开始保持着无镉电池组 17.5%的转化效率纪录，到 2016 年 3 月该公司宣布其开发的最新无镉 CIGS 电池能量转化效率进一步被提升至 22.0%。在产能方面，2010 年全球 CIGS 薄膜太阳能电池的产能是 712 MW，到 2011 年全球产能增加至 2.0 GW 左右，2016 年全球产能约为 1.3 GW。

我国在 CIGS 薄膜太阳能电池领域起步较晚，近几年在相关政策引导和技术创新的带动下发展势头良好。在 2015 年，汉能已经在广东河源工厂采用卷对卷的生产方式实现了吸收层的连续化大规模生产。汉能通过将 CIGS 溅射到不锈钢柔性基底上来降低生产成本并提升操作控制能力。除了汉能之外，目前有中建材、神华、上海电气等多家企业从事 CIGS 薄膜太阳能电池的研发和产业化。中建材在江苏江阴建成投产了 1.5 GW 的工厂，工艺采用的是 Avancis 溅射后硒化的技术。

在所有的薄膜电池中，CIGS 的电池效率几乎是最高的。CIGS 薄膜电池光伏性能较为稳定，在大规模连续生产之后该类电池的成本能够控制在较低的水平，因此不仅适用于各类光伏电站，而且能够在不锈钢基底上制备成柔性器件用于光伏-建筑一体化设计中。CIGS 薄膜电池还能够用于其他诸多移动光伏能源体系，具有非常好的市场发展前景。

3.6.2.4 钙钛矿太阳能电池

近年来，钙钛矿太阳能电池(perovskite-based solar cells)正逐渐成为光伏领域关注的焦点，这主要是由于该类电池具有原材料价格低廉、制造成本较低、光电转换效率高等诸多优点。有研究人员甚至认为，未来钙钛矿太阳能电池将会取代硅基太阳能电池成为光伏发电的主流材料体系。

1. 钙钛矿太阳能电池的发展历程

钙钛矿材料是 Gustav Rose 等在 1839 年首次发现，并由俄罗斯矿物学家 L. A. Perovski 命名的一类与钛酸钙($CaTiO_3$)有着相同晶体结构的无机材料。典型的钙钛矿晶体应具有一种独特的立方结构，其材料的结构式一般为 $ABX_3$ 形式。在钙钛矿的立方晶体结构中，

A 元素代表一个大体积的金属阳离子，位于立方体的中央；B 元素代表一个较小的阳离子，位于立方体的 8 个顶点；X 元素是一种阴离子，位于立方体的 12 条边的中点。只要某种材料的晶体结构与之相符合，就可将该种材料称为钙钛矿材料。

20 世纪 80 年代，具有有机-无机组成形式的复合型钙钛矿材料开始走进人们的视野。该类材料的主要特点是：$ABX_3$ 中的阳离子 A 是一个有机小分子，B 和 X 则多为无机离子。引入有机小分子后该类钙钛矿材料能够溶解在普通溶剂里，这种独特的晶体结构和性质赋予其诸多新颖的理化特征，如吸光性质、电催化性能、光电催化性能等。在钙钛矿的大家族中已有几百种物质，涵盖了导体、半导体、绝缘体等类型的功能材料。在其中有很大一部分属于人工合成材料，这为该类材料的加工、改性、应用带来了极大的便利。比较典型的几种有机-无机复合钙钛矿材料主要包括碘化铅甲胺($CH_3NH_3PbI_3$)、溴化铅甲胺($CH_3NH_3PbBr_3$)等，均属于半导体材料，并表现出良好的吸光性能。日本桐荫横滨大学的宫坂力教授于 2009 年将碘化铅甲胺和溴化铅甲胺应用在染料敏化太阳能电池上，该电池的光电转换效率最高可达 3.8%。

钙钛矿太阳能电池的优点主要包括材料成本低、制造加工便宜、具有一定的柔韧性等。更为重要的是，可以通过改变原料的成分来调控钙钛矿材料的带隙宽度，也可以将具有不同带隙宽度的钙钛矿片层叠放在一起形成叠层钙钛矿太阳能电池。由于具有灵活的带隙调控特征，钙钛矿太阳能电池在能量转换效率方面完全有可能超越目前广泛使用的硅基电池体系。

在此后的一段时间里，钙钛矿太阳能电池在电池构造设计、材料加工优化、组装装配工艺等诸多方面不断获得突破性进展。电池能量转换效率飞速提升，从 2006 年的 2.2% 上升至 2014 年的 20.1%，7 年之中电池效率增加了 4 倍，并在接下来的两年内又翻了一番。相比而言，多晶硅太阳能电池的效率从 1985 年的 15% 左右发展到 2015 年的 20.6%，30 年间仅增长了 5~6 个百分点。

2. 钙钛矿太阳能电池的特点

(1) 晶体硅属于一种间接带隙材料，硅片厚度只有达到 150 μm 以上才能真正实现对入射光线的饱和吸收。而钙钛矿材料仅需要约 0.2 μm 就能够完成饱和吸收，其材料厚度仅为硅片的千分之一左右。可见钙钛矿太阳能电池对光伏材料的消耗量远远小于晶体硅太阳能电池。

(2) 钙钛矿光伏材料的载流子迁移率较高。载流子迁移率主要反映光照激发条件下材料中产生的正负荷电物质发生移动的能力。载流子迁移率越高代表光生电荷能够较为快速地传递至电极上。

(3) 钙钛矿光伏材料中光生电子和空穴的迁移能力近乎相同，这意味着该类材料中载流子迁移基本上是处于动态平衡状态。相比较而言，晶体硅材料的空穴迁移率远小于电子迁移率，故该类材料的载流子迁移是不平衡的。因此，对于硅基光伏材料而言，当入射的光强高达一定程度时，输出的电流就会达到饱和值，故硅基电池在强光照环境下的光电转换效率比较有限。

(4) 钙钛矿晶体中载流子复合方式几乎都是辐射型复合。这是钙钛矿光伏材料的一个非常显著的优势。在钙钛矿材料中电子和空穴发生复合的时候会额外释放出一个新的光子，而这个新生光子会被周围的钙钛矿晶胞重新吸收。故钙钛矿光伏材料对入射的光能有着极高的利用效率，且在光能辐照下发热量极为有限。相比较而言，晶体硅中的载流子复合则几乎属于非辐射型复合，当晶体硅中的电子和空穴发生结合的时候它们所具有的能量就会转化为热能耗散出去，而无法被收集和再次利用。从这个角度上来说，钙钛矿的光电转换效率应该显著高于硅基材料。钙钛矿这种辐射型晶体材料的特性使其完全有希望达到与砷化镓光伏材料一样高的转换效率。

(5) 钙钛矿材料在溶剂中能够形成均匀、稳定的分散溶液。利用这一特性可以将钙钛矿的悬浊液像刷涂料一样涂布在玻璃基底上面。就目前的研究来说，转换效率超过 20% 的光伏材料中仅有钙钛矿可以加工形成分散稳定的悬浊液，因此这也是钙钛矿的主要优势之一。通过涂布法形成的钙钛矿膜从溶液中析出后即不断经历自发结晶，且晶粒逐渐长大，这一点对于合成高性能光伏材料来说是十分有意义的。

### 3. 钙钛矿光伏材料产业化面临的困境

随着近年来钙钛矿太阳能技术的快速发展，该发展方向业已成为光伏领域的重点和热点。在国内，很多大型企业都针对该领域投入了大量的技术研发，其中主要包括：常州天合公司、神华集团、华能集团等；初创型的代表性企业则有：惟华光能、黑金热工等。惟华光能是国内最早建立大面积钙钛矿组件中试生产线的企业之一。目前已经建成了一条尺寸 45 cm × 65 cm 的钙钛矿组件生产线，全程采用适用于钙钛矿材料的涂布、印刷生产工艺。由该工艺生产的钙钛矿电池实验室效率高达 21.5%，而组装装配后的组件效率却仅为 12.7%。实验室效率和组件效率的显著差别说明钙钛矿技术从实验室到生产线的转化过程中仍然存在很多问题需要解决。

除此之外，相比于硅基太阳能电池，钙钛矿电池在如下几个方面尚存在技术困难：

(1) 电池运行稳定性不佳。钙钛矿对空气中的氧气和水蒸气耐受性比较差，易被空气氧化分解，或在水和有机溶剂中发生溶解，严重影响电池寿命。

(2) 能量转化效率的重复性较差。尽管目前报道的钙钛矿电池能量转换效率普遍在 15%以上，然而在不同场景下电池效率的重复性不佳。具体表现为同一批次完成的电池组能量转换效率存在较大的偏差。由此可知，该类电池的制造和装配技术尚不成熟。

(3) 光伏材料具有毒性。现有的高转换效率钙钛矿材料中普遍含有铅元素，该元素如果被大规模投入使用将会给生态环境带来很大的隐患。因此，研制具有高转换效率的无铅型钙钛矿材料是十分有必要的。

(4) 急需研制大面积钙钛矿薄膜材料。目前研究报道的高效率钙钛矿薄膜的实际工作面积大多仅为 0.1 cm$^2$，大面积制备薄膜还无法保证膜材的均一性。然而目前的制造规模与具有实用价值的商品化薄膜相比尚有较大差距。需要发展从实验室量级(cm$^2$)到工业生产量级(m$^2$)品质稳定的钙钛矿光伏薄膜材料。

(5) 迄今为止，钙钛矿太阳能电池还没有大规模、批量化走向消费市场，更没有实际应用的先例。要成为成熟度高、可靠性强的市场化光伏产品还需要经过长时间的实践检验。

通过上述分析可知，钙钛矿型太阳能电池兼具多晶硅电池的低成本和砷化镓电池的高转换效率。通过近年来对钙钛矿光伏材料的研究可知，该类材料没有无法逾越的原理问题，只要突破现存的几个关键技术难题，钙钛矿太阳能电池将很快实现规模化的应用和普及。

#### 3.6.2.5 染料敏化太阳能电池

染料敏化太阳能电池(dye-sensitized solar cell, DSC)属于一种以氧化还原反应为基础的新型化学电池体系，该电池的工作原理接近于植物的光合作用，其主要组成包括染料光敏化剂、氧化还原电解质、纳米多孔半导体薄膜、导电基底等几个部分。

染料敏化太阳能电池的核心部件是一层用纳米尺度 $TiO_2$ 制成的导电多孔薄膜，该薄膜能够吸附光敏染料，在引入氧化还原电解质溶液后形成真正的光敏层。当该层的染料分子吸收太阳的光能后，电子将从基态跃迁到激发态并与 $TiO_2$ 发生氧化还原反应。电子将流入纳米多孔半导体材料的导带中，并快速迁移至复合材料表面，被电极收集后向外电路传导；从另一电极返回的电子将被电解质中的离子捕获，处于缺电子状态的染料分子在电解质的作用下被还原，氧化态的电解质在正极接受电子被还原，电解质再次回到氧化型的基态，完成了电子输运整个循环过程。在这个过程中只要有阳光辐照，并连通外电路，就能够源源不断地对外提供电能。

早在 1991 年，瑞士洛桑联邦理工大学(EPFL)的研究人员利用纳米多孔薄膜作为光伏材料制备 DSC 取得了 7.1%左右的光电转换效率。在接下来的几年里，美国、欧洲、日本等国家和地区在该领域投入了巨大的研究力量，使 DSC 技术成为光伏领域十分重要的研究方向。目前已实现商业化的电池大多数前期投入巨大(动辄数亿元)，而 DSC 的产业化资本投入则小很多。

从全球范围来看，目前日本在 DSC 的基础研究和产业化应用方面处于领先的地位。日本有关研究人员曾于 2009 年研制出了转换效率约为 8.2%的 W 型 DSC 组件，该电池光伏电极总面积为 50 mm × 53 mm，活性面积达到 85%左右。日本 Fujikura 公司以金属 Ni 作为栅电极，在电极总面积为 10 cm × 10 cm 的 DSC 中组件的有效电极面积达到 68.9 cm$^2$，其能量转换效率达到 5.1%。日本藤森工业株式会社、昭和电工、Peccell 公司等联合开发建设了一条高性能、大面积塑料 DSC 生产线。该生产线采用丝网印刷的方式，成功实现了连续化、规模化、低成本制备 DSC 组件。所制备的 DSC 组件每个单元的长、宽、厚分别为 2.1 m、0.8 m、0.5 mm，而克重(单位面积重量)仅为 800 g/m$^2$。该 DSC 组件在室内环境下可以输出高达 100 V 以上的高电压。Miyasaka 等在日本横滨大学开发出了一种基于低温环境下的 $TiO_2$ 电极制备技术。基于该技术，研究人员合成出了一种全柔性 DSC 组件，该组件的有效面积达到 30 cm × 30 cm。组件内含有 10 块电池单元，每个单元的额定输出电压为 7.2 V、额定输出电流为 0.25~0.30 A。韩国建国大学能源工程系的 Yongseok Jun 教授等研究了组件中 $TiO_2$ 膜尺寸对 DSC 性能的影响，并成功制备了一种大面积 DSC 组件，其光电转换效率达到 6.3%，将散射层引入 $TiO_2$ 膜表面后光电转换效率提高至 6.6%。

近年来，针对大面积 DSC 的相关研究引起了光伏领域产业专家的广泛关注。G24i

股份有限公司于 2006 年 10 月在英国南威尔士成立,该公司主要采用美国 Konarka 公司与瑞士 M. Grätzel 教授联合开发的技术,并于 2009 年 10 月开始为香港 Mascotte Industrial Associates 公司提供户外背包用的大面积 DSC 组件。

虽然 DSC 技术经过 20 余年的发展在基础研究和产业化应用方面均已取得了长足进步,但时至今日该类太阳能电池仍然面临诸多挑战和困境。首先,常规的 DSC 产品只能吸收波长小于 650 nm 的可见光光谱,而对于以其他光谱形式辐照的太阳能则几乎无法吸收和利用。目前,该领域科研人员正在全力研制具有全光谱吸收特性的 DSC 光伏材料。此外,DSC 电池体系中的阳极材料通常采用 $TiO_2$ 纳米晶体薄膜,该种晶体薄膜的晶界位阻较大、孔隙通道狭窄,故对于电解液的充分浸润和电子的快速传输来说是非常不利的;需要进一步完善阳极薄膜的微纳结构组成,尤其需要开发出大面积薄膜电极制备技术和固态柔性 DSC 电池组件。最后,目前常规的 DSC 大面积制备工艺技术成熟度较低,所装配的 DSC 组件电池运行稳定性欠佳,产业界迫切需要研发一种具有高效能、低成本、稳定性好的大面积薄膜电极合成工艺与相应的电池组装技术。开发设计长激子寿命电解质,提高电池整体的稳定性和转换效率,发展全固态柔性器件,是推动 DSC 电池体系真正走向规模化应用的主要发展方向。

DSC 电池的主要优势包括原材料来源广泛、制造加工成本低廉、工艺技术相对完备等,在大面积、规模化工业生产过程中具有一定的优势。从原材料上来说,几乎所有材料及其加工产物都是无毒、环保的,部分材料甚至可以实现回收和利用,这对于实现绿色、可持续发展来说非常有利。然而,必须承认的是,DSC 电池在能量转化效率、电池稳定性、使用便利性等诸多方面还存在有待解决的问题。

## 3.7 光伏的应用

随着人类对绿色能源的需求日益强烈,"无污染、无辐射、能赚钱"的天然能源——光伏能源已经在世界各地掀起一阵应用热潮。在过去的十年里,光伏产业在技术进步和成本下降方面的进展远超人们的想象。约 10 年前,光伏能源的单价是每瓦 5 美元,如今仅为每瓦 25 美分。与此同时,光伏产品的性能也得到了大幅提升。最近两年,在中东光照资源良好并且非技术成本较低的地区,已经出现大量上网电价低于 2 美分的项目。我们有理由相信,随着光伏技术的不断进步,在未来 2~3 年的时间内,光伏将在全球绝大部分地区成为最经济的电力资源。我国的光伏产业起步于 20 世纪 70 年代,自 21 世纪初进入快速增长阶段。尤其是在近 10 年,我国已经发展成为全球最大的光伏生产和消费国家。目前我国的光伏产业发展排在世界前列。在所有清洁能源产业里面,我国的光伏能源大量出口走向国际市场,并已形成较为完整的产业链条,从源头材料到终端产品,我国拥有相应的具有核心竞争优势的企业。

### 3.7.1 常见的光伏应用

随着光伏行业的发展与投入使用,根据建设环境的不同,光伏电站可分为三大类:地面电站、水面电站、屋顶分布式电站。其中,地面电站的应用场景比较多元化,主要有农光互补场景、半沙漠场景、扶贫场景等。每种类型的电站都有其优缺点。

#### 3.7.1.1　地面光伏电站的优缺点

1. 地面光伏电站的优点

(1)场地平整，阵列规划统一(一般地处沙漠、荒地比较多)。
(2)便于前期建设及后期维护。
(3)投资成本比较低。
(4)实现光伏科技与农业相结合(农光互补项目)。

2. 地面光伏电站的缺点

(1)占用的土地面积比较大。
(2)子阵大小不一，朝向各异，组件间距较大。
(3)逆变器选型较难，电站设计较为复杂。
(4)风沙较大(山地项目、沙漠项目、荒地项目)。

#### 3.7.1.2　水面光伏电站的优缺点

近些年我国光伏电站建设主要集中于青海、新疆等西北地区，这些地区地处非负荷中心，弃光现象严重。但是在山东、江苏、河北、湖南等用电负荷中心，可用于地面光伏电站开发的土地资源有限，导致这些地区光伏产业发展的后劲不足[2]。我国水面资源丰富，其中湖泊面积 9.1 万 $km^2$、水库面积约 3842 万亩①，若考虑满铺情况，可建设光伏产能约 15000 GW。仅考虑利用水域面积的 20%建设光伏电站，装机容量可达 3000 GW。利用水库、湖泊、水塘等水域建设光伏电站，既可以做到能源就近消纳，又能有效解决光伏电站建设中土地紧缺的问题。

1. 水面光伏电站的优点

(1)节约土地资源，且对水生态环境的影响较小。
(2)发电效率高。水面地势相对开阔，可以有效避免阴影对光伏组件效率的制约。
(3)光伏组件覆盖水面后可减少水的蒸发量，节约水资源。

2. 水面光伏电站的缺点

(1)大风、水位、结冰等因素对其影响较大。
(2)不便于设备维护和维修。
(3)长期处于湿度比较大的运行环境，设备可能受到不良影响。

---

① 1 亩≈666.67 $m^2$。

#### 3.7.1.3 屋顶分布式光伏电站的优缺点

**1. 屋顶分布式光伏电站的优点**

(1) 可为生产、生活提供电能，节约企业、个人在能源方面的消费。
(2) 不会占据地面的空间位置，不受资源或地域的限制。

**2. 屋顶分布式光伏电站的缺点**

(1) 需要在屋顶打孔，如果安装不当或是没有处理好，就容易对屋顶结构造成损坏。
(2) 后期光伏设备维修成本较高。
(3) 子阵大小不一。

根据并网的电压等级，电站可分为以下几类：

(1) 低压并网：低压并网是指电压等级在 1 kV 以下，常见的一般为户用型或者居民小区的 380 V 三相电。
(2) 中压并网：中压并网的电压等级一般为 1~10 kV，常见的应用场景为居民小区、工业厂区配电等。
(3) 高压并网：电压等级为 10~330 kV（一般为省内干线）。
(4) 超高压并网：电压等级为 330~1000 kV（一般为国内干线）。
(5) 特高压并网：电压等级大于 1000 kV。

### 3.7.2 未来光伏应用场景

#### 3.7.2.1 光伏城市

未来的城市将越来越繁荣，基础设施、公共设施也会越来越人性化。然而，完善的基础设施建设除了需要长期大量的资金支持，还需要投入大量的人力、物力等对设备进行后期维护。如果能合理利用光伏技术，城市生活会变得更便捷、智能、高效，同时还能节约大量传统化石能源。光伏发电的优点就在于一方面能为城市提供清洁能源，另一方面还能降低对化石燃料的使用，减少城市污染。此外，光伏技术在城市中的大范围使用也使城市的运行效率得到大幅度提升，如光伏公交站、光伏车棚、光伏汽车等。

#### 3.7.2.2 光伏-建筑一体化

光伏-建筑一体化属于光伏应用场景的新方向。光伏组件通过外观设计与技术革新，可以用于建筑物的屋顶、外墙、窗户等部位，这些材料既可用作建材发挥装饰和功能特性，还能够转化太阳能以实现发电目标。光伏玻璃幕墙，通过采用 BIPV (building integrated photovoltaic，光伏-建筑一体化) 光伏组件来替代普通钢化玻璃 (图 3.30)。该材料不仅具有通风换气、隔热隔声、节能环保等优点，还能改善 BIPV 组件的散热情况，达到双优的效果。

图 3.30　光伏玻璃幕墙实景图

从商业角度来看，大型企业厂房、商超连锁店、数量庞大的民营企业都有丰富的屋顶资源可以利用。这些单位大都是用电大户，如果能将屋顶的能源进行合理利用将是一笔潜在的巨大财富。这类企业房屋产权较长，至少拥有 20 年的使用权，故适合开发兆瓦级以上的大型屋顶电站，这不但为企业解决了用电问题，也对社会经济发展和节能减排做出了积极贡献。工商业屋顶一般拥有较大屋顶面积，同时自用电费普遍偏高，这给光伏电站的屋顶安装工程快速发展创造了必要的条件。光伏建筑的主要应用方式为自发自用，可以降低国家配给的用电指标和能源补贴。尤其是那些光照条件好、用电量大、产权清晰、屋顶结构优质、用电价格偏高的工商业建筑已获得众多光伏投资企业的青睐。例如，能环宝公司在山东运维的阳光 12 号屋顶分布式光伏发电项目，装机容量为 7000 kW，预计每块电池板最低年发电量可达 489 kW·h。从长远来看，每年都能为企业节省一大笔费用。

### 3.7.2.3　光伏交通

光伏公路是近几年光伏领域的热门发展方向，在新能源电动汽车发展如火如荼的今天，相信光伏技术在未来的公路交通领域肯定会占有一席之地，电动新能源汽车边开边充电的构想不再是天方夜谭。光伏发电技术在交通运输领域的应用十分广阔。由于一般城市轨道交通配置有大面积停车场、车辆段、地面/地下车站、高架区间等，具备应用光伏发电系统的广阔空间，"光伏+交通"搭配将表现出极大的市场发展潜力。伴随着光伏发电应用的普及化和规模化发展，各种"光伏+交通"项目业已投入建设，有的目前已经投入商业运行。

### 3.7.2.4　光伏移动可穿戴设备

在现代光伏产品中，光伏背包和光伏移动电源（图 3.31）已经拥有不少使用人群。"会发电的伞"的出现使得光伏产品又一次走进了人们的日常生活。随着光伏技术的不断革新与技术进步，柔性薄膜光伏组件日趋成熟，生活中将有越来越多的日常用品会有光伏的"身影"。光伏未来的应用场景将趋于多元化、多层次化、集中化。国家发改委表示，在资源条件优良、建设成本低、投资和市场条件好的地区，光伏发电成本已达到燃煤标杆上网电价水平，具备了不需要国家补贴平价上网的条件。光伏发电作为可再生能源电力的主力军，逐渐被更多的电力用户所接受。随着光伏平价时代的到来，光伏发电的经济社会效益和生态环境效益愈发突出，光伏可应用的场景也逐渐增多。光伏发电技术的不断突破和应用产品的不断创新让光伏这种绿色能源已不再局限于电站和光电建筑的应用，还有很多"光伏+"的应用场景同样蕴含着巨大的潜在市场价值。

图 3.31　光伏太阳能手机充电器

### 3.7.2.5　光伏垃圾箱

和普通的垃圾箱相比，新型光伏垃圾箱带有太阳能面板，可以收集太阳能并为垃圾箱体上的广告灯箱提供晚间照明供电；同时垃圾收集箱上还配备了 USB 充电装置，可以免费为市民提供 USB 接线充电服务。

除了具有收集垃圾、规范垃圾分类等功能之外，新型垃圾箱箱体设置的广告灯箱可以发布公益广告，也是户外媒体宣传平台之一，还能起到美化城市道路、展示城市风貌、促进低碳环保等作用。此外，太阳能面板的应用，还能减少垃圾箱的后期维护成本，这体现了绿色、环保的理念。

### 3.7.2.6　太阳能路灯

相比于传统的路灯，太阳能路灯可利用太阳能发电。白天利用太阳能给蓄电池充电，晚上蓄电池再给照明灯具供电，以满足道路照明的需求。因为太阳能是绿色清洁能源，加之太阳能路灯安装简便、不涉及线路铺设，这样既节省了大量的人力和物力，提高了安装效率，还具有良好的社会效益和经济效益。安装太阳能路灯不仅能够为城市及乡村建设带来新鲜的元素和吸引力，而且能够节约安装成本，最重要的是能够节约市政电力资源并减少电费开支。

#### 3.7.2.7 光伏停车棚

光伏停车棚是将光伏发电和车棚顶结合起来，不但能保持传统车棚的所有功能，还能够将产生的电能供给新能源电动车辆使用，多余的电量可以供给周边设施或者住户，并获得一定的经济收益，可用于缓解城市的用电压力。光伏停车棚一般采用钢结构支架，具有简单、大方、时尚、美观等优点（图3.32）。

图3.32 光伏停车棚实景图

光伏停车棚的吸热性好、安装便捷、成本低廉，既能充分利用原有场地设施，又能提供绿色、低碳的电力资源。在工厂园区、商业圈、购物中心、医院、学校等地建设光伏停车棚，可有效解决常规露天停车场夏日车内温度过高的问题。在给车辆提供遮阳避雨的同时，还产生了发电收益，实现了社会效益和环境效益的双赢。

#### 3.7.2.8 太阳能公交站台

太阳能公交站台是指将公交中途站点的供电方式由原来的直接接入电源改为太阳能供电。在站台顶部安装光伏发电玻璃，白天将太阳能转化为电能，用于给液晶电子公告屏供电，滚动播放气象信息、交通路况等；晚上则为候车的旅客提供照明服务。

用清洁能源驱动的"节能站点"，不仅能给环境"减负"，还能给市民提供许多便利。据了解，已有越来越多的城市在新建或改造公交站台时加装了光伏发电设备。

#### 3.7.2.9 光伏公路

光伏公路技术的基本原理是将光伏板铺设在公路上（图3.33），这既满足了太阳能光伏技术对占地面积的要求，又可为行驶于其上的电动汽车提供电能。光伏公路上便于为行进中的车辆充电，车辆无须停车即可完成电能补充。主要包括有线充电和无线充电两种方式，以无线充电的方式为主。

图 3.33　光伏公路通车典礼

目前,光伏公路已经在海内外众多城市落地。作为"光伏+"的典型应用场景,光伏公路意味着道路交通可以成为新的能源中心,它不仅可以为与高速公路有关的道路基础设施(如道路标识系统)提供电力支持,而且可以为新能源汽车提供动力来源。2017年中国首条光伏高速公路试验段在山东通车,行车、发电两不误,跑在光伏路面的充电汽车摆脱了充电难的困扰。

#### 3.7.2.10　太阳能广告牌

太阳能广告牌在白天进行光电转换及电能储备,在夜晚释放电能使彩色广告图案玻璃发光,不仅节省电能,还能起到广告宣传和美化环境的作用。在太阳能户外广告牌实现降本增效运营后,将会有更多的户外广告牌采用该节能环保技术,更多企业开始重视绿色技术与低碳经济,太阳能的合理、有效利用将会成为一种潮流。

#### 3.7.2.11　光伏导向标识

将标志图案印在碲化镉薄膜发电玻璃上,通过文字与图案向司机和行人传递警告、禁令、指示信息,用以管理道路交通安全。白天发电玻璃吸收太阳光,把太阳能转化成电能,储存在储能器件中;晚上储能器件中的电能自动转化成光能(通过光电开关或感应开关控制),通过 LED 发出亮光照亮发电玻璃上的标志图案,传达交通警示信息。它给道路使用者和行人提供确切的道路交通信息,保障道路安全、畅通,事关司机和行人的生命财产安全,是一种不可缺少的交通安全附属设施。

### 3.7.3　光伏电站的管理方案

应用场景一:全景式监控。推动光伏设备上"云",有利于实时监控光伏电站设备的运行情况,打造线上线下协同高效的运维模式。一是状态全息感知,实时获取并显示设备的电压、电流、功率、发电量等分钟级运行数据信息,全方位监控光伏设备的运行情况。二是故障诊断,根据实时监测数据对设备进行远程故障诊断,定位故障发生的原因和发生位置，及时提醒运维人员，并为运维人员推送可行的故障解决方案。三是运维优化决策，基于电站运行状态、故障诊断信息、工单处理信息、智能巡检结果等，通过运维决策优化模型，实现对电站运维方案的持续优化。

应用场景二：智能化分析。通过对光伏发电站设备数据的采集与建模实现对电站发电的精准化分析，提升光伏电站的发电效率。这一方面需要依靠功率预测，结合设备的运行数据和气象信息进行负荷预测，编制设备运转计划和储能系统的充/放电计划；另一方面需要系统优化，实时掌握光伏发电系统的运行情况，包括系统运行是否正常、运行状态是否安全稳定、能源调度分配是否合理等，必要时及时采取调度措施以保证系统运行处于最佳状态。此外还需做到供储协调，根据用电负荷和光伏发电的强度实时调整储能系统的充/放电功率，实现整个光伏发电系统的效率最大化。

应用场景三：智能运维。依托图像识别、机器学习、大数据、云计算等前沿技术，实现光伏发电站的全流程数字化管理。一是业务流程管控，对设备故障、负荷过载、运行异常等系统故障数据进行统一管理，准确掌握告警时间、信息来源、告警类型、告警级别等告警信息。二是能力交易，推动光伏设备上"云"，这样能提高光伏发电站及时响应市场需求的能力，同时为电力系统提供调峰、调频、备用等辅助服务。三是全生命周期管理，收集光伏设备全生命周期信息，确定更加科学合理的维护策略，使其经济效益更加优化，形成贯穿设备全生命周期的闭环管理模式。

# 参 考 文 献

[1] 种法力, 滕道祥. 硅太阳能电池光伏材料[M]. 北京: 化学工业出版社, 2015.

[2] 杨德仁. 半导体硅材料[M]. 北京: 机械工业出版社, 2005.

[3] Huang C, Zhang H, Yuan S, et al. Multicrystalline silicon assisted by polycrystalline silicon slabs as seeds[J]. Solar Energy Materials and Solar Cells, 2017, 179: 312-318.

[4] Ciszek T F, Schwuttke G H, Yang K. Directionally solidified solar-grade silicon using carbon crucibles[J]. Journal of Crystal Growth, 1979, 46(4): 527-533.

[5] Xin G, Yu X, Guo K, et al. Seed-assisted cast quasi-single crystalline silicon for photovoltaic application: Towards high efficiency and low cost silicon solar cells[J]. Solar Energy Materials and Solar Cells, 2012, 101: 95-101.

# 第4章 低碳建筑简介

## 4.1 低碳建筑概述

进入 21 世纪，人类面临空前严峻的环境问题、生态问题、气候问题，其根本原因在于人与自然的关系出现了矛盾，人类在追求和实现高品质生活的同时难以保障自然系统平衡稳定运行。解决上述问题应该坚持尊重自然、顺应自然、保护自然的生态文明理念，将人类社会生态系统融入整个地球环境生态系统，实现人类与自然和谐依存、协同发展。

众所周知，建筑业不仅是国民经济的支柱产业，同时与城市发展、人民生活休戚相关。受限于技术手段和经济条件，传统建筑的建设过程是以牺牲大量自然资源、消耗大量能源，而片面追求工作效率和经济利益最大化的过程。有关统计表明，全球约 70%的木料、50%的矿石资源、40%的水资源被用于建筑行业[1]；全球社会能耗结构中建筑能耗占比接近 40%。我国目前建筑能耗占能耗总量的 30%左右，但如果将建筑建设能耗计入其内，这一占比将接近 50%[2]。按发电煤耗计算，截至 2019 年，全国建筑全过程能耗总量为 22.33 亿 t 标煤。其中建材生产阶段能耗 11.1 亿 t 标煤，占全国能源消费总量的比重为 22.8%；建筑施工阶段能耗 0.9 亿 t 标煤，占全国能源消费总量的比重为 1.9%；建筑运行阶段能耗 10.3 亿 t 标煤，占全国能源消费总量的比重为 21.2%。

此外，传统建筑过度依赖不可再生能源，且能源利用效率普遍偏低，由于没有充分考虑到节能减排，碳排放量较高。全球约 40%的温室气体由建筑产生。此外，全球 50%的空气污染、48%的固体废弃物均来自建筑的建造和使用过程[3]。传统建筑资源掠夺式的粗放发展模式虽然在短时间内能够节约成本、提高建造效率，但是随着城镇化进程加速推进、建筑存量规模不断攀升，人们意识到作为人居活动的基本载体，建筑与生态、资源、环境之间的矛盾正在逐步加深。

## 4.2 绿色低碳建筑

### 4.2.1 绿色低碳建筑的概念与发展

绿色低碳建筑是绿色发展、生态文明、低碳生活等概念在建筑领域中的具体表现形式。其核心内容是旨在通过减少建筑物对能源和资源的消耗，缓解其对自然环境的负面影响，实现人与自然高度融合的可持续的发展目标。如图 4.1 所示，作为欧洲最大的现代图书馆德国弗莱堡图书馆，其绿色低碳、环保、现代化的设计理念令世界瞩目。随着人们对现代建筑认知理念的不断深化，同时受到不同历史时期科技、经济、社会发展的影响，代表着高效、清洁、可持续的新型建筑先后经历了生态建筑、绿色建筑、可持续建筑、低碳建筑、零碳建筑等若干发展阶段。

图 4.1　绿色低碳、环保、现代化设计的德国弗莱堡图书馆

#### 4.2.1.1　生态建筑

生态建筑的概念来源于 20 世纪 60 年代，美籍意大利建筑师保罗·索莱里创新性地将生态学和建筑学基本原理相融合，力求最大限度地节约生态资源、减少建筑对周边生态平衡的影响，构建舒适、和谐、健康的人居生态环境。生态建筑的基本范畴主要包括：节约使用自然资源，减少对能源的消耗，降低 $CO_2$ 排放量；使用绿色清洁能源技术，尽可能减少对生态环境的破坏、净化空气、减少污染，如建筑外表面使用光催化自清洁涂料技术，在雨水、阳光等自然因素的作用下，无须人工擦洗，就能将涂层表面灰尘、油污等污染物去除，节能环保(图 4.2)；合理处理和处置建筑垃圾，有效隔绝或消除由建筑所产生的光、声污染源。

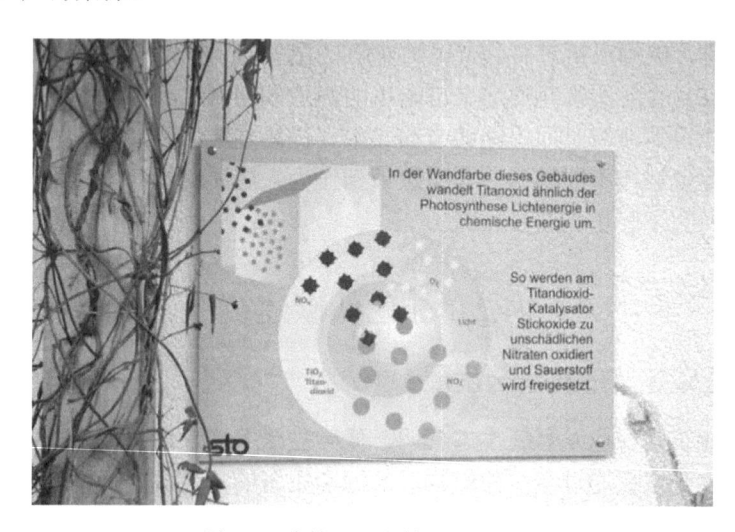

图 4.2　建筑可见光催化涂料技术

#### 4.2.1.2　绿色建筑

20 世纪 70 年代出现的两次世界石油危机促使人们产生了建设能源、资源节约型社

会的思潮。1972 年联合国发布了《人类环境宣言》,重点阐述了环境保护与和平、发展两大时代主题协同并举的观点。此后,《里约环境与发展宣言》《21 世纪议程》《我们共同的未来》等国际会议报告被相继提出,为人类走向绿色、可持续发展的道路奠定了坚实的理论基础。绿色建筑的设计理念正是起源于这样的时代背景之下。绿色建筑理念强调在建筑的全生命周期内减少对环境的影响,采取更加高效的方式合理利用自然资源,如图 4.3 所示。同时,在保障生态环境平衡的前提下营造安全、舒适、健康的工作环境和生活居住环境。绿色建筑的内涵主要包括节能、环保、满足居民要求三个方面。

图 4.3　建筑自然采光

#### 4.2.1.3　可持续建筑

1987 年世界环境与发展委员会首次提出了可持续发展的概念,而可持续建筑则是由查尔斯·凯博特博士于 1993 年提出,旨在阐明建筑业在人类可持续发展进程中所应该担负的重要责任。可持续建筑的基本理念是使建筑和当地环境充分融合,降低建筑对周围环境的负担,减少能耗、节约用水、保护生态。在建筑功能上既能满足当代人的需求,又不损害子孙后代的利益。可持续建筑的总体原则包括四个方面,即资源的应用效率原则、能源的使用效率原则、污染的防治原则、环境的和谐原则。

#### 4.2.1.4　低碳建筑

低碳建筑是指在建筑材料与设备制造、施工建造和建筑物使用的整个生命周期内,减少对化石能源的使用,提升可再生新能源的占比,提高能源利用效率,显著降低 $CO_2$ 的排放量。低碳建筑的概念于 2003 年首次出现在英国能源白皮书中。进入 21 世纪,人们越来越清晰地认识到以 $CO_2$ 为代表的温室气体的肆意排放将会导致全球气候变暖,最终严重威胁人类的生存和发展。在全球工业较为发达的国家中,由建筑物所排放的 $CO_2$ 约占国家碳排放总量的 40%。在我国每建成 1 m² 的房屋,约排放 0.8 t 碳。此外,在地产开发过程中材料运输、房屋建造、设备使用等各环节都涉及碳排放,因此建筑材料与设备制造、施工建造和建筑物使用等环节都将纳入低碳建筑的范畴之中。低碳建筑是全人类共同应对气候变化过程中应运而生的概念，与之相伴的还有低碳经济、低碳城市、低碳生活等概念。建设低碳社会、实现低碳发展已经成为世界各国共同的任务和目标。

#### 4.2.1.5 零碳建筑

2018年9月，气候变化国际城市联合组织C40联盟共同发起了《净零碳建筑宣言》。全球包括巴黎、纽约、伦敦、东京、悉尼、墨尔本、温哥华等在内的19个大城市承诺到2030年本城市所有新建建筑将实现净零碳排放，到2050年所有现存建筑实现净零碳排放。该宣言同时鼓励市政府在2030年前率先实现所有市政建筑净零碳排放，目前已有13个城市对此做出承诺，其中10座城市同时做出了以上两项承诺。世界绿色建筑委员会对零碳建筑的定义是：具有高能效，且完全使用就地产生或别处产生的可再生能源的建筑。可以说，零碳建筑是在全球气候问题日渐严峻的背景下人类对建筑的绿色、低碳属性提出的更高层次的要求。得益于近年来在可再生能源方面获得的突出成就，零碳建筑除了强调建筑围护结构被动式节能设计外，还将建筑自身的能源需求由传统化石燃料转向了太阳能、风能、浅层地热能等清洁能源形式。零碳建筑旨在为人类、建筑、环境三者之间的和谐共生寻找到最佳的解决方案。

### 4.2.2 绿色低碳建筑的内涵与特征

建筑的整个生命周期内碳排放量的多少是低碳建筑的基本内涵。由于评价范畴涵盖了建筑的全生命周期，因此应将建筑的建造、使用、维护、处置等全过程纳入考虑范围。减少碳排放量、增加碳汇、使建筑与环境融合共生等成为评价低碳或者零碳建筑的重要指标。具体来说，消减建筑碳排放可从建筑设计、建筑材料、能源形式、能耗效率、建造设施设备等多个方面统筹考虑。

#### 4.2.2.1 碳减排在建筑设计和建造中的应用

低碳的设计理念是建筑物实现碳减排的先决条件，同时也是建筑物降低能耗的关键措施。在实际操作过程中，应该在建筑设计伊始就把碳减排的因素融合进来，力争通过有限的技术和资金投入实现低碳环保、舒适生活、美观和谐等多种功能的提升。不应该将低碳设计作为额外的功能"组件"被动地加装进来，而应与建筑整体规划互相协调、彼此融合。

根据自然条件与生态特征因地制宜地对建筑进行设计，充分利用环境赋予的可再生资源实现建筑宜居和节能的双重目标。如在设计建筑朝向的时候应统筹考虑所在地区全年太阳入射角、风力风向、周围生态环境等因素。最大限度地利用自然光，以降低人工照明所产生的能耗；合理设计室内门窗布局，以充分利用自然通风改善空气质量，带走多余热量；利用蓄热隔热性能好的建筑材料合理调配对太阳能的吸收和释放，从而维持室内温度相对恒定；适当利用具有热能回收功能的机械通风装置，强化风能利用。

从经济的角度来说，绿色低碳建筑在使用过程中应该能够节约由能耗、维护、改造等所产生的费用。虽然在设计和建造阶段采用了新理念、新技术、新设备，在一定程度上增加了投入成本，但是应将建筑的全生命周期纳入考察范围，对建筑进行综合经济性评价。

在建筑设计过程中还应充分考虑绿色植物对 $CO_2$ 的吸收作用。绿色植物不仅具有较强的观赏作用、促进人居环境与自然环境的相互融合，还能够通过光合作用吸收空气中的 $CO_2$，发挥提高碳汇的重要作用。此外，绿植还具有调控建筑周围空气湿度和温度、吸附空气中细小粉尘的功能。

#### 4.2.2.2 碳减排在建筑材料中的应用

低碳建筑的建筑材料一般采取就地取材的原则，在建筑建造阶段能够有效缩短运输距离，进而减少长途运输、消耗能源所造成的碳排放。此外，建筑选材以低碳材料为宜。应多采用金属材料、竹木材料、石膏切砖材料等可反复回收利用的建筑材料，如图 4.4 所示，提高建筑生命周期后相关资源的回收利用效率。对剩余的建筑材料和建材废弃物实行材料分类资源化管理，一方面缓解建材废料对周围环境的影响，另一方面实现建材资源的循环利用。

图 4.4 低碳环保可反复回收利用的建筑材料

#### 4.2.2.3 碳减排在新能源开发中的应用

为了从能源使用层面缓解温室气体的排放，同时应对化石燃料日渐枯竭的现状，开发具有可再生属性的清洁能源，提高能源的转化和利用效率成为打造低碳甚至零碳建筑的重要标志，也是实现建筑碳减排的必由之路。提高新能源在建筑能源供给端所占有的比例，应该结合建筑周围的生态环境、气候特征、水文地貌等自然资源，充分利用太阳能、风能、水力能、地热能等各种形式的可再生能源。当然，还应根据建筑的功能定位和使用特点选择最为合适的新能源类型。高层建筑或在城市郊区的建筑往往具有比较丰富的风力资源，可以结合建筑构造和功能考虑风力发电；对于日照时间长和强度比较大的地区，可以收集太阳能，结合储能装置实现建筑能源持续稳定供给；对于附近有河流、水库、堤坝等水力能条件的建筑，可以依托水力发电装置借助电网向建筑提供能源。

减少不必要的能量损失也是节能减排的重要环节之一。对于气候严寒的地区，应该重点强化建筑门窗的气密性和保温性，避免室内热能流失所造成的能源浪费。对于夏季炎热的地区，则应设计建筑通风，利用自然风带走多余热量并净化室内空气。此外，建筑物在修建、使用、维护的每个阶段都需要消耗大量的水资源，同时也难免产生大量污水，建筑用水应该充分考虑水资源的循环利用。设计可供雨水和污水分流的管道，以及设计建筑内部的中水回用系统，将洗涤用水、厨余滤液、冲厕用水等分开回收，在节约水资源的同时也降低污水处理过程的能耗。

## 4.3 绿色低碳建筑类型与标准

狭义的低碳建筑是指在建筑使用过程中最大限度地降低各类用电设备的运行能耗。广义的低碳建筑一般包括建筑整个生命周期中所有阶段的 $CO_2$ 排放情况。具体来说，这个生命周期主要涵盖了建材生产和运输、建筑策划与设计、施工阶段、建筑使用过程、建筑拆除、废弃建材回收等。不同类型的低碳建筑其碳减排可以体现在该生命周期中的任一阶段或者所有阶段。此外，低碳建筑的评价主要也是从建筑生命周期的各个过程着手。但是，由于评价方式和评价指标存在很多不确定性和不规范性，科学、合理、有效的评价体系亟待建立。建筑低碳评价作为一种评价建筑综合碳排放的系统评价体系，对低碳建筑的普及化和规范化发展具有十分重要的意义。

### 4.3.1 绿色低碳建筑类型

根据建筑物碳减排的方式及其所处的建筑生命周期，可以将低碳建筑划分为如下几种类型。

1. 能源节约型

从某种意义上说，低碳或零碳建筑是节能建筑的延伸。建筑节能就意味着在设计上严格依据节能的标准；在施工建造上采取高效、环保、合理的措施；在建筑使用过程中加强能耗管理、突出节能减排、宣传低碳节能理念；在建筑拆除阶段完善建筑废料的分类管理与回收利用。能源节约型建筑的内涵是强调在建筑的全生命周期内实现低能耗。能源节约型建筑是人类探索低碳社会、低碳社区、低碳生活的现实载体和重要的落脚点，也是实践低碳经济和循环经济发展模式的客观需要。

2. 生态宜居型

生态宜居型低碳建筑主要强调建筑物与周围自然环境的友好依存关系。在建筑物正常使用过程中，其所使用的材料、产生的物质、消耗的能量等都会与周围的环境系统之间产生流通或者循环。实现建筑、人居、环境三者之间的和谐共生可以让人们获得更加舒适的居住体验。比如，建筑附近水系的挥发可以带走建筑周围的热量，降低空气温度，使人体感觉凉爽；夏天烈日当头，枝叶繁茂的树木可以为建筑遮阳，减少太阳的辐照；冬季里绿色植被可以防风固沙，降低寒风和沙尘对建筑的侵扰。在生态宜居型建筑的建设过程中应该充分利用已有的自然资源，不破坏建筑现场原有的自然景观。建筑正常使用后，对日常产生的废弃物应能够及时清运，同时应该对垃圾的分类、回收、循环利用等配套设施和设备进行完善，从而减少废弃物向环境中排放。此外，部分建筑还可利用周围水系中和雨水收集系统中的水资源作为建筑内部冲厕用水使用。

3. 近零碳排放型

所谓近零排放，是指不断地减少污染物的排放直至其接近于零的过程。从内容上来说主要包括两个方面：一方面要严格控制用于建筑运转的不可再生资源的使用，严格控制废弃物的排放；另一方面将已经排放的废弃物尽可能充分利用，实现资源和能源的循环利用。通过循环使得以建筑为核心的物质流通（即物质输送、使用、排放、再利用等）成为一个较为完整的闭环生态系统。以零碳排放为目标的建筑在建设和运行过程中一般要尽量避免使用传统化石类不可再生资源，减少甚至消除建筑对于不可再生资源的依赖性。在全球大力开发低碳技术、发展低碳经济、建设低碳社会的时代背景下，近零碳排放型建筑必将成为未来建筑产业的重要标志。

## 4.3.2 绿色低碳建筑评价体系

对于绿色低碳建筑，由于对其评价方式和标准的不确定、不标准，使得真正意义上的低碳建筑长期难以获得行业自身及普通民众的认可，这严重阻碍了低碳建筑的快速推广和普及。近年来，随着低碳建筑相关理念的逐步完善，人们通过软件模拟统计、评估建筑全生命周期内碳排放方面的综合表现，评价建筑节能减排设计，论证建筑可再生能源使用效率与占比等，逐渐形成了建筑低碳评价的基本体系框架和具体评价方法。世界各国低碳建筑评价标准伴随低碳技术的发展和低碳社区的普及而迅速兴起。

在世界范围内发展相对成熟的低碳建筑评价标准主要包括日本的 CASBEE 体系、加拿大的 GBC 体系、英国的 BREEAM 体系、美国的 LEED 体系等。

### 4.3.2.1 日本"建筑物综合环境性能评价体系"（CASBEE）

CASBEE 低碳建筑评价体系是由日本可持续发展联盟和日本绿色建筑委员会联合制订并向全国颁发的新一代建筑评价体系。该评价体系的适用范围主要包括住宅类建筑（如公寓、宾馆、居民楼等）与非住宅类建筑（如学校、商业综合体、工业厂房等）。其评价的内容主要涵盖资源、能源消耗，室内与周边环境，建筑服务特性等。为了强化 CASBEE 对建筑低碳属性评价的准确性和真实性，该体系对于计算模拟提出了极高的精确性要求。CASBEE 能够极为敏锐地反映出建筑物对周围环境的影响，对于细节变化具有较强的捕捉能力。

### 4.3.2.2 加拿大"绿色建筑挑战"（GBC）评价体系

GBC 体系是由加拿大发起、多国共同参与的国际合作项目。其主要目标是开发出一套满足不同国家和地区实际需求的低碳建筑评价体系。该评价体系的最大特点是能够依据国家或地区的实际情况制定最为合适的评价方案，并能够随着区域情况变化做出相应的方案调整策略。GBC 评价体系的基本内涵是通过对建筑各评价指标进行基础分析，找出该建筑在低碳、环保方面的优势和缺陷，同时利用智能算法为该建筑提供系统、翔实的解决方案。GBC 的主评价指标包括能源种类与利用、室内人居环境质量、建筑设备运行、周边生态容量与负荷、建筑管理与经济等。GBC 主评价指标下一层级的子评价项目可以根据地区实际情况进行灵活调整。

#### 4.3.2.3 英国"建筑研究所环境评估"（BREEAM）体系

早在 1990 年，英国的建筑研究中心就提出了有关建筑环境的评估办法，即 BREEAM 体系。该评估体系被认定为世界上首部关于绿色低碳建筑的综合评价方案，同时也是世界上首个投入建筑市场的低碳评价和管理办法。BREEAM 的核心目标是为绿色低碳建筑的发展提供方向性的指导，加快低碳建筑和低碳社区的建设速度，缓解建筑对环境、气候、生态的负面影响。由于 BREEAM 在低碳建筑评价体系中具有奠基性的关键作用，这使其在全球范围内被广泛借鉴和使用。BREEAM 共有四个基本版本，分别为英国本土版本、海湾地区版本、欧洲大陆版本和其他地区国际版本。BREEAM 针对不同建筑类别（如办公建筑、公寓建筑、学校建筑、商业建筑等）分别制定了建筑环境评价办法。BREEAM 评价体系不仅是对建筑环境可持续发展能力的评价标准，同时还从社会学和经济学等方面融合了大量的评判指标。

BREEAM 评价体系采用了较能被公众所接受的评估架构，其评价过程具有简单、开放、明朗等特点。BREEAM 的评价范围具体包括室内室外环境、能源利用、新材料、可再生资源、生态环境影响等几个方面。BREEAM 评价体系采取打分制，针对评价范围内的每一项都附有考核标准和评分细则，该评价体系具有非常好的可实施性。

#### 4.3.2.4 美国"绿色建筑评估体系"（LEED）

LEED 建筑评价体系是由美国绿色建筑协会在借鉴英国 BREEAM 体系的基础上，根据美国具体国情而开发出来的。LEED 评价体系能够涵盖美国几乎所有的民用建筑，同时还适用于部分工业建筑。与英国 BREEAM 体系类似，LEED 也是一款条目式的评价系统。LEED 主要涵盖了六个主评价项目，即①可持续发展的建筑场地，②节水（包括合理地利用及保护水源以及废水处理），③能源与环境（包括优化能源使用、利用绿色能源及保护环境），④材料与资源（包括废弃物管理及资源循环利用），⑤室内环境质量（对室内通风、光照及舒适度等室内环境质量的要求），⑥创新设计（包括对绿色建筑教育与宣传等）；同时还涵盖了两个附加项目，即区域优势和创新设计。LEED 体系的评价结果由好到坏依次可划分为铂金级、黄金级、白银级、合格四个等级。由于 LEED 体系为建筑师和业主评估建筑提供了全面而细致的指导方案，有利于从低碳环保角度对建筑设计、建造方案进行持续改进，因此该体系正以较快的速度为世界各国建筑评价领域所接纳。

#### 4.3.2.5 国内绿色低碳建筑评价体系

2008 年北京奥运会首次提出了"绿色奥运"的口号。为了兑现这一承诺，中国奥委会专门立项课题"绿色奥运建筑评估体系研究"，根据绿色建筑的设计建造理念和具体要求制定奥运园区及内部建筑的"绿色"标准。基于该标准提出了一套较为科学、合理的绿色建筑评价体系，即《绿色奥运建筑评估体系》（GBCAS）。GBCAS 的核心思想是全过程监控和分阶段评估。从四个方面建立起覆盖全程的指标体系，依据建设顺序依次为规划阶段、设计阶段、施工阶段、验收与运行管理阶段。GBCAS 体系对建筑物的评估主要从自然环境、室内环境、能源资源、建筑材料等几个方面展开。

为落实科学发展观，建立资源节约型、环境友好型社会，改变建筑粗放的发展模式，我国在党的十七大后由中国城市规划设计研究院、中国建筑工程总公司、中国建筑材料科学研究总院等多家单位联合推出了体系完备、条理清晰、权威性高的绿色建筑评价标准（ESGB）。ESGB 的具体指标主要包括生命周期综合性能（适用公共建筑）、室内环境质量（住宅建筑）、水资源利用、材料资源利用、能源利用、节地与室外环境。每一项指标下面又细分成若干控制项。其中，生命周期综合性能指标主要涉及环境协调、物业管理、激励政策等；室内环境质量主要包括日照采光、自然通风、空气质量、噪声消除等；水资源利用涵盖节水措施、规划管理、雨水回用、非传统水源等；材料资源利用涉及建材节约、材料环保、材料安全、循环利用等；能源利用主要涉及节能、可再生能源、能源计量等；节地与室外环境包括项目选址、场地绿化、地面透水、公共设施、交通条件、污染防控等。此外，为适应建筑所在地的具体环境条件，ESGB 每一指标下的控制项数目及其权重可以做出适当调整。

### 4.3.3 绿色低碳建筑评价体系设计原则

建筑评价体系一般由定性和定量两类统计指标所构成，绿色低碳建筑评价应该以建筑的全生命周期为评价时间跨度，能够从多个角度、客观如实地反映低碳建筑的整体管理和运行情况。绿色低碳建筑的评价指标制定主要遵循以下原则：

1）可持续性和全局性

绿色低碳建筑评价体系的构建应该着重体现可持续发展的基本原则，因此所有能够影响可持续发展的要素都应考虑进来。融合能源消耗、资源消耗、污染排放等几个关键因素，从建筑设计、施工、运营、拆除等整个过程进行管理和控制。综合评价应该从社会、经济、政治、环境等多个系统进行考察并做出客观的评判。

2）可操作性

建筑评价不宜设置过多评价指标，也不宜要求过多采样数据，否则会给实际操作带来不便，同时显著增加评价成本及评价过程的复杂性。在实际操作过程中应该尽可能选取对碳排放和生态环境产生重要影响，且在操作上简单易行的指标。

3）精确性和模糊性

评价体系各指标组成相互关联，有些指标能够说明某种趋势和方向，即为定性指标；有些指标则可以进行精确的统计和测算，称为定量指标。

## 4.4 常规建筑低碳化改造

目前，常规建筑在全世界范围内仍然存量巨大，利用低碳新技术对这些建筑进行改造成为实现建筑低碳化的重要举措。西方国家较早推行常规建筑低碳化改造，政府主张使用新材料、新工艺、新技术改造传统建筑,使改造后的建筑具有绿色、低碳、可循环等属性。我国在该领域起步较晚,目前正积极引进国外先进低碳改造技术和经验。通过近几年的努力,目前我国已经对若干常规建筑成功地进行了低碳化改造,使其符合绿色低碳建筑的标准。

### 4.4.1 常规建筑低碳改造的主要方向

常规建筑的低碳化改造涉及建筑领域的方方面面。就目前而言,我国建筑的低碳化改造主要围绕节水改造、节能改造、循环利用改造三个方面重点展开实施。

#### 4.4.1.1 传统建筑节水改造

1. 雨水收集与再利用

众所周知,水资源是人类赖以生存的重要资源之一,节水也被认为是低碳的重要组成部分。雨水收集与综合利用技术是调控暴雨地面径流、解决淡水资源短缺、缓解城镇供水压力的重要举措。屋面雨水综合利用系统对于建筑雨水回用发挥关键作用。该部分雨水流经初期弃流装置,初期弃流后的雨水中悬浮固体显著降低,水质逐渐趋于稳定,因此利用存储池收集该部分雨水。向存储池中投加混凝剂,进一步借助压力滤池过滤水中形成的絮体。对上述过滤后的雨水进行适当消毒后即可用于建筑周边景观用水、绿植灌溉用水、建筑内部冲厕用水等。在常规建筑中增设雨水收集系统,为建筑节水提供了重要保障,建立了合理、经济、高效的雨水调控和综合利用系统,具有良好的经济效益和社会效益。

2. 更换节水设备

可采用具有光电感应式延时自动水龙头关闭阀门,以避免不必要的水资源流失,如图 4.5 所示。对于建筑内部的坐便器,可更换为具有多档冲水型调节阀门的类型,从而根据实际需要选择适量的冲厕用水。对于建筑内部的水路管道,可以采用耐腐性更加优良的钢衬塑管,或者在原有的管道内壁涂刷聚乙烯防腐涂层。上述防腐措施均可以有效避免由管网腐蚀渗漏所造成的水资源浪费。

图 4.5 光电感应式自动水龙头

### 4.4.1.2 传统建筑节能改造

能源是人类赖以生存和发展的重要物质基础，也是国民经济发展的命脉。人类历史的发展进程就是在不断改善生存环境、提高社会生产力，在这一过程中能源一直起到至关重要的作用。在社会生活中，建筑是能源消耗的主要原因。在现代化的城市中，建筑耗能几乎占到城市总体能源消耗的一半以上。随着城市人口激增，城镇化进程不断加快，全球范围内新建建筑的数量正在快速攀升。在"碳达峰、碳中和"已然成为全人类共同夙愿的时代背景下，建筑高能耗成为无法回避的焦点问题。利用节能新技术，有效降低建筑能耗、提高建筑能源利用效率，这对于加速生态文明建设、发展绿色循环经济、实现"双碳"目标具有非常重要的意义。

1. 建筑屋顶改造

建筑屋顶被认为是室内外能量流通最多的一面外墙。这主要是由于屋顶最容易受到雨、雪、风等自然气候的影响。利用现代保温、隔热技术对屋顶防水层进行改造，如利用导热系数较小的材料覆盖于顶层防水层表面，使屋顶防水层兼具保温隔热的效果，从而实现显著减少屋顶热损失的关键作用。利用这种保温层改造技术，既可以在严寒的冬季避免室内热量耗散，又能够在夏季阻止太阳辐照升高室内温度，如图 4.6 所示。维持室内温度相对恒定对于节约电能是十分重要的。

图 4.6 现代保温、隔热技术屋面

2. 外墙改造

因建筑外墙传热造成的能量损失占建筑外围护结构能耗损失的 50% 以上。就我国目前建筑外围护保温情况来说，普遍难以起到冬天保温、夏天隔热的作用。提高围护结构的总热阻能够从根本上减少外围护结构的热损失。一般情况下，可以在外墙的外侧加设保温层以形成复合墙体。在结构墙体上施用聚苯板材料或用胶粉聚苯颗粒保温浆料做成外保温层。先将构造层和保温层两层固定之后再对外墙面进行整体粉刷或贴瓷砖。该种立足于外墙的施工方法能够获得非常优良的墙体保温效果，如图 4.7 所示。此外，上述墙体设计方案还能够显著降低墙面温差，且有助于室内水汽通过墙体对外扩散。除了保温效果之外，上述外墙施工方案还能够延缓墙体腐蚀进程、延长建筑整体使用寿命。

图 4.7　外墙外保温技术

### 3. 建筑门窗改造

门窗作为建筑围护结构的重要组成部分，在建筑物内外热交换过程中起到十分关键的作用，因此也是建筑节能需要重点考虑的因素之一。普通建筑的门窗一般为木质或者钢质结构，且大多为单层窗，因此保温性能非常差。门窗材质与建筑墙体相比隔热性能相差很大，有数据表明由门窗所造成的热损耗一般是墙体的 5 倍以上。门窗所造成的热损耗占建筑总损耗的 40%左右。相关研究证明，门窗能耗损失排在第一位的是由玻璃造成的热损耗，其次是通过门窗缝隙和门窗框架造成的损耗。因此，门窗节能设计过程中，门窗玻璃是排在第一位的要素。

具有节能作用的门窗玻璃一般应该具有中空的双层结构或者在玻璃表面进行镀膜设计。上述两类方案均能够有效缓解由玻璃造成的热量流失问题。双层玻璃中两层玻璃之间为空气夹层，空气的导热系数远远小于玻璃，因此采用双层玻璃可以有效降低建筑室内室外热量的交换，如图 4.8 所示。此外，使用双层玻璃还能够起到隔绝室外噪声的重要作用。镀膜玻璃则是在玻璃表面镀上一层金属或金属氧化物从而提高或者降低阳光的透射率。有报道称，在德国超过 90%的门窗玻璃采用低辐射的镀膜玻璃[4]。此外，在门窗的缝隙处加装密封条可以有效减少室内室外空气流通，降低由热量交换所造成的能耗损失。

图 4.8 中空玻璃门窗

4. 建筑室内改造

建筑室内的地面与人的居住环境直接相关，地面的热工性能直接影响住户的身体健康，同时地面对居住的舒适性起到非常重要的作用。有关研究表明，在室内人脚接触地面后散失的热量可以达到其他部位失去热量总和的 6 倍。地面表层 3~4 mm 厚度的面层材料对人的健康和舒适度影响最为显著。一般情况下，可以将传统水泥地面改为高分子发泡板材，低导热系数的高分子材料能够较好地保持室内热量恒定。为减少热量损失、提高居住舒适度，一般还可以选用木质地板、浮石混凝土、砂浆面层等地面装饰材料，如图 4.9 所示。在较为严寒或者炎热的季节，建筑室内一般需要借助设备采暖或者制冷从而保障人的体感舒适。

图 4.9 木地板、地毯地面装饰材料

采暖和制冷设备的能耗往往较高。一般应该定期对设备进行维护、保养，以使其处于良好的工作状态。此外，设备的管线布置应该尽可能简洁、规范，以降低在管网上所损耗的能量。

#### 4.4.1.3 传统建筑改造延长寿命

对于建筑物来说,延长其使用寿命对于降低建筑碳排放来说是非常重要的。从建筑的低碳评价角度来说,评估建筑碳排放的方法都是以该建筑的整个使用历程作为考察周期的。在计算公式中,碳排放量作为分子,表示建筑从兴建到拆除所产生的 $CO_2$ 总量;而建筑的使用寿命则作为分母,公式结果表示建筑产生的总 $CO_2$ 分摊到每一年的排放量。很显然,除了消减碳排放总量之外,延长建筑使用寿命(即增大公式的分母)也可以有效降低建筑综合碳排量。从具体操作来看,拆除建筑过程中会额外产生大量的粉尘和建筑垃圾,所使用的拆除设备和清运车辆又会显著增加 $CO_2$ 的排放量。有报道称我国每年由建筑拆除所产生的垃圾已经达到城市垃圾总量的 40% 左右,建筑垃圾的不合理处置将会对土壤、水源、空气等造成极大的影响,甚至可能破坏生态环境。最后,建筑寿命短,意味着需要频繁生产建筑材料,这必然加重了建材行业对资源和能源的消耗。

有数据显示,我国目前现存的建筑总面积已经超过了 100 亿 $m^2$,其中超过 1/3 的建筑物已经达到使用年限[5]。对这些建筑采取完全拆除重建的办法,很显然是不符合绿色、低碳的发展理念的。对这些建筑进行加层加固改造,进一步延长这些建筑的使用寿命,被认为是一种更加经济、节能、环保的低碳建筑发展路线,如图 4.10 所示。

图 4.10 老旧建筑物改造

### 4.4.2 我国低碳建筑推广的困境

虽然低碳建筑在我国具有极为广阔的市场发展空间,但是必须清醒地认识到我国在低碳建筑技术上起步较晚,技术水平仍然比较落后,在低碳建筑市场化推广进程中面临重重困境。

我国在 21 世纪初,在全国若干重点城市试点推广了低碳建筑技术,但是从推广效果上来看仍然处于探索阶段,与发达国家相比仍有不小的差距。我国最新的建筑能耗标准值是 75 $W/m^2$,而欧洲现行的能耗标准仅为 25 $W/m^2$ [6]。从建筑节能标准上来说,我国与世界发达国家之间存在较大差距。此外,我国在建筑碳减排方面还缺乏成熟的技术路线、运行机制及评价体系等。

从社会公众的层面上来说,老百姓对于低碳建筑的认知程度较低,没有把低碳建筑的发展与维护自身居住环境、改善生活品质、节约家庭能耗开支等关联起来。公众对参与低碳建筑市场化推广的积极性不高,普遍认为政府和企业才是推动低碳建筑发展的主体。全社会对于发展低碳建筑带来的经济效益和社会效益认识极为有限,这对低碳技术开发融资造成了较大的阻力。

### 4.4.3 走出低碳建筑发展困境

(1) 培养专门人才、推动技术革新。我国低碳技术起步较晚,很多领域尚处于初级研发阶段。然而,我国目前高校中建筑类专业却很少开设低碳技术相关课程。部分高校的建筑类专业甚至没有涉及低碳的理念。因此,我国教育部门应该加强对低碳建筑方面人才的培养力度。人才培养措施应该从课程设置、教师培训、产教融合、国际合作等几个方面展开。培养一批具有扎实技术、创新思维、国际视野的低碳建筑科技工作者。对于具有一定发展规模和研发实力的高新技术企业来说,应该承担起发展低碳技术的社会担当。发展低碳经济和低碳产业是当前及未来全世界共同的目标,企业应该站在时代的战略高度,精准把握发展方向,加强低碳技术研发力量,强化跨区域联合技术研究,提升我国低碳建筑技术核心力量。

(2) 完善法律规章、强化监督管理。在低碳建筑推广方面,政府既是政策法规的制定者和监管者,同时也发挥着行为主体的作用。目前,我国有关低碳建筑的政策法规尚不健全,相关技术标准缺少具体的量化指标,因此也就缺少监管的依据。我国政府相关部门应该加快建立健全建筑碳排放相关的法律和法规,同时尽快建立体系完备的低碳建筑评价体系。同时,政府机关应该严格监督建筑碳排放。监管过程应该做到全方位、全天候、全过程。对于违规偷排、漏排的单位,应该给予严厉警告甚至必要的惩罚。监管部门应该能够实时监控建筑碳排放情况,对于传统高能耗、高碳排放的建筑应该进行重点监控,监控内容包括建筑能源管理、碳排放总量统计、废弃物清运与处置等。政府对采用低碳技术的企业应该实行必要的激励政策,如进行财政补贴、减免纳税、放宽贷款等。在建筑减排政策导向方面,政府还应该鼓励企业采用新材料、新技术、新产品,同时淘汰一批加重碳排放的落后产业线和技术。

(3) 提升建筑减排的社会认同。由于我国低碳建筑发展起步较晚,技术水平不高,这就使得低碳建筑的社会认同程度长期处于较低水平。然而,在市场经济的框架下,民众对某类产品的需求从根本上决定了该类产品相关技术发展的动力和趋势。在我国,低碳技术的快速发展离不开广大民众的支持和认同。要做到这一点,首先应该加强低碳建筑科普宣传力度,将低碳建筑连同低碳社区和低碳生活的相关理念充分融入老百姓的生活之中,教育公众养成良好的低碳习惯、树立正确的生态文明观念。除了借助大众传媒(如电视、网络、刊物等)之外,还可以通过专门设立的低碳教育基地、低碳咨询公司等专业机构向社会宣传低碳建筑发展的重要意义。

对于广大建筑企业而言,应该坚持绿色、低碳的企业发展理念,主动承担建设生态社区、低碳社会、美丽中国的时代担当。企业应该具有前瞻性的战略发展眼光，以国家生态文明建设为契机，准确把握双碳目标的时代发展趋势，加大低碳建筑技术研发力度，储备核心技术力量及知识产权，只有这样才能赢得发展的主动权。同时，建筑企业应该认识到，虽然低碳建筑的建造成本高于传统建筑；但是从建筑全生命周期来衡量，该类建筑总成本或低于传统建筑。如果将低碳建筑所带来的社会效益和环境效益考虑进来，该类建筑的优势将更加显著。

## 4.5 新材料在低碳建筑中的应用

建筑材料对建筑物本身起到至关重要的作用。可以说，建筑物的发展历史其实也是建筑材料不断推陈出新的结果。此外，建筑材料的发展深刻影响人类居住环境的变化，同时也伴随着人类文明的进步。人类建筑材料根据历史出现顺序依次为木质材料、天然混凝土、金属钢材、水泥砂浆、特种高分子等。在此期间，每一类建筑新材料的问世都极大地影响了建筑人居环境，带动了建材制造技术的迭代发展，同时也有力助推了建筑产业的飞速前进。进入新世纪，人类面临空前的全球气候问题、环境问题、资源问题等重大挑战。迫切需要找到绿色、低碳发展新路径。在建筑领域，建筑新材料的发展再次为构筑低碳建筑、打造低碳社区、建设低碳城市注入了无限的活力。

### 4.5.1 绿色低碳建材定义

绿色建材的概念来源于绿色材料。早在1988年第一届国际材料科学研究会上，人们首次提出了绿色材料的概念，随后确定该类材料为21世纪人类需要重点开发的新型功能材料之一。绿色材料的定义为：在原料选取、产品制造、应用过程及用后可回收再循环所有环节中均不会对自然环境造成较大负担，且对人体健康不造成负面影响的材料。绿色建材属于绿色材料中的建筑材料门类，一般是指具有安全、健康、环保、低碳排放属性的建筑材料。该类建材一般具有绝热、调温、控湿、变光、吸声、电磁屏蔽等多种功能，能够在实现节能减排、循环利用的基础上营造出舒适的人居环境。绿色低碳建材根据材料具体作用可以划分为结构材料(如木材、石材、钢材、水泥等)、装饰性材料(如墙纸、瓷砖、地板、乳胶漆等)、功能性材料(如保温层、防水层、隔热层等)。绿色低碳建材是以低碳技术手段和目标设计制备的建筑专用材料，该类建材一般应该具有以下特点：

(1) 节约资源。绿色建材的生产原料应以可回用的废弃物(如废液、废料、尾渣等)为宜，尽量节约使用自然资源。避免对原材料进行过度加工处理，减少原材料在加工过程中的损耗。原材料选用应该本着就地取材的原则，尽可能消减由于材料长途运输所造成的能源浪费。此外，在建材加工过程中应该选用节能、环保型设备。杜绝使用高能耗、高污染的设备装置和工艺方案。

(2) 减少消耗。在建筑施工阶段使用低碳材料可以在一定程度上节约建材的使用量。同时，由于低碳建材能够充分借助自然条件为建筑物采光、取暖、控温、调湿等，因此在保证节能的条件下还能提供极佳的居住环境。此外，新型绿色建材还具备抗菌、防霉、阻燃、吸收射线、分解甲醛等诸多功能，有利于人们身体健康和生活品质的提升。

(3) 循环回收。对于已拆除的废旧建筑材料如果直接丢弃会极大地浪费材料资源，同时显著增加垃圾清运和处置的负担。绿色低碳建筑材料应该具有回收利用的价值。建材垃圾应该参照生活垃圾一样采取分类安置、分类回收。对于不再有回用价值的绿色建材应该能够在环境中被自然分解，且分解产物应该无毒无害。

### 4.5.2 发展绿色低碳材料的意义

进入新时代，绿色低碳建筑材料在发挥自身固有功能的同时也被赋予了更高层次的要求。绿色低碳建材是建筑领域应对全球气候变化、环境污染、资源短缺等问题的重要抓手。该类建筑新材料融合了大量新技术、新工艺、新理念，其井喷式的发展势头不仅极大地推动了建材领域产业革新，而且颠覆了传统建筑发展理念，开创了世界建筑发展的新局面。

低碳新材料促进低碳社区和低碳社会的发展。绿色低碳建材区别于传统建材的重要标志是其生产、加工、安装、使用、废弃等每一个环节都充分考虑到资源、能源节约和生态环境保护。这本身就为建设低碳社会、发展循环经济发挥了至关重要的作用。

低碳新材料打造更加舒适的人居建筑环境。绿色低碳建材在削减碳排放的同时为人类营造了一个安全、舒适、健康的居住环境。很多绿色低碳建材取自天然生物质原料，这类生物质材料不仅来源广泛、可再生，而且在使用过程中无任何有毒、有污染性气体逸出。生物质材料报废后可以在环境中完全降解，回归自然。

此外，低碳建材的生产线一般具有一体化设计、规范化操作、自动化流程等诸多优点。这对于生产高品质、系列化建筑材料是非常有利的。同时，新型低碳建材还具有质量轻、体积小、结构强度高、搭配组合灵活等显著优势，这对建筑现场施工、图案样式设计等都是非常有利的。

### 4.5.3 绿色低碳建材评价

与绿色低碳建筑类似，低碳建材的评价工作也是一项非常庞大、非常系统、非常复杂的工程。该项工作涉及的内容非常多，地域性差距非常大。目前，世界各国各地区有关低碳建材的标准和规范并不完全一致，同时还处于不断完善的阶段。

学术界一般会综合四个方面的特性对绿色低碳建材做出客观评价，分别是基本性能指标、特殊功能指标、安全健康指标、全生命周期环境影响指标。基本性能指标是指各类产品都应该具备的产品功能标准，该项指标是对产品价值最基本的要求，具体主要包括机械性能、耐腐蚀性能、耐磨损性能、耐自然老化性能等；特殊功能指标是指在满足基本性能要求的基础上，具备有利于低碳、节能、环保等方面的其他属性，如电磁吸收、高温阻燃、自清洁、静电防护等；安全健康指标是指建材中有毒有害物质的残留量，主要包括苯系有机物、重金属离子、甲醛释放量、氡含量、放射性物质等20多项指标；全生命周期环境影响指标是指在产品的整个生命周期内评估由该产品所产生的能源消耗、资源使用、废弃物排放、环境影响等方面的过程。这里所述的产品全生命周期主要包括原材料开采、材料加工、产品生产、包装运输、产品销售、产品使用、产品回收、产品废弃等，以上过程中所产生的温室气体、消耗的资源和能源、对环境造成的负担等都应作为对低碳建材的评价依据。

### 4.5.4 几种绿色低碳建材简介

#### 4.5.4.1 保温建筑材料

保温建筑材料被认为是实现建筑节能减排最为基础的材料之一，广泛用于目前各式新型的绿色低碳建筑。建材保温主要指某种材料对于热量传递具有显著的阻抗特性。保温建材所具有的材料学特征一般包括多孔、疏松、轻质等。从保温属性方面来说，该类建材应该具有非常低的导热系数和热膨胀系数。与此同时，保温建材还应该具有优良的结构强度和耐环境腐蚀性。保温建材一般用于房屋内部的屋面、外墙墙面、保温门窗等。按照材质来划分，保温建材可以分为无机类、有机类、杂化复合类等。

1. 无机保温建材

按照材质进行划分，无机保温材料可以分为膨胀珍珠岩、发泡混凝土、空心玻化珠等。从合成路径上来说，一般将上述无机保温材料作为基础成分，同时添加凝胶材料、干粉砂浆、抗裂添加剂等组分，充分均匀混合后按照一定调和比例使用。按照具体用途，无机保温材料一般可以用作无机保温板、无机保温砂浆、发泡水泥板等建筑材料。无机保温材料通常具有非常优异的防火性能(A级)、结构强度高、受热收缩小、黏结强度好等显著优势，但是该类保温材料吸水明显、隔热性能欠佳，往往需要增加隔热层的厚度以获得满意的保温效果，这无疑会明显增加建筑载荷。

2. 有机保温建材

有机保温材料多为高分子材质，因此一般具有致密性好、易于加工、质量轻等优点。但是作为有机高分子材料，该类材料的防火、阻燃性能远远不如无机材质。有机保温高分子材料主要包括聚苯乙烯泡沫和聚氨酯泡沫两大类。

聚苯乙烯泡沫由聚苯乙烯在发泡剂存在的条件下发泡而成，它是目前低碳建材中广泛使用的墙体保温隔热材料之一，如图4.11所示。主要可以分为模塑聚苯乙烯泡沫板和

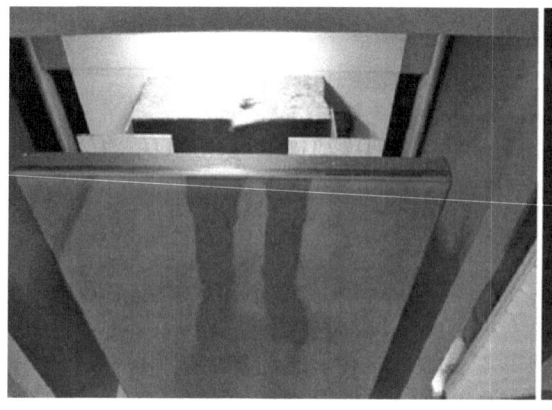

图 4.11 聚苯乙烯泡沫保温材料

挤塑聚苯乙烯泡沫板。其中模塑型材料是在固定的模具中加热发泡形成具有闭孔结构的泡沫塑料，该类板材具有防潮、透气、耐腐蚀、重量轻等优点，同时模塑聚苯乙烯泡沫板导热系数普遍较低，是一类品质良好的保温隔热材料。挤塑聚苯乙烯泡沫板则是通过高温挤压处理后形成的同样具有闭孔结构的硬质泡沫塑料。挤塑型材料除了具有与模塑型材料类似的优点之外，在抗水汽渗透方面表现出更加突出的优势。该类材料特别适合用于对防潮、防霉有特殊需要的高品质保温建材。

聚氨酯泡沫保温层的主要原材料是多元醇和聚异氰酸酯，在合成时还需要添加催化剂、发泡剂、阻燃剂等多种助剂。聚氨酯泡沫被认为是目前导热系数最低的一类有机高分子材料，其导热能力约为聚苯乙烯保温材料的一半。除此以外，聚氨酯泡沫还具有非常强的黏附性能，能够非常牢固地与室内外墙面结合，阻挡冷空气的渗透和室内热量的流失。国产聚氨酯在阻燃、消烟、环保等方面还不尽如人意，在火灾等意外发生时容易引起人员伤亡。聚氨酯泡沫在建筑方面的应用主要包括建筑外墙保温、冷库保温隔热、管道保温、室内墙面防水等。在成本造价方面聚氨酯建材较聚苯乙烯类高出50%左右。较高的材料成本和施工造价使得聚氨酯建材适用于工装投入较高、节能标准严格、结构较为复杂的建筑。

3. 复合保温建材

可以选用聚苯乙烯为材料骨架，无机材料为交联剂，在同时加入各种添加剂的情况下，搅拌混合均匀形成塑性良好的膏状体。将膏状体均匀地涂抹于干燥的墙体表面，水分蒸发之后即形成了结构强度高、黏附力强、抗冻融性能显著、保温作用突出的节能型隔热材料。有机-无机复合保温材料作为一种新型节能材料，融合了水泥便于施工的优点和高分子材料在保温方面的优点，在工程实践中正在逐渐得到推广应用。目前正在发展的复合型保温材料还被赋予了电磁吸收、湿度控制、紫外防护等多种功能。该类新材料虽然在多功能方面优势明显，但是多数尚处于技术开发阶段，离真正的市场化还有不小的差距，主要问题表现在材料成本过高和使用寿命较短。

对于有机、无机、复合保温材料来说，它们同样也面临着各自亟须解决的工程实际问题。无机材料应该将研究的重点放在限制生产中粉尘排放和能源消耗上；有机保温材料应重点研发高性能阻燃剂和发泡剂，找到进一步降低生产成本的工艺路线。对于绿色低碳保温材料来说，还应该特别重视保温材料工业生产的环境保护问题。从原材料的开采、运输，到产品生产和使用，以及后续的维护保养和废弃物的处理和处置，都必须尽可能减少对资源的消耗和环境的污染。废旧保温材料资源回用作为低碳建材的重要属性在很多地区已经取得了不错的成效，应该通过政策和市场等手段进一步促进其发展。

### 4.5.4.2 高性能建筑钢材

建筑所用的钢铁材料由于常年暴露于风雨、阳光、紫外线等外界环境下，很容易锈蚀，造成钢铁结构损坏。有关报道表明，每年由于钢铁腐蚀所造成的损失约占钢铁年产量的20%[7]。通常情况下，解决钢材腐蚀问题主要可通过如下几种途径：①在金属表面涂覆防腐油漆。该方案需要对防腐涂层进行定期维护，即进行漆面修补或重涂，如图4.12

所示。这一方面提高了材料的使用成本,另一方面还有可能对居住者造成麻烦。②对容易形成腐蚀的部位涂覆标准电位较低的金属(如锌或铝)对钢材进行保护。其基本原理是将多种金属组成腐蚀原电池,通过牺牲阳极保护阴极的办法延长钢结构的使用寿命。钢材表面的金属镀层一般通过热浸镀或者气溶胶喷涂的办法实现。该种防腐方案同样也存在成本高的问题,此外金属喷涂过程还有可能对生态环境造成负面影响。③在腐蚀部位重点加厚钢材,提高抵御侵蚀的能力。该方案虽然简单易行,但是必然会带来额外的资源和能源损耗。

图 4.12　钢结构表面涂覆防腐防火涂料

近年来,金属材料学家开发出了新一代耐腐蚀性钢材(又称耐候钢)。该类新型钢材是在普通钢材中添加了 Cr、Ni、Cu 等金属元素,通过微量金属合金化制备得到的耐腐蚀钢。当钢材遭受腐蚀之后,所添加的金属元素会迅速在钢材表面富集,形成一层致密的非晶态锈层,阻止水汽、氧气、离子等进一步渗透腐蚀钢材内部。耐腐蚀钢一般可以在不做任何防腐措施的情况下长期使用,这对于降低建材的安装和维护成本来说是非常有利的。

### 4.5.4.3　光伏建筑材料

太阳能作为一种天然、可再生的绿色能源,对其进行充分、合理开发是实现碳中和目标的重要途径之一。随着太阳能技术的快速发展和规模化应用,太阳能电池的核心材料——晶体硅的价格在近 10 年内增加了 20 多倍。然而,最新开发的非晶硅薄膜太阳能电池中消耗的硅原料仅为常规太阳能电池的 1%。非晶硅薄膜太阳能电池被认为是最适合用于低碳建筑的太阳能收集装置,并有可能在低碳甚至零碳建筑发展中起到核心能源的作用。薄膜太阳能电池主要有以下几个方面的优势:

(1)用料节约。薄膜太阳能电池一般使用的是厚度小于 1 μm 的非晶硅,而普通太阳能电池板则需要使用厚度高达 200 μm 左右的晶体硅材料,薄膜电池在硅材料用量方面仅为普通太阳能电池的百分之一,极大地节约了材料资源,降低了产品成本。

(2)环境适应性强。薄膜太阳能电池使用的是微晶叠层结构技术,因此该类太阳能电池能够实现从可见光到红外光波段对光谱能量的高效转化。这种特性使得太阳能电池即便在阴雨、雾霾、黄昏等弱光环境下也能够正常发电。此外，薄膜太阳能电池在耐高温衰减方面也优于常规太阳能电池，因此在高温地区依然能够表现出良好的光电转换能力。

(3) 适合搭配现代建筑。薄膜太阳能电池能够与现代建筑灵活搭配。如可以将薄膜太阳能电池与建筑的门窗玻璃抑或室内幕墙整合起来，这样既美观好看又能为建筑提供绿色能源。同时，薄膜太阳能电池能够有效吸收室外红外线和室内热辐射，这对于维持室内温度稳定是非常有利的。由于薄膜太阳能电池对于光线强度和入射角度没有苛刻的要求，这给予光伏-建筑一体化施工非常灵活的设计空间。

## 4.6　新能源在低碳建筑中的应用

实现建筑碳减排的重要途径之一是开发和利用清洁的可再生能源，提高能源的利用效率。这既能满足低碳环保的社会需求，又符合生态文明的建设目标。低碳建筑应该根据建筑周边环境特点、建筑类型、绿色能源可利用性等来选择具体的新能源技术。低碳建筑可以利用的新能源技术主要包括太阳能发电技术、风力发电技术、地热能开发技术等。要实现温室气体减排的目标，一方面必须发展替代化石燃料的可再生能源，另一方面要不断提高能源的使用效率。

### 4.6.1　太阳能建筑一体化

太阳能建筑一体化设计是指将对太阳能的利用全面引入建筑设计内容之中。具体来说，就是在建筑规划设计伊始就将建筑阳台、建筑外墙、遮阳设施等纳入太阳能综合利用的考虑范畴，如图 4.13 所示。

图 4.13　建筑阳台、建筑外墙等位置太阳能利用

目前，太阳能建筑一体化设计重点包括两个方面的内容，即光热转化一体化和光伏转化一体化。其中，建筑光热转化一体化是指在建筑合适的位置安装太阳能热水器或者太阳能取暖装置，将辐射到建筑物的太阳能转化成为热能进而为人们所利用；建筑光伏转化一体化是指将光电转换器件整合到建筑上面，充分利用建筑物所受到的太阳辐射能

进行发电。建筑光伏转化一体化所产生的电能一部分可以供给建筑自身能耗,另一部分还可以并网对外输出。可以说,太阳能建筑一体化设计不仅显著提高了建筑能耗中可再生能源的比例,而且对保障国家能源安全起到积极作用。

现代太阳能建筑一体化设计方案主要具有如下特点:①将太阳能设备与建筑本身高度融合。在设计时依据建筑环境和建筑物物理结构确定太阳能综合利用方案。兼顾太阳能技术、建筑学、美学、生态学等诸多因素使建筑人居体验和建筑环境影响两方面能够相得益彰,和谐发展。②该种一体化的设计理念解决了传统太阳能设施对建筑结构和外观的影响。此外,由于太阳能设施部分代替了建筑门窗玻璃、楼顶覆盖层、外墙装饰等,可以在一定程度上节约建筑建造或装修成本。③由于阳光辐照具有周期性强弱变化的特征,因此太阳能设施在能量转换后需要专门的储能装置作为稳定输出的平台。其中,光热转换后一般需要集热装置,而光伏转换之后则需要电化学储能设备。

### 4.6.2 太阳能建筑一体化的实际应用

#### 4.6.2.1 太阳能热水体系

太阳能加热水的工作原理是将太阳能通过转换装置变为热能,用所产生的热量加热水。它由控制系统、管网、支架、储热水箱等部件构成。太阳能热水器的关键核心是集热器,它用于吸收和转化太阳辐射能,并将产生的热量传递到传热工程装置中。由于技术成本高,太阳能集热器的定价普遍较高,一般占到整个热水器系统价格的一半以上。根据集热器工作时户外的温度范围,可以将其划分为低温集热(10~20℃)、中温集热(20~40℃)、中高温集热(40~70℃)、高温集热(70~120℃)四种工况状态。低温和中温热水器主要用于生活热水和地下采暖、除湿等,中高温和高温热水器则主要用于家庭供暖和发电。

#### 4.6.2.2 太阳能采暖体系

太阳能采暖是基于太阳能热水体系的发展而建立起来的。我国在利用太阳能采暖方面一般会将太阳能热水管网预先铺设在地板下面,热水管网释放热量,热能加热地板,然后以热辐射和热对流的方式使建筑室内温度上升。以整个地面为热源的采暖方式有效避免了由于散点给热(传统供暖)所带来的体感温差。该种供暖方式符合绿色能源高效利用的理念。目前,欧美等发达国家已经建成了集太阳能热水体系和集中供暖于一体的复合供暖系统。当热水流经地板以下时,热量通过地面向周围散发,一方面热量与室内空气之间形成热对流从而使温度趋于平衡,另一方面该种热能会以热辐射的形式作用于建筑的围护结构,进而使其温度上升,降低围护对室内所产生的冷辐射效应。实际应用表明,地板采暖系统加热房间时能够使室温均衡上升,减少空间温度梯度,避免由温差所引起的体感不适。

#### 4.6.2.3 太阳能-空气热泵复合加热系统

尽管空气源热泵在绿色能源利用和运行成本等方面具有比较大的优势,但是在低温环境下该系统由于蒸发器结霜可导致无法正常使用。这对于在北方严寒地区推广使用空气源热泵系统来说是极为不利的。在这种情况下，太阳能加热技术可以与空气热泵体系整合以实现优势互补，最终达到稳定供热的目的。如在天气晴朗的白天，可充分利用太阳能技术加热生活用水。在夜间或阴雨天气环境下，太阳辐照能量不够，则需要启动空气源热泵加热，使水温满足设定的温度要求。该种复合加热系统能够最大限度地利用天然可再生能源，优化建筑能源结构，促进建筑节能减排。

#### 4.6.2.4 太阳能制冷系统

太阳能制冷系统依据原理来划分主要可以分为压缩式制冷、喷气式制冷、吸收式制冷三大类。从能量的转化和利用层面来说，上述三种制冷过程均是利用太阳能集热器产生的电能驱动制冷压缩机工作。用太阳能来发电制冷，其最大的优势就是能量来源和实际需求之间的高度契合关系。一般来说，天气最炎热的季节也是太阳辐照能量最佳的时候，同时也正是最需要制冷降温的时候。根据制冷机的工作模式，太阳能制冷有两种能量转化路径。一种是将太阳能转化为热能，利用热能驱动吸附式或吸收式制冷设备；另一种是将太阳能转化为电能，制冷压缩机使用该电能制造冷量。

#### 4.6.2.5 太阳能建筑一体化发展方向

从发展趋势来看，太阳能建筑一体化设计强调各功能组成的整体性和一致性，强调建筑与环境之间的和谐关系，强调建筑功能与资源整合之间的高度契合。一方面要求太阳能装置与建筑各功能单元(如阳台、外墙、屋面等)完美融合，另一方面还要求重点保障建筑的防水、承重、通风等基本功能不受任何影响，如图4.14所示。在建筑上装配太阳能系统时，应该统筹考虑，合理布设管线，确保系统便于安装、维护、维修、升级改造、拆卸更替等。更为重要的是，应该保证太阳能系统免遭恶劣气候环境的干扰，保障系统运行安全可靠。

图4.14 屋面太阳能系统

建筑类型及建筑所在地区的气候特征，尤其是当地日光辐照条件对于太阳能设备高效、稳定运行影响巨大。这就要求工程设计人员对建筑用能载荷做出准确评估，根据建筑周边自然条件对太阳能设备选型，实现设备投资和低碳减排之间的最佳效益。

近年来，太阳能建筑一体化设计建造理念和技术都在迅速发展，随着全球范围内对碳减排观点逐渐趋同，合理利用太阳能，发展低碳甚至零碳建筑已成为世界现代建筑行业的主流方向。太阳能建筑一体化的大规模应用已经成为时代的必然选择。

### 4.6.3 地源热泵建筑节能空调技术

地源热泵技术利用地球表面浅层地热资源，通过能量转换将夏季多余的热量排出，同时为冬季室内供暖提供热能。在距离地球表面几十米至上百米的深度范围内全年温度波动不大，能够为建筑物保持室内温度恒定提供较为理想的自然环境。在炎热的夏季，地源热泵系统将室内热量转移到地表浅层土壤中；在寒冷的冬季，该系统又将浅层储存的热能加以利用，为建筑供暖。地源热泵空调技术使人们减少了对煤、石油、天然气等化石能源的依赖。在引入智能空调控制系统后，地源热泵技术能够很好地平衡建筑能量需求和浅层地热输出之间的关系。此外，地源热泵系统能够保障空调机组长期处于良好的运行工况之下，节省能量消耗50%左右，实现了建筑对地热能的绿色开发和高效利用[8]。

地源热泵技术早在20世纪50年代就已经出现在北欧国家的建筑供热体系之中。由于近年来面临化石燃料资源枯竭和环境保护的双重压力，再加上人们对建筑人居环境提出了更高的要求，地源热泵系统这一兼具环保和节能特征的新能源获得了非常快速的发展。

随着20世纪70年代后期石油危机的爆发，美国和加拿大政府开始在建筑空调系统中广泛使用地源热泵技术。这段时期还主要采用水平埋管的布设方法，存在占地面积较大的缺陷。到了20世纪80年代，地源热泵建筑冷热联供技术开始出现在建筑建造实践过程中。该时期地源热泵的换热器多采用垂直模式，管道填埋深度一般在$100\sim200$ m，极大地节约了占地面积。由于技术更加成熟，这个阶段的地源热泵技术除了用于民用住宅之外还向大型的公共建筑方向拓展。应用领域的不断扩展也促使该项技术形成了规模化的产业。

地源热泵的管路体系由埋入地下的塑料管组成，这部分处于地下的塑料管能够跟土壤之间形成耦合关系，使得管内流体与土壤之间能够实时、高效地发生热交换。由于地源热泵管路所埋设的土层常年保持温度恒定，该土层温度在冬季高于自然环境温度；在夏季又低于户外环境温度，因此地源热泵能够在其闭合回路与环境负荷之间传递热量。此外，由于埋设在温度恒定的地表以下，地源热泵系统能够克服环境因素对能量转换效率的影响，与空气源热泵相比其能效比显著提高。地源热泵体系在以下几个方面具有显著优势：

(1) 节能高效、稳定可靠。地表土层一年四季温度较为恒定，地源热泵借助该土层能量的"蓄水池"作用，在冬季充当热源，在夏季充当冷源，将该种可再生绿色能源用于建筑空调体系。由于工作温度稳定，地源热泵的运行效率显著高于传统空调系统。稳定的工况环境还使地源热泵运行稳定，降低了空调系统的故障率和维修费用。

(2) 功能多样，节约占地。地源热泵系统可以用一套机组同时实现夏季制冷和冬季采暖两种功能，同时该系统还能提供生活热水，实现了传统加热锅炉和制冷空调的双重作用。此外，由于管路深埋地表以下，极大地节约了设备所占用的空间。

(3)绿色能源，近零排放。地源热泵的机组没有燃烧任何化石资源，几乎不产生任何废弃物，因此对城市环境污染极小，且不依赖任何化石资源。

(4)可再生能源，可持续发展。地表浅层热量和冷量储量巨大、分布广泛、易于开发，且在能源利用过程中不排放任何废弃物，是一种绿色、清洁的可再生能源。地源热泵就是利用这种地表冷热源为低碳建筑的可持续发展提供绿色动力。

大地是一个巨大的蓄热"装置"。在我国华东地区，深度为 3.2 m 的土壤层其温度常年维持在 15~20℃。地源热泵利用近表层土壤这个相对恒定的温度，在炎热的夏季和寒冷的冬季分别在这个土层中释放热量和吸收热量。这个过程中，热泵的冷凝温度降低、蒸发温度升高，因此地源热泵在制冷和制热效率方面均远远高于常规空调。地源热泵在实际工作中机组设备温度受到土层恒温保护，因此机组无须任何冷却装置和辅助热源，降低了设备一次性投资和运行维护的费用。地源热泵系统的运行费用仅为普通空调的50%左右。

### 4.6.4 低碳建筑与新能源的关系

在低碳建筑的框架下发展新能源，需要重点依托两个方面，即能源的使用效率和可再生能源的合理开发。从目前的情况来说，我们所使用的耗能设备(如太阳能集热器、空调机组等)远远没有达到理论能量上限。提升能源利用效率是在控制碳排放的前提下保障经济、社会快速发展的重要手段。我国在发展低碳绿色建筑方面应该尤为关注建筑节能这个抓手。此外，发展绿色清洁的可再生能源，用天然的可再生能源替代化石燃料，克服化石燃料储量匮乏和污染严重的现实困境，被认为是未来建设零碳建筑、发展零碳社区、构建零碳社会的重要突破口。

低碳建筑和新能源是一个相互高度融合的有机整体，二者在结合过程中需要重点考虑以下几个方面：

(1)碳减排原则。低碳节能是建筑领域采用新能源技术最为核心的目的。建筑师应该在图纸设计阶段就充分考虑到建筑建造、使用、维护、拆除等全寿命周期中所涉及的所有环保和能耗问题。设计过程应该综合考虑建筑所在区域的周边环境及气候条件。在合理利用光照、地热、通风等自然资源的基础上科学规划建筑节能减排方案。

(2)生活宜居原则。在设计低碳建筑过程中应该坚持人本主义思想观念，始终把人对舒适居住条件的追求、对健康生活的向往、对和谐生态环境的憧憬作为低碳建筑设计的首要目标。以损失良好人居体验所换来的碳减排并不是低碳生活真正倡导的理念。

(3)因地制宜原则。不同国家和地区在气候、光照、温度等自然条件方面差异很大，因此建造于不同区域的建筑在低碳设计方面并没有统一的方案，需要根据实际情况因地制宜。在气候极度严寒的地区，采暖保温应是优先考虑的事情。对于夏季酷热的区域，应该考虑采用反光隔热材料避免室温攀升，同时应该加强对太阳能的综合利用。对于风力资源常年充沛的地区(如我国内蒙古)，应该重点发展风力发电系统，合理利用绿色可再生能源。

(4)平衡发展原则。平衡发展是指合理地、有节制地、高效率地利用自然资源，该过程强调当代人和后代人具有同样的资源利用机会，即当代人对资源的开采和利用不应损害后代人以资源为基础的发展。该过程重点强调资源、能源均衡合理开发和综合高效利用。

## 4.7 建筑装修低碳发展

随着社会的发展和人民生活水平的提高，建筑的装修和室内美化受到社会各界的广泛关注。从自身健康来考虑，人们已经形成了追求绿色和安全的建筑装修理念。近年来，随着建设生态文明、发展循环经济的呼声日渐高涨，人们在建筑装修方面也开始越来越关注碳减排和低消耗。现代建筑装修正朝着建筑、环境、生态、社会、经济等几个方面互相协调、和谐统一的方向发展。

### 4.7.1 装修精简

#### 4.7.1.1 设计精简化

现代简约设计风格着力于用极简的方式体现室内空间形态的单一性、抽象性、功能性等，如图4.15所示。一般认为，简单和实用是简约设计风格最为关键的两大特点。装修简约设计，能够在获得良好居住体验的基础上最大限度地节约装修材料、简化装修工序、压缩装修工期、减少后期养护等。

图 4.15 现代简约装修设计风格

建筑装修简约设计的基本原则是用尽可能少的装修材料获得全面、完整的建筑功能，以及良好的室内居住环境和人居体验感受。该设计过程遵守实用主义原则，因此省略了大量不必要的造型，减少了工程量，节约了一部分的主材和辅助材料，同时也在一定程度上降低了装修施工的难度。此外，在设计过程中尽量减少或避免使用易造成室内外环境污染的装修材料，如黏结剂、压合板、颗粒板、纤维人造板等，减少油漆使用量和墙面的贴面用量。值得一提的是，简约设计风格压缩了装饰材料的使用，这样必然降低了各类有害物质累积释放总量。因此，装修设计精简化对于控制装修污染物释放、保障居住者身心健康是十分重要的。

### 4.7.1.2 装修材料节约

装修材料属于建材资源的一种,在实际操作过程中应该强化对装修材料的使用管理,以实现最大程度的节约。应该根据工程进展的情况和现场空间分配等合理制定材料采购计划、安排材料进场的时间、确定材料摆放的位置等。尽可能减少不必要的库存,同时避免由于长期库存积压所造成的材料失效、损坏等现象。在装修材料运输过程中,应该根据材料的特性和运输的距离选择最佳的交通工具。在材料装卸过程中应该规范操作、细致耐心,防止装修材料在搬运时发生损坏和遗失。在材料装载和卸货地点选择上应该本着就近的原则,防止出现多次搬运的现象。在具体施工过程中,应该严格遵照材料设计使用量。在会审过程中,应该同时审核材料节约和资源使用效率等方面的内容。在管道预埋和铺设过程中,应该遵循线路最短的原则。这一方面节约了装修材料,另一方面也便于后期的保养和检修。

装修施工现场、办公和生活区域一般采用搭建、拆除较为灵活的周转式活动房。活动房的取材应该尽量选取可再生的自然资源,施工过程中应该最大限度地利用现场已有围挡设施,或者采用可往复使用的装配式围挡。活动房的建设、维护、拆除、托运等应尽可能委托经验丰富的专业化服务团队,在提高工作效率的同时保障临时设施、设备使用效益最大化。

### 4.7.1.3 装修垃圾减量化

装修垃圾主要包括公共建筑和居民住宅在维护修缮和室内装饰过程中所产生的金属、玻璃、木材、塑料、渣土等无用的废弃物。对于装修材料应该尽量实现物尽其用、循环再生、环境无害等,从而在最大程度上降低废料垃圾的总量,减少其对生态环境的危害。可通过简约的设计方案和完善的管理办法实现装修垃圾减量。此外,应该制定并推动实施新建建筑室内集中装修的相关规则。建筑装修的集中化对于装修垃圾减量化和垃圾规模化收运、处置、回收等都是十分有利的。对于居住者来说,在满足自身切实需要的同时也应该兼顾社会责任和担当,尽可能减少装饰装修物资的使用量和更新频率,同时减轻装修废弃物所带来的环境负担。

## 4.7.2 装修低耗能

装修低耗能是装修低碳化发展的另一个重要方向。在我国,建筑行业属于高能耗的产业领域,占全国各行业总能耗的30%左右。由建筑能耗所产生的温室气体约占全国温室气体排放总量的25%。合理的建筑装修和装饰对于降低能耗和$CO_2$排放来说是非常重要的举措。

在装修施工过程中应制定详细、严格的节能管理实施方案,并不断对其进行补充和优化。首先应提高对能源的利用效率。使用国家和行业推荐的环保、节能装修设备和器具。在装修材料的筛选方面,应重点关注保温隔热性能好、有害成分挥发少的产品。在建筑装修施工之前应该根据施工、生活、办公等实际需要制定较为严格的用电控制指标。在现场施工过程中应严格执行各项指标,并通过科学的核算和反复验证对各指标进行修正。通过指标控制的办法约束施工中的用电行为,从而最大限度地节约能耗资源,杜绝肆意浪费的行为。

### 4.7.3 低碳环保装修材料

目前在室内装修、装饰方面普遍认可采用绿色低碳材料。而真正的绿色装修材料需要满足国家有关标准和规范的要求。我国颁布实施了"室内装饰装修材料有害物质限量"十项标准,绿色装修材料中所有有害物质的含量及其释放量均应低于这些标准规定的指标值。在材料采购过程中应该尽量选用大型正规生产厂家的产品。产品供应商应该主动提供有害物质含量及其释放量的第三方检测报告。所有检测指标应该符合《民用建筑工程室内环境污染控制标准》《建筑材料放射性核素限量》和室内装修材料有害物质限量十项标准中的相关指标要求。

### 4.7.4 低碳节能装修材料

建筑低碳化除了考虑环保因素之外还应该重点关注节能建筑材料的选择和应用。节能建材最为关键的作用是提高建筑物的保温隔热效果,阻挡建筑内部遭受外界极端气候环境的影响,维持室内长期处于较为适宜的人居环境。图 4.16 为若干种保温隔热材料。

图 4.16 保温隔热材料

通过使用符合标准的保温隔热材料,可以显著降低由建筑采暖和制冷所需要消耗的能源。与此同时,人居环境的改善又能够为建筑使用者提供较为舒适的生活和工作环境。节能装修材料的推广对于建设低碳社区、发展低碳社会、落实低碳经济等具有非常重要的意义。

在节能型装修材料方面用量最大、作用最为显著的应该是墙体材料。传统意义上的墙体材料多数由窑厂高温烧制而成,因此难免造成高能耗和高污染方面的问题。新型墙体材料一般是在对工业废弃物综合利用的基础之上制作而来,这些工业废弃物主要包括矿渣、粉煤灰、煤矸石等。所生产出来的墙体材料具有重量轻、强度高、保温好等诸多优点。产品种类主要包括黏土砖、建筑砌块、加气混凝土等墙体建造材料。利用上述工业废弃物制作保温墙体，一方面缓解了工业废渣处置的压力，另一方面还显著改善了墙体材料的保温隔热性能，降低了能量消耗。

对于节能玻璃而言，目前国内外主要推荐的产品包括中空玻璃、真空玻璃、镀膜玻璃等。中空玻璃的结构组成为内外各有一层玻璃，两层玻璃之间密封着空气层，如图 4.17 所示。中空玻璃利用空气的低导热系数来阻断玻璃两侧热量的传递。目前发达国家已经将中空玻璃列为新式建筑的法定必选装修材料，而在我国中空玻璃的普及率仅在 1%左右。所谓真空玻璃即是将中空玻璃的空气夹层抽成真空，在真空环境下气体分子含量急剧减少，因此由分子热运动互相碰撞传导热量的能力自然就会显著下降。

图 4.17 中空玻璃结构

在建筑耗能方面，使用真空玻璃较中空玻璃可以减少能耗约 17%；镀膜热反射玻璃是利用磁控溅射的手段在玻璃表面镀上若干层金属或金属复合物的薄膜，是一种近年来发展起来的节能玻璃新技术。该类镀膜玻璃允许可见光波段(波长 380～780 nm)的光线高效透过，而对于热辐射效应较为显著的中远红外线则能够实现高度反射。使用此类镀膜玻璃，在保证建筑室内采光的同时又能够阻隔室内室外热辐射传导，为建筑使用者提供温度适宜的室内环境，减少为调控室温所消耗的电能。

低碳软装饰是家居设计在低碳生活和低碳文化方面的精神体现。低碳软装设计旨在通过低能耗、低开销、低排放的生活方式诠释出现代人追求绿色、健康、自然的生活态度、人生理想、文化情怀。首先低碳软装饰应该重点突出简约、实用的装修风格。低碳装修不是将大量低碳建材简单地进行堆砌，而是以实用主义作为基本原则，以人本主义作为重要宗旨，设计出兼具简洁和实用特征，同时又体现高雅文化和艺术的室内视觉意境和气氛。在软装设计和选材用料过程中应该充分考虑装饰材料的可变换性。青年人群在居家生活中倾向于通过变换软装材料材质、色彩、造型等方面改变家装整体或局部的风格样式，以满足自身对生活空间富于变化、不拘一格的欣赏要求。低碳软装要求在有限变换装修材料的情况下仍可以最大限度地满足居住者对于可变性的家装要求。

近年来，随着人们环保意识的不断增强，室内软装用料也逐渐朝着绿色、天然、可降解的方向发展。目前比较主流的绿色软装用料以天然纤维素材料为主，使用范围包括床上用品、布艺针织品、家具地板贴面等。天然纤维素不仅绿色环保而且有益于人的身心健康，同时有助于体现自然、生态的创意理念和文化修养。此外，天然材料一般简约朴实，但使用搭配却可以灵活多变、充满创意，体现出轻奢、淡雅的家居艺术气息。

照明设计也是低碳装饰的重要组成部分之一。应尽可能充分利用自然光为建筑室内照明提供光源，这一方面可以节约电能的消耗，另一方面还能使光线更加优美柔和、舒适宜人。在照明灯具选择上应该遵循高效、节能的原则，应该多选用照明效率较高的光源，如节能灯和 LED 照明灯。此外，家装灯具的安装位置对于照明效率也会产生非常显著的影响。现代装修设计中在房顶或墙面设置暗藏式灯光，以突出漫反射间接光线照射氛围效果，这种安装方式会造成光照效率低下的负面效果。

低碳软装设计给人带来简约、时尚的家居生活体验，近年来越来越受到年轻一代人的青睐。在保证装修使用功能的基础上，为自己和家人创造一个绿色、低碳、舒适、健康的生活环境，为繁重的工作减压、为紧张的生活节奏减负，既体现出积极建设生态文明社会的责任担当，同时也表现出轻奢、淡然的生活态度。

## 4.8 智能低碳建筑发展

由于建筑用地资源有限，我国的建筑普遍表现出高层、高密度、高容积率的"三高"特征。我国建筑 $CO_2$ 排放量几乎占碳排放总量的一半，其中建筑空调、照明、控制机房等耗能最大，因此成为碳排放的主要来源。建筑节能减排势在必行，而结合大数据、物联网、云计算等现代信息技术手段，构建针对建筑节能的智能响应和管理系统，则是一种助力低碳建筑快速发展的重要途径。

### 4.8.1 智能建筑与低碳建筑协调发展

低碳建筑的发展使得城市建筑从高能耗、高污染的传统模式开始向关注生态环境、控制碳排放的方向发展。这是当代建筑发展、社会进步、生态建设的必然要求。智慧建筑是利用现代通信技术、控制技术、计算机技术等，提高建筑物对信息管理、信息理解、信息综合利用等方面的能力，从而实现建筑对能源和资源的高效合理利用，加强居住者和建筑环境的和谐统一，更加强调人在建筑使用过程中的舒适度和良好体验。智慧建筑作为数字时代和信息时代的产物，它的出现为建筑低碳化提供了更加便捷、有效的发展路径。

### 4.8.2 智能建筑介绍

#### 4.8.2.1 智能建筑的内在要求

智能建筑是基于计算机和网络技术构建的信息交互平台，利用数据采集及控制系统优化各型机电设备协同联动、智能运行，为建筑合理分配资源和能源提供优化解决方案，最终实现人居环境舒适化、办公条件自动化、能源利用高效化的现代建筑。发展智能建筑必须强化智能建筑系统整合理念，促进建筑物实现全面、系统、完善的智能化管理模块，其中主要包括日常生活智能化、防灾降害智能化、设备管理智能化、环境监测智能化等方面。智能建筑强调人与建筑设施、设备之间的互通应答和智能反馈,全面提升建筑使用过程中的安全、便利、高效等特征,极大地提高了建筑的附加价值,吸引了更多消费者投资购买,这对推动智能建筑的发展是非常有利的。

#### 4.8.2.2 智能建筑发展历程

美国建筑学家在 20 世纪 70 年代首次提出了智能建筑的概念。这一概念的提出主要是为了满足社会信息化方面的需要。直到 1984 年,美国康涅狄格州终于建成了世界上第一座智能建筑物,即"城市广场"。该建筑物选用当时最先进的信息技术以实现邮件传递、情报检索、语音通信、空调启停、照明管理、消防报警等智能控制,第一次实现了楼宇内设备自动互联、人机互动。

1986 年日本在东京建造了智能化的企业办公大楼,即本田青山大厦和 NTT 品川大厦。在上述智能建筑的实际使用过程中还形成了楼宇自动化(BA)、办公自动化(OA)、通信自动化(CA)的企业智能建筑"3A"标准体系。这些企业自用的办公大楼在建筑设计阶段就明确了设备自动化的功能指向,因此智能网络系统与建筑本身同步施工建设,使得建筑和设备良好融合,充分发挥了智能设备的功能和作用。大型企业在智能建筑领域的投入一方面极大地提升了企业运营和管理的效率,另一方面也充分体现出企业的高科技属性。此外,企业的大力投入还在客观上促进了智能建筑的快速发展。

进入 90 年代,全球互联网在世界范围内迅速普及,家用电脑开始逐渐走向普通家庭的桌面,并通过互联网将千万家庭紧密联系。在这一时期人们对于获得安全、高效、绿色建筑环境的诉求也越来越迫切。智能化、自动化、网络化的住宅和社区开始走上了历史的舞台。

目前智能化建筑的智能系统主要表现在如下几个方面:根据天气情况(如温度、湿度、风力等)自动调节窗户的开度;根据室内温度变化自动调节空调功率,以维持室温恒定;根据昼夜时段变化自动调节音响音量,以避免干扰建筑内外其他人员作息;根据室内人员数量、位置、工作状态智能调整照明类型和照明强度等。智能建筑逐渐从单一建筑向片区规划、集中开发的方向发展,未来分立的智能建筑必将连成一体、整合统一,最终形成协调互补、功能强大的智慧社区[9]。

#### 4.8.2.3 我国智能建筑发展历史

20 世纪 80 年代中后期,智能建筑的概念开始传入我国。从那时起一些关于智能建筑的论文开始被刊登在报刊上面。中国科学院计算技术研究所还曾经对我国推广智能办公建筑开展过可行性研究论证。我国 80 年代末期一些高标准的建筑初步具备了自动化的先进功能,这些建筑被认为是我国智能建筑的雏形。随着改革开放的深入,国民经济持续发展,综合国力不断增强,在发展势头迅猛的房地产领域率先提出了建设智能建筑的口号,我国的智能建筑得以快速发展。此外,从事电子通信、网络建设、计算机集成领域的企业也是积极倡导推广智能建筑的群体。在这种背景下,一系列当时先进的技术和设施被用于智能建筑。

从发展顺序上来看,我国智能建筑首先出现于经济基础较为雄厚的沿海经济开发区,然后逐渐向内陆地区发展。在此过程中形成了一支技术先进、经验丰富、体量庞大、分工合理的智能建筑建造和管理工程队伍。我国早期的智能建筑主要以高档酒店和现代化的办公楼为主,后来逐渐向人流承载量较大的公共建筑拓展,其中主要包括大型医院、机场航站楼、交通枢纽站点、展览馆、体育馆等。

### 4.8.3 智能建筑与低碳建筑融合

低碳建筑的设计理念是从建材制造、建筑施工、建筑使用、维护保养、拆除处置等全生命周期内减少传统化石资源的用量,降低 $CO_2$ 等温室气体的排放,加强可再生资源和清洁能源的使用,提倡使用可循环利用的建筑材料,降低建筑施工、使用、拆除过程中对周边生态环境的影响等。智能建筑的基本理念在于通过自动化的控制系统管理和决策建筑部分或全部功能的启动和停止,使得建筑节能和资源利用获得最优化。低碳建筑和智能建筑在节能减排这个根本目标方面是完全一致的,只不过低碳建筑是以温室气体的排放当量作为评价依据,而智能建筑则更加强调信息技术背景下建筑资源、能源的优化整合,以及建筑使用者在此过程中的主观体验和感受。很显然,低碳建筑和智能建筑的相关理念更加符合当前经济、社会发展的要求,对于我国早日实现碳达峰、碳中和的战略目标具有十分重要的意义。

低碳建筑从节能角度来说可以划分为建筑绿色能源节能、建筑新材料节能、建筑智能化节能三个方面。上述三者之间并不是孤立存在的,它们之间联系紧密、相互融合。智能化节能被认为是新能源节能和新材料节能的智能优化控制手段,而新材料和新能源节能则是建筑智能化的具体对象和实现载体。

可以说,智能建筑就是一个建立在信息时代基础之上同时又与当今时代发展高度契合的建筑新领域。智能建筑运行的基本逻辑是系统、全面、准确地掌握建筑有关信息,并通过内部运算同时结合使用者的要求实时调控建筑各方面运行状态,使建筑在最大程度上实现节能减排。此外,建筑智能系统还能够监控建筑自身的"健康状态",这为业主和物业管理人员带来了便利。低碳建筑要求在满足建筑使用功能的基础上做到节能、节水、节材、节地、保护环境等,强调在建筑全生命周期内统筹各方面的消耗和回报。低碳建筑的概念属于一个时空跨度巨大的系统工程,涉及的因素既纷繁复杂又彼此联系。低碳建筑的最终目标是要实现经济效益、社会效益、环境效益的统一。要实现这一系列目标就必须给建筑管理植入智能化的"基因"。目前,建筑低碳化、节能化已经成为现代建筑设计的主流思想和品质标杆,同时也受到社会大众的追捧。大量新式建筑融入了家居智能化、电气自动化、社区一体化等智慧管理元素,在全面提升建筑居住品质、降低建筑碳排放的同时也为建筑智能装备、智能系统的发展提供了非常广阔的市场空间。

### 4.8.4 低碳智能建筑与数字化时代

现如今,全世界以信息化和数字化为纽带进入了互联互通、共享共治的互联网+时代。建筑领域产生的数据量很大,可是长期以来缺少数据收集和管理的相关措施和机制。这使得建筑成为可参考数据最为匮乏的行业之一。尽管房地产行业每年以20%左右的增速发展,但是行业革新创造能力非常有限,严重脱离数字化、物联网、大数据、云计算等主流现代信息技术。当前"双碳"问题已经成为社会关注的焦点，在全力建设生态文明社会，大力发展节能减排技术的时代背景下，低碳智能建筑迎来了发展的黄金机遇期，而推广智能建筑、建设智慧社区则离不开物联网、大数据、云计算等技术平台的支撑。

### 4.8.4.1 低碳智能建筑与物联网技术

1999年Auto-ID实验室首次提出了物联网(internet of things)的概念。物联网指的是将所有物品通过信息传感设备与互联网连接起来，形成物物相连且能够智能化识别与管理的网络系统。中国工信部于2011年发布了《物联网白皮书(2011年)》，其中指出"物联网是通信网和互联网的拓展应用和网络延伸，它利用感知技术和智能装置对物理世界进行感知识别，通过网络传输互联，进行计算和处理，实现人与物、物与物的信息交互和无缝连接，达到对物理世界实时控制、精确管理和科学决策的目的。"物联网的基本特征主要包括如下几个方面：①物联网充分利用多种感知技术，整合了多种类型的传感装置，这些传感器实时地采集各种有用数据和信息，并对已有数据不断更新；②物联网依托互联网技术，将各种信息实现互联共享，应能够适应各种协议和异构网络，以保证海量数据传输的实时性和稳定性；③物联网不仅能将各种传感器简单连接，还可以对接入的硬件进行智能调控，能够从大量数据中检索出有价值的信息，满足用户多方面需求，开发出新的应用模式[10]。

在低碳建筑的发展中融合物联网的技术和成果对于建筑节能减排、绿色环保将起到非常积极的推动作用，其意义主要表现在如下几个方面。

(1)能耗管理与监测。建筑耗能与交通耗能、工业耗能并列为社会三大"能耗大户"。我国强制要求对国家机关办公建筑和大型公共建筑实施能耗统计和监测。而应用物联网技术可以轻松实现对建筑水、电、气、热等供应的分类计量和监测，为业主和物业人员提供详细、全面、准确、实时的能耗数据。物联网技术的实施还可以将同类型建筑的相关数据进行横向比对，从而为政府职能部门的科学决策提供重要依据。

(2)生态环境监控。智能建筑的环境监测体系不仅包括传统监测项目(如水、气、声、渣)，还包含对建筑室内室外温度、湿度、光照等方面的监测。应用物联网技术能够准确监测上述指标的强度和分布情况。定时、定点的环境监测历史数据可以作为环境质量评价的重要依据，同时也为环保部门监视、查询环保数据提供重要平台。

(3)设备监控与管理。现代建筑中设备种类繁多、功能复杂、智能化程度高。设备故障或互不兼容的情况经常发生，却难以及时发现并向厂家反馈。对于出现故障的设备，由于故障原因和设备运行环境不明，给维修厂家带来不小的困扰。利用物联网技术能够监控检测设备运行时间、保养记录、关键参数变化等，并通过远程操作使设备厂家调取运行数据并进行必要的养护维修和节能控制。

(4)安全管理与保障。智能建筑公共安全系统是社会综合安防系统的重要组成部分，因此离不开社会安全信息资源的平台支撑。而如今的建筑安全已从传统的防盗、防劫、防火，向通信安全、信息安全、医疗救助安全、人身防护安全等更加宽泛的安全范畴拓展，对数据和信息的依赖性更加强烈。物联网技术能够使建筑安全信息快速、准确地传送至社会安全管控系统，为建筑安全事故的及时控制和快速排查提供有力支持。

(5)智能系统管理与维护。建筑智能化系统只有在正常稳定的运行过程中才能发挥其强大的效能。应用物联网技术，可以实现建筑智能化子系统或集成运行状态的远程监视，为建筑使用者、运行管理者提供建筑各智能化单元的实时工况与彼此协同工作的关键数据和协调方案。

#### 4.8.4.2 低碳智能建筑与云计算技术

云计算是一种信息技术资源的交付和使用模式，它能够通过网络资源以按需、易扩展的方式获得所需要的软件、应用平台、基础设施等。云计算在使用和交付方面一般涉及互联网提供的动态扩展。云计算的基础架构协助系统管理提高运行的速度和灵活性。云计算的基本特征主要包括资源池化、弹性扩展、自助服务、按需提供、宽带接入等。

云计算能够优化整合智能建筑资源。低碳智能建筑运行体系复杂、设备众多、能源消耗较高。采用云计算技术可实现针对低碳智能系统的弹性部署，能够显著提升智能设备的工作效率、避免设备空置、提升资源利用率。云计算技术还能够通过镜像的方式显著提高智能体系的运行可靠性。实践表明，应用云计算技术可以将智能建筑的服务器数量缩减30%左右，设备管理机房能耗降低约20%，因此云计算被认为是一种建筑节能新策略，完全符合现代建筑对于智能减排的新理念和新要求。随着云计算技术日臻完善和价格趋于合理，它在建筑行业中的应用必然会有广阔的前景。

云计算能够辅助建筑能源管理。在针对建筑群能耗计量和节能管理方面云计算同样能发挥十分重要的作用。利用云计算平台我们可以将若干栋建筑的能耗计量和节能控制系统整合起来，形成以片区建筑为基本单元的统一的能源管理与调控体系。以云计算为技术依托，通过虚拟化技术构建高可靠性、高附加性、可远程访问的建筑能源管理系统。未来，建立在物联网基础上的智能建筑，只需要一个云架构就可以实现建筑能源统一管理，而不必在每一栋建筑中都建立一套智能维护管理系统，因而极大地节约了投资成本和运行能耗。

目前，建筑智能化主要体现在信息发布、门禁管理、建筑自动控制、监控系统等。每个子系统都采用相对独立的服务器和智能软件。然而，这种模式造成系统服务器过多、服务器间协调困难、服务器运算能力不均衡、能源消耗大等诸多问题。随着云计算技术的不断发展，将云计算和建筑智能化充分融合，构建多建筑、大区域、智慧化、协同联动的现代建筑管理模式，以最终达到高效、节能、安全的建筑管理目标。云计算技术在建设和推广智慧社区的过程中必将发挥至关重要的作用。

#### 4.8.4.3 低碳智能建筑与大数据

大数据（big data），有时也称为巨量数据或海量数据，指的是所需处理的数据量规模巨大以致无法通过人力在有限的时间范围内完成读取、管理、分析，并整理成为能够被人所解读的信息。大数据分析可用于市场形势研判、疾病传染防控、交通状况监测、产品质量控制等众多领域。大数据的特点主要包括数据体量巨大、数据种类繁杂、价值密度低、处理速度快。

大数据、物联网、云技术三者之间联系密切。大数据作为信息化社会无形的生产资料，其发展离不开物联网技术的广泛应用。物联网作为互联网技术的拓展形式目前正得到快速发展。物联网是智慧社区的基础，而智慧社区的评价指标则需要借助大数据表现出来。物联网的存在使得数据获取更加实时、快速、高效，因此自然对大数据收集和处理技术提出了新的要求。可以说大数据的广泛应用正是来自于物联网的快速发展和普及。大数据和云计算之间也具有非常密切的联系。云计算技术是大数据的核心要素之一，云计算使得人们对大数据的分析和整合能力得到极大提高，降低了对大数据管理的难度。云计算所具有的快速、便捷、高效、准确的运算特征为大数据的快速发展和广泛应用赢得了很好的历史机遇。

在大数据背景下的低碳智能建筑通过针对云计算、物联网等现代信息技术手段构建的智能管理平台，实现了跨区域城市建筑群控制需求。基于云计算模式下构建的大数据平台还能够实现无限量后台存储空间，满足无限量用户登录的现实需求。从建筑智能管理的角度上来说，该种信息存储方式显著降低了后台维护、计算、运行、记忆等综合成本，同时使得一些原本离散的数据能够获得系统地存储和处理，并以快速、高效、可靠、透明的形式提供给上一级别的平台。在未来智慧社区的建设过程中，将会出现以物联网技术为核心、以云计算技术为手段、以大数据为信息中心的建筑"智慧化"超大集成控制体系。智能建筑将以绿色、低碳、宜居、便捷等特征搭建现代城市高效可持续发展的新模式。

## 参 考 文 献

[1] 刘东, 潘志信, 贾玉贵. 常见能耗分析方法简介[J]. 河北建筑工程学院学报, 2005, 23(4): 29-32.
[2] 中国城市科学研究会. 绿色建筑[M]. 北京: 中国建筑工业出版社, 2012.
[3] 杨茜, 章易. 我国发展绿色建筑任重道远[J]. 中国住宅设施, 2006, 2: 3.
[4] 张天娇, 方亮. 武汉地区既有住宅建筑节能改造技术研究[J]. 华中建筑, 2012, 30(10): 4.
[5] 刘伟, 鞠树森. 延长建筑寿命是最大的节能[J]. 居业, 2011, 8: 56-59.
[6] 张晓晗. 低碳建筑技术推广应用研究[D]. 西安: 西安建筑科技大学, 2011.
[7] 李泽文, 王海平. 我国防腐涂料行业的现状与市场前景分析[J]. 中国涂料, 2012, 27(1): 4.
[8] 中国建筑节能协会. 中国建筑节能现状与发展报告[M]. 北京: 中国建筑节能现状与发展报告, 2012.
[9] 杜东良. 南京智能建筑业发展战略研究[D]. 南京: 东南大学, 2003.
[10] 邵珠虹. 物联网环境下建筑用电设备的故障诊断与节能研究[D]. 济南: 山东建筑大学, 2012.

# 第 5 章 电化学新能源技术

能源是人类赖以生存和发展的重要物质基础，也是国民经济发展的命脉。人类历史的发展进程就是在不断改善生存环境、提高社会生产力。在这一过程中，能源一直起到至关重要的作用。进入 21 世纪，以煤炭、石油、天然气为代表的化石能源在推动社会迅速发展的同时，其粗放的开采及使用模式使得原本深藏于地下的碳元素转而被释放到大气中，这无疑将对人类赖以生存的自然生态环境造成严重的危害。此外，作为不可再生资源，化石能源的储量随世界经济的快速发展和全球人口的不断增长呈现日渐匮乏的趋势。传统能源工业已经越来越难以满足人类社会的发展要求。能源问题和环境问题是 21 世纪人类面临的两大关键问题。发展清洁新能源体系、建立可持续的能源消费模式，是解决上述问题的必由之路。

## 5.1 电化学能量存储

大多数可再生能源本身都具有能量间歇性变化的特征。比如太阳光的辐照能量在夜间几乎为零，而在白天则取决于光线的入射角度、云层厚度、空气浊度等因素。此外，四季的交替变化也会显著影响太阳对地面辐照能量的大小。风能的大小通常会随着天气情况的变化而改变。水力能通常来说比较稳定，但是季节的交替影响整个水循环的变化，最终也会影响到水力能的大小。潮汐能在本质上是月球和太阳对地球的引力作用所产生的一种可再生能源，这种能量同样也表现出了极为不稳定的波动特性。因此，若想对各种可再生能源加以合理利用，就必须对其进行有效收集和存储，在需要使用的情况下再将其稳定输出。

电化学能量存储是一类将离散形式的电能以化学能的形式进行有效收集，并能够通过化学能和电能之间的相互转化实现电能对外稳定输出的一类装置。与传统能量存储和转化形式(如水力电能、火力电能、核能、太阳能等发电装置)相比，电化学储能具有以下优势和特点：

(1)能够同时实现对电能的存储与释放。此外，易于与其他能源体系联用，组成能源系统。

(2)正常工作时几乎无污染物质产生、无噪声产生，是一类清洁能源。

(3)直接实现化学能和电能之间的相互转化，无任何中间环节，也不受卡诺循环的限制，能量转化率较高。

(4)可以根据需要制作成各种形状和尺寸，满足不同类型的使用场景。

(5)存储时间较长，电源启动速度快。

### 5.1.1 电化学储能器件的基本组成

电化学储能器件的种类和规格繁多，但是就其基本组成形式而言主要由以下几部分组成：电极材料、电解液、隔膜材料、封装材料。

#### 5.1.1.1 电极材料

电极材料是电化学储能器件中最为核心的部件，主要由导电载体材料和电化学活性成分所组成。活性成分决定储能器件的基本特性。目前，使用比较广泛的正极活性物质主要包括金属氧化物、非金属单质(如氧和硫)。而负极材料主要由一些活泼金属组成，如锂、钠、钾、锌、镉等。导电载体的主要作用是在活性物质之间，以及活性物质和外电路之间搭建电子传输的通路。此外，导电载体还起到对活性成分均匀分散及结构支撑的作用。有些情况下，导电载体应该具备缓冲活性成分体积形变、保持电极结构稳定的关键作用。

#### 5.1.1.2 电解液

电解液是储能器件中不可或缺的重要组成部分，它与电极材料充分接触后构建起完整的电极体系。电解液能够保证两极间的离子导电作用，确保电池内外电路中形成完整的电子/离子闭合路径。不同的储能器件选取的电解液一般不同。在新型电化学储能器件中一般采用有机溶剂电解质、凝胶电解质、固体电解质等材料。

#### 5.1.1.3 隔膜材料

隔膜材料是置于电池的正极和负极之间的一层薄膜，其主要作用是防止电池的正极和负极直接接触而导致短路。采用隔膜之后，正极和负极之间的间距可以大为减小，结构更加紧凑，提升了电池整体的体积比能量密度。

制作隔膜的材质众多，对其具体的要求如下：① 具有优良的电化学稳定性，能够长期耐受电解液的侵蚀，同时能够耐受电化学活性物质及其分解产物的氧化和还原作用；② 具有良好的机械强度，对于碱金属储能体系而言，隔膜应能够阻挡碱金属枝晶的生长，避免电池发生短路；③ 隔膜材料不应该对离子迁移造成较大的阻力，以免在大电流密度工作时电池产生较大的内阻；④ 原材料来源广泛、廉价易得，近年来具有天然、绿色、可降解特性的生物质材料逐步成为隔膜的重要原料之一。

#### 5.1.1.4 封装材料

储能器件的封装材料主要是指电池的外壳。它能够对储能器件的核心部件起到物理保护的作用。因此，封装材料一般应具有良好的机械强度、耐热冲击和机械冲击、抵抗高温和低温形变等能力。此外，由于封装材料通常和电解液直接接触，其还应具有耐受电解液腐蚀的能力。

电化学储能体系通过电化学反应消耗某种化学物质，输出电能。它在国民经济、日常生活、军事工业等方面发挥重要作用。以碱金属离子电池、电化学电容器等为代表的一系列新型电化学储能体系具有运行高效稳定、无污染物排放、循环寿命长等诸多优点。因此，这些电化学储能体系成为未来最有可能替代传统化石燃料的清洁能源。

## 5.1.2 锂离子电池

20世纪70年代，M. S. Whittingham采用金属锂作为负极，硫化钛作为正极材料组装了首个锂电池。该种电池虽然可以充电，但是循环稳定性不好，而且在充/放电过程中极易产生锂枝晶，造成电池短路的严重后果。因此，当时这种电池是严禁充电的。

20世纪80年代，R. R. Agarwal等经研究发现，锂离子在电场力的作用下可以嵌入石墨的多层结构内部。更为重要的是，锂离子嵌入石墨这一过程既快速又可逆，这就为锂离子电池石墨负极的提出创造了先决条件。此外，在那一时期金属锂作为电极使用时的安全隐患引起了广泛的关注。因此，Agarwal等尝试利用锂离子在石墨电极上的嵌入和脱嵌，制备可充电电池负极。随后，贝尔实验室创制出可用于商业化电池负极的石墨电极材料。

1983年，J. Goodenough等发现了锰尖晶石可作为一种优异的正极材料，它具有良好的电子和离子导通能力，且热稳定性极佳。之后，Goodenough等相继于1989年和1996年分别开发出具有更高电压的聚合阴离子正极和具有橄榄石结构的磷酸铁锂正极。由于具有耐过充电、耐高温等显著的优势，磷酸铁锂已经成为当下动力锂电池正极的主流选择。

与传统的镍镉电池、镍氢电池、银锌电池相比，锂离子电池在工作电压、比能量、温度适用性、使用寿命、自放电率、记忆效应等方面表现出显著的优势。这使得锂离子电池在民用领域(如手机、笔记本电脑、电动车辆等)得到较为广泛的应用。此外，近年来设计开发的全密封锂离子电池，由于其漏气率极低，可以长期在高真空条件下工作，已经被用于地球同步卫星、宇宙飞船空间站等太空飞行领域。自英国在2000年11月首先在STRV-1d小型卫星上应用锂离子技术作为电源以来，美国的Yardney和Quallion、日本的GS和Furukawa、法国的SAFT等公司纷纷投入巨大的研发力量用于开发航空航天锂离子电池。截止到2020年，全球约有500个航空飞行器使用了锂离子电池作为储能电源。此外，对于该类密封性良好的锂离子电池，还可以作为水下作业电源使用，也可用于无人机、导弹、火箭等飞行装置的动力电源。

### 5.1.2.1 锂离子电池基本原理

目前商业化的锂离子电池负极材料一般选用石墨，正极材料一般为嵌锂的金属氧化物。锂离子嵌入石墨的层间可以形成插层化合物$LiC_6$，$LiC_6$的标准电极电位与金属锂的非常接近(相差不到0.5 V)。因此，在综合考虑安全和成本等诸多因素后，商业锂离子电池选用$LiC_6$作为电池的负极材料。正极材料应该选用富含锂的高电位无机化合物，而且该类化合物应在锂离子反复嵌入和脱嵌的过程中始终保持结构稳定。图5.1为锂离子电池充/放电过程的原理示意图。以钴酸锂为正极、石墨为负极，锂离子电池的电化学反应方程式如下：

$$\text{正极：} \quad LiCoO_2 \xrightarrow{\text{充电}} Li_{1-x}CoO_2 + xLi^+ + xe^- \tag{5.1}$$

$$\text{负极：} \quad xLi^+ + xe^- + C_6 \xrightarrow{\text{充电}} Li_xC_6 \tag{5.2}$$

总反应: $\text{LiCoO}_2 + \text{C}_6 \xrightarrow{\text{充电}} \text{Li}_{1-x}\text{CoO}_2 + \text{Li}_x\text{C}_6$ (5.3)

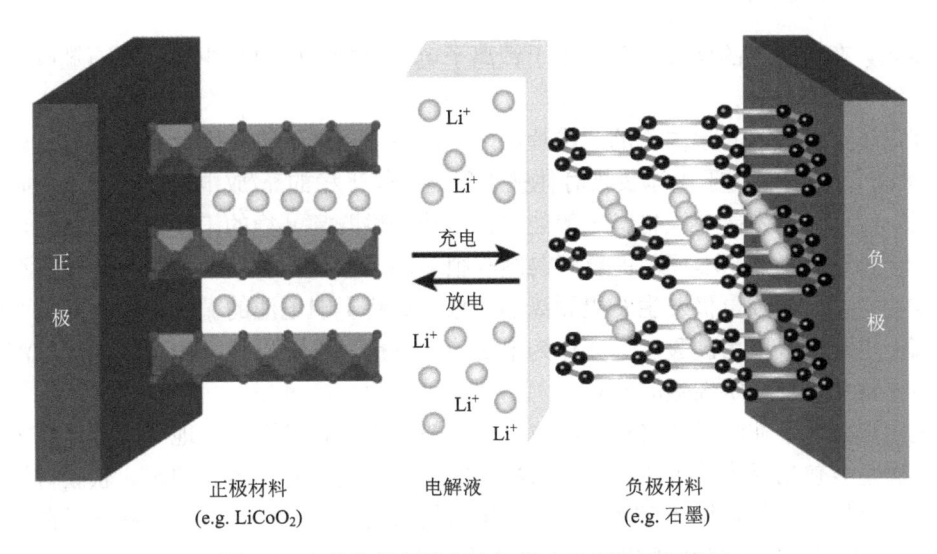

图 5.1 商业化锂离子电池充/放电插层机理示意图

### 5.1.2.2 锂离子电池的特点

(1) 锂离子电池的放电电压比较高(约 3.7 V),显著高于镍镉和镍氢电池。

(2) 锂离子电池的能量密度比较大,在实际使用过程中其能量密度高达 100~180 W·h/kg,这大概是镍镉和镍氢电池的 2 倍。

(3) 锂离子电池拥有良好的循环稳定性,其循环寿命可以达到 1000 次以上。

(4) 锂离子电池整体属于完全密闭的体系,在正常运行过程中无任何有害气体逸出,属于清洁能源。电极材料一般对环境无污染,对人体无毒害作用。

(5) 锂离子电池在室温下每月容降率约为 10%,这显著低于镍镉和镍氢电池月容降率(约 30%)。

(6) 锂离子电池相对于镍镉电池而言几乎无记忆效应。

(7) 无明显自放电效应。

### 5.1.2.3 锂离子电池负极

锂离子电池的负极对电池电化学性能起到至关重要的影响。从发展历史来看,锂离子电池负极的突破性发展直接助推该类储能体系进入产业化阶段。最早锂电池采用的负极是金属锂,但是金属锂在电池循环过程中容易产生锂枝晶,锂枝晶刺穿隔膜将导致电池燃烧甚至爆炸,带来极为严峻的安全隐患[1]。锂合金负极的开发基本上解决了上述安全性问题,然而合金材料在脱/嵌锂过程中容易引发体积形变,破坏电极微纳结构,最终导致电池循环寿命下降。因此,锂离子电池负极材料的开发是目前研究的热点之一。

1. 碳基负极材料

碳元素在自然界的储量丰富，用于锂离子电池负极的碳材料主要包括石墨碳、无定形碳、纳米碳材料等。

锂离子可以嵌入石墨内部的二维片层之间形成插层化合物，因此石墨具有良好的储锂行为[2]。石墨材料用于电池负极时往往表现出比较平稳的充/放电电压平台，同时电压比较低。因此，石墨碳负极材料一般能够为电池提供既高又稳的工作电压。然而，锂离子作为一种路易斯（Lewis）酸，能够轻易地与很多溶剂分子发生络合进而共同插入石墨的片层结构之中，导致电极发生石墨剥离的现象，最终影响电池的循环寿命。目前商业化的锂离子电池一般采用碳酸乙烯酯作为电解液的溶剂，这可以在一定程度上缓解溶剂共嵌入所导致的循环稳定性差的问题。

无定形碳属于非结晶性材料，晶体晶粒一般很小，且毫无规则地分散于体相之中。无定形碳主要包括易于石墨化和难以石墨化的碳，分别称为软碳和硬碳。软碳材料的比容量一般比较大，但是循环寿命较短；硬碳材料的层间距较大，有利于锂离子在其中快速传输。这使得硬碳往往表现出较为优异的倍率性能。但是硬碳负极存在电压滞后现象，同时还表现出非常严重的首次不可逆现象。

近年来，科研人员通过设计制备不同微纳结构的碳材料不断提升锂离子在碳基负极内部的传导能力及电极的比容量。有研究表明，具有零维纳米尺度的富勒烯储锂能力非常差。由富勒烯所制备的负极材料放电比容量小于 100 mA·h/g[3]。具有一维纳米结构的碳纳米管的储锂机制主要包括石墨插层储锂、管壁吸附储锂、管腔内储锂、纳米管间储锂等。碳纳米管的储锂性能受到诸多方面的影响，比如纳米管的长短、管壁层数多少、材料合成方法等。

2. 合金负极材料

硅基、锡基、锗基材料被认为是锂离子电池常用的三类合金负极材料，它们储锂的基本原理皆是与锂形成合金。其中，硅基材料的理论储锂容量最高，是石墨负极容量的 10 倍以上[4]。但是，硅本身的电子导通能力欠佳。更为严重的是，硅在充/放电过程中体积变化极为剧烈，极易造成电极粉化，损害电池的循环稳定性。此外，常规电解液中的含氟电解质在遇到水分子时会发生水解反应生成 HF，而生成的 HF 会对硅基材料产生严重的腐蚀作用，严重影响电池的使用寿命。锡基材料与硅基材料类似，在锂离子嵌入和脱嵌过程中体积变化剧烈。但是，锡基材料制备工艺较为简单，且易于与其他金属形成合金。形成的锡基合金与金属锡相比电极体积变化问题有所缓解。金属锗与硅、碳元素处于同一主族，在某些方面具有类似的性质。值得注意的是，锂离子在锗中的迁移速度是在硅中速度的 400 倍左右。此外，从电子传导能力来说，锗的电导率约是硅的 10000 倍。近年来，科研人员围绕锗基负极材料开展了大量卓有成效的工作。目前，锗基负极所面临的主要发展障碍来自原料成本居高不下。

## 3. 过渡金属氧化物负极

过渡金属(如 Fe、Co、Ni、Mn 等)氧化物用作负极时往往能够表现出比较高的理论比容量,其值一般为石墨材料的 2~3 倍[5]。过渡金属氧化物的储锂机制与石墨和合金的完全不同。在充/放电过程中过渡金属氧化物与锂之间发生转换反应。反应过程如下:

$$M_xO_y + 2y\text{Li} \xrightarrow{\text{转换}} x\text{M} + y\text{Li}_2\text{O} \quad (5.4)$$

由反应方程式可知,过渡金属的化合价在上述反应过程中发生变化。锂离子在向活性物质中嵌入和脱嵌的过程中伴随着 $Li_2O$ 的生成和分解。研究发现,过渡金属氧化物同样存在着体积变化大和导电性差的问题。通过设计各种纳米复合结构能够有效缓解充/放电体积变化、改善电极的电子导通能力。

## 4. 过渡金属氮化物负极

可用于电池负极材料的过渡金属氮化物主要是指含锂氮化物,其化学通式为 $Li_{3-x}M_xN$,其中金属元素 M 主要代表 Mo、Co、Ni、Fe、Cu 等。另外一类氮化物负极则为反萤石结构的化合物。上述金属氮化物大多具有良好的电子和离子传导能力,它们的储锂机制为离子的插层嵌入作用。具有代表性的氮化物 $Li_3FeN_2$ 的放电比容量能达到 150 mA·h/g,电压平台约为 1.3 V,且放电平台明显。该类氮化物负极的主要问题是循环稳定性不好[6]。目前,金属氮化物负极所面临的主要问题是对水分子过于敏感。此外,当电压超过 1.4 V 时会直接破坏材料结构,使其丧失储锂能力。这些问题都严重阻碍该类负极材料的商业化应用。

## 5. 钛基负极材料

钛基负极材料的晶体结构普遍比较稳定,其平台电压一般比石墨电极稍高,主要成员包括二氧化钛(金红石型、锐钛矿型、板钛矿型等)和钛酸盐(尖晶石 $Li_4Ti_5O_{12}$、斜方相 $Li_2Ti_3O_7$、锐钛矿 $Li_{0.5}TiO_2$ 等)。下面将重点介绍 $TiO_2$ 和 $Li_4Ti_5O_{12}$ 两种材料。

$TiO_2$ 在用作锂离子电池负极材料时,具有电压平台稳定、体积变化较小(< 4.0%)、原料廉价易得、绿色环保等优点[7]。此外,电池中使用 $TiO_2$ 对于提升循环稳定性和保障使用安全性也是非常有利的。然而,迄今为止 $TiO_2$ 负极材料尚未获得批量化生产。这主要是因为 $TiO_2$ 在电子导电率($10^{-12}$~$10^{-7}$ S/cm)和锂离子迁移率($10^{-15}$~$10^{-9}$ cm²/s)方面性能较差。在实验研究中可以将 $TiO_2$ 设计制备成各种纳米微结构(如纳米管、纳米花、纳米带等[8])以促进电子和离子在 $TiO_2$ 表面和内部的传输能力。材料纳米化能够显著提升其比表面积,从而增加了锂离子与活性物质之间的接触位点,同时极大地缩短了电子和离子在 $TiO_2$ 上的迁移距离。此外,具有优势微纳结构的活性物质在调控电解液扩散、缓冲体积形变等方面也会发挥积极的作用。此外,通过包覆金属或混合导电碳等方式也能够提升 $TiO_2$ 电极的电子传导能力。

$Li_4Ti_5O_{12}$ 晶体属于尖晶石结构,表观呈白色粉末状,能够在空气环境下长期稳定保存。$Li_4Ti_5O_{12}$ 作为锂离子电池负极使用时在以下方面表现优异:①几乎是一种零应变材料，这意味着它在电池充/放电过程中晶体结构非常稳定，循环稳定性较好；②具有非常平稳的充/放电电压平台，工作电压稳定性好；③不与电解液发生副反应，安全性较高；④原料来源广泛，廉价易得；⑤制备工艺简单，易于规模化合成。当然，$Li_4Ti_5O_{12}$也存在固有问题，其自身较弱的导电性会严重影响电池的动力学性能。

#### 5.1.2.4 锂离子电池正极

正极材料是锂离子电池的重要组成部分，锂离子电池的很多重大科技进步都与正极材料的创新和发展密不可分。可以说，正极材料的性能将显著影响甚至决定了电池的整体性能。一般来说，要求锂离子电池的正极应该具备较大的比容量、较长的循环寿命、良好的高压耐受性、较高的倍率性能等。

1. 正极材料的分类

根据电化学活性物质晶型的不同，锂离子电池的正极材料主要可以分为尖晶石结构的锰酸锂、橄榄石结构的磷酸铁锂及层状结构的过渡金属含锂化合物。不同晶体类型的正极材料往往表现出不一样的理化性质和电化学性能。

1) 尖晶石结构锰酸锂

尖晶石锰酸锂一般表现出四方对称型结构，空间群为 *Fd3m*。该类锂离子电池正极材料的热稳定性好、对过充电耐受强、材料安全性好，理论容量可以达到 148 mA·h/g，实际使用时可以提供约 120 mA·h/g 的容量，放电电压能够达到约 4.0 V，且表现出良好的倍率性能。此外，尖晶石锰酸锂材料还具有原料资源丰富、廉价易得、对环境造成的负担小等诸多优势，是目前极具发展前景的动力电池正极材料之一。锰酸锂正极所面临的主要问题是长期循环和高温循环的稳定性均欠佳。迄今为止，通过不同合成方法调整锰酸锂电化学性质的报道众多，其中主要包括熔融浸渍法[9]、固相反应法[10]、熔融盐法、溶胶-凝胶法等[11]。此外，还可以通过对锰酸锂进行元素掺杂或表面包覆进而实现改性优化。例如，可以通过向晶格中掺杂低价态元素（如 Li、Ni、Mg、Co、Ga 等）从而减少 $Mn^{3+}$ 的相对比例，缓解歧化溶解现象发生，同时也抑制 Jahn-Teller 效应[12-17]。另外，通过包覆聚合物、磷酸盐、$LiCoO_2$、金属氧化物（如 $ZnO$、$Al_2O_3$、$CoO$ 等）可以显著减少 $Mn^{3+}$ 向电解液中的溶解行为[18]。

虽然通过改性和结构优化能够改善尖晶石锰酸锂的高温循环寿命，但是往往会造成电极容量下降的问题。合成得到的纯尖晶石锰酸锂初始容量一般可以达到 130 mA·h/g 以上，但是通过改性技术实际生产出来的产品放电容量仅为 110 mA·h/g 左右，某些国外产品将容量标准仅控制在 105 mA·h/g 左右。

尖晶石锰酸锂正极材料的开发表现出多技术手段并存的发展态势，由不同工艺路径所获得的产品在元素组成和微观形貌等方面表现出鲜明的差异性，故它们在电化学性能方面也各具特色和优势。迄今很难找到某种合成产品在所有性能方面均表现出绝对优势。锰酸锂正极适合用于大型动力电池领域。很多纯电动汽车的能源装置就使用了锰酸锂正极。2008 年北京奥运会、2010 年上海世博会、2010 年广州亚运会都见证了锰酸锂电动公交车的大规模使用，这对于发展低碳、清洁的公共交通起到了良好的示范作用。

2) 层状结构正极材料

以 $\alpha$-NaFeO$_2$ 型镍、钴、锰锂化物为代表的层状结构正极材料的通式可以表示为 LiM$_\delta$Co$_x$Ni$_y$Mn$_{1-x-y-\delta}$O$_2$，其中 M 代表掺杂的元素种类，而掺杂的元素含量普遍在 1.0%（质量分数）以下。根据钴、镍、锰三种金属元素的组成情况可以将其划分为一元、二元、三元正极材料。

一元层状结构材料主要有钴酸锂（LiM$_\delta$Co$_{1-\delta}$O$_2$）、镍酸锂（LiM$_\delta$Ni$_{1-\delta}$O$_2$）、锰酸锂（LiM$_\delta$Mn$_{1-\delta}$O$_2$）。其中钴酸锂是最早被成功商业化应用的锂离子电池正极材料，而目前镍酸锂和锰酸锂层状材料还难以获得品质稳定的相关产品。钴酸锂一般适用于手机、照相机、平板电脑等小型数码产品的锂离子电池中。而随着数码产品智能化和多功能化不断加强，所需要的电池容量也越来越大，这就对钴酸锂正极的技术革新和产品升级提出了新的要求。

钴酸锂正极的迭代标志主要是材料的压实密度。第一代钴酸锂主要由颗粒较小的一次颗粒聚集而成，而第二代钴酸锂则为粒径较大的单个颗粒所构成。尽管两代钴酸锂电池产品的质量比容量都在 160 mA·h/g 左右，但由于压实密度差别较大（第一代 3.6 g/cm$^3$，第二代 4.3 g/cm$^3$ 以上），故它们的体积比容量存在较大差异。

一般使用多次高温固相合成的工艺对钴酸锂电极进行规模化生产。在材料合成过程中进行元素掺杂（如掺入过量锂元素），则能够显著改变无机颗粒在高温条件下的生长特性，有利于获得大尺寸的一次颗粒，提高电极颗粒的致密性和表面光滑程度，进而提高它的压实密度。掺杂有些金属元素（如锆、铝、钛等）则有利于改善材料的电化学稳定性[19]。

二元层状正极材料主要以镍钴酸锂（LiM$_y$Co$_x$Ni$_{1-x-y}$O$_2$）为典型代表，该种正极材料的实际比容量可以达到 200 mA·h/g 左右，在低功率小型锂离子电池的应用方面该类正极材料能够发挥良好的性能。对于铝掺杂的镍钴酸锂系列化正极往往能够表现出非常优良的电化学稳定性，因此它被成功用于商业化批量生产之中。目前部分新能源电动汽车（如特斯拉）所使用的电池就有镍钴酸锂正极材料。

三元层状复合材料 LiCo$_x$Ni$_y$Mn$_{1-x-y}$O$_2$ 也是一种成功实现大规模应用的锂离子电池正极。为了保证主元素离子能够在二元和三元晶体结构中均匀分布，一般多采用前驱体预制的办法，而前驱体大多为球形，故二元以上电极材料的电化学活性物质多呈球状颗粒形貌。

三元正极材料能够提供的容量在 150~200 mA·h/g，电压平台在 3.5 V 左右，可以用于单体容量从几安时到几十安时的小型动力锂离子电池，也可以与尖晶石锰酸锂组合使用，应用于单体容量在数十安时以上的大型动力锂离子电池。

钴酸锂作为最典型的层状材料，其理论比容量为 274 mA·h/g，由于 Ni、Co、Mn 三种元素的原子序数比较接近，电化学反应机理也比较相似，所以无论层状材料如何调控改性，它们的放电容量都难以有大幅度的提升。不过，提高 Co 元素的含量能够得到较高的电压平台且提升循环稳定性；增加 Mn 元素的含量则可以提高电池的安全性能，并能够在一定程度上降低电极的成本；提高 Ni 元素的含量可以适当提升电池的质量比容量。由此可见，在实际应用过程中可以根据使用场景对安全性、循环性能、放电容量等方面的具体需求调整各元素的比例关系，设计制备出系列化层状正极材料。

3) 橄榄石结构磷酸铁锂

磷酸铁锂 LiFe$_{1-x}$M$_x$PO$_4$ 的橄榄石型晶体结构属于斜方晶系中的 *Pmnb* 空间群。磷酸基团能够起到稳定晶体框架的作用，因此材料表现出良好的热稳定性和长循环稳定性。但是由于锂离子在橄榄石结构中的迁移是一维线性的，所以该晶体材料的离子扩散系数不高。磷酸铁锂在微观上表现为颗粒粒径较小、比表面积较大，材料的密度也较小。磷酸铁锂的理论放电比容量可以达到 170 mA·h/g，实际放电容量可以达到约 160 mA·h/g，放电平台电压在 3.2 V 左右。橄榄石型磷酸铁锂被看作是电动车辆锂离子电池理想的正极材料，这主要是因为它能表现出良好的循环性能和热稳定性能[20]，这对商用电池的使用寿命和运行安全性来说至关重要。当然，磷酸铁锂作为正极使用时也暴露出一些难以克服的缺陷。

从材料合成的角度来说，制备磷酸铁锂的过程属于比较复杂的多相反应，其中主要包括气相还原性气体、固相铁的氧化物及磷酸盐等。在这多相接触下的一系列反应过程中很难保证反应的均一性和产品性质的稳定性。因此，品质的一致性是磷酸铁锂正极面临的一大挑战。此外，磷酸铁锂材料的电子导电性能比较差，这对于充分发挥活性物质的储锂性能来说是非常不利的。常规手段是通过加入导电助剂（如导电炭黑、铜或银纳米粒子等）和合成纳米级微粒的方式提高磷酸铁锂对电子和离子的导通能力。也可以通过掺杂杂元素的办法提高晶体稳定性和电子导电性。

电化学活性物质的纳米化可以显著缩短离子在嵌入和嵌出过程中的迁移距离，这对于提升循环过程中的离子迁移能力是有利的。然而，电极材料的纳米化及引入导电助剂对电池的安全性来说埋下了潜在的隐患，一定程度上削弱了磷酸铁锂在安全性好方面的优势。利用金属氧化物对活性物质进行表面包覆，也可以实现提高材料结构稳定性和导电性的双重功效。从电池性能上来说，在 LiFePO$_4$ 晶体颗粒表面包覆 ZnO 和 ZrO$_2$ 除了能够进一步提升循环性能之外，还可以提高电池的放电容量、改善倍率性能。将 LiFePO$_4$ 晶体中部分铁原子或锂原子用其他金属（如镁、钛、锰、锆、锌等）取代，则可以进一步提高该复合材料的结晶性，促进材料的结构稳定性，这对于提高电极的循环寿命是有利的。

除此之外，低温性能不佳也是制约磷酸铁锂正极发展的另一个主要原因。目前，对活性物质本身进行修饰改性尚难以从根本上解决这个问题。在实际应用中一般是在磷酸铁锂电池的外层进行辅助加热从而避免严寒环境下低温的不利影响。

2. 正极材料的发展方向

对于层状材料来说，正如之前所述，需要进一步提高材料颗粒的压实密度，以进一步提升正极的质量比容量。此外，还应考虑提升电池的放电电压、降低充/放电曲线之间的过电位、提高电池整体的能量密度和库仑效率等。对材料进行包覆处理从而改善正极的高压耐受能力，提升电池安全性能。此外，正极材料充电电压提升至 4.5 V 以上，则可以进一步提高电极放电比容量。高压正极材料近来已经成为锂离子电池的研究热点之一，对于高压三元电极、高压层状材料等正极来说主要是提高了电池充电电压的上限，这种提升充电电压的办法仍是通过促进锂离子从正极上的脱嵌量来达到提高电池比容量的目标。

有关研究表明，富锂层状固溶体的设计与开发是获得高容量正极材料的重要技术路径之一，该类材料被认为是 $Li_2MnO_3$ 和 $LiCo_xNi_yMn_{1-x-y}O_2$ 的固相复合物，在晶体结构上以上两种化合物与 $\alpha\text{-}NaFeO_2$ 的层状结构非常类似，由于从晶体学的角度无法将 $Li_2MnO_3$ 和 $LiCo_xNi_yMn_{1-x-y}O_2$ 完全区分开，所以一般将其称为固溶体富锂层状材料[21]。纯相 $Li_2MnO_3$ 的理论比容量高达 458 mA·h/g，而固溶体电极的实际比容量也能达到 200～300 mA·h/g。

然而，富锂层状固溶体在用作电池正极时也存在诸多问题，比如电极材料的容量衰减较快、倍率性能一般、电池首次库仑效率较低、放电电压平台不显著、电池安全性研究有待深入等。所以，尽管富锂层状正极材料能够提供较大的比容量，但是由于材料晶体结构复杂、电化学反应机理尚不明确、电池性能存在缺陷，在投入使用之前还需要在原理、技术、工艺各层面进一步发展和改进。

尖晶石晶型的锰酸锂正极向高电压耐受性的方向发展。在 $LiMn_2O_4$ 的晶格中掺杂一定量的过渡金属，可以将电池的放电电压平台提升至 4.5 V 以上。其中掺杂镍元素后得到的 $LiNi_xMn_{2-x}O_4$ 在高压区还能够表现出较高的比容量和稳定的循环性能，业内通常称之为 5.0 V 锰酸锂正极。可是当使用 5.0 V 高压尖晶石正极时，又常会导致电解液的氧化分解。对于 4.0 V 锰酸锂材料来说，当以碳基材料做电池负极时，它的循环稳定性不佳，这种情况在高温环境下尤为突出。

5.0 V 的高电压尖晶石锰酸锂材料从元素组成上来看属于二元正极材料，比如在 $LiNi_{0.5}Mn_{1.5}O_4$ 材料中 Ni 和 Mn 是主要组成元素。5.0 V 高压锰酸锂的合成一般采取液相制备前驱体和高温后处理联用的办法进行，这与其他多元层状材料的合成方法比较接近。对该类锰酸锂材料进行改性的方法多为常规的杂元素掺杂与活性物质表面包覆，主要目的也是提高正极的循环稳定性、放电容量、倍率性能等。此外，在对电池整体性能进行研究的过程中还应该考虑正极和负极之间的匹配性问题。目前，常将微结构各异和表面性质不同的碳基材料作为负极来搭配锰酸锂正极进行研究。另外，钛酸锂负极材料由于在充/放电过程中几乎无体积变化效应(零应变)，所以常与高压锰酸锂进行配对组装锂离子动力电池。钛酸锂在作为负极使用时电压平台较高(约 1.5 V)，这是该种材料的主要缺陷，但是与高压正极进行配对时却能够较好地弥补负极高电压的缺陷。综上所述，利用锰酸锂和钛酸锂分别充当正极和负极装配锂离子电池能够获得比较理想的电化学性能。

#### 5.1.2.5 锂离子电池隔膜

隔膜是锂离子电池内部的关键组件之一，它能够决定离子导通能力及电解液和电极之间的界面特性，显著影响电池的内阻变化。此外，由于隔膜的主要作用是分离电池正、负极，防止两极接触短路，因此隔膜对电池的安全性发挥了至关重要的作用。

目前，市场上锂离子电池隔膜的类型主要包括纤维素涂覆型、无纺布型、陶瓷涂覆型、陶瓷掺杂型等。

(1) 在现有隔膜表面涂覆纳米纤维素，可以显著提高隔膜的高温耐受性，改善电池整体的安全性能。同时，纤维素涂层的引入能够显著提高隔膜对电解液的吸收能力，提升离子传导能力，改善电池的倍率性能。

(2) 锂枝晶的产生容易刺破隔膜造成短路，因此研究人员以高机械强度的聚酯、聚酰胺、聚酰亚胺等材料为基材制备无纺布用于电池隔膜。利用纺丝工艺制备直径 500 nm 左右的聚酰亚胺电池隔膜，可以将电池功率提升 20%左右，同时将其循环寿命延长约 20%。

(3) 在无纺布上涂覆无机陶瓷涂层，可制备有机/无机复合隔膜材料。该材料充分利用了有机材料的柔韧性和无机材料的热稳定性。由于无机陶瓷材料一般具有极性，无机陶瓷的引入将显著提高碳酸酯类极性电解液与电池隔膜的亲和力。

(4) 在湿法生产聚乙烯电池隔膜过程中，将无机颗粒混入聚乙烯基体中。在隔膜固化成型过程中，陶瓷颗粒可起到制孔的作用，将孔隙率提高到 60%左右，有利于提升离子传导能力和对电解液的吸液能力。

从制备工艺上来说，锂离子电池的隔膜材料可以通过湿法(热致相分离法)和干法(熔融拉伸法)两种方式制备获得。湿法工艺有利于制备较薄的隔膜，而且能够对隔膜的孔径尺寸、孔隙率实现精确调控，一般比较适合用于大电流密度、高能量密度锂离子电池。湿法工艺的缺点是技术路线比较复杂，隔膜材料制备成本偏高。目前，全球有美国 Entek 公司和日本 Tonen 公司、Asahi Kasei 公司等采用该种隔膜制备技术。相比较来说，干法工艺在技术上比较简单，也不会产生废水等污染物质。但是干法难以有效调控隔膜的孔结构，而且所制备的膜材机械强度一般，也不易把隔膜做薄。目前全球采用干法制膜的企业主要有日本的宇部公司和美国的 Celgard 公司。Celgard 公司在干法制备 PP/PE/PP 隔膜的基础上，还在隔膜单面复合 $Al_2O_3$ 无机颗粒。与单纯的有机聚合物隔膜相比，该种有机/无机复合隔膜在以下方面表现出显著优势：

(1) 促进电池的长循环稳定性。$Al_2O_3$ 颗粒属于一种两性氧化物，因此它能够在一定程度上中和电解液中游离的氢氟酸，从而防止氢氟酸破坏电极表面的固态电解质界面(solid electrolyte interface, SEI)膜及腐蚀其他金属基电极材料，有效避免了由氢氟酸侵蚀作用而产生的电池胀气。此外，$Al_2O_3$ 颗粒的存在能够缓解由隔膜机械微短路所造成的性能衰减，提高电池循环稳定性。

(2) 提高电池的高温安全性能。复合了 $Al_2O_3$ 颗粒的电池隔膜表现出较为优异的耐高温性能。该款隔膜材料即便在 180℃的温度下仍然不会发生收缩蠕变，而普通聚合物隔膜一般无法耐受 90℃以上的温度。无机 $Al_2O_3$ 颗粒能够在聚合物发生收缩形变的情况下继续维持隔膜尺寸的完整性，从而避免了由隔膜收缩造成的正/负极接触短路的现象。能够较好地保障电池在高温环境下运行的安全性。

### 5.1.2.6 锂离子电池电解液

电解液处于锂离子电池正、负极之间，主要起到传导离子的作用。电解液的组成成分对锂离子电池的电压耐受能力、循环稳定性、比容量大小等都起到至关重要的作用。

由于水的电压窗口较窄，若想获得高电压锂离子电池则必须使用小分子有机物作为电解液的溶剂，且该有机溶剂应该尽可能无水无氧。然而，大部分有机溶剂的离子电导率普遍偏低，因此一般需要在溶剂中加入足量的可溶性锂盐，以提高电池整体的离子电导率。

1. 电解液组成

通常情况下，电解液由电子级高纯度溶剂、电解质、辅助试剂等按照一定比例混合制成。

1) 有机溶剂

溶剂是电解液的主体成分。常用的电解液溶剂主要包括碳酸丙烯酯（PC）、碳酸乙烯酯（EC）、碳酸二乙酯（DEC）、碳酸甲乙酯（EMC）、碳酸二甲酯（DMC）等。实际使用中的电解液溶剂往往由上述几种溶剂体系混合组成，如 EC+DEC、EC+DMC、EC+DMC+DEC 等。有机溶剂的纯度显著影响电池的最高耐受电压。纯度在 99.9%以上、水含量在 $1\times10^{-5}$g/g 以下的溶剂最高耐受电压可以达到 5.0 V 左右。此外，严格控制水分的含量还能有效防止 $LiPF_6$ 分解、减缓 SEI 膜分解等。

2) 电解质

$LiPF_6$ 锂盐是目前锂离子电池中应用最为普遍的锂盐。此外，$LiClO_4$、$LiAsF_6$ 也常用作电解质。但是，众所周知，$LiClO_4$ 属于一种具有强氧化性质的管制药品，且在受到猛烈撞击后容易发生爆炸，鉴于电池使用安全方面的考虑，一般不会将 $LiClO_4$ 电解质用于电池工业化大规模生产。以 $LiPF_6$ 作为电解质，电池的离子电导率高、充/放电速率快、放电比容量大。但是，$LiPF_6$ 的热稳定性较差，在 80℃以上即有可能发生分解反应，在配制含有 $LiPF_6$ 的电解液时应该避免溶解放热所造成的电解质自分解。此外，$LiPF_6$ 锂盐对于水分极其敏感，所有操作都只能在干燥的环境下进行。

3) 添加剂

对于一般的锂离子电池而言，电解液添加剂主要在以下三个方面上发挥关键作用。

(1) 减少电解液中残存的水分。在实际应用过程中，一般向电解液中添加碳化二亚胺类化合物以阻止 $LiPF_6$ 锂盐发生水解反应，保障电池系统稳定循环。

(2) 改善 SEI 膜稳定性。向电解液中添加苯甲醚类化合物，使其与电解液的还原产物发生反应，反应生成的 LiOCH 对于在电极表面形成结构稳定的 SEI 膜是非常有利的。

(3) 防止电池过充电和过放电。以往采用保护电路的办法解决电池耐受过充电和过放电的问题。如今，研究人员发现向电解液中加入联苯类、咔唑类、咪唑类化合物也可以有效提升电池耐受过充电和过放电的能力。

2. 耐高压电解液

电池的能量密度和功率密度都与放电电压呈正比关系，因此开发高电压锂离子电池正极材料一直是能源化学研究人员所追求的目标之一。而高电压除了对电极材料提出高要求外，对电解液的高压耐受程度也提出了更为严格的要求，故高电压电解液的开发与应用成为锂离子电池的重要研究方向之一。总体来说，高电压电解液的设计和制备主要从溶剂和溶质两个方面入手。

1) 电解液溶剂

溶剂是电解液的重要组成成分，溶剂的性质和纯度对电解液整体的高压稳定性影响显著。溶剂体系的组成也决定了电解液中溶质（如锂盐）的离子传导能力，从而间接影响电池体系的电化学行为。目前所设计制备的高电压正极材料（如 $LiNi_{0.5}Mn_{1.5}O_4$、$LiCoPO_4$、$LiNiPO_4$）放电电压可以高达 5.0 V 以上，这就对电解液溶剂的抗高压氧化性能提出了严苛的要求。研究人员测试了由不同溶剂组成的电解液在乙炔黑表面的氧化电位[22]，结果表明溶剂组成对电解液高压稳定性影响显著。Jang 等以 $LiCoPO_4$ 作为正极，在 1 mol/L $LiPF_6$/（EC+DMC）的电解液体系中用 0.1 mA/cm² 的电流密度进行充/放电测试，电压区间控制在 3.5~5.2 V。经过仅 10 次充/放电循环后电池容量就下降了 50%左右。由这个案例可以看出，目前常用的碳酸酯类溶剂体系并不能很好地适应高电压电化学环境。

从研究结果来看，向电解液溶剂中添加高沸点、低熔点、高分解电压的有机溶剂有助于提升高压锂离子电池的循环稳定性。Zhang 和 Angell[23]发现，可以将丙二醇硼酸酯作为共溶剂添加至碳酸酯溶剂体系之中。利用该方案所配制的电解液具有非常良好的抗电化学氧化能力，同时还能够促进溶剂对锂盐的溶解性质。使用该电解液所组装的锂离子电池放电电压可以达到 5.8 V（vs. Li/Li⁺），在电池循环过程中能够保持良好的充/放电行为和循环稳定性。

近年来，研究人员还相继开发了一系列新型溶剂体系，以满足电池电解液对高电压和高安全性方面的要求。其中砜类化合物、腈类化合物、氟代碳酸酯、氟代醚类化合物、离子液体等均成为新一代高压溶剂研究对象。值得注意的是，离子液体自身具有蒸汽压低、不易燃、沸点高、热稳定性好、电压窗口宽等诸多优异特性，故使用离子液体作为电解液溶剂有望提升电池的安全稳定性能[24]。但是，由于离子液体的电化学性质与传统溶剂比有较大差别，因此使用离子液体成功用于高压锂离子电池方面的研究报道并不常见。不过有研究表明，向传统溶剂中混合一定比例的离子液体有助于改善电池的高压性能。Xiang 等[25]将离子液体 PP13TFSI 与 DEC 溶剂按照 4∶1 的比例进行混合，以 $LiCoO_2$ 为正极在 2 C 的电流密度下可以获得约 115 mA·h/g 的可逆容量。该电池体系还表现出较为良好的低温性能。虽然通过溶剂共混的办法能够在一定程度上改善电池性能，但是离子液体溶剂在大电流密度电池性能方面仍然难以令人满意。基于离子液体溶剂体系的 5 V 以上高压正极材料仍然有待进一步探索。

砜类溶剂的黏度比离子液体低，且对锂盐的溶解性更好，这对于锂离子在电解液中的快速迁移来说是非常有利的。此外，砜类化合物的电压窗口一般较宽，大部分该类溶剂能够耐受 5.8 V 以上的氧化电压。有研究[26]表明，使用纯砜基电解液溶剂能够使电池表现出较高的工作电压，但是电池的循环稳定性欠佳。在加入碳酸亚乙烯酯（VC）之后电池的循环性能得到了较大改善。

Makoto[27]发现戊二腈和己二腈溶剂能够耐受高达 8.3 V 的电压窗口，比目前报道的包括砜类在内的所有非质子溶剂都要宽。Abu-Lebdeh 和 Davidson[28]测试了 $LiCoO_2$ 正极在己二腈电解液中的电化学性能。将己二腈与 EC 按照 1∶1（体积比）混合，并加入硼酸盐 LiBOB 添加剂后，电池首次放电容量达到 108 mA·h/g，循环 50 次之后仍可以保持约 90%的可逆容量。腈类溶剂尽管具有比较高的氧化分解电位，但是其在高压电解液中的投加比例、助剂类型及它们的工作原理尚需进一步研究和优化。

氟元素具有较强的电负性和弱极性，这使得氟代溶剂一般具有非常高的电化学稳定性。有研究表明，目前氟代溶剂通常以添加剂或者共溶剂的形式应用在电池的电解液中，这显著提高了电解液的抗高压分解能力，改善了电池的安全稳定性。Zhang 等[29]对碳酸酯类和醚类电解液溶剂进行氟化处理，合成相应的氟代化合物。该项研究测试了 $LiNi_{0.5}Mn_{1.5}O_4$ 正极在氟代电解液中的电化学性能。结果表明，以醇醚羧酸盐(AEC)、EMC 的氟代化合物为混合溶剂的电解液能够耐受较高的电池工作电压。电池在该电解液体系下表现出良好的循环稳定性。此外，氟原子取代了有机物上的氢原子后，降低了氢元素在化合物中的含量，因此削弱了溶剂自身的可燃性。再加上氟代有机化合物还具有比较高的闪点，因此，氟代溶剂在提升电池电压窗口的同时也在一定程度上抑制了电池由于燃烧或爆炸所带来的安全隐患。

2) 锂盐溶质

实验研究表明，$LiBF_4$ 锂盐在碳酸酯类电解液中的抗氧化分解能力比 $LiPF_6$ 锂盐电解质要好很多。将 1.5 mol/L 的 $LiPF_6$ 锂盐溶解在 EC+EMC 溶剂体系中就可以配制出常规的耐高压电解液。当采用 $LiNi_{0.5}Mn_{1.5}O_4$ 高压正极材料时，在 60℃的温度下平均每圈的容量衰减率小于 0.3%[30]。但是锂盐溶质的浓度对电解液的热稳定性也会起到明显影响，一般来说浓度越高热稳定性越差，而浓度太低又会影响锂离子的离子电导率。因此，对于高压电解液中锂盐浓度的优选还值得进一步的研究。

3) 电解液的纯度

电解液对物质纯度的要求非常高，微量的杂质就会显著影响电池的性能。电解液的纯度越高，越有利于有机溶剂获得宽的窗口电压、形成稳定的 SEI 膜、避免锂盐高压分解、防止电池出现胀气等。可以说电解液的纯度越高，它的耐高压性能就越好。所以，高压电解液对于溶剂和锂盐溶质的纯度均有较高的要求。

### 5.1.2.7 锂离子电池的安全保障

锂离子电池由于电池内部没有使用活泼性强的金属锂，所以在一般情况下还是比较安全的。但是当电池的充电电压高于 4.2 V 时，在负极上锂离子有可能被还原为金属锂而析出。在这个时候如果沉积的金属锂形成枝晶刺穿隔膜，抑或此时电池正处于高温环境下，锂离子电池就容易起火甚至是爆炸。

为了保障锂离子电池长期运行安全可靠，除了要控制好充电电压以外，电池一般还会加装三重安全措施。

1. 正温度效应元件(PTC 元件控制)

在温度小于 45℃的时候这种元件的电阻很小，如果温度继续升高，元件的电阻将急剧增大，从而迫使经过电池的电流降低至安全水平。如果电池内部的温度高于某一设定值(如 65℃)时，PTC 元件会立即转变为绝缘材料，彻底阻断正极引线和电池盖帽之间的电路。等温度降至 45℃以下后该元件又重新恢复到低阻值状态。

### 2. 隔膜自熔关闭

设计制备具有适当玻璃化转变温度的聚合物作为电池隔膜材料。当电池温度升高到一定程度时，隔膜表面的孔结构因高温收缩而关闭(熔塞)，阻止锂离子通过隔膜在两极之间来回迁移，电化学反应由于缺失了离子电导随即停止。电池隔膜通过感温响应最终对电流起到熔断作用。

### 3. 安置安全阀

在电池封闭的外壳处安置安全阀，当电池内部的压力增加到设计值后，排气阀就会自动开启以释放电池内部过剩的压力，避免因为内部压力过大而造成的安全事故。

## 5.1.3 金属空气电池

金属空气电池是将某些轻质金属(如锂、锌、铝等)作为阳极、氧气(或空气)作为阴极组装所形成的电能产生装置。由于跟燃料电池一样，都以氧气作为氧化剂，因此金属空气电池还被称为金属燃料电池。该类能源体系的阴极活性物质往往可由外界不断补充，因此当与合适的阳极活性物质匹配后可以表现出较高的能量密度，其实际能量密度可以达到普通锂离子电池的三倍左右。此外，金属空气电池具有生产过程绿色环保、使用过程无污染、放电电压平稳等诸多优点，是一种高效能的清洁能源。

### 5.1.3.1 锂空气电池

在所有金属中，锂金属具有最低的标准电极电位和最高的理论比容量。因此，将锂片与空气电极匹配组成的锂金属电池能够提供最大的理论能量密度。锂空气电池的工作原理主要基于如下两个氧化还原反应：

$$2Li + O_2 \xrightarrow{\text{氧化还原}} Li_2O_2 \tag{5.5}$$

$$4Li + O_2 \xrightarrow{\text{氧化还原}} 2Li_2O \tag{5.6}$$

由以上电化学反应可以推断，锂金属电池的开路电压可以达到 3.0 V 左右，理论能量密度高达 5200 W·h/kg，其值高于常规电池体系 1～2 个数量级。锂金属电池在高能量密度储能领域中具有极大的应用潜力。

在电极结构的组成上，空气电极主要由扩散层、催化层、集流体三个部分组成。扩散层为氧气顺利进入电池提供了丰富的孔道；催化层一般由多孔碳负载催化剂所构成，主要用于活化氧气分子，并使其与迁移过来的锂离子发生反应；集流体则主要用于空气电极与外部电路之间形成电子导通。

#### 1. 锂空气电池阳极

锂空气电池需要在开放的环境下工作，因此需要保证阳极锂片免遭空气中氧气和水蒸气的腐蚀。目前，阳极设计的主要目标聚焦在金属锂的腐蚀防护方面。有研究表明，可以在金属锂表面涂覆一层由 $Al_2O_3$ 和聚偏二氟乙烯-六氟丙烯所构成的复合保护膜，从而延缓金属锂的腐蚀过程。通过测试发现，具有锂片保护膜的锂空气电池比无保护膜的样品在放电容量上高了三倍。两组样品循环后锂片表面微观形貌差距非常明显[31]。有报道称可通过柠檬酸凝胶法制备含有 $Li_2O$ 的铝掺杂镧钛酸锂（A-LLTO）。A-LLTO 粉末在微观上由 20~50 nm 的颗粒所构成。$Li_2O$ 的存在能够同时调控 A-LLTO 的形态及其离子导电性。当 $Li_2O$ 的含量为 20%（质量分数）的时候，A-LLTO 的离子迁移率可以达到约 $10^{-4}$ S/cm。将 A-LLTO 薄膜涂覆在锂片表面能够阻挡空气中氧气和其他污染物的腐蚀[32]。此外，还可以通过对金属锂进行掺杂或者合金化来提高锂在电池运行中的安全性。但是这类方案会在一定程度上降低电池的性能。同时，掺杂或合金化容易导致锂片和电解质界面处电流分布不均匀，导致枝晶生长甚至刺穿隔膜引起短路。

2. 锂空气电池阴极

实验研究发现，锂空气电池的性能在很大程度上受到阴极空气电极的影响，在实际测试过程中电池的能量密度与理论值相差很远。目前，大部分研究人员将重点放在开发先进阴极材料上。锂空气电池普遍面临这样一个问题：电池放电后在阳极氧化产生的 $Li^+$ 扩散至空气电极上，并与氧离子结合形成了 $Li_2O_2$ 或者 $Li_2O$。这些锂的氧化物会堵塞在阴极的孔结构中，从而影响空气电极上氧气的扩散路径，最终使得电池放电过程提前结束。由此可见，锂空气电池阴极材料的孔结构参数对放电容量影响十分显著。锂空气电池的阴极通常可选取纯碳材料、复合材料、金属氧化物材料等。

3. 锂空气电池阴极催化剂

以 $MnO_2$ 为代表的一类金属氧化物由于具有电压平台高、能量协调性好、原料廉价易得、绿色环保等优点，常被用作锂空气电池的阴极催化剂。可通过低温水热的办法制备具有不同晶型的 $MnO_2$ 纳米材料。使用该纳米催化剂作用于锂空气电池阴极，电池的循环稳定性较无催化剂的情况显著提升，循环寿命提高了两倍。Li 等[33]通过静电纺丝的办法制备了一维多孔 $La_{0.5}Sr_{0.5}CoO_{2.91}$ 纳米管，并将其作为催化剂用于非水系锂空气电池的阴极。电化学测试表明，在 0.1 A/g 的电流密度下电池首次放电容量可达到 7205 mA·h/g，放电平台稳定在 2.66 V 左右。研究还发现，在碱性电解液中 $La_{0.5}Sr_{0.5}CoO_{2.91}$ 纳米管能够同时催化氧析出和氧还原两个电化学反应，显著提升了空气电池的库仑效率和能量密度。经过 100 次充/放电循环之后，电池的比容量还维持在 1000 mA·h/g 左右。具有双催化功能的金属氧化物被认为是一类非常理想的空气电池电极材料。

4. 锂空气电池电解质

传统的液态电解液存在易渗漏、易挥发、易燃烧、有毒等诸多方面的问题，因此近年来科研人员从提高离子的导通性和保障电池的安全稳定性入手，设计开发了一系列性能优越的电解质材料。研究人员将固态电解质用于锂空气电池中，由于该电池体系内不存在流体物质，可以将其安装在扫描电子显微镜上实现对充/放电过程的实时追踪观测。研究表明，在充电时活性物质从表层开始发生变化，沿着某一方向不断延伸。实时观测的图像还证明，该电池体系中电子和离子的动力学传导能力较强，充/放电过程中 $Li_2O_2$

的生成和分解都能够顺利进行。电流密度大小和导电载体表面性质将影响放电产物的微纳结构[34]。Zhang 等[35]制备了一种可用于锂空气电池的凝胶聚合物电解质。该电解质能够在较宽的电压窗口内保持性质稳定,同时还具有比较良好的离子传导能力。以纯炭黑作为阴极,组装的锂空气电池首次放电比容量接近 3000 mA·h/g。此外,该聚合物锂空气电池还展现出了良好的循环稳定性。分析表明,电解质凝胶化对于开发长循环寿命锂空气电池将发挥十分重要的作用。科研人员还利用聚碳酸酯醚和 LiBF$_4$ 合成了一种低分子量聚合物电解质材料,并成功应用于锂空气电池之中[36]。实验研究表明,LiBF$_4$ 存在条件下的锂离子电导率可以达到 1.57 mS/cm。由红外光谱的分析可知,锂离子与聚合物中部分氧原子之间能够形成比较显著的相互作用关系,且锂盐与聚合物相容性良好。在锂空气电池中应用全固态电解质能够在保证电池安全性的同时获得较高的放电比容量。

由于离子液体具有电化学稳定、饱和蒸气压低、溶解性好、易于操作等诸多优点,因此被能源化学领域的科研人员用作锂空气电池的电解质材料。Cai 等[37]以锂盐、疏水性离子液体、螺环季铵盐为主要成分制备合成了一种离子液体复合电解质,并将其用于锂空气电池之中。借助塔费尔曲线、循环伏安曲线、恒电流充/放电曲线的测试与分析可知,该离子液体电解质能够协助锂空气电池发挥出良好的循环稳定性和较高的放电比容量。将离子液体用于合成凝胶材料以制备锂空气电池的准固态电解质。该电池系统可按比例放大体量,有望用于大功率电气设备。

### 5.1.3.2 铝空气电池

金属铝的氧化还原过程往往伴随三个电子发生转移,因此以金属铝为负极的空气电池可以提供较高的理论比容量(2980 mA·h/g),其理论比能量密度可以达到 4332 W·h/kg。铝元素作为自然丰度最大的金属元素,资源丰富且价格低廉,同时铝电极可以循环使用,电池运行成本较低。此外,铝电极可以从电池上拆卸、更换,电池维护管理较为简便。与活泼金属锂相比,金属铝较为稳定、无安全隐患、易于回收利用。

铝空气电池的电解液一般可以分为碱性和中性两种类型,其在不同电解液中的电化学反应方程如下:

$$4Al + 3O_2 + 6H_2O + 4OH^- \xrightarrow{\text{碱性电解液}} 4Al(OH)_4^- \tag{5.7}$$

$$4Al + 3O_2 + 6H_2O \xrightarrow{\text{中性电解液}} 4Al(OH)_3 \tag{5.8}$$

金属铝既是铝空气电池的集流体,也是电池的阳极活性物质,因此该类电池可以通过更换廉价的阳极金属实现电池的再生或者充电。铝空气电池的阴极反应物为空气中的氧气。由于金属铝比碱金属的化学稳定性好,所以铝空气电池还可以用于水下作业环境,此时电池阴极需要利用液态的氧或者水中的溶解氧。电池阴极侧主要由催化层、集流体、防水层三个部分组成,分别起到催化氧气反应、快速传导电荷、防止电解液渗漏三个方面的作用。

铝空气电池的优点主要包括:
(1)铝元素在地壳中储量丰富,在全球分布广泛,廉价易得。

(2) 铝空气电池中阳极金属铝可以被不断更换，所以电池寿命较长，可以保证 3~4 年正常使用。电池的阴极决定其最终的使用年限。

(3) 电池的反应物质和产物为水、氢氧化铝、氧气等，对人体和环境均无毒害作用，氢氧化铝还可作为污水处理中的絮凝剂使用。该电池体系被称为 21 世纪的新型绿色能源。

(4) 铝电极的体积能量密度和质量能量密度均较高，与传统内燃机相比铝电池还表现出较高的能量转化效率，故有望在车载动力能源方面发挥重要作用。

(5) 铝电池可以组装成为循环式和非循环式两种不同的结构，能够适应不同的应用场景和工况条件。

尽管围绕铝空气电池的开发与应用进行了卓有成效的研究工作，但是该类储能体系距离真正的商业化应用还有很多问题亟待解决：①氧气在空气电极还原过程比较缓慢，需要开发高活性、高稳定性、低成本的催化剂材料；②金属铝负极在碱性电解液中遭受腐蚀比较严重；③金属铝表面易于形成氧化层，抑制了铝发生氧化失电子的反应过程，导致较为严重的阳极极化现象发生。

### 5.1.3.3 锌空气电池

锌空气电池一般是以氧气为正极、金属锌为负极、氢氧化钾水溶液为电解液的碱性电池。锌空气电池的基本工作原理如下：

$$Zn + 2OH^- \xrightarrow{\text{负极反应}} ZnO + H_2O + 2e^- \tag{5.9}$$

$$\frac{1}{2}O_2 + H_2O + 2e^- \xrightarrow{\text{正极反应}} 2OH^- \tag{5.10}$$

$$Zn + \frac{1}{2}O_2 \xrightarrow{\text{电池反应}} ZnO \tag{5.11}$$

该电池体系的理论能量密度达到 1350 W·h/kg，适用的温度范围在 –20~80℃。由于采用水性电解液，锌空气电池能够有效避免因电解液泄漏、电池短路所带来的安全问题。锌板价格低廉，当电池放电结束后，只需要更换锌负极就能够使电池再次充满能量。此外，锌空气电池的工作电压非常平稳，电压长效、稳定输出对用电设备的正常工作意义重大。

由于锌空气电池属于开放式的电池体系，电池在从外界获得氧气的同时也难免吸收空气中的酸性气体——二氧化碳。这样极易使碱性电解液发生碳酸盐化，造成电池失效。此外，电池碱性物质析出后造成爬碱问题，这给电池日常的维护和保养带来比较大的困扰。最后，大电流密度下的散热问题也是锌空气电池亟待解决的关键技术问题。

## 5.1.4 钠离子电池

科研人员对钠离子电池的研究始于 20 世纪 70 年代，几乎与锂离子电池同步开始。锂离子电池在基础理论和产业应用等方面取得了长足的发展，因此对综合性能不占优势的钠离子电池的研究就稍显滞后。锂离子电池是一种高效、低碳、绿色的储能装置，但是锂元素在全球范围内储量有限且分布不均。这极大地限制了锂离子电池在大规模电能存储设备中的应用。

钠离子电池与锂离子电池的工作原理基本一致，金属钠在物理、化学性质方面与同一主族的金属锂也非常接近。但是钠元素在地壳中的自然丰度是锂元素的 1000 倍以上，钠离子电池能够表现出非常突出的成本优势。

#### 5.1.4.1　钠离子电池正极

钠离子电池的正极主要包括金属氧化物层状材料、过渡金属磷酸盐、过渡金属氟磷酸盐、焦磷酸盐等。此外，由于有机物质可通过生物质精炼的办法获得，其原料来源广泛、价格低廉，且具有绿色、可再生等特性，因此有机正极材料一直受到科研人员的高度关注。如在导电聚合物中掺杂 $Fe(CN)_6^{4-}$ 所获得的正极材料在 200 mA/g 的电流密度下可以提供约 130 mA·h/g 的比容量；在聚吡咯中成功掺杂二苯胺磺酸盐制备钠离子电池正极材料，其在类似的电流密度下提供了约 120 mA·h/g 的可逆比容量。然而，有机电极材料存在诸多缺点，如热稳定性差、得失电子动力学缓慢、离子和电子传导能力较差、溶解于有机电解液等。

#### 5.1.4.2　钠离子电池负极

在锂离子电池的实际应用中，石墨是较为成熟的负极材料。这主要得益于石墨具有规整的二维层状结构、良好的晶体结构、优异的电子传导能力等。锂离子在石墨的片层结构中往复地嵌入和脱嵌，电子则在两极和外电路之间传导，以维持整个体系的电荷平衡。然而，钠的原子半径(1.06 Å)大于锂的原子半径(0.76 Å)，因此钠离子难以顺利地嵌入石墨层间距内部，实现钠存储。这导致电池仅能提供极小的比容量。

硬碳材料的微纳结构中主要包含无定形和结晶态两相，且两相的碳原子层间距均大于石墨。硬碳材料常用于钠离子电池负极的研究。研究人员设计制备出具有不同微观形貌的硬碳，同时向碳的晶格结构中掺入杂元素，合成比容量高、循环稳定性良好的钠离子电池负极。此外，无定形碳材料由大量微小的石墨晶体无序堆砌而成，一般含有很多细小的微孔结构，这为钠离子的存储提供了足够的活性位点。

除了碳质材料以外，金属化合物、合金类材料均可用作钠离子电池的负极。与锂离子电池类似，合金负极的储钠原理仍然为金属钠的合金化反应，该类负极材料往往具有比较高的理论储钠比容量，如 Sn(845 mA·h/g)、Pb(485 mA·h/g)、Si(954 mA·h/g)、P(2596 mA·h/g)等。但是，合金材料在钠离子嵌入和脱嵌过程中活性物质体积变化明显，易造成电极粉化，容量急剧衰减。金属化合物(如 $Fe_3O_4$、SnSe、$SnO_2$、$Ni_3S_2$ 等)在储钠过程中一般发生金属化合价的多价态连续变化。虽然该类负极材料同样表现出较高的理论比容量，但是金属化合物的电导率较差，倍率性能和首次库仑效率均需要进一步提高。

### 5.1.5　锂硫电池

锂硫电池是以单质硫或其化合物为活性物质构建正极、以金属锂作为负极组装形成的一类电池体系。由电池构成可知,锂硫电池属于一种锂金属电池类型。锂硫电池的理论比能量密度可以达到 2600 W·h/kg,质量比容量高达 1675 mA·h/g,均超过锂离子电池的数倍。锂硫电池的平台电压达到 2.1 V 左右,具有在高能电源方面的应用潜力。单质硫还具有储量丰富、价格低廉、环境友好等诸多优势,因此锂硫电池作为高效二次储能系统在单兵作战、无人机、智能导航、电动汽车等高能耗装备方面具有非常可观的应用前景。

#### 5.1.5.1 锂硫电池基本原理

通常情况下,锂硫电池的正极主要由单质硫、导电碳添加剂、高分子黏结剂组成。在电池放电时,电子从金属锂负极导出经过外电路进入电池正极。处于电池正极的单质硫得到电子被还原,与经过电解液迁移至正极的锂离子结合后形成多硫化锂或者硫化锂(图 5.2)。电池充电时,则与上述电子和离子传输过程相反。

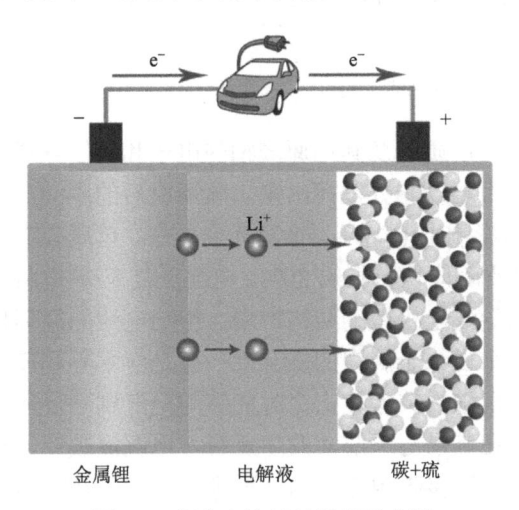

图 5.2 锂硫电池运行机理示意图

值得注意的是,在锂硫电池放电过程中单质 $S_8$ 分子得到电子被还原并与电解液中的锂离子结合形成长链多硫化物 $Li_2S_x$ ($4 \leq x \leq 8$)。这些多硫化物能够溶解在电解液中(图 5.3),并且在浓度梯度的作用下透过电池隔膜向金属锂负极方向迁移。多硫化物接触金属锂之后可直接被还原成为更低价态的硫化物,而还原产物 $Li_2S_2$ 和 $Li_2S$ 不能够溶解因此易于在锂片表面生成钝化膜。随着充/放电过程的往复进行,部分溶解性的多硫化物可能会从负极再次迁移回正极。上述过程即为锂硫电池中典型的"穿梭效应"。"穿梭效应"会导致电池活性物质流失、金属锂被腐蚀、电池内电路发生电子转移,表现在电池性能上则主要为比容量低、衰减快、库仑效率低。由图 5.3 可知,锂硫电池的主要放电平台在 2.1 V 左右,这主要来自 $Li_2S_4$ 向 $Li_2S$ 进行转化的反应过程。此外,该电池在 2.3 V 附近也展现出了一个较小的放电平台,这主要来自 $S_8$ 分子向 $Li_2S_6$ 的转化过程。

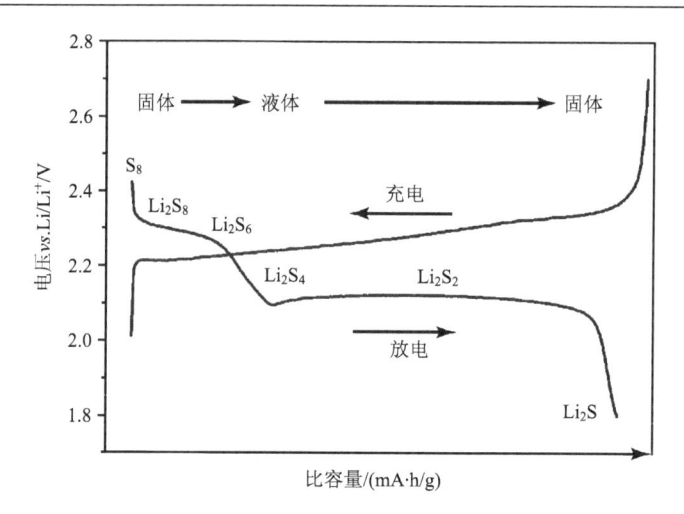

图 5.3 锂硫电池多硫化锂随电池充/放电过程变化情况

#### 5.1.5.2 锂硫电池存在的问题

从硫正极方面来说，单质硫及其还原产物的电子和离子导通能力都比较有限。这使得硫所具有的高储锂能力难以充分发挥出来。硫还原后的中间产物，即可溶性多硫化物导致"穿梭效应"，显著影响电池循环寿命和库仑效率。单质硫在放电过程中会发生体积膨胀，完全锂化后的单质硫体积膨胀约80%。电池反复充/放电将使活性物质的体积发生周期性的变化，这极易导致电极微纳结构坍塌，影响电池的循环稳定性。

从电池锂负极方面来说，金属锂的安全性一直是学术界和产业界关注的焦点。金属锂较为活泼，在电池出现破损或者被击穿时能够与空气剧烈反应，甚至引起爆炸。金属锂的化学活泼性还表现在其易与电解液发生反应，电解液被锂消耗之后电池的离子传导能力将受到极大的影响，直接导致电池内阻增大。此外，在充电过程中锂离子难以均匀地沉积在锂金属表面，导致锂枝晶现象的发生。锂枝晶可能刺穿隔膜使电池短路，同样带来安全隐患。锂枝晶的负极在放电时可能发生锂离子局部析出，这又会形成与电极间失去电子联通的"死锂"。

#### 5.1.5.3 锂硫电池的发展

锂硫电池作为一类高能量密度的新能源体系一直受到全世界各国研究人员的关注。针对锂硫电池的研究主要围绕设计高性能硫正极材料、多功能隔膜改性、金属锂腐蚀防护等几个方面展开。

为了改善单质硫的导电性、抑制多硫化物穿梭，最常用的策略是将硫封装在导电碳材料(如碳空心球、碳纳米管、介孔碳、多级孔结构碳等)空腔内部。上述碳材料较大的比表面积和孔体积能够对多硫化物产生较强的吸附作用，同时易于将硫的氧化还原反应限域在碳材料的空腔内，避免生成的多硫化物对外扩散。此外，丰富的孔结构还能够为硫在锂化和去锂化过程中发生的体积变化提供足够的空间，从而避免由活性物质体积变化而导致的电极结构坍塌。碳材料丰富的离域电子及其有序的晶格网络有利于在电化学反应中电子和离子的快速传输,这对于提升电池体系的动力学特性、降低电化学阻抗非常有利。除了利用多孔碳以外,金属化合物通过路易斯酸碱相互作用也能够对多硫化物产生较强的限制。

锂硫电池的隔膜除了能够导通锂离子、隔绝两极接触之外,在抑制多硫化物向负极扩散方面也具有极大的发展潜力。目前商业化的隔膜产品孔径尺寸在 100 nm 左右,而多硫化物的分子直径一般仅为几个纳米,因此一般的隔膜材料无法抑制多硫化物的扩散行为。对现有的隔膜进行改性,或者设计制备新型隔膜材料能够有效控制多硫化物的"穿梭效应"。Zeng 等[38]将杂元素掺杂后的多孔碳涂覆在隔膜表面,利用孔结构和杂元素的极性特征实现对多硫化物的多重吸附。Yu 等[39]利用生物质纤维素直接制备隔膜,纤维素中丰富的含氧官能团能够与多硫化物之间形成较强的偶极-偶极相互作用。多硫化物作为活性物质的中间产物,能否对其充分利用决定了电池体系的综合能量利用效率。Song 等[40]将氮化钒(VN)作为电催化剂涂覆在改性的隔膜表面。研究表明,该种隔膜复合材料不仅能够有效吸附多硫化物,而且能进一步促进多硫化物发生电子转移,从而实现对活性物质中间体的充分利用。该种电池在 0.5 C 电流密度下的平均库仑效率高达 99.3%。

对金属锂负极的研究工作主要围绕锂片保护策略方向展开。电解液是电池中与锂负极直接接触的物质,通过在电解液中加入添加剂能够显著改变金属锂片的表界面性质。美国 Sion Power 公司首次在锂硫电池电解液中添加 $LiNO_3$ 以改善电池的循环稳定性和库仑效率。研究发现,硝酸锂在锂片表面形成钝化层,从而阻挡了金属锂和多硫化物直接接触,避免二者发生电子转移和锂片腐蚀现象的发生。Huang 等[41]将柔性氧化石墨烯薄膜复合在锂片表面。该层薄膜显著增加了锂片表面的平整度,抑制了锂枝晶的生长,同时也提高了电池的库仑效率。

尽管锂硫电池在能量密度、材料成本等方面表现出了极为诱人的特性,但是在服役寿命、能源效率、稳定性、安全性等方面离真正的产业化应用尚有不小的差距。针对锂硫电池的运行机制,尤其是针对多硫化物的综合利用和锂片的安全防护等将是未来推动锂硫电池实质性发展的重要举措。

## 5.1.6 液流电池

1974 年美国科学家 Thaller 正式提出了液流电池这一概念。该电池体系中正极和负极电解液被隔开,且各自独立循环。两极电解液中均含有电化学活性物质,在电池工作过程中活性物质发生可逆的氧化还原反应,即化学能和电能相互转化。该类能源体系不同于使用固体电极材料或气体电极的电池,它的电化学活性物质全部溶解在连续循环的电解液中,而电解液一般储存在相对独立的储罐中,通过泵和传输管路运送至电极处连续参与反应。可见液流电池的最大特点是可实现大容量、规模化、持续供能。

### 5.1.6.1 液流电池的构成

液流电池的主要组成包括电解液储罐、电堆、离子交换膜、管网、输送泵、辅助设备、系统保护元件等(图 5.4)。液流电池的储罐中装有强氧化性或强还原性活性物质,所以该电池体系中所使用的设备和管网应具备耐腐蚀的特性,通常情况下会在结构内衬中采用防腐涂层。

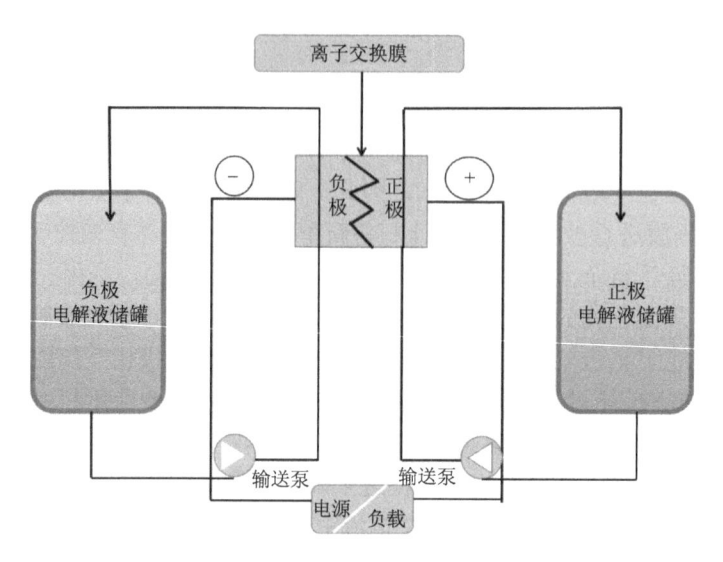

图 5.4 液流电池基本构成

液流电池的电堆是发生电化学氧化还原反应的重要部件，电堆一般由几十节单电池构成，此外还包括了兼具固定电极和引流电解液的电极框、电解液进液板、集流体铜板、密封件等。进一步来看，隔膜材料将单电池分隔成阴极和阳极两个反应空间，多孔石墨用于充当工作电极，两个储罐中的电解液各自流入相应的电极中保障电化学反应连续进行，最终各单电池叠加对外输出电能，电池系统的输出功率由单电池功率和串联节数的乘积所决定。电堆的工作电流则由电流密度和电堆的电极总面积所决定。

液流电池的电解液储罐是存储电化学活性成分的容器，其结构强度、化学稳定性、耐腐蚀性等都非常重要。储罐中的电解液一旦发生泄漏，必将给周边环境和工作人员带来严重危害。此外，电解液一般价格昂贵，故泄漏还会造成较大的经济损失。

输送泵能够推动电解液连续不断地流过电堆中的单电池，保障液流电池稳定、持续地对外供给电能。如果输送泵出现故障停止工作，液流电池中发生的氧化还原反应会立即中断。可见输送泵的稳定性对于液流电池正常运行意义重大。输送泵的类型主要包括磁力泵和离心泵两类。为了免遭腐蚀，泵体一般采用聚丙烯高分子或者聚四氟乙烯材质。

液流电池中的流量计、压力传感器、换热器、过滤器等都属于电池系统的辅助设备。由于液流电池在正常运行过程中会产生一定的热量，而这些热量能够通过连续流动的电解液被传送至电堆以外，因此电池系统中需要一个冷却设备以实现电解液热量交换的功能，所以换热器是电池系统中较为重要的辅助设备之一。通常情况下，换热器采用风冷或者水冷两种热交换方式。由于液流电池运行温度可调控性较强，使得其在实际应用过程中表现出较为平稳的电化学性能。

#### 5.1.6.2 液流电池的特性

基于电池的结构组成和运行特征，液流电池较其他储能技术在以下几个方面表现出显著的优势：

(1)电池系统的输出功率由电堆中单电池的功率及其数量所决定，储能容量则由电解液的浓度及其容积所决定。所以，该电池体系的输出功率和容量彼此独立、互不影响。这极大地提高了电池设计的灵活性，有利于应对复杂多变的耗能场景。

(2)受到组成结构的影响，液流电池一般采用模块化的结构设计办法。这对于系统放大升级和装配/拆卸都非常有利。不论是单体电池还是电池组，在额定输出功率方面液流电池较其他储能电源具有明显优势。

(3)液流电池在充/放电过程中表现出较高的库仑效率。电池运行过程中活性成分均溶解在电解液中，不存在多相变化，具有良好的电化学反应动力学特性，电池启动迅速、充/放电切换响应快。

(4)液流电池工作时，输送泵推动电解液在整个系统中循环，流动的电解液能够显著提高活性成分的扩散能力，降低由电解液和电极界面处浓差极化所带来的反应阻抗。电池表现出良好的过载能力及深度放电能力。

(5)液流电池在全生命周期内对生态环境产生的压力较小，属于一种非常绿色的能源形式。电池的电解液可以选用水作为溶剂，可以有效规避有机溶剂带来的溶剂挥发、电池膨胀、燃烧爆炸等隐患，水性电池系统运行过程安全可靠。

当然，液流电池的发展也面临着诸多困境。首先，构成液流电池的组件较多，系统较为复杂，这给电池体系故障诊断、排查、修复工作带来不小的困难；为保障液流电池能够连续、稳定地运行，必须为输送泵、通风设备、电控设备等提供电能，这种能源消耗型储能设备不适合家用或手持式的用电器；电化学活性物质在电解液中的溶解度往往会限制电池的能量密度或功率密度。

## 5.2 电化学能量转化——燃料电池

### 5.2.1 燃料电池的工作原理

燃料电池[42]是一种能量转化装置，它是按电化学原理，即原电池工作原理，在等温条件下把贮存在燃料和氧化剂中的化学能直接转化为电能，因而实际过程是氧化还原反应，其工作原理如图 5.5 所示。燃料电池主要由四部分组成，即阳极、阴极、电解质和外部电路。燃料气和氧化气分别由燃料电池的阳极和阴极通入。燃料气在阳极上放出电子，电子经外电路传导到阴极并与氧化气结合生成离子。离子在电场作用下，通过电解质迁移到阳极上，与燃料气反应并构成回路，最终产生电流。同时，无论是电化学反应本身还是电池中的内阻都会在燃料电池运行中产生一定的热量。电池的阴、阳两极除传导电子外，也作为氧化还原反应的催化剂发挥作用。当燃料为碳氢化合物时，要求阳极有更高的催化活性。阴、阳两极通常为多孔结构，以便于反应气体的通入和反应产物排出。电解质起传递离子和分离燃料气、氧化气的作用。为阻挡两种气体混合而引起电池内短路，电解质通常选用结构致密的材料。

图 5.5 燃料电池工作原理示意图

燃料电池的种类繁多，其中按照工作原理可以简单划分为直接氢燃料电池和间接氢燃料电池(指直接以甲醇为原料的燃料电池)。其中直接氢燃料电池又可以简单地分为以下几类：碱性燃料电池、磷酸燃料电池、熔融碳酸盐燃料电池、固体氧化物燃料电池、质子交换膜燃料电池。下面将重点介绍这几种不同种类燃料电池的工作原理。

### 5.2.1.1 碱性燃料电池工作原理

碱性燃料电池[43]是最早被开发应用的一类燃料电池技术，其电解质是强碱(氢氧化钠、氢氧化钾等)，在电解质内部传输的导电离子是 $OH^-$，燃料则是氢气，氧化剂是纯的或除去 $CO_2$ 的空气($CO_2$ 会和电解质发生反应)。其主要由以下几个部分组成：正极材料一般为 Pt/C 或金属 Ag 等，而负极材料多为 Pt-Pd/C、Ni 等，以浸泡了碱液的多孔石棉作为隔膜，还包括双极板和流场。其中双极板和流场相对于质子交换膜燃料电池而言比较简单，目前常用的双极板为无孔碳板或者镍材料，这些材料在碱性燃料电池工作条件下性能非常稳定；而流场采用点状流场、蛇形流场等。碱性燃料电池的工作温度一般为 20～70℃，其工作原理大致如下(图 5.6)。

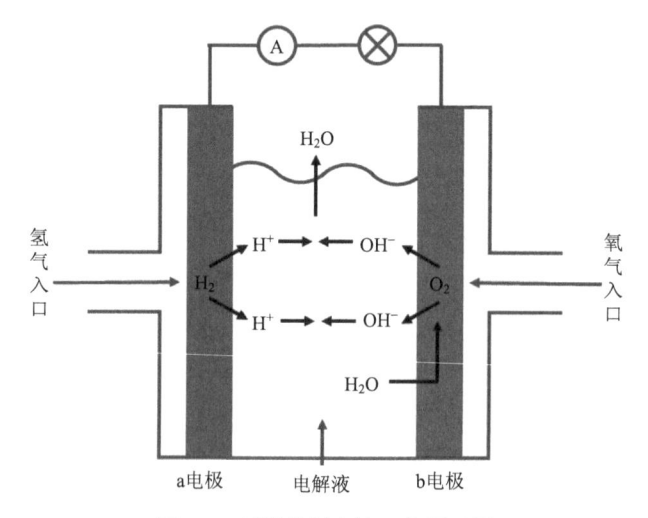

图 5.6 碱性燃料电池工作原理图

当氢气在阳极发生反应时，在催化剂(镍合金、Pt 基二元催化剂等)的作用下，氢气与碱液中的氢氧根离子反应生成水，而电子则通过外电路到达阴极：

$$H_2 + 2OH^- \longrightarrow 2H_2O + 2e^- \tag{5.12}$$

阴极中的氧气得到来自阳极的电子，在催化剂(氮化物、银催化剂等)的作用下与电解质中的水发生还原反应，生成 $OH^-$。

$$\frac{1}{2}O_2 + H_2O + 2e^- \longrightarrow 2OH^- \tag{5.13}$$

随后生成的 $OH^-$ 通过泡浸电解质的多孔隔膜迁移到氢电极，其总反应为

$$H_2 + \frac{1}{2}O_2 \longrightarrow H_2O \tag{5.14}$$

#### 5.2.1.2 磷酸燃料电池工作原理

磷酸燃料电池[44]是以浓磷酸为电解质，以贵金属催化剂气体扩散电极为正、负极的中温型燃料电池。在磷酸燃料电池中，关键材料包括：①阳极和阴极电催化剂；②电极，即由催化层、平整层、支撑层组成的多孔气体扩散电极；③隔膜，早期的隔膜是石棉膜或玻璃纤维纸(存在与电解质反应的缺点)，现主要使用碳化硅隔膜(其主要作用为将氧化剂和燃料分隔、促进离子传导)；④电解质；⑤双极板，其作用为将氧化剂和燃料隔离以及传导电流，现在主要用复合双极板或者石墨粉和树脂复配后的材料。燃料一般为氢气，氧化剂为空气。磷酸燃料电池的工作温度比碱性燃料电池的工作温度要稍高一些，大致的范围在 150~210℃，其工作压力一般为 0.7~0.8 MPa，其工作原理如下(图 5.7)。

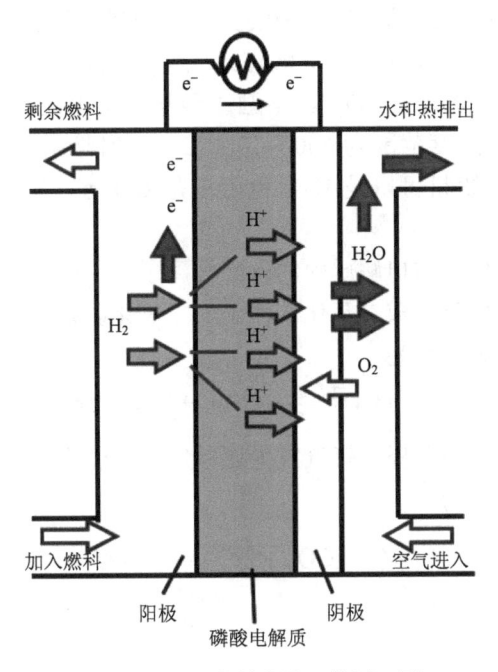

图 5.7 磷酸燃料电池工作原理图

氢气进入气室，然后到达阳极，阳极存在催化剂，一般为 Pt 或者其合金。在催化剂的作用下氢气发生氧化反应，失去两个电子，电子经外电路到达阴极，氢气则被氧化成 $H^+$，反应式如下：

$$H_2 \longrightarrow 2H^+ + 2e^- \tag{5.15}$$

而生成的 $H^+$ 通过磷酸电解质到达阴极，到达阴极的 $H^+$ 与空气中的氧气结合，还原生成水，反应式如下：

$$\frac{1}{2}O_2 + 2H^+ + 2e^- \longrightarrow H_2O \tag{5.16}$$

总反应为

$$H_2 + \frac{1}{2}O_2 \longrightarrow H_2O \tag{5.17}$$

### 5.2.1.3 熔融碳酸盐燃料电池工作原理

熔融碳酸盐燃料电池[45]，是由多孔陶瓷阴极、多孔陶瓷电解质隔膜、电解质、多孔金属阳极(如镍)和金属极板构成的燃料电池。多孔陶瓷阴极常用 NiO，但多孔 NiO 易溶解于熔盐电解质中，从而导致电极性能下降，因此常采用掺杂的方法改善其性能，常见的掺杂物质包括 MgO、CaO 等。多孔陶瓷电解质隔膜是熔融碳酸盐燃料电池很重要的组成部件。在熔融碳酸盐燃料电池中，隔膜应具有四个基本功能：①作为阳极和阴极的电子绝缘体；②浸满熔盐后防止气体发生渗透；③作为碳酸盐电解质的载体，碳酸根离子迁移的通道；④防止反应气体发生泄漏。早期该类燃料电池常采用 MgO 作为隔膜材料，但高温时会出现微量的溶解问题，改进后采用偏铝酸锂作为隔膜材料。电解质是熔融态碳酸盐(如碳酸钠、碳酸钾、碳酸锂)，其中最常用的电解质是混合碳酸盐(摩尔分数为 62% $Li_2CO_3$ + 38% $K_2CO_3$)。熔融碳酸盐燃料电池的工作温度在几种燃料电池中算是最高的，一般温度范围为 600～1000℃，同时熔融碳酸盐燃料电池对燃料的纯度要求相对较低，如燃料可以是 $H_2$，也可以是 CO 等，氧化剂一般为 $O_2$。其工作原理大致如下。

氢气从阳极进入，然后与电解质中的碳酸根离子发生氧化反应，失去两个电子，电子经外电路到达阴极，同时生成二氧化碳和水，二氧化碳则通过管路到达阴极。阳极发生的化学反应可用方程式表示为

$$H_2 + CO_3^{2-} \longrightarrow CO_2 + H_2O + 2e^- \tag{5.18}$$

二氧化碳到达阴极后与阴极的氧气发生还原反应，生成碳酸根离子，在阴极发生的化学反应可用方程式表示为

$$\frac{1}{2}O_2 + CO_2 + 2e^- \longrightarrow CO_3^{2-} \tag{5.19}$$

电池的总反应为

$$\frac{1}{2}O_2 + CO_2 + H_2 \longrightarrow CO_2 + H_2O \tag{5.20}$$

从反应方程式我们不难看出，熔融碳酸盐燃料电池导电离子为碳酸根，$CO_2$ 在阴极为反应物，而在阳极则为产物。实际上电池工作过程中 $CO_2$ 在不断循环，即阳极产生的 $CO_2$ 随即返回到阴极，以确保电池能够连续稳定地工作(图 5.8)。

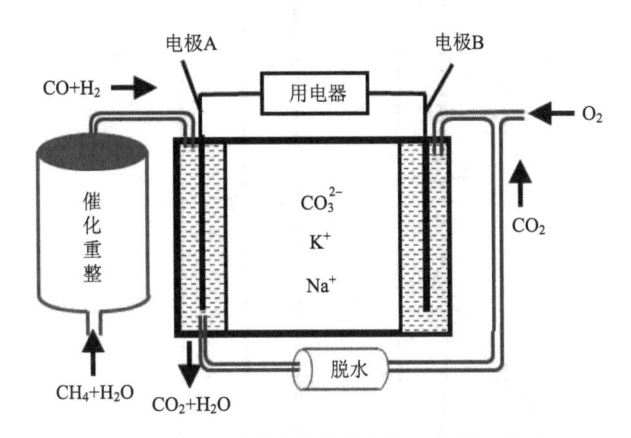

图 5.8 熔融碳酸盐燃料电池工作原理图

#### 5.2.1.4 固体氧化物燃料电池工作原理

固体氧化物燃料电池[46]是一种直接将燃料气和氧化气中的化学能转换成电能的全固态能量转换装置，具有一般燃料电池的结构。其燃料不必使用纯氢气，也不必使用 Ni、Pt 这类贵金属作为催化剂。固体氧化物燃料电池以致密的固体氧化物作电解质，目前大量应用于固体氧化物燃料电池的电解质是 $ZrO_2$ 陶瓷，高温(800～1000℃)下 $ZrO_2$ 陶瓷在电池中起着传导 $O^{2-}$、分隔氧化剂和燃料的作用。反应气体不直接接触，因此可以使用较高的压力以缩小反应器的体积而尽可能避免燃烧或爆炸等危险。

单体燃料电池目前主要分为管式和平板式两种结构，以及以管式和平板式两种结构为基础而发展起来兼具两种结构优点的平管式固体氧化物燃料电池。以下简单介绍管式和平板式两种结构的固体氧化物燃料电池。管状结构的固体氧化物燃料电池是最早发展的一种电池形式，也是目前最为成熟的一种形式。单电池由一端封闭，一端开口的管子组成。最外层是阳极薄膜，由外向里依次是电解质、阴极、多孔支撑管。燃料气通过管子外壁供给，氧气则从管芯输入。电池的连接体设在还原气氛一侧，因此就可以选用相对廉价的金属材料作为电流集流体。平板式固体氧化物燃料电池的几何形状非常简单，是由阴极薄膜、电解质和阳极组成的单体电池。两边带槽的连接体连接相邻的阳极和阴极，并在两侧提供气体通道，同时隔开两种气体。

固体氧化物燃料电池中最核心的部分是电解质，它能够为电池体系提供较高的离子电导率。固体氧化物燃料电池根据导电离子的不同可以分为两大类：氧离子导电电解质燃料电池和质子导电电解质燃料电池。目前固体氧化物燃料电池的研究主要集中在氧离子导电燃料电池上，其主要的工作原理为(图 5.9)。

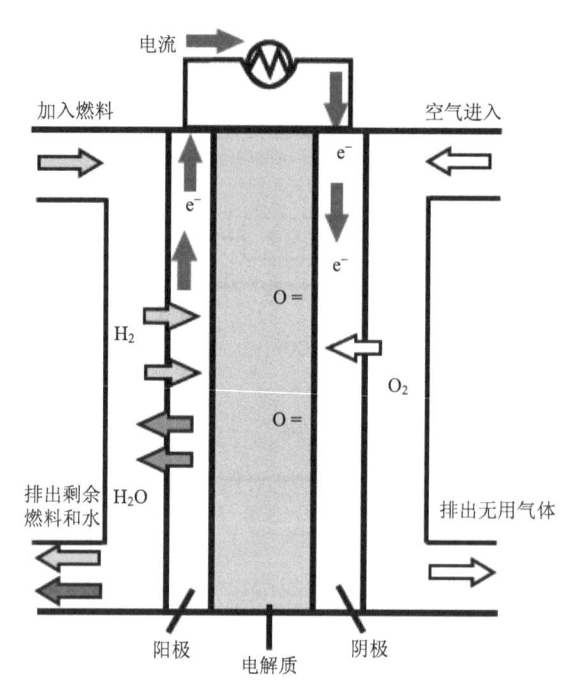

图 5.9 固体氧化物燃料电池工作原理图

阳极是为燃料电池提供电化学氧化的场所，因此阳极需具有较高的电子电导率且需要较高的孔隙率，以确保燃料能够得到及时补充，同时能将反应产物快速排出。氢气由阳极进入燃料电池，经催化剂的催化作用，氢气被分解为氢离子和两个电子，氢离子与阴极产生的 $O^{2-}$ 反应生成水，因此水是反应的唯一产物而电子则经外电路形成电流后到达阴极，其电化学式可简单表示为

$$O^{2-} + H_2 \longrightarrow H_2O + 2e^- \tag{5.21}$$

阴极为氧化剂的还原提供反应场所，所以阴极必须能够在氧气氛围下保持稳定。氧气从阴极进入燃料电池，在催化剂的作用下氧气失去电子和生成 $O_2^-$，$O_2^-$ 随后迁移到薄膜的另一边，其电化学式可简单表示为

$$O_2 + 4e^- \longrightarrow 2O^{2-} \tag{5.22}$$

总反应为

$$\frac{1}{2}O_2 + H_2 \longrightarrow H_2O \tag{5.23}$$

#### 5.2.1.5 质子交换膜燃料电池工作原理

质子交换膜燃料电池[47]因具有启动时间短、环境污染少、耐低温性能好等优点而被广泛应用在诸多领域。质子交换膜燃料电池从本质上来说是电解水的逆过程。电解水的过程是利用外加电源使水发生电解，从而产生氢气和氧气；然而，燃料电池则是氢气和氧气发生电化学反应产生水，同时产生电子迁移的过程。所以该类燃料电池装置的结构

和电解水的装置基本一致,主要由阳极、阴极、膜电极、外部电路所组成(图 5.10)。其中最为核心的部件是膜电极,它由一片聚合物电解质膜和位于其两侧的两片电极热压而成。中间的固体电解质膜也称为质子交换膜,目前使用的质子交换膜主要是由美国 DuPont 公司制备的全氟磺酸聚合膜(Nafion 膜),它主要起到离子传导及隔离燃料和氧化剂的作用。而两侧的电极是燃料和氧化剂进行电化学反应的场所。在质子交换膜燃料电池中常用的催化剂为 Pt/C 或 PtRu/C 复合材料。当电池工作时,氢气与氧气分别通入阳极和阴极,进入阳极的氢气发生氧化反应,在催化剂的作用下生成氢离子和电子;电子经外电路转移到阴极,氢离子则经质子交换膜后到达阴极;阴极处的氧气与阳极产生的氢离子和电子反应生成水分子,其中产生的水不会稀释电解质,而是随着尾气通过电极排出。

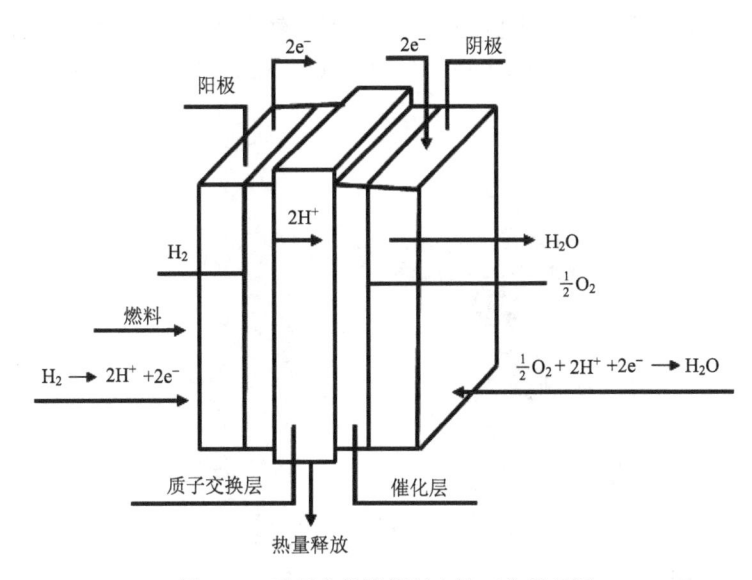

图 5.10 质子交换膜燃料电池工作原理图

阳极发生的化学反应可用方程式表示为

$$H_2 \longrightarrow 2H^+ + 2e^- \tag{5.24}$$

阴极发生的化学反应可用方程式表示为

$$\frac{1}{2}O_2 + 2H^+ + 2e^- \longrightarrow H_2O \tag{5.25}$$

总反应为

$$H_2 + \frac{1}{2}O_2 \longrightarrow H_2O \tag{5.26}$$

#### 5.2.1.6 直接甲醇燃料电池工作原理

直接甲醇燃料电池[48]属于低温燃料电池,其固体电解质为质子交换膜,燃料为甲醇,因其能效高且绿色清洁而引起了广泛的关注,并在多个领域发挥重要作用。

直接甲醇燃料电池单电池主要由膜电极、双极板、集流板、密封垫片等组成。由催化剂层和质子交换膜构成的膜电极是燃料电池的核心部件，燃料电池的所有电化学反应均通过膜电极来完成。催化剂层包括阳极催化剂和阴极催化剂。常用的阳极催化剂是铂钌(Pt-Ru)合金，阳极催化剂的主要作用是为了防止在极化过程中因铂催化剂 CO 中毒而造成对甲醇的氧化活性降低。常用的阴极催化剂是 Pt/C，阴极催化剂的作用是促进电极反应快速进行并改善在氧还原过程中固有的低电化学活性，同时避免透过膜的甲醇燃料使阴极催化剂中毒。质子交换膜的主要功能是传导质子并阻隔电子，同时作为隔膜还能防止两极燃料互相交换。目前常用的质子交换膜是全氟磺酸聚合膜。但是，全氟磺酸聚合膜也存在诸多问题，如甲醇渗透率不高等，因此常采用掺杂或复合等方法对全氟磺酸聚合膜进行改性。

当电池工作时，甲醇通过阳极进入电池体系，然后甲醇解离吸附在电极表面并在催化剂的作用下解离为 $H^+$，先生成中间体 CO，然后再生成 $CO_2$，并释放出电子（图 5.11）。

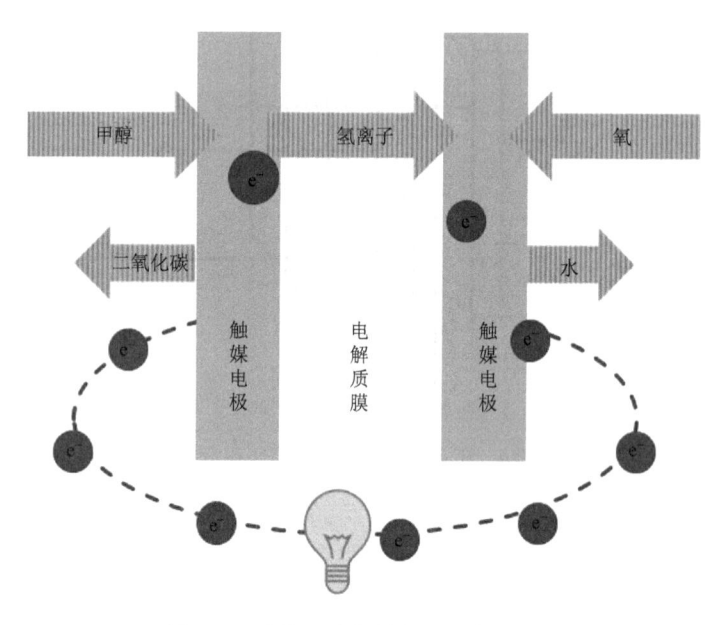

图 5.11 直接甲醇燃料电池工作原理图

其阳极反应方程式为

$$CH_3OH + H_2O \longrightarrow CO_2 + 6H^+ + 6e^- \tag{5.27}$$

质子通过质子交换膜传输至阴极，与阴极的氧气结合还原生成水。其反应方程式为

$$\frac{3}{2}O_2 + 6H^+ + 6e^- \longrightarrow 3H_2O \tag{5.28}$$

总反应为

$$CH_3OH + \frac{3}{2}O_2 \longrightarrow CO_2 + 2H_2O \tag{5.29}$$

在此过程中产生的电子通过外电路传递到阴极，形成传输电流并驱动负载。与传统的化学电池不同，燃料电池不是一个能量存储装置，而是一个能量转换装置。从理论上来说，只要不间断地向其提供燃料，它就可向外电路负载连续输出电能。

### 5.2.2 燃料电池元件

燃料电池的核心是气体扩散电极，原则上应当在电催化剂、电解质、气体空间之间产生尽可能大的三相接触界面。

多孔气体电极(双孔电极或双重骨架催化剂电极)细小的孔隙为电解质侧带来了充足的气体空间。毛细管力将电解液固定在这些小孔中，因为需要更高的压力才能将大孔中的气体压入更狭窄的孔中。非常薄的电解质膜覆盖在气体侧大孔的壁上，在那里电流密度最大。电解质膜与液面的距离越小，气体向电极表面的扩散路径也就越短；但是因为通过孔的流动路径较长，所以电解质的阻力也较大。

F. T. Bacon 使用了两层烧结镍，其中气体侧具有约 30 μm 的孔隙，而碱性电解质具有 16 μm 的孔隙。恒定横截面的孔隙会使电解液溢出；气泡可能渗入电极内部并挤出电解液。

较早的 Januse 电极由三层组成：将粗孔工作层添加到粗孔导气层上，并且在电解质侧形成细孔外层。在液态电解质参与反应的情况下，工作层应当是疏水的。

固定区电极由浸渍有电催化剂的可浸润碳层(电解质侧)组成，接着是几个更加疏水的碳层和防水的烧结镍层。

#### 5.2.2.1 支撑电极

支撑电极通过金属或塑料网为薄电极和隔膜提供大面积支撑。可以用 PTFE(聚四氟乙烯)作为黏合剂，将糊状活性炭和金属氧化物涂布在镍格栅上。

#### 5.2.2.2 膜电极单元

膜电极单元(MEA)直接将带有两个催化剂层的多孔电极支撑在 100 μm 厚的固体电解质层上。它们是质子交换膜(PEM)燃料电池中最先进的技术。催化剂通过丝网印刷来实现。

PEM 燃料电池由几个单电池的聚集体(堆栈)相邻气体室所组成，另外需要一个耐腐蚀的双极板。PEM 燃料电池使用了带有铣削面的流动通道的金属或石墨板，这些通道用于向电极横截面提供均匀的气体。

#### 5.2.2.3 分离器

分离器(薄的半透膜=半透性隔板)可以防止电极短路并用于储存电解质。

(1) 由多孔陶瓷或聚合物材料制成的绝缘基体材料通过毛细管力来固定液体电解质，先前的石棉纸被陶瓷纤维织物(如由氧化锆制成的)和诸如膜浇铸等工艺制成的聚合物所代替。

(2) Nafion 等离子交换膜可根据离子大小分离离子：小离子通过，大离子保留。质子交换膜实际上仅传输质子并阻挡所有其他离子。

(3)凝胶电解质含有能够吸附离子导电溶液的多孔吸收剂(氧化铝、二氧化硅、聚环氧乙烷等)。随着电解质含量的增加,凝胶从黏稠状变成糊状,然后将其涂在电极表面。

PTFE 制成的孔网被用作电极和双极板之间的间隔物(隔离物),而这个间隔物的气体空间常常仅为毫米级别。现代燃料电池具有复杂的流动板。

#### 5.2.2.4 多孔扩散层

两片多孔气体扩散层将膜电极组合体夹在中间,它具备四个功能:①使气体均匀地扩散到催化剂表面进行反应;②同时通过产生的水把产物带出来;③燃料电池里面反应产生的热量也要通过气体扩散层散出去;④所产生的电流要通过气体扩散层传导至外部电路。传质、传热、导电是气体扩散层在燃料电池中的主要功能。如果催化剂涂覆的膜电极机械强度不够,则需要额外的机械强度来支撑膜电极。

#### 5.2.2.5 催化层

催化剂层(电极)位于膜和扩散层中间。电极由催化剂和黏合剂组成。阳极和阴极都使用铂基催化剂。为促进氢氧化反应(HOR),阳极使用碳载纯铂催化剂。考虑到阳极燃料混有 CO 杂质,易引起 Pt 中毒,故往往会使用铂钌合金催化剂。碳载纯铂催化剂也用于阴极氧还原反应(ORR)。为降低使用成本,人们努力减少铂催化剂在催化剂层的载量。由于氧在阴极还原的速度很慢,阴极铂载量需要比阳极多 6~10 倍。因此,降低燃料电池铂载量的主要任务是降低阴极铂载量。目前的研究主要集中在如何提高 ORR 催化剂的活性及降低氧气的传质阻力两方面。催化剂层是氢气燃料电池中氢气和氧气发生电化学反应产生电流的场所,可以说是氢气燃料电池的核心。由于有三种组分参加化学反应,即气体(氢气和氧气)、电子和质子,要求上述三种组分都能快速到达催化剂表面。气体通过空隙、电子通过导电载体、质子通过聚合物,这对催化剂层材料提出了很高的要求。首先它必须是多孔的,这样氢气和氧气才能通过;其次它的导电性必须好,这样电流才能大;然后,它和离聚物的接触要好,确保质子能过来;再者,催化剂层必须很薄,使由于质子迁移速率和反应气体渗透到催化剂层深处所引起的电池电位损耗较小;最后,反应生成的水必须能被有效清除,否则催化剂将浸入水中,导致气体无法到达。

### 5.2.3 水热管理

燃料电池的水热管理指通过控制流经电堆的冷却液流量来控制燃料电池电堆的温度。从本质上来讲,燃料电池的水管理和热管理是密不可分的,因为电堆内的水含量也与电堆温度有关,温度会改变饱和水蒸气压力,进而影响电堆内水蒸气的含量。所以通过热管理系统可以同时影响系统内的水平衡与热平衡。一个典型的燃料电池冷却液循环回路主要包含水泵、节温器、去离子器、中冷器、水暖 PTC、散热器、冷却管路等。水管理的核心任务是使膜电极(MEA)中具有合理的水含量,以保证氢离子能够在膜中快速传导。如果质子膜内的水含量较少，便会导致质子传导受阻，造成欧姆极化过电位增大，极易引发膜干涸现象；但是电堆内的水又不能过多，否则容易造成阴极淹没，导致反应气的传输受阻，增加电堆的活化极化过电位与浓差极化过电位。热管理的核心任务是将燃料电池的工作温度控制在安全合理的范围内。如果工作温度过低，电堆的活化极化损失会增强，导致电堆的性能变差；如果工作温度过高，又容易导致膜干涸，使欧姆极化损失加大，导致电堆性能下降。

## 5.3 燃料电池新能源的应用

全球气候变化关乎每个人的生存和发展。根据《2021年全球气候状况报告》统计数据显示，2021年全球平均气温（1~9月）比1850~1900年高出约1.09℃，目前被世界气象组织列为全球有记录以来第六个或第七个最温暖的年份。数据显示，2020年全球温室气体浓度已达新高，而这种增长在2021年仍在继续，全球变暖和环境污染问题受到了全球各国的高度重视，各个国家和地区都提出了减排目标。全球气候变暖，海洋首先面临严峻的升温问题，目前海洋上层2000 m深度水域温度已经达到新的历史纪录。同时，由于海洋每年吸收约23%人类排放的二氧化碳，海洋正因温室气体浓度的升高而不断酸化。这也导致海洋吸收$CO_2$的能力下降，使大气中$CO_2$浓度进一步攀升。因此，开发新型绿色能源来替代传统化石能源已刻不容缓。

全球部分发达国家已经突破了燃料电池产业技术瓶颈，后续将迎来高速成长期。预计到2026年，全球燃料电池市场规模将突破110亿美元。近代对燃料电池的研究和开发始于20世纪50年代。60年代美国将燃料电池成功应用到载人航天飞行中被认为是里程碑式的事件，该事件使燃料电池在这一特殊领域真正步入实用化。80年代以后，燃料电池从太空转入民用领域。进入90年代，由于全球性能源紧缺问题日渐突出及对环境保护和可持续发展的迫切需求，燃料电池因其突出的优越性得到了蓬勃的发展。洁净电站、便携式电源即将进入商业化发展阶段，燃料电池动力汽车已进入实验阶段。如今，在北美、日本、欧洲，燃料电池发电正以急起直追传统能源体系的势头快步进入规模化应用的阶段，这将成为21世纪继火电、水电、核电后的第四代发电方式。

### 5.3.1 燃料电池汽车

在纯电汽车领域，所产生的污染相当于将汽车在街道上产生的尾气转移到当地的发电厂中，倘若上游发电厂所使用的是风能、太阳能等清洁能源，那将不存在汽车制造和使用阶段的污染问题。当然，现在也存在一个问题，相对于传统化石能源，燃料电池汽车（图5.12）成本居高不下，在很多情况下性价比还比较低。因此，电动汽车和燃料电池的使用情况目前尚不容乐观。尽管如此，由于我国对海外原油资源依赖程度较高，能源安全存在隐患，同时使用化石能源产生的碳排放对环境保护和"双碳"目标产生巨大压力，故开发和利用清洁、绿色、高效的新能源体系势在必行。

图 5.12　燃料电池汽车

## 5.3.2　燃料电池巴士

2005 年，在"中国燃料电池公共汽车商业化示范"项目推动下，北京采购了戴姆勒·克莱斯勒公司三辆燃料电池巴士，并投入运营。2018 年，日本丰田公司首次获得燃料电池巴士"SORA"的车型认证，相关车型可以达到 200 km 的续航里程。截止到 2018 年，美国在城市中心已累计投放了 35 辆燃料电池巴士。2019 年，氢能燃料电池技术获得进一步突破，中国吉利汽车集团推出了第四代氢能燃料电池巴士，每千米仅消耗 75 g 氢气，续航里程可以达到燃油巴士的水准。2021 年 Van Hool 公司在丹麦推出续航里程约 350 km 的氢能燃料电池巴士，并在奥尔堡市投放运营。

燃料电池巴士的发展不如汽车发展得快，主要受安全问题和投入成本的制约。相较于燃料电池汽车，燃料电池巴士似乎更容易制造，由于大巴车的体积庞大，可以搭载更多的储氢瓶和电池组，但由于巴士作为大型车辆，所需的安全防护措施也更加严格。不同于燃料电池汽车可以直接在充电桩中进行充电，巴士还需要氢能源的补充，一般的加氢方式有两种：重整制氢加氢站加氢和异地氢气运输加氢站加氢。重整制氢加氢站即现场电解水制氢气，成本范围为 4~6 欧元每千克氢气，还需要在加氢站布置相关的电解水或蒸汽重整制氢的设备，成本较高。异地氢气运输加氢站则不需部署任何氢气制备的设备，这类加氢站所需的投资成本较低，更便于大规模普及建设。

## 5.3.3　燃料电池在航空航天中的应用

航天器不同于地面车辆，电源系统是航天器中不可缺少的重要组成部分，其可靠性直接影响着航天器的寿命。另外，航天器的造价普遍十分昂贵。2003 年，我国发射的一颗小型卫星其电池重量占整个卫星质量的 16.6%，而当时的发射技术，1 kg 设备的发射成本为 1 万美元。最早发射的小功率、短寿命的航天器多选择锌银电池，长寿命的绕地卫星往往选择太阳能阵列+蓄电池（镍电池）组作为长期能源供给系统。燃料电池的能量密度可达 100~1000 W·h/kg，远高于镍电池的 25~40 W·h/kg。在高效工作时所产生的废热温度为 50~70℃[49]，可大规模应用于航天器中。

按照电解质的不同，在航空航天领域中应用的燃料电池可以分为质子交换膜燃料电池(PEMFC)和碱性燃料电池(AFC)，PEMFC 既可以作为主电源应用，也可以作为再生氢氧燃料电池(RFC)的组成部分，AFC 则主要作为航天飞机的主电源。1965 年，美国最早将聚苯磺酸膜燃料电池(早期的 PEMFC)应用在双子星五号载人飞船中。但在飞行过程中，质子交换膜发生了降解，大大降低了燃料电池的使用寿命及性能。

AFC 电池是目前航天领域中应用最成功的燃料电池，最早阿波罗(Apollo)载人航天飞船采用氢氧碱性燃料电池(Bacon 型 AFC)作为主电源，为人类首次成功登月做出了巨大的贡献[50]。但由于所使用的 KOH 是强碱，其强腐蚀性大大地缩短了 AFC 使用寿命，相较于早期的联合技术动力公司(UTC Power)燃料电池(使用寿命为 2600 h)，其使用寿命仅提高了 5000 h。但是该燃料电池所使用的 KOH 容易溶解在水中，造成航天器额外的供水损耗。1997 年 4 月，美国的一次发射任务就因航天过程中可用水减少，不得不提前返航[51]。美国国家航空航天局(NASA)每年用于每架航天飞机的 AFC 维护费高达 0.12~0.19 亿美元。

RFC 类似于二次电池，当外界需要电能时，RFC 将贮存的 $H_2$ 和 $O_2$ 转化为电能；当外界能量满溢时，RFC 将 $H_2O$ 重新电解成 $H_2$ 和 $O_2$。1997 年，中国科学院大连化学物理研究所承担了一项有关 RFC 系统研究的"863"项目，在随后的国际空间站、月球探测车、火星探测车、近地轨道卫星中，RFC 搭配太阳能电池阵列得到广泛应用[52-54]。

## 5.3.4 燃料电池在军事中的应用

燃料电池因低噪声、易维护、操作简单等特点，受到了各类军用设备的青睐。在军事行动中，燃料电池对负载变化响应快，从 10%到 90%的额定功率启动的系统响应时长通常不会超过 1 s。这一特性在复杂多变的军事行动中显得尤为重要。此外，其高能量密度的特性可为军事武器系统提供长时间供电保障；其工作时低热量释放的特性在较大程度上改善了热辐射和电磁辐射，增强了装备的生存能力和作战能力。高科技战争中，单兵辅助装备的便携性尤为重要，军用计算机、夜视仪、全球定位装置等，使用燃料电池作为能源可使单兵负荷进一步降低。重庆通信学院特种电源重点实验室已研发出 300 W 和 500 W 便携式 PEMFC 电池，重量小于 25 kg，可实现单兵背负作战。在实际应用中，燃料电池使用时不产生烟雾，具备优良的隐蔽性，在现代战争红外侦察技术下有较高的生存能力。对固定的通信指挥系统，可纳入整个工程的供电系统并作为分散的电源系统的一部分；对移动通信和电台，可采用中、小型便携式 PEMFC 电源[55]。

美国军方发布的混合动力军车是以柴油动力系统和燃料电池动力系统并联运行的混合动力型军车。PEMFC 能量转换效率高于内燃机(30%)，约为 40%。这可以在保证军车正常作战的同时在一定程度上节约军费[56]。

PEMFC 在海军军舰中也被广泛应用。美国 Analytic Power(AP)公司在美军支持下开展了舰艇用 PEMFC 动力系统的研究，随后开始制造用于舰艇的 10 kW PEMFC 系统。1996 年，荷兰海军开始对 PEFMC/柴油混动 M 型护卫舰进行设计和验证，降低了 25%~30%

的燃料成本。1997年，俄罗斯实际生产制造了PEMFC/柴油机混合动力潜艇[57]。同期，Simens公司开始研究不依赖空气动力装置的PEMFC潜艇[57]。2003年4月7日，德国研发出世界上第一艘现代化AIP(air independent propulsion)质子交换膜燃料电池潜艇——212A型U31潜艇。该燃料电池总功率达306 kW，包括11 kW的生活用电，可在水下连续作业3周，续航能力可达3034 km，是209型潜艇的4.4倍。据《简氏国际海军》报道，2005年德国第二艘212A型潜艇U32已完成交付。俄罗斯红宝石海上工程中央设计局将燃料电池作为推进系统应用在第四代常规动力"阿缪尔"(Amur)级潜艇中。

燃料电池工作时热信号低、无噪声、体积小，具有很好的隐蔽性，PEMFC无人侦察机具有很强的前线远距离侦察能力。1990年，美国UTC公司研制出第一个10 kW PEMFC海下无人驾驶机器人(UUV)。2001年，美国国家航空航天局(NASA)研制出一架采用燃料电池做备份动力推进系统的无人驾驶飞机——太阳神号(Helios)，创造了世界最高的飞行纪录(32160 m)。2015年，加拿大的EnergyOr公司研制出$H_2Quad$燃料电池四旋翼无人机。2017年，美国加利福尼亚州的FlightWave航空航天系统公司研制出了Jupiter-$H_2$型燃料电池旋翼无人机，可负重1.36 kg，飞行2 h。2019年，韩国MetaVista公司联合英国Intelligent Energy公司研制出一台四旋翼燃料电池无人机，可连续飞行12 h。

### 5.3.5 便携式燃料电池

在过去的几十年中，用于娱乐和工作的便携式设备快速发展，如音乐盒、视频播放器、笔记本电脑、智能手机等，这一方面增加了对蓄电池的需求，同时也暴露了蓄电池技术的不足。小规模便携式的燃料电池毫无疑问可以解决蓄电池的问题。不同于蓄电池的内置储罐，燃料电池采用的是外部化学储罐，这有利于实现电池亏电后的续接再使用。

现如今，离子电池的成本高(对于所应用的便携式设备而言)。可携带燃料电池包括带有压缩氢气罐的PEM燃料电池、直接甲醇燃料电池等均具有较低的成本。30 MPa的压缩氢气和最好的金属氰化物电池体积能量密度是2.7 $GJ/m^3$和15 $GJ/m^3$，甲醇的是17 $GJ/m^3$，目前常用的锂离子电池该值仅为1.4 $GJ/m^3$。假设PEM燃料电池的效率为50%，那么30 MPa的压缩氢气燃料电池与性能最好的蓄电池相当。

体积大小是便携与否最重要的因素之一，但更应该考虑的是基于一定质量的能量密度。在日常生活和工作中，人们对随身携带的办公用品的重量、体积、安全性都有较高的要求。但事实上，大多数笔记本计算机对更小体积的追求从未停止，目前笔记本计算机更多的是"手提式"，而不是"拖拉式"。如不考虑重量因素，氢气的能量密度是120 MJ/kg，远大于锂电池的0.7 MJ/kg，只要体积大小得到控制，那么氢燃料电池将会迅速占领市场。

更大规模的固定发电系统既可以使用低温又可以使用高温燃料电池。作为固定发电厂，舍弃了便捷性之后，可以更好地铺设高密度储氢罐、氢气管道，可大规模建设厂房进行发电。已经运营的很多系统额定功率为几百千瓦，如2008年，美国Bloom Energy耗资4亿美元，历时8年，正式推出固体氧化物燃料电池(solid oxide fuel cell, SOFC)模块化产品 Bloom Energy Serve,发电效率是传统燃煤发电的两倍,而碳排放量仅为其40%。2020年7月,韩国斗山集团投资建设的大山燃料电池厂正式投入运营,该发电厂配备了114台斗山M400型磷酸型燃料电池(phosphoric acid fuel cell, PAFC),产品功率为400 kW。工业副产品氢为发电厂氢的主要来源,燃料电池总装机量达50 MW,是全球最大的燃料电池发电项目。公开资料显示:燃料电池[主要为SOFC、PEMFC和熔融碳酸盐燃料电池(MCFC)]的发电寿命可达10年。

在汽车领域中柴油发动机的内燃机所占空间较小,因此很多企业和消费者更倾向于使用传统能源。但在北太平洋岛上的居民,他们的生活用电是直接利用风能发电。一项研究发现,该岛过剩的风能可用于碱性电解器制氢,而氢气又可用于PEM燃料电池或发动机。当风能发电量满溢时,通过调速轮来确保风力发电的稳定性,并将多余的电力转移制氢;当风力不足时,则用氢气发电补足居民的用电需求。

燃料电池还可与建筑集成应用,这方面近年来引起了大量的关注。据报道,截止到2016年,我国建筑能耗已经占到社会总能耗的33%,建筑能耗的主要来源是用户的电热需求。用户的分散式能量启动系统难以得到合理规划。传统能量供应区分为热能和电能,热量往往是分散性供给(如独立建造石油或天然气炉),而电能则集中供应。燃料电池可服务于独立建筑,业主自主为自己配电,同时来自发电厂和制氢的废热可满足或辅助大楼供热。燃料电池技术在便携式应用方面也可能代替小型蓄电池,允许人们分散式控制他们所有的能量供应,包括热能、汽车燃料、固定的便携式用电。1990年,日本固定式家用燃料电池(Ene-Farm)启动了热电联产(CHP)研究开发项目,基于天然气燃料的1 kW质子交换膜燃料电池热电联产系统,为住宅同时提供电力和热能。该设备可以提供最高温度60℃的热水,可完全满足日常生活需要。2004年,日本松下公司也开发出自己的燃料电池产品。截止到2015年,日本安装的住宅微型热电联产系统累计数量高达138000套,远超其他国家。日本政府计划到2030年再安装530台燃料电池。

### 5.3.6 发展期望

广义地将燃料(如氢气)转化成电能的燃料电池技术,可以用化学储能的方式利用任何一次能源,这在方式上改变了直接使用一次能源的习惯。电能可以转化成氢气,这使得不能储存的电能和可以储存的氢气之间能实现相互转化。当然在转化的过程中会有损耗,但对于处理间歇性能源(如太阳能、潮汐能、风能等)有着十分重要的意义。它提供了将现有的能源系统向基于氢气或其他的能源系统转变的一条有效途径。可再生能源和氢能技术的去中心化可以改善不便架设电网的偏远地区用电情况,将电力输送到每家每户。对于世界上很多发展中地区来说具有非常重要的意义,因为在很多偏远山区或高原搭设电线输送电力是很不经济的方法。

氢能技术会对能源市场的结构产生深远影响,PEM燃料电池的模块化能够以每千瓦基本相同的价格安装在家庭或办公场所,这为发电厂商提供了很大的自由度,避免了传统能源公司提供服务不全面的缺陷,每个人都可以按照自身的需求安装合适容量的PEM。未来建筑物或者便携式设备倘若配备了燃料电池与太阳能板,便可以从楼顶得到一定份额的间歇能源,用以满足自身的生活需求,多余的能源还可以用来供应其他功能设备，在一定程度上达到分布式能源的效果。关于环境方面，虽然氢气的转化和其基础设施技术才刚刚起步，但氢气转化到其他形式的化学能量，对环境的负面影响较小。然而，一些高温燃料电池会产生污染性的废弃物，需要对它们进行回收处理。

可再生能源和氢能技术的去中心化潜力或将开始新能源发展的大变革。随着未来化石能源的枯竭，太阳能、风能、生物质能等可再生资源将占据越来越重要的地位，氢能与燃料电池必将在未来的能源舞台上大显身手。

## 参 考 文 献

[1] 吴凯，张耀，曾毓群，等. 锂离子电池安全性能研究[J]. 化学进展，2011，23(2): 9.

[2] 张田丽，王春梅，宋子会. 锂离子电池石墨负极材料的改性研究进展[J]. 现代技术陶瓷，2014，(5): 6.

[3] 高博文，高潮，阙文修，等. 新型高效聚合物/富勒烯有机光伏电池研究进展[J]. 物理学报，2012，61(19): 11.

[4] 李瑞荣，王庆涛. 锂离子电池硅基负极材料的研究进展[J]. 材料导报，2014，28(9): 5.

[5] 田嘉铭，王静，杨金萍，等. 氧化铁基锂离子电池负极材料研究进展[J]. 河北北方学院学报：自然科学版，2014，5: 5.

[6] 岳艳花，韩鹏献，董杉木，等. 纳米结构的过渡金属氮化物复合物储能材料[J]. 科学通报，2012，57(27): 9.

[7] Wagemaker M, Kentgens A P M, Mulder F M. Equilibrium lithium transport between nanocrystalline phases in intercalated $TiO_2$ anatase[J]. Nature, 2002, 418(6896): 397-399.

[8] 聂茶庚，龚正良，孙岚，等. 软化学法合成 $TiO_2$(B)纳米带及其储锂性能研究[J]. 电化学，2004，10(3): 330-333.

[9] 徐茶清，田彦文，翟玉春. 锂离子电池正极材料 $LiMn_2O_4$ 的研究现状[J]. 材料与冶金学报，2002，1(4): 243-251.

[10] 赵铭姝，张国范，翟玉春，等. 锂离子蓄电池正极材料尖晶石型锰酸锂的制备[J]. 电源技术，2001，25(3): 5.

[11] 蔡克迪，郎笑石，王广进. 化学电源技术[M]. 北京：化学工业出版社，2016.

[12] Zhang D, Popov B N, White R E. Electrochemical investigation of $CrO_{2.65}$ doped $LiMn_2O_4$ as a cathode material for lithium-ion batteries[J]. Journal of Power Sources, 1999, 76(1): 81-90.

[13] Jeong I S, Kim J U, Gu H B. Electrochemical properties of $LiMg_yMn_{2-y}O_4$ spinel phases for rechargeable lithium batteries[J]. Journal of Power Sources, 2001, 102(1-2): 55-59.

[14] Lee J H, Jin K H, Dong H J, et al. Degradation mechanisms in doped spinels of $LiM_{0.05}Mn_{1.95}O_4$ (M=Li, B, Al, Co, and Ni) for Li secondary batteries[J]. Journal of Power Sources, 2000, 89(1): 7-14.

[15] Liu R S, Shen C H. Structural and electrochemical study of cobalt doped $LiMn_2O_4$ spinels[J]. Solid State Ionics, 2003, 157(1-4): 95-100.

[16] Pistoia G, Antonini A, Rosati R, et al. Effect of partial $Ga^{3+}$ substitution for $Mn^{3+}$ in $LiMn_2O_4$ on its behaviour as a cathode for Li cells[J]. Journal of Electroanalytical Chemistry, 1996, 410(1): 115-118.

[17] Taniguchi I, Song D, Wakihara M. Electrochemical properties of $LiM_{1/6}Mn_{11/6}O_4$ (M = Mn, Co, Al and Ni) as cathode materials for Li-ion batteries prepared by ultrasonic spray pyrolysis method [J]. Journal of Power Sources, 2002, 109(2): 333-339.

[18] Wang G X, Bewlay S L, Konstantinov K, et al. Physical and electrochemical properties of doped lithium iron phosphate electrodes[J]. Electrochimica Acta, 2004, 50(2-3): 443-447.

[19] 其鲁. 电动汽车用锂离子二次电池[M]. 北京: 科学出版社, 2010.

[20] Kang B, Ceder G. Battery materials for ultrafast charging and discharging[J]. Nature, 2009, 458: 190-193.

[21] 吴锋, 李宁, 安然, 等. 基于 $Li_2MnO_3$ 的富锂类高比容量锂离子电池正极材料的研究进展[J]. 北京理工大学学报, 2012, 32(1): 11.

[22] 郑洪河, 马威, 张虎成, 等. 溶剂组成对尖晶石 $LiMn_2O_4$ 正极材料电化学性能的影响[J]. 功能材料, 2003, 34(1): 69-72.

[23] Zhang S S, Angell C A. A novel electrolyte solvent for rechargeable lithium and lithium-ion batteries[J]. Journal of the Electrochemical Society, 1996, 143(12): 4047.

[24] Lewandowski A, Widerska-Mocek A. Ionic liquids as electrolytes for Li-ion batteries-An overview of electrochemical studies[J]. Journal of Power Sources, 2009, 194(2): 601-609.

[25] Xiang H F, Yin B, Wang H, et al. Improving electrochemical properties of room temperature ionic liquid (RTIL) based electrolyte for Li-ion batteries[J]. Electrochimica Acta, 2010, 55(18): 5204-5209.

[26] 杨续来, 汪洋, 曹贺坤, 等. 锂离子电池高电压电解液研究进展[J]. 电源技术, 2012, 36(8): 4.

[27] Makoto U. Electrochemical properties of quaternary ammonium salts for electrochemical capacitors[J]. Journal of the Electrochemical Society, 1997, 144(8): 2684-2688.

[28] Abu-Lebdeh Y, Davidson I. High-voltage electrolytes based on adiponitrile for Li-ion batteries[J]. Journal of the Electrochemical Society, 2009, 156(1): A60-A65.

[29] Zhang Z, Hu L, Wu H, et al. Fluorinated electrolytes for 5 V lithium-ion battery chemistry[J]. Energy Environmental Science, 2013, 6(6): 1806-1810.

[30] 郭营军, 晨晖, 谢燕婷. 锂离子电池电解液研究进展[J]. 物理化学学报, 2007, (8): 60-64.

[31] Lee D J, Lee H, Song J, et al. Composite protective layer for Li metal anode in high-performance lithium–oxygen batteries[J]. Electrochemistry Communications, 2014, 40: 45-48.

[32] Le H, Kalubarme R S, Ngo D T, et al. Citrate gel synthesis of aluminum-doped lithium lanthanum titanate solid electrolyte for application in organic-type lithium–oxygen batteries[J]. Journal of Power Sources, 2015, 274: 1188-1199.

[33] Li P F, Zhang J K, Yu Q L, et al. One-dimensional porous $La_{0.5}Sr_{0.5}CoO_{2.91}$ nanotubes as a highly efficient electrocatalyst for rechargeable lithium-oxygen batteries [J]. Electrochimica Acta, 2015, 165: 78-84.

[34] Zheng H, Xiao D D, Li X, et al. New insight in understanding oxygen reduction and evolution in solid-state lithium oxygen batteries using an in situ environmental scanning electron microscope[J]. Nano Letters, 2014, 14(8): 4245.

[35] Zhang J, Sun B, Xie X, et al. Enhancement of stability for lithium oxygen batteries by employing electrolytes gelled by poly(vinylidene fluoride-co-hexafluoropropylene) and tetraethylene glycol dimethyl ether[J]. Electrochimica Acta, 2015, 183: 56-62.

[36] Qi L, Gao Y, Qiang Z, et al. Novel polymer electrolyte from poly (carbonate-ether) and lithium tetrafluoroborate for lithium-oxygen battery[J]. Journal of Power Sources, 2013, 242(15): 677-682.

[37] Cai K, Pu W, Gao Y, et al. Investigation of ionic liquid composite electrolyte for lithium-oxygen battery[J]. International Journal of Hydrogen Energy, 2013, 38(25): 11023-11027.

[38] Zeng P, Huang L W, Zhang X L, et al. Long-life and high-areal-capacity lithium-sulfur batteries realized by a honeycomb-like N, P dual-doped carbon modified separator[J]. Chemical Engineering Journal, 2018, 349: 327-337.

[39] Yu B C, Park K, Jang J H, et al. Cellulose-based porous membrane for suppressing Li dendrite formation in Li-Sulfur battery[J]. ACS Energy Letters, 2016, 1(3): 633-637.

[40] Song Y, Zhao S, Chen Y, et al. Enhanced sulfur redox and polysulfide regulation via porous VN-modified separator for Li-S batteries[J]. ACS Applied Materials Interfaces, 2019, 11(6): 5687-5694.

[41] Huang L, Li J, Liu B, et al. Electrode design for lithium–sulfur batteries: Problems and solutions[J]. Advanced Functional Materials, 2020, 30(22): 1910375.

[42] Kamaruddin M, Kamarudin S K, Daud W, et al. An overview of fuel management in direct methanol fuel cells[J]. Renewable Sustainable Energy Reviews, 2013, 24: 557-565.

[43] Abraham B G, Chetty R. Design and fabrication of a quick-fit architecture air breathing direct methanol fuel cell[J]. International Journal of Hydrogen Energy, 2020, 46(9): 6845-6856.

[44] Zheng X A, Lt A, Wz A, et al. Enhanced low-humidity performance of proton exchange membrane fuel cell by incorporating phosphoric acid-loaded covalent organic framework in anode catalyst layer[J]. International Journal of Hydrogen Energy, 2021, 46(18): 10903-10912.

[45] Shunichi F. Production of liquid solar fuels and their use in fuel cells[J]. Joule, 2017, 1(4): 689-738.

[46] Zhao A, Zhong F, Feng X, et al. A membrane-free and energy-efficient three-step chlor-alkali electrolysis with higher-purity NaOH production[J]. ACS Applied Materials Interfaces, 2019, 11(48): 45126-45132.

[47] Zhao Y, Li Y, Zhu J, et al. Thin and robust organic solvent cation exchange membranes for ion separation[J]. Journal of Materials Chemistry A, 2019, 7(23): 13903-13909.

[48] Ping C, Yi L, Liang C, et al. Co-optimization of generation self-scheduling and coal supply for coal-fired power plants[J]. IEEE Access, 2020, PP(99): 1.

[49] Tillmetz W, Dietrich G, Benz U. Regenerative Fuel Cells For Space And Terrestrial Use[C]// Proceedings of the 25th Intersociety Energy Conversion Engineering Conference, 1990.

[50] Burke K A. Fuel cells for space science applications[J]. AIAA Journal, 2003: 5938.

[51] Warshay M, Prokopius P, Le M, et al. The NASA fuel cell upgrade program for the Space Shuttle Orbiter[C]. IECEC-97, Proceedings of the 32nd Intersociety, 1997.

[52] Bents D J, Scullin V J, Chang B J, et al. Hydrogen-oxygen PEM regenerative fuel cell energy storage system[J]. NASA/TM, 2005: 1-26.

[53] Hoberecht M A, Green R D. Use of Excess Solar Array Power by Regenerative Fuel Cell Energy Storage Systems in Low Earth orbit[M]. Honolulu: IECEC-97 Proceedings of the Thirty-Second Intersociety Energy Conversion Engineering Conference, 1997.

[54] Jan D L, Rohatgi N, Voecks G, et al. Thermal, mass, and power interactions for lunar base life support and power systems[C]. United States: SAE International, 1993.

[55] 胡里清, 周利容, 李拯, 等. 便携式200W至500W质子交换膜燃料电池电源系统研制[J]. 电化学, 2002, 8(2): 182-185.

[56] Sifer N, Gardner K. An analysis of hydrogen production from ammonia hydride hydrogen generators for use in military fuel cell environments[J]. Journal of Power Sources, 2004, 132(1/2): 135-138.

[57] 黄倬. 质子交换膜燃料电池的研究开发与应用[M]. 北京: 冶金工业出版社, 2000.

# 第6章 $CO_2$捕集、利用与封存(CCUS)技术

## 6.1 CCUS技术简介

人类活动导致了四种长居留时间温室气体(GHG)的排放：$CO_2$、$CH_4$、$N_2O$ 和卤代烃，其中 $CO_2$ 是最重要的人为制造的 GHG，这是因为在温室效应中约有三分之二的份额是由 $CO_2$ 的排放所引起的[1]。自 1750 年工业革命以来，人类活动已经导致大气中的 $CO_2$ 浓度增加了约 40%，这使得全球气温迅速变暖。至少在未来 20 年内，化石燃料将继续成为全球主要的能源来源，以满足人类发展对能源的需求[2]。为了在未来 100 年内能够将全球 $CO_2$ 浓度控制在 550 ppm 以内，需要人类对 $CO_2$ 排放进行严格控制[3]。为了缓解由大量人为 $CO_2$ 排放所造成的全球变暖和气候变化，世界各国纷纷提出并实施了各自的发展战略、行动计划和经济手段。$CO_2$ 捕集、利用与封存(carbon dioxide capture, utilization and storage，CCUS)技术是人类应对全球变暖所采取的必要措施之一。我国以燃煤为主的 $CO_2$ 排放方式决定了加快推进 CCUS 有效实施的重要意义。

### 6.1.1 CCUS 的意义和重要性

#### 6.1.1.1 全球 $CO_2$ 减排战略

全球大气中 $CO_2$ 平均浓度的增加可能会导致气候进一步变暖，并使全球气候、生态系统发生许多变化。为了减少大气中 $CO_2$ 的含量，主要有五种可行的策略[4]：减少 $CO_2$ 排放总量(节能减排)、充分利用产生的 $CO_2$(CCU)、捕集和封存 $CO_2$(CCS)、向碳密集度较低的清洁燃料转变(低碳能源)及增加可再生能源比重(新能源)。

其中，$CO_2$ 捕集和封存(CCS)技术可以保证在无碳能源替代化石能源之前，继续广泛利用化石燃料 50 年以上，同时实现约 550 ppm 大气 $CO_2$ 浓度控制阈值的目标[4]。一般而言，碳捕集技术可分为三大类，包括燃烧前捕集、燃烧后捕集及富氧燃烧。

#### 6.1.1.2 从封存(CCS)到利用(CCU)的转变

将"利用"这一概念引入 CCS 技术中，即 $CO_2$ 捕集和利用(CCU)，是该类技术发展的前沿方向。捕集的 $CO_2$ 利用途径包括强化石油和天然气回收、生物转化(即藻类)、食品工业、化学品(即化肥和液体燃料)、制冷剂、惰性剂、灭火剂、塑料及矿化为碳酸盐。CCU 技术可每年至少减少 3.7 Gt $CO_2$ 排放量，相当于世界当前年排放量的 10%左右。此外，CCU 技术还可创造绿色产业和经济效益，帮助抵消减排成本。因此，CCU 被认为是通往可持续能源系统道路上的一项关键战略。到 2050 年，该类技术将为全球 $CO_2$ 排放量减少贡献约 14%[5]。然而，单靠 CCU 技术无法在中短期内将 $CO_2$ 排放量降低到稳定保持当前浓度所需的水平。所以，必须确定组合解决方案，以实现最有效的 $CO_2$ 排

#### 6.1.1.3 $CO_2$ 捕集、利用和封存(CCUS)的概念

图 6.1 展示了 CCUS 的主要技术,其中包括 $CO_2$ 捕集、储存(封存)、利用(直接使用)及转化为化学品和/或燃料。CCUS 技术可以有效地从排放源捕集 $CO_2$,然后运输并最终储存在永久性的地质封存场所。

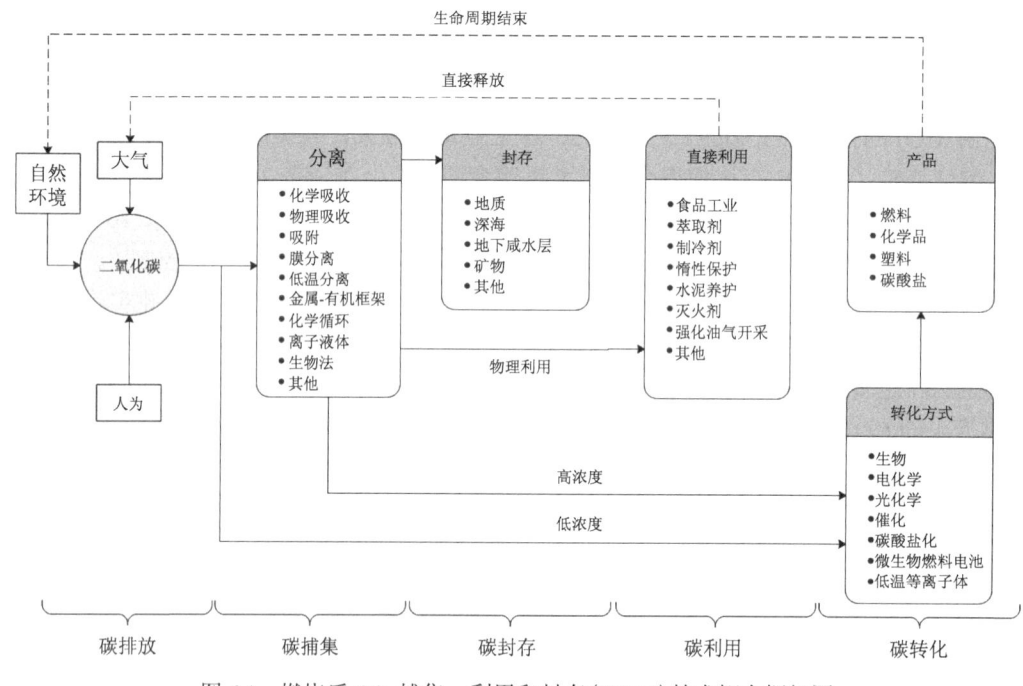

图 6.1 燃烧后 $CO_2$ 捕集、利用和封存(CCUS)技术概念框架图

### 6.1.2 燃烧后碳捕集和封存

$CO_2$ 捕集作为 CCUS 的第一步,将来自工业或传统电厂的含 $CO_2$ 废气以低能耗、低成本的方式进行分离和浓缩至高纯度。捕集后,可将其储存在地质体或盐水层中,以确保长期封存。此外,浓缩的 $CO_2$ 可以直接被利用或转化为燃料和化学品等碳基材料。

#### 6.1.2.1 燃烧后 $CO_2$ 捕集技术

图 6.2 展示了从烟气或空气中获取燃烧后 $CO_2$ 的各种方法。尽管有多种 $CO_2$ 捕集技术可用,但工艺中存在传质限制步骤且处理废气规模巨大,因此只有少数工艺可实现大规模的应用。所以,为了成功进行 CCUS 技术的开发和应用,需要在反应器设计、工艺方案及新材料方面取得创新和突破。

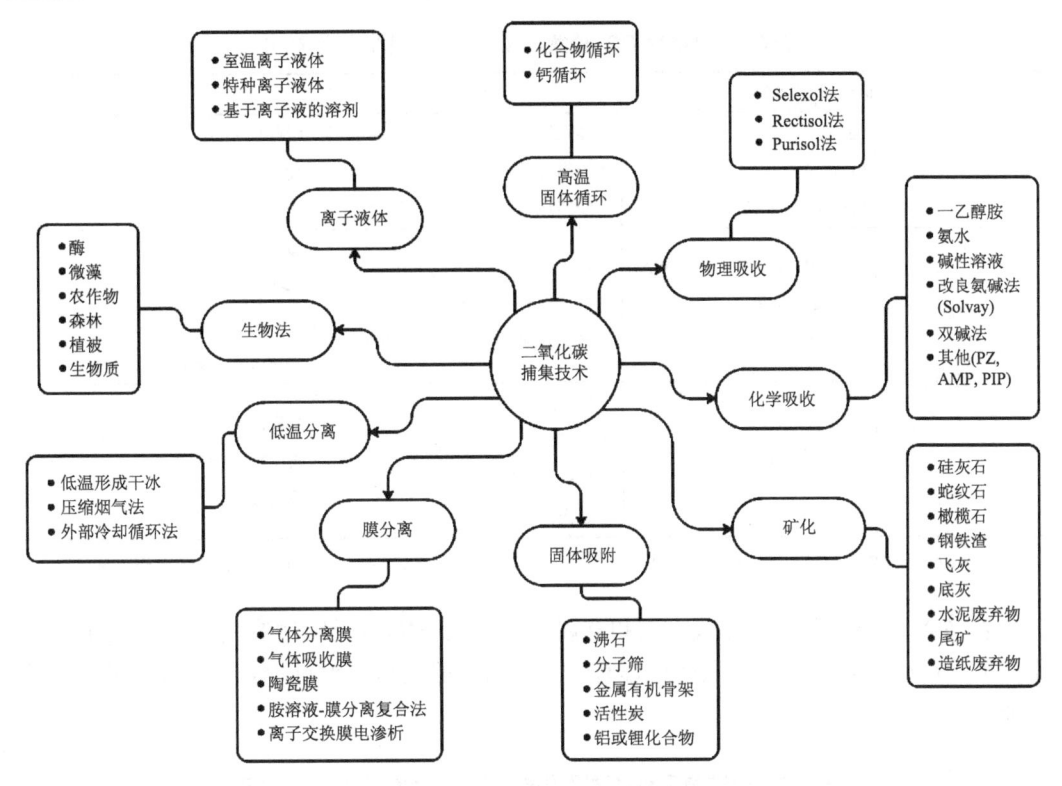

图 6.2 CO$_2$ 捕集技术的不同方法

可通过多种技术浓缩含 CO$_2$ 的废气(或空气)，主要包括化学吸收(碱性溶液，如氨和一乙醇胺)、物理吸附(沸石、活性炭、金属有机骨架等)、选择性膜分离、低温分离技术、离子液体吸收技术、高温固体循环过程(钙循环和化合物循环)。上述捕集技术可以将烟气中稀薄的 CO$_2$ 浓缩为接近纯 CO$_2$ 之后再进行封存或利用。

燃烧后捕集可通过矿物矿化(利用天然岩石和/或固体废弃物)和生物方法(微藻技术和基于生物酶的过程)与 CO$_2$ 利用相结合。生物法和矿化法使 CO$_2$ 的物理化学性质在捕集过程后发生了变化，从而能够对 CO$_2$ 进行直接转化和利用。这类技术不需要额外的 CO$_2$ 储存场地。

### 6.1.2.2 CO$_2$ 吸收技术

表 6.1 展示了燃烧后 CO$_2$ 捕集的几种技术。通过醇胺水溶液进行化学吸收是最常用的 CO$_2$ 捕集技术之一[6]。该技术可以分为两个阶段：首先使用吸收剂吸收 CO$_2$；然后改变压力、温度或通过振荡解吸 CO$_2$。然而，使用醇胺水溶液作为吸收剂时存在几个技术问题，主要包括设备腐蚀、再生能耗、吸收器体积等方面。因此，需要对吸收过程进行改进，以强化 CO$_2$ 气体和溶液之间进行物质传递。例如，使用高重力旋转填充床反应器装置[7]。此外，需要优化吸收剂组合，如使用哌嗪和二乙烯三胺、哌嗪和二甘醇、NaOH 溶液，以实现高 CO$_2$ 捕集效率和低再生能量。

表 6.1 燃烧后 $CO_2$ 捕集的物理和化学吸收过程对比

| | 过程描述/化学成分 | 优点 | 缺点 |
|---|---|---|---|
| 物理过程 | Selexol<sup>TM</sup><br>Rectisol<sup>TM</sup><br>Purisol 法（NMP） | • 蒸汽压低，毒性低（Selexol）<br>• 低腐蚀（Rectisol）<br>• 低能耗（Purisol） | • 吸收能力低<br>• 使用寿命短（Selexol）<br>• 设备和运行投资高（Rectisol） |
| 化学过程 | 醇胺（MEA、DEA、MDEA）<br>位阻胺（AMP）<br>助剂（PZ, PIP） | • 吸收能力高<br>• 工作压力、温度低<br>• 适合对现有发电厂进行改造 | • 设备腐蚀严重<br>• 再生能耗高<br>• 吸收装置体积大<br>• 胺被 $SO_2$、$NO_2$ 和 $O_2$ 降解 |
| | 离子液体（IL） | • 蒸汽压低<br>• 无毒性<br>• 热稳定性好<br>• 高极性 | • 高黏度<br>• 再生所需能量高<br>• 设备投资高 |

注：MEA 指乙醇胺；DEA 指二乙醇胺；MDEA 指 N-甲基二乙醇胺；PZ 指哌嗪（piperazine）溶液；PIP 指哌嗪。

表 6.2 介绍了采用固体吸附剂和金属有机骨架（MOF）吸附法的燃烧后 $CO_2$ 捕集技术。尽管在成本方面较化学吸附过程有一定优势，但物理吸附过程表现出较低的 $CO_2$ 吸附能力。

表 6.2 通过物理和化学吸附进行燃烧后 $CO_2$ 捕集过程比较

| | 过程描述 | 优点 | 缺点 |
|---|---|---|---|
| 物理过程 | • 活性炭（AC）<br>• 沸石<br>• 介孔氧化硅（MS）<br>• 金属有机骨架（MOF） | • 可得性广，成本低<br>• 热稳定性高（AC）<br>• 对水分敏感度低（AC）<br>• 可调孔径（MS 和 MOF） | • $CO_2$ 吸附能力低<br>• $CO_2$ 选择性低<br>• 吸附动力学缓慢<br>• 循环使用中的热稳定性、化学稳定性和机械稳定性欠佳 |
| 化学过程 | • 氨基吸附剂<br>• 碱土金属吸附剂<br>• 锂吸附剂 | • 放热反应<br>• 高吸附能力<br>• 天然矿物成本低 | • 吸附剂失活<br>• $CO_2$ 选择性低<br>• 扩散传质阻力大 |
| | • 碱性固体废弃物（炼钢炉渣、炉灰等） | • 产物稳定<br>• 废弃物的可得性高<br>• 产品可再利用<br>• 废弃物中重金属微量元素的浸出减少 | • $CO_2$ 吸附能力低<br>• 吸附动力学和传质速度慢<br>• 破碎能耗高 |

### 6.1.2.3 化学循环燃烧技术

化学循环（CLP）是一种先进的燃烧过程，能够使 $CO_2$ 与其他烟气成分直接分离。铁基、铜基、镍基、锰基和钴基金属氧化物等氧载体材料将氧气从空气转移到燃料中，从而避免燃料和空气之间的直接接触，产生成分接近于 100% 的 $CO_2$ 废气。图 6.3 展示了该技术的基本原理。氧载体材料($Me_xO_y$)被含碳燃料(如煤和$CH_4$)还原,进而在燃烧反应器中生成$H_2O$和$CO_2$,如式(6.1)所示。

$$C_nH_{2m}+(2n+m)Me_xO_y \longrightarrow nCO_2+mH_2O+(2n+m)Me_xO_{y-1} \tag{6.1}$$

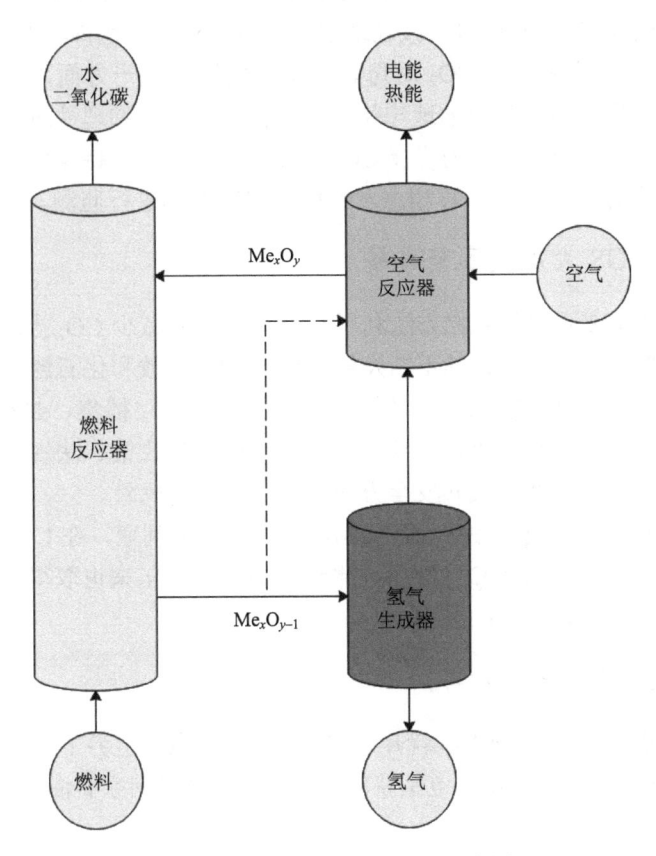

图 6.3　化学循环(CLP)工艺示意图

被还原的金属氧化物($Me_xO_{y-1}$)在空气反应器中被氧气氧化成$Me_xO_y$,如式(6.2)所示,该反应放出的热量可为外部设施(如发电机)提供热量。

$$2Me_xO_{y-1}+O_2 \longrightarrow 2Me_xO_y \tag{6.2}$$

为了优化$CO_2$产出,CLP商业化过程中仍然需要开发具有高反应性和可回收的低成本氧载体,以及优化反应器的设计和操作条件。镍基和铜基氧载体的反应性对化学循环过程非常重要,然而由于制造成本高,其发展受到较大限制[8]。CLP目前已成功在实际运行中进行了商业化示范,规模为0.3～1.0 MW,未来将进一步扩大到1～10 MW[9]。

### 6.1.2.4　碳封存技术

高浓度的$CO_2$可以被加压并储存在地质构造中,即$CO_2$地质封存,常用的封存媒介主要包括深海、咸水层、无法开采的煤层及枯竭的油气藏。将捕集后高纯度的$CO_2$注入封闭的地质构造中,可以提供潜在的巨大封存容量[10]。地质封存的四种主要机制包括动态流体封存、溶解封存、残余封存及矿物封存。从技术角度来看，$CO_2$ 地质封存的风险可能包括潜在泄漏和诱发地震的长期风险，以及对井筒、近井筒和储层因素等不当分析的现场性能风险[11]。

基于纳米流体的超临界 $CO_2$ 技术可以有效地用于 $CO_2$ 地质封存。纳米流体不仅可以增强储层中 $CO_2$ 的均匀流动，还可以减轻地层非均质性对 $CO_2$ 运移和聚集的不利影响[12]。已经有大量研究评估了暴露于 $CO_2$ 时母岩性质的变化[13]。一方面，在地质构造中进行 $CO_2$ 封存需要在储层和盖层材料的地球化学、矿物学和岩石物理性质方面从微观到宏观进行跨学科的研究；另一方面，为确保 $CO_2$ 封存的安全性和可持续性，需要具备预测和定期监测封存的能力，对 $CO_2$ 迁移相态及长期的储层变化进行监测。

#### 6.1.2.5　CCUS 大规模示范进展

通过物理、化学或强化的生物方法利用 $CO_2$ 可以有效减少 $CO_2$ 排放，实现可持续的循环经济。随着新技术、新工艺的不断发展，减少 $CO_2$ 排放和化石燃料开采，以及替代石油化学品[2]都可产生直接或间接的环境效益。然而，$CO_2$ 捕集、封存和利用（CCUS）项目的广泛应用仍存在一些困难，主要包括高资本投资，政策、法规和技术方面的不确定性，公众接受度，对人类健康和安全方面的担忧及环境风险。

全球许多国家，如挪威、加拿大、美国、德国、澳大利亚，在 CCUS 技术的研发方面处于领先地位[14]，而我国在 CCUS 各技术环节的研究近年来也取得了显著的进展，部分技术已经具备了商业化应用的潜力。

1. 挪威利用胺捕集碳（2012 年）

在挪威，碳税机制早在 1991 年就开始实施，从而催生了世界上第一个大规模碳捕集项目。如图 6.4 所示，它不仅从发电站获取 $CO_2$，还从挪威国家石油公司的海上 Sleipner

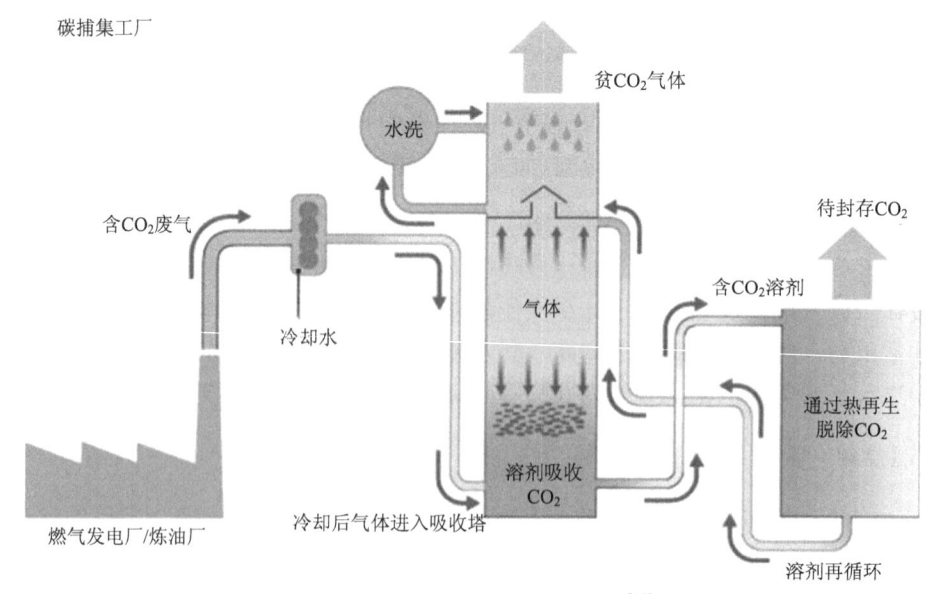

图 6.4　挪威胺碳捕集装置示意图[15]

气田的天然气中提取 $CO_2$。挪威天然气发电厂的效率通常为 59%(如位于西南海岸的 Karsto 发电厂)。然而,如果安装 $CO_2$ 捕集装置(包括 $CO_2$ 运输),效率则降至 50%左右。通常需要提供额外的能量来驱动 $CO_2$ 捕集和封存过程。因此,发电站必须燃烧更多的燃料才能产生相同的电量。

由 DONG Energy 发电站产生的废气中 $CO_2$ 浓度约为 3%,而来自挪威国家石油公司的蒙斯塔德炼油厂裂解炉管道的 $CO_2$ 浓度约为 13%。经过吸收过程后,废气中约有 90%的 $CO_2$ 可以被捕集。为使废气中 $CO_2$ 充分吸收,气液接触面积要达到近 6 万 $m^2$,相当于八个足球场的大小。

2. 加拿大萨斯克发电厂(2015 年)

在加拿大,由 SaskPower 公司运营的 Boundary Dam 发电站(3 号机组)已与碳捕集装置整合。该项目将 Saskatchewan 省 Estevan 附近 Boundary Dam 发电站的老化机组#3 改造为一个可靠的长期发电机组,基本负荷可达 115 MW。捕集的 $CO_2$ 可以被压缩并永久储存在地下(3.4 km 深),或者液化后通过管道输送给附近的石油公司以用于提高石油的采收率。

除了 $CO_2$,该项目还可产生其他副产品。例如,可将捕集的 $SO_2$ 转化为工业用硫酸($H_2SO_4$)。粉煤灰是煤炭燃烧后形成的另一种副产品,可以出售用于制备预拌混凝土、预制结构和混凝土产品。

3. 中国 CCUS 现状

中国目前已投运或建设中的 CCUS 示范项目约为 40 个,捕集能力约 300 万 t/a。多以石油、煤化工、电力行业等小规模的捕集驱油示范项目为主,而缺乏大规模、多技术组合的全流程工业化示范项目。中国目前已具备大规模捕集、利用与封存 $CO_2$ 的能力,正在积极筹备全流程 CCUS 产业集群。国家能源集团鄂尔多斯 CCUS 示范项目已成功开展了 10 万 t/a 规模的 CCUS 全流程示范工程。中石油吉林油田强化采油(EOR)项目是全球正在运行的 21 个大型 CCUS 项目中唯一的一个中国项目,也是全亚洲最大的 EOR 项目,累计已注入 $CO_2$ 超过 200 万 t。国家能源集团国华锦界电厂 15 万 t/a 燃烧后 $CO_2$ 捕集与封存全流程示范项目已于 2019 年开始建设,建成后成为中国最大的燃煤电厂 CCUS 示范项目。2021 年 7 月,中石化正式启动建设我国首个百万吨级 CCUS 项目(齐鲁石化-胜利油田 CCUS 项目)。中国 CCUS 技术项目遍布 19 个省份,捕集源所属行业和封存利用的类型呈现多样化分布。中国 13 个涉及电厂和水泥厂的纯捕集示范项目总体 $CO_2$ 捕集规模达 85.65 万 t/a,11 个 $CO_2$ 地质利用与封存项目规模达 182.1 万 t/a,其中 EOR 的 $CO_2$ 利用规模约为 154 万 t/a。中国 $CO_2$ 捕集源覆盖燃煤电厂的燃烧前、燃烧后和富氧燃烧捕集,燃气电厂的燃烧后捕集,煤化工的 $CO_2$ 捕集及水泥窑尾气的燃烧后捕集等多种技术。$CO_2$ 封存及利用涉及咸水层封存、EOR、驱替煤层气(ECBM)、地浸采铀、$CO_2$ 矿化利用、$CO_2$ 合成可降解聚合物、重整制备合成气、微藻固定等多种方式[16]。

### 6.1.2.6 $CO_2$利用与高值化转化

由于在利用$CO_2$制造化学品后,固定的$CO_2$有可能会在短时间内被重新释放出来,所以$CO_2$直接利用与高值化转化技术的优势不在于其利用$CO_2$的绝对量。相反,引进创新技术进行$CO_2$利用可以减少对高碳材料和能源的使用,从而实现过程减排和循环经济。在捕集后,浓缩的$CO_2$可以被直接利用,也可以转化成其他产品,如图6.5所示。本小节简要说明可利用浓缩$CO_2$的两种方法,即直接利用法和转化利用法。

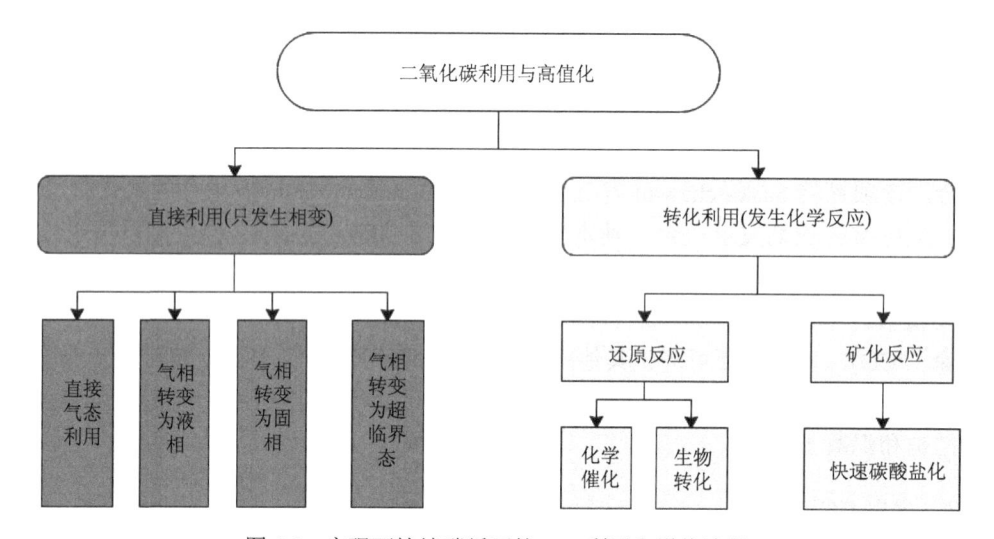

图6.5 实现可持续碳循环的$CO_2$利用和增值途径

### 6.1.2.7 $CO_2$直接利用

直接利用$CO_2$只涉及气体、液体、固体和超临界流体之间的相变(即物质状态)。在这种情况下,浓缩$CO_2$可以直接应用在食品工业、软饮料、灭火器、萃取剂及超临界$CO_2$溶剂领域[17]。

$CO_2$利用技术的经济性取决于$CO_2$输出的品质(如纯度、温度、压力等)及所涉及的捕集过程。目前,此类应用的市场规模仍然很小,无法从总体上对$CO_2$减排产生显著影响。此外,不同研究机构对$CO_2$价格的预测存在很大差异。目前最可接受的估计是,到2050年时$CO_2$价格可能在每吨100~400美元[18]。

### 6.1.2.8 $CO_2$转化利用

将捕集的$CO_2$转化为有用的产品是实现可持续碳循环的基本策略。由于$CO_2$是一种热力学极为稳定的化合物,故$CO_2$的转化通常要经过催化,需要额外的能量输入。在碳族化合物中,$CO_2$分子表现出最高的氧化状态(+4),$CO_2$的转化可以通过还原反应(还原到负氧化态)或者矿化实现。矿化产物与气态$CO_2$相比,吉布斯自由能(Gibbs free energy)更低。

为了在各种新工艺下提高 $CO_2$ 转化效率，学术界和工业界进行了大量的努力。$CO_2$ 还原反应可以通过几种不同的方法实现，例如电催化[19]、光催化[20]和生物转化[21]方法等。这些方法不仅可以减少 $CO_2$ 在大气中的积累，还可以将 $CO_2$ 用于化学制品和能源产品。在以下内容中，将重点介绍通过化学催化或生物转化的方法进行 $CO_2$ 还原反应。后面还将详细讨论 $CO_2$ 的矿化作用。

1. 化学催化反应

$CO_2$ 可以通过多种方法转化为高值化学品，如热化学、电化学、光电化学、光催化等。在化学催化系统中，半导体(如 $TiO_2$ 和 $CdS$)和/或金属有机络合物材料通常被用作催化剂。利用催化剂降低反应的活化能，进而加快了 $CO_2$ 的还原反应。如图 6.6 所示，可以通过使用催化剂还原 $CO_2$ 生成多种化学物质(如甲烷、乙醇、聚合物等)。一些催化还原反应还需要氢($H_2$)或质子($H^+$)的参与。$H_2$(或 $H^+$)可以利用可再生能源(如太阳能、风能等)从水中获取，是燃烧后碳捕集、封存和利用的一种替代方法，用于储存可再生能源。在电化学过程中，质子和电子可以使用可再生能源产生的电能从阳极室的水中获得，如式(6.3)所示：

$$H_2O + energy \longrightarrow 2H^+ + 2e^- + \frac{1}{2}O_2 \uparrow \qquad (6.3)$$

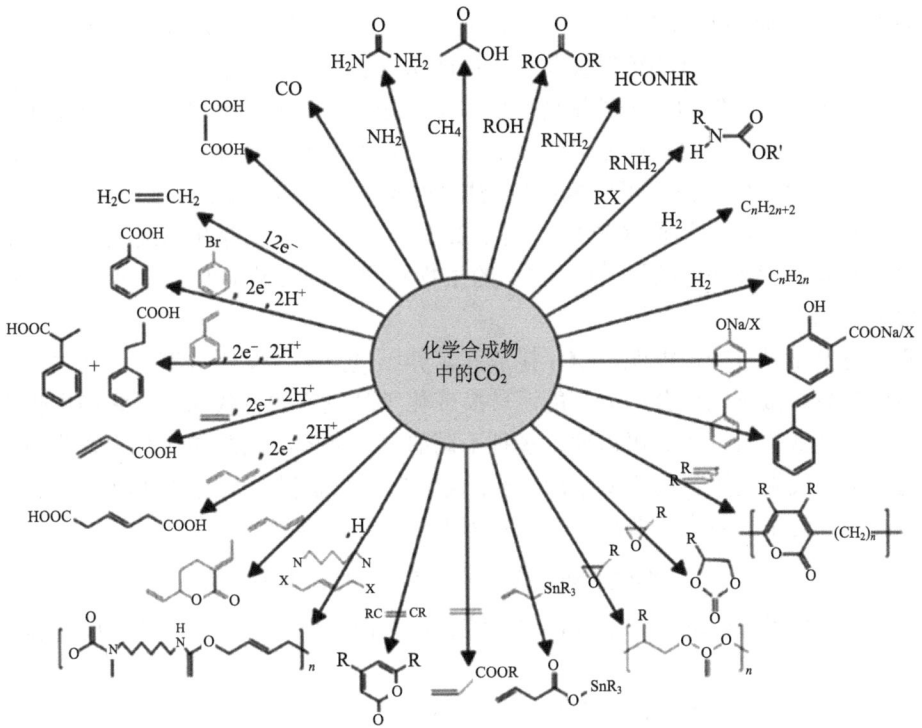

图 6.6 通过各种转化技术利用 $CO_2$ 作为平台化学品

利用 $CO_2$ 和 $H_2$ 可生产甲烷、甲醇、二甲醚(DME)等化学燃料。$CO_2$ 和 $H_2$ 还可以通过反向水-气变换(RWGS)反应和费-托(F-T)过程转化为液态烃，如式(6.4)和式(6.5)所示：

$$CO_2 + H_2 \longrightarrow CO + H_2O \quad \Delta H_{298}^0 = +42\,kJ/mol \tag{6.4}$$

$$(2n+1)H_2 + nCO \longrightarrow C_nH_{2n+2} + nH_2O \tag{6.5}$$

式中，$n$ 通常在 10～20。费-托合成涉及一系列产生多种碳氢化合物($C_nH_{2n+2}$)的化学反应。另外，$CO_2$ 和 $H_2$ 可以通过式(6.6)转化为甲醇：

$$CO_2 + 3H_2 \longrightarrow CH_3OH + H_2O \quad \Delta H_{298}^0 = -49\,kJ/mol \tag{6.6}$$

该技术成功应用的关键在于廉价的 $CO_2$ 来源、廉价的氢气来源及高效且稳定的催化剂。受限于目前的催化剂效能，$CO_2$ 还原反应的效率通常较低。

2. 强化生物固定

另一种 $CO_2$ 还原的方法是借助于生物转化的方法，被称为强化生物固定。该方法通过在非自然光合条件下产生水生或陆地生物量(如通过微藻)，实现直接利用 $CO_2$ 的目标。微藻不仅可以消耗 $CO_2$，还可以将其转化为生化物质或生物燃料。微藻细胞是阳光驱动的细胞工厂，可以将 $CO_2$ 转化为生物燃料、动物食品、高值生化活性化合物等(如二十二碳六烯酸)[22]。该反应可通过两种不同的机制实现：利用太阳光(UV)能量激发电子，将辅酶 NADP 还原为 NADPH，并生成高能分子 ATP(光依赖)；还原性分子将 $CO_2$ 转化为有机化合物，这些化合物可以被藻类当作能源物质而吸收(光独立)。

利用生物质生产生物基化学品是实现可持续绿色增长的关键机遇。根据全生命周期评估，与化石产品相比生物产品可以减少 39%～86% 的温室气体排放量。此外，反应产物普遍具有高附加值，完全可以抵偿生物质(如藻类)生产的成本。预计到 2030 年，生物技术将贡献经合组织地区 GDP 总量的 2.7% 左右，并在工业和初级生产中提供经济价值[23]。因此，从长远发展来看，$CO_2$ 的生物利用过程在能源和经济两个方面都将发挥重要的作用。

藻类技术在对抗全球能源、$CO_2$ 排放和营养不良方面具有巨大潜力，同时还能生产高附加值产品。微藻已被公认为是能源转换或化学品生产的替代原料。它们生长迅速、无处不在，且富含蛋白质。可以通过多种不同的方法将藻类物质转化为生物柴油。微藻被认为是第三代生物燃料的主要来源，这不仅因为它们能利用大气中的 $CO_2$，如式(6.7)，而且微藻本身的生物质含量普遍较高，有利于高质燃烧供能。

$$6CO_2 + 6H_2O \xrightarrow{\text{光照}} C_6H_{12}O_6 + 6O_2 \tag{6.7}$$

微藻在生物量方面均优于陆地作物，这也使以微藻作为生物原料的应用更加广泛。其生物量具体数据如下。

光生物反应器中的微藻：约 150 $t/(hm^2 \cdot a)$；

开放池塘中的微藻：50～70 $t/(hm^2 \cdot a)$；

柳枝稷(陆地)：10～13 $t/(hm^2 \cdot a)$；

玉米(陆地)：约 9 $t/(hm^2 \cdot a)$；

大豆(陆地): 约 3 t/(hm² · a)。

微藻可以用于生产多类产品,主要包括生物柴油、沼气、生物乙醇等生物能源,碳水化合物、色素、蛋白质、生物材料、动物饲料等非能源生物产品。

因此,微藻固定 $CO_2$ 生产生物柴油及其他有价值的生物化学品具有巨大的市场潜力。然而,生物产品的生产率受化学计量和热力学限制,因此整个太阳光谱到有机物的最大理论能量转换率仅约为 10%[24]。除了化学计量和热力学限制外,藻类养殖也被认为是技术难点之一。藻类养殖成本约占藻类生物燃料生产过程总成本的三分之一[25]。

## 6.2 $CO_2$ 矿化与利用工艺

近年来,由于气候变化和全球变暖问题,大规模工业过程中排放的 $CO_2$ 引起了全社会的关注。碳循环研究发现,硅酸盐风化释放金属离子的碳酸盐化是地质时期控制大气 $CO_2$ 最主要的途径。根据以上途径开展的 $CO_2$ 矿物碳封存技术模拟了自然碳循环过程,是迄今为止最为安全的碳封存技术之一。同时,为了建立一个可持续的循环经济,可以通过矿化过程进行综合废弃物处理,利用烟气中的 $CO_2$ 来稳定碱性固体废弃物中的活性成分。本节将从热力学和工艺过程的角度说明有关 $CO_2$ 矿化的基本理论。此外,本节还将介绍 $CO_2$ 矿化的若干途径。

### 6.2.1 $CO_2$ 矿化热力学原理

在过去的 200 年里,由于能源需求、人口和经济的快速增长,全球 $CO_2$ 的排放量急剧增加。大气层中温室气体的增加导致了全球变暖。在过去的 250 年里,大气中的 $CO_2$ 浓度从 275 ppm 增加到超过 400 ppm,这使全球平均气温明显上升。从 1901 年到 2012 年,全球平均地表温度每十年增加 $(0.075 \pm 0.013)$ ℃[26]。2011~2020 年,全球地表温度比工业革命前高出 1.09℃,已经超过全新世中期的平均温度[27]。本小节旨在重点说明与碳有关的物质热力学性质、吉布斯自由能和 $CO_2$ 的物理化学特性等基本信息。

#### 6.2.1.1 吉布斯自由能概念

在热力学中,吉布斯自由能是一种热力学势,用于衡量在恒定温度和压力(等温、等压)下从一个热力学系统中获得的有用功。吉布斯自由能($G$)是一个状态函数,它与焓($H$)、温度($T$)和熵($S$)这三个变量之间存在如下关系:

$$G = H - TS \tag{6.8}$$

在分子尺度上,一种物质的熵($S$)与内能在所有粒子之间的分布相关。在这种情况下,能量的每一种可能分布都表征着系统的一个"微观状态"。换句话说,熵是衡量在一个给定的总能量下可获得的微观状态的数量。可以通过玻尔兹曼方程来描述,如式(6.9)所示。

$$S = k_B \ln W \tag{6.9}$$

其中,$k_B$ 是玻尔兹曼常数(即 $1.381 \times 10^{-23}$ J/K);$W$ 是微观状态的数量。许多因素对物质的熵有影响,如物理状态、温度、分子大小、分子间作用力、溶解及混合等。

### 6.2.1.2 碳物种的标准吉布斯自由能

CO$_2$ 矿化技术是一种环境友好的 CO$_2$ 捕集和储存的重要方法,因为它不仅可以减少 CO$_2$ 排放量,还可以将 CO$_2$ 转化为稳定的矿物质。图 6.7 显示了几种与碳有关的物质在 298 K 时的标准吉布斯自由能。CO$_2$ 矿化在热力学上已被证明是完全可行的。气态 CO$_2$ 的标准吉布斯自由能约为 –400 kJ/mol,随着时间的推移,它可以通过形成固体 CaCO$_3$ 矿物降低到大约 –1100 kJ/mol[28]。

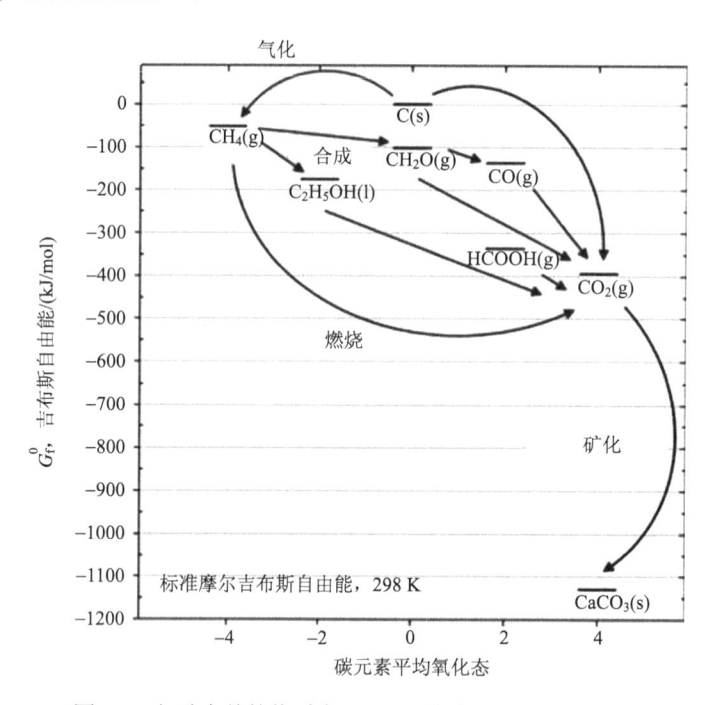

图 6.7 与碳有关的物质在 298 K 时的标准吉布斯自由能

### 6.2.1.3 CO$_2$ 的物理化学特性

CO$_2$ 是一种无色无味的气体,对地球上的生命来说至关重要。表 6.3 列出了在 1.013 bar 和 30℃下 CO$_2$ 和 H$_2$O 的基本物理化学性质。CO$_2$ 的临界点为 31.06℃和 73.8 bar,临界密度为 0.469 g/cm。此外,CO$_2$ 在空气中的扩散比在水中的扩散能力要高大约 10000 倍。CO$_2$ 在高压下可溶解于溶剂中,而压力降低后则会释放出气体。在 1.013 bar 和 30℃下,CO$_2$ 的密度约为 1.778 kg/m$^3$,约为空气的 1.67 倍。

CO$_2$ 是一种弱亲电子体,可溶于水(或溶剂)中,可根据亨利定律来获取其溶解度大小。亨利定律表明气体在孔隙水中的溶解度与气体的分压之间成正比。亨利定律只对那些可以在溶液中无限稀释的气体严格有效。CO$_2$ 可由碳酸(H$_2$CO$_3$)的水解反应而产生,由于其在水中的电离不完全,所以属于一种弱酸。CO$_2$ 在水中的溶解度可以用亨利定律式(6.10)来表示。

表 6.3 二氧化碳($CO_2$)和水($H_2O$)的热力学性质(1.013 bar,30℃)

| 属性 | 单位 | 数值 $CO_2$ | 数值 $H_2O$ |
| --- | --- | --- | --- |
| 密度 | kg/m³ | 1.778 | 995.65 |
| 比内能 | kJ/kg | — | 125.73 |
| 比焓 | kJ/kg | 510.09 | 125.83 |
| 比熵 | kJ/(kg·K) | 2.753 | 0.4368 |
| 比等压热容 | kJ/(kg·K) | 0.856 | 4.1800 |
| 比等容热容 | kJ/(kg·K) | 0.662 | 4.1175 |
| 等压热膨胀系数 | $K^{-1}$ | $3.352\times10^{-3}$ | — |
| 导热系数 | W/(m·K) | $1.703\times10^{-2}$ | 0.6155 |
| 动力黏度 | kg/(m·s) | $1.517\times10^{-5}$ | $7.973\times10^{-4}$ |
| 运动黏度 | m²/s | $8.530\times10^{-6}$ | $8.008\times10^{-7}$ |
| 热扩散系数 | m²/s | $1.132\times10^{-5}$ | — |
| 普朗特数 | — | 0.7624 | — |
| 施密特数 | — | 0.7550 | — |
| 压缩系数 | — | 0.9952 | — |
| 声速 | m/s | 270.69 | 1512.07 |

$$C'_{CO_2} = H'_{CO_2} P_{CO_2} \tag{6.10}$$

式中,$C'$ 是溶解在水溶液中的 $CO_2$ 的浓度(mol/L);$H'_{CO_2}$ 是亨利常数[25℃时为 $10^{-1.46}$ mol/(L·atm)];$P_{CO_2}$ 为 $CO_2$ 在气相中的分压(atm)。

二氧化碳与水反应形成碳酸($H_2CO_3$)的过程见式(6.11)。25℃时,$H_2CO_3$ 在纯水中的平衡常数($K_h$)约为 $1.7\times10^{-3}$。

$$CO_2(g) + H_2O(aq) \longrightarrow H_2CO_3(aq) \tag{6.11}$$

如式(6.12)和式(6.13)描述了碳酸解离成 $HCO_3^-$ 和碳酸根 $CO_3^{2-}$ 的过程。在 25℃时,碳酸解离成碳酸氢根的一级电离常数是 $2.5\times10^{-4}$ mol/L,对应的 $pK_{a1}=3.6$,如式(6.12)所示。

$$H_2CO_3(aq) \longrightarrow H^+(aq) + HCO_3^-(aq) \tag{6.12}$$

所形成的碳酸氢根($HCO_3^-$)离子可以解离成碳酸根($CO_3^{2-}$)离子。如式(6.13)所示,在 25℃下的解离常数为 $4.69\times10^{-11}$ mol/L,即 $pK_{a2}=10.33$。

$$HCO_3^-(aq) \longrightarrow H^+(aq) + CO_3^{2-}(aq) \tag{6.13}$$

$CO_2$、$H_2CO_3$ 及电离形式的碳酸氢根($HCO_3^-$)和碳酸根($CO_3^{2-}$)的相对浓度取决于溶液的 pH。在低 pH(约 4)条件下,$H_2CO_3$ 占主导地位;在中性 pH(约 8)条件下,$HCO_3^-$ 占主导地位;而在高 pH(约 12)条件下,$CO_3^{2-}$ 则占主导地位。因此,碳酸盐系统的质量平衡可以表示为

$$C_T = [H_2CO_3^*(aq)] + [HCO_3^-(aq)] + [CO_3^{2-}(aq)] \tag{6.14}$$

式中,$C_T$ 为总无机碳(TIC)浓度(mol/L)。

## 6.2.2 CO₂碳酸盐矿化过程

### 6.2.2.1 自然风化过程与碳循环

对自然界的碳循环过程有足够的理解和深刻的认识是人为加速 $CO_2$-碳酸盐转变的首要条件。从较长的时间尺度上来看，大气圈只是自然界的重要碳储库之一，其他的碳储库还包括岩石、海洋、植物、土壤、化石燃料等，其中岩石圈对碳的储量最大。碳元素在这些储库之间的转运称为碳循环(图 6.8)。根据时间尺度的不同，可将碳循环分为快速和慢速两种。快速碳循环是指碳元素在生物圈之间的快速运移，其时间周期与生命体的寿命直接相关，每年有 10 亿~1000 亿 t 的碳元素在生物圈中被运移。慢速碳循环则是指在地质时期的时间尺度上，由岩石、土壤、海洋及大气等对碳元素的运移，其运移周期常以百万年来衡量，每年有 0.1 亿~1 亿 t 的碳在慢速碳循环中被运移。大气中 $CO_2$ 向岩石圈的运移起始于风化作用，$CO_2$ 与大气降水结合形成碳酸，随雨水降落到地表以后会溶解所接触的岩石，溶解的组分主要包含硅酸盐和碳酸盐。溶解形成的 $Ca^{2+}$、$Mg^{2+}$、$K^+$、$Na^+$、$CO_3^{2-}$、$HCO_3^-$ 等离子随河流及地下水进入海洋(图 6.9)，之后其中的 $Ca^{2+}$ 通

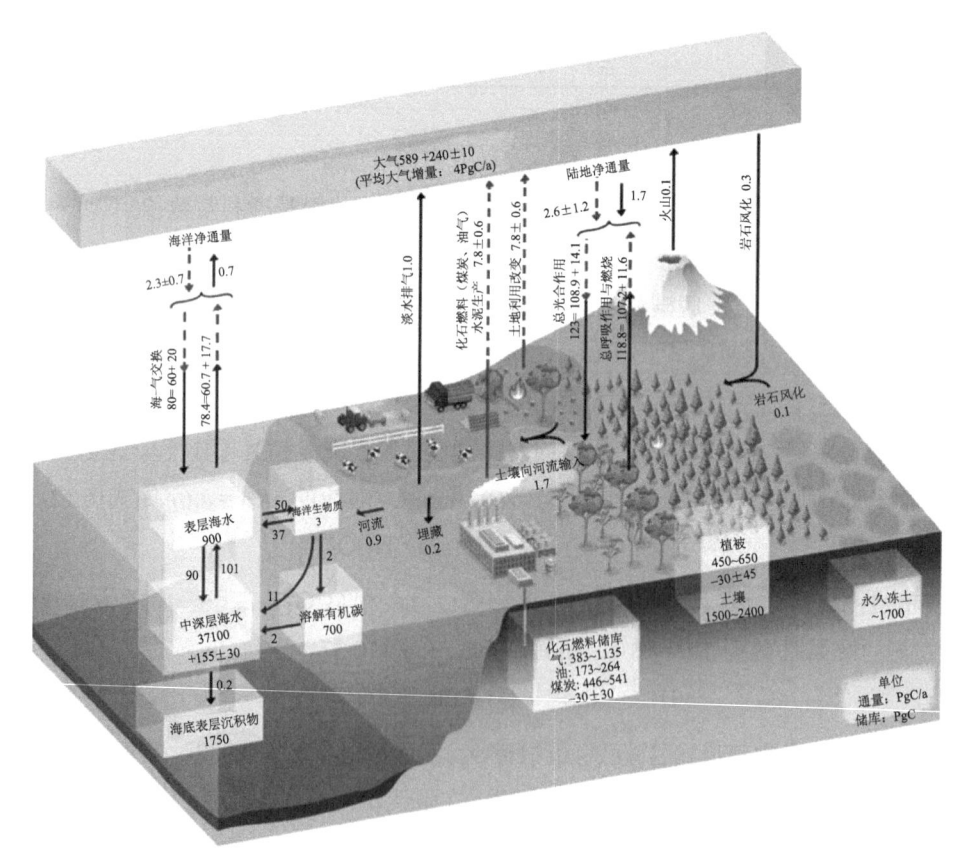

图 6.8 自然界主要碳储库及其之间的交换过程[29]

虚线是人为活动造成的碳通量或储量的变化

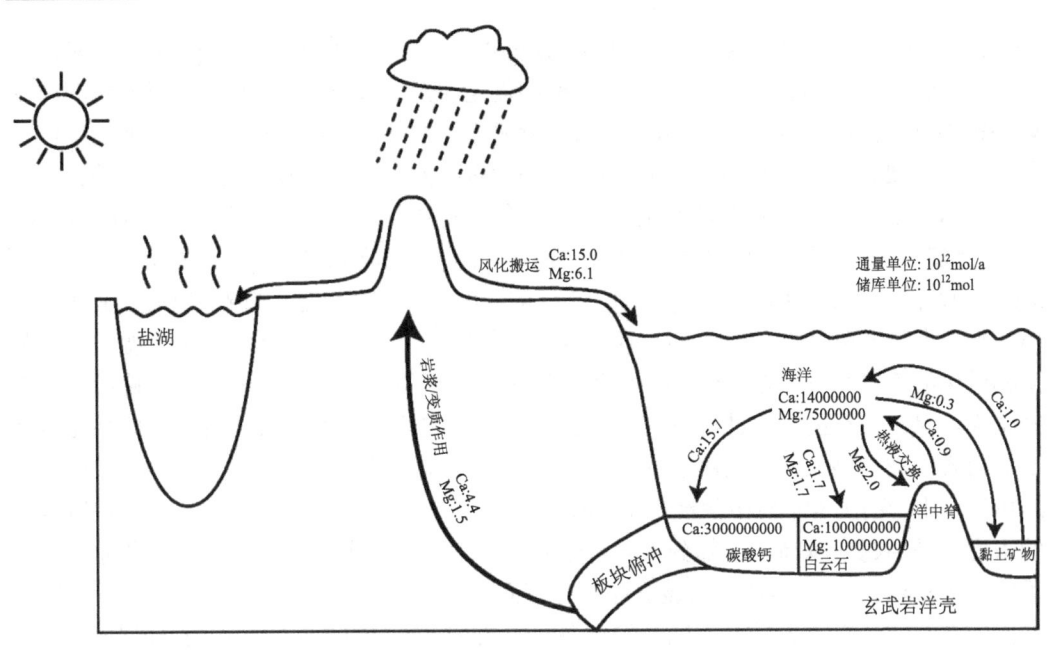

图 6.9 碳酸盐-硅酸盐主要循环通量示意图[30, 31]

过壳类海洋生物成矿作用形成 $CaCO_3$ 骨骼或外壳并在死亡后沉积下来，约有 80%的碳通过这种形式沉积到岩石圈中，形成石灰岩及相关碳酸盐岩石。剩下的碳通过埋藏有机质的形式与黏土矿物混合，经过数百万年的成岩作用转化为页岩，特殊情况下还会聚集成为油气藏。

在这一自然过程中，埋藏在岩石中的碳还会通过复杂的板块-岩浆活动重新被释放出来进入大气。当含有碳酸盐及有机质的洋壳俯冲进入大陆板块以下并进入地幔时，高温高压的地质条件使得这些岩石熔融分解成为富含挥发性组分的岩浆，当这些岩浆通过俯冲带火山喷发作用重新冷却形成岩石后，新的硅酸盐矿物重新形成而岩浆中的 $CO_2$ 则重新进入大气圈，新的风化作用再次开始，从而形成了长时间尺度的碳循环。目前估算每年由岩浆作用释放进入大气的 $CO_2$ 总量为 1.3 亿～3.8 亿 t，而由人类活动所造成的释放量约为每年 300 亿 t，超过火山作用的 100 多倍。风化作用的重要性体现在其能够调节大气中 $CO_2$ 的浓度。当大气中 $CO_2$ 含量上升，气温升高，增强了地表岩石的化学风化速率（提升反应动力学），更多的离子被搬运到海洋中，这种负反馈机制造成较多的 $CO_3^{2-}$、$HCO_3^-$ 被固定到岩石中。然而，这一调节过程一般需要数十万年才能完成。大气中 $CO_2$ 浓度的变化对人类社会的影响巨大，完全依靠自然过程来解决碳排放的问题显然是不切实际的，人类必须做出努力来加速人为除碳的过程。

前文提到，风化过程形成的 $Ca^{2+}$、$Mg^{2+}$ 都会通过河流的搬运作用迁移到海洋中，这种通过风化作用从岩石圈搬运到海洋中的 Ca 和 Mg 的通量分别为 $15.0 \times 10^{12}$ mol/a 和 $6.1 \times 10^{12}$ mol/a，而海洋中 Ca、Mg 的总量基本稳定为 $1.4 \times 10^{19}$ mol 和 $7.5 \times 10^{19}$ mol，因此每年总有一定量的 Ca、Mg 从海洋中被移除[30]。虽然 Ca 和 Mg 为同族元素，化学性质较为相似，但两者在水溶液中的性质迥异，主要表现为两者的水合能相差较大。$Mg^{2+}$ 和

Ca$^{2+}$的水合能分别为1921 kJ/mol和1577 kJ/mol[32]，这表明水分子与Mg$^{2+}$结合更紧密，在25℃条件下，沉淀无水MgCO$_3$所需要的能量比沉淀CaCO$_3$要高，这就导致海洋中Mg和Ca元素的移除方式各不相同。如前所述，生物体的Ca质骨骼是最重要的碳汇，同时也是重要的钙汇。生物体对CaCO$_3$的偏爱有可能来自于其较MgCO$_3$更低的去水合能量，这降低了生物生存对能量的需求，具有极其重要的生物学意义。若选择MgCO$_3$作为骨骼材料，则会增加生命体对食物、阳光等能量来源的需求，同时由于MgCO$_3$ ($K_{sp}=10^{-7.8}$)比CaCO$_3$ ($K_{sp}=3.3\times10^{-9}$)溶解度高一个数量级，故若将MgCO$_3$作为骨骼，加上海洋碳酸盐补偿深度的存在，那么生物在海洋中的生活区域将会大幅缩小。从生物进化的角度来看，选择CaCO$_3$作为海洋生物乃至所有生物的骨骼都是正确的进化选择结果。Mg目前主要通过与海洋中脊玄武岩的蛇纹石化作用进入岩石圈，此外还包括形成白云岩及与黏土矿物的离子交换作用。尽管目前海洋中Mg元素含量稳定，但是在地质尺度上，由于Mg的移除量小于Ca，且Mg的补充量要大于Ca，所以Mg在海水中的浓度还是会越来越高，这部分Mg对于碳循环来说就是未加利用的碳汇。若通过人为手段，将Mg像Ca一样转变为碳酸盐移除掉而成为固体矿物，那么无疑将增加一个潜在的巨大碳汇源。有数据显示，现今每年海洋中的Mg增量约为$1.7\times10^{12}$ mol[31]，假设移除掉的Mg、C的摩尔比为1:1，则每年可移除CO$_2$的能力约为0.07 Gt。这种移除方法可避免对海洋生态环境的影响。而整个海洋中的Mg($7.5\times10^{19}$ mol)可提供约3088 Tt的CO$_2$封存潜力。

Mg除了经河流搬运至海洋以外，也有可能被搬运进入封闭的湖泊。若湖泊的蒸发量大于输入量，则湖水中的Ca$^{2+}$、Mg$^{2+}$会不断积累甚至会直接沉淀为Ca和Mg的碳酸盐。盐湖中可能出现的碳酸盐主要有方解石、文石、白云石、碳钙镁石、菱镁矿、水菱镁矿、三水菱镁矿等。与海洋环境不同，盐湖的高盐环境降低了水的活度，因此无水形式的MgCO$_3$(magnesite)可以形成沉淀，盐湖富含的Mg也可作为一种潜在的碳汇。以青海湖为例，Mg$^{2+}$浓度约为16 g/L，容水量为119.6 km$^3$，则可移除的CO$_2$的潜力约为3.5 Gt。由于盐湖Mg经过蒸发而浓缩导致高盐浓度，相对来说比利用海水中的Mg所需的能耗更低。若可以将海水或者盐湖水中的游离Mg以某种方式加以利用，则可以在一定程度上抵消由人类活动造成的以CO$_2$为主的温室气体排放及随之而来的气候问题。

### 6.2.2.2 人为加速CO$_2$矿化

人为矿化是一种化学反应过程，又称为矿化。矿化的本质是模仿自然风化过程，使CO$_2$与含金属氧化物的材料反应，形成稳定的不溶性碳酸盐。在CCUS技术中，利用天然矿物或工业碱性固体废弃物的矿化过程是未来几十年内削减CO$_2$排放的重要措施之一。气态形式的CO$_2$被固定为碳酸盐矿物后性质十分稳定，因此不存在再次释放的风险。此外，由于矿化是一种放热反应，所以该过程所消耗的能源可能会因其固有的放热特性而减少。

如图6.7所示，化石燃料或与碳有关的化学品燃烧产生的CO$_2$可以直接固化为矿物碳酸盐。由于碳酸盐是天然存在的矿物，并且拥有最低的生成自由能，所以矿化产物可以在地质时期内被永久地固定和储存，可以确保安全和稳定地存储CO$_2$。

在矿化过程中,气态的 $CO_2$ 被溶解到溶液中,形成碳酸根离子。氧化钙或氧化镁是最易与 $CO_2$ 反应的金属氧化物。碳酸根离子与碱土金属氧化物(如 CaO 和 MgO)反应,然后在水环境中转化为碳酸盐矿物。矿化必须有碱性离子,如一价钠或钾离子或二价钙或镁离子来中和碳酸。其他能形成碳酸盐的元素,如铁,由于其价格较高并不实用。图 6.10 显示了碳酸根离子($CO_3^{2-}$)与碱性固体颗粒反应的潜在途径,包括在固体颗粒内直接转化、在颗粒表面结晶、在溶液中沉淀及在颗粒表面吸附等几种情况。

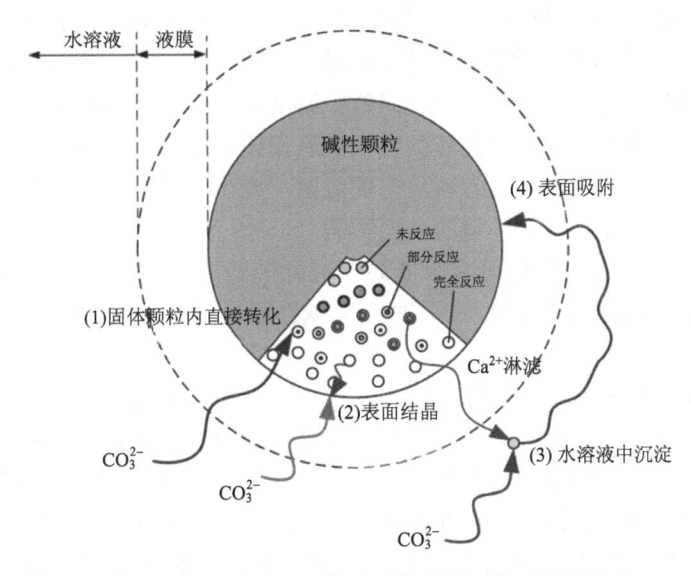

图 6.10 碳酸根离子($CO_3^{2-}$)与碱性固体颗粒反应的途径

矿化大致可以通过以下两个过程来完成[33-35]:

原位矿化。将 $CO_2$ 以碳酸盐的形式封存在地下构造中。$CO_2$ 被输送到地下火成岩(通常是玄武岩)并以固体碳酸盐(如 $CaCO_3$ 和 $MgCO_3$)的形式永久地固定在岩石中。

异位矿化。在地上的工厂中利用含碱性的氧化物为原料(天然岩石或碱性固体废弃物)将 $CO_2$ 就近转变为矿物,比如在工业场所的直接矿化、基于生物媒介的矿化或在工业反应器中矿化。

原位矿化指通过玄武岩或橄榄岩矿物来储存和固化 $CO_2$。浓缩的 $CO_2$ 被注入硅酸盐岩石以促进碳酸盐的形成。然而,大规模部署原位矿化目前尚存在如下挑战:

(1)确定有利于矿化过程的地质特征(如地热梯度);
(2)模拟长时间尺度内温度和压力变化对 $CO_2$、Si、Mg 溶解度的影响;
(3)降低能耗;
(4)矿化过程反应动力学缓慢。

原位矿化:原位矿化可以提供比异位矿化更低的成本,但对于中小规模的 $CO_2$ 排放源来说,原位矿化可能并不是一个经济上可行的选择。相反,异位矿化过程在缺乏地质储库和必须快速实现碳中和的工业中较为适用。接近 $CO_2$ 排放源的工业废弃物适宜作为矿化原料。因此,尽管异位矿化在 $CO_2$ 封存的潜力和成本方面无法与原位矿化或地质封存相竞争,但是其表现出良好的环境效益,可以实现减污降碳。

异位矿化:适合异位矿化的原料通常富含金属氧化物,包括钙、镁、铝、铁和锰的氧化物。这些原料可来源于天然岩石(如蛇纹石和硅灰石)和碱性固体废弃物(如炼铁和炼钢炉渣、燃烧灰烬、水泥/混凝土废弃物、飞灰等)。由于存在大量的原料矿物需求将导致大规模的采矿活动,使用天然岩石的矿化技术可能会造成负面的环境影响。相反,从工程、环境和经济方面来看,使用碱性固体废弃物具有以下优势。

工程方面,废弃物容易获取,材料成本低,且具有巨大的封存能力;矿化产物,如 $CaCO_3$ 和 $MgCO_3$,在没有酸化的情况下,在热力学上是稳定的;产品可以在其他应用中得到再利用,如建筑材料;可以减少废弃物中游离的氧化钙及其水化膨胀问题。

环境方面,可开发工业碱性固体废弃物的新用途;作为工业用替代材料减少了对天然矿物的需求,减少了生产人造骨料所需的能源;减少了残留物中重金属微量元素的浸出,稳定了废弃物,减少了对环境的负面影响。

经济方面,放热反应特性可减少能源消耗并节约成本;使用碱性废水原料可通过形成碳酸盐沉淀中和溶液的 pH;在同时产生碱性原料和 $CO_2$ 的情形下,不需要远距离运输。

由于矿化所需的原材料在全球范围内都很丰富,所以相关的研究和试验也很活跃。基本上,异位矿化包含直接矿化和间接矿化两个主要的技术方向。直接矿化指矿化反应发生在单一的步骤中;间接矿化指矿物必须先经过预处理(如溶解),然后再进行矿化。

表 6.4 介绍了利用碱性固体废弃物进行异位矿化的各种方法。从原料的角度来看,钢铁炉渣,如碱性氧气炉渣(BOFS)、氩氧脱碳炉渣(AODS)和连铸炉渣(CCS)具有相对较高的 $CO_2$ 捕集能力[36]。反应温度不仅会影响固体废弃物中钙离子的浸出动力学,也会影响 $CO_2$ 的溶解和碳酸盐的沉淀速率。比如,在使用不锈钢渣(SS)和粉煤灰(FA)进行矿化的情况下,操作温度应设定在 60~80°C[37]。

表 6.4 废弃物矿化固定 $CO_2$ 技术的性能评估

| 废弃物类型 | 方法 | 反应器 | 过程特点 | 性能 | 文献 |
|---|---|---|---|---|---|
| CKD | 间接矿化 | 烧杯 | 溶剂 $NH_4NO_3/CH_3COONH_4$ (1 mol/L)<br>矿化过程不调节 pH<br>固液比 (S/L) = 50 g/L<br>$CO_2$ 流量= 200 mL/min | • 固碳能力: 180 kg $CO_2$/t<br>• 产率: 420 kg $CaCO_3$/t<br>• 球文石纯度> 98%(球形) | [38] |
| CKD,<br>SDA,CDSA | 间接矿化 | 烧杯 | 采用 $NaHCO_3$ (0.5 mol/L)浸取 24 h<br>主要产物为无定形 $CaCO_3$ | • 固碳能力: 101~123 kg $CO_2$/t<br>• 矿化效率: 77%~93% | [39] |
| FA<br>(MSWI) | 间接矿化 | 烧杯 | 采用氨的两步矿化过程<br>形成 $CaCO_3$、NaCl、$CaSO_4$ 沉淀 | • $CO_2$ 吸收率: 59%<br>• 矿化效率: 57% | [40] |
| SS<br>PS<br>BFS | 间接矿化<br>(pH swing) | 烧杯 | 采用 $NH_4SO_4$ 在 pH 8.2~8.3 之间进行溶解<br>粒径: 75~150 μm; S/L = 15 g/L; 反应 1 h;<br>温度 65°C<br>活化能 $E_a$ = 42.0 kJ/mol | • 矿化效率: 74%<br>• 矿化效率: 67%<br>• 矿化效率: 59% | [41, 42] |

续表

| 废弃物类型 | 方法 | 反应器 | 过程特点 | 性能 | 文献 |
|---|---|---|---|---|---|
| RG | 直接干法 | 反应釜 | 采用 $NH_4OH$(1 mol/L)固液比 5 mL/g<br>沉淀 $CaCO_3$ 和 $FeCO_3$<br>操作压力 70 bar,粒径<45 μm | • 矿化效率= 41%<br>• $CaCO_3$ 纯度= 25%<br>• $FeCO_3$ 纯度= 19% | [43] |
| AODS<br>CCS | 直接湿法 | 反应釜 | 操作压力 30 bar、温度 180℃、时间 120 min、<br>S/L=25~250 g/L,反应颗粒粒径 $D_p$ 为 46 μm<br>降低了固体碱性和重金属淋滤 | • 固碳能力= 260 kg $CO_2$/t<br>• 固碳能力= 310 kg $CO_2$/t | [44] |
| FA | 直接湿法 | 反应釜 | 反应温度 40℃、压力 3 MPa 搅拌 60 r/min<br>S/L=0.2~0.3(质量分数) | • 固碳能力=27.1 kg $CO_2$/t<br>• 矿化效率:14%<br>• $E_a$ = 34.5 kJ/mol | [37] |
| BOFS | 直接湿法 | 旋转填料床 | 与炼钢废水整合<br>L/S=20 mL/g、温度 65℃反应 30 min<br>去除了钢渣中的活性钙和氢氧化钙 | • 固碳能力=277~290 kg $CO_2$/t<br>• 矿化效率:91%~94% | [45] |

注:CKD,水泥窑灰;SDA,喷雾干燥吸收塔灰;AODS,氩氧脱碳炉渣;CDSA,循环干燥塔灰;CCS,连铸炉渣;RG,红石膏。pH swing 指 pH 摆动技术;FA(MSWI)指城市固体废弃物焚烧炉飞灰;PS 指磷渣;BFS 指高炉矿渣;FA 指粉煤灰。

图 6.11 展示了使用工业废弃物,包括烟气($CO_2$)、废水和碱性固体废弃物的异位矿化概念图。通过这个过程,烟气中的气态 $CO_2$ 可以被固定为固体碳酸盐,而废水则可以被中和到 pH 为 6~7。此外,固体废弃物的化学和物理特性也可以得到改善。

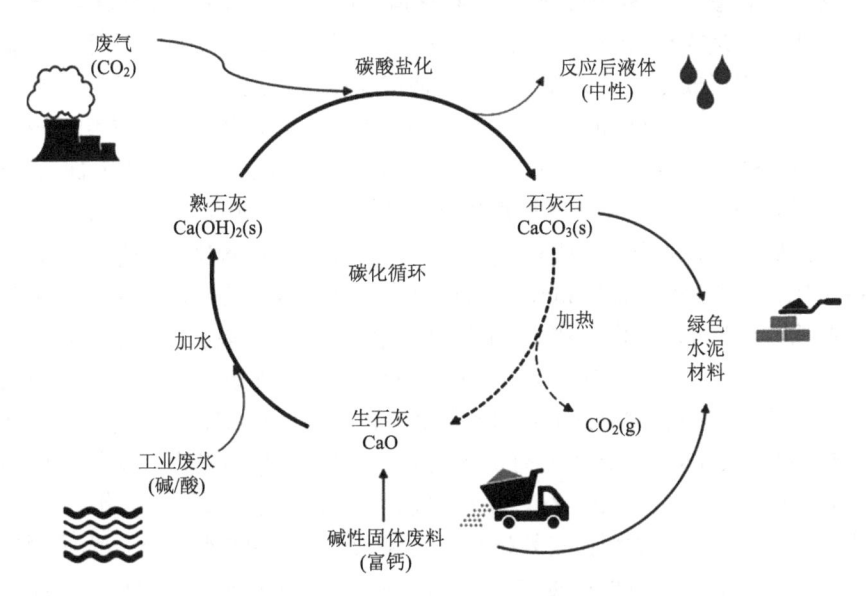

图 6.11 整合 $CO_2$ 矿化和废弃物利用的创新方法

矿化产品可作为绿色建筑材料(如水泥骨料)而重新被利用。矿化是提高混凝土/砂浆耐久性的有效方法,因为矿化过程是将混凝土中的可溶性 $Ca(OH)_2$ 转化为相对难溶性的 $CaCO_3$。此外,矿化可以通过形成金属碳酸盐有效地固定重金属,如 Pb、Cd 和 Cr。以烟气净化系统(air pollution control system, APC)飞灰和底灰为例，重金属 Pb、Cr、Zn、Cu 和 Mo 的浸出在矿化后明显减少。Cd 和 Pb 与 CaCO₃ 有很强的亲和力，也可与 Fe 和 Al(氢)氧化物形成复合材料[46]。同样，在矿化反应过程中，Sb 也可以通过与其他过程(如添加吸附剂)相结合而被固定下来[47]。

从矿化技术的角度来看，直接矿化技术的 $CO_2$ 捕集效率优于间接矿化。与间接矿化相比，直接矿化可以实现更高的 $CO_2$ 去除能力和去除速率。然而，间接矿化产生的 CaCO₃ 沉淀物的纯度比使用直接矿化的要高，故可以提供更高附加值的产品，从而在工业过程中实现 $CO_2$ 的减排和废弃物的再利用。

### 6.2.3 CO₂矿化的化学原理

工业碱性固体废弃物因其易得性和廉价性而成为理想的 $CO_2$ 矿化材料。这些材料通常含有丰富的钙元素，且其分布通常与 $CO_2$ 排放点源有关，因此无须开采工序，避免了额外的能源和物质消耗。本小节介绍使用碱性固体废弃物进行 $CO_2$ 矿化的基本原理。从理论上简要讨论直接矿化和间接矿化这两种典型的矿化过程，同时也包括过程化学和关键性能指标方面的内容。

#### 6.2.3.1 原理和定义

**1. 理论**

矿化这一概念最早由 Seifritz 提出，其特指碱性矿物质与 $CO_2$ 反应形成碳酸盐的过程[48]。矿化实际上是模拟自然风化的过程，即气态 $CO_2$ 在水存在的情况下与含金属氧化物的物质发生反应形成稳定的碳酸盐矿物。而矿化反应通过人为加速后可将风化过程缩短到几分钟或几小时。CaO 和 MgO 是易与 $CO_2$ 反应的金属氧化物，氧化物形成碳酸盐的难易程度(矿化活性)取决于对 $CO_2$ 气体的化学吸附强度(尤其是气固界面)、表面碱位的数量(尤其是气固界面)、溶解度积常数($K_{sp}$)及固体颗粒中的活性成分总含量。

氧化物的矿化活性如下：碱性氧化物(CaO、MgO)>两性氧化物($Al_2O_3$、$Cr_2O_3$、$TiO_2$、MnO、铁氧化物)>酸性氧化物($SiO_2$)。从热力学角度来看，碱土金属(如 Ca 和 Mg)和碱金属(如 Na 和 K)都可以矿化。然而，碱金属碳酸盐和/或碳酸氢盐可溶于水，这可能导致 $CO_2$ 释放回大气，因此不能实现长期 $CO_2$ 封存。碱性固体废弃物固定 $CO_2$ 的能力直接取决于二价碱土金属氧化物(CaO 和 MgO)和氢氧化物[$Ca(OH)_2$ 和 $Mg(OH)_2$]的含量。由于其碱性特性，CaO 比 MgO 具有更大的化学吸附 $CO_2$ 的潜力。此外，许多其他金属，如 Mn、Fe、Co、Ni、Cu、Zn，由于可以回收和利用，故不适合作为矿化原料。

矿化可分为两种主要类型：自然矿物矿化和碱性固体废弃物矿化。为了固定大气中大量的 $CO_2$，需将大量的廉价物质作为矿化的原料。矿化是一种放热反应，而碱性工业固体废弃物是矿化理想的原料，其主要具有以下优点：

(1) 矿化产物热力学稳定，可被重复利用；
(2) 固体废弃物通常与 $CO_2$ 排放点源相关，可直接利用烟气中的 $CO_2$；
(3) 可以中和溶液的 pH；

(4) 尽可能减少重金属和微量元素的浸出;
(5) 可就近利用,无须远距离运输。

图 6.12 展示了利用碱性固体废弃物进行异位矿化生产绿色建筑材料的过程。矿化可以在固定 $CO_2$ 的同时消除固体废弃物中游离的 CaO 和 $Ca(OH)_2$,使碱性固体废弃物可以运用到土木工程领域中去。碱性固体废弃物的矿化可通过直接矿化(反应发生在单一步骤中)和间接矿化(首先从矿物质中提取碱土金属,然后再进行矿化)两种不同的方法进行,如图 6.13 所示。

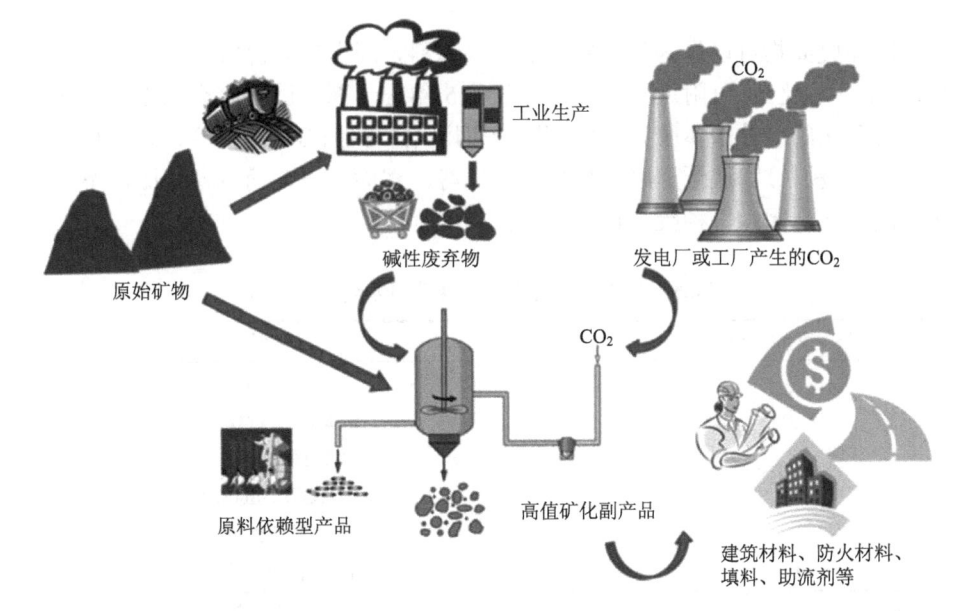

图 6.12 碱性固体废弃物异位矿化生产绿色建筑材料

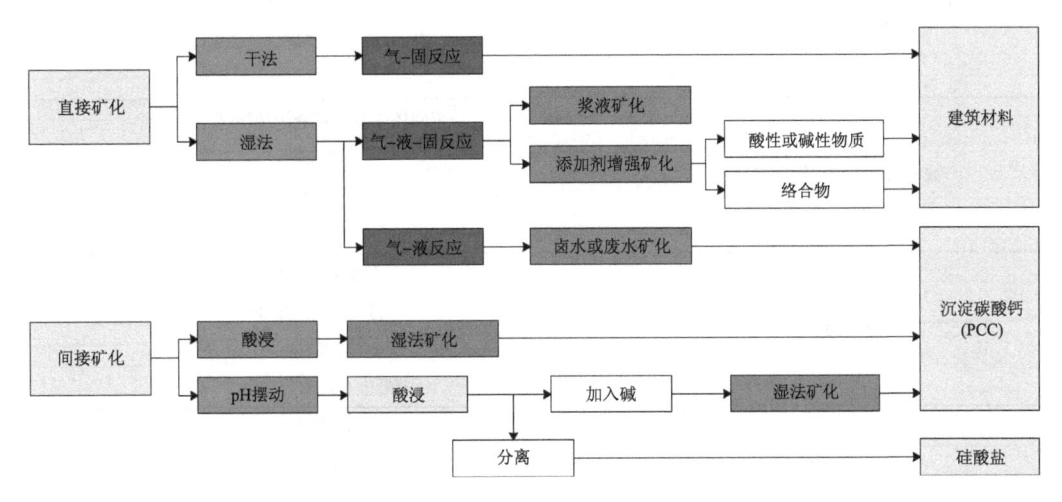

图 6.13 $CO_2$ 矿化处理的各种工艺路线

需要注意的是,矿化会导致溶液 pH 降低,使得在高 pH 下活化,在低 pH 下固定的金属发生浸出[49]。碳酸盐矿物在热力学上是稳定的,因为它们的能量状态低于它们的反应物($CO_2$和硅酸盐)，理论上在环境条件下可以永久固定 $CO_2$。然而，它们在强酸的存在下很容易再次溶解。因此，如果碳酸盐与酸雨(pH 为 5～7)等酸性物质接触，也存在 $CO_2$ 被释放到大气中的风险。

针对矿化反应吉布斯自由能变化的计算表明，钙离子的矿化温度相比于镁离子要低。此外，钙和镁的溶解反应释放能量(放热，$\Delta H<0$)比矿化反应消耗的能量(吸热，$\Delta H>0$)更多，这就导致矿化反应是一个净放热的过程。

2. 各类碱性固体废弃物

碱性固体废弃物可以作为天然岩石的替代原料，因为它们价格低廉，通常从 $CO_2$ 排放点(如发电厂和化工厂)附近大量产生。表 6.5 给出了碱性固体废弃物作为矿化原料的示例。适合矿化的碱性固体废弃物包括铁渣/钢渣(富含 CaO 的材料)、飞灰(细颗粒)、水泥废弃物(细颗粒)和造纸厂废弃物(细颗粒)等。然而，很难简单直接比较不同废弃物的矿化性能好坏，因为每种废弃物都有其独特的优缺点。

表 6.5　可作为矿化原料的碱性固体废弃物示例

| 固体废弃物分类 | 示例 |
| --- | --- |
| 钢铁冶炼渣 | 高炉渣(BFS) |
| | 碱性氧气炉渣(BOFS) |
| | 氧化性电弧炉渣(EAFOS) |
| | 还原性电弧炉渣(EAFRS) |
| | 氩氧脱碳炉渣(AODS) |
| | 钢包精炼炉渣(LDS) |
| 空气净化系统(APC)残渣 | 旋流器渣 |
| | 布袋除尘器渣 |
| | 城市固体废弃物焚烧炉(MSWI)渣 |
| | 粉煤灰 |
| 底灰(锅炉或焚烧炉)(BA) | 城市固体废弃物焚烧炉(MSWI)底灰 |
| | 锅炉底灰 |
| | 煤渣 |
| | 油页岩渣 |
| 水泥废弃物 | 水泥窑灰(CKD) |
| | 旁路防尘(CBD) |
| | 建筑垃圾 |
| | 普通硅酸盐水泥(OPC) |
| 采矿和矿物加工 | 石棉尾矿 |
| | 铜镍矿尾矿 |
| | 赤泥 |
| 造纸厂 | 石灰窑残渣 |
| | 造纸绿浆 |
| | 纸浆 |

图 6.14 显示了不同碱性固体废弃物固定 $CO_2$ 的能力（CaO 和 MgO 含量）、硬度（$Fe_2O_3$ 和 $Al_2O_3$ 含量）和凝硬性（$SiO_2$、$K_2O$ 和 $Na_2O$ 含量）之间的关系。碱性固体废弃物的化学性质不稳定，CaO 含量普遍较高，例如钢渣（含 30%~60% CaO）、APC 残渣（CaO 含量高达 35%）、采矿废弃物（CaO 含量约为 5%）、水泥废弃物（含 30%~50% CaO）、城市固体废弃物焚烧炉底灰（含 10%~50% CaO）和粉煤灰（含 5%~60% CaO）。普通硅酸盐水泥（OPC）是一种水硬性产品，而高炉渣（BFS）和粉煤灰（FA）分别是具有潜在水硬性和火山灰活性的副产品。相反，由于缺乏硅酸三钙和无定形 $SiO_2$，电弧炉渣（EAFS）既没有水硬性，也不具备火山灰活性。在有水存在的情况下，碱性固体废弃物中的含钙组分可以水合，并在高 pH（即 pH>10）溶液中与 $CO_2$ 反应，形成碳酸钙。

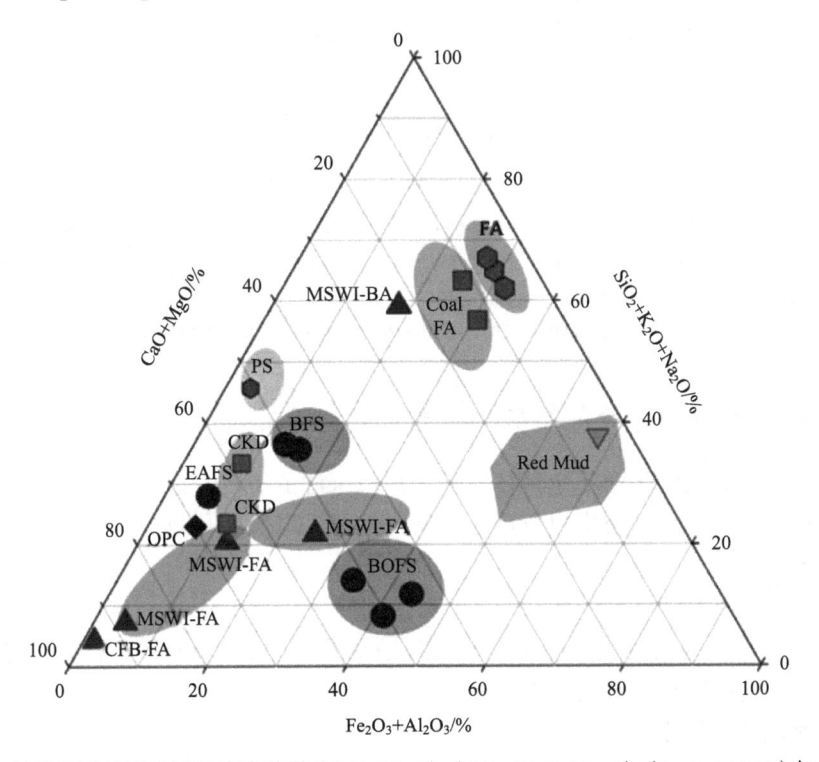

图 6.14　各种类型的碱性固体废弃物的 $(CaO+MgO)$-$(SiO_2+K_2O+Na_2O)$-$(Fe_2O_3+Al_2O_3)$ 归一化相图

高炉渣（BFS）；碱性氧气炉渣（BOFS）；磷渣（PS）；粉煤灰（FA）；水泥窑灰（CKD）；普通硅酸盐水泥（OPC）；城市固体废弃物焚烧炉飞灰（MSWI-FA）；城市固体废弃物焚烧炉底灰（MSWI-BA）；循环流化床飞灰（CFB-FA）；电弧炉渣（EAFS）；赤泥（Red Mud）

通常，碱性氧气炉渣（BOFS）中 CaO 和 $SiO_2$ 的含量随着粒度的减小而增加，而 $Fe_2O_3$ 的含量则降低。图 6.15 显示了各类碱性固体废弃物的 $CO_2$ 固定能力（以 CaO 和 MgO 含量表示）和硬度（以 $Fe_2O_3$ 和 $Al_2O_3$ 含量表示）之间的关系。钢渣中 CaO 和 MgO 的含量相对高于粉煤灰（FA）和底灰（BA）。然而，一些钢渣，如碱性氧气炉渣（BOFS），由于硬度高（即高含量的 $Fe_2O_3$ 和 $Al_2O_3$），在研磨过程中会消耗能源，这降低了其固碳效率。相反，由于 FA 是一种细粉末，它的运输和粉碎成本是最低的。

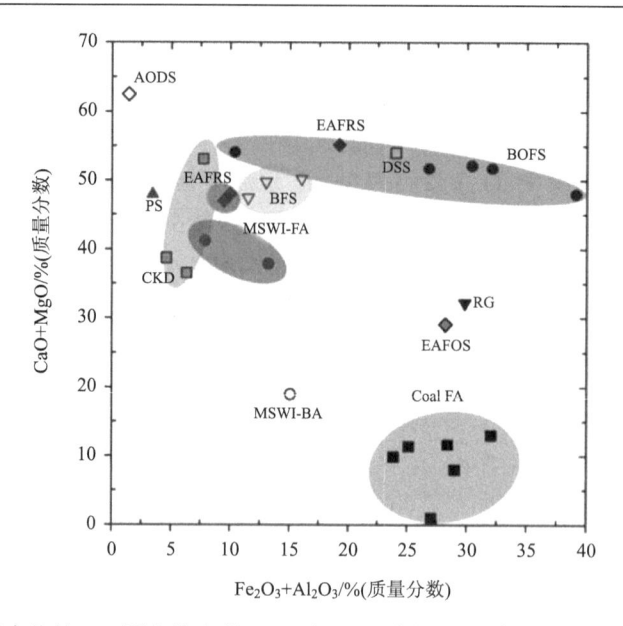

图 6.15 不同固体废弃物的 $CO_2$ 固定能力(即 CaO 和 MgO 含量)与硬度(即 $Fe_2O_3$ 和 $Al_2O_3$ 含量)的关系

碱性氧气炉渣(BOFS);氧化性电弧炉渣(EAFOS);还原性电弧炉渣(EAFRS);氩氧脱碳炉渣(AODS);城市固体废弃物焚烧炉(MSWI);粉煤灰(FA);水泥窑灰(CKD);高炉渣(BFS)、磷渣(PS);红色石膏(RG);脱硫渣(DSS);城市固体废弃物焚烧炉飞灰(MSWI-FA);城市固体废弃物焚烧炉底灰(MSWI-BA)

### 6.2.3.2 碱性固体废弃物矿化工艺

碱性固体废弃物的化学稳定性往往低于地质来源的矿物。因此,这些固体废弃物的矿化通常不需要从固体基质中提取反应性离子,因为碱性氧化物成分是主要的反应相。

1. 直接矿化

直接矿化可分为两种类型:①气固(干法)矿化,通常以小于 0.2 的液固比进行;②湿法矿化,其液固比一般大于 5。

1) 气固(干法)矿化

直接气固矿化过程最早由 Lackner 等开发[50],该过程使用气态或超临界 $CO_2$ 将硅酸盐或金属氧化物直接转化为碳酸盐。气固矿化是最简单的矿化方法,如下:

$$\text{Ca/Mg-silicate(s)} + CO_2(g) \longrightarrow (Ca/Mg)CO_3(s) + SiO_2(s) \tag{6.15}$$

气固矿化的过程化学也可以用各种矿物的矿化反应表示,如下:

$$CaO(s) + CO_2(g) \longrightarrow CaCO_3(s), \Delta H = -179 \text{ kJ/mol } CO_2 \tag{6.16}$$

$$MgO(s) + CO_2(g) \longrightarrow MgCO_3(s), \Delta H = -118 \text{ kJ/mol } CO_2 \tag{6.17}$$

$$CaSiO_3(s) + CO_2(g) \longrightarrow CaCO_3(s) + SiO_2(aq), \Delta H = -90 \text{ kJ/mol } CO_2 \tag{6.18}$$

$$Ca_2SiO_4(s) + 2CO_2(g) \longrightarrow 2CaCO_3(s) + SiO_2(s), \Delta H = -44 \text{ kJ/mol } CO_2 \tag{6.19}$$

$$Mg_2SiO_4(s) + 2CO_2(g) \longrightarrow 2MgCO_3(s) + SiO_2(aq), \quad \Delta H = -44.5 \text{ kJ/mol } CO_2 \quad (6.20)$$

$$Mg_3Si_2O_5(OH)_4(s) + 3CO_2(g) \longrightarrow 3MgCO_3(s) + 2SiO_2(aq) + 2H_2O(l),$$
$$\Delta H = -21 \text{ kJ/mol } CO_2 \quad (6.21)$$

气固工艺的主要难点在于：环境压力和温度下缓慢的反应动力学和对高能量的需求。例如，将蛇纹石(100 μm)在500℃下暴露于340 bar的$CO_2$压力下保持2 h，可获得最高的矿化转化率，约为25%[50]。通过预处理(如研磨和热活化)来增加反应表面积可以提升转化率。这些处理工艺都非常耗能，因此矿化的环境效益可能很容易被抵消。此外，干法工艺$CO_2$捕集效率较低，目前在工业规模上并不可行。由于干法矿化反应时间长，矿化转化率低，故文献中更多的研究集中于对湿法矿化的研究。

2) 湿法矿化

向矿化过程中添加水可显著提升反应动力学。图6.16展示了典型的直接湿法矿化流程。碱性固体废弃物的矿化在水溶液中与烟气直接接触进行，也可以在该工艺中使用，以避免消耗淡水资源。矿化反应后的浆液被分离成液体溶液和矿化固体。分离出的液体溶液可通过热交换器加热，并再次循环到反应器中进行下一轮矿化。湿法矿化不需要过多的热量，但将液体溶液(或浆液)加热至60~80℃可以实现更高的矿化转化率[51]。

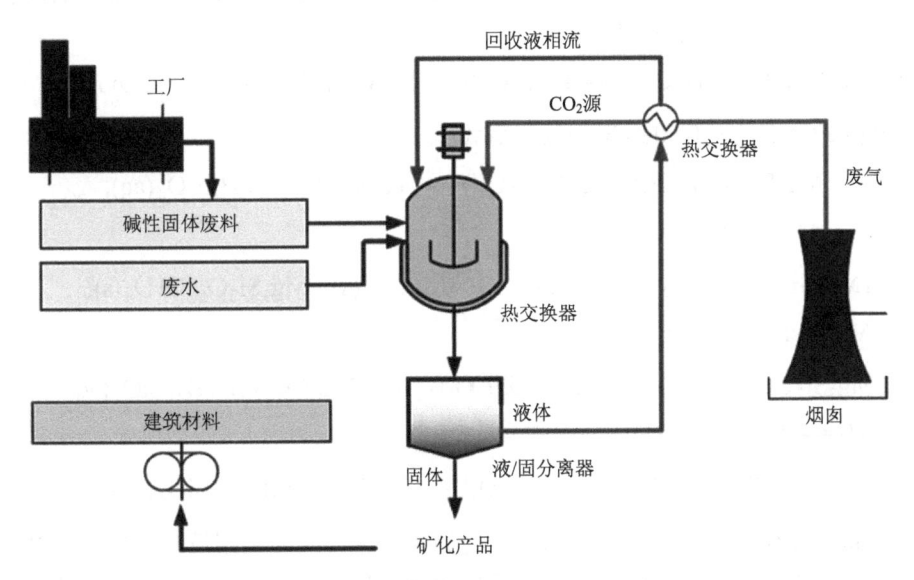

图6.16 二氧化碳异位直接湿法矿化示意图

硅酸钙和硅酸镁的矿化反应可用式(6.24)描述。湿法矿化的实际化学过程是复杂的，因为固体废弃物中的大部分CaO不是以纯的氧化物形式存在的。通常，CaO与硅酸盐或其他复杂氧化物相结合。因此，除了CaO和$Ca(OH)_2$，其他物质也可能与$CO_2$发生反应。此外，硅酸钙水合物(calcium-silicate-hydrate, C-S-H)也可以与$CO_2$反应，形成$CaCO_3$(如方解石、球文石、文石)沉淀物和无定形$SiO_2$。

$$(Ca,Mg)_xSi_yO_{x+2y+z}H_{2z}(s) + xCO_2(g) \longrightarrow x(Ca,Mg)CaCO_3(s) + ySiO_2(s) + zH_2O(l) \quad (6.22)$$

湿法矿化主要通过三个反应步骤进行。

步骤1：从固体中浸出$CO_2$活性金属离子(如Ca和Mg)；

步骤2：将气态$CO_2$溶解进液相，再将碳酸转化为碳酸氢根和重碳酸根离子；

步骤3：碳酸盐的成核和沉淀。

直接湿法矿化的第一步就是将钙离子从固体颗粒中浸出到溶液中。第二步是将气态$CO_2$溶解到溶液中，如式(6.23)所示：

$$CO_2(g)+H_2O(l)\longrightarrow H_2CO_3^*(aq)\longrightarrow H_2CO_3(aq)+HCO^-(aq)+CO_3^{2-}(aq) \quad (6.23)$$

在高pH(如pH > 10)时，碳酸根离子($CO_3^{2-}$)以无机碳的主要形式存在，因此在高pH下倾向于矿化[式(6.24)]。需要注意的是，溶解和沉淀之间的平衡取决于原料和产物间的反应动力学和溶解度。

$$(Ca,Mg)^{2+}(aq)+CO_3^{2-}(aq)\longrightarrow(Ca,Mg)CO_3(s) \quad (6.24)$$

碱性固体废弃物矿化的机理可以通过多种先进技术来进行研究，比如可通过相对强度比法或Rietveld结构精修进行定量X射线衍射(QXRD)分析。$Ca_2SiO_4$($C_2S$)和$Ca_3Mg(SiO_4)_2$是电弧炉渣(EAFS)中的主要活性反应组分[52]。钢渣中的$\gamma$-$C_2S$组分对$CO_2$的反应性高于$\beta$-$C_2S$[53]。类似地，钢渣中的$Ca_2(HSiO_4)(OH)$、$CaSiO_3$和$Ca_2(Fe,Al)_2O_5$是主要参与矿化反应的成分[54]。

$$CaSiO_3(s)+CO_2(g)+2H_2O(l)\longrightarrow CaCO_3(s)+H_4SiO_4(aq), \Delta H=-75\,kJ/mol\,CO_2 \quad (6.25)$$

镁铁硅酸盐湿法矿化可表示为以下形式：

$$Mg_2SiO_4(s)+2CO_2(g)+2H_2O(l)\longrightarrow 2MgCO_3(s)+H_4SiO_4(aq),$$
$$\Delta H=-80\,kJ/mol\,CO_2 \quad (6.26)$$

$$2Mg_2SiO_4(s)+CO_2(g)+2H_2O(l)\longrightarrow MgCO_3(s)+Mg_3Si_2O_5(OH)_4(s),$$
$$\Delta H=-157\,kJ/mol\,CO_2 \quad (6.27)$$

$$Mg_3Si_2O_5(OH)_4(s)+3CO_2(g)+2H_2O(l)\longrightarrow 3MgCO_3(s)+2H_4SiO_4(aq)$$
$$\Delta H=-37\,kJ/mol\,CO_2 \quad (6.28)$$

$$Fe_2SiO_4(s)+2CO_2(g)+2H_2O(l)\longrightarrow 2FeCO_3(s)+H_4SiO_4(aq) \quad (6.29)$$

碱性固体废弃物矿化固定$CO_2$的难点是如何加速反应并利用反应热以尽量减少对能量的消耗和材料的损失。此外，如何协调技术溶解和碳酸盐沉淀在pH方面的矛盾也十分重要。低pH有利于碱性固体废弃物中的钙物种溶解但不利于碳酸钙的沉淀。

2. 间接矿化

间接矿化包括多个反应步骤，其中主要包括：①从碱性固体废弃物中提取金属离子(酸浸取)；②液固分离；③滤液的矿化，如图6.17所示。

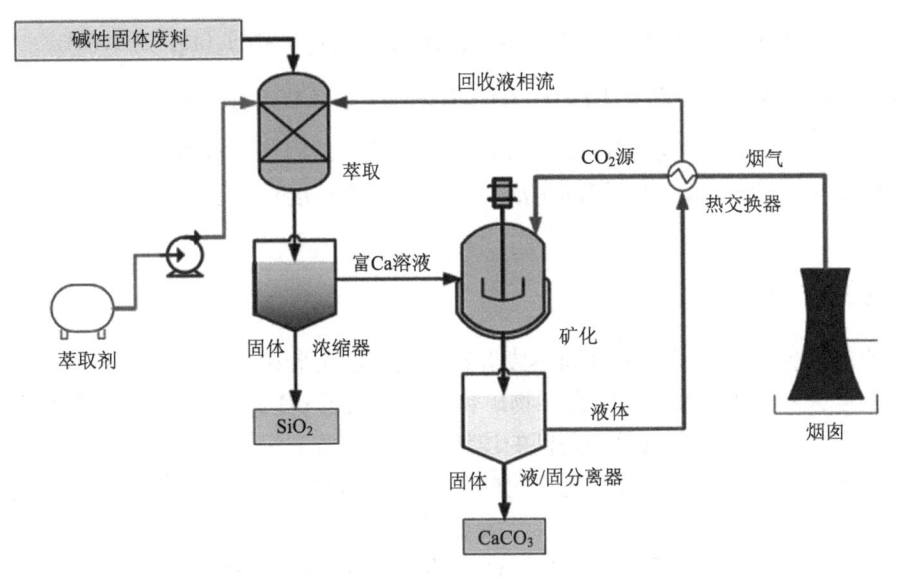

图 6.17 二氧化碳固定和碳酸钙生产的异位间接矿化示意图

### 3. 酸浸取

间接矿化过程最初使用醋酸($CH_3COOH$)从固体颗粒中提取钙离子[55]，如式(6.30)所示。

$$CaSiO_3(s) + 2CH_3COOH(aq) \longrightarrow Ca^{2+}(aq) + 2CH_3COO^-(aq) + SiO_2(aq) + H_2O(l) \quad (6.30)$$

该方法利用醋酸从 $CaSiO_3$ 矿物晶体中提取钙离子。浸取溶液通过纤维膜过滤，分离母液(富含钙离子)和残余固体(贫钙 $SiO_2$ 颗粒)之后，将 $CO_2$ 引入滤液中可形成接近纯的碳酸钙产品供商业化使用，如下：

$$Ca^{2+}(aq) + 2CH_3COO^-(aq) + CO_2(g) + H_2O(aq) \longrightarrow CaCO_3(s)\downarrow + 2CH_3COOH(aq) \quad (6.31)$$

矿化后，因为材料中的大部分氧化物和氢氧化物都已被提取并与 $CO_2$ 直接矿化，最终产品通常为纯的碳酸盐(即 $CaCO_3$ 和 $MgCO_3$)。此外，在这一步骤中，乙酸可以回收并再循环。然而，溶液的低 pH 条件会降低矿化的效率。

根据水化学，湿法矿化的最佳 pH 应高于10，而固体废弃物的溶解(如钙浸出)发生在低 pH 条件下。为了在矿化前提高溶液的 pH，出现了 pH 摆动的技术概念：浸取步骤在酸性条件下进行，而矿化步骤则在碱性条件下进行。在这种情况下需要添加酸/碱性试剂或通过加热溶液去除酸性试剂。

### 4. 碱提取

除了酸浸取，Nishimoto 等[56]还通过使用氯化铵($NH_4Cl$)溶液对间接矿化进行了改进。该工艺能够自发地改变溶液的 pH，同时提取碱土金属[式(6.32)]并沉淀碳酸盐[式(6.33)]：

$$4NH_4Cl(aq)+2CaO \cdot SiO_2(s) \longrightarrow 2CaCl_2(aq)+SiO_2(s)\downarrow +4NH_3(aq)+2H_2O(l) \qquad (6.32)$$

$$4NH_3(aq)+2CO_2(aq)+2CaCl_2(aq)+2H_2O(l) \longrightarrow 2CaCO_3(s)\downarrow +4NH_4Cl(aq) \qquad (6.33)$$

该工艺使用弱碱/强酸 $NH_4Cl$ 溶液在酸性条件下从固体废弃物中选择性地提取碱土金属。随着反应的进行,由于氨的生成,溶液呈碱性,这有利于随后的 $CO_2$ 吸收和矿化过程。

#### 6.2.3.3 过程化学

钢渣的矿化实验表明,碱性固体废弃物中的钙浸出和矿化有可能同时发生。从过程化学的角度来看,利用碱性固体废弃物矿化的难点在于 pH 的变化,低 pH 有利于碱性固体废弃物中的钙溶,但会阻碍碳酸钙的连续沉淀。溶解和沉淀之间的平衡取决于矿化过程中金属离子溶解动力学和碳酸盐产物的溶解度。因此,在这两种机制之间找到平衡的操作条件对于优化整个矿化过程来说至关重要。以下部分详细说明了矿化主要步骤的工艺化学,包括溶液中的金属离子浸出、$CO_2$ 的溶解及碳酸盐的沉淀。

1. 溶液中金属离子的浸出

在碱性固体废弃物中,CaO 和 MgO 很少单独存在。相反,碱金属氧化物主要以硅酸盐、铝酸盐或铁氧体的形式存在。在浸出过程中,由于固体废弃物中含钙成分的溶解,溶液 pH(>10)会快速而猛烈地增大,如式(6.34)和式(6.35)所示。

$$CaO(s)(lime)+H_2O(l) \longrightarrow Ca^{2+}(aq)+2OH^-(aq) \qquad (6.34)$$

$$Ca_2SiO_4(s)(larnite)+2H_2O(l) \longrightarrow 2Ca^{2+}(aq)+H_2SiO_4(s)+2OH^-(aq) \qquad (6.35)$$

在固体颗粒的 Ca 或 Mg 浸出过程中,固体的性质可能会发生显著的变化。粗硬或颗粒状固体的可溶性成分被去除后可能会分解成浆状或糊状物。此外,将 Ca(如波特兰石、钙矾石和 Ca-Fe-硅酸盐)转化为方解石(可能含有微量 Ba 和 Sr)后可能会减少其他碱土金属(Mg 除外)的浸出。

2. $CO_2$ 在溶液中的溶解

根据亨利定律,$CO_2$ 可以物理溶解在水或溶剂中,如式(6.36)所示。亨利定律可以描述气体在纯水中的溶解度与气体分压之间的关系,但仅对在溶液中可以无限稀释的气体严格有效。较高的 $CO_2$ 分压将导致 $CO_2$ 大量溶解。

$$C'_{CO_2} = H'_{CO_2} P_{CO_2} \qquad (6.36)$$

式中,$C'$ 是溶解在水溶液中的 $CO_2$ 浓度(mol/L);$H'_{CO_2}$ 是 $CO_2$ 的亨利常数[298 K 时 $10^{-1.468}$ mol/(L·atm)];$P_{CO_2}$ 是 $CO_2$ 分压(atm)。亨利常数是温度的函数,可以用式(6.37)修正:

$$H'_{CO_2,T} = H'_{CO_2,298K} \exp[C(1/T-1/298)] \qquad (6.37)$$

式中,$C$ 是常数(对于 $CO_2$ 其值为 2400 K);$T$ 是温度(K)。表 6.6 给出了不同温度下 $CO_2$

的亨利常数。

表 6.6　不同温度下水中二氧化碳的亨利常数

| 温度/℃ | 温度/K | 亨利常数/[mol/(L·atm)] |
| --- | --- | --- |
| 25 | 298 | 0.034 |
| 30 | 303 | 0.030 |
| 35 | 308 | 0.026 |
| 40 | 313 | 0.023 |
| 45 | 318 | 0.020 |
| 50 | 323 | 0.018 |
| 55 | 328 | 0.016 |
| 60 | 333 | 0.015 |
| 65 | 338 | 0.013 |
| 70 | 343 | 0.012 |
| 75 | 348 | 0.011 |
| 80 | 353 | 0.010 |

$CO_2$ 可以从大气中溶解进水中，在 pH 为 5.6 左右的条件下生成碳酸，如式(6.38)所示。碳酸($H_2CO_3^*$)分解为碳酸根($CO_3^{2-}$)和碳酸氢根($HCO_3^-$)离子，该过程取决于 pH 大小：

$$CO_2(g) + H_2O(aq) \longrightarrow H_2CO_3^*(aq) \tag{6.38}$$

$$H_2CO_3^*(aq) \longrightarrow H^+(aq) + HCO_3^-(aq) \tag{6.39}$$

$$HCO_3^-(aq) \longrightarrow H^+(aq) + CO_3^{2-}(aq) \tag{6.40}$$

方程(6.39)和方程(6.40)对应的平衡常数可以用式(6.41)和式(6.42)表示：

$$K_a = \frac{[H^+][HCO_3^-]}{[H_2CO_3]} \tag{6.41}$$

$$K_b = \frac{[H^+][CO_3^{2-}]}{[HCO_3^-]} \tag{6.42}$$

式中，在 25℃下的 $K_a = 10^{-6.3}$，$K_b = 10^{-10.3}$。

图 6.18 显示了碱性固体废弃物矿化的物料平衡和离子平衡条件。在离子平衡之前，总无机碳(TIC)浓度会根据溶液的 pH 和 $CO_2$ 气体的分压而动态变化。在平衡状态下，碳酸体系的摩尔平衡可以表示为

$$C_T = [H_2CO_3^*(aq)] + [HCO_3^-(aq)] + [CO_3^{2-}(aq)] \tag{6.43}$$

式中，$C_T$ 是 TIC 浓度(mol/L)。

将式(6.41)和式(6.42)代入式(6.43)可以得到[$H_2CO_3^*(aq)$]、[$HCO_3^-(aq)$]和[$CO_3^{2-}(aq)$]的关系：

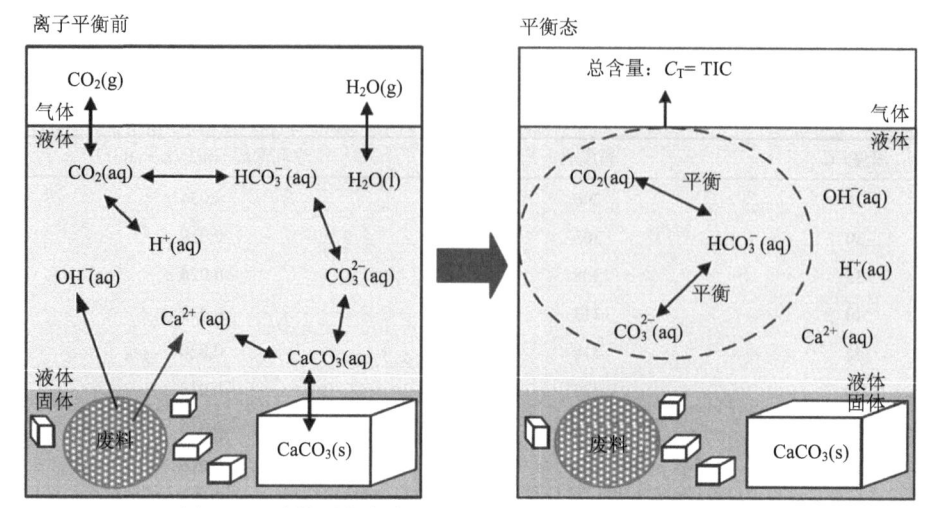

图 6.18 碱性固体废弃物矿化的物料平衡和离子平衡条件

$$\left[H_2CO_3^*(aq)\right]=\alpha_0 C_T, \quad \alpha_0=\frac{\left[H^+\right]^2}{\left[H^+\right]^2+K_a\left[H^+\right]+K_aK_b} \tag{6.44}$$

$$\left[HCO_3^-(aq)\right]=\alpha_1 C_T, \quad \alpha_1=\frac{K_a\left[H^+\right]}{\left[H^+\right]^2+K_a\left[H^+\right]+K_aK_b} \tag{6.45}$$

$$\left[CO_3^{2-}(aq)\right]=\alpha_2 C_T, \quad \alpha_2=\frac{K_aK_b}{\left[H^+\right]^2+K_a\left[H^+\right]+K_aK_b} \tag{6.46}$$

图 6.19 显示了多种碳物种的摩尔分数($a_i$)随溶液 pH 的变化。在低 pH(约 4)下，$H_2CO_3$ 的摩尔分数占主导地位；在中等 pH(约 8)下，$HCO_3^-$ 为主要物种；在高 pH(约 12)下，

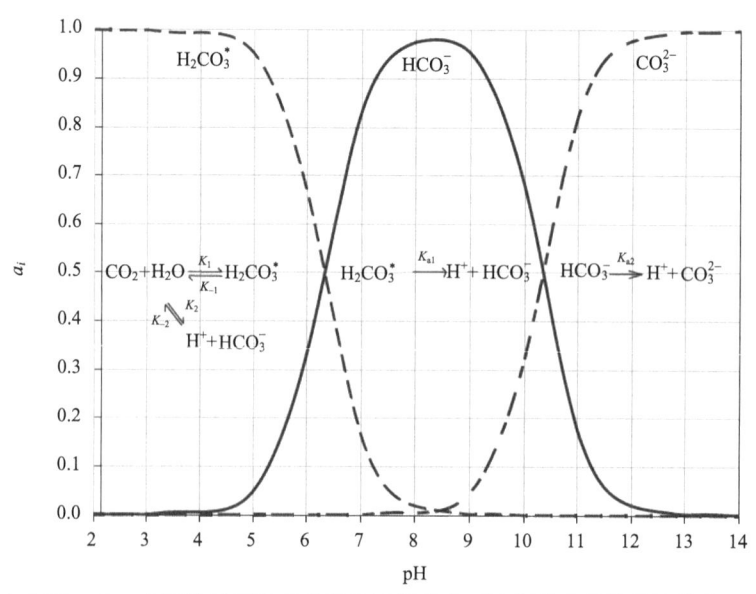

图 6.19 $CO_2$ 水合和 $H_2CO_3$ 水解的反应速率常数及平衡状态下溶解碳酸盐物种的分布随 pH 的变化情况

$CO_3^{2-}$则占主导地位[57]。因此,在碱性pH条件下有利于矿化反应,而在pH为6～7的情况下,由于$CO_3^{2-}$的活性不足,故矿化反应速率较缓慢。

**3. 碳酸盐沉淀的成核与生长**

表6.7给出了可能参与矿化反应的相关物种的溶解度积常数($K_{sp}$)。碳酸盐溶解度的降序顺序为$Mg^{2+}>Ca^{2+}>Zn^{2+}>Fe^{2+}>Cd^{2+}>Pb^{2+}$。

**表6.7　25℃附近各种碳酸盐沉淀物的溶解度积常数($K_{sp}$)**

| 分类 | 物质 | 化学式 | $K_{sp}$ | log $K_{sp}$ |
|---|---|---|---|---|
| 铁氧化物 | 赤铁矿 | α-$Fe_2O_3$ | — | −42.7 |
| 氢氧化物 | 氢氧化钙 | $Ca(OH)_2$ | $5.5 \times 10^{-6}$ | −5.19 |
|  | 氢氧化镁 | $Mg(OH)_2$ | $1.8 \times 10^{-11}$ | −11.1 |
|  | 氢氧化镉 | $Cd(OH)_2$ | $2.5 \times 10^{-14}$ | — |
|  | 氢氧化铅 | $Pb(OH)_2$ | $1.2 \times 10^{-15}$ | — |
|  | 氢氧化亚铁 | $Fe(OH)_2$ | $8.0 \times 10^{-16}$ | −15.1 |
|  | 氢氧化铁 | $Fe(OH)_3$ | $4.0 \times 10^{-38}$ | — |
| 碳酸盐 | 菱镁矿 | $MgCO_3$ | $3.5 \times 10^{-8}$ | −7.46 |
|  | 方解石 | $CaCO_3$ | $4.5 \times 10^{-9}$ | −8.35 |
|  | 文石 | $CaCO_3$ | $4.5 \times 10^{-9}$ | −8.22 |
|  | 碳酸锌 | $ZnCO_3$ | $1.4 \times 10^{-11}$ | — |
|  | 碳酸亚铁 | $FeCO_3$ | $3.2 \times 10^{-11}$ | −10.7 |
|  | 碳酸镉 | $CdCO_3$ | $5.2 \times 10^{-12}$ | — |
|  | 碳酸铅 | $PbCO_3$ | $7.4 \times 10^{-14}$ | — |
|  | 白云石 | $CaMg(CO_3)_2$ | — | −1.70 |
| 硫酸盐 | 石膏 | $CaSO_4 \cdot 2H_2O$ | — | −4.62 |
| 硅酸盐 | 硅灰石 | $CaO\text{-}SiO_2$ | — | −6.82 |
|  | 钙橄榄石 | $Ca_2SiO_4$ | — | −37.65 |
|  | 钙长石 | $CaAlSi_2O_8$ | — | −25.31 |
|  | 黄长石 | $Ca_2Al_2SiO_7$ | — | −55.23 |

如式(6.47)所示,通常在25℃下$CaCO_3$的理论$K_{sp}$范围为$3.7\times10^{-9}$～$8.7\times10^{-9}$ [57],一般取$4.47\times10^{-9}$用于计算。

$$K_{sp}=\left[Ca^{2+}\right]\left[CO_3^{2-}\right] \tag{6.47}$$

式中,$[Ca^{2+}]$和$[CO_3^{2-}]$分别是溶液中钙离子和碳酸根离子的活度(mol/L)。

$[Ca^{2+}]$和$[CO_3^{2-}]$的过饱和度($S$)可以用式(6.48)表示。低过饱和度不利于$CaCO_3$的成核过程。

$$S=\frac{\left[Ca^{2+}\right]\left[CO_3^{2-}\right]}{K_{sp}} \tag{6.48}$$

$Ca^{2+}$和$CO_3^{2-}$之间的接触会导致$CaCO_3$沉淀，在 pH 高于 9 时，$CaCO_3$几乎不溶于水（25℃下 $CaCO_3$的溶解度为 0.15 mmol/L）。矿化过程可以用式(6.49)和式(6.50)来描述：

$$Ca^{2+}(aq) + CO_3^{2-}(aq) \longrightarrow CaCO_3(nuclei) \quad (6.49)$$

$$CaCO_3(nuclei) \longrightarrow CaCO_3(s) \quad (6.50)$$

方解石和文石($CaCO_3$)、白云石[$CaMg(CO_3)_2$]及菱镁矿($MgCO_3$)是地壳中发现的四种最常见的碳酸盐矿物。碳酸钙的晶胞体积大约比氢氧化钙的晶胞体积大 11.7%[58]。碳酸钙有三种不同的多晶型，即方解石、文石和球文石，如图 6.20 所示。方解石通常为菱面体、棱柱体或斜面体晶体类型，而文石通常为高长宽比的针状晶体。在自然界中，碳酸钙通常以六角形(方解石)的形式出现，但也以正交形(文石)的形式出现。

图 6.20 碳酸钙的不同晶体形状[59]

(a)无定形碳酸钙；(b)含 6%镁的低镁方解石；(c)含 20%镁的高镁方解石；(d)文石(霰石)；
(e)单水钙石；(f)球文石(球霰石)

图 6.21 显示了方解石和球文石的晶体结构和 Ca—O 配位。碳酸钙存在多种物相,如方解石和球文石(也称为 $\mu$-CaCO$_3$)属于同一结构族。然而,与方解石不同,球文石被认为是亚稳态的。在 Ca/Si>0.75 的 C-S-H 矿化过程中,应优先形成球文石[60]。此外,较低的[Ca$^{2+}$]/[CO$_3^{2-}$]也有利于球文石的形成。

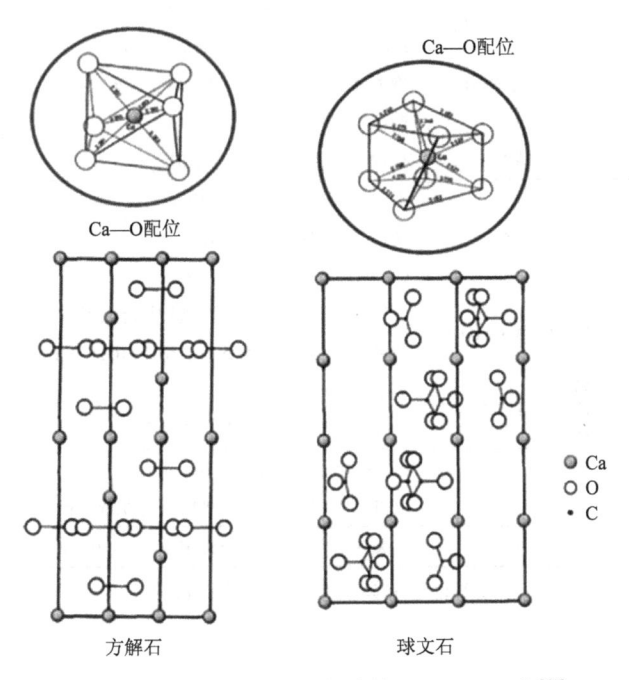

图 6.21 方解石和球文石的结构和 Ca—O 配位[61]

碳酸盐的溶解或结晶不是瞬间发生的,沉淀往往需要较长的时间才能达到新的平衡。25℃下方解石的生长速率为一阶、二阶和更高($n = 3.0 \sim 3.9$),这表明方解石的生长机制可能包含了吸附、表面扩散和多核化。固体废弃物的孔隙随着矿化而变小,这导致固体的孔隙率更低、迂曲度更低、孔隙面积更低,矿化后方解石填充了孔隙空间。

#### 6.2.3.4 固体废弃物理化性质的变化

矿化过程显著改变了碱性固体废弃物的物理化学性质。矿化产品的利用与其物理化学特性密切相关。因此,在反应前后对材料进行表征对其后续利用至关重要。材料的特性通常分为三部分:

(1) 物理性质:密度、形态(形状)、适用性、溶解度、表面积、孔隙率等。
(2) 化学性质:氧化物含量、重金属浸出量、有害成分、火山灰性和水硬性等。
(3) 矿物学性质:晶体、相分数、粒度、缺陷等。

表 6.8 显示了矿化后钢渣物理化学性质的变化情况。矿化后固体废弃物物理化学性质的变化包括密度、粒度、比表面积、微结构、化学成分和矿物学组成等。

表 6.8 矿化钢渣的物理化学性质变化

| 过程 | 类型 | 参数 | 描述 |
|---|---|---|---|
| 直接矿化 | 物理 | 密度 | 降低：3.56 g/cm³ → 2.47~3.27 g/cm³ |
| | | | 颗粒聚合变大 |
| | | 粒径 | $D$[0.1]：4.4 μm → 2.5~3.5 μm |
| | | | $D$[0.9]：31.8 μm → 28.4~29.9 μm |
| | | BET 比表面积 | 增加 1.73 m²/g → 7.22~8.94 m²/g |
| | | 孔隙度 | 减小，方解石堵塞空隙 |
| | | 微结构 | 在颗粒表面紧密堆积，更加规则 |
| | 化学 | 矿物相 | 形成：$CaCO_3$, $Ca_5(SiO_4)_2CO_3$ |
| | | | 消耗：水绿榴石，$Ca(OH)_2$ |
| | | | $CaCO_3$：3.2% → 12.6%~17.0% |
| | | 自由 CaO 和 $Ca(OH)_2$ | 小于 75 μm 的钢包精炼炉渣颗粒降低到 6%~0.3% |
| | | | 游离 CaO（5.1%质量分数）和 $Ca(OH)_2$（1.8%质量分数）完全消失 |
| | | 重金属淋滤 | 可淋滤的 Cr 浓度降低 |
| | | | 金属离子活性降低数个数量级 |
| 间接矿化 | 物理 | 粒度 | PCC：球形聚合物 10~20 μm |
| | | 形貌 | 立方晶体（方解石）40~80℃；片状或针状文石 90℃ |
| | 化学 | 矿物相 | 在废弃物表面，低温下形成方解石（40~80℃），高温下形成文石 90℃ |

注：$D$[0.1]和 $D$[0.9]表示累计粒度分布数达到 10%、90%时所对应的粒径。

1. 直接矿化

直接矿化后，可以观察到固体废弃物物理性质的显著变化，比如平均密度和平均粒径降低，BET 表面积增加，孔隙结构更细小，孔隙度、迂曲率和孔隙面积更低，表面形貌和颗粒形状发生变化。

由于 $CaCO_3$ 的晶体体积比 $Ca(OH)_2$ 的晶体体积大 11.7%[58]，矿化后固体废弃物的微观结构可能发生了一定程度的改变。一般来说，以碱性固体废弃物（如钢渣）为原料的碳酸盐沉淀主要是方解石形式的碳酸钙。在直接矿化的过程中，具有规则形貌的方解石产物可以在固体废弃物表面形成致密的盖层。同时，部分 $CaCO_3$ 晶体（1~3 μm）独立存在。

对于以钢包精炼炉渣（LFS）为原料的工艺，通过水绿榴石和氢氧化钙的矿化反应形成了灰硅钙石[$Ca_5(SiO_4)_2CO_3$]。矿化后的 LFS 活性 CaO 含量降低至 0.2%~0.3%，与新鲜 LFS 相比，活性 CaO 含量降低了 95%[62]。对于钢渣，矿化后游离的 CaO 和 $Ca(OH)_2$ 完全消失。此外，矿化过程可以降低固体废弃物中重金属（如 Cr 和 Hg）的浸出潜力。

2. 间接矿化

间接矿化过程可形成高附加值的沉淀碳酸钙（precipitated calcium carbonate，PCC）产品。碳酸钙沉淀包括方解石（六方 $\beta$-$CaCO_3$）、文石（正交 $\lambda$-$CaCO_3$）和球文石（$\mu$-$CaCO_3$）。方解石是碳酸钙最稳定的晶型。PCC 的潜在用途取决于其纯度和形貌。PCC 晶体在大多数工业应用中最广泛使用的形貌主要包括菱形方解石、鳞片状方解石及斜方针状文石。

通常可以通过 $CaCO_3$ 颗粒形态的控制来满足工业应用的要求。文石型 $CaCO_3$ 可以在 85℃以上的温度下由沉淀法制备,而球文石碳酸钙可在 60℃下由沉淀形成。文石则在 380～470℃的温度下转变为方解石[63]。在使用氯化铵($NH_4Cl$)作为浸取剂的情况下,随着反应温度的升高,菱面体方解石的含量降低,同时生成文石的板状或针状颗粒。使用乙酸($CH_3COOH$)作为浸取剂,经高炉矿渣(粒径小于 500 μm)的间接矿化可形成粒径为 10～20 μm 方解石晶体的球形团块[64]。

热力学平衡计算表明,若使用 33.3%乙酸间接矿化,除 Ti 外几乎所有元素(包括 Ca、Mg、Al、Si、Fe 和 S)都将溶解在溶液中。$Ca^{2+}$ 的浸出在 50℃是放热反应且倾向于在低于 156℃的温度下发生,而从 $MgSiO_3$ 中提取 $Mg^{2+}$ 的过程则需在低于 123℃的温度下进行。大部分金属可以形成醋酸盐,如醋酸镁、醋酸钙和醋酸铁[55]。另外,钢渣中的金属离子在乙酸中的溶解速度远快于硅灰石。钢渣中溶解的硅将在高于 70℃的温度下形成凝胶,可通过机械过滤法去除[55]。为了去除其他溶解离子(如铁、铝、镁),需要使用其他分离技术。

### 6.2.3.5 矿化反应的难点

碱性固体废弃物的湿法矿化结合了 $CO_2$ 减排及排放点附近工业废弃物的处置,具有极佳的环境效益。尽管有大量碱性废弃物(如钢渣和灰烬)可用于 $CO_2$ 矿化,但矿化的成本对于大规模工业部署来说仍然太高。由于矿化反应的固有特性,需要进行精湛的工艺设计,在气-液-固相之间进行高效的传质,实现高 $CO_2$ 固定能力和低运行能耗。

从技术角度来看,直接矿化工艺面临的挑战主要包括:气态 $CO_2$ 和液体溶液相之间的传质速度较慢;物料和能量损失(即反应热)大;烟气中的杂质,如二氧化硫($SO_2$)和颗粒物(PM)对矿化效率的影响大;前处理加工和反应过程(如高温和高压)使得整个过程能耗较高;产品分离及其后续利用不充分。对于间接矿化,该过程中的挑战主要包括:水溶液蒸发能耗较高;中间产物的形成导致自由能的巨大变化;其他元素(如重金属),也可能在浸取步骤中被析出,从而导致碳酸盐沉淀不纯净。

从经济角度来看,异位矿化可以降低废水的处理成本,同时增加碱性固体的附加值。此外,减少的 $CO_2$ 量可形成认证减排量(CER)以用于《京都议定书》颁布的清洁发展机制(CDM)下的排放交易计划(ETS)。碱性固体废弃物可以用来封存大量的 $CO_2$,这既能降低环境污染又能获得一定的经济效益。以下手段可以提升碱性固体废弃物异位矿化过程的经济性:

(1)提升矿化效率。固体废弃物的矿化转化率应高于 85%,以实现废弃物的稳定化和 $CO_2$ 的固定。此外,原料矿物必须靠近 $CO_2$ 排放点源,以尽量减少运输成本。

(2)加强能源回收。原料破碎(比如钢渣)、工艺加热、浆液搅拌等工艺通常是能源密集型过程。需要利用矿化过程释放的热量,以使该过程在工业条件下具备经济可行性。

(3)废弃物综合处理。碱性固体废弃物的湿法矿化可以实现对废水的大规模利用。

(4)产物的多样化综合利用。矿化后的固体废弃物可以转化成为多种高附加值的材料,如玻璃陶瓷(含烧结过程中的红泥)和沉淀碳酸钙(PCC)等。

(5) 加速规模化示范。在大规模应用之前仍需要推动多方面实现重大技术突破，包括反应器设计、废弃物资源化利用，以及从工程、环境和经济等方面的系统优化等。

## 6.3 CO$_2$矿化与原料利用

### 6.3.1 天然硅酸盐与碳酸盐矿物

含碱土金属的天然硅酸盐型（如硅灰石）和碳酸盐型（如石灰石）岩石具有良好的理论封存潜力，适合矿化。在地质时间尺度上，碳酸盐型岩石的自然风化也能够捕获和封存大气中的CO$_2$，但仍需要大量的硅酸盐类矿物来封存大部分人为排放的CO$_2$。本小节阐述各种天然岩石或矿物的物理化学性质，并从理论过程和实际应用两个方面讨论利用天然岩石从烟气中捕获CO$_2$的两种有前景的方法，即硅酸盐岩石矿化和碳酸盐岩石加速风化。

#### 6.3.1.1 天然矿物岩石类型

硅酸盐类岩石和碳酸盐类岩石都可矿化二氧化碳。天然硅酸盐矿物富含钙镁元素且储量丰富，是自然矿化（即风化）的合适原料，但其中的钙、镁离子通常很难提取。以往的研究大多集中于天然硅酸盐矿物的湿法矿化，如硅灰石、蛇纹石、橄榄石。Lackner认为[65]，尽管地球上存在的天然岩石可以封存所有化石燃料排放的CO$_2$，但开发具有成本效益的方法以加速矿化（利用硅酸盐类岩石或碱性固废）或加速风化（利用碳酸盐类岩石）仍是必要的。

不同类型的天然岩石与CO$_2$的反应过程不同。表6.9列出了这些天然岩石的物理化学性质。天然硅酸盐岩石包括硅灰石（CaSiO$_3$）、蛇纹石[Mg$_3$Si$_2$O$_5$(OH)$_4$]、橄榄石[(Mg,Fe)$_2$SiO$_4$]、滑石[Mg$_3$Si$_4$O$_{10}$(OH)$_2$]、辉石[(Ca,Na,Fe,Mg)$_2$(Si,Al)$_2$O$_6$]和角闪石，都是适用于矿化反应的原料。天然碳酸盐岩石包括石灰石（CaCO$_3$）、大理石（CaCO$_3$）及白云石[CaMg(CO$_3$)$_2$]，也都适用于碳酸盐岩的加速风化。

表6.9 天然硅酸盐型和碳酸盐型岩石的物理化学性质

| 性质 | 项目 | 单位 | 硅酸盐型 | | | | 碳酸盐型 | |
|---|---|---|---|---|---|---|---|---|
| | | | 蛇纹石 | 硅灰石 | 橄榄石 | 滑石 | 白云石 | 石灰石 |
| 物理 | 密度 | g/cm$^3$ | 2.5~2.6 | 2.5~2.6 | 3.3~4.3 | 2.5~2.8 | 2.8~2.9 | 2.71 |
| | 硬度 | — | 3~5 | 4.5~5.0 | 6.5~7.0 | 1.0 | 3.5~40 | 3.0 |
| 化学 | CaO | % | — | 45.53 | 组分在一定范围内连续变化 | — | 30.41 | 56.0 |
| | MgO | % | 43.0 | 0.03 | | 31.88 | 21.87 | — |
| | SiO$_2$ | % | 44.1 | 52.91 | | 63.37 | — | — |
| | Al$_2$O$_3$ | % | — | 0.07 | | — | — | — |
| | FeO | % | — | 0.38 | | — | — | — |
| | MnO | % | — | 0.56 | | — | — | — |
| | CO$_2$ | % | — | — | | — | 47.72 | 44.0 |
| | H$_2$O | % | 12.9 | — | | 4.75 | — | — |

## 1. 硅酸盐岩石

### 1) 硅灰石

硅灰石是一种链状硅酸钙($CaSiO_3$)矿物,含有少量的铁、镁、锰,比重为2.87~3.09,莫氏硬度为4.5~5.0,为硬质材料。它具有低吸湿、低吸油、高亮度、高白度等特性。因此,它主要用于陶瓷、涂料填料、摩擦制品和塑料产品中。2014年,世界硅灰石储量预估超过9000万t,主要生产国为中国(约30万t/a)、印度(约16万t/a)、美国(约6.7万t/a)、墨西哥(约5.5万t/a)和芬兰(约1.15万t/a)[66]。

### 2) 蛇纹石

蛇纹石并不是单一的矿物,可分为两大类,即叶蛇纹石和纤蛇纹石。叶蛇纹石形态致密,纤蛇纹石则呈纤维形态,典型的代表是石棉。高岭石-蛇纹石族矿物呈绿色和褐色,可作为金属镁和石棉的来源。其比重为2.2~2.9,莫氏硬度为3.0~5.0,为软质材料。蛇纹石族是由几种类似矿物组成的,其通式可以表示为 $X_{2-3}Si_2O_5(OH)_4$,其中X可以是Mg、$Fe^{2+}$、$Fe^{3+}$、Ni、Al、Zn或Mn。比如,叶蛇纹石可以用$(Mg,Fe)_3Si_2O_5(OH)_4$表示,纤蛇纹石则可用$Mg_3Si_2O_5(OH)_4$表示。纤蛇纹石是一组化学成分相同的多形矿物(具有不同的晶格结构)。

### 3) 橄榄石

橄榄石是一种镁硅酸盐矿物,化学式为$(Mg,Fe)_2SiO_4$。它是一种地下常见的矿物,比重为3.2~4.5,莫氏硬度为6.5~7.0,为硬质材料。橄榄石是指具有类似结构的一组矿物(橄榄石族),包括锰橄榄石($Mn_2SiO_4$)、钙镁橄榄石($CaMgSiO_4$)和钙铁橄榄石($CaFeSiO_4$)。

### 4) 滑石

滑石是一种富含水合镁硅酸盐的黏土矿物,其化学式可表示为$H_2Mg_3(SiO_3)_4$或$Mg_3Si_4O_{10}(OH)_2$。它通常被用作婴儿的爽身粉(或滑石粉)的原料,比重为2.5~2.8,莫氏硬度标度为1.0,被称为最软的材料。1994年以来,滑石产量和表观消费量分别下降了44%和34%。2014年,主要滑石生产国为中国(约2200 t/a)、印度(约660 t/a)、韩国(约540 t/a)、美国(约535 t/a)和巴西(约500 t/a)[66]。

## 2. 碳酸盐岩石

### 1) 石灰石

石灰石是一种天然的沉积岩,92%~98%的成分是$CaCO_3$,主要矿物组成是方解石和文石。石灰石是一种储量丰富且廉价的$CaCO_3$来源,也是水泥工业的主要原料。因此,熟料生产厂与石灰石采石场往往配置在一起,可以经济地将石灰石从采石场运输到工厂。石灰石有许多用途,如骨料、白色颜料和填料。目前,在石灰石生产和加工过程中会产生超过20%的废弃的石灰石细粉(<10 mm),这些细粉可被进一步加工利用或在石灰石开采和加工场地堆积。

### 2) 大理石

大理石为非叶理状变质岩,主要由方解石($CaCO_3$)、白云石[$CaMg(CO_3)_2$]等重结晶碳酸盐组成，含微量黏土、云母、石英、黄铁矿、铁氧化物、石墨等。通常由石灰石受到高温高压变质作用而形成。莫氏硬度约为 3，故容易雕刻，通常被用于雕塑或建筑装饰材料。

#### 6.3.1.2 硅酸盐岩石矿化

**1. 硅酸盐矿物风化**

矿化反应可以自然发生。自然矿化反应也被称为"风化"，常发生于天然碱性硅酸盐和大气 $CO_2$ 之间。它利用矿物的碱度中和酸以去除大气中的 $CO_2$，如式(6.51)和式(6.52)所示。通过自然矿化反应，大气中的气态 $CO_2$ 被固定并以碳酸氢根离子的形式而储存。

$$CaSiO_3(s) + 2CO_2(aq) + H_2O(l) \longrightarrow Ca^{2+}(aq) + 2HCO_3^-(aq) + SiO_2(s),$$
$$\Delta H = -63 \, kJ/mol \, CO_2 \tag{6.51}$$

$$Mg_2SiO_4(s) + 4CO_2(aq) + 2H_2O(l) \longrightarrow 2Mg^{2+}(aq) + 4HCO_3^-(aq) + SiO_2(s),$$
$$\Delta H = -280 \, kJ/mol \, CO_2 \tag{6.52}$$

$CO_2$ 在自然界中的另一个固定途径是形成碳酸盐矿物。大气中的 $CO_2$ 溶解在雨水中，产生碳酸，呈弱酸性。一旦雨水与钙镁硅酸盐接触，就会从矿物基质中淋滤出钙、镁离子，并将它们带入河流，最终进入海洋。如式(6.53)所示，在海洋中形成固体碳酸盐 [式(6.53) $M^{2+}$ 代表碱土金属元素]，如钙、镁沉淀。

$$M^{2+}(aq) + CO_3^{2-}(aq) \longrightarrow MCO_3(s) \tag{6.53}$$

天然矿物的化学风化是全球尺度地球化学碳循环的主要机制之一。自然的碳循环通过从海洋中沉淀碳酸盐矿物从而在地质时间尺度上封存 $CO_2$。然而，由于 $CO_2$ 浓度相对较低(0.03%~0.06%)[67]，故自然矿化反应的动力学过程非常缓慢。在地面平均温度为 6℃、雨水 pH 为 5.6 的条件下，Haug 等[68]研究估算出橄榄石的风化速率约为 $10^{-8.5} \, mol/(m^2 \cdot s)$。

**2. 化学过程与反应机制**

矿物加速矿化(或加速风化)利用天然岩石，如硅灰石($CaSiO_3$)、钙橄榄石($Ca_2SiO_4$)、镁橄榄石($Mg_2SiO_4$)、蛇纹石[$Mg_3Si_2O_5(OH)_4$]和铁橄榄石($Fe_2SiO_4$)与高纯度的 $CO_2$ 反应，如反应方程式(6.54)~式(6.59)所示，主要是基于碳酸被碱性矿物中的碱性物质中和的酸碱反应[69]。矿物与 $CO_2$ 的反应会生成至少一种碳酸盐产物。与其他固定化技术相比，矿物矿化的主要优势在于碳酸盐是一种绿色产物，可以永久封存 $CO_2$。

硅灰石：$CaSiO_3(s) + CO_2(g) + 2H_2O(l) \longrightarrow CaCO_3(s) + H_4SiO_4(aq)$ (6.54)

斜硅灰石：$Ca_2SiO_4(s) + 2CO_2(g) \longrightarrow 2CaCO_3(s) + SiO_2(s)$ (6.55)

橄榄石：$Mg_2SiO_4(s) + 2CO_2(g) + 2H_2O(l) \longrightarrow 2MgCO_3(s) + H_4SiO_4(aq)$ (6.56)

橄榄石： $2Mg_2SiO_4(s)+CO_2(g)+2H_2O(l) \longrightarrow MgCO_3(s)+Mg_3Si_2O_5(OH)_4(s)$ (6.57)

蛇纹石： $Mg_3Si_2O_5(OH)_4(s)+3CO_2(g)+2H_2O(l) \longrightarrow 3MgCO_3(s)+2H_4SiO_4(aq)$

(6.58)

铁橄榄石： $Fe_2SiO_4(s)+2CO_2(g)+2H_2O(l) \longrightarrow 2FeCO_3(s)+H_4SiO_2(aq)+O_2(g)$

(6.59)

通常含碱土金属的天然矿物具有良好的理论封存潜力，适合进行矿物矿化反应。比如硅灰石的矿化潜力为 0.36 g $CO_2$/g，橄榄石(镁橄榄石)为 0.55 g $CO_2$/g，蛇纹石(利蛇纹石)则为 0.40 g $CO_2$/g。但是 Park 和 Fan 的研究[70]表明，蛇纹石在 pH-swing(pH 摆动)湿法矿化反应中的 $CO_2$ 实际净减排量为 0.02 g $CO_2$/g。以往使用 pH-swing 法开展的研究消耗了大量的酸碱溶剂，会对环境造成不利影响。

#### 6.3.1.3 碳酸盐岩石加速风化

1. 化学过程与反应机制

碳酸盐加速风化是模拟天然碳酸盐的风化反应，如式(6.60)所示。天然石灰石主要由方解石和文石矿物组成，它们是碳酸钙($CaCO_3$)的不同晶体形态。由于石灰石是丰富而廉价的碳酸钙来源，故对石灰石加速风化的研究十分广泛。理论上，每捕获 1 t $CO_2$ 需要消耗 2.3 t 的 $CaCO_3$ 岩石和 0.3 t 的水，最终产生 2.8 t 的碳酸氢根离子。

$$CO_2(g)+H_2O(l)+CaCO_3(s) \longrightarrow Ca^{2+}(aq)+2HCO_3^-(aq) \quad (6.60)$$

上述反应可以通过几个分步骤来表示。首先，气态的 $CO_2$ 溶解到溶液(液相)中形成碳酸，如式(6.61)和式(6.62)所示：

$$CO_2(g) \longrightarrow CO_2(aq) \quad (6.61)$$

$$CO_2(aq)+H_2O(l) \longrightarrow H_2CO_3(aq) \quad (6.62)$$

之后，碳酸与天然岩石中的碳酸钙反应，如下：

$$H_2CO_3(aq)+CaCO_3(s) \longrightarrow Ca^{2+}(aq)+2HCO_3^-(aq) \quad (6.63)$$

因此，溶解的钙离子和碳酸氢根离子可以直接释放到海洋中被稀释。整个过程在地球化学上相当于大陆和海洋碳酸盐的风化作用，这将在数千年的时间里自然消耗人类活动产生的 $CO_2$[71]。

2. 海水作为反应介质

式(6.60)中，在升高的 $CO_2$ 分压下，反应可以自发地向右移动。向海水中通入含分压 0.15 atm $CO_2$ 的烟气，在平衡条件下，可得到 pH 5.7 的碳酸溶液[72]。使用海水溶解 $CaCO_3$ 效果较差，因为海水中已经含有大量的 $HCO_3^-$ 和 $CO_3^{2-}$，它们可以作为 pH 和 $CaCO_3$ 饱和度下降的缓冲剂。然而，当海水与典型烟气浓度(如 5%~15%体积分数)的 $CO_2$ 达到平衡时，则很容易导致 $CaCO_3$ 溶解。研究发现，$CaCO_3$ 的溶解速率约为 $2×10^{-6}$ mmol/(s·cm$^2$)[73]。

### 3. 用于海洋封存的含石灰石 $CO_2$ 乳液

深海储存 $CO_2$ 面临几个方面的挑战：一是由于液态 $CO_2$ 的密度低于水且与水的混溶性较差，必须将其注入海洋足够深（约 500 m）的位置；二是该过程可能会形成碳酸，降低海水的 pH，对海洋生物群造成不利影响。为了克服上述问题，一些研究将由石灰石（$CaCO_3$）颗粒稳定的 $CO_2$ 乳液注入海洋中[74]。在特定条件下，石灰石粉末与液态 $CO_2$ 可以在水中形成乳液，由于 $CO_2$ 乳液比海水密度大，故它可以在注入点下沉而不是向上浮起，并且覆有 $CaCO_3$ 外壳层的 $CO_2$ 液滴不会酸化海水。

通过高压间歇式反应可以形成稳定的乳液，液滴的内芯为液态 $CO_2$，外层为分散在溶液中的 $CaCO_3$（石灰石）颗粒，如图 6.22 所示。据估计，将 1 t $CO_2$ 固定为稳定的乳液需要 0.50～0.75 t 石灰石粉。在石灰石粉粒径为 6～13 μm、溶液 pH 为 7～10 的条件下，可以观察到液滴的粒径为 100～200 μm[74]。此外，海水可以代替去离子水形成稳定的乳液。

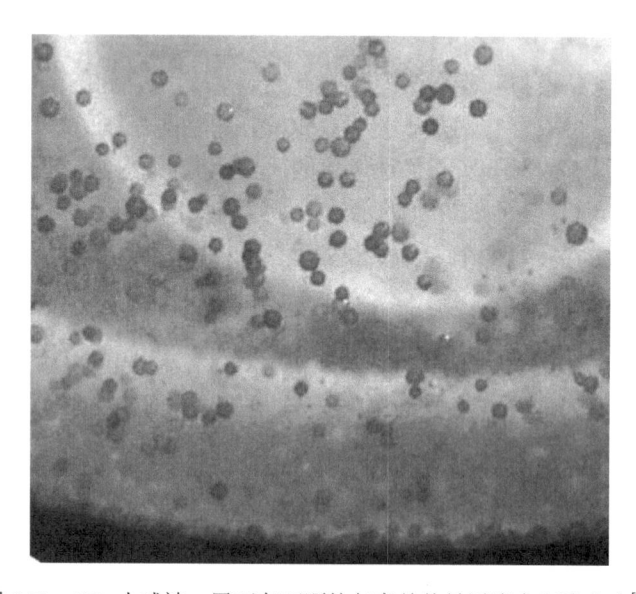

图 6.22 $CO_2$ 小球被一层石灰石颗粒包裹并从悬浮液中沉降出来[74]

#### 6.3.1.4 原料处理与活化

在矿物矿化过程中，最重要的因素是原料的表面活性。研究人员提出了加速湿法直接矿化动力学的方法，主要包括物理化学预处理、电解、热或蒸汽预处理及机械活化方法。尽管这些方法需要额外的化学物质和能量，但可以大大提高矿物的反应活性。

### 1. 物理化学预处理

一般来说，化学活化比物理活化可更有效地增加材料表面积。化学活化利用溶剂、酸或碱破坏硅酸盐结构中的 Ca—O 或 Mg—O 键。这将提高矿物的溶解动力学，从而提高实际矿化的效率。文献中已经评估过许多化学溶液对矿物的活化作用效果，如氨、丙酮和盐酸[75-77]等。

"pH-swing"过程也是一种类似的提高矿物溶解和 $CO_2$ 转化的方法，通常用于间接矿化。该方法通过酸处理让硅酸盐矿物在相对较低的 pH（＜4.0）下溶解，再通过添加碱在相对较高的 pH（＞10.0）下沉淀碳酸盐。但由于大量使用化学试剂，所以该方法比传统的矿化更加昂贵。

2. 热或蒸汽预处理

热活化作为天然矿物的预处理方法，常用于去除岩石中的化学结合水。化学结合水含量高达 13%的蛇纹石，在加热到 600~650℃后，羟基的分解使其结晶特性变为无定形态。O'Connor 等[78]发现在 155℃、固体含量 15%的条件下，超临界 $CO_2$（185 atm）可在 30 min 内将蛇纹石的最大转化率提高到 78%。

热处理后的材料孔隙率和表面积增大，这将造成结构不稳定，但是可以提高后续的矿化速率。然而，这一过程需要依赖大量的能源来维持高温，故阻碍了其大规模的应用。因此，利用矿物矿化放热反应的新方法将在能源方面表现出明显的优势。

### 6.3.1.5 自然矿物矿化利用的难点

对于矿物矿化，大量研究都集中于通过实验室实验和反应物与产物的矿物学表征来确定反应途径和动力学。虽然天然钙镁硅酸盐矿物的 $CO_2$ 储存潜力足以固定化石燃料燃烧所排放的所有 $CO_2$，但天然岩石的矿物矿化反应存在动力学缓慢和能源消耗大等问题。这些因素阻碍了硅酸盐矿物的大规模应用。所以该技术的研究和应用需要采矿和水泥工业、电力及理工科研团队的共同努力。

1. 缓慢的矿物溶解与反应动力学

由于高反应活性，在自然矿物中很少发现纯的钙镁氧化物。相反，它们通常以硅酸盐中各种氧化物的形式存在（如 $CaSiO_3$）。硅酸盐向碳酸盐的转化无法在固态发生，而需要将矿物溶解在水相中[78]。一般认为，矿物的溶解是湿法矿化过程的限速步骤。也就是说，矿物加速矿化（或加速风化）反应受到传质的限制，从而导致缓慢的反应动力学和巨大的反应器规模。据估计，若使一个典型的 500 MW 燃煤电厂减少 20%的 $CO_2$ 排放量，需要构建一个边长 60 m 的立方体反应器。

此外，反应产物的种类与所需的操作条件直接相关。通常，在自然环境下，碳酸钙（$CaCO_3$）比碳酸镁（$MgCO_3$）更容易形成。富镁橄榄石在 115 bar、185℃条件下的矿化反应受 $MgCO_3$（菱镁矿）沉淀限制，而不是橄榄石的溶解速率[79]。

2. 高能源消耗

利用天然矿物矿化反应的主要问题在于大规模的采矿活动。除了能源密集型的采矿过程外，在现有的技术条件下，矿物矿化过程对高级能源的净需求是始终存在的。比如固体矿物的前置处理过程（包括采矿、运输、研磨和必要的活化），矿化过程中能量、添加剂或催化剂的损耗，矿物原料中金属元素(如氧化铁)的分离，碳酸盐与副产品的后续处理等过程都导致额外的能源需求。

相比而言，由于不需要额外的采矿过程，碱性固体废料作为天然原料的替代品受到了极大的关注。$CO_2$ 排放源与废弃物源的距离近，故可以降低运输成本。此外，在氧化环境中，磁性物质尤其是铁氧化物的存在会形成赤铁矿的钝化层，这对矿物矿化产生不利的影响。因此，建议在矿物矿化之前将磁性颗粒(如氧化铁)从矿物原料中分离出来，其中重选和磁选是常用的技术手段。

### 6.3.2 钢铁工业炉渣

钢铁行业正在通过控制温室气体排放和合理管理钢铁制造中的固废以实现可持续发展的目标。对新鲜的钢铁炉渣替代原材料的应用研究已经开展了很长时间。这些固废常用于沥青混合料、路面铺装层、级配基层和路堤。然而，对钢渣的利用也遇到了一些障碍，比如掺入后的体积膨胀问题及潜在的对环境的负面影响。本小节简述钢铁行业的类型，以及高炉渣、氧气顶吹转炉渣、电弧炉渣和钢包精炼炉渣四种类型的钢铁炉渣的物理化学性质。此外，还将总结归纳在土木工程中直接使用炉渣所面临的挑战。

#### 6.3.2.1 钢铁行业简介

钢铁厂属于能源和材料密集型行业，需要在一天时间内将铁矿转变为钢铁。一般来说，根据钢铁的制造过程，钢铁厂可分为两大类，即利用天然铁矿石生产钢铁的大型联合钢铁厂(长流程)和利用废料重制钢铁的电弧炉钢铁厂(短流程)。

1. 长流程炼钢

图 6.23 展示了联合钢铁厂长流程炼钢过程的示意图，包含了用于初级钢生产的所有过程，包括炼铁(将铁矿石转化为铁水)、炼钢(将生铁转化为钢水)、铸造(钢水的凝固)、粗轧和钢坯轧制(降低块体大小)和型材轧制(塑形)。大型钢铁厂用于生产的主要原料是

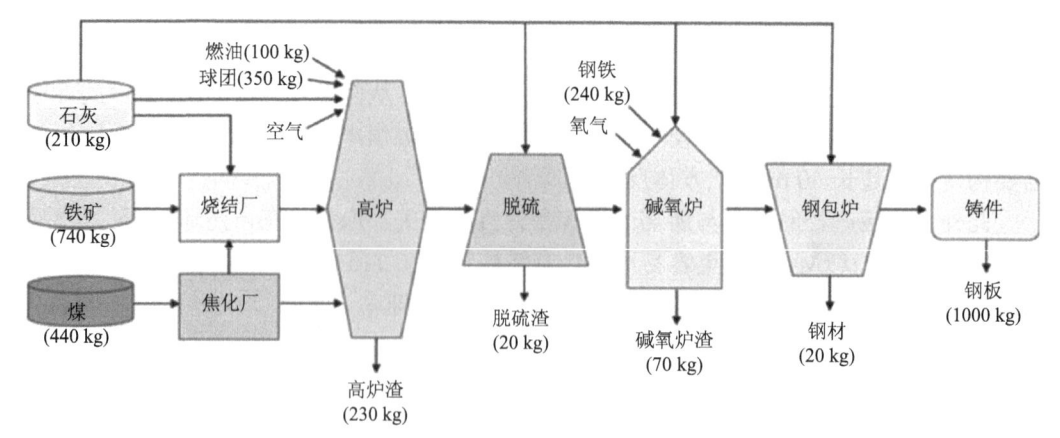

图 6.23 钢材制造工艺示意图(长流程)

括号内列出了生产 1 t 粗钢所需的一些原材料和副产品的典型值

煤(或焦炭)、铁矿石和石灰石，它们被分批加料进入高炉。在高炉中，矿石中的含铁化合物与过量的氧气发生反应变成铁水。接着铁水变成生铁产品或者直接被送到其他容器中进一步炼钢(如氧气顶吹转炉)。通常，大型钢铁厂的最终产品是大型结构部件(如厚钢板和铁路轨道)和长形产品(如钢筋和管道)。

2. 短流程炼钢

电弧炉(EAF)是一种通过电弧加热带电材料的炉。图6.24展示了使用废钢制造不锈钢的经典工艺。电弧炉通常由三个石墨电极、熔池、出钢槽、耐火砖顶和砖壳所组成。电弧炉一般建在一个倾斜的平台上，这样钢水就可以倒进另一个容器中以备运输。电弧炉工艺后，将钢水送至钢包精炼炉，经过如氩氧脱碳(AOD)工艺、脱硫工艺后再进行浇铸。

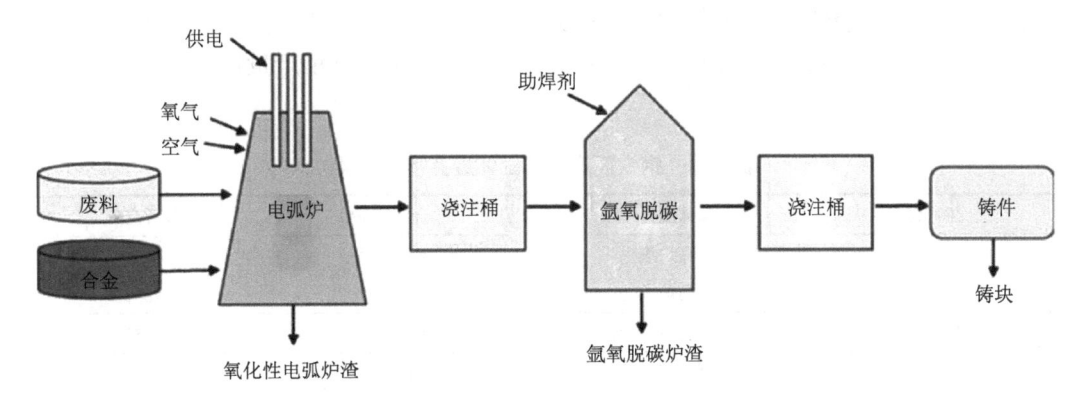

图6.24 由废钢生产不锈钢的工艺路线(短流程)

在典型的电弧炉工艺中，使用的热能来源包括电能及氧化反应产生的化学能，而能源损失则包括废气和炉内的冷却系统。工业电弧炉的温度可达1800℃。要熔化1 t废钢，理论上所需的最小能量为300 kW·h(熔点为1520℃)。在德国，电弧炉工厂的电能需求约为每吨钢500 kW·h[80]。提供给电弧炉工艺的能量，包括电能和化学能，主要由天然气、液化石油气或石油的燃烧及熔体在精炼过程中元素(如C、Si、Al、Fe、Cr、Mn)的氧化所释放产生。

由于高比例的废钢回用，电弧炉工艺的总体能源消耗和$CO_2$排放水平明显低于氧气炼钢的过程(1389~4250 kW·h每吨钢产量，电能的使用排放0.15~1.08 t $CO_2$每吨钢产量)。在全球生命周期清单研究中定义的炼钢一次性能源消耗总量为5960~8810 kW·h/t，每吨钢产量的$CO_2$排放总量为1.61~2.60 t $CO_2$[81]。

#### 6.3.2.2 钢铁炉渣的种类

钢铁炉渣是钢铁制造业不可避免的固体废弃物，具有强碱性及金属离子尤其是钙离子含量高的特点。由于钢铁炉渣的化学活性很高，故如何稳定化和利用钢铁炉渣就是具有挑战性的工作。在美国、日本、德国和法国，钢铁炉渣的利用率接近于100%，其中有一半直接用作路基，其余则用于烧结和炼铁回收[82]。我国钢铁渣利用率则较低，仅仅在

20%~30%。钢铁炉渣的利用不仅可以部分解决炉渣处理不当造成的环境污染问题，还可以改善水泥/混凝土的微观结构，显著提高水泥/混凝土的耐久性。炼铁和炼钢炉渣主要有五种类型，包括电弧炉(EAF)、高炉(BF)、脱硫炉(DS)、氧气顶吹转炉(BOF)和钢包精炼炉(LF)炉渣，每一种都以它们的生产过程而命名。

钢铁炉渣一般可分为铁渣、碳钢渣和不锈钢渣。钢铁炉渣的化学成分主要是 Ca 和 Mg 的硅酸盐，这与天然砂石、砾石和碎石相似。钢铁炉渣的成分根据其来源和粒径的不同而有很大的差异。如 BOF 炉渣中 CaO、$SiO_2$ 含量随粒径的减小而显著增加，$Fe_2O_3$ 的含量则显著降低。另外，部分钢渣中 As、Cd、Hg 等有害金属元素和类金属元素含量较高，这有可能对生态环境造成严重影响。

在钢铁生产中，每生产 1 t 钢铁，会产生 2~4 t 的固体废弃物。因此，每年会从高炉、转炉、钢包精炼炉和电弧炉中产生大量的钢铁炉渣。表 6.10 总结了炼铁厂和炼钢厂产生的典型固体废弃物的代表性种类。在美国，通过集成制造工艺(如转炉)或电弧炉工艺生产的钢材分别占钢总产量的 37%和 63%[66]。而我国电炉钢产量仅占粗钢总产量的 15%左右。

表 6.10 钢铁厂产生的固体废弃物的种类

| 生产源 | 固体废弃物 | 热金属/(kg/t) | 参考文献 |
| --- | --- | --- | --- |
| 高炉 | 高炉渣 | 250~420 | [83] |
|  | 高炉灰 | 5~30 | [83] |
| 氧气顶吹转炉 | 氧气转炉渣 | 50~200 | [45] |
| 炼钢车间 | 钢包精炼炉渣 | 150~200 | [83] |
|  | 钢包炉污泥 | 15~16 | [83] |
|  | 耐火砖 | 5~12 | [84] |
|  | 飞灰 | 7~15 | [84] |
| 电弧炉 | 电弧炉渣 | 200 | [85] |
|  | 电弧炉灰 | 10~20 | [86] |
| 轧钢机 | 轧钢污泥 | 12 | [83] |
|  | 轧钢屑 | 22~33 | [83] |

图 6.25 为不同类型的钢铁炉渣的 $(CaO+MgO)$-$(SiO_2+Na_2O+K_2O)$-$(Al_2O_3+Fe_2O_3)$ 归一化相图。经研究发现，钢渣的矿物成分一般比其他类型的固废(如空气净化的飞灰)复杂。钢渣是许多化合物的固结混合物，主要是不同相的钙、铁、硅、铝、镁和锰的氧化物。当钢铁渣用于水泥和混凝土时，CaO 和 $SiO_2$ 的含量会显著影响其水硬性与火山灰活性。CaO 和 MgO 的含量也决定其固化 $CO_2$ 的能力。此外，$Fe_2O_3$ 的含量对炉渣的硬度和可磨性有一定的影响，如 $Fe_2O_3$ 含量较高的 BOFS、DSS 和 EAFOS 是相对较硬的材料。因此，矿物学研究对确定可能的 $CO_2$ 反应相和矿化过程的主要反应产物有十分关键的作用。

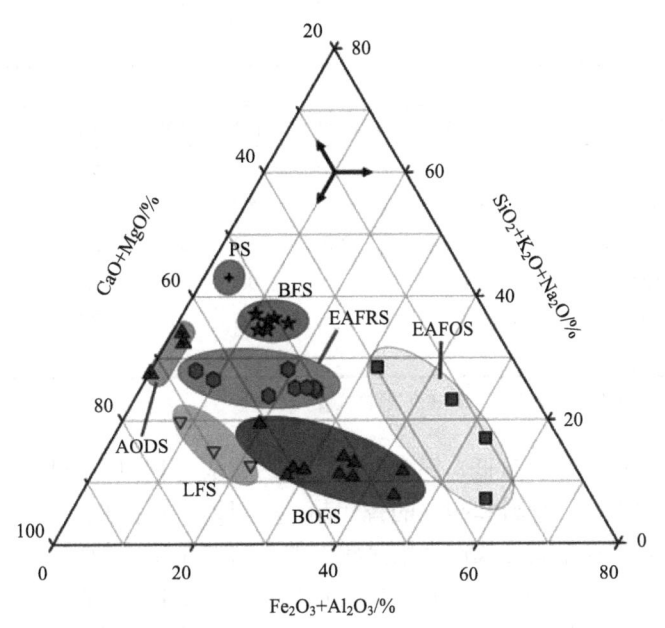

图 6.25 不同类型的钢铁炉渣的(CaO+MgO)-(SiO$_2$+Na$_2$O+K$_2$O)-(Al$_2$O$_3$+Fe$_2$O$_3$)的归一化相图

高炉渣(BFS);碱性氧气炉渣(BOFS);还原性电弧炉渣(EAFRS);氧化性电弧炉渣(EAFOS);钢包精炼炉渣(LFS);磷渣(PS);氩氧脱碳炉渣(AODS)

## 1. 高炉渣(BFS)

高炉渣是生铁生产的副产品,其有广泛的用途。钢厂产生的高炉渣有两种类型,即风冷式高炉渣和粒状(结晶)高炉渣。将 BFS 部分浸泡在水中会产生一种具有潜在水硬性能的玻璃状颗粒材料。表 6.11 罗列了文献中涉及的 BFS 的理化性质。BFS 的比重约为 2.90,体积密度为 1.0~1.3 g/cm$^3$。此外,BFS 含有大量的无机成分,包括 SiO$_2$(30%~36%)、CaO(32%~45%)、Al$_2$O$_3$(10%~16%)、MgO(6%~9%)和 Fe$_2$O$_3$(0.2%~1.5%),其晶体结构主要为无定型。值得注意的是,BFS 中含有丰富的硅铝组分,是制备地聚合物的合适原料。

表 6.11 BFS 的物理化学性质

| 项目 | 性质或组成 | 文献中的 BFS | | | | | |
|---|---|---|---|---|---|---|---|
| | | [83] | [87] | [88] | [89] | [90] | [91] | [92] |
| 物化性质 | 密度/(g/cm$^3$) | 1.2~1.3 | — | — | — | — | — | 1.0~1.3 |
| | 比表面积/(cm$^2$/g) | — | — | 4000 | — | — | — | — |
| | 碱度 | — | — | — | 1.34 | — | — | — |
| | LOI/% | 0.4 | 0.0 | — | 0.01 | — | 4.57 | — |
| XRF(固相) | SiO$_2$/% | 34.6~36.0 | 33.2 | 32.3 | 30.2 | 32.3 | 31.0 | 41.2 |
| | CaO/% | 39.0~41.0 | 38.2 | 39.4 | 40.4 | 45.2 | 37.2 | 32.7 |
| | Al$_2$O$_3$/% | 11.0~12.5 | 16.3 | 10.5 | 10.8 | 10.6 | 14.3 | 14.3 |
| | Fe$_2$O$_3$/% | 0.5 | 0.3 | 0.5 | 0.6 | 0.7 | 1.5 | 0.8 |

续表

| 项目 | 性质或组成 | 文献中的BFS ||||||
|---|---|---|---|---|---|---|---|
| | | [83] | [87] | [88] | [89] | [90] | [91] | [92] |
| XRF(固相) | P$_2$O$_5$/% | — | 0.10 | — | — | 0.1 | — | — |
| | MgO/% | 8.4~8.7 | 8.1 | 8.7 | — | 6.4 | 9.1 | 7.3 |
| | SO$_3$/% | — | N.D. | 3.2 | 3.2 | 2.0 | 0.1 | 0.8 |
| | MnO/% | 0.3 | — | 0.5 | — | 0.3 | — | 0.8 |
| | TiO$_2$/% | — | — | — | 6.0 | 0.5 | — | 1.1 |
| | K$_2$O/% | — | — | 0.8 | 0.6 | 0.4 | 0.6 | 0.9 |

注：N.D.表示未检测到(低于检测限)；LOI指烧失量。

BFS颜色呈白色，铁含量低，钙含量高，与熟料成分相似。因此，风冷式BFS经常被用作道路建设中石头、骨料和碎屑的替代品。类似地，粒状BFS可用作水泥生产的原料成分、粒状标准化水泥成分或作为结晶状态的骨料在施工中使用。粒状BFS可在水泥生产中安全使用。例如，在生产水泥时，可以用粒状BFS代替高达50%的熟料。由于BFS具有良好的水硬性能，用BFS部分替代普通硅酸盐水泥具有水合热低、长期强度好、碱-硅酸反应可控、耐酸性好、耐久性强、节约成本等优点[83]。

2. 碱性氧气炉渣(BOFS)

碱性氧气炉渣(又称炼钢转炉渣)是由石灰与氧气顶吹转炉中的杂质反应所产生的。在BOF中，氧气被输送进炉体以去除铁水中的碳，从而生产出低碳钢。根据生产的钢的等级，每生产1 t钢可以产生100~200 kg的BOFS[93]。碱性氧气炉渣(BOFS)的化学性质见表6.12。BOFS中主要的氧化物为CaO(38%~48%)、Fe$_2$O$_3$(17%~38%)、SiO$_2$(9%~20%)和MgO(6%~9%)，部分CaO以Ca(OH)$_2$(1%~7%)和游离CaO(2%~8%)的形式存在。由于CaO是亲脂分子，BOFS可以与沥青紧密结合，减少剥离现象，提高防水性能[94]。

表6.12 文献中使用的BOFS的物理化学性质 (单位：%)

| | 组成 | BOFS-1 | BOFS-2 | BOFS-3[87] | BOFS-4[94] |
|---|---|---|---|---|---|
| XRF(固相) | SiO$_2$ | 8.6~13.1 | 7.8~12.1 | 19.5 | 11.1 |
| | CaO | 40.1~45.0 | 38.4~39.3 | 47.6 | 46.4 |
| | Al$_2$O$_3$ | 1.7~2.1 | 1.0~2.7 | 2.67 | 1.2 |
| | Fe$_2$O$_3$ | 28.3~32.0 | 22.5~38.1 | 16.8 | 23.2 |
| | P$_2$O$_5$ | 1.4~2.4 | — | 1.76 | 2.1 |
| | MgO | 4.5~7.5 | 8.6~9.0 | 7.58 | 8.4 |
| | TiO$_2$ | 0.5~0.9 | 0.9 | — | 0.4 |
| | SO$_3$ | 0.4~1.2 | — | N.D. | — |
| | ZnO | — | 0.03 | — | — |
| | MnO | 2.0~4.1 | 3.6~4.3 | — | 2.7 |

续表

| | 组成 | BOFS-1 | BOFS-2 | BOFS-3[87] | BOFS-4[94] |
|---|---|---|---|---|---|
| 化学分析 | f-CaO | 2.0～8.1 | — | — | — |
| | f-MgO | — | — | — | — |
| | Ca(OH)$_2$ | 1.1～7.3 | — | — | — |
| 热分析 | CaCO$_3$ | 1.9～4.0 | — | — | — |
| | LOI | 0～8.3 | 9.0 | 0 | — |

注：N.D. 表示未检测到(低于检测限)；f-CaO 指游离氧化钙；f-MgO 指游离氧化镁。

表 6.13 为文献中 BOFS 的矿物学组成。$\beta$-C$_2$S(21.5%～41.8%)是 BOFS 中硅酸钙物种的主要形态，也是熟料中的活性形态[95]。BOFS 的其他常见矿物包括 C$_2$F(30.3%～37.2%)、C$_3$S、C$_4$AF、RO 相(CaO-FeO-MgO 固溶体)、橄榄石和硅镁钙石[96]。当 CaO/SiO$_2$ 大于 2.7 时，碱性 BOFS 中存在 C$_3$S 相[96]。此外，在特定样品中还发现了次要矿物相，如方解石(CaCO$_3$)、方镁石(MgO)和石英(SiO$_2$)。BOFS 中 SiO$_2$ 和 Al$_2$O$_3$ 的含量显著低于粒状 BFS，而 Fe$_2$O$_3$ 的含量则明显高于粒状 BFS。

表 6.13 BOFS 的矿物学组成

| 矿物名称 | 化学式 | 参考文献 [97] | [98] | [99] |
|---|---|---|---|---|
| 黑钙铁矿 | Ca$_2$Fe$_2$O$_5$ (C$_2$F) | 32.3 | 37.2 | 30.3 |
| $\beta$-C$_2$S | Ca$_2$SiO$_4$ | 30.8 | 21.5 | 41.8 |
| $\gamma$-C$_2$S | Ca$_2$SiO$_4$ | — | 7.3 | — |
| 石灰 | CaO | 8.8 | 10.6 | 2.0 |
| 铁 | Fe | — | 0.4 | — |
| 方铁矿 | FeO | 6.7 | 1.1 | 11.9 |
| 赤铁矿 | Fe$_2$O$_3$ | — | 4.1 | — |
| 磁铁矿 | Fe$_3$O$_4$ | — | 0.8 | — |
| 铁辉石 | FeSiO$_3$ | — | 2.8 | — |
| 铁橄榄石 | Fe$_2$SiO$_4$ | 3.8 | 5.5 | — |
| 氢氧钙石 | Ca(OH)$_2$ | 3.1 | — | 6.3 |
| 硅灰石 | CaSiO$_3$ | 2.9 | 1.1 | — |
| 水镁石 | Mg(OH)$_2$ | 2.4 | — | — |
| 铁辉石 | (Fe(II),Mg)$_2$Si$_2$O$_6$ | 2.2 | — | — |
| 斜顽辉石 | Mg$_2$Si$_2$O$_6$ | 1.9 | — | — |
| 顽火辉石 | MgSiO$_3$ | — | 3.8 | — |
| 方镁石 | MgO | 1.1 | 0.7 | — |
| 方解石 | CaCO$_3$ | — | — | 2.9 |
| 石英 | SiO$_2$ | — | 2.8 | 4.7 |
| 其他(<1%质量分数) | — | 4.0 | — | — |

由于化学成分与硅酸盐水泥相类似，故可在一些水硬产品中加入 BOFS。但由于 BOFS 中 $Fe_2O_3$ 含量较高，其绝对密度高达 3.7 $g/cm^3$，因而在研磨方面的工作量比熟料的更大。而且由于铁与水的接触相对惰性，高铁含量还会使混合水泥的水硬活性降低。因此，应考虑在矿化或利用之前对 BOFS 中的铁成分进行回收处理。

此外，由于 BOFS 的 $C_3S$ 含量较低，故混入 BOFS 的水泥和混凝土在活化早期表现出较差的水硬活性。因为 $CaCl_2$ 可以与 $Ca(OH)_2$ 形成络合物，所以可以通过加入 $CaCl_2$ 来提高力学性能。在几种可用的添加剂（$CaCl_2$、$CaO$、$NaCl$ 和 $Na_2SiO_3$）中，只有 $CaCl_2$ 能有效改善早期混合水泥的力学性能。

### 3. 电弧炉渣（EAFS）

电弧炉渣（EAFS）可以被分为两种类型，即氧化性电弧炉渣（EAFOS）（CaO 含量较低）和还原性电弧炉渣（EAFRS）（CaO 含量较高）。

表 6.14 展示了不同种类的 EAFS 的化学组成。相较于 EAFRS 或其他钢渣。EAFOS 因其高铁氧化物含量（24%～37%）而具有较高的硬度和耐磨性，通常表现为耐腐蚀和耐破碎。此外，EAFS 中游离石灰和总硫酸盐（表示为 $SO_3$）的浓度通常分别低于 0.1% 和 0.6%。

表 6.14 电弧炉渣（EAFS）的化学组成　　　　　　（单位：%）

| | 组成 | EAFOS-1 | EAFOS-2 | EAFOS-3[100] | EAFRS |
|---|---|---|---|---|---|
| XRF（固相） | $SiO_2$ | 6.0～15.4 | 13.4～23.3 | 14.9～42.2 | 26.6～28.2 |
| | CaO | 24.4～29.1 | 23.9～33.0 | 5.6～39.6 | 40.8～49.4 |
| | $Al_2O_3$ | 12.2～14.1 | 4.1～7.4 | 1.8～12.3 | 8.4～17.6 |
| | $Fe_2O_3$ | 27.4～34.4 | 24.1～36.8 | 0.9～48.3 | 1.1～1.6 |
| | $Na_2O$ | 0.1～0.2 | — | — | — |
| | $P_2O_5$ | 1.19～1.24 | — | — | — |
| | MgO | 2.9～3.4 | 5.1～12.0 | 1.9～17.6 | 6.2～9.8 |
| | $Cr_2O_3$ | 0.7～1.0 | 0.8 | | |
| | $TiO_2$ | — | 0.6～0.9 | | |
| | $SO_3$ | — | 0.03～0.14 | 0.01～0.08 | 0.04～0.38 |
| | $K_2O$ | 1.1～1.5 | | | |
| | PbO | 0.22～0.32 | — | | |
| | MnO | 5.6～15.6 | 4.2 | | |

为了避免炉渣崩解，必须使 EAFS 快速冷却。将不稳定的 $C_2S$ 相转变为低温稳定相（如 $\gamma\text{-}C_2S$），这会使其体积膨胀 10% 左右[101]。在一般情况下，氧化和还原的 EAFS 可分别作为混凝土的骨料和胶凝材料。EAFS 的多孔性提升了混凝土或水泥的稳固性。根据 X 射线衍射分析，EAFS 中主要结晶矿物相有三类，包括：

(1) 铁氧化物，方铁矿（FeO）、镁铁矿（$MgFe_2O_4$）、磁铁矿（$Fe_3O_4$）、赤铁矿（$Fe_2O_3$）；

(2) 硅酸盐，斜硅钙石（$Ca_2SiO_4$）、白硅钙石/镁硅钙石[$Ca_{14}Mg_2(SiO_4)_8$]、钙铝黄长

石[Ca$_2$Al(Al,Si)$_2$O$_7$];

(3) 锰氧化物，水钠锰矿[(Na$_{0.3}$Ca$_{0.1}$K$_{0.1}$)(Mn$^{4+}$,Mn$^{3+}$)$_2$O$_4$·1.5H$_2$O]、黑锰矿(Mn$_3$O$_4$)、金红石/碱硬锰矿(MnO$_2$)、杂斜方锰矿。

新鲜的 EAFS 由于其凝固活性较低且存在长期膨胀反应的可能性，不适用作补充材料加入水泥中。研究发现，掺入新鲜 EAFS 的水泥砂浆在 90 天内都没有表现出凝固活性[102]。新鲜 EAFS 中方镁石晶体(MgO)的存在使材料存在长期体积不稳定性。EAFS 中游离 MgO 的含量与粒径无关，含量通常低于 1%。EAFS 中非结合 MgO 的成分应为玻璃质或非晶态相，这是导致长期膨胀反应的原因。

### 4. 钢包精炼炉渣(LFS)

钢包精炼工艺被认为是二次冶金工艺，其目的是将熔融的生铁或废钢转化为高品质钢。钢包精炼炉渣(LFS)，即精炼渣，是生铁或钢水经过各种类型的钢包炉转炉精炼过程中所产生的。例如，钢水脱硫过程中会产生脱硫渣(DSS)、氩氧脱碳炉渣(AODS)、磷渣(PS)等。LFS 的化学性质如表 6.15 所示。钙、硅、镁、铝和铁的氧化物占 LFS 总质量的 95%以上。小颗粒(<75 μm)的 LFS 中，活性 CaO 含量(如游离 CaO)通常高于 6%，而在大颗粒(75～100 μm)的 LFS 中，活性 CaO 含量低于 2%[62]。

**表 6.15　钢包精炼炉渣(LFS)与氩氧脱碳炉渣(AODS)、磷渣(PS)、脱硫渣(DSS)的物理化学性质对比**

|  | 组成 | LFS | AODS | PS | DSS |
| --- | --- | --- | --- | --- | --- |
| 物理性质 | 比表面积/(cm$^2$/g) | — | — | — | 3829 |
|  | 比重 | — | — | — | 2.38 |
| XRF(固相) | SiO$_2$/% | 12.6～19.8 | 32.5～34.1 | 43.1 | 15.7 |
|  | CaO/% | 50.5～57.5 | 54.5～54.8 | 46.7 | 66.2 |
|  | Al$_2$O$_3$/% | 4.3～18.6 | 1.1～1.4 | 2.6 | 3.5 |
|  | Fe$_2$O$_3$/% | 1.6～3.3 | 0.2～0.3 | 0.8 | 7.4 |
|  | Na$_2$O/% | 0.03～0.07 | — | — | — |
|  | P$_2$O$_5$/% | 约 0.01 | — | — | 0.6 |
|  | MgO/% | 7.5～11.9 | 8.0～9.0 | 1.2 | 2.3 |
|  | Cr$_2$O$_3$/% | 0.01～0.1 | 约 0.8 | — | — |
|  | TiO$_2$/% | 0.18～0.89 | 约 0.4 | — | — |
|  | SO$_3$/% | 0.9～1.5 | 约 0.2 | — | 3.4 |
|  | K$_2$O/% | 0.01～0.02 | — | — | — |
|  | MnO/% | 0.36～0.52 | 约 0.4 | 0.1 | 0.5 |
| 化学分析 | f-CaO/% | 3.5～19.0 | — | — | — |
|  | f-MgO/% | 3.0～8.0 | — | — | — |
| 热分析 | LOI/% | 1.2～5.5 | 0.1 | 0.4 | — |

硅酸钙是新鲜 LFS 的主要成分，典型的矿物相包括透辉石(MgCaSi$_2$O$_6$)、镁硅钙石[Ca$_3$Mg(SiO$_4$)$_2$]、硅钙石(Ca$_3$Si$_2$O$_7$)、硅灰石(CaSiO$_3$)、$\beta$-C$_2$S、白硅钙石[Ca$_7$Mg(SiO$_4$)$_4$]、

$\gamma$-C₂S 和钙橄榄石。LFS 在 450~500℃ 冷却过程中，高温稳定形态的硅酸二钙，即 $\beta$-C₂S，可以逐渐转变为低温稳定形态的 $\gamma$-C₂S。这是 LFS 整块破裂的主要原因，同时还产生了破碎的副产物。新鲜 LFS 中的其他主要矿物成分包括氢氧钙石[Ca(OH)₂]、赤铁矿(Fe₂O₃)、方铁矿(FeO)、磁铁矿(Fe₃O₄)和方镁石(MgO)，还有少量化合物，如硫硅钙石、萤石、水镁石和铝[103]。

高细度和大比表面积的细 LFS 可用于建筑或工业过程。然而，LFS 的组成和结构比 EAFS 和 BOFS 更加多样化，故在实际应用中 LFS 与其他钢铁有所不同。所以 LFS 在具体应用中应根据其组成和结构进行仔细分析。

### 6.3.2.3 钢铁炉渣利用中的难点

在全球范围内，每年都有大量的钢铁炉渣在集成制造工艺或电弧炉中产生。其中，由于 BOFS 具有良好的性能，故传统的处理方法是将其填埋或在土木工程中作为骨料重新利用。由于其具有优良的特性，钢铁炉渣可作为原料用于以下领域：人工鱼礁、混凝土骨料、沥青混合料、补充胶凝材料、腐殖化作用或芬顿反应中的催化剂、强化化学氧化修复地下水、废水中有害物质吸附剂(如离子铜、铅和磷酸盐)、固定重金属(如 $Cu^{2+}$、$Zn^{2+}$、$Pb^{2+}$ 和 $Cd^{2+}$ 等)、结构性地聚合物混凝土及装饰瓷砖。

BOFS 中的铁氧化物或氢氧化合物组分能强烈吸附磷酸盐。由于该吸附机制涉及内部络合配体交换，所以磷酸盐与铁氧化物的亲和力取决于阴离子通过配体交换与带电表面吸引(或排斥)静电作用的络合能力。在这种情况下，溶液的 pH 对磷酸盐的去除率起着至关重要的作用。

钢渣目前主要用于沥青、混凝土骨料和路基。对钢铁炉渣的利用的研究主要集中在混凝土或沥青的骨料、水泥行业、道路建设、玻璃制造、装饰瓷砖、农业用土壤改良剂、水产养殖及土地修复等领域，如表 6.16 所示。然而，传统的对未经处理的钢铁矿渣在土木工程中的应用遇到了体积膨胀、重金属浸出、炉渣胶凝性能低等技术障碍。

表 6.16 钢铁炉渣的利用

| 炉渣类型 | 生产工艺 | 典型应用 |
| --- | --- | --- |
| 高炉渣(BFS) | 风冷 | 基底、地基、混凝土骨料、填充骨料、建筑填料、冲刷防护、岩棉等 |
| 粒状高炉渣(GBFS) | 高压水喷雾淬火炉渣液 | 地基、建筑填料、建筑砂、稳定黏结剂、喷砂、玻璃、水泥制造等 |
| 碱性氧气炉渣(BOFS) | 风冷、水灌 | 基底、地基、沥青混合料、密封骨料、建筑填料、地下排水沟、喷砂、磷酸盐吸附剂等 |
| 电弧炉渣(EAFS) | 风冷、水灌 | 基底、地基、地下排水沟、喷砂、沥青混合料等 |

**1. 作为路基路面工程中的粗骨料**

道路由若干层组成，包括沥青面层、沥青黏结层、沥青基层、级配基层、防冻层、地基、路基等。在现代道路中，钢渣由于其强度高、黏结强度高、摩擦性高、耐磨性能好等原因,可作为粗骨料应用于路面面层、级配基层和底基层中,特别适用于沥青面层中。在日本和欧洲,约有60%的钢渣被用于道路工程。在英国,约98%的钢渣被用作水泥和沥青路面的骨料[82]。

新鲜钢渣作为粗骨料应用在沥青混合料、冷拌再生沥青路面、热拌沥青路面、沥青玛王帝脂碎石混合料(SMA)路面上时可以表现出优良的力学性能。研究表明,与高性能沥青路面、传统SMA和马歇尔(Marshall)混合料相比,含有30%新鲜钢渣的沥青混凝土的防滑性能最好[104]。对于高架道路层,尤其是沥青面层,新鲜钢渣的高磨光值(抗轮胎磨光)、高黏结剂附着力(达90%)、高马歇尔稳定度、高弹性模量和抗拉强度、一级优良的抗潮损能力等使其具备了成为良好粗骨料的条件。

含新鲜钢渣的SMA作为表面防滑面层,其性能与传统的沥青路面相当[105]。虽然钢渣替代玄武岩会增加最佳沥青用量,但其体积稳定性等性能仍能满足产品规格的相关要求。

2. 作为水利工程中的粗骨料

钢渣可用于堤坝工程以稳定河底,填充河底侵蚀区,稳定河岸。由于其高表观密度、高强度、粗糙质地和耐用性,钢渣可以作为与天然骨料相媲美的高质量骨料加以利用。在应用于水利工程时通常需要体积密度和平均粒径分别高于 3.2 g/cm$^3$ 和 10 mm 的钢渣以满足强度、耐磨性、粗糙度方面的要求,同时预防细颗粒的侵蚀作用[106]。骨料的这些特征可以确保长期抵抗波浪和河流的水力侵蚀。在德国,每年大约有 400000 t 钢渣被用作骨料,以稳定河岸和使河床免遭侵蚀[106]。

3. 作为混凝土砖中的细骨料

钢铁炉渣可用作高强度耐火混凝土的细骨料。以钢渣为细骨料的混凝土抗压强度是常规混凝土的 1.1~1.3 倍,其值大于 70 MPa,甚至可达到 100 MPa[107]。此外,添加钢渣还可以提高混凝土的其他重要性能,如高达 400℃的耐火性、出色的减水效果及抗氯离子渗透性能[107]。目前有多种方法可以用来提高钢渣作为细骨料的性能。例如,Ducman 和 Mladenovič 开发了一种将炉渣重新加热到约 1000℃,再用于耐火混凝土的工艺方案[108]。结果表明,经预处理的 EAFS 胶凝材料表现出与传统铝土矿骨料相当的力学性能。

4. 作为水泥补充胶凝材料

细粒度(通常<125 μm)的钢铁炉渣可用作水泥和混凝土中的补充胶凝材料(SCM)。使用钢渣作为 SCM 可以提升铝酸钙水合物的机械强度。钢铁渣的胶结性能通常随着其碱度(如 $C_3S$、$C_2S$ 和 $C_4AF$)的增加而增加。比如钢铁渣中的无水硅酸钙和铝酸盐可在室温下与水发生反应。

BFS(铁渣)特别适用于高性能混凝土,因为含 BFS 混凝土的硬化(水合作用)通常比普通硅酸盐水泥要慢。由于 BFS 成分与熟料相似(高 CaO/FeO 比率),故研磨后的 BFS 粉末可与熟料和石膏一起用于生产硅酸盐水泥和斜硅钙石水泥或用作水泥和混凝土中的 SCM。磷石膏、粒状 BFS、钢渣和石灰石的混合物的抗压强度在养护 28 天后超过了 40

MPa[109]，水合产物主要是钙矾石和C-S-H凝胶。

同样，在水泥中添加一定量的钢渣作为SCM可以改善孔隙度和孔隙分布，提高水泥的黏稠度。添加约30%钢渣细粉的混合水泥可以满足普通硅酸盐水泥的标准[110]。然而，新鲜的BOFS（一种钢渣）通常含有3%~10%的游离CaO和1%~5%的游离MgO[111]，这会导致硬化后的水泥-BOFS浆体发生膨胀，限制了它作为SCM在水泥或混凝土骨料中的应用。此外，由于其高氧化铁含量，新鲜的BOFS可能不适合作为SCM的材料，故在利用之前往往需要进行金属回收处理。

#### 6.3.2.4 将$CO_2$矿化与炉渣稳定化结合

钢铁厂工业能源消耗约占全球能源消耗总量的22%，约占全球$CO_2$排放总量的6%~7%[112]。虽然钢铁工业工厂的$CO_2$排放量相对低于发电厂，但有效控制炼钢工业的温室气体排放对于实现环境可持续发展和碳中和目标至关重要。除了$CO_2$排放外，钢铁生产还会产生大量钢铁炉渣。在炼钢过程中，每吨钢产量会产生2~4 t的固体废弃物。这些材料都具有高化学活性，所以合理地降低其活性并利用铁渣和钢渣具有一定的难度。

在水泥和混凝土中加入钢铁渣不仅可以节约资源，而且可以降低采石和开采水泥制造原料对环境的负面影响。除钢铁渣外，粉煤灰、硅灰、副产石膏、稻壳灰、赤泥和木质素基材等不同类型的固体废弃物都可以用来部分替代砂浆中的熟料或硅酸盐水泥。但是，水泥生产过程中同样会产生大量的空气污染物和$CO_2$。干法水泥生产的碳排放因子为0.8~1.3 t $CO_2$/t 水泥[113]，具体取决于所使用的燃料类型，还可能会产生大量的$SO_2$。

因此，矿化过程在提升钢铁渣的环境安全性及机械性能的同时，还能捕获$CO_2$，具有很强的环境效益。通过矿化钢铁渣来捕获$CO_2$是减少钢铁厂$CO_2$排放的重要途径之一，对钢铁炉渣的矿化反应研究和应用已逐步开展以确定各种炉渣对$CO_2$的固定潜力。虽然在理论上全球钢渣矿化的$CO_2$减排潜力仅为170 Mt/a（世界钢渣年产量预估在220~420 Mt，钢渣中CaO含量为34%~52%），但对于单个钢厂而言，这个减排量仍然相当可观[114]。

### 6.3.3 飞灰、底灰和粉尘

飞灰指悬浮在烟气中的可通过静电除尘器或袋式除尘器收集的微尘，而自行落入熔炉或焚烧炉底部料斗的部分被称为底灰。固体灰烬，如空气净化（APC）残留物、底灰和灰尘，是工业或燃烧过程的典型副产品。由于输入原料的物理化学性质的多样性，产生的灰烬可能含有有害的化合物，会危及人类健康和生态系统。APC残留物是焚烧或燃烧过程后烟气处理设备的固体产物，包括焚烧产生的飞灰（细小颗粒）及处理设备中使用的试剂（如石灰和活性炭）。底灰是在焚烧或燃烧（炉）中产生的不可燃残留物的一部分。它通常指的是工业背景下的燃煤灰或城市固体固废焚烧炉（MSWI）中的底灰。粉煤灰和底灰有多种用途，如用于混凝土生产、浇筑堤坝、水泥熟料生产和路基铺设。本小节说明粉煤灰和底灰的物理化学特性，还将讨论直接利用这些物质时所面临的挑战（如重金属浸出问题）。

#### 6.3.3.1 粉煤灰(FA)

粉煤灰(FA)是被燃烧过程中的 APC 装置捕集下来的残留物,颗粒细小,可能含有机污染物(POPs)、金属微粒、可溶性盐等物质。其可能的成分主要包括挥发性污染物(氯化物、金属等)、有机化合物(二噁英等)、烟气处理过程的其他物质(硫酸盐、碱性物质等)。

**1. 物理化学性质**

表 6.17 列出了各种类型 FA 的化学特性及其 $CO_2$ 固定能力。FA 是一种非均质材料,呈直径 0.5~300 μm 的球状。根据 XRF 的测试结果,FA 的化学组成根据来源和颗粒大小有很大差异性。例如,新鲜 FA 主要由 CaO(约 62.8%)和 $SO_3$(约 31.0%)所组成。矿物成分包括镁硅钙石[$(Ca_3Mg)(SiO_2)_4$]、方镁石(MgO)、石膏($CaSO_4$)、超石英($SiO_2$)和方解石($CaCO_3$),其中 $CaSO_4$ 为主要的物相。新鲜 FA 中的 $SO_3$ 成分主要来自于 $CaSO_4 \cdot 2H_2O$(石膏),它对水泥的化学及机械强度都有很大的影响。新鲜的 FA 主要由 Ca-Mg 硅氧化物所组成。其中的 MgO、游离 CaO 和 $Ca(OH)_2$ 的含量与水泥砂浆的耐久度呈负相关(体积膨胀)关系。

表 6.17　各种类型的粉煤灰(FA)的化学特性　　(单位:%)

| 条目 | 组分含量 | 褐煤 FA | 煤炭 FA | MSWI-FA | 副产石灰 |
|---|---|---|---|---|---|
| XRF(固相) | $SiO_2$ | 58.6~60.0 | 51.2 | 9.2~13.0 | 3.08 |
| | CaO | 5.9~7.5 | 9.2 | 24.8~29.7 | 62.8 |
| | $A_2W_3$ | 19.1~19.7 | 26.0 | 2.1~2.5 | 1.01 |
| | $Fe_2O_3$ | 4.7~5.4 | 2.4 | 11.1~23.0 | 0.70 |
| | $Na_2O$ | 0.7~1.0 | 0.5 | 6.5~9.0 | 0.06 |
| | $P_2O_5$ | — | 0.7 | 0.03 | — |
| | MgO | 约 3.9 | 2.4 | 13.0~25.5 | 0.83 |
| | $SO_3$ | — | 0.4 | 12.8~15.0 | 31.0 |
| | $K_2O$ | 1.0~2.0 | 0.8 | 0.4~0.5 | 0.43 |
| 化学分析 | f-CaO | — | — | — | 11.4 |
| | $Ca(OH)_2$ | — | — | — | 3.42 |
| 热分析 | $CaCO_3$ | <0.1 | — | — | — |
| | LOI | 0.6 | — | — | — |

**2. 直接利用的难点**

在锅炉的燃烧过程中,会引入大量的石灰石($CaCO_3$)以清除化石燃料中硫化物的污染,这导致新鲜的 FA 中含有大量的石膏($CaSO_4$)和游离氧化钙(f-CaO)。通常情况下,从循环流化床(CFB)锅炉中产生的 FA 具有火山灰活性,已被广泛地用作补充胶凝材料(SCM)或水泥中的微粒骨料。此外,新鲜的 FA 可以作为土壤改性材料用于提高土壤强度、增强承载能力及减少土壤的潜在体积变化。

由于其具有高化学活性,所以在进行进一步利用之前,需要对新鲜的 FA 进行稳定化处理。目前 APC 来源的粉煤灰主要通过水泥固化和化学稳定化处理后用填埋的方式进行处理。一些研究将高纯度的二氧化碳作为 FA 基水泥砂浆的固化剂来消除游离的氧化钙,以提高初始强度。

### 6.3.3.2 底灰(BA)

焚烧炉中燃烧产生的残留物自行落入焚烧炉或熔炉底部料斗的部分被称为底灰(BA)。通常情况下,BA 是由城市固体废弃物焚烧炉(MSWI)产生的。焚烧是一种用于处置城市固体废弃物(MSW)的环境友好型方案,特别是对于不可回收的废弃物非常适用。MSWI 可使废弃物质量和体积分别减少约 85% 和 95%,也可将固废残余物资源化处置(如黑色金属、有色金属和颗粒物部分),进行固废无菌化处理,减少有机成分含量,实现能源回收[115]。

尽管通过焚烧可以大幅减小 MSW 的体积,但产生的固体残留物数量仍然很庞大。每焚烧一吨 MSW,大约会产生 35 kg 的 FA 和 160 kg 的 BA[116,117],也就是说质量分数将达到原 MSW 的 20% 左右。值得一提的是,MSWI-BA 占 MSWI 残留物总质量的 80%~90%[118]。

#### 1. 物理化学性质

MSWI-BA 主要成分为黑色和有色金属、陶瓷及其他不可燃材料在内的非均质性混合物。MSWI-BA 的元素组成主要取决于原始废弃物组成,可能随地点、季节和废物回收计划的变化而发生改变。表 6.18 列出了 MSWI-BA 的物理化学性质。MSWI-BA 的主要元素是 O、Cl、Ca、Si、Al、Fe、Na、K、Mg 和 C,微量元素包括 Cu、Zn、S、Pb、Cr、Ni、Sn、Mn、Sb、V 和 Co。根据 XRF 分析,MSWI-BA 的主要氧化物组分是 $SiO_2$、CaO、$Al_2O_3$ 和 $Fe_2O_3$,而微量组分则是 $Na_2O$、$P_2O_5$、MgO、$TiO_2$ 和 $SO_3$。MSWI-BA 的主要矿物相可分为以下几类。

(1)硅酸盐类:石英($SiO_2$)、钙黄长石($Ca_2Al_2SiO_7$)、橄榄石[$(Mg,Fe)_2SiO_4$]、绿帘石($Al$-$Ca$-$Fe$-$SiO_2$)、普通辉石[$(Ca,Na)(Mg,Fe,Al,Ti)(Si,Al)_2O_6$]、易变辉石($Al$-$Ca$-$Fe$-$Mg$-$Mn$-$Ti$-$Na$-$SiO_2$)。

(2)硫酸盐类:硬石膏($CaSO_4$)、钙矾石[$Ca_6Al_2(SO_4)_3(OH)$]、石膏($CaSO_4 \cdot 2H_2O$)。

表 6.18 MSWI-BA 的物理化学性质

| 属性 | 项目 | 新鲜 MSWI-BA | | |
|---|---|---|---|---|
| | | <125 μm | 125~350 μm | 350~500 μm |
| 物理 | 密度/(g/cm³) | 2.70 | 2.73 | 2.78 |
| | 平均粒径/μm | 59.6 | 175.8 | 501.5 |
| | 中值粒径/μm | 45.1 | 164.9 | 513.5 |
| | BET 比表面积/(m²/g) | 6.63 ± 0.02 | 4.00 ± 0.02 | 3.51 ± 0.01 |
| | Langmuir 表面积/(m²/g) | 9.31 ± 0.30 | 5.57 ± 0.20 | 4.87 ± 0.17 |

续表

| 属性 | 项目 | | 新鲜 MSWI-BA | | |
|---|---|---|---|---|---|
| | | | <125 μm | 125~350 μm | 350~500 μm |
| 化学 | XRF/% | SiO₂ | 44.9 | 50.7 | 45.0 |
| | | CaO | 21.1 | 16.4 | 18.3 |
| | | Al₂O₃ | 9.3 | 8.7 | 9.5 |
| | | Fe₂O₃ | 8.5 | 9.3 | 11.8 |
| | | Na₂O | 5.0 | 5.9 | 5.2 |
| | | P₂O₅ | 2.6 | 2.3 | 2.6 |
| | | MgO | 2.1 | 1.9 | 2.1 |
| | | TiO₂ | 1.4 | 1.2 | 1.4 |
| | | SO₃ | 1.3 | 0.8 | 0.9 |
| | | K₂O | 0.9 | 0.8 | 0.8 |
| | 热分析/% | CaCO₃ | 7.07 ± 0.32 | 2.57 ± 0.02 | 3.38 ± 0.55 |
| | 化学分析/% | f-CaO | 0.07 | 0.00 | 0.07 |

(3) 碳酸盐类：方解石($CaCO_3$)、文石($CaCO_3$)。

(4) 铁的氧化物：赤铁矿($Fe_2O_3$)、磁铁矿($Fe_3O_4$)。

(5) 其他微量矿物：磷钠钙镁铁石(Ca-Fe-Mg-Na-P-OH)、基性铜锌矾(Cu-H-O-S-Zn)。

石英是 MSWI-BA 的主要成分。XRD 没有检测到 $Ca(OH)_2$，但存在 Ca-Al-Si 氧化物和 Ca-Na-Si 氧化物[119]。新鲜 MSWI-BA 中的含钙化合物主要由各种类型的氧化物和铁、铝的硅酸盐所组成。由于 MSWI-BA 含钙且呈碱性的特性，故它表现出潜在的二氧化碳矿化能力。此外，MSWI-BA 的矿化可以固定重金属，有效地防止金属 Cr、Cu、Pb、Zn 和 Sb 的浸出。

**2. 处置和利用的难点**

底灰占焚烧炉中 MSW 总重量的 80%~90%[118]。常见的处理 MSW 底灰的方法是填埋(82%)、回收(11%)和热处理(7%)。MSWI-BA 也可被用作路基和沥青路面的骨料替代品。尽管 BA 几乎可以通过毒性特征浸出程序(TCLP)的所有标准测试，但高氯含量使其再利用受到限制。此外，盐类和其他元素的潜在高浸出率将进一步增加利用的预处理成本。

### 6.3.3.3 电弧炉粉尘(EAFD)

电弧炉粉尘(EAFD)是一种危险固废，其化学、物理和矿物学组成很复杂，并含有 Pb、Cr、Cd 和 Zn 等重金属。由于 EAFD 是在电弧炉中重熔废钢时产生的，所以粉尘的具体特性取决于废料的成分和电炉的操作方法。一般来说，每生产 1 t 钢就会产生 10~20 kg 的 EAFD[86]。

通常情况下，新鲜 EAFD 中的主要元素包括 Zn、Fe 和 Ca 离子。锌元素以锌矿(ZnO)、锌铁矿($ZnFe_2O_4$)、氯化锌($ZnCl_2$)和四氧化二铁锌($Fe_2ZnO_4$)的形式存在。铁元素可能以赤铁矿($Fe_2O_3$)和磁铁矿($Fe_3O_4$)的形式存在，或与石灰(CaO)结合成为钙铁矿，或与硅石结合成为硅酸铁。其他元素的浓度较低，如镁(Mg)、铅(Pb)、硅(Si)、铝(Al)、锰(Mn)、铬(Cr)、镍(Ni)、铜(Cu)和镉(Cd)。铅通常以氧化铅(PbO)和氯化铅($PbCl_2$)形式存在。EAFD中的锌和铅的含量是有经济利用价值的，而铁通常不值得回收。

#### 6.3.3.4 工业灰烬利用面临的挑战和发展前景

粉煤灰和底灰都可在多种工业过程中再利用，如混凝土生产、构筑堤坝、水泥熟料、矿山复垦、路基建设等。使用新鲜的粉煤灰替代混凝土中波特兰水泥的工艺已经被广泛应用，可以减少能源和资源的消耗及水泥生产中的$CO_2$排放。

尽管粉煤灰在混凝土中替代比例不超过25%，但有先例成功地使用100%的粉煤灰混凝土和玻璃骨料来建造建筑物[120]。在水泥和/或混凝土中使用新鲜的FA或BA进行替代的难点在于早期强度低。工程经验表明，在用新鲜FA替代50%熟料的情况下，混凝土的早期强度会急剧下降[121]。而矿化过程则可以稳定FA和BA，同时可将二氧化碳永久地储存为固体碳酸盐。

1. 利用烟气中的$CO_2$进行矿化

烟气中的$CO_2$可以与工业灰烬中的氧化钙(CaO)、氧化镁(MgO)反应，形成稳定的不溶性碳酸钙。在许多国家(如法国和加拿大)，自然老化或空气矿化是稳定碱性飞灰和底灰的标准做法。城市固废由于具有高可用性、低成本、高CaO和/或MgO含量，所以其矿化潜力受到了更多的关注。矿化可以改善固废的化学和物理特性，促进其在各种工业过程中的再利用。由于矿化是一个放热的过程，所以也可以减少额外的热量输入，降低能源成本。

XRD分析[119]表明，矿化后方解石($CaCO_3$)和石英($SiO_2$)是矿化MSWI-BA的主要成分。MSWI-BA中的含钙物种主要是由各种类型的硅酸盐所组成的，如CaO-Al-硅酸盐和CaO-Fe-硅酸盐。新鲜MSWI-BA中的钙在溶液中发生溶解。钙离子在碱性条件下与碳酸根离子($CO_3^{2-}$)发生反应，在向反应器中引入$CO_2$后形成$CaCO_3$。因此，MSWI-BA中钙离子浸出到溶液中的浓度是矿化的一个重要指标。

表6.19列出了文献中使用MSWI残留物(如APC和底灰)的矿化性能。干法矿化过程拥有相对较低的固定能力，为0.08~0.09 kg $CO_2$/kg MSWI-BA[46]。相反，在72~240 h的

表6.19 城市固废的矿化潜力和操作条件比较

| 材料类型 | 方法 | 操作条件 ||||| 性能 ||
|---|---|---|---|---|---|---|---|---|
| | | 溶液类型 | 压力/bar | 液固比/(mL/g) | 温度/℃ | 时间/min | 矿化效率/% | 每千克固废矿化能力/g $CO_2$ |
| 飞灰[124] | 湿法 | 去离子水 | 3 | 0.3 | 8~42 | 4320 | 35.1 | 100 |
| 飞灰[125] | 湿法 | 去离子水 | 1 | 4 | 25 | 14400 | 28.8 | 120 |
| 飞灰[126] | 湿法 | 去离子水 | 1 | 2.5 | 20 | 180 | — | 200 |
| 底灰[127] | 干法 | 湿度=20% | 17 | — | 25 | 180 | 67.7 | 87 |
| 底灰[128] | 干法 | 湿度=65% | 3 | 0.3~0.4 | 25 | 1440 | — | 32 |
| 底灰[129] | 湿法 | 滚磨废水 | 1 | 10 | 25 | 120 | 90.7 | 102 |

反应时间内，MSWI-FA 的湿法矿化提供了每千克灰烬 0.10～0.12 kg 的 $CO_2$ 矿化能力(相当于 7%～12%的平均增重)[122]。同样，使用 MSWI-APC 的湿法矿化过程，在相对温和的操作条件下(即 20℃，3 h)可以达到每千克 APC 固定 200 g 的 $CO_2$ 的能力[123]。

2. 重金属浸出

一些重金属或类金属，如铅(Pb)、钡(Ba)、汞(Hg)和砷(As)，可能从新鲜的 FA 或 BA 固体中浸出。针对矿化后 FA 或 BA 中微量重金属浸出行为的研究表明，矿化可以有效地固定重金属，尤其是 Cr、Cu、Pb、Zn 和 Sb。Cr 和 Pb 对碳酸钙有很强的结合能力，也可与铁和铝的氧化物形成络合物。

新鲜的和矿化后的 BA 中的 Sb 浸出受 $Ca_{1.13}Sb_2O_6(OH)_{0.26} \cdot 0.74H_2O$ 的溶解度控制。随着矿化 pH 降低，锑钙石中的 Ca 开始浸出，Sb 的浓度开始升高。因此，只有在获得相对较低的 pH 时，铁和铝氧化物表面的吸附才可能会降低 Sb 的溶解度，从而减少 MSWI-BA 中 Sb 的浸出。此外，也可通过在矿化反应期间与其他过程(如添加吸附剂)相结合来实现 Sb 的固化。但是矿化过程无法实现对氯离子($Cl^-$)和硫酸根离子($SO_4^{2-}$)的固定化。

## 6.3.4 造纸、建筑、采矿过程中的固废

人口的快速增长和工业化的普及在世界范围内产生了大量的固体废弃物。在全世界范围内，不断进行的城市化运动推动了大规模的城市开发和改造活动，产生了大量的碱性固废。这些固废主要来自造纸工业、建筑行业(建设、拆迁、重建)、采矿业等。

这些碱性固废，如铝土矿渣(赤泥)、纸浆和工厂废料、水泥废料等，由于碱度高、颗粒细，如果处理不当，很可能会对周围环境造成威胁。尽管固体废弃物经过适当的处理或活化处理后，可用于水质净化过程中的混凝剂和吸附剂等，可重复利用和回收，但是大部分固废通常是通过填埋和倾倒进行处理的，这将造成严重的环境影响。本小节对造纸、建筑和采矿过程中产生的碱性固废的特点和常规利用方式进行探讨。

### 6.3.4.1 造纸和制浆厂固废

造纸厂和制浆厂每年生产大量纸浆，漂白后的硫酸盐会产生大量的无机(如灰渣)和有机残留物，可能会对环境造成污染。造纸和制浆工业产生的固废主要包括：

(1) 白浆(蒸煮液)，含有亚硫酸($H_2SO_3$)和亚硫酸氢根离子($HSO_3^-$)的酸性混合物，还含有 Mg、$NH_3$、Na、Ca 等多种无机离子；

(2) 绿浆，一种碳酸盐溶液，主要含有 $Na_2S$ 和 $Na_2CO_3$，含有不溶性碳和无机杂质；

(3) 黑浆，大约含 12%～15%的固体，含有木质素、有机物、无机氧化物($Na_2SO_4$、$Na_2CO_3$)和白浆($Na_2S$ 和 NaOH)；

(4) 石灰泥浆，碳酸钙煅烧转化为石灰后用于苛化黑浆的残渣，石灰泥浆的主要成分是碳酸钙($CaCO_3$)，含量通常在 65%左右[126]，1 t 纸浆可产生约 0.47 $m^3$ 的石灰泥浆[126]。

图6.26为制浆造纸工艺流程图。纸浆制造和干燥过程是该行业的主要能源消耗环节。主要生产设施是纸浆厂或联合造纸厂[127]。与单一纸浆厂相比，一体化的联合造纸厂可以通过消除干燥工艺实现更高的能源效率。生产 1 t 纸浆将产生约 0.5 t 石灰泥浆[128]。

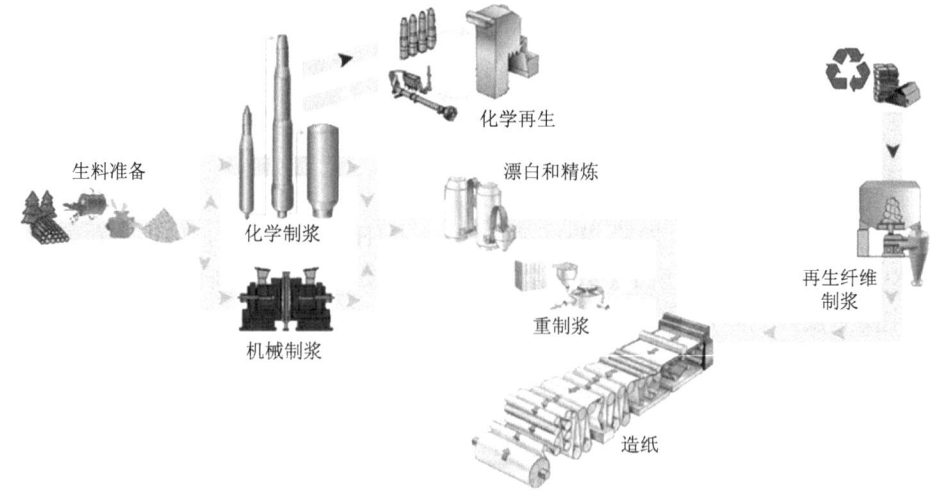

图 6.26 制浆造纸工艺流程图[131]

1. 理化性质

表 6.20 列出了造纸和制浆固废的理化性质。蒸煮液的再生会导致几种富含氢氧化钙的固废形成，统称为造纸厂固废[129]。例如，苛化过程中产生的石灰泥（或钙泥）固废。钙泥的高碱度主要是钙泥中的氢氧化钙[Ca(OH)$_2$]含量较高造成的[130,131]。石灰泥的主要成分为碳酸钙。

表 6.20 造纸和制浆固废的理化性质

| 性质 | 项目 | 单位 | 石灰泥浆 A[132] | 石灰泥浆 B[133,134] | 石灰泥浆 C[128] |
|---|---|---|---|---|---|
| 物理性质 | 平均粒径 | μm | — | 15 | 77 |
|  | pH | — | 12.1 | 11.96 | — |
|  | 密度 | g/cm$^3$ | — | 2.62~2.66 | — |
|  | BET 比表面积 | m$^2$/g | — | 2.3~4.7 | — |
|  | 孔隙度 | % | — | <5.0 | — |
| XRF | Fe$_2$O$_3$ | % | 0.37 | — | 0.29 |
|  | TiO$_2$ | % | — | — | 0.06 |
|  | Al$_2$O$_3$ | % | 0.40 | 0.17 | 1.49 |
|  | SiO$_2$ | % | 0.37 | 0.34 | 2.52 |
|  | CaO | % | 36.0 | 83.2 | 52.4 |
|  | Na$_2$O | % | 0.82 | 0.88 | 0.14 |
|  | MgO | % | 1.30 | 0.35 | 0.7 |
|  | SO$_3$ | % | 0.54 | 2.0 | 0.31 |
|  | K$_2$O | % | — | 0.13 | 0.01 |
|  | P$_2$O$_5$ | % | 0.35 | 2.4 | — |
|  | f-CaO | % | — | — | — |
|  | 元素 O | % | 17.85 | — | — |

续表

| 性质 | 项目 | 单位 | 石灰泥浆 A[132] | 石灰泥浆 B[133,134] | 石灰泥浆 C[128] |
|---|---|---|---|---|---|
| 化学分析 | Ca(OH)$_2$ | % | — | 55.0 | — |
| 化学分析 | CaCO$_3$ | % | 39.0 | 33.0 | — |
| 化学分析 | Ca$_{10}$(PO$_4$)$_6$(OH)$_2$ | % | — | 12.0 | — |
| 热分析 | LOI | % | — | — | 41.2 |

2. 利用方式

在造纸和制浆工业中，碱性副产品通常用于水泥生产和土壤的碱性改良剂。土地改良是处理造纸固废的方法之一，它比填埋法更经济、更环保。但由于造纸固废含有氯化物和重金属或类金属(如 Fe、Mn、Cd、Cr、Cu、Ni、Pb、As、Zn)而且粒度细小、碱度高(pH > 12.1)，这限制了对其进一步的利用。

石灰泥作为一种助剂可向土壤中释放 K、Ca、Mg 等营养元素，具有改善土壤肥力的潜力。此外，石灰泥作为吸附剂、改良剂和废弃物处理添加剂也表现出很好的效果。纸浆厂通过回收锅炉和石灰窑中产生的 $CO_2$，可以利用废料生产碳酸钙。据报道，通过矿化过程，每吨造纸厂废料可以利用 218 kg 的 $CO_2$ 形成稳定的方解石[133]。

### 6.3.4.2 水泥固废(建筑固废)

水泥类固废主要包括建筑拆除固废、水泥窑粉尘、废弃混凝土、斜长岩尾矿。这些固体废弃物的物理化学性质与硅酸盐水泥相似。水泥和拆迁固废占世界固废总量的比例很大。目前，大多数建筑固废通过填埋法处理。它们通常具有高碱性，富含钙质，故对其利用受到限制。

1. 理化性质

表 6.21 列出了水泥类废弃物的物理化学性质。一般来说，水泥废弃物主要由 $SiO_2$、CaO、$Al_2O_3$、$Fe_2O_3$ 及一些微量组分如 $SO_3$、$TiO_2$、$Na_2O$ 组成。金属氧化物的化学成分与碱性水泥固废可被用于 $CO_2$ 矿化材料。

表 6.21 水泥类废弃物的理化性质

| 性质 | 项目 | 单位 | 水泥固废 | 斜长岩尾矿 | 混凝土固废 |
|---|---|---|---|---|---|
| 物理性质 | 平均粒径 | μm | — | 14.0~18.0 | 21.4~36.7 |
| 化学性质 | Fe$_2$O$_3$ | % | 1.2~1.7 | 0.72~0.96 | 2.1~3.2 |
| 化学性质 | TiO$_2$ | % | 0.5 | 0.11 | 0.34~0.69 |
| 化学性质 | Al$_2$O$_3$ | % | 3.4~6.0 | 25.6~34.8 | 6.23~8.47 |
| 化学性质 | SiO$_2$ | % | 12.6~25.1 | 50.0~66.0 | 37.9~48.5 |
| 化学性质 | CaO | % | 35.7~48.3 | 8.1~11.2 | 20.7~26.8 |

续表

| 性质 | 项目 | 单位 | 样品类型 | | |
|---|---|---|---|---|---|
| | | | 水泥固废 | 斜长岩尾矿 | 混凝土固废 |
| 化学性质 | Na$_2$O | % | 2.0 | 4.8~6.5 | 1.39~1.63 |
| | MgO | % | 3.0~4.8 | 0.13~0.17 | 0.63~1.28 |
| | SO$_3$ | % | 6.3 | — | 0.98~1.12 |
| | K$_2$O | % | 0.9~3.4 | 0.7~0.9 | 1.74~2.18 |
| | P$_2$O$_5$ | % | 0.3 | 0.01~0.03 | — |
| | MnO | % | — | 0.01 | — |
| | f-CaO | % | — | — | — |

斜长岩是一种含 90%以上斜长石矿物的岩石。斜长石是地壳中最丰富的矿物，其组分在钙长石（CaAl$_2$Si$_2$O$_8$）和钠长石（NaAl$_2$Si$_2$O$_8$）两种端元矿物之间变化，是一种固溶体。

钙长石矿化的过程可表示为

$$CaAl_2Si_2O_8(s)+CO_2(g)+2H_2O(l) \longrightarrow CaCO_3(s)+Al_2Si_2O_5(OH)_4(s) \quad (6.64)$$

该反应可以自然发生（即风化），也可以在实验室特定条件下进行加速反应。根据文献，在 15 min 的反应时间内，每千克样品可以固定 45 g CO$_2$。相比之下，由于水泥固废中存在溶解反应的敏感相，主要是氢氧化钙和硅酸钙，故混凝土废弃物的湿法矿化反应活性比斜长石尾矿更强。长石较低的反应性可能与其架状硅酸盐结构有关，该结构可能阻碍了钙的利用。

2. 利用方式

拆迁垃圾主要由混凝土、灰浆、砖、金属、木材和塑料组成。农村地区拆迁固废的主要来源是建筑物改建和结构拆除产生的固废。通常，传统的处理水泥和拆除固废的方法耗时且昂贵，对环境也不友好。目前，在欧盟成员国中，约有 46%的建筑和拆卸垃圾被回收利用[135]。解决水泥类废弃物最有效的途径是在施工活动中对建筑材料进行再利用。几项研究发现，如果配合比设计适当，在基层（或底基层）使用水泥固化后的建筑固废具有较强的可行性。

### 6.3.4.3 赤泥

铝土矿是国民经济发展的重要基础原料。在铝制造业中，铝土矿矿石经烧碱（即拜耳法）高温高压消化后产生大量的铝土矿渣，即赤泥。一般情况下，根据铝土矿来源和氧化铝萃取工艺效率的不同，生产 1 t 氧化铝可产生 0.3~2.5 t 赤泥[136]。中国每年产生的赤泥超过 7000 万 t[137]。

1. 理化性质

赤泥的理化性质见表 6.22。赤泥的化学成分根据产地和生产工艺的不同有很大的变化。一般来说,赤泥主要由 $SiO_2$、$Al_2O_3$、$Fe_2O_3$、CaO,以及一些微量组分如 $TiO_2$ 和 $Na_2O$ 组成。赤泥富含金属氧化物且为碱性物质(平均 pH 为 13.3 ± 1.0),这使其成为 $CO_2$ 矿化优异的原料选择。赤泥的粒径分布与粉煤灰相似,平均粒径为 10 μm,比表面积 (BET)通常为 10~25 $m^2/g$[138]。铝土矿渣除碱度高外,还具有较大的比表面积和较高的离子交换容量。

表 6.22 赤泥的理化性质

| 性质 | 项目 | 单位 | A[136] | B[139] | C[140] | D[129] | E[127] |
|---|---|---|---|---|---|---|---|
| 物理性质 | 平均粒径 | μm | 5~50 | — | — | — | 1.9 |
| | pH | — | 7~8 | — | — | — | 13.3 |
| | 密度 | $g/cm^3$ | 1.5~2.2 | 2.8 | 2.2 | — | 2.93 |
| | BET 比表面积 | $m^2/g$ | 10.8 | 22.6 | — | — | — |
| | 孔隙度 | % | 0.45 | — | — | — | — |
| 化学性质 | $Fe_2O_3$ | % | 31.9 | 22.6 | 2.85 | 13.7 | 17.3 |
| | $TiO_2$ | % | 21.2 | 3.37 | 2.03 | 2.10 | 3.43 |
| | $Al_2O_3$ | % | 20.1 | 25.0 | 40.7 | 7.02 | 15.1 |
| | $SiO_2$ | % | 8.5 | 20.2 | 45.8 | 18.1 | 22.8 |
| | CaO | % | 2.99 | 3.83 | 4.98 | 42.2 | 12.2 |
| | $Na_2O$ | % | 6.0 | 8.78 | — | 2.38 | 4.37 |
| | MgO | % | — | <0.1 | — | 2.06 | 0.27 |
| | $SO_3$ | % | — | — | 2.15 | — | — |
| | $K_2O$ | % | — | 2.26 | 0.45 | 0.24 | 1.19 |
| | $P_2O_5$ | % | — | — | 1.10 | — | 2.43 |
| | f-CaO | % | — | — | — | — | — |

对典型赤泥样品的 XRD 表征表明,赤泥中的矿物相包括赤铁矿($Fe_2O_3$)、针铁矿($\alpha$-FeOOH)、三水铝石[Al(OH)$_3$]、褐铁矿、一水软铝石、钙霞石、斜方钙沸石、古柱沸石、锐钛矿、金红石、石英($SiO_2$)等。红榴石和蛭石是赤泥中主要的含钙物相。由于赤泥中含有丰富的 Al、Fe、Ti、Ga 等金属元素,所以对金属组分的回收和利用受到了广泛的关注,如利用草酸提取金属的工艺。

2. 利用方式

由于赤泥的高碱度和污染物组分高可浸出性,故对其进行处置仍然是一个世界性的问题。对赤泥进行利用可以减少垃圾填埋场的占地,减少土壤和地下水的污染,具有显著的环境效益和经济效益。目前赤泥的利用途径主要包括促凝剂、吸附剂、补充胶凝材料、自密实混凝土、轻量级聚合物、土壤混合物、玻璃陶瓷、地质聚合物等。

表 6.23 为文献中各种的赤泥利用途径及其性能。例如,混凝剂在水质净化过程中被广泛应用,常用的混凝剂是含有 $Fe^{3+}$ 和 $Al^{3+}$ 的化合物。由于赤泥中的铁、铝含量较高,

所以是一种很有前途的混凝剂原料。此外，赤泥还可以作为低成本的 P、F、硝酸盐离子和微量重金属的吸附剂。但生料赤泥一般吸附量较低，需要对其进行热处理和碳酸盐化。

**表 6.23 赤泥利用途径及其性能**

| 路径 | 特征 | 性能 | 参考文献 |
| --- | --- | --- | --- |
| 自密实混凝土 | 掺有粉煤灰 | ·火山灰活性：第 7 天时 76.6%<br>·火山灰活性：第 28 天时 88.5%<br>·由于内部固化效应，减少了干燥收缩 | [140] |
| 土壤混合物 | 与土壤混合 | ·至少 10 个月对测试生物体无不良影响<br>·有活跃的微生物系统 | [141] |
| 地质聚合物 | 掺有粉煤灰及碱激发剂 | ·在现场工程应用中具有优异的长期性能<br>·成功形成无定形地质聚合物凝胶 | [127] |
| 水泥浆 | 掺有 3%的新鲜赤泥 | ·在膏体中减缓氯离子扩散和 $CO_2$ 渗透<br>·表现出良好的毛孔细化 | [141] |

利用矿化技术处理赤泥有几个好处，矿化产品可作为土壤改良剂（从污水中去除氮和磷）、固体肥料添加剂、塑料填料和水泥添加剂。新鲜赤泥与粉煤灰掺和后第 7 天和第 28 天，其火山灰活性即强度活性指数（SAI）分别为 76.6%和 88.5%，这与粉煤灰掺和后的强度活性指数大致相当[140]。

## 6.4 $CO_2$ 矿化与利用进展

目前 $CO_2$ 矿化利用技术相对成熟，国外处于中试阶段的项目已有 5 项。2010 年，美国进行了利用粉煤灰吸收电厂烟气 $CO_2$ 的直接路径的实验。该项目运行时间 2 h，烟气流量为 510 $Nm^3/h$，$CO_2$ 矿化能力 272 t/a。2016 年，日本开展了 PAdeCS® 中试项目，采用间接矿化路径，将水泥熟料污泥与 $CO_2$ 反应生成 $CaCO_3$，纯度大于 97%，固定 $CO_2$ 能力为 1000 t/a。该项目持续时间 1 周。同年，芬兰开展了 Slag2PCC 项目中试，通过铵盐 pH-swing 路线，利用钢渣吸收 $CO_2$ 产出沉淀 $CaCO_3$（PCC），项目持续时间约 10 h，固定 $CO_2$ 能力为 35 t/a。加拿大和澳大利亚分别在 2017 年和 2018 年开展了利用蛇纹石尾矿进行 $CO_2$ 矿化的中试项目，项目持续时间 6~24 h。上述项目的成功开展说明，目前矿化利用技术已得到极大的发展，已突破关键技术，正向着工业化规模化应用的方向迈进。

国内 $CO_2$ 矿化利用技术的研究起步虽晚，但近年来应用研究推进迅速。2008 年，南京大学率先在国内开展针对富镁矿物的 $CO_2$ 矿物利用技术的研究，提出了富镁矿物的两步矿化机理，解决了国际上广为争论的富镁矿物矿化路径问题。2010~2013 年，南京大学开展了富镁矿物固定 $CO_2$ 的中试试验，利用盐湖钾盐生产废弃物——卤片吸收 $CO_2$ 并产出碱式碳酸镁。项目运行时间 24 h，固碳能力可达 128 t/a。2013 年，四川大学进行了尾气 $CO_2$ 直接矿化磷石膏联产硫基复肥技术的中试试验，项目运行时间 6 h，其固碳能力为 165 t/a。2015 年，包钢与美国哥伦比亚大学开展合作，进行矿化法钢渣处理技术的应用研究,并在2020年完成了年处理钢渣万吨中试基地的建设工作,产出纯度为99.3%的高纯PCC,年处理钢渣约0.68万t,固碳能力达到2000 t/a。目前包钢正在实施年处理1万t $CO_2$ 的项目。因此,尽管国内CCUS矿化利用技术起步晚,但借助我国较完备的工业体系优势,在技术落地方面已经达到甚至超越国际先进水平。

### 6.4.1 矿化利用示范试验项目

本小节主要列举已经达到工业规模的示范项目,按照原位矿化和异位矿化的分类来回顾示范项目的工艺流程、技术参数、经济效益,并通过经济性评估对不同的示范项目进行对比,以展望矿化利用示范试验的机遇和挑战。

#### 6.4.1.1 美国 Walulla 玄武岩试点项目

位于美国华盛顿东部的Walulla玄武岩试点项目在2013年向哥伦比亚河玄武岩组织注入了1000 t加压液体 $CO_2$,深度达到828~887 m,每天注入量限制在40 t以保持静水压力在30%以内。项目中使用了碳、氧同位素来区分天然和注入后形成的碳酸盐。检测结果表明 $CO_2$ 最多能够代替90%的孔隙水;注入两年后,提取的岩心样品显示,在注入井周围玄武岩中的孔洞和裂隙中形成了碳酸盐结核;而且碳酸盐中Fe和Mn的富集只来源于玄武岩中主要矿物质和玻璃质的溶解。

#### 6.4.1.2 冰岛 CarbFix 项目

冰岛CarbFix项目与前者的区别在于 $CO_2$ 的注入方式。在地下350 m的深度,$CO_2$ 以小气泡的形式溶于注入井中下流的水体中,如此一来就不用考虑 $CO_2$ 的上浮。溶解了 $CO_2$ 的水加速了玄武岩中金属离子的释放并形成了固体碳酸盐矿物。2012年,CarbFix项目在冰岛Hellisheidi地热场下方注入了175 t溶解在水中的 $CO_2$,深度达400~800 m。碳酸盐沉淀的发生比预期快得多,一年内注入的 $CO_2$ 中有80%以上在20~50℃和500~800 m的深度范围中被碳酸盐化;在两年中,有95%的注入 $CO_2$ 形成了碳酸盐矿物沉淀。但CarbFix项目所采用的方法需要大量的水,$CO_2$ 只占注入总质量的5%,这比直接注入 $CO_2$ 的成本翻了一倍。不过由于有大量的水溶解 $CO_2$,所以增强了项目的安全性。另外,此项目将 $H_2S$ 与 $CO_2$ 共同注入700 m深度和200~270℃的地下,发现通过黄铁矿沉淀可以迅速固定 $SO_2$,并且不会对注入的 $CO_2$ 的碳酸化产生不利影响[142]。

#### 6.4.1.3 美国矿化项目

美国加利福尼亚州莫斯兰丁(Moss Landing)开展了Calera项目,使用地下开采的盐水将 $CO_2$ 转化为稳定的钙质材料和碳酸氢盐溶液,并将其中的亚稳态碳酸盐矿物混入混凝土以增强其胶凝性。此项目已应用于10 MW的发电厂,$CO_2$ 吸收率为90%[128]。美国得克萨斯州圣安东尼奥(San Antonio)进行了Capitol SkyMine项目,将钠盐溶液和 $CO_2$ 通过电解的方式生成 $NaHCO_3$、$H_2$ 等有工业价值的产物,直接捕获 $CO_2$ 的能力是7.5万t/a。澳大利亚新南威尔士州开展了MCi示范项目,将蛇纹石开采、磨碎、加热并与水混合,通过加压与 $CO_2$ 反应生成碳酸镁粉末用于制作建材,该项目已获900万美元的投资。

以上信息大多来自于行业报告,没有详细的工艺流程及工业参数信息,此处仅作列举。以下详细介绍的项目中,加拿大魁北克 MC 中试项目和 AMC 工艺属于直接矿化,其他项目则是间接矿化。

#### 6.4.1.4 加拿大魁北克 MC 中试项目

Pasquier 团队使用魁北克的一座水泥厂排放的烟气($CO_2$ 含量为 12%~20%)进行了中试实验(图 6.27),原料为加拿大魁北克省南部两座封闭矿井中的蛇纹石尾矿(硅酸镁),将其研磨至中等粒度后磁选出其中的氧化铁,再进行研磨和 650℃、30 min 的热处理,接着将处理后的蛇纹岩与水泥采石场排水系统的水混合于 18.7 L 的反应器中。在 12 个大气压、固液比为 150 g/L、气液比为 3、搅拌速度为 600 r/min 的条件下与烟气进行反应。重复 6 组,其中每隔两组过滤一次,将固体与新鲜液体一起引入下一组反应。反应过程中气体、液体和固体的停留时间分别为 15 min、30 min 和 90 min。6 组反应结束后,将每两组所得的滤液转移至 18.7 L 的容器中,用 32~40℃水浴加热,于 300 r/min 搅拌 6 h 以沉淀碳酸镁。

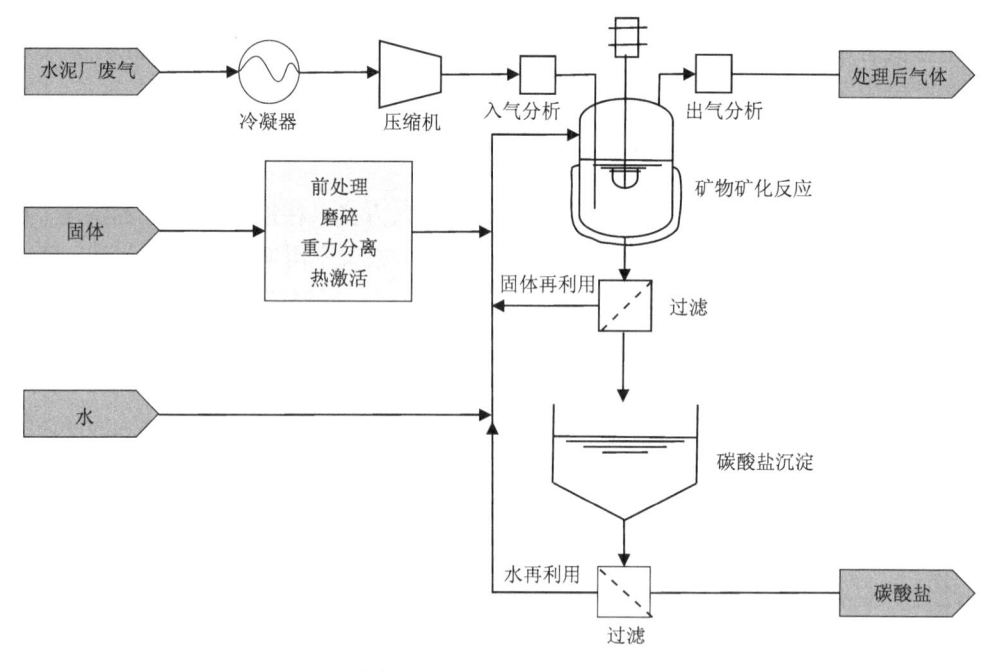

图 6.27 MC 项目的流程图

结果表明,尾矿中 Mg 最高浸出率约 19%,实验获得的最大沉淀的 Mg 含量为 60%,全部流程费用估计为 144 美元/t $CO_2$。基于化学计量数计算得到此工艺捕获能力为 0.47 g $CO_2$/g 尾矿[143]。

#### 6.4.1.5 美国怀俄明州 AMC 项目

Reddy 团队设计的矿化(AMC)示范试验在怀俄明州 Point of Rocks 的 2120 MW 燃煤

发电厂——Jim Bridger 电厂（JBPP）进行，在加压流化床中使用飞灰吸收烟气以直接矿化 $CO_2$。AMC 工艺依靠烟气 $CO_2$ 在飞灰颗粒表面上近乎瞬时的矿化实现快速固碳。该过程属于直接矿化过程，反应时间短，适用于固定烟气中的多种污染成分。JBPP 烟气主要含有氮气（66%~70%）、氧气（10%~20%）和二氧化碳（12%~14%）及少量的 $SO_2$（105~120 ppmv）和 $NO_x$（100~120 ppmv），初始 pH 为 3.33，排出时温度为 37~60℃。飞灰主要由 Al、Ca、Mg 等金属氧化物、石英和非晶硅酸盐组成（表 6.24），pH 为 11.5~12.5，平均粒径约为 40 μm。

表 6.24 Jim Bridger 电厂飞灰颗粒的化学组分

| 组分 | 组分含量/%（质量分数） |
| --- | --- |
| $SiO_2$ | 60.04 |
| $Al_2O_3$ | 19.67 |
| CaO | 5.86 |
| $Fe_2O_3$ | 4.66 |
| MgO | 3.85 |
| $K_2O$ | 2.00 |
| $Na_2O$ | 1.00 |
| 烧失量 | 0.60 |

JBPP 每天消耗约 19900 t 低硫烟煤，为其四台独立发电机组供电，每台发电机组可生产 530 MW 电能。AMC 示范项目流程（图 6.28）位于 Jim Bridger 发电厂（JPBB）的第 2 单元内。烟道气连续地从烟道气管通出，通过加热/加湿器控制其温度和湿度，再通过鼓风机进入流化床反应器。流化床中的试验条件如下：飞灰温度为 70℃，烟道气温度为

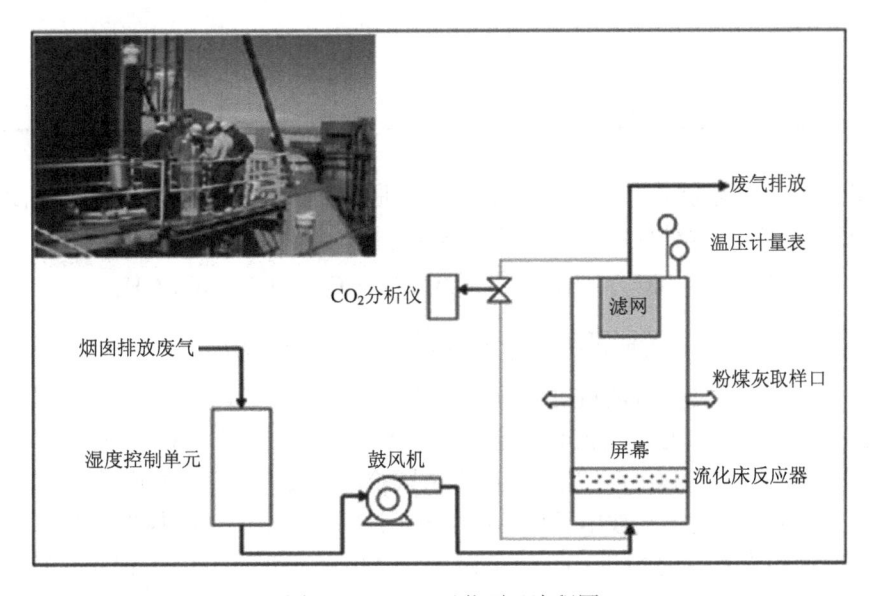

图 6.28 AMC 示范项目流程图

60℃，对应 16 mol 的水分和 21 kPa 正压。在每个试验中流化床中的飞灰深度约为 45 cm（300~350 kg）。其中有一个直径为 0.9 m、长度为 3.0 m、带有 9 mm 直径孔的多孔分布板，用于分配烟道气，使飞灰颗粒处于适当流态化。

实验进行 120 min，XRD 分析显示固相中含有 $CaCO_3$ 和 $Ca_3Si(SO_4)CO_3(OH)_6 \cdot 12H_2O$，飞灰中 $CaCO_3$ 的百分含量增加到 3.7%~4.0%，烟气中 $CO_2$ 的浓度从 13.0%下降到 9.6%（减少约 30%），$SO_2$ 浓度从 107.8 ppmv 下降到 15.1 ppmv。在反应 10 min 左右时 $CaCO_3$ 含量有 2.5%~4.0%，反应 1 h 后 $CaCO_3$ 的含量达到最高值，约 5.7%，反应 1.5~2.0 h 后飞灰捕集 $CO_2$ 的能力完全消失，最终 $CO_2$ 吸收率约为 90%。

AMC 工艺所得的碳酸化飞灰可用作土壤改良剂。将 AMC 工艺对 530 MW 的电厂进行 90%的 $CO_2$ 捕集做初步经济分析得出，矿化成本约为 11 美元/t $CO_2$，矿化能力为 207 kg $CO_2$/t 飞灰[144]。

#### 6.4.1.6 日本 PAdeCS® 中试

Iizuka 等设计、建造和运行了一个使用混凝土污泥吸收 $CO_2$ 并生产碳酸钙（$CaCO_3$）和环境净化剂（由混凝土污泥衍生的磷吸附剂，PAdeCS®）的中试工厂，位于日本茨城县筑西市东日本混凝土公司的川岛第二工厂。混凝土污泥是指在混凝土生产和使用过程中产生的废弃物，成分类似于用水稀释的新拌混凝土的成分，都是强碱性和富钙的产物（表 6.25）。

表 6.25 混凝土污泥的化学组分

| 化学组分 | 组成比例/%（质量分数） |
|---|---|
| CaO | 17.2 |
| $SiO_2$ | 3.2 |
| $Al_2O_3$ | 0.6 |
| $Fe_2O_3$ | 1.9 |
| 水分 | 77.1 |

将工厂产生的混凝土污泥用水稀释后搅拌进行充分的水合[反应方程式见式（6.65）中的典型反应]和钙提取[反应方程式见式（6.66）中的典型反应]。

$$2(3CaO \cdot SiO_2) + 7H_2O \longrightarrow 3CaO \cdot 2SiO_2 \cdot 4H_2O + 3Ca(OH)_2 \qquad (6.65)$$

$$Ca(OH)_2(s) \longrightarrow Ca^{2+}(aq) + 2OH^-(aq) \qquad (6.66)$$

搅拌一段时间后使用压滤机进行固液分离，固体进入破碎机在空气中干燥并粉碎以生产 PAdeCS® 粉末；富 $Ca^{2+}$ 滤液与烟道气在结晶器中反应生成 $CaCO_3$（图 6.29）。

2014 年 6 月 11 日开始了为期一周的中试试验，混凝土污泥钙的质量分数为 17.2%，钙浓度为 26 mg/L 的地下水被用于稀释混凝土污泥（稀释比 1:1），搅拌速度为 17 r/min，提取 $Ca^{2+}$ 时间约为 6 h；之后将 $CO_2$ 含量为 7%~13%的锅炉烟气以 2 m³/min 的速度向结晶反应器中通入 3 h。生成 $CaCO_3$ 的质量分数大于 97%。运行一周，2087 m³ 锅炉的气体被引入反应体系中，0.140 t $CO_2$ 气体被吸收后生成 0.319 t $CaCO_3$，转化率为 36.6%，$CaCO_3$ 质量分数高于 97%。

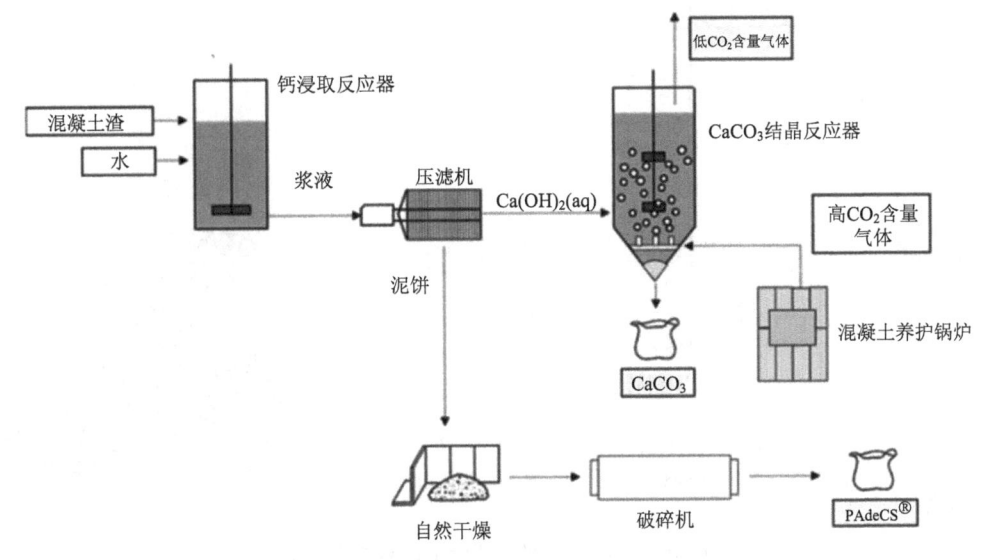

图 6.29 PAdeCS®中试实验流程图

中试工厂生产的 PAdeCS 可以作为除磷等工艺的环境净化剂使用，中和酸性温泉水或酸性矿山排水，并在封闭水系统中去除蓝绿藻。其价格低廉(低于 100 美元/t)，成本约为其他钙系列环境净化剂的十分之一。中试试验中，$CaCO_3$ 晶化反应器和破碎机的功耗分别为 38.4 kW·h 和 16.0 kW·h，假设在日本发电 1 kW·h 需要产生 0.000406 t $CO_2$，则中试试验排放的 $CO_2$ 大约为 0.0221 t，进而计算出 $CO_2$ 排放净减少量为 0.118 t [145]。

### 6.4.1.7 中国南京大学镁盐废弃物矿化利用

南京大学研究团队通过国家 863 计划"$CO_2$ 矿物封存关键技术与应用潜力系统评价"的支持，对 $CO_2$ 矿化利用机理和关键技术进行了详细研究，研发了一套具有自主知识产权、高性能、高可靠性、高可用性的 $CO_2$ 矿化利用工艺流程和中间试验装置设计方案，通过过程模拟优化和中间试验，形成了具有自主知识产权的富镁矿化利用 $CO_2$ 的集成新技术。

团队开发的 $CO_2$ 反应-吸收联合装置(图 6.30)，由连续搅拌辅助的鼓泡浆态反应器、镁盐液罐、氨液罐构成，通过氨液调节镁盐溶液 pH 后吸收 $CO_2$ [见反应式(6.67)]。

$$NH_3 + MgCl_2 + NH_4HCO_3 + 3H_2O \longleftrightarrow 2NH_4Cl + MgCO_3 \cdot 3H_2O \downarrow \quad (6.67)$$

此项技术的核心是能在最大程度上减少氨水用量的同时最大化地提高镁盐与 $CO_2$ 的反应程度。实验结果表明，镁盐溶液对 $CO_2$ 的固定率可达 79%，$CO_2$ 总吸收率达 100%，固定 $CO_2$ 所沉淀的 $Mg^{2+}$ 百分数为 85.1% [146]。此装置依托国电环境保护研究院有限公司进行中试规模放大。向 2.2 m³ 的反应罐中通入 7%的氨水调节镁盐溶液(Mg 浓度为 0.16 mol/L)的 pH 至 10，以 54 m³/h 的流量将含 $CO_2$ 的烟气鼓泡进入反应罐。最终 $CO_2$ 吸收效率为 90%~95%，每小时固定 $CO_2$ 16 kg，每小时耗能 1.47 kW·h，固定每吨 $CO_2$

耗能 91 kW·h，根据原料成本和电价计算出固定每吨 $CO_2$ 的成本为 809～1325 元[147]。

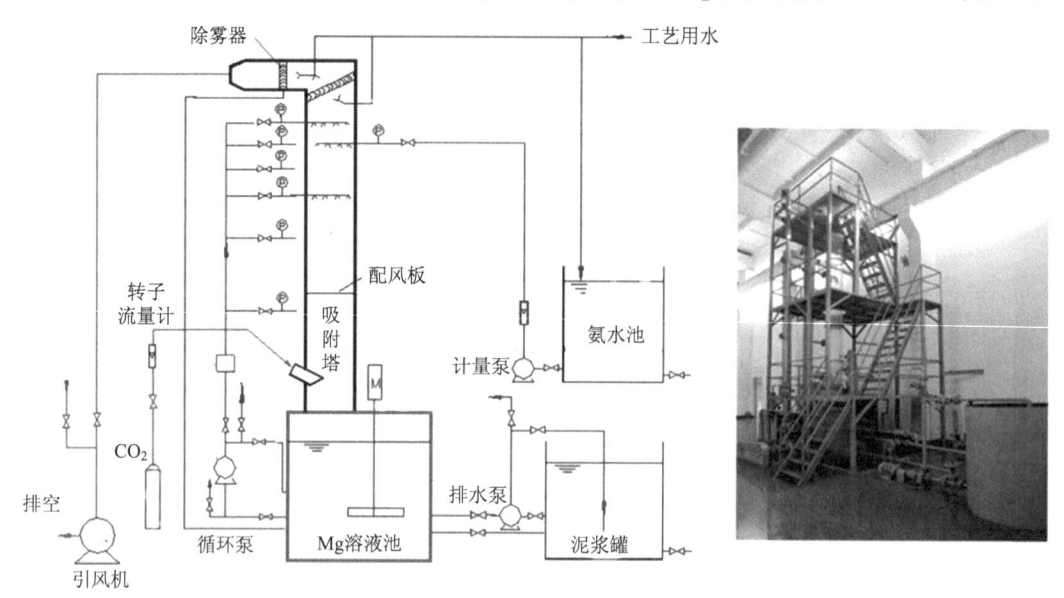

图 6.30　$CO_2$ 反应-吸收联合中试装置流程图

在此基础上成功实现工艺放大并建设了镁盐固废负碳资源化利用示范项目。该项目以盐湖晒钾盐的废料为主要原料，通过液氨调节溶液 pH 以吸收工业烟气中的 $CO_2$，反应生成的碳酸镁氨水合物晶体为中间产物，经过精制碳酸镁氨水合物制备轻质碳酸镁，另外向反应结晶的富铵溶液中加入氯化镁后，经过固液分离和干燥后联产氯化铵化肥。在精制碳酸镁氨水合物的过程中将产生的 $CO_2$ 和氨气送回反应溶液进行再吸收，提高了原料利用率，减少了尾气排放；盐析过程中将产生的卤片浓缩液送回结晶反应器用作原料吸收 $CO_2$。该方法节能、环保、可操作性强，易于实现工业化。该技术已获得发明专利授权。经过十多年的持续研发，通过小试、中试最终建设完成了年资源化 1000 t $CO_2$ 的试验装置（图 6.31 和图 6.32）。

图 6.31　南京大学废弃镁盐 $CO_2$ 矿化利用研究历程

图 6.32 镁盐废弃物 $CO_2$ 矿化利用试验装置

该技术所生产的产品具有很好的经济价值和较高的市场需求，其中轻质碳酸镁产品纯度大于 98%，形状为棒状或球形且表面呈花瓣状，球状颗粒的粒径为 10～50 μm，可以作为涂料、耐火材料等，具有良好的经济利用价值。原料氯化镁的成本，原矿约 100 元/t，卤片约 200 元/t，运费约 400 元/t(青海汽运)；碱性原料 3500 元/t；耗电 125 kW·h/t；固定每吨 $CO_2$ 的成本为 5400～5870 元，产出轻质碳酸镁产品约 2.6 t，氯化铵产品 2.5 t；工业级轻质碳酸镁价格在 2500～5500 元/t；氯化铵价格 800 元/t。每吨 $CO_2$ 毛利润在 0.25 万～1.10 万元，基本可以覆盖装置运行费用并盈利。除了实体产品所产生的利润外，装置运行所产生的减排指标也可以用于交易。通过对整个工艺过程的减排因子(CERs)进行估算发现，由于轻质碳酸镁及氯化铵的常规生产过程耗能高，特别是传统的轻质碳酸镁生产流程采用高温煅烧工艺，碳排放量惊人。在两种固体产物皆得到有效利用的基础上，每吸收 1 t 的 $CO_2$ 可以实现 7.2～7.8 t 的减排指标，环境效益和经济效益十分明显。

### 6.4.1.8 中国中石化四川普光天然气净化厂中试项目

四川大学团队开发了磷石膏矿化 $CO_2$ 副产硫酸铵的工艺路线，富含 $CO_2$ 的烟气通过氨水捕集后，与新鲜磷石膏物料进一步反应生成 $CaCO_3$ 和 $(NH_4)_2SO_4$。反应生成的 $CaCO_3$ 经过过滤、洗涤、干燥等步骤得到建材产品，$(NH_4)_2SO_4$ 溶液则通过三效蒸发系统进行浓缩，随后再经过结晶与分离环节得到最终的化肥产品(图 6.33)。

2012 年该项技术开展了工程放大试验研究，在中石化四川普光天然气净化厂运行了 100 $Nm^3/h$ 规模的中试示范项目。该项目用循环水将烟气冷却至 50℃，并用氨水吸收使得烟气中 $CO_2$ 浓度从 15%降至 4.5%。吸收液在 75℃ 下与磷石膏进行矿化以产生 $CaCO_3$（反应 6 h 转化率为 90%），生成的 $CaCO_3$ 经过洗涤、过滤，并采用 250℃ 烟气进行干燥，得到最终产品。随后，剩余的滤液则通过蒸发浓缩得到浓度约 45%的 $(NH_4)_2SO_4$ 溶液，再经过结晶生产硫铵颗粒产品。试验分析结果如下：尾气 $CO_2$ 吸收率接近 75%，磷石膏转化率超过 92%，产品碳酸钙过滤性能良好，平均粒径达 56 μm，尾气中 $NH_3$ 体积分数为 0.08%~0.5%[148]。

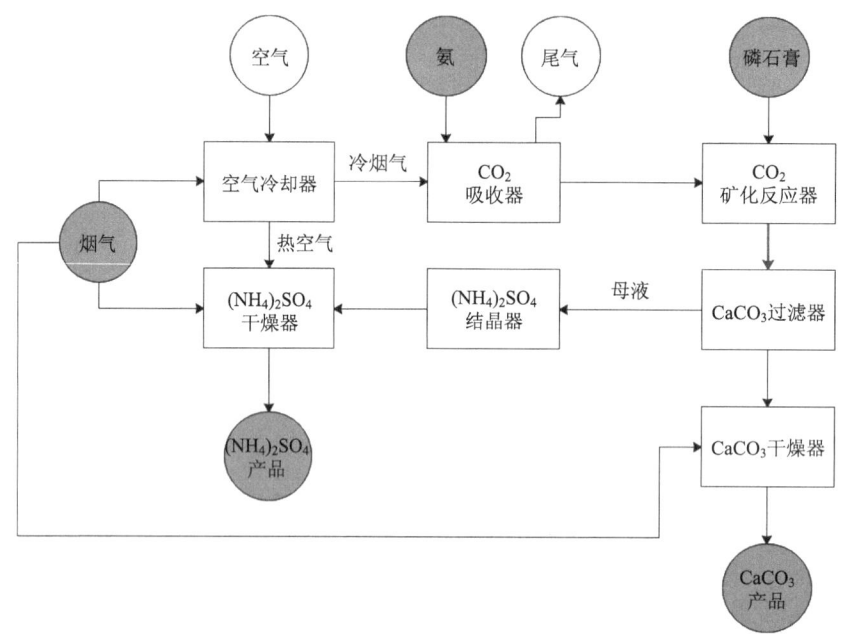

图 6.33 磷石膏矿化 $CO_2$ 工艺流程图

工艺的经济效益计算表明，减排 $CO_2$ $8 \times 10^4$ t/a，磷石膏 $3.127 \times 10^5$ t/a；消耗 $NH_3$ $6.18 \times 10^4$ t/a；产出硫酸铵 $2.4 \times 10^5$ t/a，碳酸钙 $1.818 \times 10^5$ t/a。产出的碳酸钙产品替代了水泥厂的石灰石矿开采，磷石膏中的硫酸根与 $NH_3$ 转化的硫酸铵产品作为化肥原料也有经济价值，工艺减排 1 t $CO_2$ 保守估计可获 101.8 元的收益[149]。

通过 Aspen Plus 软件对该工艺流程进行综合模拟、计算和分析，针对矿化反应的主要工艺单元进行模拟优化。结果得出，若控制磷石膏与碳铵的反应温度在 60℃、停留时间为 100 min，硫酸铵和碳酸钙的产率将达最大，得到尾气转化率 88.4%，磷石膏转化率 95.9%，$NH_3$ 转化率 99.0%，与现有工艺操作条件相比，尾气排放量减少 3.5%，$NH_3$ 排放量减少 3.7%，磷石膏排放量减少 4.1%[150]。

### 6.4.1.9 芬兰 Slag2PCC 项目

芬兰 Aalto 大学和 ÅboAkademi 大学的研究团队开发了一种名为 Slag2PCC 的方法替代传统生产碳酸钙(PCC)的方法，使用钢转炉(碱性氧气炉，BOF)中的钢渣废料作为钙源代替天然石灰石。这种炼钢工业废料含有具反应性且不含碳酸盐的钙化合物(表 6.26)，如石灰。

表 6.26 钢渣废料的化学组分 （单位：%质量分数）

| CaO | FeO | $SiO_2$ | MnO | $Al_2O_3$ | MgO | $V_2O_3$ | Ti | P | Cr | $Na_2O$ |
|---|---|---|---|---|---|---|---|---|---|---|
| 51.40 | 14.60 | 13.70 | 1.80 | 1.60 | 1.50 | 2.05 | 0.55 | 0.45 | 0.25 | 0.1 |

Slag2PCC 中试示范项目的规模有 200 L，可以批量处理 20 kg 固体钢渣和 180 L 液体溶剂并生产 10 kg 左右的 PCC。Zappa[151]和 Said 等[124]描述了整个示范项目(图 6.34)。Slag2PCC 中试设备的关键组件由三个反应器组成，一个萃取反应器和两个碳酸盐化反应器，每个反应器最大容积为 200 L。中试分为钙提取阶段[方程式式(6.68)、式(6.69)]和碳酸化反应阶段[方程式式(6.70)、式(6.71)]。

$$2CaO \cdot SiO_2 + 2NH_4Cl + H_2O \longrightarrow CaCl_2 + CaO \cdot SiO_2 + 2NH_4OH \quad (6.68)$$

$$CaO + 2NH_4Cl + H_2O \longrightarrow CaCl_2 + 2NH_4OH \quad (6.69)$$

$$2NH_4OH + CO_2 \longrightarrow (NH_4)_2CO_3 + H_2O \quad (6.70)$$

$$(NH_4)_2CO_3 + CaCl_2 \longrightarrow CaCO_3 + 2NH_4Cl \quad (6.71)$$

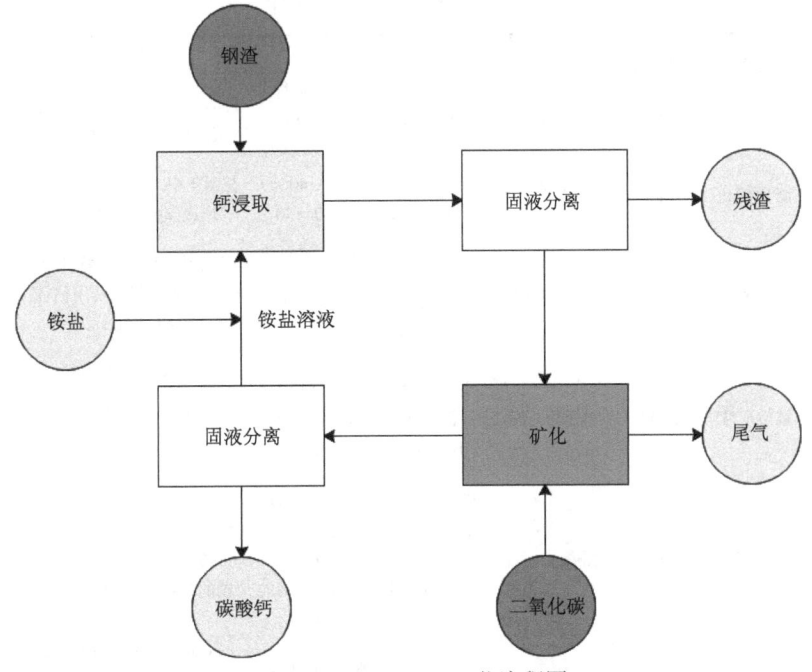

图 6.34　Slag2PCC 工艺流程图

反应使用的钢渣中 CaO 含量为 51.4%，在室温下使用 1 mol/L NH$_4$Cl 浸取钢渣中的钙离子，固液比 50 g/L，提取过程约 1 h，最终 pH 为 9.3，Ca$^{2+}$浓度为 0.2 mol/L，提取率约 52%；在过滤除去来自浸取反应器的钢渣残余物之后，将 95%的溶液泵入第一个碳酸盐化反应器，将含有 18%的 CO$_2$烟道气以 13 L/min 鼓泡通入，维持 60℃、170 r/min 的条件，Ca$^{2+}$转化率为 82%；剩余的 5%富 Ca 溶液置于第二个碳酸盐化反应器中用于吸收未反应的 HCO$_3^-$和 CO$_3^{2-}$。

根据中试规模实验的结果，Slag2PCC 工艺的总 Ca 提取率达到炉渣原钙含量的 94%。工艺设备中液体泵送、萃取搅拌器和矿化搅拌器的功耗分别为 0.010 kW·h、0.390 kW·h 和 0.001 kW·h，总功耗为 0.401 kW·h。每年全球生产 4 Mt 钢渣，如果都使用 Slag2PCC 工艺进行处理，以 80%的 Ca 提取率来计算，可以矿化 64 Mt CO$_2$并产生出 145 Mt 碳酸钙。

### 6.4.2 示范项目对比

将两个直接矿化项目的捕获能力进行对比,加拿大魁北克 MC 中试项目的矿化能力为 0.47 g $CO_2$/g 尾矿,美国怀俄明州 AMC 项目 0.207 g $CO_2$/g 飞灰。二者的矿化能力处于同一数量级,但在 MC 项目中,最后需要将所得的滤液水浴加热并搅拌 6 h 以沉淀碳酸镁,相比 AMC 项目两个小时的反应时长,可见两个示范项目的耗时和能耗是有差距的。从矿化成本来看,MC 项目为 144 美元/t $CO_2$,远大于 AMC 项目(11 美元/t $CO_2$)。对于间接矿化的项目(表 6.27),中石化四川普光天然气净化厂中试项目的 $CO_2$ 捕获能力超出其他项目三个数量级,发展前景非常可观。而美国怀俄明州 AMC 直接矿化项目矿化能力为 0.0310 t $CO_2$/h,比多数间接矿化项目的 $CO_2$ 捕获能力低一个数量级。

表 6.27 中试示范项目对比

| 项目名称 | 类型 | 启动时间 | 原料 | 过程描述 | 工艺性质 | 工艺捕获能力 |
|---|---|---|---|---|---|---|
| 美国 Walulla 玄武岩试点项目 | 原位矿化 | 2013 | 哥伦比亚河玄武岩(CRB) | 注入了 1000 t 加压液体 $CO_2$,深度达到 828~887 m,保持静水压力在 30%以内 | 注入两年后,从提取的岩心中发现碳酸盐结核 | — |
| 冰岛 CarbFix 项目 | 原位矿化 | 2009 | Hellisheidi 玄武岩 | 将 $CO_2$ 溶于水注入 400~800 m 深度,温度 20~50℃ | 在两年中,95%的注入 $CO_2$ 形成碳酸盐矿物沉淀 | — |
| 加拿大魁北克 MC 中试项目 | 直接矿化 | 2014 | 蛇纹石尾矿 | 将尾矿研磨、热处理后与工业废水混合,对烟气进行吸收,将所得的滤液加热以沉淀碳酸镁 | 沉淀中 Mg 含量最多为 60%;全部流程费用估计为 144 美元/t $CO_2$ | 0.47 g $CO_2$/g 尾矿 |
| 美国怀俄明州 AMC 项目 | 直接矿化 | 2007 | 燃煤飞灰 | 飞灰温度为 70℃,烟道气温度为 60℃,对应于 16 mol 的水分和 21 kPa | $CO_2$ 吸收率为 90% 矿化成本约为 11 美元/t $CO_2$,成矿能力为 207 kg $CO_2$/t 飞灰 | 0.207 g $CO_2$/g 飞灰 |
| 日本 PAdeCS®中试工厂 | 间接矿化 | 2014 | 混凝土污泥 | Ca 质量分数为 17.2%的混凝土污泥通过 Ca 浓度为 26 mg/L 的地下水稀释后与 $CO_2$ 含量为 7%~13%的锅炉烟气反应 | 生成 $CaCO_3$ 的质量分数大于 97%,$CaCO_3$ 晶化反应器的功耗为 38.4 kW·h | 0.118 t $CO_2$/h |
| 中国 $CO_2$ 反应-吸收联合装置中试项目 | 间接矿化 | 2008 | 镁盐溶液 | 通过 7%的氨水调节 Mg 浓度为 0.16 mol/L 的镁盐溶液至 pH=10,对烟气中的 $CO_2$ 进行吸收 | $CO_2$ 吸收效率为 90%~95%,固定效率 $CO_2$ 16 kg/h,固定耗能 91 kW·h/t $CO_2$,计算得成本为 809~1325 元/t $CO_2$ | 0.016 t $CO_2$/h |
| 中国中石化四川普光天然气净化厂中试项目 | 间接矿化 | 2012 | 磷石膏 | 用循环水将烟气冷却至 50℃,用氨水吸收使得烟气中 $CO_2$ 浓度从 15%降至 4.5%。吸收液在 75℃下与磷石膏进行矿化以产生 $CaCO_3$ 和 $(NH_4)_2SO_4$ | 尾气 $CO_2$ 吸收率接近 75%,磷石膏转化率超过 92%,计算得出减排 1 t $CO_2$ 收益 101.8 元 | 36.530 t $CO_2$/h |
| 芬兰 Slag2PCC 项目 | 间接矿化 | 2010 | 钢渣 | 使用 $NH_4Cl$ 浸取钢渣中的钙离子用以吸收烟气中的 $CO_2$ | 工艺设备总功耗为 0.401 kW·h,矿化能力 0.441 t $CO_2$/t PCC | 0.220 t $CO_2$/h |

近年来,矿化利用的发展逐渐趋向成熟,已经不断出现实验室研究向中试项目转化的现象。就矿化能力来说,原位矿化由于其工艺特点是直接向地下注入 $CO_2$,封存潜力无限但难以具体计算一吨矿石封存 $CO_2$ 的能力;异位封存中,大多数间接封存项目捕获 $CO_2$ 的能力要好于直接封存的项目。另外,异位矿化项目都是采用固体废料作为封存 $CO_2$ 的原料,说明这种储量大、价格低、可以实施"以废治废"的物料具有很大的优势。

除了封存能力,工艺设备总功耗及其费用、副产物用途及收益等都是衡量一个示范项目的参考标准,国家政策、政府导向及民众意识则是关乎一个示范项目能否长期存在和持续扩大发展的关键。

## 6.5 $CO_2$ 矿化与利用潜力

根据政府间气候变化专门委员会(IPCC)2005 年关于 $CO_2$ 捕获和储存的特别报告,利用天然矿石(如蛇纹石和橄榄石)进行 $CO_2$ 矿化是一项极具挑战性的技术。由于利用蛇纹石和橄榄石进行矿化的效率很低,需要巨大的反应器和昂贵的活化处理过程来驱动矿化反应,处理过程耗能耗资较大。此外,天然矿石所需的研磨和活化处理(通常在高温和高压下进行)会造成严重的环境负担,可能会降低 $CO_2$ 净减排量。相比之下,碱性固体废物由于其相对较高的反应活性和自有的碱性特征,且能在工业场所附近便捷获得,故更适合用于 $CO_2$ 矿化。使用碱性固体废物进行 $CO_2$ 矿化在热力学上是有利的,在常温常压条件下反应动力学很快。尽管仍需活化固体废物以去除颗粒表面的惰性层,但所需的条件通常比天然矿石的要温和得多。

Xie 等[125]在基础科学、工程应用和经济评估方面针对天然矿石和工业固体废物的 $CO_2$ 矿化技术进行了评估。在不久的将来,与自然资源开发和工业固体废物处理相结合的 $CO_2$ 矿化技术将变得很普遍。全球工业部门,如钢铁、水泥/混凝土、纸浆/造纸厂和石油工业,制造了大量的 $CO_2$ 和碱性固体废物。工艺创新使得利用碱性固体废物加速矿化成为可能,该路径可以高效地从工业烟气中捕获 $CO_2$。此外,矿化的固体废物有可能成为部分替代熟料的原材料,或者在适当稳定后作为混凝土的骨料。这将间接降低常规水泥的使用,减少水泥工业的 $CO_2$ 排放。因此,利用碱性固体废物进行 CCUS 被认为是应对全球变暖的潜在技术之一,同时也解决了碱性固体废物的处置问题。

### 6.5.1 全球废弃物矿化固碳潜力

世界范围内可用于 $CO_2$ 矿化和利用的碱性固体废物包括铁/钢渣、煤基固废、燃料燃烧产物、采矿/矿物加工废弃物、焚烧炉残渣、水泥/混凝土废物和纸浆/造纸厂废弃物。工业部门 $CO_2$ 排放的主要贡献者是钢铁和水泥工业,它们通过其能源密集型和资源消耗型工艺向环境释放大量的碱性固体废物。碱性固废的稳定化和再利用是这些行业面临的关键挑战。这些废物化学性质不稳定,氧化钙和/或氧化镁含量高,这些活性成分在有水的情况下可以被水化,并在高 pH(通常高于 10)下与烟气中的 $CO_2$ 反应,通过矿化反应形成碳酸盐,这与自然风化类似。另外,反应后的矿化固废可以作为原料部分替代熟料或作为混凝土的骨料。

原料、工艺和操作参数对 $CO_2$ 矿化和利用的影响已经在一些报告中进行了评估。本小节通过梳理文献,进一步评估利用碱性固体废物使烟气中的 $CO_2$ 矿化,同时介绍将反应后的产品作为绿色建筑材料综合利用的间接 $CO_2$ 减排潜力和效益。

#### 6.5.1.1 $CO_2$ 矿化利用固碳潜力空间分布

碱性固体废物的矿化固碳潜力的全球空间分布研究表明,亚太地区由于产生大量的碱性固体废物,显示出全球最大的直接和间接固碳的潜力。若考虑到间接的 $CO_2$ 减排, $CO_2$ 的总减排量将明显增加。就 $CO_2$ 矿化的直接减排量而言,减排潜力最大的三个国家是中国、加拿大、美国,其年减排潜力分别为 132.2 Mt $CO_2$、29.4 Mt $CO_2$ 和 27.0 Mt $CO_2$。对于矿化产品利用所带来的间接减排潜力排名前三的国家是中国、美国、法国,年减排潜力分别为 1603.7 Mt $CO_2$、464.9 Mt $CO_2$ 和 298.6 Mt $CO_2$。研究结果还表明,矿化产品的利用比矿化过程(直接减少 $CO_2$)对减少 $CO_2$ 总排放量的贡献更大。从技术角度来看,在满足材料特性、功能和质量要求的同时,提高矿化产品在水泥砂浆中的替代率,对最大限度地提高整体 $CO_2$ 减排能力十分关键。

#### 6.5.1.2 各种废弃物的减排潜力

图 6.35(a)展示了不同碱性固体废物直接减少 $CO_2$ 的百分比。全球碱性固体废物的矿化利用可直接减少大约 3.1 亿 t $CO_2$。其中 43.5%的直接 $CO_2$ 减排量与使用钢铁渣的矿化有关,其次是水泥废弃物(16.3%)、采矿废弃物(13.5%)和煤燃烧废弃物(12.3%)。与直接减少 $CO_2$ 相比,由于产品利用而间接减少的 $CO_2$ 数量更多[图 6.35(b)]。据估计,通过利用矿化产品作为建筑材料,可以间接避免约 3.7 Gt 的 $CO_2$ 排放。水泥/混凝土废弃物的矿化利用在间接减少 $CO_2$ 方面所占比例最大(55.7%),其次是矿化煤燃烧废弃物(17.4%)、钢铁渣(13.6%)和采矿废弃物(8.0%)。通过碱性固体废物的 $CO_2$ 矿化利用,全世界每年可减少的 $CO_2$ 总量约为 4.02 Gt。这预示着全球人为 $CO_2$ 排放(即在 2015 年约排 32.3 Gt $CO_2$)[152]大约可减少 12.5%。为了便于比较, $CO_2$ 捕集与地质封存技术预计到 2050 年时将减排全球 $CO_2$ 5.5~8.2 Gt[153]。

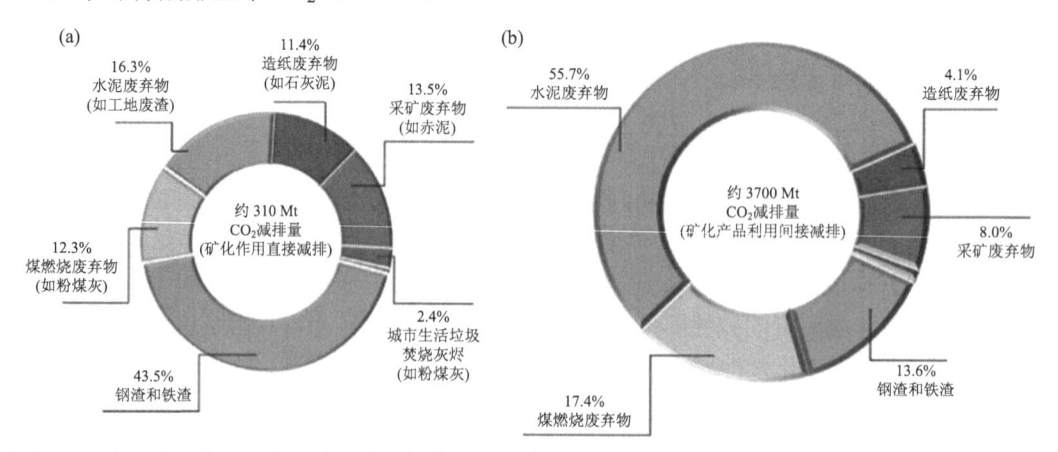

图 6.35 多种废弃物矿化直接减少的二氧化碳排放量百分比(a)和通过矿化产品利用间接减少的二氧化碳数量(b)

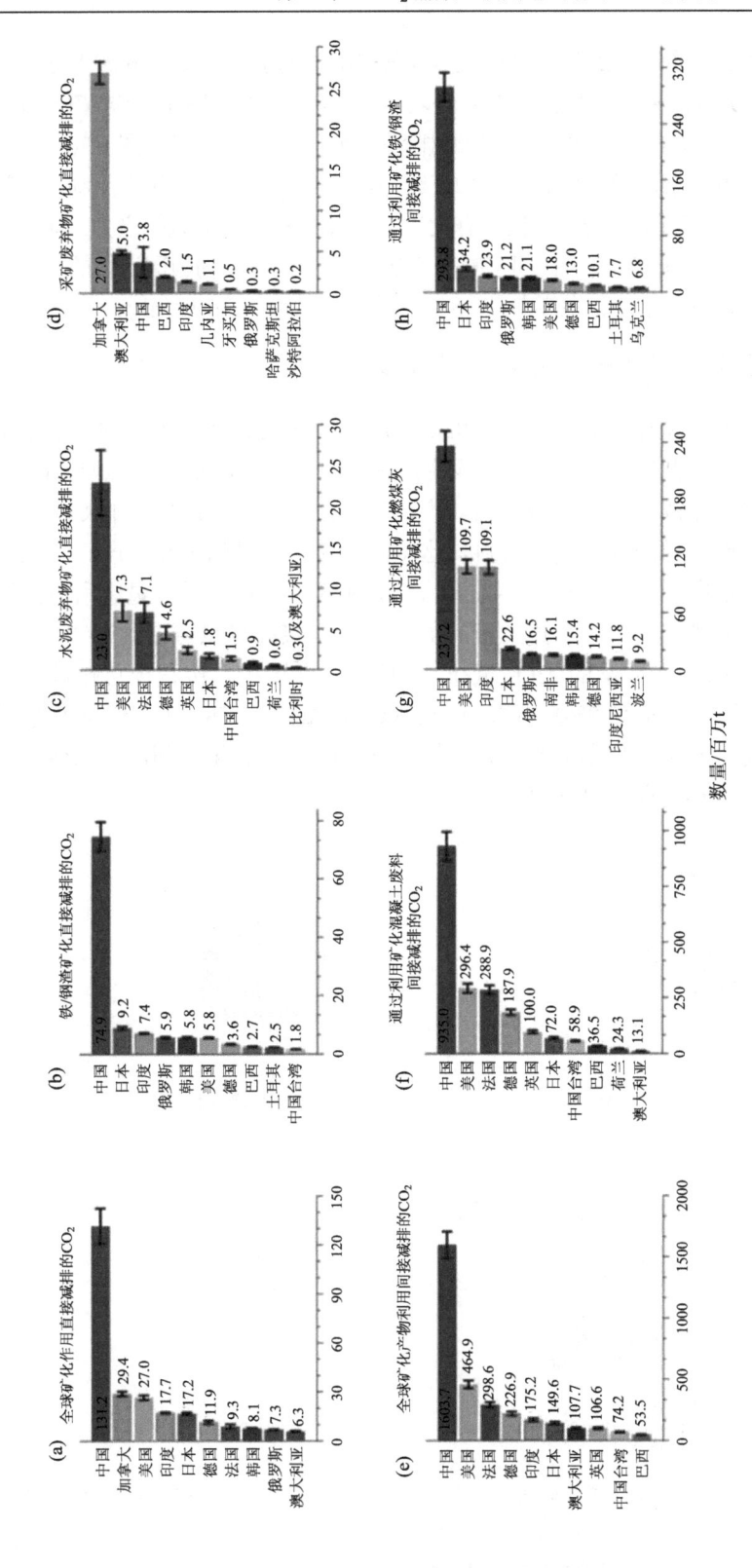

第 6 章 CO₂ 捕集、利用与封存(CCUS)技术

图 6.36 碱性固体废弃物的矿化(直接)和利用(间接)的全球 CO₂ 减排量总结

(a)、(e),全球范围内通过碱性固体废弃物的矿化(直接)和利用(间接)的 CO₂ 量的估计;(b)~(d),利用铁/钢渣、水泥废弃物和采矿废弃物通过矿化作用直接减排 CO₂ 的国家或地区;(f)~(h),通过矿化混凝土废弃物、矿化燃煤灰和矿化铁/钢渣产品的再利用而间接减排 CO₂ 的国家或地区

图 6.36 总结了不同国家通过 $CO_2$ 矿化利用直接和间接减排的能力。图 6.36(a) 显示，中国通过矿化直接减少 $CO_2$ 的总量是其他国家的四倍以上。排名前十的国家占全球 $CO_2$ 直接减排量的 87.1%。在直接减少 $CO_2$ 方面，主要的减排量来自于钢铁渣的矿化[图 6.36(b)]、水泥和混凝土废弃物[图 6.36(c)]及采矿和矿物加工废弃物[图 6.36(d)]。矿化产品利用的间接 $CO_2$ 减排规律与之类似[图 6.36(e)]，中国拥有世界上最大的间接 $CO_2$ 减排潜力。前十名国家占全球间接 $CO_2$ 减排量的 89.2%。在间接减少 $CO_2$ 方面，固体废物固碳潜力的前三位是水泥和混凝土废弃物[图 6.36(f)]、燃煤灰[图 6.36(g)]和钢铁渣[图 6.36(h)]。

### 6.5.1.3 水泥行业废弃物矿化的 $CO_2$ 减排潜力

中国拥有世界上最大的废弃物矿化潜力，可以利用其大量的碱性固体废物实现 $CO_2$ 的矿化利用。事实上，中国也是世界领先的水泥生产国，年产水泥产量约为 2.41 Gt[154]。通过建立废物资源化的产业链，大量的碱性固体废物可以被用来矿化烟气中的 $CO_2$，然后转化为具有更稳定、更优异的绿色建筑材料，这将间接避免大量的水泥生产。图 6.37 比较了世界主要的水泥生产国家直接和间接减排的 $CO_2$ 在其总的 $CO_2$ 排放量中所占的比例。在中国，直接 $CO_2$ 减排量占其年总排放量的 1.5%，而间接减排量可占到 17.7%。除中国外，其他国家也可以实现大量的 $CO_2$ 减排，如日本（直接和间接减少总排放量的 14.6%）、巴西（减少总排放量的 13.2%）、印度（减少总排放量的 9.3%）和韩国（减少总排放量的 8.5%）。在不需要昂贵的化学品或试剂的情况下，$CO_2$ 的矿化和利用可以促进大量的 $CO_2$ 减排，特别是在能源供应和工业领域。

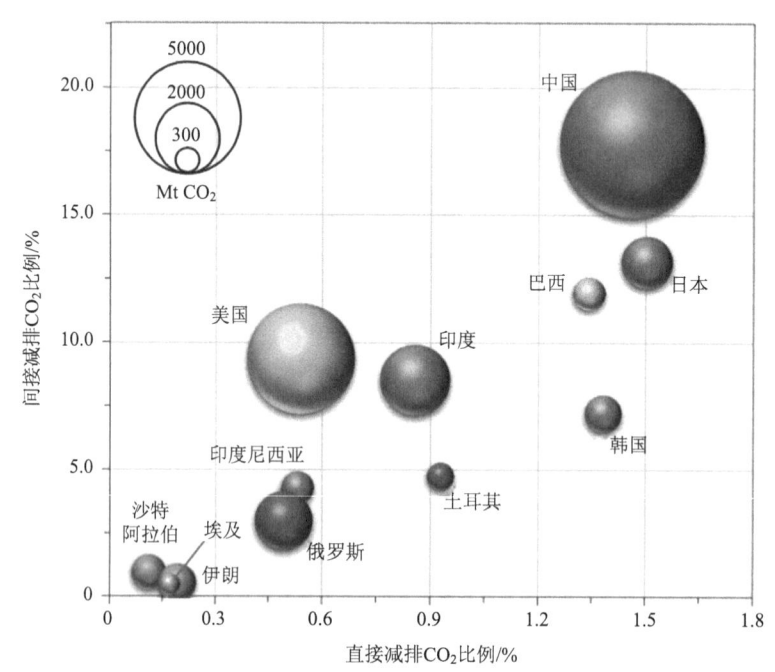

图 6.37 世界前 12 位水泥生产国家矿化利用直接和间接减少的二氧化碳在年度人为二氧化碳排放中的份额

每个气泡的大小代表每年人为二氧化碳排放的数量

#### 6.5.1.4 $CO_2$矿化效率和工艺能源使用的影响

全球废弃物$CO_2$矿化潜力是根据碱性固体废物的最大可实现捕获能力来估计的。值得注意的是，只考虑碱性固体废物中碱土金属的丰度(如钙和镁的总含量)是没有意义的，这些活性物质的转化率及在反应过程中表面钝化的严重程度才是决定最大可实现捕获能力的关键。在计算矿化作用减排过程中并没有考虑烟气中目标$CO_2$去除率和矿化过程的能源使用情况。事实上，$CO_2$去除效率和工艺能源使用都决定了$CO_2$矿化的成本。烟气中的$CO_2$去除效率作为一个操作参数，可由矿化过程的几个操作参数所决定，如气液比、液固比和停留时间等。一旦国家或产业政策确定了$CO_2$去除效率目标，就可以对矿化过程的操作参数进行微调和优化，以达到最大的矿化能力。例如，在指定的碱性废弃物处理能力下，可以调整烟气$CO_2$的流速或设计反应浆液的循环流(再循环)，以保持足够的气−液接触时间。

此外，工艺的总能源使用量决定了$CO_2$矿化的成本效益，但是不影响碱性固体废物的矿化潜力。美国能源部建议，在$CO_2$去除效率为90%的情况下，一个具有成本效益的$CO_2$捕集设施的总能源消耗应低于每吨$CO_2$ 420 kW·h[155]。目前，一些新技术可以有效地实现$CO_2$的矿化，去除效率大于90%，而能耗相对较低。例如，利用碱性氧气炉渣矿化每吨$CO_2$需345 kW·h，石油焦炭粉煤灰矿化每吨$CO_2$需80~169 kW·h[156]。$CO_2$矿化过程的快速发展和清洁能源技术的进步可以极大地促进全球废弃物矿化减排量的提升。

#### 6.5.1.5 固废矿化利用与循环经济

为了实现2015年《巴黎协定》中通过的"将全球温度上升幅度控制在相对于工业化前水平低于2℃"这一大幅$CO_2$减排目标，各国需要提供不同的碳减排方案。而$CO_2$的矿化和利用为全球$CO_2$减排提供了一个选择，特别是对那些有大量碱性固体废物产生的国家。在中国、日本、巴西、印度、韩国和美国推广$CO_2$矿化和利用技术，将为这些国家和地区及整个世界带来巨大的环境效益，并创造出建立全球废弃物资源化供应链的机会。美国国家科学、工程和医学院在2019年发表的一份报告认为，矿化利用技术在短期内有可能具有实施价值。矿化利用技术在绿色建筑材料这一庞大且不断增长的市场中具有应用潜力。

从技术角度来看，广泛部署$CO_2$矿化利用项目具有可行性，但会受到多种因素的影响：

(1)$CO_2$源(如纯度)和碱性固体废物(如数量和矿化能力)特性；
(2)原料和产品的运输(如$CO_2$和废物来源之间的距离)；
(3)关键工艺要素的可靠性、可扩展性和可集成性，如反应器；
(4)矿化产品规格及其市场可行性。

因此，对这些因素的可行性分析，如碱性废物资源的区域分配及其与现有设施的整合，应成为优先研究方向的主题，特别是中国、日本、巴西、印度和韩国，以确定可能的部署地点，最大限度地减少$CO_2$净排放量。

除了可以减缓气候变化,部署基于碱性固体废物的 $CO_2$ 矿化技术,可以减少能源的总体使用量及对环境的影响。一些大规模的示范项目已经利用了矿化反应的热力学自发性,因此在矿化处理 $CO_2$ 时几乎不需外在的能量。在循环经济中,一个地区产生的碱性固体废弃物可用于碳捕集,然后在其他地区转化为绿色产品(如建筑材料)。绿色产品的供应也将避免非可再生资源的消耗(如石灰石矿),以应对建筑材料需求的不断增长。

为了实现上述目标,未来的研发应集中在以下方面:先进的高能效 $CO_2$ 矿化技术大规模示范,以及高附加值产品的生产。$CO_2$ 矿化技术可以与现有的空气污染控制装置或其他 $CO_2$ 捕获过程相结合。需要进一步研究控制矿化和水化反应速率的因素,在分子水平上阐明工艺化学机理及热力学、动力学和非均相系统中的质量传递。目前,大多数 $CO_2$ 矿化技术仍然很昂贵,在经济上不完全可行。如果该技术要达到工业应用水平,需通过不断研究改进工艺能耗,确保 $CO_2$ 排放的净减少量。此外,技术、经济、制度的发展都会影响 $CO_2$ 矿化利用对整个 $CO_2$ 减排的实际贡献。开展国际合作,支持建立废弃物资源化产业链以减少整体的 $CO_2$ 排放,将成为全球的共识。

### 6.5.2 江苏省 $CO_2$ 矿化利用潜力

#### 6.5.2.1 利用岩石进行矿物封存潜力评估

基性/超基性岩石与 $CO_2$ 反应可生成稳定的碳酸盐矿物而永久性地固定 $CO_2$,有效地降低人类活动排放到大气中的 $CO_2$ 浓度,从而缓解日趋严重的温室效应带来的全球气候恶化。相对其他岩石类型,地表出露的基性/超基性岩很少,但其中基性岩风化释放的 Na、K、Ca、Mg 等离子总量却占所有硅酸盐风化释放总量的 30%~35%,而超基性岩具有更高的 Mg 释放量。Mg、Fe 等元素与 $CO_2$ 的反应可以生成稳定的碳酸盐矿物,可以达到永久封存 $CO_2$ 的目的。基性矿物如镁橄榄石、蛇纹石、滑石、水镁石等矿物中含有大量的 Mg 离子,与 $CO_2$ 能快速发生反应生成稳定的菱镁矿,这既固化了 $CO_2$,又不像其他封存方法存在 $CO_2$ 泄漏的风险,最终可达到稳定储存和降低大气 $CO_2$ 的良好环境效应。

#### 6.5.2.2 江苏基性/超基性岩特征

江苏省内基性/超基性岩主要分布于徐州-连云港及苏南沿江两个地区。徐州-连云港地区位于华北板块、秦岭造山带之苏(北)胶(南)地块;徐州地区岩浆岩受北东向、近东西向构造带控制,主要形成有徐州火山岩盆地;连云港地区岩浆岩处于苏胶地块与华北板块相接处,秦岭造山带不同阶段活动控制着该地区新太古代—新元古代、中生代—新生代北东向、北西向构造-岩浆带。苏南沿江地区位于扬子板块,地处下扬子构造-岩浆带的东段,属我国东南沿海构造-岩浆带的西缘,以江南断裂为界分东、西两个岩区,西岩区岩浆带呈带状分布,受北东向或近东西向构造带控制,并主要形成宁芜、溧水、句容-镇江 3 个中生代火山岩盆地;东岩区呈中心式分布,受北东向和北西向的 2 组或 3 组断裂带交点控制,并主要形成溧阳、苏州、无锡 3 个中生代火山岩盆地。

具体而言,东海县许掏、蒋庄、芝麻坊和赣榆区黑林、岗尚一带分布有古元古代超基性侵入岩。岩体呈成群出现,表面形态绝大部分呈透镜体,最大面积达数平方千米,侵入于东海杂岩中；在泗洪县潘赵庄钻孔揭示两个隐伏岩体，侵入于泰山(岩)群中。超基性岩岩石包含纯橄榄岩、方辉橄榄岩、单辉橄榄岩、二辉橄榄岩、辉橄岩、辉长岩，普遍遭受蛇纹石化。徐州-连云港地区发育中生代安斑岩、流纹斑岩。仅在早白垩世有强烈的火山活动，大致可分西、中、东3个带。西带为杏仁状安山玄武岩、玄武岩、橄榄玄武岩夹火山碎屑岩、细砾岩，可用于$CO_2$矿物封存。

江苏省苏南沿江地区分布有新生代玄武岩，既有钾质系列，也有钠质系列，反映为早期富钾，晚期较富钠，而主要为钠质碱性玄武岩系列。随活动时间的推移，玄武岩表现为向碱性演化，即由拉斑玄武岩浆演化为碱性玄武岩浆和霞石玄武岩浆，岩浆深度自东(六合以东地区)向西(安徽女山)由50～75 km到100 km，碱性程度也越来越高，故出现了碧玄岩及霞石玄武岩，东海安峰山与安徽女山霞石玄武岩同处西部的郯庐断裂带内。区域玄武岩含丰富的幔源超镁铁质包体、橄榄石单斜辉捕房晶和大晶体。总的来看，岩浆深度不大，位于上地幔顶部，多属弱碱性，为A类玄武岩浆。

综合来看，江苏有大量可用于$CO_2$矿物封存的岩石原料，且距离主要的经济活动区域较近，比如徐州区域及苏南沿江区域，在封存能力和便利程度上都有很大优势。

#### 6.5.2.3 超基性岩石封存$CO_2$的估算标准

根据地质志记载，江苏超基性岩主要以橄榄系列岩石为主，而且多数岩体已经蛇纹石化，因此在计算超基性岩封存$CO_2$时以橄榄石和蛇纹石为例进行，反应式如下。

蛇纹石：$Mg_3Si_2O_5(OH)_4 + 3CO_2 \longrightarrow 3MgCO_3 + 2SiO_2 + 2H_2O$ (6.72)

橄榄石：$Mg_2SiO_4 + 2CO_2 \longrightarrow 2MgCO_3 + SiO_2$ (6.73)

由于以往对超基性岩的研究多数处于定性-半定量化水平，鲜有超基性岩体的确切深度及其规模的具体数据，在进行$CO_2$封存潜力评估时只对MgO含量超过35%的岩体进行估算，对基性/超基性岩混合描述的岩体则是根据相对大小进行评估，力图估计出超基性岩体的储量，而排除基性岩体的影响，深度估算值则根据记载的出露面积及描述的长宽比进行调节。假设超基性岩体在地下分布的有效岩体为锥体，以表6.28和式(6.74)与式(6.75)对江苏多个超基性岩岩体的深度、体积及质量进行估算。

表6.28 超基性岩体深度估算标准

| 出露面积/km² | 深度估计值(t)/km | 出露面积/km² | 深度估计值(t)/km |
| --- | --- | --- | --- |
| >100 | 4～10 | 1～2 | 0.6 |
| 50～100 | 3 | 0.5～1 | 0.4 |
| 10～50 | 2 | 0.3～0.5 | 0.3 |
| 5～10 | 1.2 | 0.1～0.3 | 0.2 |
| 2～5 | 0.8 | <0.1 | 0.1 |

根据深度估算值对每个岩体的体积和质量进行估算，同时按照化学反应式式(6.72)和式(6.73)计算出所消耗的$CO_2$百分比，从而计算出超基性岩石的封存$CO_2$的潜在总量。

计算公式如下：

(1) 超基性岩体体积计算公式为

$$V = 1/3 \cdot a \cdot t \tag{6.74}$$

(2) 超基性岩封存 $CO_2$ 潜力计算公式为

$$T = V \cdot r \cdot d \cdot (1-\varphi) = 1/3 \cdot r \cdot a \cdot t \cdot d \cdot (1-\varphi) \tag{6.75}$$

式中，$T$ 表示可以消耗掉的 $CO_2$ 量；$r$ 为 0.63 左右，即理论上 1 t 的橄榄石转化成 $MgCO_3$ 可以消耗掉 0.63 t $CO_2$；$a$ 表示超基性岩体出露面积；$t$ 表示岩体在地下分布的估算值；$d$ 表示超基性岩密度；$\varphi$ 表示超基性岩的孔隙率（一般低于 5%）。

#### 6.5.2.4 江苏基性/超基性岩封存 $CO_2$ 潜力的评估

由于超基性岩封存 $CO_2$ 只能采取异位封存的方法进行，一般情况下需将超基性岩开采搬运到大型的 $CO_2$ 释放源附近进行集中反应，因此影响超基性岩石封存 $CO_2$ 经济性的因素主要为储存容量、与大型 $CO_2$ 集中排放源的距离及 $CO_2$ 供给潜力等。在此仅根据 $CO_2$ 储存容量及其周边一定范围内的大规模 $CO_2$ 集中排放源的排放总量来进行评价。

江苏省基性/超基性岩出露面积约为 6.77 $km^2$，可封存 $CO_2$ 29.5 亿 t。2016 年江苏 $CO_2$ 排放量为 9 亿 t，通过利用区域内的基性/超基性岩石可封存 3~4 年全省的峰值 $CO_2$ 排放量。

#### 6.5.2.5 江苏 $CO_2$ 排放情况与资源禀赋

江苏省 $CO_2$ 排放量大，减排压力巨大。$CO_2$ 年排放量由 2005 年的约 4.1 亿 t 增长到 2020 年的 7.8 亿 t，约占全国碳排放总量的 7.5%，位于全国第四。目前江苏能源密集的第二产业约占江苏省 GDP 的一半，新能源发电占比仍然较低（2020 年约 10.2%），能源结构仍以煤炭为主，能源活动排放 $CO_2$ 占比达到 80%，完全使用清洁能源的难度较大，因此在实现碳中和前仍有数百亿吨的 $CO_2$ 排放体量。按照延续当下政策情景估算，江苏省自 2021 年至 2060 年还要累计排放接近 300 亿 t $CO_2$，即使按照低化石能源、高清洁能源的应用情景，也会累计排放 150 亿 t。在此背景下，选择技术相对成熟且封存潜力巨大的 CCUS 技术将成为江苏碳中和的必然路径。

尽管江苏省具有一定数量枯竭的油气藏、不具开采价值的煤层和深部咸水层等地质构造可作为 $CO_2$ 地质储层，如苏北盆地具有实行 $CO_2$ 地质封存的构造条件，可封存部分 $CO_2$ 排放量，但 $CO_2$ 泄漏风险的存在使得该技术的推广十分谨慎，同时也带来对长期监测的需求。此外，地质封存不适宜在人口密集地区实施。而江苏具有地少人多的特征，人口密度在我国一级行政区排名第六，达到每平方千米 795 人，仅次于香港、澳门、上海、北京和天津，在省级行政区划里排名第一。因此，推广实施地质封存需格外谨慎。

此外，江苏还存在地质封存源汇难匹配的问题。空间分布上，江苏主要耗煤单位火电厂及钢铁厂多位于苏南地区，与主要工业区分布一致，其次为苏北地区的徐州、连云港等。而江苏省最具地质封存潜力的构造单元位于苏北盆地,与主要的工业区距离较远,使得大规模地质封存成本增大,运输成本不容忽视,而且还增加了运输风险。以 1000 t 单注入井为例,日注入量为 20 t,运输距离 100 km。$CO_2$ 捕集成本为 170 元/t,注入成本为 80 元/t,运输成本为 100 元/t,总成本为 350 元/t。运输成本可占地质封存总成本的 1/3。因此,急需采用另一种可持续的碳封存手段,在不具备输运条件的排放源就地捕集和封存,以实现"碳中和"的目标。

工业密集区自身产生大量 $CO_2$ 和固体废弃物为就地捕集和封存提供了物质基础,而工业区本身对 $CO_2$ 高值化产品的需求也十分旺盛,因此在江苏工业密集区应用 $CO_2$ 高值资源化技术可实现循环经济。研究人员采用的 $CO_2$ 高值化利用技术是将 $CO_2$ 转变为 C1-C3 化工原料和碳酸钙,通过高值含碳材料的替代应用,既可以直接减排又产生过程减排,实现废气废渣的协同处置,达到减污降碳的效果。

### 6.5.2.6 江苏废弃物矿化潜力

利用固体废弃物吸收和封存 $CO_2$ 并进行资源化利用显示出其在经济发达地区的适用性。总量上,中国大宗固废累计堆存量约 600 亿 t,年新增堆存量近 30 亿 t,具有世界上最大规模的废弃物矿化利用潜力,可达每年 1.3 亿 t。若能够使用固定 $CO_2$ 产生的碳酸盐产品替代工业原料实现过程间接减排,那么中国每年可实现 16 亿 t 的 $CO_2$ 减排量。江苏省每年产生约 4 亿 t 大宗固体废弃物,其中工业大宗固体废弃物生产量就达到 1.1 亿 t/a,涉及矿产、煤炭、电力等多个能源-物质密集型行业。工业固体废弃物中的尾矿、粉煤灰、冶炼渣、钢渣,工业副产石膏、赤泥和电石渣等均可作为 $CO_2$ 的封存原料,按 30%(质量分数)氧化钙含量计算,江苏省每年可用于 $CO_2$ 矿化利用的工业固体废弃物封存潜力至少达 1 亿 t/a,库存潜力超 10 亿 t,接近江苏有效地质封存量(2.6 亿～45.3 亿 t)。此外,产生大量工业固体废弃物的地点往往也是大的 $CO_2$ 排放点源,利用部分废弃物无须长距离运输即可实现 $CO_2$ 原位封存。可利用工业固体废弃物的主要活性成分为 Ca 和 Mg,其固碳后形成的镁钙碳酸盐矿物作为下游原料或填料,可有效得到资源化利用。根据纯度,镁钙碳酸盐市场价格在 600～4000 元/t,相比单纯的地质封存具有显著的经济效益。经过处理后的低钙钢渣活性钙含量低,可以更好地应用到水泥生产中去,实现工业循环利用。

钢渣是江苏的典型固废,其中的氧化钙可与 $CO_2$ 反应形成碳酸钙,实现 $CO_2$ 的矿物封存。钢渣产生率为粗钢产量的 8%～15%。2018 年江苏省粗钢产量约为 1 亿 t,产生钢渣 0.08 亿～0.15 亿 t。以平均 50%的氧化钙含量来计算,江苏钢渣每年可封存 $CO_2$ 293 万～550 万 t。2010 年我国钢铁单位 $CO_2$ 发放量约为 2 t/t 粗钢,则江苏钢铁生产 2018 年排放 $CO_2$ 2 亿 t。钢渣可固定钢铁生产过程中 1.47%～2.75%的 $CO_2$。除了碳减排能力外,相比于矿物原料的 $CO_2$ 封存,利用钢渣可产出高纯度的碳酸钙物质,具有较高的经济价值。

所以,$CO_2$ 矿物资源化利用技术是江苏工业密集区实现碳中和的最优选择,也是江苏固废高值资源化利用的有效途径,更是江苏实现减废降碳的现实需求,具有光明的发展前景。

## 参 考 文 献

[1] Nyambura M, Mugera G, Felicia P, et al. Carbonation of brine impacted fractionated coal fly ash: Implications for $CO_2$ sequestration[J]. Journal of Environmental Management, 2011, 92(3): 655-664.

[2] Aresta M. Carbon Dioxide: Utilization Options to Reduce its Accumulation in the Atmosphere[M]. Germany: Wiley, 2010.

[3] Bertos M F, Simons S, Hills C, et al. A review of accelerated carbonation technology in the treatment of cement-based materials and sequestration of $CO_2$[J]. Journal of Hazardous Materials, 2004, 112(3): 193-205.

[4] Benson S, Cook P, Anderson J, et al. Underground Geological Storage[M]//IPCC Special Report on $CO_2$ Capture and Sequestration, Cambridge: Cambridge University Press, 2005.

[5] IE Agency. IEA Tracking Clean Energy Progress 2014 [R]. 2014.

[6] Rochelle G T. Amine scrubbing for $CO_2$ capture[J]. Science, 2009, 325(5948): 1652-1654.

[7] Tan C, Chen J. Absorption of carbon dioxide with piperazine and its mixtures in a rotating packed bed[J]. Separation Purification Technology, 2006, 49(2): 174-180.

[8] Chiu P, Ku Y. Chemical looping process-A novel technology for inherent $CO_2$ capture[J]. Aerosol Air Quality Research, 2012, 12(6): 1421-1432.

[9] Abanades J, Arias B, Lyngfelt A, et al. Emerging $CO_2$ capture systems[J]. International Journal of Greenhouse Gas Control, 2015, 40: 126-166.

[10] Kumar P, Martino D, Smith P, et al. Agriculture//IPCC, 2007: Climate change 2007: Mitigation of Climate Change[R]. Contribution of Working Group III to the Fourth assessment Report of the Intergovernmental Panel on Climate Change, 2007.

[11] Pawar R, Bromhal G, Carey J, et al. Recent advances in risk assessment and risk management of geologic $CO_2$ storage[J]. International Journal of Greenhouse Gas Control, 2015, 40: 292-311.

[12] Yang D, Shu W, Yi Z. Analysis of $CO_2$ migration during nanofluid-based supercritical $CO_2$ geological storage in Saline Aquifers [J]. Aerosol Air Quality Research, 2014, 14(5): 1411-1417.

[13] Birkholzer J, Oldenburg C, Zhou Q. $CO_2$ migration and pressure evolution in deep saline aquifers[J]. International Journal of Greenhouse Gas Control, 2015, 40: 203-220.

[14] Styring P, Jansen D, Coninck H D, et al. Carbon Capture and Utilisation in the Green Economy[R]. 2011.

[15] Black R. Norway Aims for Carbon Leadership[N]. BBC News, [2012-05-11].

[16] 雷英杰. 中国二氧化碳捕集利用与封存(CCUS)年度报告(2021)发布 建议开展大规模 CCUS 示范与产业化集群建设[J]. 环境经济, 2021, (16): 3.

[17] Huang C, Tan C. A review: $CO_2$ utilization[J]. Aerosol Air Quality Research, 2014, 14(2): 480-499.

[18] Hoel M, Greaker M, Rasmussen I, et al. Climate policy: Costs and design: A survey of some recent[J]. 2009.

[19] Raja A, Philip B, Martin L, et al. Electrocatalytic $CO_2$ conversion to oxalate by a copper complex[J]. Science, 2010, 327: 313-315.

[20] Wang W, Soulis J, Yang Y, et al. Comparison of $CO_2$ photoreduction systems: A review[J]. Aerosol Air Quality Research, 2014, 14(2): 533-549.

[21] Klinthong W, Yang Y, Huang C, et al. A review: Microalgae and their applications in $CO_2$ capture and renewable energy [J]. Aerosol Air Quality Research, 2015, 15 (2): 712-742.

[22] Mwangi J, Lee W, Whang L, et al. Microalgae oil: Algae cultivation and harvest, algae residue torrefaction and diesel engine emissions tests[J]. Aerosol Air Quality Research, 2015, 15(1): 81-98.

[23] Trivedi J, Aila M, Bangwal D, et al. Algae based biorefinery—How to make sense?[J]. Renewable Sustainable Energy Reviews, 2015, 47: 295-307.

[24] Adesanya V, Cadena E, Scott S, et al. Life cycle assessment on microalgal biodiesel production using a hybrid cultivation system[J]. Bioresource Technology, 2014, 163: 343-355.

[25] Kumar K, Mishra S, Shrivastav A, et al. Recent trends in the mass cultivation of algae in raceway ponds[J]. Renewable Sustainable Energy Reviews, 2015, 51: 875-885.

[26] IPCC. Clouds and Aerosols[R]//Climate Change 2013: The Physical Science Basis. Contribution of Working Group I to the Fifth Assessment Report of the Intergovernmental Panel on Climate Change, 2013.

[27] Masson-Delmotte V, Zhai A, Pirani S, et al. Climate Change 2021: The Physical Science Basis[R]. Contribution of Working Group I to the Sixth Assessment Report of the Intergovernmental Panel on Climate Change, 2021.

[28] Pan S, Chiang A, Chang E, et al. An innovative approach to integrated carbon mineralization and waste utilization: A review[J]. Aerosol Air Quality Research, 2016, 15(3): 1072-1091.

[29] Plattner G K. Climate Change 2014: Synthesis Report[R]. Contribution of Working Groups I, II and III to the Fifth Assessment Report of the Intergovernmental Panel on Climate Change, 2014.

[30] Berner R A, Lasaga A C, Garrels R M. The carbonate-silicate geochemical cycle and its effect on atmospheric carbon dioxide over the past 100 million years[J]. American Journal of Science, 1983, 288: 641-683.

[31] Heinrich D H. Sea level, sediments and the composition of seawater[J]. American Journal of Science, 2005, 3: 220-239.

[32] Derek W. Ionic hydration enthalpies[J]. Journal of Chemical Education, 1977, 54(9): 9.

[33] IE Agency. Mineralisation-Carbonation and Enhanced Weathering[R]. Cheltenham: IE Agency, 2013.

[34] Pan S Y, Chang E E, Chiang P C. $CO_2$ capture by accelerated carbonation of Alkaline wastes: A review on its principles and applications[J]. Aerosol and Air Quality Research, 2012, 12: 770-791.

[35] Sanna A, Uibu M, Caramanna G, et al. A review of mineral carbonation technologies to sequester $CO_2$[J]. Chemical Society Reviews, 2014, 43(23): 8049-8080.

[36] 李秋白, 许月阳, 朱法华, 等. 基于钢渣微粉间接湿法固碳的循环浸取及碳酸钙沉淀研究[J]. 南京大学学报(自然科学版), 2022, 58(6): 953-960.

[37] Ukwattage N L, Ranjith P G, Yellishetty M, et al. A laboratory-scale study of the aqueous mineral carbonation of coal fly ash for $CO_2$ sequestration[J]. Journal of Cleaner Production, 2015, 103: 665-674.

[38] Jo H, Par S, Jang Y, et al. Metal extraction and indirect mineral carbonation of waste cement material using ammonium salt solutions[J]. Chemical Engineering Journal, 2014, 254: 313-323.

[39] Noack C, Dzombak D, Nakles D, et al. Comparison of alkaline industrial wastes for aqueous mineral carbon sequestration through a parallel reactivity study[J]. Waste Management, 2014, 34(10): 1815-1822.

[40] Jung S, Wang L, Dodbiba G, et al. Two-step accelerated mineral carbonation and decomposition analysis for the reduction of $CO_2$ emission in the eco-industrial parks[J]. Journal of Environmental Sciences, 2014, 26: 1411-1422.

[41] Dri M, Sanna A, Maroto-Valer M M. Dissolution of steel slag and recycled concrete aggregate in ammonium bisulphate for $CO_2$ mineral carbonation[J]. Fuel Processing Technology, 2013, 113: 114-122.

[42] Dri M, Sanna A, Maroto-Valer M M. Mineral carbonation from metal wastes: Effect of solid to liquid ratio on the efficiency and characterization of carbonated products[J]. Applied Energy, 2014, 113: 515-523.

[43] Azdarpour A, Asadullah M, Junin R, et al. Direct carbonation of red gypsum to produce solid carbonates[J]. Fuel Processing Technology, 2014, 126: 429-434.

[44] Santos R, Bouwel J V, Vandevelde E, et al. Accelerated mineral carbonation of stainless steel slags for $CO_2$ storage and waste valorization: Effect of process parameters on geochemical properties[J]. International Journal of Greenhouse Gas Control, 2013, 17: 32-45.

[45] Chang E E, Chen T L, Pan S Y, et al. Kinetic modeling on $CO_2$ capture using basic oxygen furnace slag coupled with cold-rolling wastewater in a rotating packed bed[J]. Journal of Hazardous Materials, 2013, 260(15): 937-946.

[46] Rendek E, Ducom G, Germain P. Carbon dioxide sequestration in municipal solid waste incinerator (MSWI) bottom ash[J]. Journal of Hazardous Materials, 2006, 128(1): 73-79.

[47] Cappai G, Cara S, Muntoni A, et al. Application of accelerated carbonation on MSW combustion APC residues for metal immobilization and $CO_2$ sequestration[J]. Journal of Hazardous Materials, 2012, 207-208: 159-164.

[48] Seifritz W. $CO_2$ disposal by means of silicates[J]. Nature, 1990, 345(6275): 486.

[49] Costa G, Baciocchi R, Polettini A, et al. Current status and perspectives of accelerated carbonation processes on municipal waste combustion residues[J]. Environmental Monitoring Assessment, 2007, 135(1-3): 55.

[50] Lackner K, Wendt C, Butt D, et al. Carbon dioxide disposal in carbonate minerals[J]. Energy, 1995, 20(11): 1153-1170.

[51] Chang E E, Pan S Y, Chen Y H, et al. Accelerated carbonation of steelmaking slags in a high-gravity rotating packed bed[J]. Journal of Hazardous Materials, 2012, 227-228: 97-106.

[52] Uibu M, Kuusik R, Andreas L, et al. The $CO_2$-binding by Ca-Mg-silicates in direct aqueous carbonation of oil shale ash and steel slag[J]. Energy Procedia, 2011, 4(1): 925-932.

[53] Ghouleh Z, Guthrie R I L, Shao Y. High-strength KOBM steel slag binder activated by carbonation[J]. Construction Building Materials, 2015, 99: 175-183.

[54] Pan S Y, Chiang P C, Chen Y H. Systematic approach to determination of maximum achievable capture capacity via leaching and carbonation processes for alkaline steelmaking wastes in a rotating packed bed[J]. Environmental Science Technology, 2013, 47(23): 13677-13685.

[55] Teir S, Eloneva S, Fogelholm C, et al. Dissolution of steelmaking slags in acetic acid for precipitated calcium carbonate production[J]. Energy, 2007, 32(4): 528-539.

[56] Nishimoto T, Yamamoto N, Yogo K, et al. Development of a new pH-swing $CO_2$ mineralization process with a recyclable reaction solution[J]. Energy, 2008, 33(5): 776-784.

[57] Morel F M M. Principles and applications of aquatic chemistry[J]. Journal of Hydrology, 1993, 155: 293-296.

[58] Ishida T, Maekawa K. Modeling of pH profile in pore water based on mass transport and chemical equilibrium theory[J]. Doboku Gakkai Ronbunshu, 2000, (648): 203-215.

[59] Blue C, Giuffre A, Mergelsberg S, et al. Chemical and physical controls on the transformation of amorphous calcium carbonate into crystalline $CaCO_3$ polymorphs[J]. Geochimica et Cosmochimica Acta, 2017, 196: 179-196.

[60] Han Y, Hadiko G, Fuji M, et al. Factors affecting the phase and morphology of $CaCO_3$ prepared by a bubbling method[J]. Journal of the European Ceramic Society, 2006, 26(4-5): 843-847.

[61] Maciejewski M, Oswald H, Reller A. Thermal transformations of vaterite and calcite[J]. Thermochimica Acta, 1994, 234: 315-328.

[62] Monkman S, Shao Y, Shi C. Carbonated ladle slag fines for carbon uptake and sand substitute[J]. Journal of Materials in Civil Engineering, 2009, 21(11): 657-665.

[63] Yoshioka S, Kitano Y. Transformation of aragonite to calcite through heating[J]. Geochemical Journal 1986, 19(4): 245-249.

[64] Chiang Y W, Santos R M D, Elsen J, et al. Two-way valorization of blast furnace slag into precipitated calcium carbonate and sorbent materials[C]//International Conference on Accelerated Carbonation for Environmental & Materials Engineering, 2013.

[65] Lackner K S. A guide to $CO_2$ sequestration[J]. Science, 2003, 300(5626): 1677-1678.

[66] USGS. Geological Survey Mineral Commodity Summaries[R]. 2015.

[67] Lackner K S. Carbonate chemistry for sequestering fossil carbon[J]. Annual Review of Energy the Environment, 2002: 193-232.

[68] Haug T, Kleiv R, Munz I. Investigating dissolution of mechanically activated olivine for carbonation purposes[J]. Applied Geochemistry, 2010, 25(10): 1547-1563.

[69] Gerdemann S J, O'Connor W K, Dahlin D C, et al. Ex situ aqueous mineral carbonation[J]. Environmental Science Technology, 2007, 41(7): 2587-2593.

[70] Park A, Fan L. Mineral sequestration: Physically activated dissolution of serpentine and pH swing process[J]. Chemical Engineering Science, 2004, 59(22-23): 5241-5247.

[71] Caldeira K, Knauss K, Rau G. Accelerated carbonate dissolution as a $CO_2$ separation and sequestration strategy[R]. United States, 2004.

[72] McClellan G, Eades J, Fountain K, et al. Research and techno-economic evaluation: Uses of limestone byproducts[R]. Fines, 2002.

[73] Takeshi A M. A continuous and mechanistic representation of calcite reaction-controlled kinetics in dilute solutions at 25 and 1 atm total pressure[J]. Aquatic Geochemistry, 1995, 1: 105-130.

[74] Golomb D, Barry E, Ryan D, et al. Laboratory investigations in support of carbon dioxide-limestone sequestration in the ocean[J]. Semi-Annual Technical Report, 2004: 1-18.

[75] Maroto-Valer M M, Fauth D, Kuchta M, et al. Activation of magnesium rich minerals as carbonation feedstock materials for $CO_2$ sequestration[J]. Fuel Processing Technology, 2005, 86(14-15): 1627-1645.

[76] Power I, Harrison A, Dipple G, et al. Carbon sequestration via carbonic anhydrase facilitated magnesium carbonate precipitation[J]. International Journal of Greenhouse Gas Control, 2013, 16: 145-155.

[77] Seok J, Gjergj D, Toyohisa F. Mineral carbonation by blowing incineration gas containing $CO_2$ into the solution of fly ash and ammonia for ex situ carbon capture and storage[J]. Geosystem Engineering, 2014, 17(2): 125-135.

[78] O'Connor W, Dahlin D, Rush G, et al. Carbon dioxide sequestration by direct mineral carbonation: Process mineralogy of feed and products[R]. Albany, Oregon: Albany Research Center, 2002.

[79] Haug T, Munz I, Kleiv R. Importance of dissolution and precipitation kinetics for mineral carbonation[J]. Energy Procedia, 2011, 4(1): 5029-5036.

[80] Kirschen M, Risonarta V, Pfeifer H. Energy efficiency and the influence of gas burners to the energy related carbon dioxide emissions of electric arc furnaces in steel industry[J]. Energy, 2009, 34(9): 1065-1072.

[81] Hans S, Rune L, Birgitta L, et al. $CO_2$ emissions of the Swedish steel industry[J]. Scandinavian Journal of Metallurgy, 2001, 30: 420-425.

[82] Huang Y, Xu G, Cheng H, et al. An overview of utilization of steel slag[J]. Procedia Environmental Sciences, 2012, 16: 791-801.

[83] Das B, Prakash S, Reddy P, et al. An overview of utilization of slag and sludge from steel industrie[J]. Resources, Conservation Recycling, 2007, 50(1): 40-57.

[84] Nayak N. Characterization and utilization of solid wastes generated from Bhilai steel plant[D]. Rourkela: National Institute of Technology, 2008.

[85] Kishore K. Sand for Concrete from Steel Mills Induction Furnace Waste Slag[R]. Civil Engineering Portal.

[86] Pickles C. Thermodynamic analysis of the selective chlorination of electric arc furnace dust[J]. Journal of Hazardous Materials, 2009, 166(2-3): 1030-1042.

[87] Ruan X Q. Research of self-compacting concrete prepared with waste glass[J]. Industrial Construction, 2015, 10(10): 126-131.

[88] Martinez-Lopez R, Escalante-Garcia J. Alkali activated composite binders of waste silica soda lime glass and blast furnace slag: Strength as a function of the composition[J]. Construction & Building Materials, 2016, 119: 119-129.

[89] Huang X, Huang T, Li S, et al. Immobilization of chromite ore processing residue with alkali-activated blast furnace slag-based geopolymer[J]. Ceramics International, 2016, 42: 9538-9549.

[90] Vilaplana J, Baeza F, Galao O, et al. Mechanical properties of alkali activated blast furnace slag pastes reinforced with carbon fibers[J]. Construction & Building Materials, 2016, 116: 63-71.

[91] Zhao J, Wang D, Yan P, et al. Particle characteristics and hydration activity of ground granulated blast furnace slag powder containing industrial crude glycerol-based grinding aids[J]. Construction and Building Materials, 2016, 104: 134-141.

[92] Ozturk Z B, Gultekin E E. Preparation of ceramic wall tiling derived from blast furnace slag[J]. Ceramics International, 2015, 41(9): 12020-12026.

[93] Mahieux P Y, Aubert J E, Escadeillas G. Utilization of weathered basic oxygen furnace slag in the production of hydraulic road binders[J]. Construction & Building Materials, 2009, 23(2): 742-747.

[94] Li Q, Ding H, Rahman A, et al. Evaluation of basic oxygen furnace (BOF) material into slag-based asphalt concrete to be used in railway substructure[J]. Construction & Building Materials, 2016, 115:

593-601.

[95] Wu X. Study on steel slag and fly ash composite Portland cement[J]. Cement & Concrete Composites, 1999, 29(7): 1103-1106.

[96] Shi C, Qian J. High performance cementing materials from industrial slags—A review[J]. Resources, Conservation and Recycling, 2000, 29(3): 195-207.

[97] Bodor M, Santos R M, Cristea G. Laboratory investigation of carbonated BOF slag used as partial replacement of natural aggregate in cement mortars[J]. Cement & Concrete Composites, 2016, 65: 55-66.

[98] Santos R, Ling D, Sarvaramini A, et al. Stabilization of basic oxygen furnace slag by hot-stage carbonation treatment[J]. Chemical Engineering Journal, 2012, 203: 239-250.

[99] Belhadj E, Diliberto C, Lecomte A. Characterization and activation of basic oxygen furnace slag[J]. Cement & Concrete Composites, 2012, 34(1): 34-40.

[100] Chang J, Yeih W, Chung T, et al. Properties of pervious concrete made with electric arc furnace slag and alkali-activated slag cement[J]. Construction & Building Materials, 2016, 109: 34-40.

[101] Luxán M P, Sotolongo R, Dorrego F, et al. Characteristics of the slags produced in the fusion of scrap steel by electric arc furnace[J]. Cement and Concrete Research, 2000, 30: 517-519.

[102] Rojas M F, Rojas M I S. Chemical assessment of the electric arc furnace slag as construction material: Expansive compounds[J]. Cement Concrete Research, 2004, 34(10): 1881-1888.

[103] Setién J, Hernández D, González J. Characterization of ladle furnace basic slag for use as a construction material[J]. Construction & Building Materials, 2009, 23(5): 1788-1794.

[104] Asi I. Evaluating skid resistance of different asphalt concrete mixes[J]. Building and Environment, 2007, 42(1): 325-329.

[105] Xue Y, Wu S, Hou H, et al. Experimental investigation of basic oxygen furnace slag used as aggregate in asphalt mixture[J]. Journal of Hazardous Materials, 2006, 138(2): 261-268.

[106] Motz H, Geiseler J. Products of steel slags an opportunity to save natural resources[J]. Waste Management Series, 2001, 1:207-220.

[107] Wen X, Dong O, Pan P. Research of high anti-chloride ion permeability of C100 concrete mixed with steel slag [J]. Concrete, 2011, 3: 73-75.

[108] Ducman V, Mladenovič A. The potential use of steel slag in refractory concrete[J]. Materials Characterization, 2011, 62(7): 716-723.

[109] Yun H, Lin Z. Investigation on phosphogypsum–steel slag–granulated blast-furnace slag–limestone cement[J]. Construction & Building Materials, 2010, 24(7): 1296-1301.

[110] Altun İ A, Yılmaz İ. Study on steel furnace slags with high MgO as additive in Portland cement[J]. Cement & Concrete Composites, 2002, 32(8): 1247-1249.

[111] Zhang T, Yu Q, Wei J, et al. Preparation of high performance blended cements and reclamation of iron concentrate from basic oxygen furnace steel slag[J]. Resources Conservation Recycling 2011, 56(1): 48-55.

[112] Doucet F J. Effective $CO_2$-specific sequestration capacity of steel slags and variability in their leaching behaviour in view of industrial mineral carbonation[J]. Minerals Engineering, 2010, 23(3): 262-269.

[113] Levitt M. Waste Materials Used in Concrete Manufacturing[R]. Norwich, N Y: William Andrew, 2013.

[114] Eloneva S, Teir S, Revitzer H, et al. Reduction of $CO_2$ emissions from steel plants by using steelmaking

slags for production of marketable calcium carbonate[J]. Steel Research International, 2010, 80(6): 415-421.

[115] Chang E, Pan S, Yang L, et al. Accelerated carbonation using municipal solid waste incinerator bottom ash and cold-rolling wastewater: Performance evaluation and reaction kinetics[J]. Waste Management, 2015, 43: 283-292.

[116] Bobicki E, Liu Q, Xu Z, et al. Carbon capture and storage using alkaline industrial wastes[J]. Progress in Energy Combustion Science, 2012, 38(2): 302-320.

[117] Rendek E, Ducom G, Germain P. Carbon dioxide sequestration in municipal solid waste incinerator (MSWI) bottom ash[J]. Journal of Hazardous Materials, 2006, 128(1): 73-79.

[118] Arickx S, Gerven T, Vandecasteele C. Accelerated carbonation for treatment of MSWI bottom ash[J]. Journal of Hazardous Materials, 2006, 137(1): 235-243.

[119] Chang E E, Pan S Y, Yang L Z H, et al. Accelerated carbonation using municipal solid waste incinerator bottom ash and cold-rolling wastewater: Performance evaluation and reaction kinetics[J]. Waste Management, 2015, 43: 283-292.

[120] Hasanbeigi A, Price L, Lin E. Emerging energy-efficiency and $CO_2$ emission-reduction technologies for cement and concrete production: A technical review[J]. Renewable Sustainable Energy Reviews, 2012, 16(8): 6220-6238.

[121] Crow J W. The concrete conundrum[R]. Chemistry World, 2008:62-66.

[122] Li X, Bertos MF, Hills C, et al. Accelerated carbonation of municipal solid waste incineration fly ashes[J]. Waste Management, 2007, 27(9): 1200-1206.

[123] Cappai G, Cara S, Muntoni A, et al. Application of accelerated carbonation on MSW combustion APC residues for metal immobilization and $CO_2$ sequestration[J]. Journal of Hazardous Materials, 2012, 207-208: 159-164.

[124] Said A, Laukkanen T, Jrvinen M. Pilot-scale experimental work on carbon dioxide sequestration using steelmaking slag[J]. Applied Energy, 2016, 177: 602-611.

[125] Xie H, Yue H, Zhu J, et al. Scientific and engineering progress in $CO_2$ mineralization using industrial waste and natural minerals[J]. Engineering, 2015, 1(1): 8.

[126] Wanpen W, Netnapid T, Puek T. Precipitation of heavy metals by lime mud waste of pulp and paper mill[J]. Songklanakarin Journal of Science Technology, 2004, 26: 45-53.

[127] IETD. Industrial efficiency technology database: Pulp and paper[EB/OL]. The Institute for Industrial Productivity, 2016.

[128] Sun R, Li Y, Liu C, et al. Utilization of lime mud from paper mill as $CO_2$ sorbent in calcium looping process[J]. Chemical Engineering Journal, 2013, 221: 124-132.

[129] Bajpai P. Basic Overview of Pulp and Paper Manufacturing Process[M/OL]//Bajpai P. Green Chemistry and Sustainability in Pulp and Paper Industry. Cham: Springer International Publishing, 2015: 11-39.

[130] Perez-Lopez R, Castillo J, Quispe D, et al. Neutralization of acid mine drainage using the final product from $CO_2$ emissions capture with alkaline paper mill waste[J]. Journal of Hazardous Materials, 2010, 177(1-3): 762-772.

[131] Vu H H T, Khan M D, Chilakala R, et al. Utilization of lime mud waste from paper mills for efficient phosphorus removal[J]. Sustainability, 2019, 11(6): 1524.

[132] Martins F, Martins J, Ferracin L, et al. Mineral phases of green liquor dregs, slaker grits, lime mud and wood ash of a Kraft pulp and paper mill[J]. Journal of Hazardous Materials, 2007, 147(1-2): 610-617.

[133] Pérez-López R, Montes-Hernandez G, Nieto J M, et al. Carbonation of alkaline paper mill waste to reduce $CO_2$ greenhouse gas emissions into the atmosphere[J]. Applied Geochemistry, 2008, 23(8): 2292-2300.

[134] Zhang J, Zheng P, Wang Q. Lime mud from papermaking process as a potential ameliorant for pollutants at ambient conditions: A review[J]. Journal of Cleaner Production, 2015, 103: 828-836.

[135] Zalp F, Ylmaz H D, Kara M, et al. Effects of recycled aggregates from construction and demolition wastes on mechanical and permeability properties of paving stone, kerb and concrete pipes[J]. Construction & Building Materials, 2016, 110: 17-23.

[136] Yadav V, Prasad M, Khan J, et al. Sequestration of carbon dioxide ($CO_2$) using red mud[J]. Journal of Hazardous Materials, 2010, 176(1-3): 1044-1050.

[137] Liu W, Yang J, Xiao B. Review on treatment and utilization of bauxite residues in China[J]. International Journal of Mineral Processing, 2009, 93(3): 220-231.

[138] Wang S, Ang H, MO T. Novel applications of red mud as coagulant, adsorbent and catalyst for environmentally benign processes[J]. Chemosphere, 2008, 72(11): 1621-1635.

[139] Alessandra L, Danilodos R T, Roberto C O R, et al. Impact of superplasticizer on the hardening of slag Portland cement blended with red mud[J]. Construction & Building Materials, 2015, 101: 432-439.

[140] Liu R X, Poon C S. Utilization of red mud derived from bauxite in self-compacting concrete[J]. Journal of Cleaner Production, 2016, 112(3): 384-391.

[141] Díaz B, Freire L, Nóvoa X R, et al. Chloride and $CO_2$ transport in cement paste containing red mud[J]. Cement & Concrete Composites, 2015, 62: 178-186.

[142] Gislason S R, Oelkers E H. Carbon storage in basalt[J]. Science, 2014, 344(6182): 373-374.

[143] Pasquier L C, Merrier G, Blais J F, et al. Reaction mechanism for the aqueous-phase mineral carbonation of heat-activated serpentine at low temperatures and pressures in flue gas conditions[J]. Environmental Science Technology, 2014, 48(9): 5163-5170.

[144] Reynolds B, Reddy K, Argyle M. Field application of accelerated mineral carbonation[J]. Minerals, 2014, 4(2): 191-207.

[145] Iizuka A, Sakai Y, Yamasaki A, et al. Bench-scale operation of a concrete sludge recycling plant[J]. Industrial Engineering Chemistry Research, 2012, 51(17): 6099-6104.

[146] 陈骏, 赵良, 季伟捷, 等. 一种 $CO_2$ 反应-吸收联合装置及其在固定 $CO_2$ 中的应用: CN103127814B[P]. 2015-08-26.

[147] 刘连文. 二氧化碳矿物封存关键技术与应用潜力系统评价(863计划)课题自验收报告[R]. 2009.

[148] 刘项, 孙国超. 二氧化碳矿化磷石膏制硫酸铵和碳酸钙技术[J]. 硫酸工业, 2015, (2): 2.

[149] Zhu J, Guo X, Xie H, et al. Thermodynamics cognizance of CCS and CCU routes for $CO_2$ emission reduction[J]. Journal of Sichuan University, 2013, 45(5): 1-7.

[150] 林婷, 魏文韬, 刘凌岭, 等. 磷石膏、$NH_3$ 联合矿化天然气净化厂尾气中 $CO_2$ 的流程模拟[J]. 石油与天然气化工, 2015, 1: 12-16.

[151] Zappa W. Pilot-scale Experimental Work on the Production of Precipitated Calcium Carbonate (PCC) from Steel Slag for $CO_2$ Fixation [R]. Innovative and Sustainable Energy Engineering CISEE/SELECT,

2014.

[152] IEA. Key World Energy Statistics 2017[R]. International Energy Agency, 2017.

[153] IEA. Energy Technology Perspectives 2016-Towards Sustainable Urban Energy Systems[R]. International Energy Agency, 2016.

[154] Ober J. Mineral Commodity Summaries 2017[R]. Reston, VA: U. S. Geological Survey, 2017.

[155] Datta S, Henry M, Lin Y, et al. Electrochemical $CO_2$ capture using Resin-Wafer electrodeionization[J]. Industrial Engineering Chemistry Research, 2013, 52(43): 15177-15186.

[156] Lu P S, Yuan P S, Mei L Y, et al. Environmental benefit assessment for the carbonation process of petroleum coke fly ash in a rotating packed bed[J]. Environmental Science Technology, 2017, 51(18): 10674-10681.

# 第7章 CO$_2$的光、电催化转化

可再生光能及电能的使用，使光催化、电催化 CO$_2$ 转化为高附加值碳氢化合物成为助力实现"双碳"目标最有前景的方法之一。为了定向获得特定的碳氢化物，高能量转化效率及长期稳定的催化性能，目前的研究焦点主要集中在光和电催化剂的设计及催化机理探索上。另外，为了克服催化反应的动力学过程，使其达到商业化应用的要求，反应装置设计及工程参数的优化也成为重要的研究内容。

## 7.1 CO$_2$ 的电化学还原转化

相对于光催化过程，电催化 CO$_2$ 转化具有更高的能量转化效率，且碳氢化合物的产率也明显高于前者，因此具有更好的商业应用前景。金属 Cu 及其衍生物是催化产生多种碳氢化合物最有效的催化剂，其价态、尺寸、纳米结构等影响到催化产物的选择性及催化稳定性。通过杂元素掺杂，碳基催化剂也可应用于电催化 CO$_2$ 还原反应，但是该类催化剂的活性及多碳产物的选择性较一般。为了提高反应速率，催化剂以外的其他组成，如电解液、隔膜、反应池等也进行了相关研究。

### 7.1.1 CO$_2$ 电化学还原的意义

在过去的几十年里，人口数量的急剧增加，导致人类对衣食住行领域各类物质的需求不断增加，例如纺织品、粮食、燃料等。这导致不可再生能源的消耗量急剧升高，同时伴随而来的是人类活动所产生的大量 CO$_2$ 被不断的排入大气环境中。据英国石油公司(BP)发布的《BP 世界能源统计年鉴(第 70 版)》统计数据显示，自 2013 年以来，全球碳排放量呈现持续增长的趋势。2000~2019 年，全球 CO$_2$ 排放量增加了约 40%；2019 年，全球碳排放量达到 343.6 亿 t。据国际能源机构(IEA)统计数据显示，2020 年，全球碳排放主要来自于传统能源发电与供热、交通运输、制造业与建筑业三个领域，分别占比 43%、26%、17%。

另外，人类的乱砍滥伐、毁林造田等不当举措，也导致全球植被覆盖率的逐年降低，这大大降低了自然环境对 CO$_2$ 的处理能力。据世界粮农组织编制的《2020 年全球森林资源评估》报告，在过去的几十年里，虽然毁林速度有所放缓，但是每年仍然有约 1000 万 hm$^2$ 的森林被开垦成农业用地或用于其他用途，这毫无疑问降低了绿色植被对 CO$_2$ 的吸收能力。由于人类对自然环境的持续破坏，引起了一系列自然灾害不断发生，主要包括土地荒漠化、海啸、酸雨、森林自然火灾等。这些灾害反过来又加剧了自然界中碳循环的不平衡，持续不断地恶性循环使得自然环境无法实现自我调控以恢复自然环境的平衡状态。

随着人类对环境及自然生态认识的不断加深，越来越多的国家开始重视碳减排，我国是最具代表性的国家之一。我国工业发展相比美国起步较晚，目前仍处于发展中国家

行列，因此我国经济发展仍依赖于大量的煤炭、石油等非可再生能源，碳排放量仍在增长。但是，在政府的大力倡导下，我国已开始部署碳排放达峰行动，以期尽快进入碳排放量下降的历史时期。美国作为发达国家，已逐渐完成对能源结构的优化调整，早在2007年就已经实现碳达峰，碳排放量已进入下降通道。

为了有效降低大气中 $CO_2$ 的浓度，科学家们不断寻找有效途径，尽快实现对 $CO_2$ 的大规模转化。当前可实现 $CO_2$ 吸收转化的主要技术手段有：热催化(包括热催化加氢、热催化重整)、光催化转化、电催化转化、光电协同催化技术等。传统的热化学方法虽然已经开展了关于 $CO_2$ 到碳氢化合物转化的相关研究，然而，由于 $CO_2$ 在热力学上具有非常稳定的结构(C=O 键的断裂能高达 750 kJ/mol)，传统的 $CO_2$ 转化过程需要在高温、高压、高能耗的苛刻反应条件下进行。相对于传统的热化学转化法(如 $CO_2$ 高温条件下加氢转化为甲醇)，维持反应高温、高压消耗能源所产生的 $CO_2$ 实际上远高于对 $CO_2$ 的转化量，这对于碳减排目标的实现并没有实质意义。

通过定向设计光催化剂，太阳光可以驱动 $CO_2$ 进行转化和利用。太阳光虽然是一种清洁的能源，但是光催化较低的转化率意味着该技术在短时间内很难实现规模化应用。电能作为一种可再生的清洁能源，也能够很好地驱动 $CO_2$ 高效转化。在电驱动 $CO_2$ 转化过程中，主要是通过电能驱动电催化剂进行 $CO_2$ 表面化学反应。主要包括在水分子(提供质子)存在时，通过电催化 $CO_2$ 还原产生 C1 产物(包括一氧化碳、甲烷、甲酸、甲醇)或 C2 产物(包括乙烷、乙烯、乙醇)及 C2 以上多碳化合物。在高效电催化剂存在的情况下，电催化 $CO_2$ 转化反应可以在低能量要求的温和条件下进行，具有操作条件温和(室温、常压、水体系)、易于模块化及转化规模可控等多项优势。因此，可再生的清洁电能作为 $CO_2$ 转化的驱动力，对于 $CO_2$ 的转化及固定具有节能减排的重要意义。而且，随着电力生产结构的不断优化，可再生能源所产生电能电驱动的 $CO_2$ 转化被认为是最有前景的 $CO_2$ 转化途径。

电力生产结构是指电力来自一次能源的比例，常以百分数来表示。根据《2020年全球电力报告》的数据，非可再生能源发电量(主要包括化石燃料和核能发电)占比约为72.7%，再生能源发电(其中以水力发电为主)占比约为27.3%，非可再生能源发电量继续被再生能源发电所排挤。值得关注的是再生能源发电中的风力发电和光伏发电近年来发展迅速。据英国石油公司(BP)2020年发布的报告显示，2019年全球风电年增长约12.5%，发电量为 1429.6 TW·h，其中发电量最多的国家是中国，中国于2016年超过美国，2019年增长约10.9%，发电量为 405.7 TW·h，占全球风力发电总量的28.4%左右。持续增加的可再生电能为 $CO_2$ 转化提供了更加清洁的能源。

因此，利用可再生能源转化储存的电能实现高效 $CO_2$ 电催化还原($CO_2RR$)被认为是缓解温室效应、实现碳中和目标的有效手段。该方法具有多重优势：①可再生电能具有可存储性，可以保证 $CO_2$ 持续转化；②可再生电能利用大自然的力量产生电力资源，清洁环保，不产生任何二次污染；③$CO_2$ 电催化还原可以直接制备甲烷、甲醇、甲酸、乙烯、乙醇等小分子烃类化合物，可以在很大程度上缓解日益紧张的能源和资源危机；④大量消耗空气中过量的 $CO_2$，缓解大气中碳含量的积累，为改善全球生态环境做出贡献(图7.1)。

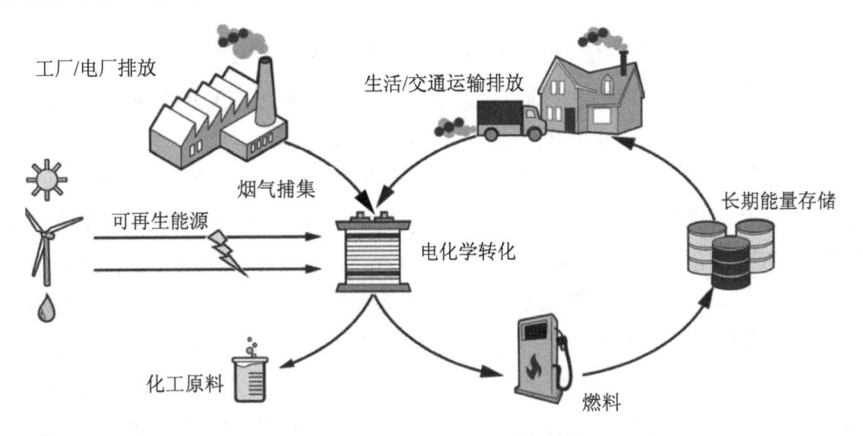

图 7.1 通过可再生电能将大气中排放的 $CO_2$ 转化成化学品或燃料[1]

## 7.1.2 CO₂电催化转化技术基本原理

人们对电催化的研究可以追溯到 1905 年，塔费尔(Tafel)发现 Tafel 公式。随后巴特勒(Butler)和福尔默(Volmer)提出了著名的 Butler-Volmer 方程，这很好地解释了 Tafel 的发现，同时也为电极过程动力学奠定了理论基础。相对于电化学反应只是简单电极上的反应，电催化反应主要是在电极上修饰表面材料或化学材料以加速电极反应的进行，使化学反应表现出更高的反应效率。同时，电催化反应有时对电极反应的产物也表现出良好的选择性。通过越来越深入的研究，科学家不断提出新的理论和研究方法，这大大推动了电催化技术的发展。目前，电催化的准确定义是：在电场作用下，存在于电极表面或溶液相中的修饰物能促进或抑制在电极上发生的电子转移反应，而电极表面或溶液相中的修饰物本身并不发生变化的一类化学作用。电催化剂作为对电压有响应的半导体材料，当处于一定电压下时，会降低反应过程的能垒，从而降低反应的总能耗。

电催化反应的主要特点包括两个方面：①反应物和催化剂之间的电子传递是在限定的区域内完成的；②在电极催化反应中有纯电子的转移。电极作为一种非均相催化剂既是反应的场所，又是电子的供-受场所，即电催化反应同时具有催化化学反应和使电子迁移的双重功能。

电催化技术的优点：①电子转移只在电极与反应底物之间发生，不需要另外添加氧化剂或还原剂，这可以避免由于化学试剂引入而造成的二次污染；②电催化反应过程可通过改变外加电流、电压等参数进行及时调整，因此该过程的可控性较强；③总体的能量转化效率较高，反应条件温和，整个电化学反应过程一般在常温、常压下即可进行；④电催化反应的装置及操作一般比较简单，如果装置设计合理，投入的费用不会太高。

对于电催化 $CO_2$ 还原反应来讲，反应过程通常在一个三电极或两电极反应体系中进行，该过程通常涉及电子的转移与多质子相耦合的过程。在电磁场的作用下，反应过程主要涉及如下几个步骤：①$CO_2$ 分子被吸附到催化剂表面；②电子转移与质子化，与此同时会发生 C=O 键断裂及 C—H 键和 C—O 键的形成；③产物从催化剂表面脱附。$CO_2$ 电催化还原反应的方程式可概括如下：

$$xCO_2 + nH^+ + ne^- \longrightarrow product + yH_2O \tag{7.1}$$

以上反应为阴极反应，对应的阳极反应则是水分解析出 $O_2$ 的反应。其中，$H_2O$ 可以同时提供电子和质子，属于可再生资源并且能够大量获取。

$CO_2$ 的分子结构比较简单，呈直线形，碳氧原子之间存在两个 σ 键和两个 π 键。该结构使 $CO_2$ 分子的双键也表现出一定的三键属性，这使得 $CO_2$ 分子的键长缩短，活泼性也大大降低。$CO_2$ 中的 C=O 键能高达 750 kJ/mol，因此，要实现 C=O 键的断裂就需要高能量的介入。但是，在电催化 $CO_2$ 还原体系中，$CO_2$ 的分子结构通过催化剂表面的吸附作用会发生转变，这一过程降低了 $CO_2$ 分子的活化能，使 C=O 键更加活泼。当对吸附有 $CO_2$ 分子的电极表面施加一个不同的电位时，$CO_2$ 会转化成不同的产物（具体内容会在后面展开讨论）。由于反应过程中转移的电子数不同（包括 2、6、8、12 电子），电催化 $CO_2$ 转化可以形成含碳量不同的小分子产物，可将产物分为 C1、C2 和 C3 产物。C1 产物主要包括一氧化碳、甲烷、甲酸、甲醇等；C2 产物主要包括乙烯、乙醇、乙烷、乙酸、乙醛等；C3 产物主要包括丙醛、正丙醇等。表 7.1 中展示了电催化 $CO_2$ 还原反应可能的反应路径[2]。由于电催化 $CO_2$ 还原产物的复杂性，当前研究的热点之一是如何提高某一种或一类特定产物的选择性。其中气态烃类及液态醇类化合物由于具有较高的能量密度和经济附加值，已经成为近年电催化 $CO_2$ 还原研究的热点产物。

表 7.1 电催化 $CO_2$ 还原的可能反应路径及对应电势[相对于标准氢电极(standard hydrogen electrode，SHE)][2]

| 可能的反应路径 | 电极电位(vs.SHE)/V |
| --- | --- |
| $CO_2(g) + 4H^+ + 4e^- \longrightarrow C(s) + 2H_2O(l)$ | 0.210 |
| $CO_2(g) + 2H_2O(l) + 4e^- \longrightarrow C(s) + 4OH^-$ | −0.627 |
| $CO_2(g) + 2H^+ + 2e^- \longrightarrow HCOOH(l)$ | −0.250 |
| $CO_2(g) + H_2O(l) + 2e^- \longrightarrow HCOO^-(aq) + OH^-$ | −1.078 |
| $CO_2(g) + 2H^+ + 2e^- \longrightarrow CO(g) + H_2O(l)$ | −0.106 |
| $CO_2(g) + H_2O(l) + 2e^- \longrightarrow CO(g) + 2OH^-$ | −0.934 |
| $CO_2(g) + 4H^+ + 4e^- \longrightarrow CH_2O(l) + H_2O(l)$ | −0.070 |
| $CO_2(g) + 3H_2O(l) + 4e^- \longrightarrow CH_2O(l) + 4OH^-$ | −0.898 |
| $CO_2(g) + 6H^+ + 6e^- \longrightarrow CH_3OH(l) + H_2O(l)$ | 0.016 |
| $CO_2(g) + 5H_2O(l) + 6e^- \longrightarrow CH_3OH(l) + 6OH^-$ | −0.812 |
| $CO_2(g) + 8H^+ + 8e^- \longrightarrow CH_4(g) + 2H_2O(l)$ | 0.169 |
| $CO_2(g) + 6H_2O(l) + 8e^- \longrightarrow CH_4(g) + 8OH^-$ | −0.659 |
| $2CO_2(g) + 2H^+ + 2e^- \longrightarrow H_2C_2O_4(aq)$ | −0.500 |
| $2CO_2(g) + 2e^- \longrightarrow C_2O_4^{2-}(aq)$ | −0.590 |
| $2CO_2(g) + 12H^+ + 12e^- \longrightarrow CH_2CH_2(g) + 4H_2O(l)$ | 0.064 |
| $2CO_2(g) + 8H_2O(l) + 12e^- \longrightarrow CH_2CH_2(g) + 12OH^-$ | −0.764 |
| $2CO_2(g) + 9H_2O(l) + 12e^- \longrightarrow CH_3CH_2OH(l) + 12OH^-$ | −0.744 |

### 7.1.3 电催化CO₂还原的研究现状

20世纪80~90年代,国际上就已经开展了相当多的电催化CO₂还原的相关研究。其中,大多数工作集中在单质金属电极催化(如Cu、Sn、Zn等)的电化学性能及使用条件的研究。然而,关于电催化CO₂还原反应机理及工业化应用的研究在最近几年才有突破性的进展。究其根源,是早年缺乏足够多的先进表征手段,不能对电催化CO₂还原反应过程进行监控,也不能对反应过程中催化剂的演化进行客观准确的认识。近年来,随着同步辐射谱学、红外光谱学等原位表征技术的迅速发展,科研人员拥有了更多的有效手段对电催化CO₂还原反应过程进行细致准确的研究。除了基础理论研究,实现电催化CO₂还原的工业化应用是另一个重要发展方向。CO₂气体在电解液中的溶解度较低,扩散速度缓慢,这种缓慢的传质过程严重限制了催化反应的效率。因此,在基础研究中使用的H型电解池很难满足大规模生产的要求。但是,最近几年,科学家设计的气体扩散电极系统及膜电池系统极大地提高了CO₂的反应效率,这使电催化CO₂还原反应的工业化应用成为可能。在此背景下,将电催化CO₂还原反应中的基础科学问题与时代发展面临的环境问题紧密结合,设计和制备出高效稳定、价格低廉的电催化剂显得至关重要。对电催化剂的设计也是科学家们近年来的研究重点。

### 7.1.4 CO₂电化学还原催化剂种类及特点

虽然CO₂在不同种类电催化剂上完全不同的反应路径,但也呈现出一定的规律性。一般而言,在Pb、Hg、In、Sn、Cd和Bi电极上主要产生甲酸,在Au、Ag、Zn、Pd和Ga电极上则主要产生CO,而在Ni、Fe、Pt和Ti这些材料表面主要产物是H₂。而Cu是唯一一种可以生成烃类和醇类的催化剂,这也使Cu基材料在电催化CO₂还原反应中占据独特的地位,成为电催化剂的研究热点。之所以不同金属材料在CO₂还原反应过程中表现出截然不同的催化性能,主要是因为金属与参与反应的关键中间体之间具有显著差异结合能。在碱性电解液中,电催化CO₂还原反应主要的竞争反应是析氢反应,*H、*OCHO、*COOH及*CO是该反应体系中同时存在的中间体,这些中间体与金属催化剂表面的结合能差异巨大,这使得在催化剂表面所形成的产物也种类各异(图7.2)。

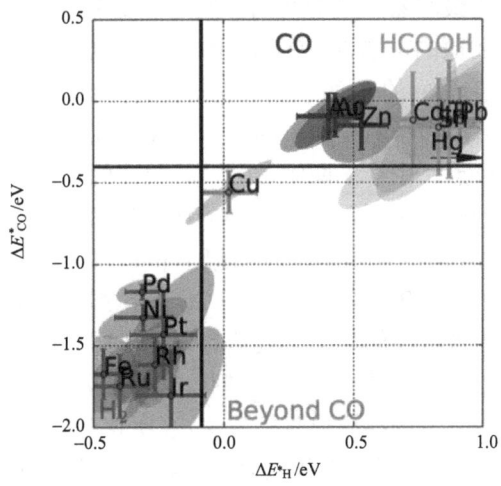

图7.2 中间体*CO和*H在不同金属表面吸附能大小关系图[3]

在图 7.3 所示的元素周期表中，我们也发现 Cu 是唯一能够对 $CO_2$ 还原产物中气态烃类具有较高选择性的金属，其产物的选择性与 Cu 的微纳结构、价态、晶界等密切相关。因此，Cu 及 Cu 基复合材料一直是电催化 $CO_2$ 还原催化剂的研究热点。在本章中，关于金属基电催化 $CO_2$ 还原催化剂，也主要介绍 Cu 基的电催化剂，包括控制 Cu 表面价态、Cu 晶体结构、Cu 纳米颗粒尺寸、Cu 形貌结构等。

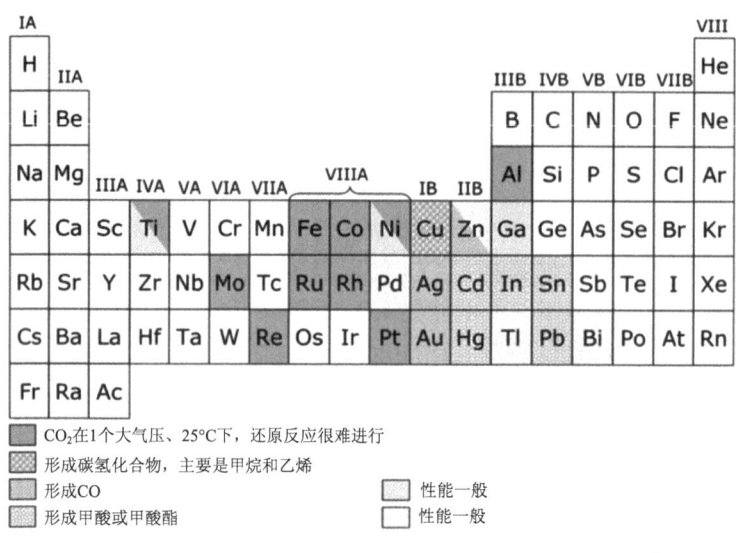

图 7.3 根据 $CO_2$ 还原产物的不同将金属催化剂进行分类[4]

## 7.2 Cu 基催化剂

### 7.2.1 Cu 的表面价态

如图 7.4 所示，动力学理论预测表明，在最低的电势值时，零价 $Cu(Cu^0)$ 是唯一的表面价态，所以 $CH_4$ 成为最容易形成的产物。然而，在大多数实际测试中，在很小的电势范围内，电催化 $CO_2$ 还原的产物以 CO 和甲酸为主。以上理论预测与实际测试的差别表明，在实际测试过程中，Cu 的表面价态是会发生变化的，表面含有一定量的 $Cu^+$，这样的变化可归因于能量或动力学的变化。因此，在 $CO_2$ 还原过程中，Cu 催化剂的表面具有动力学变化的活性位点。由于表面明显的 $Cu^+$ 位点的存在，改变了中间产物的动力学吸附能及反应过程的能垒，这导致电催化 $CO_2$ 还原反应路径的改变。传统研究仅根据材料学表征结果(包括表面晶界、形貌、原子缺陷等)提出简单催化模型，而针对 Cu 的动力学化学价态的研究可以精确地构建和表征 Cu 催化剂表面价态，这将有助于我们对反应过程的机理有一个更加准确的认识。近期的研究表明，在立方形的 Cu 催化剂中，Cu 的动力学化学价态起到重要的作用。在电催化 $CO_2$ 还原反应结束后的 1h 内，Cu 的俄歇电子谱表征(一个典型的 Cu 的准原位表征方法)表明相对于分散在碳基底上的 Cu 纳米立方体，分散在铜箔上的 Cu 纳米立方体具有更加稳定且含量更高的 $Cu^+$[5, 6]。所以，相

## 第 7 章 CO₂ 的光、电催化转化

较于碳基底，分散在铜箔基底上的 Cu 纳米立方体对于 $C_2H_4$ 的选择性明显增强。虽然没有考虑电催化过程中的表面结构的重构现象，但是不同基底上 Cu 纳米颗粒的研究证明了稳定的 $Cu^+/Cu^0$ 界面与高 $C_2H_4$ 选择性之间的相互关系。另外，这里还一直存在一个开放性的问题：Cu 纳米立方体对 C2 产物的选择性增强作用是来自于表面结构重构，还是来自于共存的 $Cu^+/Cu^0$。为了进一步解决这个开放性问题，Cu(100) 晶面上的表面结构缺陷及 $Cu^+$ 含量被间歇脉冲电势所调控，用来探究 Cu 催化剂表面结构与乙醇选择性的关系。类似的 Cu 缺陷结构的制备方法在之前的报道中也被应用，如在 Cu(100) 电极催化 $CO_2$ 还原反应之前进行脉冲处理[7]。脉冲改性 Cu 催化剂的催化效果表明，相对于未氧化的 Cu 催化剂，当 Cu(001) 电极被阳极脉冲重新氧化后，对乙醇表现出更高的选择性。此外，越来越多对 Cu 基催化剂的研究报道表明，$Cu^+$ 的含量与乙醇的形成具有相关性。例如，增加 $Cu_2O$（含有 $Cu^+$）的覆盖量，催化剂对于乙醇具有更高催化活性[7]。以上研究证明了在 Cu(100) 晶面上，$Cu^+$ 对于控制电催化 $CO_2$ 还原反应的反应路径的重要作用。因此，对于反应路径的改变及反应产物的调控，Cu 位点的表面化学价态是一个非常重要的指标。

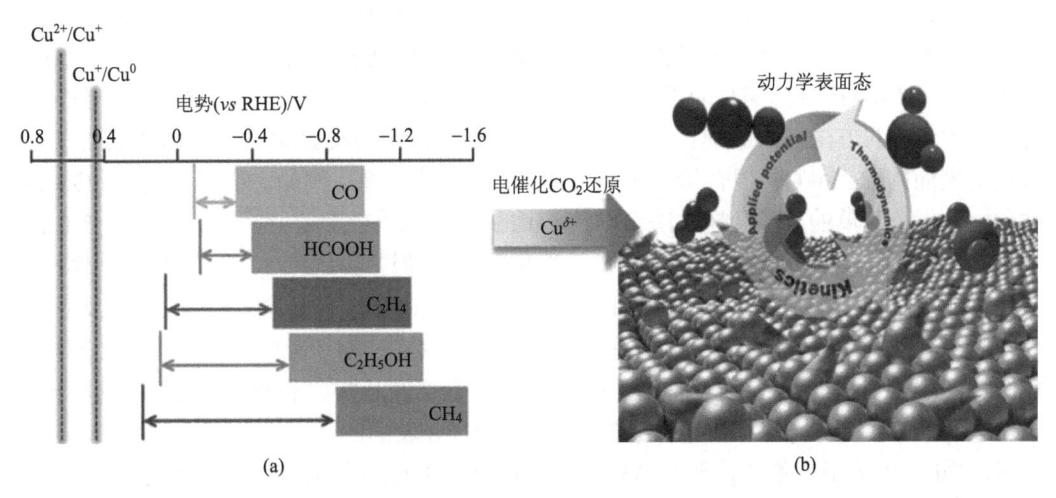

图 7.4 (a) 电催化 $CO_2$ 还原过程中，Cu 催化剂表面热力学、动力学与动态 Cu 化学价态的关系，以及 (b) 在工作条件下，Cu 催化剂表面动态价态示意图，价态可以通过原位表征技术进行定量表征[8]

热力学势能与动力学过电势对比，$CO_2$ to CO (–0.1 V)、$CO_2$ to HCOOH (0.12 V)、$CO_2$ to $C_2H_4$ (0.08 V)、$CO_2$ to $C_2H_5OH$ (0.09 V)、$CO_2$ to $CH_4$ (0.17 V)

考虑到 $CO_2$ 还原过程中，Cu 表面价态的动力学演变，对于不同价态的 Cu 基催化剂，实际 Cu 的催化位点价态与催化产物的选择性之间的相互关系应被重新评价。原位软 X 射线吸收谱 (soft X-ray absorption spectroscopy, sXAS) 表征证明，在 +0.28 V vs. RHE（相对于可逆氢电极，本章中的电势均为相对于 RHE，除非有特殊说明）下，$Cu_2(OH)_3Cl$ 电极中的 $Cu^{2+}$ 可以在 5 min 内还原为 $Cu^+$ 价态[9, 10]。也有报道表明，通过 sXAS 研究可以证明在电催化 $CO_2$ 还原过程中，Cu 电极表面保持 $Cu^{2+}$ 价态。还有研究也发现当 CuO 暴露在 $CO_2$ 饱和的高浓度 (0.1 mol/L) $KHCO_3$ 电解液中时，就会形成一个高度稳定的 Cu 碳酸盐层，盐层可以抑制阴极对催化剂的还原，阻碍电催化 $CO_2$ 还原过程中电荷的传递。以

上多个研究结果表明,在电催化 $CO_2$ 还原过程中,$Cu^{2+}$ 不可能作为催化位点催化阴极的 $CO_2$ 还原反应。一个有趣的发现是,一旦 Cu 电极表面被低价态 Cu 位点占据(如 $Cu^+$ 和 $Cu^0$),高价值的产物就会在催化剂的表面形成。更重要的是,研究发现具有不同组合价态的 Cu 电极表面,例如三种表面 Cu 价态形式($Cu^+/Cu^0$ 混合价态、$Cu^+$ 为主价态、$Cu^0$ 为主价态),可以定向调控电催化 $CO_2$ 还原的反应路径,其获得的反应产物,分别为 $C_2H_4/C_2H_5OH$、$CO/HCOO^-$、$CH_4$。

Lee 团队[11, 12]前期研究已经证明,在 Cu 催化剂表面的 $Cu^+$ 与 $Cu^0$ 的混合价态可以促进 C2 产物的产生。在电催化 $CO_2$ 还原过程中,Cu 催化剂的 $Cu_2O$($Cu^+$)层没有完全转化为 $Cu^0$,而是保留在 Cu 催化剂的表面。相对于 $Cu^0$ 对 $CH_4$ 的高选择性,$Cu_2O$ 基的电催化剂对 $C_2H_4$ 的选择性明显增强[11]。多碳化合物与 $Cu^+/Cu^0$ 比例的正向关系也已经通过 sXAS 和 XPS 表征技术在 $Cu_2O$-Cu 两相体系中得到证明。在电催化 $CO_2$ 还原过程中,sXAS 表征结果表明,$O_2$ 等离子体活化的 Cu 催化剂中的 $Cu^+$ 可以存在至少 15 min(在–1.2 V);催化反应进行 1h 后,Cu-O 对催化反应的作用不能分辨出来。sXAS 信号主要来源于块状 Cu 氧化物,因此在电催化 $CO_2$ 还原过程中,不能排除在 Cu 氧化物表面 $Cu^+$ 存在的可能性[13]。作为对照组,采用了同样粗糙度的 Cu 氧化物催化剂,但是其表面被 $H_2$ 等离子体处理。相对于氧化的 Cu 催化剂,$H_2$ 处理的 Cu 催化剂表现出较差的催化活性,这进一步证明了 $Cu^+$ 对产物 $C_2H_4$ 的重要作用[13]。在以上研究结果的引导下,很多稳定 Cu 基催化剂中 $Cu^+$ 的方法被不断提出。含 $Cu^+$ 的 Cu 基催化剂的实验测试结果同样证明在 Cu 催化剂表面的 $Cu^+$ 和 $Cu^0$ 混合价态可以促进 C2 产物的选择。例如,在多孔的 $Cu_2O$ 纳米结构中,一个简单的 $Cu^+$ 限制方法可以使 $Cu^+$ 的比例高达 32.1%。在–0.61 V 下,该 $Cu_2O$ 催化剂在 20 min 催化反应后,C2 产物的法拉第效率超过 70%[14]。以 $Cu_3N$ 为基底构建 $Cu/Cu_3N$ 复合材料,也是一种稳定 $Cu^+$ 的有效方法。$Cu/Cu_3N$ 催化剂在–0.95 V 下反应 1 h 后,sXAS 表征该催化剂的 $Cu^+$ 含量超过了 40%;$Cu/Cu_3N$ 对于 CO 的二聚合(C2 产物形成的关键步骤)也表现出更低的催化能垒。一些研究已经从实验和理论两方面证明,B 掺杂可以调节 Cu 的平均价态,能够定向控制 CO 在 Cu 表面的吸附及二聚合过程。在 B 掺杂下,Cu 电极的平均价态达到+0.35,同时对 C2 碳氢化合物的法拉第效率达到 80%(在–1.1 V)。另外,在 Cu 催化剂中,某些特定的阴离子的存在也会影响 $Cu^+$ 的稳定性及 $CO_2$ 的电催化活性。例如,I 改性的 Cu 基催化剂,在 1 h 的催化反应后(在–1.0 V),仍然保持较高的 $Cu^+$ 的浓度(8%),其 C2 产物的法拉第效率达到 80%。基于以上讨论可得出,在 Cu 基催化剂中,稳定的 $Cu^+$ 是获得高 C2 选择性的先决条件。

为了进一步探究 $Cu^+$ 和 $Cu^0$ 对于 C2 产物的协同催化作用,研究人员陆续开展了具有高精度技术的理论模拟和实验研究工作。如图 7.5 所示,量子力学计算表明与 $Cu^0$ 相互作用的 $Cu^+$ 可以明显促进 $CO_2$ 的活化及 CO 的二聚合,故可以有效抑制 C1 产物的反应路径。特别是在 $CO_2$ 活化的开始阶段,在 $Cu^0$ 边缘处的 $Cu^+$ 对 $H_2O$ 具有强吸附力,这可以通过形成的氢键来稳定 $CO_2$ 分子。在 CO 的二聚合过程中,$Cu^+$ 和 $Cu^0$ 位点上的*CO 具有相反的马利肯布电荷(Mulliken charges),两个*CO 可以通过静电相互作用,诱导形成 C—C 键,从而促进 C2 产物的选择性。在考虑到催化剂结构及 $Cu^+$ 的影响,密度泛函理论(density functional theory,DFT)证明 $Cu^+$ 的存在可以使产生*OCCOH 中间体过程中具有最低的吉布斯自由能，该过程对于 $C_2H_4$ 的高选择性具有主导作用。通过先进的时间分辨 XAS 技术 (advanced time-resolved operando XAS)，在超过 10 min 的 $CO_2$ 电催化过程中，氧化还原穿梭法制备的 Cu 催化剂，保持 $Cu^+$ 与 $Cu^0$ 各 50%的稳定价态，这导致在 Cu 催化剂表面具有相当高的乙醇选择性。正如理论分析所揭示的，混合价态的 Cu 催化剂表面可以通过 $Cu^+$-$Cu^0$ 界面处的 OH 官能团来稳定羰基，这可以提供不对称的 C—C 吸附位点，从而促进非对称碳氧化物的产生；Cu 催化剂表面价态主要通过氧控制，以上结果也表明了晶格氧在促进*OCCOH 中间产物的产生及后期乙醇的形成中具有非常重要的作用。为了保证在持续的 $CO_2$ 还原过程中能不断产生晶格氧，催化剂的形貌优化与组分稳定被认为是最有效的调控手段。例如，通过透射电镜表征 $CuO_x$ 催化剂在电催化 $CO_2$ 还原反应前后的形貌，未改变的电镜形貌证明了催化剂在催化过程中保持了稳定的形貌结构，稳定的形貌结构有利于催化环境的再生。另外，理论计算还进一步研究了氧空位产生或移除的稳定性，这有力地证明了在催化过程中晶格氧的高效再生性。

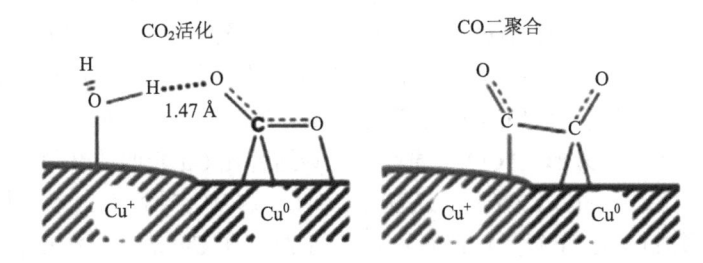

图 7.5　$Cu^+$ 与 $Cu^0$ 位点对于 $CO_2$ 活化的协同效应及 CO 的二聚合过程[15]

氧化还原穿梭法主要是通过周期性地对 Cu 催化剂进行氧化/还原处理，以实现 $Cu^+$ 的保留。该方法可以获得稳定的 $Cu^+$，进而增强催化剂对 $C_{2+}$ 产物的选择性。除了我们之前讨论的 $Cu^+$ 对产物选择性的重要作用，金属 $Cu^0$ 可能是高 $C_{2+}$ 产物选择性的另一个因素，因为在氧化还原穿梭过程中会原位形成 $Cu^0$ 结构。然而，由于 $Cu^0$ 在 $CO_2$ 还原过程中具有不稳定及其他不可预期的改变，导致我们很难准确表征及定量评估催化剂中的 $Cu^0$，这也就是为什么在当前的 $CO_2$ 还原研究报道中很少讨论 $Cu^0$ 结构变化。因此，未来如果要讨论氧化还原穿梭法制备的催化剂中 $Cu^0$ 的作用，应当认真仔细地研究 $Cu^0$ 的结构变化。另外，将 N 掺杂入 Cu 的晶格中所制备的 N-Cu 催化剂表面具有稳定的 $Cu^+$。相对于纯 Cu 催化剂而言，该催化剂表现出明显增加 $C_{2+}$ 产物的法拉第效率。理论模拟结果预测，$Cu^+$ 的存在可以有效降低*OCCOH 及产生的反应中间体的形成能，从而促进 $C_{2+}$ 产物的选择性。

图 7.6 展示了 $C_2H_4$ 及 $C_2H_5OH$ 在 $Cu^+$ 和 $Cu^0$ 混合价态表面上的反应路径。大家通常认为*CO 的二聚合过程，是 C—C 成键的关键形成步骤，也是电催化 $CO_2$ 还原产生 C2 产物的速率控制步。因为 $Cu^+$ 和 $Cu^0$ 的同时存在可以有效降低*CO 二聚合过程的能垒，这对于 $C_2H_4$ 和 $C_2H_5OH$ 的选择性更加有利。在 C-C 耦合反应过程中，$Cu^+$-$Cu^0$ 晶界处 OH 的存在可以诱导 OH 偶极子与烃类中间体羰基偶极子之间产生静电相互作用。该相互作用可以有效保护氧端不被质子化，同时占据碳的价态电子，避免 C=C 的形成，最

终形成非对称的 $C_2H_5OH$ 分子。反过来，如果催化剂表面缺少 OH 结构，则催化过程对 $C_2H_4$ 的形成更加有利。

图 7.6 在 $Cu^+$ 与 $Cu^0$ 混合价态表面最有可能的 C2 反应路径(乙烯、乙醇)[8]

近期有研究报道表明，厚的 Cu 氧化衍生物对于 CO 及 $HCOO^-$ 表现出相对较高的选择性，然而薄的 Cu 氧化衍生物对 $CH_4$ 具有更高的选择性。以上结果看起来不太寻常，因为迄今为止，Cu 氧化衍生物催化剂对 C2 产物具有选择性。对于 $CO/HCOO^-$ 及 $CH_4$ 的选择性被认为与表面不同的 Cu 价态有关。如图 7.7 所示，电催化 $CO_2$ 还原过程中的第一步是表面吸附的 $CO_2$ 形成*$CO_2^-$，通过氧或碳结合在 Cu 表面的*$CO_2^-$，会在接下来的加氢步骤中形成稳定中间体(*OCHO 或者*COOH)。这就会导致 $HCOO^-$(上行反应路径)和*$CO/H_2O$ 的形成(中行/下行反应路径)。相对于结合在 $Cu^0$ 表面，*CO 在 $Cu^+$ 位点上具有较弱的结合力，这导致*CO 更容易解吸，进而促进了 CO 的形成；在 Bell-Evans-Polanyi 关系中，反应的活化能与中间产物的结合能的线性关系也说明了以上现象。另外，即使*CO 在 Cu 催化剂表面具有 100%的覆盖率，*CO 在 $Cu^0$ 表面的结合能仍非常大，这表明 $Cu^0$ 对*CO 有较强的吸附力。根据以上实验结果可以推测，*CO 中间体被限制在催化剂的表面附近，以用于接下来的加氢反应形成 $CH_4$，而不是解吸后形成 CO。原位拉曼表征也证明*CHO 中间体只有在表面 Cu 变为 $Cu^0$ 时才会被吸附，表明 $CH_4$ 在 $Cu^0$ 位点上更容易生成。

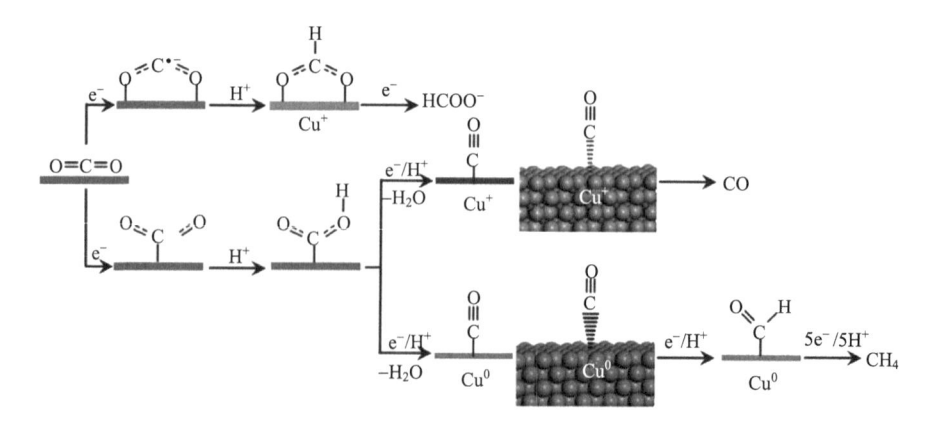

图 7.7 在氧化性 $Cu^+$ 为主的催化剂表面催化 $CO_2$ 还原产生 CO/甲酸和以 $Cu^0$ 为主的催化剂表面电催化 $CO_2$ 还原产生甲烷[16]

Cu 基复合催化剂最先证明，$Cu^+$和$Cu^0$为主的 Cu 催化剂表面分别定向控制 $CO_2$ 电催化产生 CO/$HCOO^-$和 $CH_4$。通过原位 XAS 技术表征，在卟啉 Cu 中的 $Cu^{2+}$被还原成$Cu^+$(–0.66 V)，在–0.66~–0.76 V 内，卟啉 Cu 中以 $Cu^+$为主，这时 CO 和 HCOOH 的法拉第效率是最高的。另外，卟啉 Cu 中加入 Cu 金属有机框架(HKUST-1)及大环多胺 Cu 化合物([Cu(cyclam)]$Cl_2$)在高电位下(–1.06 V)控制 Cu 价态，该催化剂具有 $Cu^0$为主的表面价态，对 $CH_4$ 表现出较高的催化选择性。例如，将不同厚度的 $CuO_x$ 层包裹到 Ag 纳米线上，该研究说明了表面 $Cu^+$价态与 CO 选择性具有强烈的相关性。基于原位 XAS 和电化学的表征结果，$CuO_x$@Ag 表面的 $Cu^+$促进了唯一产物 CO 在较低阴极电势下的产生。高电负性的 S 导致 $Cu_2$S 催化剂中形成 $Cu^+$位点，$Cu^+$位点可以促进电催化 $CO_2$ 还原过程中*OCHO 中间体的形成，进而带来产物中良好的 HCOOH 法拉第效率(87.3%，在–0.9 V)。

其他一些研究也报道了 $Cu^0$位点与 $CH_4$ 高选择性具有很强的相关性。研究表明，Cu 氧化物衍生催化剂表面具有 $Cu^+$与 $Cu^0$的混合价态，能够抑制 $CH_4$ 的产生，提高乙醇选择性。然而，将上述催化剂置于高负电势(<–0.95 V)下，催化剂表面完全转化为 $Cu^0$，这导致 $CH_4$ 成为产物中的主要成分。同样的实验结果也出现在 Cu 纳米立方体催化剂中；通过半定量的 XPS 表征技术，在 1 h 电催化反应以后，Cu 立方体催化剂表面从混合价态演变为 $Cu^0$为主的价态。这样的演变导致催化反应的主要产物从 $C_2H_4$ 转变为 $CH_4$(在 1.1 V)。以上研究诠释了氧化性的 $Cu^+$及金属态的 $Cu^0$在调控产物 CO/$HCOO^-$与 $CH_4$ 选择性方面的重要作用。

## 7.2.2 Cu 的晶面效应

Cu 单晶具有多个晶面，主要包括(111)、(110)、(100)等。Frese[17]通过计时电位测量法研究了每个 Cu 单晶面的催化性能，结果表明(111)晶面表现出最高的 $CH_4$ 选择性，而(100)晶面则表现出最低的 $CH_4$ 选择性。Hori 等[18]的研究也证明 Cu 的(100)晶面主要产生 $C_2H_4$ 和少量的 $CH_4$，然而 Cu 的(110)和(111)晶面则更倾向于形成 $CH_4$ 及少量的 $C_2H_4$。在所有研究过的 Cu 单晶电极中，产生 $C_2H_4$ 的过电势一般接近或低于产生 $CH_4$ 的过电势，在更高的过电势下，形成 $CH_4$ 成为主要的反应路径[19]。以上电势变化对产物选择性趋势的影响类似于多晶 Cu 的催化性能，即在 $CH_4$ 达到最大选择性后，在–1.1~–1.2 V 之后，$CO_2$ 还原的反应活性开始受到传质限制。

由于具有高能量密度和高附加值，液体含氧化合物被认为是最理想的 $CO_2$ 还原产物。在 Hori 等[18]的研究中，检测到电催化 $CO_2$ 还原的产物中有一些液体化合物，其中醇类及羧酸盐是最有价值的产物。在–1.0 V 附近，相对于产生甲酸，Cu 的(100)和(110)表面更倾向于形成醇类化合物，在 Cu(111)晶面则表现出相反的趋势。在–1.0 V 附近，Hori 等[18]与 Huang 等[19]报道了类似的产物分布趋势，即在较小的阴极电位下，产生的主要液体产物为甲酸；在低于–1.0 V 下，在所有的单晶 Cu 表面产生最高的是 $C_2H_4$，Huang 等[19]观察到产物中乙醇具有较高的法拉第效率。一个类似的趋势也出现在多晶 Cu 催化剂上。以上不同电势下，$CO_2$ 还原产物的分布表明，乙醇与 $C_2H_4$ 的形成有部分反应路径是重叠的。Hori 等[20-22]通过阶梯 Cu 单晶探究 Cu 晶面对气体产物/液体产物分布的影响，结果表明在 Cu(100)晶体表面，(111)或(110)阶晶可以导致乙醇法拉第效率的增加。Hori

的电催化活性具有很大影响。例如，通过 DFT 模拟证明，相对于 Cu 的(100)和(111)晶面，具有高密度表面晶阶位点的 Cu(211)晶面在电催化 CORR 产生 $CH_4$ 方面发挥显著作用。

如图 7.8(d)中所示的立方形 Cu 纳米颗粒被广泛合成。相对于多晶相 Cu，立方 Cu 纳米颗粒对 $C_{2+}$ 具有较强的选择性，这可归因于增加的(100)晶面。然而，有文献报道，立方 Cu 纳米颗粒在电催化过程中会发生较大的形貌转变，如发生立方体的结构缺失[5]。Li 团队[28]合成了具有丰富边缘结构的 Cu 纳米线。在–1.25 V 下，纳米线几乎全部催化 $CO_2$ 还原产生 $CH_4$。然而在纳米线的晶阶中，尚不清楚究竟哪一个晶面被暴露出来。值得注意的是，在–1.25 V 的高过电位下，多晶界 Cu 催化剂的产物也主要是 $CH_4$[29]。另外，在负电位超过–1.0 V 时，极化效应也开始影响面内多晶界 Cu 的催化活性，这意味着在较低的电位下，高比表面 Cu 纳米线电极将很有可能受到传质的限制[30]。因此，在一定电位下，测试新的 $CO_2$ 还原催化材料，排除传质限制也非常重要，只有这样才能获得催化剂的本征催化性能。

已有大量文献报道通过金属盐合成特定晶面 Cu 纳米颗粒。Wang 团队[31]报道了一种立方 Cu 纳米颗粒刻蚀方法，通过控制刻蚀的时间来调节不同形貌的 Cu 纳米颗粒。如图 7.9(c)和(d)所示，当刻蚀时间达到 12 h 以上时，Cu 纳米颗粒表现为菱形十二面体的形状，最先暴露出(110)晶面。在–0.8 V 电位下，该催化剂对烃类的选择性显著增强，同时减少 CO 的选择性，且没有任何液态产物产生。就反应活性和形貌的保持来说，稳定性是研究形貌效应时应该考虑的重要内容。Cu 催化剂尤其需要重视形貌变化，因为在电催化过程中，Cu 有很高的流动性，很可能发生 Cu 结构转变。为了解决 Cu 催化剂的这个问题，在电催化过程中立方 Cu 纳米颗粒的形貌及催化活性演变一直是亟待解决的关键问题。如图 7.9 所示，通过透射电镜，非原位监测不同反应时间下 Cu 纳米颗粒的形貌变

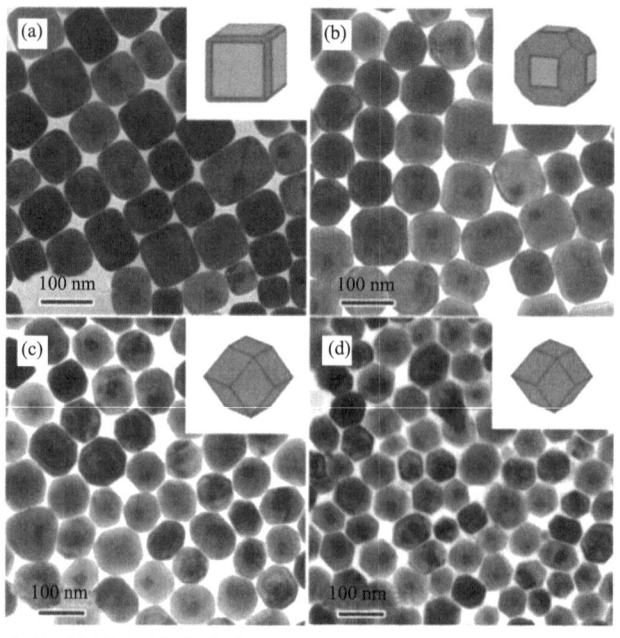

图 7.9 通过调控刻蚀时间转变立方 Cu 纳米颗粒为不同形貌的 Cu 纳米颗粒[31]
(a) 4 h；(b) 8 h；(c) 12 h；(d) 24 h

化，同时跟踪立方 Cu 催化剂的催化活性及产物分布的变化情况。结果表明，随着反应时间的延长，反应产 $H_2$ 活性增强，$CO_2$ 还原性能降低，Cu 纳米颗粒的形貌逐渐变得模糊。Cu 纳米颗粒形貌的变化可归因于吸附所诱导的 Cu 催化剂的重构。然而，对于催化剂的失活，形貌变化是否为直接原因或主要原因，目前研究没有给出直接的证据。在长时间的 $CO_2$ 还原催化测试中，高负电位下，极化的 Cu 电极不被污染有一定的难度，这也会对 Cu 催化剂的性能产生影响。另外，高负电位很有可能会使非平面 Cu 电极受到传质限制。

### 7.2.5 Cu 基合金催化剂

除了对纯 Cu 催化剂的形貌及价态进行调控，其他金属或氧化物的掺杂（即以合金的形式）也可以对 Cu 的催化性能进行调控。例如，$Ce(OH)_x$ 掺杂 Cu 后催化 $CO_2$ 还原产生甲醇的法拉第效率及活性明显增强，达到 43%，电流密度达到 128 $mA/cm^2$[32]。CuSe 合金也可以催化 $CO_2$ 还原产生甲醇，其电流密度为 41.5 $mA/cm^2$，法拉第效率可以达到 77.6%[33]。PdCu 合金催化剂催化 $CO_2$ 还原产生 C2 产物的法拉第效率可以达到 51%[34]。

### 7.2.6 非金属修饰 Cu 催化剂

为了控制 Cu 的表面价态及活性位点的稳定性。将痕量的 I 掺杂到 CuO 催化剂表面，调节 Cu 原子带正电，催化 $CO_2$ 还原产生乙烷，乙烷的法拉第效率可以达到 72%[35]。B 的掺杂可以调控催化剂表面的 $Cu^0$ 和 $Cu^{x+}$ 的比例，从而使 Cu 催化剂高稳定性地产生 C2 产物，C2 产物的法拉第效率可以达到 79%左右，催化剂在 40 h 测试后仍然表现出较高的活性[36]。

### 7.2.7 其他金属催化剂

相对于被广泛研究的 Cu 基催化剂，其他金属催化剂在 C1 产物方面也开展了较多的研究。正如前文所提到的，Ag 对 $CO_2$ 还原产物中的 CO 具有较高的选择性，为了更高效地提升 $CO_2$-CO 的催化活性，人们开始设计不同类型的 Ag 基催化剂，研究 Ag 基催化剂活性增强机理。例如，研究 Ag 的晶面对电催化 $CO_2$ 还原产生 CO 的影响。研究结果表明，相对于(111)和(100)晶面，Ag 的(110)晶面(具有高密度的未配合 Ag 位点)表现出更高的活性，这主要归因于 Ag 原子与反应中间体较高的结合趋势和极化中间体增强的电场稳定性[37]。单金属 Au 或者合金结构也可以催化 $CO_2$ 还原高选择性地产生 CO。例如，Pd 金属的加入，可以使 Au 在低过电势下，高选择性地产生 CO(在–0.35 V，CO 法拉第效率约为 80%)[38]。金属 Bi 常被用于催化 $CO_2$ 还原产生甲酸盐，例如 Bi 纳米片[39]、磷酸铋纳米片等。Bi 基电催化剂在高电流密度下的法拉第效率可达 90%，因此在制备甲酸方面具有较好的工业应用前景。其他一些过渡金属如 Fe[40]等也被制备成单原子催化剂或者金属合金催化剂，但是该类金属催化 $CO_2$ 还原的产物往往是 CO。

## 7.3 非金属催化剂

除了金属催化剂，非金属催化剂也有广泛的研究。非金属催化剂主要是指多种碳纳米材料，包括富勒烯、碳纳米管、石墨烯、石墨烯量子点、金刚石等（图7.10）。在多种碳纳米材料中，以石墨烯最具有代表性。这是因为石墨烯具有独特的微纳结构，其是由单层碳原子组成的形态规则、连续、蜂窝状的二维材料，具有优异的物理、化学、光学特性，如高导电性、高机械强度、高杨氏模量、高比表面积等。

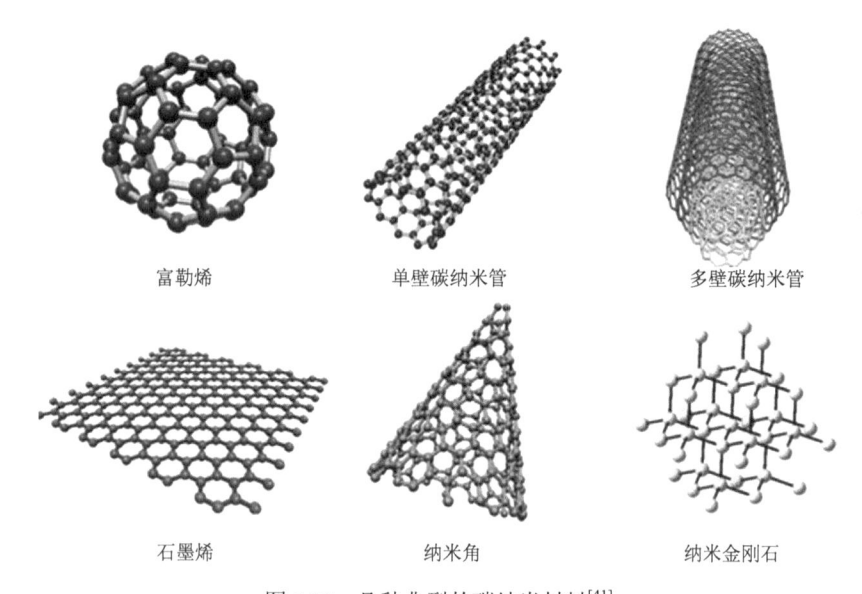

图7.10 几种典型的碳纳米材料[41]

相对于金属催化剂，碳基催化剂具有以下优势：①丰富的储量；②发达的孔道结构和大比表面积有助于吸附和还原更多的$CO_2$，另外也有助于电解液的快速渗透，增强传质能力；③有更强的耐酸、耐碱、耐高温性质，且环境友好；④具有良好的导电性，可以降低电催化$CO_2$还原过程中的电能损耗。

碳纳米材料（如石墨烯）的高稳定性来自于稳定的原子排列结构，即碳原子为$sp^2$杂化，离域的2p电子可以彼此间形成大π键将碳原子相互连接起来。这种结构使得石墨烯具有化学惰性表面、高疏水性、无带隙、片层表面光滑等特性，导致$CO_2$分子或反应中间体很难吸附在石墨烯表面。未改性石墨烯碳原子具有很强的电化学惰性，其对$CO_2$的活化能力几乎可以忽略不计。因此要使碳材料具有催化活性，必须对其碳骨架结构进行改性，使其局域电子重新分布。目前对于碳材料电子结构的改性研究已经广泛开展，所获得的碳基催化剂也应用于多种化学反应过程，例如氧还原反应（oxygen reduction reaction，ORR）、析氢反应（hydrogen evolution reaction，HER）、氧析出反应（oxygen evolution reaction，OER）、氮气还原反应（nitrogen reduction reaction，$N_2$RR）等。

杂原子（如B、N、S等）进入碳框架后，可以极大地增强碳原子的电化学活性，这主要是因为一种、两种或多种杂元素的掺杂可以改变 C 原子的电子结构，使其表现出最优的载流子浓度，因此也就形成了大量的催化位点。由于杂原子掺杂过程简单，目前已经有大量论文报道杂原子的掺杂方法，最典型的方法就是化学掺杂法及后处理掺杂法。

掺杂法主要是指在碳纳米材料平面内或缺陷处，用杂原子（如 B、N、S、P、F 等）取代 C 原子，以形成 C 原子与杂原子的共价键结构。由于杂原子具有不同的电子结构、原子尺寸、电负性等，对邻近 C 原子的电子结构具有很好的调控作用。因此，可以通过改变杂原子的掺杂量或杂原子的种类（如将两种或三种杂原子同时掺杂到石墨烯中）有效地调控碳纳米材料的带隙结构，如 N、B[图 7.11(a)]或 S、N[图 7.11(b)]共掺杂石墨烯[42-44]，以及 N、S、P 三元共掺杂石墨烯[图 7.11(c)][45]。相对于一种杂元素掺杂，多种杂元素掺杂通常会表现出更高的催化活性。例如，相对于 N 掺杂碳气凝胶，N、S 共掺杂多孔碳纳米纤维催化 $CO_2$ 还原表现出高活性，其 CO 的法拉第效率为 94%，CO 的电流密度为 103 mA/cm$^2$[46]。

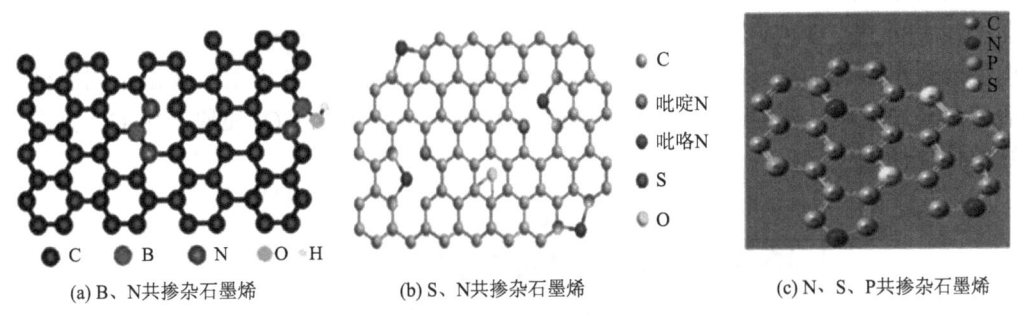

(a) B、N共掺杂石墨烯　　(b) S、N共掺杂石墨烯　　(c) N、S、P共掺杂石墨烯

图 7.11　杂元素掺杂改性石墨烯结构示意图[42-44]

从改性的成本、过程、产量及改性石墨烯的稳定性来考虑，杂元素掺杂法是应用最广、成本最低的石墨烯改性方法。目前报道较多的用于改性石墨烯的杂原子主要包括 B、N、S、P、F 等。其中氮元素是研究最为广泛的杂元素。另外，其他杂元素如卤族元素（如 Cl、Br、I）也有少量的研究报道。除了杂元素掺杂到碳晶格平面内，将一些含氧官能团（包括羟基、环氧基及羧基）修饰到碳材料的边缘或缺陷处，也可以调节 C 原子的电子结构，从而获得一些新的催化性能。如在电催化 $CO_2$ 还原产物中，含氧官能团修饰的单层石墨纳米片对甲酸具有接近 100%的选择性，其法拉第效率达到 90%左右[47]。

## 7.3.1　氮掺杂碳纳米材料

天然的碳纳米材料具有稳定的 sp$^2$ 杂化 C 结构，这导致其对 $CO_2$ 的还原过程具有很少的催化位点，因此要增加碳材料的表面活性位点就必须对 C 原子的电子结构进行调控。其中，供电子或吸电子杂元素的掺杂可以极大地调控碳材料表面的电子结构，进而调控其对 $CO_2$ 的电催化性能。石墨烯独特的碳原子排列结构，已被证明是理想的元素掺杂型材料研究模型及理论计算模型。

N 原子被认为是碳材料理想的掺杂原子，主要表现出以下几点优势：

地还原 $CO_2$ 产生 $CH_4$，其法拉第效率达到 70%，$CH_4$ 的电流密度达到 200 $mA/cm^2$[63]。相对于石墨烯量子点只有几层石墨烯结构，碳点主要是一类 10 nm 以下尺寸的碳纳米颗粒，在纳米颗粒中包含不同结晶度的碳核及不同官能团的表面化学组成。通过官能团的修饰(如—OH、—$NH_2$)，可以成功调节活性位点的电荷密度，从而调节电催化 $CO_2$ 还原活性和选择性。

杂原子掺杂是碳材料缺陷类型的一种，即引入额外缺陷；另一种材料缺陷则称为本征缺陷，由石墨烯上非 $sp^2$ 轨道杂化的碳原子所组成，通常是本身所在的，或者周围的碳六元环中缺少或多出碳原子所导致，因此在原子分辨率下通常可以观察到明显的非六元碳环甚至点域或者线域的空洞。石墨烯的本征缺陷可分为五类：点缺陷、单空穴缺陷、多重空穴缺陷、线缺陷和面外碳原子引入的缺陷。缺陷的引入，可以在邻近 C 原子上产生新的电荷分布，这就使该 C 原子成为电催化 $CO_2$ 还原的催化位点。例如，缺陷型多孔碳催化剂，不含有杂元素掺杂位点，在 0.1 mol/L $KHCO_3$ 电解液中，电催化 $CO_2$ 还原过程对 CO 的法拉第效率达到 94.5%，理论模拟也证明了碳平面内形成的五元、八元环上的 $sp^2$ C 是主要的催化位点[64]。

## 7.4 电催化 $CO_2$ 还原的实验装置、评价方法及影响因素

### 7.4.1 反应装置的影响

除了高效催化剂的设计及制备，要实现 $CO_2$ 的高效率转化，还需要设计高效的催化转化装置。相对于催化剂的研究，对于催化装置的研究较少。目前，发表的文章中 H 型电解池(图 7.17)是应用最多的催化装置。

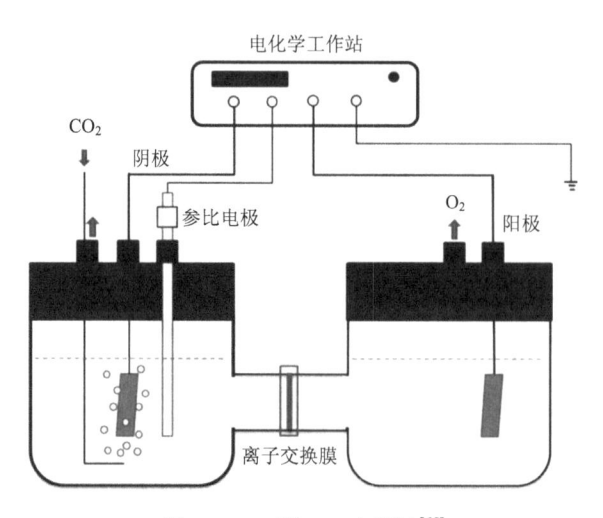

图 7.17 H 型 $CO_2$ 电解池[65]

从概念上来讲，反应器可直接将阴极、阳极及电解液置于同一反应室中[图 7.18(a)][66]。但是，在实际测试过程中，为了防止阴极生成的产物扩散到阳极上发生阳极氧化反应，常在阴极、阳极之间增加一个离子交换膜[图 7.18(b)和(c)]。其中，

图 7.18(b-1)是目前文献中最常用的 H 型电解池(与图 7.17 一样),这类反应装置通常用在基础实验研究阶段,如表征电催化剂的选择性及稳定性。通常测试得到的电流密度仅为几十 mA/cm², 所以该装置很难用于大规模的工业化生产过程。

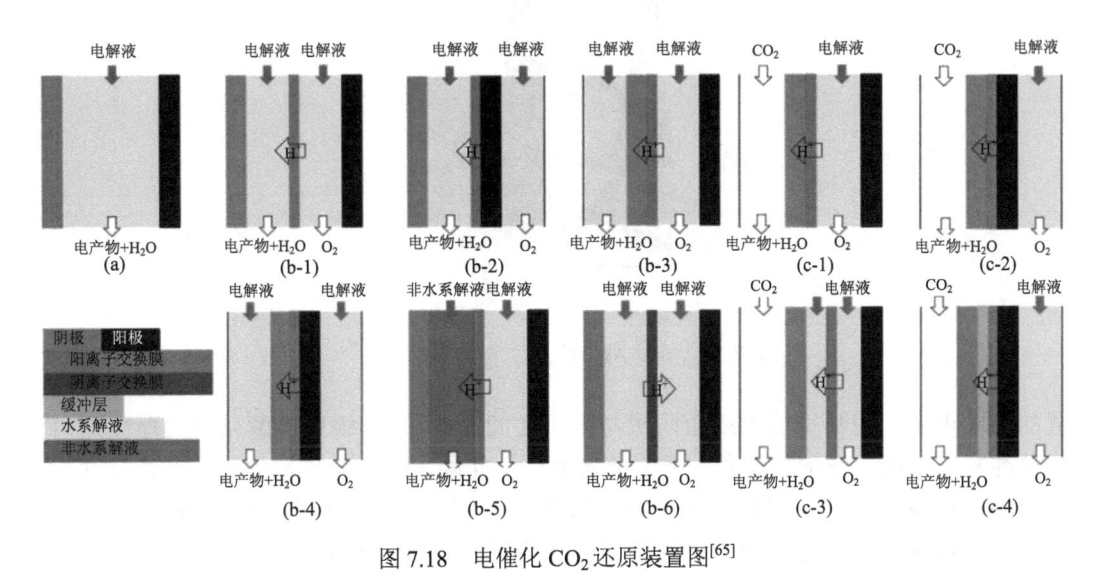

图 7.18 电催化 $CO_2$ 还原装置图[65]

(a)常用反应器; (b)处理含有 $CO_2$ 液体的反应器; (c)直接处理 $CO_2$ 气体反应器

为了提高 $CO_2$ 的反应速率,需要提高 $CO_2$ 气体的传质速率,通常选择高浓度的 $CO_2$ 气体,持续不断地通入阴极电解液[图 7.18(b)],同时直接将产生的气态产物带走。当发生 $CO_2$ 还原反应时,阴极电解液中的 $CO_2$ 气体仍具有较低的传质速率。为了解决这个问题,目前采用的主要方法是将催化剂涂布到气体扩散电极上[如图 7.18(c)和实物图图 7.19],从而保证在催化剂界面处始终维持高浓度的 $CO_2$,且保持接触良好的气-液-固三相催化界面。图 7.20 给出了典型的气体扩散装置中催化剂的具体位置,其中 Ag 作为电催化剂涂布在气体扩散电极的导电层上,直接与电解液接触,另一侧则与气体扩散层接触。这种设计可以保证在 Ag 催化剂表面具有良好的气-液-固催化界面,提高了反应速率。同时,还能够降低电子在体系中的传递速度(即降低电阻)。为了降低装

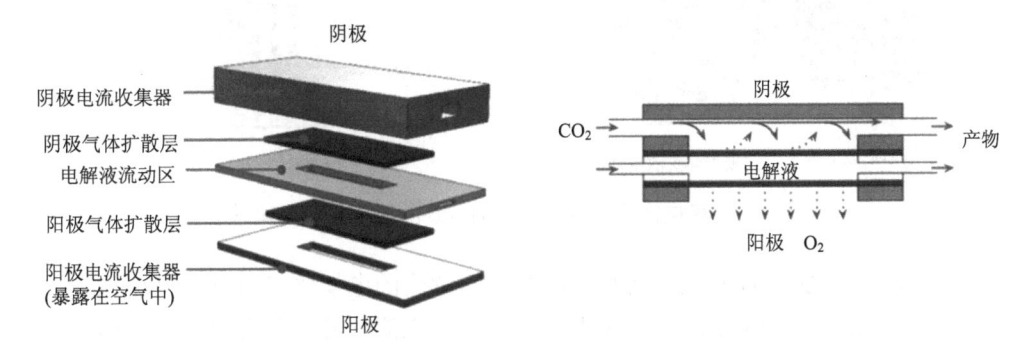

图 7.19 微流体电催化 $CO_2$ 还原装置及其工作原理[67]

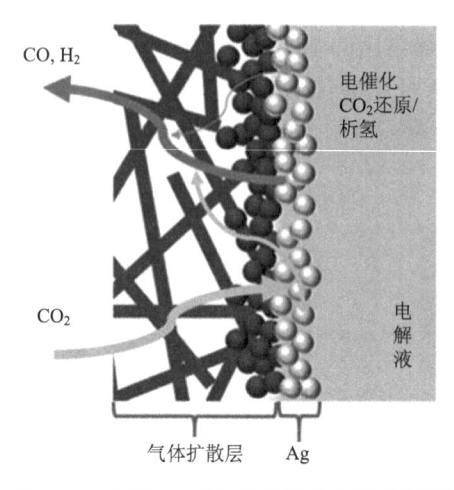

图 7.20　负载 Ag 的气体扩散电极结构图[68]

置的整体电阻，应尽可能地缩短阴极与阳极之间的距离(即缩短电解质层的厚度)。如果单纯降低阴极电解液的体积，则会带来另一个问题，即 $CO_2$ 还原的液体产物(如醇类或酸类)会不断地积累，短时间内将达到较高的浓度，这抑制了 $CO_2$ 还原反应的继续进行。为了避免上述问题的出现，目前采用的方法是通过蠕动泵在阴极侧持续不断地通入电解液。

膜电极装置(membrane electrode assembly，MEA)(图 7.21)的提出是基于低温水分解装置和燃料电池装置。在 MEA 中，$CO_2$ 以气相的形式被输送到阴极。在阳极发生析氧反应。阴极和阳极反应被聚合物电解质膜(polymer electrolyte membrane，PEM)隔开，PEM 可以促进离子的快速导通，同时又可以避免产物交叉。具有丰富孔结构的气体扩散层(gas diffusion layers，GDL)负载催化剂，GDL 位于电极和隔膜之间，可以延长 $CO_2$ 分子与催化剂间的接触时间，这可以大大提高电催化 $CO_2$ 还原的反应速率。

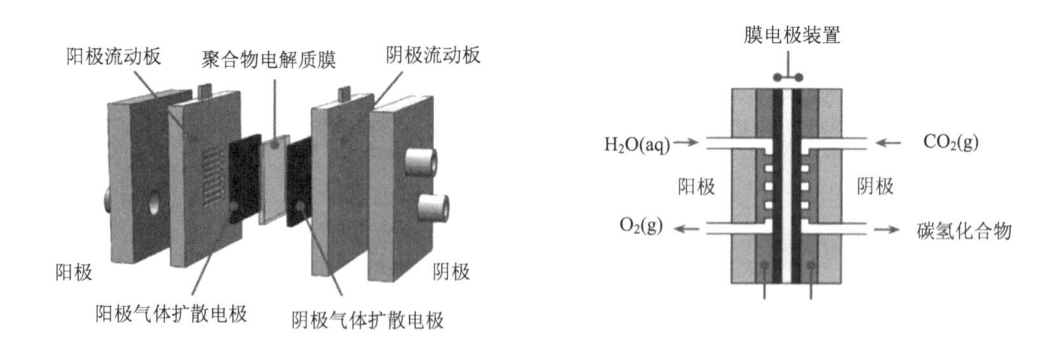

图 7.21　膜电极装置(MEA)结构示意图及其工作原理[67]

$CO_2$ 本征的低扩散性及低水溶解性限制了间歇式的电催化 $CO_2$ 还原反应能力，如图 7.22 所示。这样的传质限制导致液相 $CO_2$ 还原的电流密度只有约 30 mA/cm$^2$，这表明现有的水氧化催化技术和 $CO_2$ 电解槽设计之间的脱节[对比图 7.22(a)和(b)][69]。前文描述的气体扩散电极装置(图 7.19)可以在一定程度上缓解传质限制，即持续不断地将电解液输送到 GDL 的催化剂上。但是在室温条件下，电解液中 $CO_2$ 的浓度一直是主要的限制因素。一个潜在的方法就是输送气体 $CO_2$ 到阴极，增加在阴极可反应的 $CO_2$ 分子浓度，利用湿化的气体 $CO_2$[70][图 7.22(c)]。

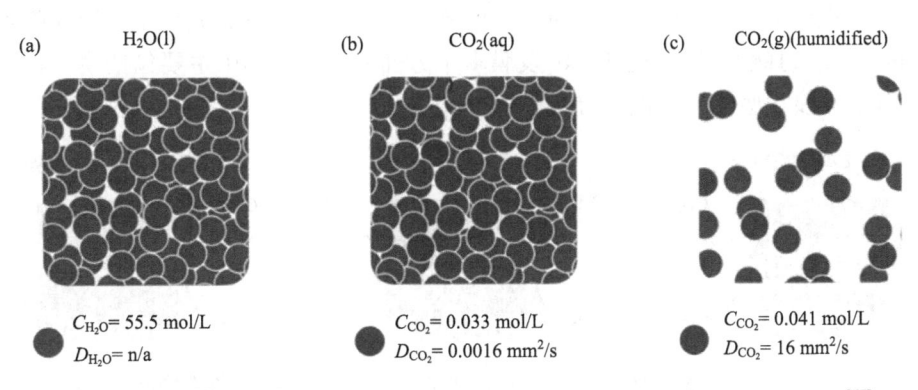

图 7.22 室温常压下不同条件下 $H_2O$ 和 $CO_2$ 相对饱和浓度($C$)及扩散系数($D$)[67]

(a)水，n/a 表示无扩散系数；(b)液体中的 $CO_2$；(c)加湿的 $CO_2$

### 7.4.2 气体扩散层的影响

气体扩散层电极是一个多孔材料，包括高密度排列的碳纤维(如碳纸或碳布)和更紧密堆积的微孔层(如碳纳米纤维或压实的碳粉)。在电化学反应过程中，固定在 GDL 上的催化剂可以通过延长反应底物与催化位点的接触时间增加反应的电流密度。在电催化 $CO_2$ 还原的气体扩散电极装置中，阴极使用 GDL 电极是增加电流密度必不可少的条件。阳极也可能包含一个 GDL 支撑的电催化剂，然而有些报道使用非碳的气体扩散材料来催化阳极的析氧反应过程，如使用泡沫 Ni。在电催化 $CO_2$ 还原的 MEA 中，阴阳两极的 GDL/催化剂材料被置于 PEM 的两侧，以上结构以三明治的形式置于阴阳两极的集流片上。在一个 $CO_2$ 气相反应器中，催化剂进行的是一个气-液-固三相的界面质子耦合电子转移反应，其中气相 $CO_2$ 和液相 $H_2O$ 在固体催化剂表面发生反应形成产物(可能是穿过 PEM 膜的物质，如 $OH^-$；或者是从反应装置中排出的物质，如 CO)。一系列研究证明，调控 GDL 的不同性质会影响 $CO_2$ 还原装置的电化学性能。GDL 的调控涉及多个材料性质，包括孔结构、亲疏水性、导电性、物理强度等，以上性质都可以通过选择合适的材料或制备方法进行调控[71]。调控后 GDL 的测试实验是通过 $CO_2$ 流动电解装置完成的，即将制备的 GDL/催化剂置于气相 $CO_2$ 气流和流动的电解液界面处。Ag 纳米颗粒作为催化剂，可以负载到不同改性的 GDL 上。阴极的电流密度及法拉第效率证明，GDL 的制备方法、结构、孔特性及 PTFE 含量等，都会影响电催化 $CO_2$ 还原的性能。上述方法为探究 GDL 对电催化 $CO_2$ 还原流动电解池的影响提供了一个有价值的研究基础。

### 7.4.3 电解装置隔膜的影响

聚合物电解质膜(PEM)可以将电解池的阴极和阳极分开，调节不同离子从一极到另一极的移动，同时可以阻止两极产物间相互交叉。目前，用于气相 $CO_2$ 流动电解池的主要有三类膜：阳离子(或质子)交换膜(cation exchange membranes, CEM)、阴离子交换膜(anion exchange membranes, AEM)、两性膜(bipolar membranes, BPM)。如图 7.23 所示，每一种膜都会促进电解池阴阳两极之间不同离子的传输。不同类型的膜对不同离子的传输效率已经在水分解反应中被广泛研究，但是在 $CO_2$ 还原领域研究较少。探究膜对 $CO_2$ 还原的效率及选择性的作用机理，涉及膜多个方面的性质，其中主要包括膜上官能团的浓度、膜的厚度、吸水率、离子导电率等[72]。

图 7.23　在 $CO_2$ 还原产生 CO 电解池中不同类型的离子在三种类型的聚合物电解液隔膜下的传输路径[67]

膜应当与电解池两侧的电解液条件相适应，包括电解液的 pH、浓度、离子类型等，合适的膜可以调控水和离子的有效传输，也可以促进在电极表面发生的质子耦合电子传导反应。相反，不合适的膜或电解液条件会产生低效率的传输或调节过程。例如，在气相 $CO_2$ 电解池中，阴极缺乏饱和的液体电解液将会导致在离子传输和调节电极表面 pH 等方面面临巨大挑战。本小节的其余内容描述了三种类型的质子交换膜在 $CO_2$ 流动反应器应用中的优缺点。

如图 7.23(a)所示，CEM(如 Nafion)可以促进阳离子从阳极流动到阴极的传输。Newman 等报道了使用 Nafion 膜的 $CO_2$ 流动电解池，主要是气相催化 $CO_2$ 还原产生 CO。这是第一个在室温、常压下通过 PEM 基的流动电解池发生的气相 $CO_2$ 还原[73]。为了抑制 $H_2$ 的形成，一种轻度碱性的水溶性电解液(1 mol/L $KHCO_3$)被加入到膜与阴极 GDL 之间。经过测试发现，在 100 mA/cm$^2$ 的电流密度下，CO 产生的法拉第效率可以达到 20%，但是，电解过程仅仅了维持几个小时的稳定。这些结果证明在气相 $CO_2$ 流动电解池中，水和离子调节是需要考虑的关键因素。

如图 7.23(b)所示，阴离子交换膜(AEM)调节阴离子(如 $OH^-$)从阴极流动到阳极。相对于 CEM 体系，这样的离子传输机制可能更加适合 $CO_2$ 还原，因为在没有 $H^+$ 传输到阴极的情况下，电催化 $CO_2$ 还原可以持续发生。在 $CO_2$ 反应器中，$OH^-$ 可以与 $CO_2$ 快速反应，形成 $HCO_3^-$ 和 $CO_3^{2-}$。AEM 将会促进 $HCO_3^-$ 和 $CO_3^{2-}$ 从阴极到阳极进行传输，但是相对于 $OH^-$，$HCO_3^-$ 和 $CO_3^{2-}$ 具有较低的离子流动性，因为 $HCO_3^-$ 和 $CO_3^{2-}$ 大离子的形成会抑制膜的离子传输能力，最终降低 $CO_2$ 的还原效率[74]。另外，$HCO_3^-$ 和 $CO_3^{2-}$ 大离子从阴极到阳极的传输也会降低整个电解池的效率，因为 $CO_2$ 被不断从阴极表面传输走($CO_2$ 本应该在阴极表面发生还原反应)。尽管如此，目前性能最好的 $CO_2$ 流动电解池使用的是 AEM。Masel 等通过使用 N-甲基咪唑-苯乙烯共聚物为 AEM 材料(促进 $HCO_3^-$ 离子的传输)，设计了一个 $CO_2$ 还原气相反应体系。该体系可以在 3.0 V 时取得高达 200 mA/cm$^2$

的电流密度，CO 的法拉第效率可以达到 98%，并获得较高的装置稳定性(在 50 mA/cm²、3.0 V 下持续电解 4500 h，CO 法拉第效率约为 90%)[75]。在这种条件下，通过加湿的 $CO_2$ 气流来补充反应消耗的气体 $CO_2$，这也证明了在电解池发生气相电解反应时，充足的水合作用对气体 $CO_2$ 反应的重要性。

两性膜(BPM)作为第三类 PEM，也已经被应用到 $CO_2$ 还原中。如图 7.23(c)所示，在施加反向偏压下，BPM 可以促进水解离成离子对，驱使 $OH^-$ 迁移到阳极，驱使 $H^+$ 到阴极[76]。相对于 AEM 和 CEM，以上机理为 BPM 的使用提供了一个明显的优势，即控制电解池电极两侧保持稳定的 pH，从而能够利用低廉的阳极和阴极催化剂材料[77, 78]。在气相 $CO_2$ 流动电解池中，BPM 已经被证明能够在高电流密度下进行持续 $CO_2$ 电解过程。一个强碱性阳极液(1 mol/L NaOH)及用作阳极催化剂的泡沫 Ni 被同时使用。在 BPM 和阴极 GDL 之间有一个固体支撑的中性水层，该水层对于电解池的高性能应用是不可缺少的，因为该水层可以在 BPM 阴极侧保持充分的水合作用[73]。为了维持持续不断的 $CO_2$ 电解过程，在进入电解池之前，加湿的气相 $CO_2$ 可以延长固体支撑层水合作用的时间。以上装置的反应条件，实现了稳定的气相 $CO_2$ 还原催化性能，在 3.4 V、100 mA/cm² 的电流密度下，能够保持 24 h 的电解过程，并维持稳定的 CO 法拉第效率(约 65%)[79]。但是，我们也应该注意到 BPM 存在的缺点，即需要提供很高的膜电压，这降低了体系总体的电能利用率[76]。

基于以上对 CEM、AEM、BPM 的概述，为了进一步优化气相 $CO_2$ 流动电解装置，PEM 材料的设计与合成还有很多内容需要研究，这也是实现电催化 $CO_2$ 还原工业化应用的一个重要研究课题。

### 7.4.4 电解液类型的影响

1. 阴离子的影响

由于 $CO_3^{2-}$ 碳酸盐-$H_2O$ 之间的平衡关系可以维持反应体系的中性 pH，所以目前报道的电催化 $CO_2$ 还原研究都使用 $KHCO_3$ 作为电解液。因此，关于电解液阴离子对 $CO_2$ 还原作用的研究比较少。有研究表明，在不同电解液的恒电流电解反应中，碳氢化合物和醇类在 KCl、$KClO_4$、$K_2SO_4$ 和稀的 $KHCO_3$ 电解液中容易形成。然而，$H_2$ 在 $K_2HPO_4$ 溶液中更容易形成[80, 81]。碳氢化合物和醇类容易形成可归结于催化剂表面形成了较高的 pH。因此，在没有 pH 缓冲作用的电解液或稀的 $KHCO_3$ 中，电解过程会导致较高的 pH。相对于析氢反应的发生及 C1 产物的形成[80, 81]，高 pH 使得电解过程更有利于 $CO_2$ 还原和 $C_{2+}$ 产物的形成。改变 $KHCO_3$ 浓度对电催化 $CO_2$ 还原性能影响的研究也得出了相同的结论，随着 $KHCO_3$ 浓度的增加，电催化 $CO_2$ 还原形成 $H_2$ 和 $CH_4$ 的产率增加，这再次证明了局部酸碱值对电催化 $CO_2$ 还原反应路径的调控作用[82, 83]。

然而，近期的一些研究发现，随着阴离子缓冲能力的变化，单纯用电催化剂表面附近 pH 的改变不足以解释观察到的电催化 $CO_2$ 还原反应活性及选择性的不同。相反，有研究者提出性能的差异来自于缓冲性阴离子直接提供 H 到电极表面的能力[84]。水被认为是 $CO_2$ 还原中提供质子源的物质。但是，相对于水，具有更低 $pK_a$ 值的缓冲阴离子也可以作为质子供体。因此，质子源的改变将会影响反应决定步中涉及质子转移的反应过程，如 $H_2$ 和 $CH_4$ 作为反应产物。研究表明，随着缓冲阴离子 $pK_a$ 值的降低，$H_2$ 和 $CH_4$ 的反应活性均会增加，而非缓冲性阴离子电解液对反应活性则没有任何影响。所以，阴离子的种类对于 CO、$HCOO^-$、$C_{2+}$ 产物的形成会产生影响[84]。以上研究也表明，随着 $pK_a$ 值的降低，缓冲性阴离子作为质子供体的有效性增加。所以，今后的研究应设法在更广泛的电势范围内探究阴离子的影响，以避免质子传输成为影响因素。在电催化 $CO_2$ 还原过程中，$HCO_3^-$ 的耗尽可能对 HER 施加一个传质限制，限制这种缓冲阴离子作为质子供体的能力。特别是在抑制扩散的介孔催化电极上，这种传质限制可以减缓 HER 的反应速率，直到有足够高的过电势。

除了作为 pH 缓冲液和质子供体，近期的研究也讨论了 $HCO_3^-$ 作为 $CO_2$ 供体的可能性[85-87]。通过使用多种原位光谱表征技术，研究者提出了电催化 $CO_2$ 还原的 $CO_2$ 源来自于 $CO_2$ 分子与 $HCO_3^-$ 阴离子之间的动态平衡，而不是通入电解液里的气体 $CO_2$ 分子[85, 86]。然而，以上假设的提出是基于 $CO_2$ 与 $HCO_3^-$ 之间的快速平衡，这可能不是真实的情况，因为其他平衡反应的速率常数要比它大好几个数量级，不可能实现快速平衡[87]。随着电催化 $CO_2$ 还原原位光谱表征技术的不断进步，针对 $HCO_3^-$ 作用的研究将有可能成为下一个研究热点。值得注意的是，卤族阴离子对 Cu 基催化剂的性能也有显著影响[12, 88-92]。一些研究表明，卤族阴离子可以特异性地吸附到 Cu 的表面，改变 Cu 表面的电荷密度及 $CO_2$ 还原的产物选择性，同时可以抑制 HER 反应[92]。也有研究表明，卤族阴离子的存在主要会引起 Cu 表面微结构及形貌的改变，特别是卤族离子存在的氧化还原循环法，被认为是一个增加 $C_{2+}$ 产物选择性的有效策略[88-90]。因此，$CO_2$ 还原催化过程中的卤族阴离子与催化剂的相互作用关系是未来研究的另一个重要方向。

2. 阳离子的影响

目前，也有一些文献报道了电解液中的碱金属阳离子对电催化 $CO_2$ 还原活性和选择性的作用。最开始的报道表明，阳离子的尺寸对多晶 Cu 催化 CO 的选择性具有较强影响，即随着阳离子尺寸的增加 $C_{2+}$ 产物的选择性增加，同时 HER 选择性降低[93]。之后的一系列研究，从实验上证实和拓展了上述结论。虽然实验结果中阳离子尺寸对 $CO_2$ 还原的催化作用趋势总体是一致的，但是也有一些异常的实验结果是阳离子效应所不能解释的。基于 Frumkin 理论[94]，Murata 和 Hori 进一步通过外亥姆霍兹面 (outer Helmholtz plane, OHP) 电势差来解释选择性随阳离子尺寸的变化。其中，随着阳离子尺寸增加而增加的比吸附性（即大尺寸阳离子具有较低的水合数）[93]导致 OHP 电势将移向更正的值。然而，近期的理论研究表明碱金属阳离子的比吸附性不适用于电催化 $CO_2$ 还原的反应条件，主要是因为碱金属离子在过渡金属催化电极上的极负电位导致阳离子表现出较低的比吸附性。另外，通过表面 X 射线散射表征，在进行电催化 $CO_2$ 还原过程中，电极附近的碱金属阳离子与催化电极表面主要是非共价键的相互作用，这表明阳离子没有被吸附到电极上，并且在电极-电解液界面处仍保持部分溶解状态。另外，DFT 模拟结果证明阳离子的溶剂化有助于增加阳离子的比吸附性。例如，在高负电位和 pH 条件下（提高溶剂化的条件），低水合数 $K^+$（即高比吸附性）的形成在热力学上是有利的[95]。由于电化学界面的复杂性，很难确定碱金属阳离子与催化电极表面的相互作用程度。所以，从实验上确定阳离子对表面电化学过程的作用机理一直是一个具有挑战性的课题。

由于 Cu 是最具有代表性的 $CO_2$ 还原催化剂，故接下来的阳离子效应的论述将主要基于 Cu 基催化剂展开。在实际电催化 $CO_2$ 还原测试中，低指数面 Cu 的催化电势会低于零电势(约 0.7 V)[96]，所以在 Cu 催化剂电催化 $CO_2$ 还原过程中，阳离子应该聚集在 Cu 电极表面或附近区域。阳离子的聚集会导致 Cu 电极表面活性位点的堵塞，这会改变 $CO_2$ 分子与 Cu 电极的结合能，改变反应中间体在 Cu 电极表面的覆盖情况，最终影响重要反应产物形成过程中的能垒，导致 $CO_2$ 还原产物选择性的改变[95]。阳离子在 Cu 电极表面附近的聚集也可以提高电极附近的电场，因为在阳离子附近大约有–1 V/Å 的高电场(在 5 Å 范围内)存在。虽然电解液中阳离子在 $CO_2$ 还原电解过程中是稳定的，但是溶液中阳离子与阴极的静电相互作用会降低电极附近水分子的 $pK_a$ 值，这种 $pK_a$ 的降低程度随着碱金属阳离子的尺寸增加及阴极电势的增加而呈现出倍数的增强[97]。因此人们提出了更大尺寸的碱金属阳离子可以作为 pH 缓冲剂，补偿因为浓差极化所导致的局域 pH 增加，以维持局部 $CO_2$ 浓度更加接近于溶液总体浓度。以上关于碱金属阳离子尺寸效应的理论模型与实验测量结果具有一致性，但是应该注意到，实验过程会受到很强的传质限制。因此，这个理论模型不能用于解释以下有传质限制的 $CO_2$ 还原过程，即当不存在浓度极化的情况下，以及在 COR 反应过程中(因为 CO 浓度对 pH 的依赖性低)[98, 99]。

近期的一些研究也表明阳离子的主要作用是作为促进剂，稳定 $CO_2$RR/COR 过程中电极表面某些中间体，因为反应中间体可以与溶解的阳离子形成较好的静电相互作用[98, 99]。特别是，阳离子所构建的稳定的静电场会降低*$CO_2$的吸附能(*$CO_2$是 2e¯产物前驱)，进而促进 C—C 偶联形成*OCCO 或*OCCHO($C_{2+}$产物前驱)[98]。不仅仅是 Cu 基催化剂，在其他金属催化剂测试中也观察到了同样的现象，即 2e¯产物的选择性增强[98]。然而仅仅通过以上研究，并不能很好地证实阳离子尺寸与 $CO_2$ 还原产物选择性之间的相互关系。理论研究结果表明，在 OHP 上，相对于小尺寸，大尺寸的阳离子更加有利于水合作用。这表明随着阳离子尺寸的增加，更高浓度的阳离子将会堆积在 Cu 电极表面，这将会导致 Cu 电极附近具有更大的局域电场，进而降低*$CO_2$ 在催化位点的吸附能。基于以上理论模拟结果，研究者提出了同样的实验研究方案来验证阳离子与 $CO_2$ 还原产物中 C2 产物选择性的关系，即使用不同尺寸阳离子混合电解液，结果表明仅仅加入少量大尺寸阳离子就可以影响某些 C2 产物的形成速率，对 $C_2H_4$ 和 $C_2H_5OH$ 的电流密度可以增大 1 个数量级左右[98]。同时，傅里叶变换衰减全反射红外光谱法的相关研究也提供了大尺寸阳离子促进电催化 $CO_2$ 还原性能的证据，即随着阳离子尺寸增加，表面吸附的 CO 分子形成增强的界面静电场，这可以加速 CO 还原动力学行为，改变 C≡O 拉伸频率到较低的能量[100]。

关于一价碱金属阳离子的上述研究，可以通过二价或三价阳离子的作用进一步拓展。例如，在 Cu-Sn-Pb 合金催化电极上，电催化 $CO_2$ 还原反应速率随着阳离子尺寸和表面电荷的增加而增加(从 $Na^+$ 到 $La^{3+}$)[101]。在电催化 $CO_2$ 还原中，离子液体应用也引起了人们的兴趣，离子液体通过阻断催化剂表面的活性位点，可以稳定 $CO_2$ 还原过程反应中间体，有助于结合 $CO_2$ 分子，同时抑制 HER。如 Ag、$MoS_2$ 等催化剂表面在低电势下表现出增加的 CO(重要的反应中间体)选择性[102, 103]。虽然离子液体调控是一条有效的途径，但是电催化 $CO_2$ 还原过程中存在离子液体分解的问题，这可能增加产物检测的难度，也限制了规模化应用的可能性。

## 7.5 电催化 $CO_2$ 还原的前景及存在问题

将电催化 $CO_2$ 还原与绿色可再生能源相耦合是实现可持续能源经济的有效方法。这不仅可以提供石化化学品的替代品，也可以将风能、太阳能等所产生的电能储存为化学能。虽然文献报道的电催化 $CO_2$ 还原催化剂种类繁多，但是 Cu 基催化剂被认为是最有前景的，然而要真正实现 Cu 催化剂的低成本、规模化应用，还有很多工作需要完成。

由于复杂的电极/电解液界面，大部分的催化剂表征都是非原位技术，这很难得到直接证据来研究催化机理，如果有先进的原位表征技术，我们就可以对电催化 $CO_2$ 还原的关键点进行探究，包括在反应条件下，催化剂表面结构、组分、氧化价态等，这些先进表征技术对于更好地理解活性位点、阐明反应机制和验证理论研究结果具有非常高的参考价值。因此，开发和应用原位表征技术是以后 $CO_2$ 还原研究的一大趋势。

电化学界面理论模型的研究对于确定催化位点的结构、反应中间体、溶剂效应和离子促进效应具有重要的指导意义。虽然大部分的理论研究聚焦在分析反应热力学过程，但是如果要进一步地发展动力学模型，需要我们对覆盖率、活化能依赖性、pH 效应等的相互作用有更好的了解。机器学习算法的发展也为提高预测能力和发展筛选方法提供了机遇，这有助于新材料的发现，促进 $CO_2$ 还原催化剂的合理设计。对现有理论方法所得结论之间的协调、发展电化学界面电荷描述泛函，以及反应条件下基本步骤的动力学和反应势垒的评价等方面仍然存在挑战。输送效应的多尺度模拟对于更好地理解界面反应过程也是非常关键的，特别是对于高比表面催化剂和气相 $CO_2$ 电解反应器。以上理论研究的进一步开展，将有利于提高电催化 $CO_2$ 还原过程的实验与理论模拟结果的统一性。

在电催化 $CO_2$ 还原应用中，为了真正实现规模化、高选择性、高能量转化的合成燃料和化学品，必须研究真正有前景的电催化剂和电解装置。本节中提到的催化剂的纳米结构、碱性电解液、大尺寸碱性阳离子已经为降低过电势与高产物的选择性提供了一个研究方向。最需要注意的是，近年来，气体扩散电极装置和连续流动装置的发展取得了巨大的进步。例如，在高浓度碱性电解液下，在长达 150 h 的催化反应过程中，通过气体扩散电极装置可以实现约 70% 的 $C_2H_4$ 选择性，保持 75～100 mA/cm²，整个电解池的 $CO_2$ 转化为 $C_2H_4$ 的电能转化效率为 34%。虽然相对于电解水 60%～80% 的能量利用率，$CO_2$ 的电能转化率要小一些，但是考虑到电催化 $CO_2$ 的技术及产物价值的不同，以上差异也是合理的。因此，我们一方面要加大基础研究的力度，另一方面也要加快实际应用器件的开发。这包括优化组成器件的各部分，如上文讨论过的催化剂的种类、电极基底、隔膜及电解液等；操作条件的优化，包括气、液体的流速，温度，压力等；以及对现实工业操作条件的稳定性测试。例如，直接来自于商业产生的 $CO_2$ 源(如工业废气、沼气等)，其中混入的污染物会稀释 $CO_2$ 气流。可再生电能支持的电催化 $CO_2$ 还原过程可能会发生电能的中断或改变，如不稳定的风能和太阳能。另外，后期复杂产物的分离也会消耗一定的能量。

在水溶液反应体系中,与 $CO_2$ 还原竞争的 HER 一直是一个棘手问题。虽然,通过应用不同的电解液已经在提高 $CO_2$ 还原选择性方面取得了一些进展,但是一些研究者也提出了在非水溶液和固体聚合物电解液开展一些研究的建议。这里一直有一些新材料不断出现,如合金、单原子催化剂、碳材料、金属有机框架、共价有机框架,这些材料将成为新的 $CO_2$ 还原催化剂。近些年来,CORR 的研究不断增多,通过 CO 为反应底物,可以让我们更好地了解 $CO_2$ 还原的反应原理,同时也让我们对 COR 过程有一个深入的了解。如果可以开发出可行的 COR 催化剂,就可以构建分为两步的 $CO_2$ 还原串联反应系统,即第一步 $CO_2$ 还原产生 CO,第二步 CO 还原产生理想的碳氢化合物。以上设想目前已被辛辛那提大学的邹静杰课题组成功实现,即将 Ag 作为第一步反应催化剂,催化 $CO_2$ 还原高选择性地产生 CO 后,以 Cu 为催化剂完成第二步反应,再将 CO 还原为 $C_{2+}$ 产物[104]。另外,将 $CO_2$ 还原与其他类型的催化过程(生物、热等)相结合,也可能实现一些独特的协同效应。

## 7.6 $CO_2$ 光化学转化

### 7.6.1 $CO_2$ 光化学转化的意义

虽然电能是一种可再生能源,但是电能往往是通过化学能或机械能的转化获得的,属于二次能源。相对于电催化 $CO_2$ 还原使用电能驱动,直接利用可再生的太阳能驱动 $CO_2$ 还原产生含能分子也具有重要的应用前景。光催化 $CO_2$ 还原反应是利用太阳光的辐射能量驱动光催化剂进行的表面化学反应,即在水分子存在时,通过 $CO_2$ 光还原生产碳氢化合物。由于 $CO_2$ 在结构和热力学上的高稳定性,将 C=O 键断裂并转化为其他分子时需要很高的能量,所以 $CO_2$ 的这类转化反应一般都需要输入高能量。

相对于传统的 $CO_2$ 转化方法(如热催化,高温、高压条件),在高效光催化剂存在情况下,光催化反应可以在能量较低的室温条件下发生,如自然界中绿色植物所发生的光合作用。

### 7.6.2 $CO_2$ 光化学转化基本原理

光催化反应的基本原理为太阳光照射到光催化剂表面,激发催化剂产生载流子(电子和空穴),载流子在催化剂内部和表面迁移,可以与吸附到催化剂表面的反应底物分子进行氧化还原反应;然后,生成的产物从催化剂表面脱附下来,完成一个光催化反应循环。上述反应循环的每一个步骤共同决定了光催化反应的速率。另外,光催化剂尺寸大小、能带结构大小、晶体生长结构、缺陷、导电性、吸附性能及有无负载助催化剂等都会对上述多个反应步骤产生综合影响。

光催化 $CO_2$ 还原反应机理如图 7.24 所示。光激发催化剂在导带中产生电子,在价带中产生空穴;产生的电子会在催化剂表面迁移,将吸附的 $CO_2$ 还原产生不同的产物。光催化剂的类型不同,导致电子所处的能带不同,所以可以驱动 $CO_2$ 还原产生不同的产物,如 CO、CH₄、HCOOH、CH₃OH 等。价带上的空穴具有较强的氧化性，可以将 H₂O 氧化产生 O₂。总结起来光催化过程涉及三个过程：①半导体催化剂吸收光产生电子-空穴对；②电子-空穴对分离和在半导体催化剂内部及表面传输；③电子和空穴在催化剂表面发生 H₂O 氧化和 CO₂ 还原反应。

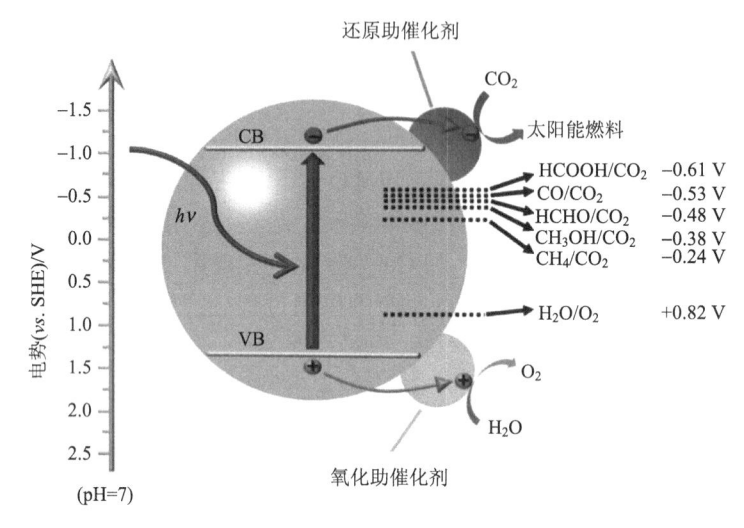

图 7.24　半导体光催化剂上负载还原和氧化助催化剂用于光催化 CO₂ 还原[105]

## 7.6.3　CO₂ 光化学转化的研究现状

与电催化 CO₂ 还原研究相同，光催化 CO₂ 还原的性能高低也与反应体系的搭建有密切的关系，包括反应器结构、光源的选取、反应介质及催化剂载体等。但是，从根本上来讲，光催化剂对 CO₂ 还原反应起最直接的影响。在光催化 CO₂ 还原过程中涉及多个速率控制步骤，包括反应物和产物的吸脱附速率、光激发催化剂产生载流子的速率、载流子在催化剂内部和表面的迁移速率，这几个速率限制步骤与光催化 CO₂ 还原的性能密切相关。要实现光催化 CO₂ 还原的商业化应用，要求光催化剂同时具有以下特性：制备简单、价格低廉、环保无毒、稳定性高、对光谱响应范围宽、具有合适的能带位置。但是，常见的光催化剂很难同时满足上述要求，所以对现有光催化剂进行改性，同时开发新型光催化剂就成为现阶段光催化 CO₂ 还原领域的研究热点。总结起来主要有三个研究方向：①拓宽光催化剂对太阳光谱的响应宽度；②有效地分离和传输电子-空穴对；③在半导体催化剂表面负载氧析出和/或 CO₂ 还原助催化剂，添加助催化剂可以促进光致电子-空穴对分离和传输，提高对 O₂ 析出及 CO₂ 还原的活性和选择性，增强光催化剂的稳定性及抑制副反应的发生。

在过去的几十年里，光致电子-空穴对产生及其迁移的研究已经取得巨大进步。例如，有很多新方法被用于制备具有宽带隙、可见光激发的半导体 CO₂ 光催化剂，如染料和量子点敏化剂、表面等离子增强、离子掺杂等。一些新的可见光响应的半导体也被应用到光催化 CO₂ 还原过程中，例如 ZnTe、石墨化氮化碳（g-C₃N₄）、BiVO₄、Cu₂O、InTaO₄、

CuFeO$_2$等。另外，为了更好地实现电子与空穴的分离，提出了不同的纳米化结构的光催化剂。例如纳米棒、纳米线、纳米管等。同时，为了促进电子-空穴的产生及迁移，不同的异质结也被提出，包括晶面同质结、晶相同质结、异质结等。

### 7.6.4 CO$_2$光化学转化催化剂种类及特点

设计和制备具有高选择性和活性的光催化剂是光催化CO$_2$还原技术的关键，也是科研人员努力的方向。目前常见的光催化剂有TiO$_2$、金属氧化物、硫化物、磷化物及无机半导体材料等。图7.25展示了一些常见半导体材料的能带位置。理论上，CO$_2$光还原过程涉及多步反应，反应中间体CO$_2^{*-}$的形成是第一步反应(也是速率控制步)，该过程需要较大的负电势(–1.9 V)，因此在实际光催化CO$_2$还原中，需要添加一个较高的过电势。图7.25中还展示了一些典型半导体的带隙位置及CO$_2$还原的标准还原电势。在光还原反应热力学上，半导体的导带边缘应该高于标准还原电势，对于光氧化反应的发生则应要求半导体的价带边缘在标准氧化电势以下。从图7.25中可以看到，所有的半导体导带结构中，光致电子没有足够的驱动力能够实现CO$_2$的一个电子的还原过程(还原为CO$_2^{*-}$)。CO$_2$分子在热力学上的激活难度导致光还原CO$_2$的低效率。因此，为了提高光催化剂的光催化活性及产物选择性，人们对催化剂进行了修饰，主要的光催化还原剂如下所述。

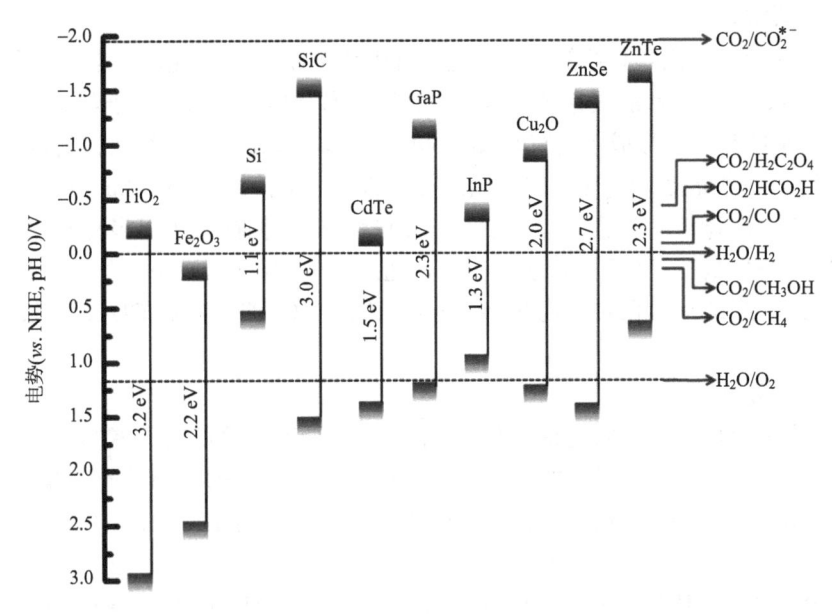

图7.25 一些半导体光催化剂的导带(上方方框)、价带(下方方框)及CO$_2$还原、水分解氧化还原电位(pH=0)[106]

1. TiO$_2$基光催化剂

与其他光催化剂相类似，TiO$_2$只能利用太阳光5%的紫外线部分，但是对CO$_2$的吸附及活化能力较强，所以TiO$_2$基光催化剂是目前研究最广泛的CO$_2$还原光催化剂，其中对四方相的锐钛矿和金红石相的 $TiO_2$ 研究较多,前者具有更高的催化活性,而后者具有较稳定的晶相。在研究 $TiO_2$ 光催化 $CO_2$ 还原过程中,通常利用纳米锐钛矿和金红石相 $TiO_2$,以水作为还原剂,光催化 $CO_2$ 还原产生 $CH_4$。锐钛矿型 $TiO_2$ 光催化剂载体、颗粒分散度、反应温度、$CO_2$ 和 $H_2O$ 的比例等对光催化到 $CO_2$ 还原的性能也有影响。而且,研究者通过电子自旋共振仪证实了+4 价和+3 价 Ti 之间的电子转移可实现 $CO_2$ 还原反应与 $H_2O$ 氧化反应。

1) 非金属掺杂

锐钛矿 $TiO_2$ 的禁带宽度为 3.2 eV,所以只能对紫外线产生响应。为了拓宽光谱响应范围,非金属掺杂是一种常用方法,包括掺杂 N、O、C、B、S 及卤素元素等。其中,N 掺杂改性效果最佳,如 Grimes 等以 N 掺杂的 $TiO_2$ 纳米管阵列(负载 Pt 助催化剂下)作为光催化剂。在实验室紫外灯照射下,改性 $TiO_2$ 催化剂光催化 $CO_2$ 还原产生 $CH_4$ 等碳氢化合物的产率超过一般未改性 $TiO_2$ 催化剂的 20 倍。与杂元素掺杂碳材料相类似,相对于单种杂元素掺杂,多种杂元素的共同掺杂可以进一步增强 $TiO_2$ 的光催化性能。催化增强机理可归因于杂元素掺杂取代少量 O,引起带尾拓展,减小了带隙值。目前,对于杂元素掺杂 $TiO_2$ 光催化反应的机理还不明确,同时杂元素掺杂后 $TiO_2$ 的光催化稳定性也出现了下降。

2) 贵金属沉积

金属的费米能级比半导体的低,当金属沉积到 $TiO_2$ 上时,光激发电子向金属迁移,直至 $TiO_2$ 与金属的费米能级相等。这导致金属表面富集了过量的电子,而半导体 $TiO_2$ 上富集了大量的空穴,形成了肖特基(Schottky)能垒,该结构可以有效抑制电子-空穴的复合,从而提高光催化 $CO_2$ 还原的性能。常用的贵金属有 Cu、Pt、Au、Ag 等,其中,Pt 负载的 $TiO_2$ 是研究最广的光催化 $CO_2$ 还原催化剂。人们提出了很多种 Pt 负载到 $TiO_2$ 上的方法,包括原位法和后掺杂法。例如,通过原位溶胶-凝胶电纺丝法,将 Au 和 Pt 共掺杂到 $TiO_2$ 纤维上。相对于纯 $TiO_2$,AuPt 改性 $TiO_2$ 催化剂对 $CO_2$ 还原过程有更高的活性[107]。

3) 半导体复合

不同半导体能级重合可以提高光致载流子的迁移率,从而降低电子-空穴之间的复合率,进而提高光催化活性。$TiO_2$ 较宽的禁带宽度(3.2 eV),导致 $TiO_2$ 需要与禁带宽度较窄的半导体进行复合,如禁带宽度较小的 II~VI 族二元化合物,即 ZnO、CdS、CdSe 等。

4) 敏化

劳氏紫、酞菁、玫瑰红等光敏材料可以通过化学吸附或物理吸附修饰 $TiO_2$ 表面,实现对 $TiO_2$ 的光敏化处理。光敏剂在光激发下产生的活性物质的电势比 $TiO_2$ 导带电势更低,可以将产生的电子注入 $TiO_2$ 的导带,从而扩大 $TiO_2$ 激发波长的范围。

5) 黑色 $TiO_2$

陈小波等首次通过在高压、连续 $H_2$、高温 200℃条件下,退火 5 天,将普通 $TiO_2$ 转化为黑色的 $TiO_2$ 纳米颗粒。黑色 $TiO_2$ 对光的吸收范围从紫外区域扩展到红外线区域,并且在可见光下的催化活性也大幅增强。黑色 $TiO_2$ 表面具有无序结构,内部仍为有序结构,这种类似的核壳结构引起 $TiO_2$ 的价带和导带出现连续带尾,其带隙宽度从 3.2 eV 缩减到 1.5 eV。

2. 金属硫化物

金属硫化物具有适宜的能带结构，即宽的光响应范围及快速的电荷载体动力学行为，导致它能高效地光催化 $CO_2$ 还原产生高价值产物。金属硫化物根据组成 S 和金属数量，可以分为二元硫化物（CdS、ZnS、$MoS_2$、$SnS_2$、$Bi_2S_3$、$In_2S_3$）、三元硫化物（$ZnIn_2S_4$、$CuInS_2$ 等）、四元硫化物（$Cu_2ZnSnS_4$ 等）[108]。为了提高金属硫化物的光催化活性及产物选择性，提出了一些改性方法，包括形貌控制、表面改性、助催化剂负载、异质结或复合结构的构建等。例如，通过形貌控制可以促进金属硫化物催化剂对光子的吸收，从而产生更多的激发电子。另外，形貌控制也可以暴露更多的催化位点，可以促进 $CO_2$ 分子的吸附及活化。构建 Z-型异质结可以驱动光生电子和空穴迁移到不同部分，同时 Z-型异质结也可以使光催化剂保持较强的氧化还原能力[109]。表面缺陷位置可以作为捕捉光生电子的活性位点，增加催化剂表面的电荷密度，从而促进催化反应的进行[110]。金属硫化物虽然具有宽的光响应范围及可调节的带隙宽度，但是还有一个问题需要进一步解决，即单纯的金属硫化物催化剂在光催化过程中会受到光生空穴和 $S_2^-$ 的光腐蚀。

3. 氮化碳类材料

石墨相氮化碳（$g-C_3N_4$）是由 C 原子与 N 原子共建键连接的二维层状材料，该材料在酸碱性条件下具有较高的稳定性，同时具有较窄的禁带宽度（2.7 eV），为潜在的光催化 $CO_2$ 还原催化剂。但是，该类材料也具有比表面积低、光生电子与空穴易复合、量子效率低等缺点。因此，要实现 $g-C_3N_4$ 的光催化应用，必须对其进行适当的改性。

形貌改性：较低的比表面积限制了 $g-C_3N_4$ 活性位点数量，从而限制了其催化活性。通过引入可调节的纳米孔结构（如软模板法、硬模板法）或改变制备工艺，人们合成了一系列高比表面积的 $g-C_3N_4$ 催化剂，包括纳米点、纳米片、纳米棒、空心球等。

1）掺杂改性

掺杂法可以将金属或非金属原子插入 $g-C_3N_4$ 平面内，这样可以产生晶体缺陷，可很好地抑制光生电子-空穴对的复合。另外，掺杂原子的原子轨道能够与 $g-C_3N_4$ 原有的分子轨道发生杂化，引起总体电子结构的改变，这导致 $g-C_3N_4$ 价带与导带位置的变化，从而达到调控的目的。

2）金属掺杂

金属掺杂（如 Cu、Ag、Au、Fe 等）入 $g-C_3N_4$ 中，可引起晶格缺陷。电子从金属原子上转移至邻近的 N 或 C 原子上，改变了 N、C 原子原有的电子密度，从而对 $g-C_3N_4$ 电子结构及能带位置产生影响。其催化机理如下：金属掺杂使 $g-C_3N_4$ 靠近导带底部的费米能级发生移动，而且掺杂金属原子轨道与 C 或 N 原子轨道发生杂化，形成一条新的原子轨道，这样就提高了催化剂的氧化还原能力，降低了 $CO_2$ 还原能垒。例如，Cu 掺杂改性 $g-C_3N_4$ 的电子分布和能带结构，促进了 $CO_2$ 在催化剂表面的吸附和活化，降低了反应活化能。将 Cu 掺杂到 $g-C_3N_4$ 纳米棒中，结果证明 $Cu^{2+}$ 的掺杂可以显著提高 $g-C_3N_4$ 催化 $CO_2$ 产生 $CH_4$ 的反应速率[111]。另外，研究报道，Pt 金属原子的掺杂量会改变 $CO_2$ 还原产物的选择性，如5%的Pt掺杂量得到的主要产物为$CH_4$和HCHO，当掺杂量为10%时，产物主要为$CH_4$[112]。

3) 杂元素掺杂

杂元素(包括B、S、O、P、F等)掺杂，可取代g-$C_3N_4$结构中的C、N、H元素，产生晶格缺陷。这可以抑制光催化过程中光生电子-空穴的复合，提高光催化$CO_2$的性能。理论和实验研究证明，S和O元素掺杂可以取代g-$C_3N_4$不同位置的N原子，并引起周围C—N键电子结构的变化，降低HOMO-LUMO能隙[113, 114]。S、O掺杂可以拓宽g-$C_3N_4$的光响应范围，增强光吸收能力。P元素掺杂可以取代g-$C_3N_4$中的C原子，表现为n型掺杂，P掺杂后g-$C_3N_4$的费米能级发生了明显位移，产生新的能带，这使得光催化$CO_2$还原速率明显提高[115]。

4) 构建p-n异质结

g-$C_3N_4$具有n型半导体特性，与p型半导体可以形成p-n异质结。两种异质结的结合过程使得费米能级逐渐靠近，在异质结两端会形成电场，促进光生电子-空穴对的分离，从而使光催化剂表现出较好的催化活性。其催化机理如下：g-$C_3N_4$费米能级靠近导带底部，而p型半导体的费米能级靠近价带的顶部，且前者的费米能级高于后者，这促进了g-$C_3N_4$的电子迁移到p型半导体中、p型半导体中的空穴迁移到g-$C_3N_4$中，所以形成了一个指向g-$C_3N_4$的内电场，促进了光生电子-空穴的分离。例如，将g-$C_3N_4$与$Bi_2WO_6$混合，通过高分辨率透射电镜可以观察到p-n型异质结的形成，当$Bi_2WO_6$掺杂量为10%时，相对于单独的g-$C_3N_4$和$Bi_2WO_6$光催化剂，p-n异质结型催化剂的催化活性分别提高了22倍和6.4倍。另外，异质结催化剂的光影响范围也从460 nm拓展到650 nm[116]。

4. 钙钛矿类材料

由于高活性、高稳定性及低成本的优势，过渡金属氧化物和IIIA金属氧化物是研究最广的光催化$CO_2$还原催化剂材料。通过调控材料形貌和组分，可以很好地调控金属氧化物的光生电子过程及$CO_2$的活化过程，从而可以增强光催化$CO_2$还原过程中的速率及选择性。其中，以$ABO_3$形式存在的钙钛矿氧化物已经被证明在太阳能电池、光电催化等领域有很大的发展潜力。碱金属(Li、Na、K等)和碱土金属(Mg、Ca、Ba等)可以占据A位点，B位点可以是多种过渡金属(Ti、Nb、Fe等)。另外，A和B位点可以被其他金属阳离子掺杂，形成AA'$BO_3$结构或者ABB'$O_3$结构。其中，O也可以被部分其他阴离子取代，如N、S等[117]。图7.26展示了如何通过改变A位和B位点阳离子来调整钙钛矿氧化物(或部分氮氧化物)的带隙和带边。

由于良好的电荷传输性能及3.2 eV的窄带隙，$SrTiO_3$在光催化和光电应用方面受到广泛关注。未修饰或改性的$SrTiO_3$通常表现出弱的$CO_2$吸附性能，但如果在交替的SrO和$TiO_2$中引入表面氧空位和配位不饱和金属中心，可以极大地改善催化剂对$CO_2$的吸附性能。提高$SrTiO_3$光催化$CO_2$还原的方法包括掺杂活性金属阳离子、引入表面缺陷、加入金属助催化剂、形成异质结等。例如，$Ti^{3+}$掺杂的$SrTiO_3$表现出更高的表面氧空位，这可以提高$CO_2$的吸附性能[118]。

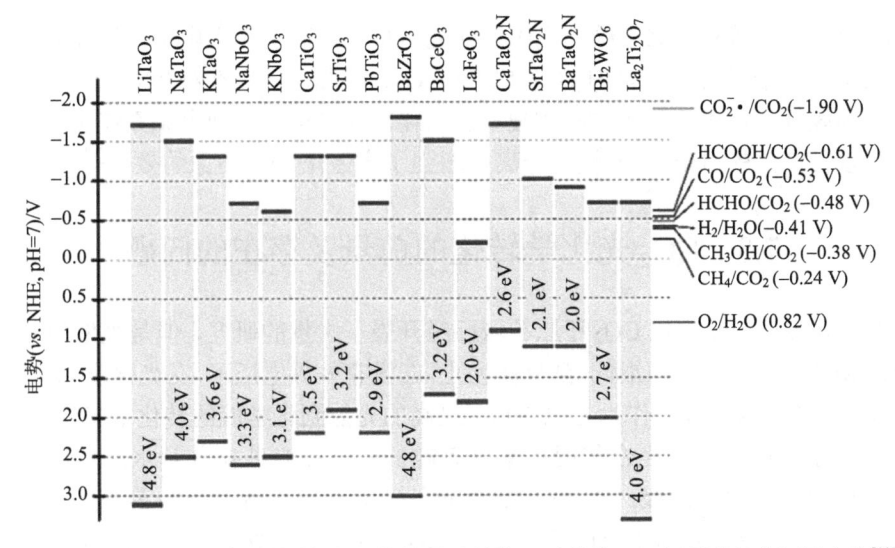

图 7.26  一些钙钛矿氧化物或氮氧化物的带隙结构及对催化 $CO_2$ 还原的氧化还原电势[117]

## 7.7 $CO_2$ 光化学转化实验装置及评价方法

通常有两种光催化 $CO_2$ 还原测试装置。第一种是将光催化剂颗粒悬浮在溶剂中[图 7.27(a)]，通过光源照射，光催化剂产生的光生电子可以还原溶解在水中的 $CO_2$。这种装置结构比较简单，可以较容易地开展研究，驱动反应的光源完全来自于太阳光。然而，氧化和还原反应发生在同一催化剂的不同位点，这导致产物的混合。特别是在反应体系中缺少空穴清除剂(如 $H_2O_2$、$Na_2SO_3$ 等)时，$CO_2$ 还原的产物可能会被光生空穴或产生的 $O_2$ 重新氧化。第二种为光电化学池测试系统[图 7.27(b)]，系统包括半导体光电极

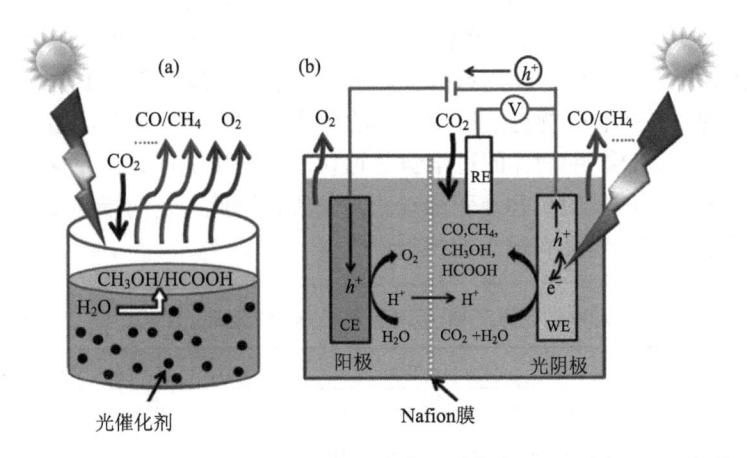

图 7.27  光催化剂纳米颗粒悬浮在含有 $CO_2$ 的电解液中同时发生 $CO_2$ 还原及 $H_2O$ 氧化反应(a)及光电化学池(b)(光电极作为工作电极还原 $CO_2$，对电极氧化 $H_2O$)[106]

(工作电极)、对电极和参比电极。光照射在光电极上,产生光生电子,还原 $CO_2$,在对电极上发生另一个半反应,即 $H_2O$ 氧化产生 $O_2$。因此,还原产物和氧化产物可以通过质子交换膜隔开,这避免了还原产物被重新氧化。在光电化学池测试系统中,通过外加电压,可以使产生的电子-空穴快速分离,增强了光催化 $CO_2$ 还原的效率[119]。

## 7.8 $CO_2$ 光化学转化的前景及存在的问题

近些年,虽然在光催化 $CO_2$ 还原领域已经开展了大量的研究,但是光催化 $CO_2$ 的转化率及产物的选择性一直都很低。到目前为止,在没有外界电压下,在光强度为 AM 1.5G① 下,将线形的 $CuFeO_2/CuO$ 作为光电阴极,最高的光能到化学能的转化效率约1%,这个转化率相当于一般植物的光合作用效率。有趣的是,在光催化分解水的反应中,使用 Pt/n+/p-InPNP 作为光电阴极,在 AM 1.5G 光条件下,在 0.65 V 下,最高的能量转化率为 15.8%。$CO_2$ 还原体系与水分解反应体系在转化率上的差异是由多种因素引起的[120]。

首先,相对于 $H_2O$,$CO_2$ 具有更加稳定的化学键。因此,破坏 C=O 键需要更高的能量输入。光催化 $CO_2$ 还原反应涉及一系列的多质子偶合电子转移反应(multiple proton-coupled electron transfer, PCET)。PCET 反应路径可以绕过高能耗 $CO_2^{*-}$ 的形成过程。通过转移电子和质子,就可以避免由重组能和不稳定中间体所导致的高活化能垒。然而,PCET 过程对高浓度质子及催化剂表面电子云密度具有相当大的动力学依赖性[121]。假如光还原的产物以 $CH_4$ 或 $CH_3OH$ 为主,反应过程就分别需要 $8e^-$ 或 $6e^-$,这相对于光分解的 $H_2O$ 的 $2e^-$ 过程而言更加困难。光催化还原 $CO_2$ 为 CO 或 HCOOH 的研究已经取得很大的进步,但是将 $CO_2$ 转化为高价值产物(如 $CH_4$、$CH_3OH$、$C_2H_4$ 等)时,光催化剂仍有低转化率和产物选择性。因此,将 $CO_2$ 光催化还原为碳氢化合物燃料,除了热力学上的限制,在动力学上也具有很多挑战。$CO_2$ 在水中的溶解度比较低(如 0.0033 mol/L 在 25℃、1 atm 下)[122]。所以 $CO_2$ 的吸附及活化过程比 $H_2O$ 分子要困难。光催化还原 $H_2O$ 产生 $H_2$ 在动力学上更有利,这就导致光催化 $H_2O$ 还原反应是光催化 $CO_2$ 还原反应的竞争反应,极大地降低了含碳产物的选择性。另外,表 7.3 展示了光催化 $CO_2$ 还原可能的液体和气体产物,复杂的产物也给后期产物的分离带来困难。因此,增强 $CO_2$ 的吸附及活化性,降低产生 $CO_2^{*-}$ 中间体的过电势是迫切需要解决的问题。目前,对于多相催化剂的光催化 $CO_2$ 还原的反应机理及路径一直不清晰。因此,定向指导水溶液体系中光催化 $CO_2$ 还原产生理想产物具有很大的挑战性。

表 7.3 不同电势下 $CO_2$ 和水的还原产物[标准氢电极(SHE)溶液 pH=7、25℃,一个大气压][106]

| 产物 | 反应 | 电势 $E^0$/(V vs. NHE) |
| --- | --- | --- |
| 氢气 | $2H_2O + 2e^- \longrightarrow 2OH^- + H_2$ | −0.41 |
| 甲烷 | $CO_2 + 8H^+ + 8e^- \longrightarrow CH_4 + 2H_2O$ | −0.24 |
| 一氧化碳 | $CO_2 + 2H^+ + 2e^- \longrightarrow CO + H_2O$ | −0.51 |

---

① 太阳能转换系统标准测试的参考光谱,规定标准的 AM 1.5 G 辐照度为 100 mW/cm²。

续表

| 产物 | 反应 | 电势 $E^0$/(V vs. NHE) |
|---|---|---|
| 甲醇 | $CO_2 + 6H^+ + 6e^- \longrightarrow CH_3OH + H_2O$ | −0.39 |
| 甲酸 | $CO_2 + 2H^+ + 2e^- \longrightarrow HCOOH$ | −0.58 |
| 乙烷 | $2CO_2 + 14H^+ + 14e^- \longrightarrow C_2H_6 + 4H_2O$ | −0.27 |
| 乙醇 | $2CO_2 + 12H^+ + 12e^- \longrightarrow C_2H_5OH + 3H_2O$ | −0.33 |
| 草酸 | $2CO_2 + 2H^+ + 2e^- \longrightarrow H_2C_2O_4$ | −0.87 |

# 参 考 文 献

[1] Luna P D, Hahn C, Higgins D, et al. What would it take for renewably powered electrosynthesis to displace petrochemical processes?[J]. Science, 2019, 364(6438): eaav3506.

[2] Qiao J, Liu Y, Hong F, et al. A review of catalysts for the electroreduction of carbon dioxide to produce low-carbon fuels[J]. Chemical Society Reviews, 2014, 43(2): 631-675.

[3] Bagger A, Ju W, Varela A S, et al. Electrochemical $CO_2$ reduction: A classification problem[J]. Chem PhysChem, 2017, 18(22): 3266-3273.

[4] Delacourt C. Electrochemical Reduction of Carbon Dioxide and Water to Syngas (CO+$H_2$) at Room Temperature[D]. Berkeley: University of California Berkeley, 2006.

[5] Grosse P, Gao D, Scholten F, et al. Dynamic changes in the structure, chemical state and catalytic selectivity of Cu nanocubes during $CO_2$ electroreduction: Size and support effects[J]. Angewandte Chemie International Edition, 2018, 57(21): 6192-6197.

[6] Gao D, Zegkinoglou I, Divins N J, et al. Plasma-activated copper nanocube catalysts for efficient carbon dioxide electroreduction to hydrocarbons and alcohols[J]. ACS Nano, 2017, 11(5): 4825-4831.

[7] Arán-Ais R M, Scholten F, Kunze S, et al. The role of in situ generated morphological motifs and Cu(i) species in $C_{2+}$ product selectivity during $CO_2$ pulsed electroreduction[J]. Nature Energy, 2020, 5(4): 317-325.

[8] Wang J, Tan H Y, Zhu Y, et al. Linking the dynamic chemical state of catalysts with the product profile of electrocatalytic $CO_2$ reduction[J]. Angewandte Chemie International Edition, 2021, 60(32): 17254-17267.

[9] Luna P D, Quintero-Bermudez R, Dinh C-T, et al. Catalyst electro-redeposition controls morphology and oxidation state for selective carbon dioxide reduction[J]. Nature Catalysis, 2018, 1(2): 103-110.

[10] Velasco-Vélez J-J, Jones T, Gao D, et al. The role of the copper oxidation state in the electrocatalytic reduction of $CO_2$ into valuable hydrocarbons[J]. ACS Sustainable Chemistry & Engineering, 2019, 7(1): 1485-1492.

[11] Kim D, Lee S, Ocon J D, et al. Insights into an autonomously formed oxygen-evacuated $Cu_2O$ electrode for the selective production of $C_2H_4$ from $CO_2$[J]. Physical Chemistry Chemical Physics, 2015, 17(2): 824-830.

[12] Lee S, Kim D, Lee J. Electrocatalytic Production of C3-C4 Compounds by Conversion of $CO_2$ on a chloride-induced Bi-phasic $Cu_2O$-Cu catalyst[J]. Angewandte Chemie International Edition, 2015,

54(49): 14701-14705.

[13] Mistry H, Varela A S, Bonifacio C S, et al. Highly selective plasma-activated copper catalysts for carbon dioxide reduction to ethylene[J]. Nature Communications, 2016, 7(1): 12123.

[14] Yang P P, Zhang X L, Gao F Y, et al. Protecting copper oxidation state via intermediate confinement for selective $CO_2$ electroreduction to $C_{2+}$ fuels[J]. Journal of the American Chemical Society, 2020, 142(13): 6400-6408.

[15] Xiao H, Goddard W, Cheng T, et al. Cu metal embedded in oxidized matrix catalyst to promote $CO_2$ activation and CO dimerization for electrochemical reduction of $CO_2$[J]. Proceedings of the National Academy of Sciences, 2017, 114(26): 6685-6688.

[16] Weng Z, Wu Y, Wang M, et al. Active sites of copper-complex catalytic materials for electrochemical carbon dioxide reduction[J]. Nature Communications, 2018, 9(1): 415.

[17] Frese J. Electrochemical reduction of $CO_2$ at solid electrodes[J]. Electrochemical and Electrocatalytic Reactions of Carbon Dioxide, 1993: 145-216.

[18] Hori Y, Wakebe H, Tsukamoto T, et al. Adsorption of CO accompanied with simultaneous charge transfer on copper single crystal electrodes related with electrochemical reduction of $CO_2$ to hydrocarbons[J]. Surface Science, 1995, 335: 258-263.

[19] Huang Y, Handoko A D, Hirunsit P, et al. Electrochemical reduction of $CO_2$ using copper single-crystal surfaces: Effects of CO* coverage on the selective formation of ethylene[J]. ACS Catalysis, 2017, 7(3): 1749-1756.

[20] Hori Y, Takahashi I, Koga O, et al. Selective formation of C2 compounds from electrochemical reduction of $CO_2$ at a series of copper single crystal electrodes[J]. The Journal of Physical Chemistry B, 2002, 106(1): 15-17.

[21] Takahashi I, Koga O, Hoshi N, et al. Electrochemical reduction of $CO_2$ at copper single crystal Cu(S)-[n(111)×(111)] and Cu(S)-[n(110)×(100)] electrodes[J]. Journal of Electroanalytical Chemistry, 2002, 533(1-2): 135-143.

[22] Hori Y, Takahashi I, Koga O, et al. Electrochemical reduction of carbon dioxide at various series of copper single crystal electrodes[J]. Journal of Molecular Catalysis A: Chemical, 2003, 199(1): 39-47.

[23] Schouten K J P, Pérez Gallent E, Koper M T M. Structure sensitivity of the electrochemical reduction of carbon monoxide on copper single crystals[J]. ACS Catalysis, 2013, 3(6): 1292-1295.

[24] Reske R, Mistry H, Behafarid F, et al. Particle size effects in the catalytic electroreduction of $CO_2$ on Cu nanoparticles[J]. Journal of the American Chemical Society, 2014, 136(19): 6978-6986.

[25] Manthiram K, Beberwyck B J, Alivisatos A P. Enhanced electrochemical methanation of carbon dioxide with a dispersible nanoscale copper catalyst[J]. Journal of the American Chemical Society, 2014, 136(38): 13319-13325.

[26] Loiudice A, Lobaccaro P, Kamali E A, et al. Tailoring copper nanocrystals towards C2 products in electrochemical $CO_2$ reduction[J]. Angewandte Chemie International Edition, 2016, 55(19): 5789-5792.

[27] Hahn C, Hatsukade T, Kim Y G, et al. Engineering Cu surfaces for the electrocatalytic conversion of $CO_2$: Controlling selectivity toward oxygenates and hydrocarbons[J]. Proceedings of the National Academy of Sciences of the United States of America, 2017, 114(23): 5918-5923.

[28] Li Y, Cui F, Ross M B, et al. Structure-sensitive $CO_2$ electroreduction to hydrocarbons on ultrathin 5-fold

twinned copper nanowires[J]. Nano Letters, 2017, 17(2): 1312-1317.

[29] Kuhl K P, Cave E R, Abram D N, et al. New insights into the electrochemical reduction of carbon dioxide on metallic copper surfaces[J]. Energy & Environmental Science, 2012, 5(5): 7050-7059.

[30] Singh M R, Clark E L, Bell A T. Effects of electrolyte, catalyst, and membrane composition and operating conditions on the performance of solar-driven electrochemical reduction of carbon dioxide[J]. Physical Chemistry Chemical Physics, 2015, 17(29): 18924-18936.

[31] Wang Z, Yang G, Zhang Z, et al. Selectivity on etching: Creation of high-energy facets on copper nanocrystals for $CO_2$ electrochemical reduction[J]. ACS Nano, 2016, 10(4): 4559-4564.

[32] Luo M, Wang Z, Li Y C, et al. Hydroxide promotes carbon dioxide electroreduction to ethanol on copper via tuning of adsorbed hydrogen[J]. Nature Communications, 2019, 10(1): 5814.

[33] Yang D, Zhu Q, Chen C, et al. Selective electroreduction of carbon dioxide to methanol on copper selenide nanocatalysts[J]. Nature Communications, 2019, 10(1): 677.

[34] Lyu Z, Zhu S, Xu L, et al. Kinetically controlled synthesis of Pd–Cu janus nanocrystals with enriched surface structures and enhanced catalytic activities toward $CO_2$ reduction[J]. Journal of the American Chemical Society, 2021, 143(1): 149-162.

[35] Vasileff A, Zhu Y, Zhi X, et al. Electrochemical reduction of $CO_2$ to ethane through stabilization of an ethoxy intermediate[J]. Angewandte Chemie International Edition, 2020, 59(44): 19649-19653.

[36] Zhou Y, Che F, Liu M, et al. Dopant-induced electron localization drives $CO_2$ reduction to C2 hydrocarbons[J]. Nature Chemistry, 2018, 10(9): 974-980.

[37] Clark E L, Ringe S, Tang M, et al. Influence of atomic surface structure on the activity of Ag for the electrochemical reduction of $CO_2$ to CO[J]. ACS Catalysis, 2019, 9(5): 4006-4014.

[38] Valenti M, Prasad N P, Kas R, et al. Suppressing $H_2$ evolution and promoting selective $CO_2$ electroreduction to CO at low overpotentials by alloying Au with Pd[J]. ACS Catalysis, 2019, 9(4): 3527-3536.

[39] Fan J, Zhao X, Mao X, et al. Large-area vertically aligned bismuthene nanosheet arrays from galvanic replacement reaction for efficient electrochemical $CO_2$ conversion[J]. Advance Materials, 2021, 33(35): e2100910.

[40] Gu J, Hsu C-S, Bai L, et al. Atomically dispersed $Fe^{3+}$ sites catalyze efficient $CO_2$ electroreduction to CO[J]. Science, 2019, 364(6445): 1091-1094.

[41] Su D S, Perathoner S, Centi G. Nanocarbons for the development of advanced catalysts[J]. Chemical Reviews, 2013, 113(8): 5782-5816.

[42] Xue Y, Yu D, Dai L, et al. Three-dimensional B, N-doped graphene foam as a metal-free catalyst for oxygen reduction reaction[J]. Physical Chemistry Chemical Physics, 2013, 15(29): 12220-12226.

[43] Wang T, Wang L X, Wu D L, et al. Interaction between nitrogen and sulfur in co-doped graphene and synergetic effect in supercapacitor[J]. Scientific Reports, 2015, 5: 9591.

[44] Ai W, Luo Z, Jiang J, et al. Nitrogen and sulfur codoped graphene: Multifunctional electrode materials for high-performance Li-Ion batteries and oxygen reduction reaction[J]. Advanced Materials, 2014, 26(35): 6186-6192.

[45] Fan M, Huang Y, Yuan F, et al. Effects of multiple heteroatom species and topographic defects on electrocatalytic and capacitive performances of graphene[J]. Journal of Power Sources, 2017, 366:

143-150.

[46] Yang H, Wu Y, Lin Q, et al. Composition tailoring via N and S co-doping and structure tuning by constructing hierarchical pores: Metal-free catalysts for high-performance electrochemical reduction of $CO_2$[J]. Angewandte Chemie International Edition, 2018, 57(47): 15476-15480.

[47] Yang F, Ma X, Cai W B, et al. Nature of oxygen-containing groups on carbon for high-efficiency electrocatalytic $CO_2$ reduction reaction[J]. Journal of the American Chemical Society, 2019, 141(51): 20451-20459.

[48] Zhang J, Xia Z, Dai L. Carbon-based electrocatalysts for advanced energy conversion and storage[J]. Science Advances, 2015, 1(7): e150056.

[49] Chang K, Zhang H, Chen J G, et al. Constant electrode potential quantum mechanical study of $CO_2$ electrochemical reduction catalyzed by N-doped graphene[J]. ACS Catalysis, 2019, 9(9): 8197-8207.

[50] Liu Y, Chen S, Quan X, et al. Efficient electrochemical reduction of carbon dioxide to acetate on nitrogen-doped nanodiamond[J]. Journal of the American Chemical Society, 2015, 137(36): 11631-11636.

[51] Wei D, Peng L, Li M, et al. Low temperature critical growth of high quality nitrogen doped graphene on dielectrics by plasma-enhanced chemical vapor deposition[J]. ACS Nano, 2015, 9(1): 164-171.

[52] Wang Z-j, Wei M, Jin L, et al. Simultaneous N-intercalation and N-doping of epitaxial graphene on 6H-SiC(0001) through thermal reactions with ammonia[J]. Nano Research, 2013, 6(6): 399-408.

[53] Deng D, Pan X, Yu L, et al. Toward N-doped graphene via solvothermal synthesis[J]. Chemistry of Materials, 2011, 23(5): 1188-1193.

[54] Zhang Y, Cao B, Zhang B, et al. The production of nitrogen-doped graphene from mixed amine plus ethanol flames[J]. Thin Films, 2012, 520(23): 6850-6855.

[55] Li X, Fan L, Li Z, et al. Boron doping of graphene for graphene-silicon p-n junction solar cells[J]. Advanced Energy Materials, 2012, 2(4): 425-429.

[56] Tomisaki M, Kasahara S, Natsui K, et al. Switchable product selectivity in the electrochemical reduction of carbon dioxide using boron-doped diamond electrodes[J]. Journal of the American Chemical Society, 2019, 141(18): 7414-7420.

[57] Zhang L, Niu J, Li M, et al. Catalytic mechanisms of sulfur-doped graphene as efficient oxygen reduction reaction catalysts for fuel cells[J]. The Journal of Physical Chemistry C, 2014, 118(7): 3545-3553.

[58] Zhu S, Song Y, Wang J, et al. Photoluminescence mechanism in graphene quantum dots: Quantum confinement effect and surface/edge state[J]. Nano Today, 2017, 13: 10-14.

[59] Wu J, Ma S, Sun J, et al. A metal-free electrocatalyst for carbon dioxide reduction to multi-carbon hydrocarbons and oxygenates[J]. Nature Communications, 2016, 7: 13869.

[60] Liu Y, Wu P. Graphene quantum dot hybrids as efficient metal-free electrocatalyst for the oxygen reduction reaction[J]. ACS Applied Materials & Interfaces, 2013, 5(8): 3362-3369.

[61] Wang L, Wang Y, Xu T, et al. Gram-scale synthesis of single-crystalline graphene quantum dots with superior optical properties[J]. Nature Communications, 2014, 5(1): 5357.

[62] Lin L, Rong M, Lu S, et al. A facile synthesis of highly luminescent nitrogen-doped graphene quantum dots for the detection of 2, 4, 6-trinitrophenol in aqueous solution[J]. Nanoscale, 2015, 7(5): 1872-1878.

[63] Zhang T, Li W, Huang K, et al. Regulation of functional groups on graphene quantum dots directs

selective CO$_2$ to CH$_4$ conversion[J]. Nature Communications, 2021, 12(1): 5265.

[64] Wang W, Shang L, Chang G, et al. Intrinsic carbon-defect-driven electrocatalytic reduction of carbon dioxide[J]. Advance Materials, 2019, 31(19): e1808276.

[65] 张旭锐, 邵晓琳, 易金, 等. 水溶液中二氧化碳电还原技术的发展现状、挑战及对策[J]. 电化学, 2019, 25(4): 413-425.

[66] Merino-Garcia I, Alvarez-Guerra E, Albo J, et al. Electrochemical membrane reactors for the utilisation of carbon dioxide[J]. Chemical Engineering Journal, 2016, 305: 104-120.

[67] Weekes D M, Salvatore D A, Reyes A, et al. Electrolytic CO$_2$ reduction in a flow cell[J]. Accounts of Chemical Research, 2018, 51(4): 910-918.

[68] Yang K, Kas R, Smith W A, et al. Role of the carbon-based gas diffusion layer on flooding in a gas diffusion electrode cell for electrochemical CO$_2$ reduction[J]. ACS Energy Letters, 2021, 6(1): 33-40.

[69] Jähne B, Heinz G, Dietrich W. Measurement of the diffusion coefficients of sparingly soluble gases in water[J]. Journal of Geophysical Research, 1987, 92(C10): 10767.

[70] Mauri R. Transport Phenomena in Multiphase Flows[M]. Berlin: Springer, 2015.

[71] Park S, Lee J W, Popov B N. A review of gas diffusion layer in PEM fuel cells: Materials and designs[J]. International Journal of Hydrogen Energy, 2012, 37(7): 5850-5865.

[72] Aeshala L M, Uppaluri R, Verma A. Electrochemical conversion of CO$_2$ to fuels: Tuning of the reaction zone using suitable functional groups in a solid polymer electrolyte[J]. Physical Chemistry Chemical Physics, 2014, 16(33): 17588-17594.

[73] Delacourt C, Ridgway P L, Kerr J B, et al. Design of an electrochemical cell making syngas (CO+H$_2$) from CO$_2$ and H$_2$O reduction at room temperature[J]. Journal of the Electrochemical Society, 2008, 155(1): B42-B49.

[74] Hori H I Y, Okano K, Nagasu K, et al. Silver-coated ion exchange membrane electrode applied to electrochemical reduction of carbon dioxide[J]. Electrochimica Acta, 2003, 48: 2651-2657.

[75] Kutz R B, Chen Q, Yang H, et al. Sustainion imidazolium-functionalized polymers for carbon dioxide electrolysis[J]. Energy Technology, 2017, 5(6): 929-936.

[76] Vargas-Barbosa N M, Geise G M, Hickner M A, et al. Assessing the utility of bipolar membranes for use in photoelectrochemical water-splitting cells[J]. ChemSusChem, 2014, 7(11): 3017-3020.

[77] Reiter R S, White W, Ardo S. Electrochemical characterization of commercial bipolar membranes under electrolyte conditions relevant to solar fuels technologies[J]. Journal of the Electrochemical Society, 2016, 163(4): H3132.

[78] McDonald M B, Ardo S, Lewis N S, et al. Use of bipolar membranes for maintaining steady-state pH gradients in membrane-supported, solar-driven water splitting[J]. ChemElectroChem, 2014, 7(11): 3021-3027.

[79] Fan M, Feng Z-Q, Zhu C, et al. Recent progress in 2D or 3D N-doped graphene synthesis and the characterizations, properties, and modulations of N species[J]. Journal of Materials Science, 2016, 51(23): 10323-10349.

[80] Hori Y, Murata A, Takahashi R, et al. Enhanced formation of ethylene and alcohols at ambient temperature and pressure in electrochemical reduction of carbon dioxide at a copper electrode[J]. Journal of the Chemical Society, Chemical Communications, 1988, (1): 17-19.

[81] Hori Y, Murata A, Takahashi R. Formation of hydrocarbons in the electrochemical reduction of carbon dioxide at a copper electrode in aqueous solution[J]. Journal of the Chemical Society, Faraday Transactions 1: Physical Chemistry in Condensed Phases, 1989, 85(8): 2309-2326.

[82] Kas R, Kortlever R, Yılmaz H, et al. Manipulating the hydrocarbon selectivity of copper nanoparticles in $CO_2$ electroreduction by process conditions[J]. ChemElectroChem, 2015, 2(3): 354-358.

[83] Varela A S, Kroschel M, Reier T, et al. Controlling the selectivity of $CO_2$ electroreduction on copper: The effect of the electrolyte concentration and the importance of the local pH[J]. Catalysis Today, 2016, 260: 8-13.

[84] Resasco J, Lum Y, Clark E, et al. Effects of anion identity and concentration on electrochemical reduction of $CO_2$[J]. ChemElectroChem, 2018, 5(7): 1064-1072.

[85] Dunwell M, Lu Q, Heyes J M, et al. The central role of bicarbonate in the electrochemical reduction of carbon dioxide on gold[J]. Journal of the American Chemical Society, 2017, 139(10): 3774-3783.

[86] Zhu S, Jiang B, Cai W-B, et al. Direct observation on reaction intermediates and the role of bicarbonate anions in $CO_2$ electrochemical reduction reaction on Cu surfaces[J]. Journal of the American Chemical Society, 2017, 139(44): 15664-15667.

[87] Wuttig A, Yaguchi M, Motobayashi K, et al. Inhibited proton transfer enhances Au-catalyzed $CO_2$-to-fuels selectivity[J]. Proceedings of the National Academy of Sciences of the United States of America, 2016, 113(32): E4585-E4593.

[88] Roberts F S, Kuhl K P, Nilsson A. High selectivity for ethylene from carbon dioxide reduction over copper nanocube electrocatalysts[J]. Angewandte Chemie International Edition, 2015, 54(17): 5179-5182.

[89] Kwon Y, Lum Y, Clark E L, et al. $CO_2$ electroreduction with enhanced ethylene and ethanol selectivity by nanostructuring polycrystalline copper[J]. ChemElectroChem, 2016, 3(6): 1012-1019.

[90] Chen C S, Handoko A D, Wan J H, et al. Stable and selective electrochemical reduction of carbon dioxide to ethylene on copper mesocrystals[J]. Catalysis Science & Technology, 2015, 5(1): 161-168.

[91] Varela A S, Ju W, Reier T, et al. Tuning the catalytic activity and selectivity of Cu for $CO_2$ electroreduction in the presence of Halides[J]. ACS Catalysis, 2016, 6(4): 2136-2144.

[92] Gao D, Scholten F, Roldan Cuenya B. Improved $CO_2$ electroreduction performance on plasma-activated Cu catalysts via electrolyte design: Halide effect[J]. ACS Catalysis, 2017, 7(8): 5112-5120.

[93] Murata A, Hori Y. Product selectivity affected by cationic species in electrochemical reduction of $CO_2$ and CO at a Cu electrode[J]. Bulletin of the Chemical Society of Japan, 1991, 64: 123-127.

[94] Frumkin A N. Influence of cation adsorption on the kinetics of electrode processes[J]. Transactions of the Faraday Society, 1959, 55: 156-167.

[95] Akhade S A, McCrum I T, Janik M J. The impact of specifically adsorbed ions on the copper-catalyzed electroreduction of $CO_2$[J]. Journal of the Electrochemical Society, 2016, 163(6): F477-F484.

[96] Łukomska A, Sobkowski J. Potential of zero charge of monocrystalline copper electrodes in perchlorate solutions[J]. Journal of Electroanalytical Chemistry, 2004, 567(1): 95-102.

[97] Singh M R, Kwon Y, Lum Y, et al. Hydrolysis of electrolyte cations enhances the electrochemical reduction of $CO_2$ over Ag and Cu[J]. Journal of the American Chemical Society, 2016, 138(39): 13006-13012.

[98] Resasco J, Chen L D, Clark E, et al. Promoter effects of alkali metal cations on the electrochemical reduction of carbon dioxide[J]. Journal of the American Chemical Society, 2017, 139(32): 11277-11287.

[99] Pérez-Gallent E, Marcandalli G, Figueiredo M C, et al. Structure- and potential-dependent cation effects on CO reduction at copper single-crystal electrodes[J]. Journal of the American Chemical Society, 2017, 139(45): 16412-16419.

[100] Gunathunge C M, Ovalle V J, Waegele M M. Probing promoting effects of alkali cations on the reduction of CO at the aqueous electrolyte/copper interface[J]. Physical Chemistry Chemical Physics, 2017, 19(44): 30166-30172.

[101] Schizodimou A, Kyriacou G. Acceleration of the reduction of carbon dioxide in the presence of multivalent cations[J]. Electrochimica Acta, 2012, 78: 171-176.

[102] Rosen B A, Salehi-Khojin A, Thorson M R, et al. Ionic liquid–mediated selective conversion of $CO_2$ to CO at low overpotentials[J]. Science, 2011, 334(6056): 643-644.

[103] Rosen B A, Haan J L, Mukherjee P, et al. In situ spectroscopic examination of a low overpotential pathway for carbon dioxide conversion to carbon monoxide[J]. The Journal of Physical Chemistry C, 2012, 116(29): 15307-15312.

[104] Zhang T, Bui J C, Li Z, et al. Highly selective and productive reduction of carbon dioxide to multicarbon products via in situ CO management using segmented tandem electrodes[J]. Nature Catalysis, 2022, 5(3): 202-211.

[105] Ran J, Jaroniec M, Qiao S Z. Cocatalysts in semiconductor-based photocatalytic $CO_2$ reduction: Achievements, challenges, and opportunities[J]. Advance Materials, 2018, 30(7): 1704649.

[106] Chang X, Wang T, Gong J. $CO_2$ photo-reduction: Insights into $CO_2$ activation and reaction on surfaces of photocatalysts[J]. Energy & Environmental Science, 2016, 9(7): 2177-2196.

[107] Zhang Z, Wang Z, Cao S-W, et al. Au/Pt nanoparticle-decorated $TiO_2$ nanofibers with plasmon-enhanced photocatalytic activities for solar-to-fuel conversion[J]. The Journal of Physical Chemistry C, 2013, 117(49): 25939-25947.

[108] Wang J, Lin S, Tian N, et al. Nanostructured metal sulfides: Classification, modification strategy, and solar-driven $CO_2$ reduction application[J]. Advanced Functional Materials, 2020, 31(9): 2008008.

[109] Zhang W, Mohamed A R, Ong W J. Z-scheme photocatalytic systems for carbon dioxide reduction: Where are we now?[J]. Angewandte Chemie International Edition, 2020, 59(51): 22894-22915.

[110] Vu N N, Kaliaguine S, Do T O. Critical aspects and recent advances in structural engineering of photocatalysts for sunlight-driven photocatalytic reduction of $CO_2$ into fuels[J]. Advanced Functional Materials, 2019, 29(31): 1901825.

[111] Tahir B, Tahir M, Amin N A S. Photo-induced $CO_2$ reduction by $CH_4/H_2O$ to fuels over Cu-modified g-$C_3N_4$ nanorods under simulated solar energy[J]. Applied Surface Science, 2017, 419: 875-885.

[112] Yu J, Wang K, Xiao W, et al. Photocatalytic reduction of $CO_2$ into hydrocarbon solar fuels over g-$C_3N_4$–Pt nanocomposite photocatalysts[J]. Physical Chemistry Chemical Physics, 2014, 16(23): 11492-11501.

[113] Li W, Hu Y, Rodríguez-Castellón E, et al. Alterations in the surface features of S-doped carbon and g-$C_3N_4$ photocatalysts in the presence of $CO_2$ and water upon visible light exposure[J]. Journal of Materials Chemistry A, 2017, 5(31): 16315-16325.

[114] Li J, Shen B, Hong Z, et al. A facile approach to synthesize novel oxygen-doped g-$C_3N_4$ with superior visible-light photoreactivity[J]. Chemical Communications, 2012, 48(98): 12017-12019.

[115] Han Cq, Li J, Ma Zy, et al. Black phosphorus quantum dot/g-$C_3N_4$ composites for enhanced $CO_2$ photoreduction to CO[J]. Science China Materials, 2018, 61(9): 1159-1166.

[116] Li M, Zhang L, Fan X, et al. Highly selective $CO_2$ photoreduction to CO over g-$C_3N_4$/$Bi_2WO_6$ composites under visible light[J]. Journal of Materials Chemistry A, 2015, 3(9): 5189-5196.

[117] Shi R, Waterhouse G I N, Zhang T. Recent progress in photocatalytic $CO_2$ reduction over perovskite oxides[J]. Solar RRL, 2017, 1(11): 1700126.

[118] Xie K, Umezawa N, Zhang N, et al. Self-doped $SrTiO_3$-$\delta$ photocatalyst with enhanced activity for artificial photosynthesis under visible light[J]. Energy & Environmental Science, 2011, 4(10): 4211-4219.

[119] White J L, Baruch M F, Pander J E, et al. Light-driven heterogeneous reduction of carbon dioxide: Photocatalysts and photoelectrodes[J]. Chemical Reviews, 2015, 115(23): 12888-12935.

[120] Gao L, Cui Y, Vervuurt R H J, et al. High-efficiency InP-based photocathode for hydrogen production by interface energetics design and photon management[J]. Advanced Functional Materials, 2016, 26(5): 679-686.

[121] Inoue T, Fujishima A, Konishi S, et al. Photoelectrocatalytic reduction of carbon dioxide in aqueous suspensions of semiconductor powders[J]. Nature, 1979, 277(5698): 637-638.

[122] Hara K, Kudo A, Sakata T, et al. High efficiency electrochemical reduction of carbon dioxide under high pressure on a gas diffusion electrode containing Pt catalysts[J]. Journal of the Electrochemical Society, 1995, 142(4): L57-L59.

# 第 8 章　微生物在实现"双碳"目标中的作用

## 8.1　微生物在碳素循环中的地位和作用

碳素是构成各种生物体最基本的元素,没有碳元素就没有生命,碳循环(图 8.1)包括 $CO_2$ 的固定和 $CO_2$ 的再生。绿色植物和微生物通过光合作用固定自然界中的 $CO_2$ 同时合成有机碳化物,最终转化为各种有机物;植物和微生物通过呼吸作用分解复杂有机物以获得能量,同时释放出 $CO_2$;动物以植物和微生物为食物,并通过自身的呼吸作用释放出 $CO_2$。当动物、植物、微生物尸体等有机碳氢化合物被微生物分解时,又可产生大量的 $CO_2$。另有一小部分有机物由于地质学的原因保留下来,经过漫长的地质运动后形成了石油、天然气、煤炭等宝贵的化石燃料,长期贮藏在地层中。当这些燃料被开发利用后,经过燃烧又形成 $CO_2$ 而回归到大气中[1]。微生物参与了固定 $CO_2$ 合成有机物的过程,但在数量和规模上远远不及绿色植物。而在物质分解作用中,微生物则发挥关键作用。据统计,地球上有 90%的 $CO_2$ 是靠微生物的分解作用而形成的。经光合作用固定的 $CO_2$ 大部分以纤维素、半纤维素、淀粉、木质素等形式存在,不能直接被微生物所利用。对于这些复杂的有机物,微生物首先分泌胞外酶将其降解成简单的有机物再对其吸收利用。由于微生物种类众多且所处条件各异,故进入体内的分解转化过程也就各不相同[2]。在有氧条件下,通过好氧和兼性厌氧微生物分解,有机碳源被彻底氧化为 $CO_2$;而在无氧条件下,通过厌氧和兼性厌氧微生物的作用产生有机酸、$CH_4$、$H_2$ 和 $CO_2$ 等[3]。

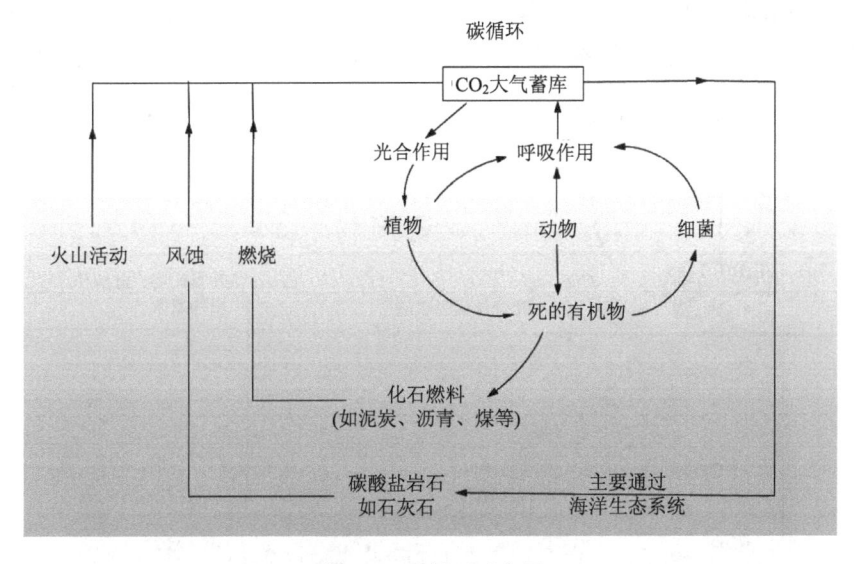

图 8.1　碳循环示意图

## 8.2 生物固碳与生物储碳

### 8.2.1 生物固碳与生物储碳的背景

我国是应对气候变化的重要贡献者和积极践行者，实现碳达峰、碳中和的气候治理目标已经被纳入生态文明建设的整体布局。实现碳达峰、碳中和是一场广泛而深刻的系统性变革，需要经济、社会各个领域积极行动，处理好发展和减排、整体和局部、短期和中长期的关系，坚定不移走生态优先、绿色低碳的高质量发展道路[4]。

实现碳达峰、碳中和目标可能的途径之一就是节能减排[5]。例如，能源替代，以天然气替代其他化石燃料；采用高效率或节电设备；发展可再生能源（风能、太阳能、潮汐能等）；评估及促进废弃物再利用；资源回收；节约用水、废水减量、降低废水处理负荷等。然而，人们对经济发展、生活品质改善的迫切需求给$CO_2$的减排造成巨大压力。为实现碳达峰、碳中和目标，另一个可能的途径则是固碳[6]。可以通过固碳技术减少空气中$CO_2$的浓度。固定碳的途径有很多。例如，物理方式，是利用$CO_2$的分压将其溶于水或者人为将$CO_2$长期储存在开采过的油气井、煤层、深海里；化学方式，如利用化学物质之间的反应转化或吸附固定；最值得一提的是生物方式，这种方式不但成本低廉，而且不会造成安全事故，对环境可持续性发展也较为有利。因此，越来越多的学者开始投入生物固碳、储碳机制的研究中来[7]。生物固碳又分为陆地生物固碳和海洋生物固碳（图 8.2）。前者指的是利用植物天然的光合作用，吸收$CO_2$并将其储存起来，一般将其称为"绿碳"（green carbon）。后者指的是海洋植物利用光合作用，吸收$CO_2$并将其储存起来，常称为"蓝碳"（blue carbon）。生物固碳是生命体通过光合作用将$CO_2$转化为有机碳贮存在生物体内。相比于人工固碳，生物固碳方式不需要对$CO_2$进行纯化和活化，因此可以节省分离、捕获、压缩、加热等气体处理的成本。海洋生物固碳主要包括海洋微生物固定的碳、浮游植物初级生产固定的碳、海岸带植物群落固定的碳、贝类和珊瑚

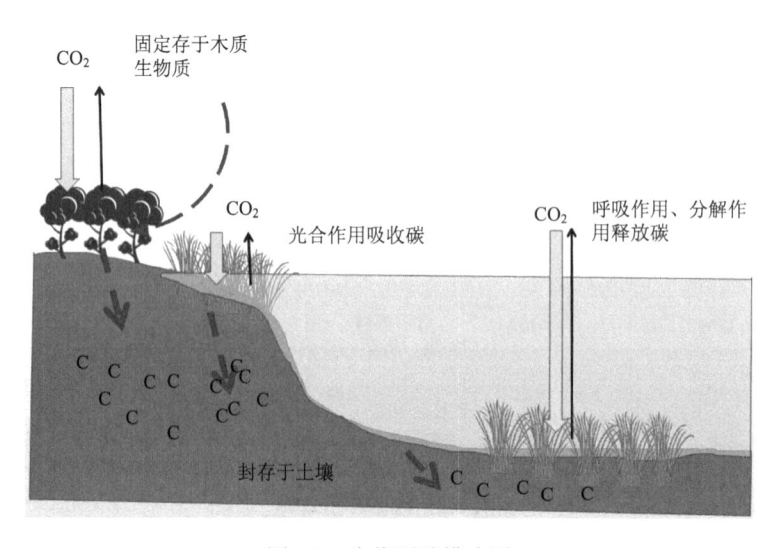

图 8.2 生物固碳模式图

礁通过分泌碳酸钙固定的碳等。全球海洋浮游植物每年通过光合作用初级生产固定的$CO_2$超过了36.5 Gt C，其中30%为全球近海浮游植物固碳总量。我国渤海、黄海、东海的浮游植物年均固碳总强度达到了222.0 Tg C，我国近海浮游植物每年基本上都会固定638.0 Tg C，约占全球近海浮游植物固碳总量的5.77%。海岸带的大型藻类高度自养，它们可以和农作物一样被人们所"种植"，并具有高生产力和高固碳能力。贝类也具有一定的固碳作用，它能够利用海水中含有的碳酸氢根($HCO_3^-$)，得到的产物是碳酸钙($CaCO_3$)，具体的反应过程是：$Ca^{2+} + 2HCO_3^- \rightleftharpoons CaCO_3 + CO_2 + H_2O$。由上述方程式可得出每形成1 mol $CaCO_3$就能固定1 mol $CO_2$，所以海区中自然分布的贝类和养殖的贝类及珊瑚虫的生长与繁殖也可以起到固碳的作用[8]。

#### 8.2.1.1 海洋储碳简介

通过生物方式固定下来的碳元素，极有可能会参与到其他反应中，进而重新形成$CO_2$并回归到环境之中，这样对缓解温室效应就无法产生积极的贡献[9]。因为无论是被动物摄食还是自然死亡，有机质最终都会被分解成小分子，如此$CO_2$又会再次返回大气中。可见暂时性的固碳并没有意义。举例来说：河口充满了营养物质，对生物生长有利，从而更快、更多地消耗$CO_2$。但事实却是，人们会采取措施阻止河水的富营养化和赤潮现象的发生，原因在于尽管这样的环境很适合藻类生长，在它们繁殖生长时确实会消耗大量$CO_2$，然而这些生化反应形成的有机物容易参与到其他反应中，并且随着有机物的堆积，给细菌的繁衍创造了良好的条件，从而通过各种生理作用将$O_2$转变成$CO_2$，严重时会导致局部地区严重缺氧，很多动物因此面临死亡。凋亡后的生命体使得微生物生长更为旺盛，消耗更多的$O_2$，释放$CO_2$、甲烷、硫化氢等气体。这些气体和空气中的水蒸气融合在一起，就会形成酸雨。因此，针对施肥、污染物排放等行为，必须进行严格的管控，以避免生态环境遭到破坏。固碳并不等于储碳，储碳是不仅要把$CO_2$固定下来，还要将其封存起来。有数据表明，陆地生态系统捕获和储存的碳仅可保存数年至几十年，最长可达数百年[10]。陆地上的生物储碳界定年限大约为20年。相比于陆地，海洋储碳时间更长，更具潜力（图8.3）。在碳通量、储量方面，海洋的能力有多强呢？根据现有的研究成果，红树林、盐沼、海草消耗和存储的$CO_2$分别超过亚马孙原始森林9倍、5倍、1倍，再加上海域、珊瑚礁，全球海洋在储碳方面的能力是巨大的[11]。

在概念上，碳源是指向大气中释放$CO_2$和$CH_4$等引起温室效应的气体、气溶胶或它们初期形式的任何过程、活动和机制。碳汇（carbon sink）是指从大气中移走$CO_2$和$CH_4$等导致温室效应的气体、气溶胶或它们初期形式的任何过程、活动和机制。地球表面积的71%被海洋所覆盖，海洋是地球上最大的一块碳汇区。海洋碳汇（marine carbon sink），又叫"蓝色碳汇"，简称"蓝碳"，指的是海洋对于空气中活性的碳进行捕获和封存。在广阔的海域中，能进行光合作用的海洋浮游生物将$CO_2$从大气中吸收并固定在有机质中。海洋微生物虽然个体极小，但物种极为丰富，生物总量非常庞大。仅可以进行光合作用的海洋微生物每天所固定的有机碳就与陆地全部植物固定的有机碳总量相当[12]。

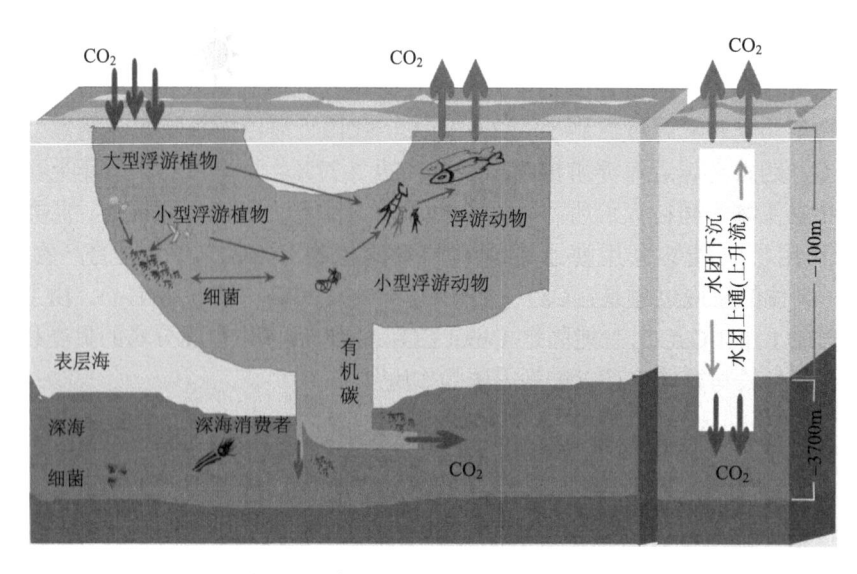

图 8.3 海洋固碳与储碳的主要过程

### 8.2.1.2 海洋碳汇中生物碳泵运行机制

海洋吸收了工业革命以来由人类活动所排放的碳总量的三分之一,这些被固定的碳经由海洋生物泵实现由大气向海底沉积物的传输和储存(图 8.4)。有报告显示,海洋吸收了全球人为排放 $CO_2$ 的四分之一及 90%以上由温室气体所带来的热量[11]。因此,海洋碳汇对于全球的碳汇而言是一个极为重要的方面。每年海洋会从大气里吸收约 22 亿 t 的碳。从工业革命至今,人类活动所释放 $CO_2$ 总量的 48%已被海洋所吸收,海洋发挥着全球气候变化缓冲器的重要作用。海洋主要通过"溶解度泵(solubility pump,SP)"、"碳酸盐泵(carbonate pump,CP)"、"生物泵(biological pump,BP)"和"微型生物碳泵(microbial carbon pump,MCP)"(图 8.5)四种机制吸收大气中的 $CO_2$[13]。溶解度泵的基本原理是 $CO_2$ 在海水面的化学平衡和物理转移。尤其是在低温、高盐区域,海水的密度较高,受到重力的影响,浅层海水将吸收的 $CO_2$ 传递到深海区域,进入千年尺度的碳循环,这就是海洋储碳的整个过程。和溶解度泵存在联系的碳酸盐泵则是通过海水 $CO_2$ 体系平衡和碳酸盐析出及沉降捕集 $CO_2$。另外,在碳酸盐析出的过程中,会释放出等量的 $CO_2$,也就是说一个碳酸盐分子的分解释放一个 $CO_2$ 分子,储碳的前提是形成了碳酸盐。生物泵指的是海洋里面有机物形成、消耗、传输等过程,还有因此形成的颗粒有机碳(POC)不断深入海洋深处的过程。上述过程以浮游植物的光合作用为起点,有机碳在食物链中不断汇集,由此出现 POC 沉降。比如,浮游动物的粪便"打包效应(packing effects)"能够阻碍微生物的降解、加速沉降,让碳能够脱离大气并长期储存在海洋中,达到"海洋储碳"的效果[12]。这一过程通过生物作用实现,利用沉降作用将碳"泵"到深海区域,因此被称为生物泵作用。海洋真光层的浮游植物发挥光合作用,每天消耗 1 亿 t 以上来自大气中的 $CO_2$。尽管浮游植物能够吸收如此大量的碳,但是其处理后得到的产物颗粒,即 POC 在沉降过程中会发生降解,最终沉降的 POC 不到表面初级生产力的 15%,能够抵达海洋底部的 POC 甚至仅为初级生产力的 0.1%。所以，生物泵的效率较低，它能够存储的碳量远小于固碳量，这也是固碳和储碳的主要区别之一。

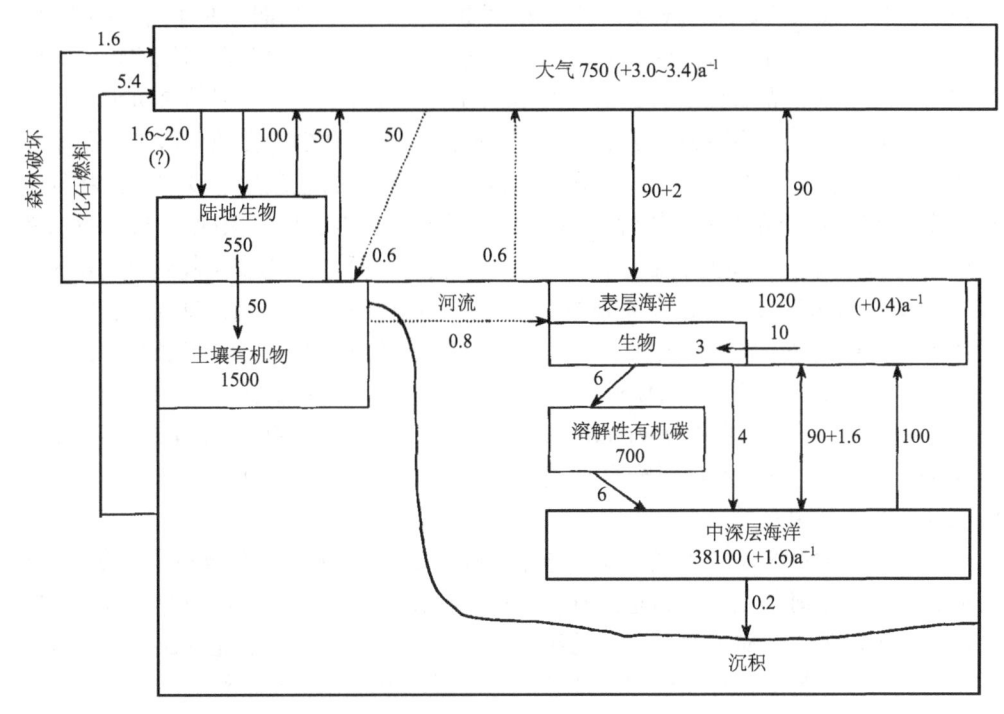

图 8.4　全球碳循环模式（单位：$10^{15}$ g C）

(?)表示去向不明的碳汇

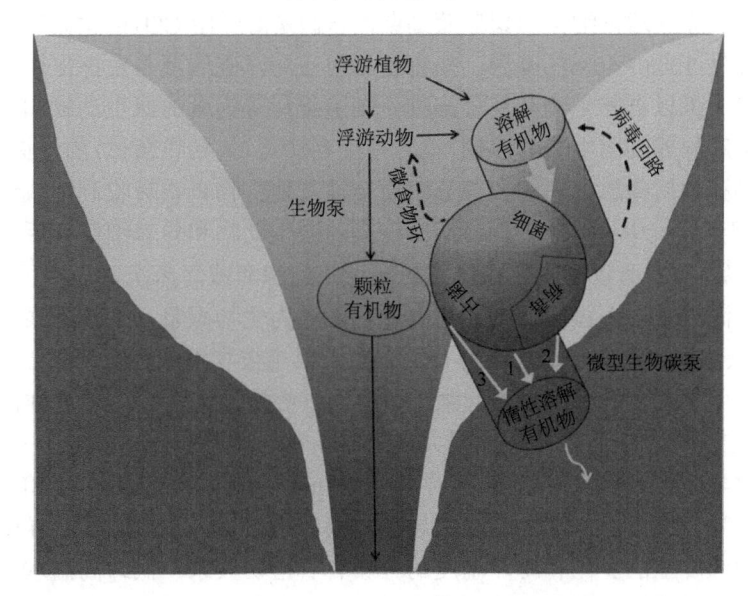

图 8.5　微生物碳泵（图中右侧的泵状示意图）

海洋微生物把有机碳从活性有机碳转化为惰性溶解有机碳，从而实现对碳的长期封存

相比之下微型生物泵的储碳效率较高。微型生物碳泵是指海水里微型单细胞生物通过各种生理活动将有机碳转变为惰性有机碳(recalcitrant dissolved organic carbon, RDOC, 指的是阮蛋白、肽聚糖、聚酯多糖、某些 $D$ 型氨基酸等)，并长期存在于海水的水体中。RDOC 能够长时间保存在海洋中，就目前的海洋条件来看，它的存在周期将近 5000 年。在某些历史时期这一周期甚至达到了一万年。海洋中积累了非常可观的 RDOC。如今海洋中的 RDOC 累计封存了 6500 亿 t 的碳，这和大气里面的 $CO_2$ 在数量级上是基本相当的，故可看作一类巨大的碳汇。简单来说，微型生物泵指的是微型生物参与的将低浓度活性碳库 LDOC 转变为高浓度惰性碳库 RDOC 的碳泵功能。作为 RDOC 形成驱动者的海洋微型生物，其评判标准是直径不超过 20 μm 的微型浮游生物及不超过 2 μm 的超微型浮游生物，比如各式各样的单细胞核生物、无细胞结构却拥有生态功能的浮游病毒/噬菌体等。尽管这些生物的尺寸非常小，但是其数量极为庞大。1 L 海水中此类微生物的总量和全球人口总规模基本相当。海洋微型固碳、储碳微生物类群有聚球藻(Synechococcus)、原绿球藻(Prochlorococcus)、海洋浮游古菌(Archaea)、浮游病毒(Planktonic virus)、好氧不产氧光合异养细菌(含视紫质细菌)、海洋厌氧氨氧化细菌、深海固碳古菌和细菌等[14]。

海岸线上的大型海藻可以通过光合作用吸收 $CO_2$，而 95%的海域都是深度 1000 m 以上的远海，大型海藻无法在这里生存。然而凭借微藻、细菌、病毒等海洋微生物的作用，远海也可以吸收并储藏数量庞大的碳[15]。说起微藻，就不得不提及在海洋中分布非常广泛的类群——蓝藻。蓝藻也叫蓝细菌，与硅藻、甲藻等真核微藻不同，它属于原核生物。真核细胞具有线粒体、高尔基体等细胞器，而原核细胞则没有这些复杂的结构。正因为细胞结构简单，所以蓝藻更能适应远海营养贫瘠的海洋环境。在海洋中，含量最高的两种蓝藻是原绿球蓝细菌和聚球蓝细菌，它们是海洋中 $CO_2$ 的主要吸收者，可以为海洋食物链提供 15%～40%的碳源。病毒是如何在海洋碳储藏中发挥作用的呢？在远海透光层存在着大量以自养生物及其分泌物、细胞碎片等为食的原生动物和异养细菌。在这些原生动物和异养细菌生长的后期，很容易受到病毒(包括噬菌体)的侵染而加速死亡。一方面，它们死亡后释放出来的大部分物质会被其他生物再次吸收利用或通过呼吸作用转变为 $CO_2$ 回到大气中；另一方面，病毒侵染的原生动物和异养细菌死后释放出来的物质大约有 0.3%的概率会以微米颗粒的有机碳形式向深海或海床沉降而不再进入碳循环。这种有机碳从海洋表层垂直向深层转移的过程被称为生物碳泵，生物碳泵每年可以将大约 30 亿 t 的碳沉降到海底。惰性溶解有机碳由于很难被利用或分解，便会逐渐沉降到深海或海床，从而永久地被海洋封存起来。微生物齐心协力，将 $CO_2$ 从海洋的表层永远地"留"在了深层海洋，从而间接减少了大气中 $CO_2$ 的含量(图 8.6)[16]。

分子生物学新技术研究表明，微型浮游生物(pico-, nano-plankton)对 BP 有重要贡献；弱光层水体中异养细菌而非浮游动物主导了呼吸作用；沉降有机质在海洋中层水中的矿化速率在不同纬度上的变化和海洋温度的分布有着密切关系。低纬高温水层活性有机质组分快速降解，难降解的组分被输送到海洋底部；在高纬低温水域降解较慢，但可以持续到很深的水层。未来全球变暖情景下 MCP 的相对作用会有所增加。未来将深入研究时间和空间尺度上 BP 和 MCP 的耦合关系，同时会借助"组学"手段更深入地研究不同

图 8.6 微型浮游生物增加海洋碳汇应对气候变化

生物类群之间相互作用及如何影响有机质在海洋中的转化。全球碳循环有各种尺度，在冰期和间冰期旋回中主要由地外过程驱动。在一个相对稳定的时期里，BP 和 MCP 等则对气候变化产生十分显著的影响[17]。

## 8.2.2 蓝藻微生物与大气中 $CO_2$ 的关系

蓝藻又称蓝细菌，是一类个体微小的原核生物。进入 20 世纪以来，原本"销声匿迹"的蓝藻出人意料地在局部水域铺天盖地地疯长。清澈的水体呈现墨绿色并发出阵阵异味。国内部分水域如太湖、巢湖、滇池、江汉流域等蓝藻疯长事件频频暴发。在生物进化历史的长河中，蓝藻是地球上最古老，也是生存时间最久远的物种之一。它在不断变化的环境中生存繁衍，曾有过极盛的辉煌，也有过急剧衰败和局部的短暂复苏[18]。根据现生蓝藻和化石蓝藻的比较，我们发现蓝藻盛衰变革史和地球早期生态系统的进化及大气中 $CO_2$ 含量之间存在极为复杂的关系。不管怎样，蓝藻确实主宰过地球早期的生命史。

我们现在知道，地球形成于距今 45 亿~46 亿年前。根据发现于澳大利亚西部古太古代地层中的化石记录推断蓝藻出现的历史可追溯到 35 亿年前。尽管现在还不能准确地知道蓝藻发端的时间，但它们的起源应该与扑朔迷离的前生命化学进化过程有关。有趣的是，30 多亿年前蓝藻化石在形态、结构和大小上与现生的一些种类几乎没有明显的区别，这表明蓝藻在形态学进化上是相对保守的。科学家们猜测蓝藻的演化革新多半限制在细胞内的生物化学水平上。在地球形成初期,即现在称为太古宙的时期,火山频繁喷发,这为生物圈储备了大量的 $CO_2$。由于大气圈的水蒸气大量转化为液态水,使得太阳光照射到地表的强度显著增加。这样的环境为蓝藻类微生物发展创造了非常有利的条件。在距今 25 亿年前,即地质学上的元古宙时期,由于缺少竞争对手,营光合作用的蓝藻空前繁盛,成为当时海洋和湖泊(主要为火山湖)无可匹敌的统治者。我国元古宙地层分布很广,几乎遍及大江南北。在我国凡有元古宙地层出露的地方几乎都可以寻觅到大量蓝藻化石。太古宙和元古宙的蓝藻化石多半归属于藻殖段纲(Hormogonophyeae)的丝状蓝藻和色球藻纲(Chroococcophyceae)的球状蓝藻。根据对化石保存状态的分析,当时蓝藻不仅漂浮于茫茫水面上,而且以藻席的形式栖居于浅水底部,形成巨厚的蓝藻礁(又称叠层石)。这些蓝藻礁是地球上最古老的生物礁,常绵延数十千米,景象颇为壮观。尽管真核藻类在元古宙早期已经出现,但当时它们多半较原始,对极端环境的耐受力差,在数量和分布范围上并没有取代蓝藻的地位[19]。

自蓝藻在地球上出现以后,直到新元古代前夕,以蓝藻为代表的微生物首次在地球上建立了光合释氧微生物生态系统(包括浮游的和底栖的),为原始大气圈自由氧的缓慢积累做出了重要贡献,自由氧的增多又为动物的发展和生物辐射演化创造了条件。纵观地球历史,蓝藻经历了近 30 亿年的繁盛期,至新元古代前夕(距今约 7 亿年前)由繁盛转向衰败[20]。蓝藻的衰败在古生物学上主要表现为蓝藻礁在丰富度和多样性上的明显下降(图 8.7)。蓝藻为什么在此期间急剧衰败呢?古生物学家普遍认为,这与环境的变化和多门类生物的崛起密切相关。地质资料证明,新元古代大气圈的成分已不同于地球原始大气圈,最重要的变化是 $CO_2$ 含量下降和自由氧增多。加拿大阿尔伯塔大学的库尔特·康豪瑟研究小组最近发表研究结果称,在 27 亿年前地球上出现单细胞生物的时候,大气里的氧气突然增多。由此形成了地球环境中的"大氧化事件",并促进了地表环境的改变和高级生命诞生。这是地球生命进化的一个重要转折点。康豪瑟得出"大氧化事件"

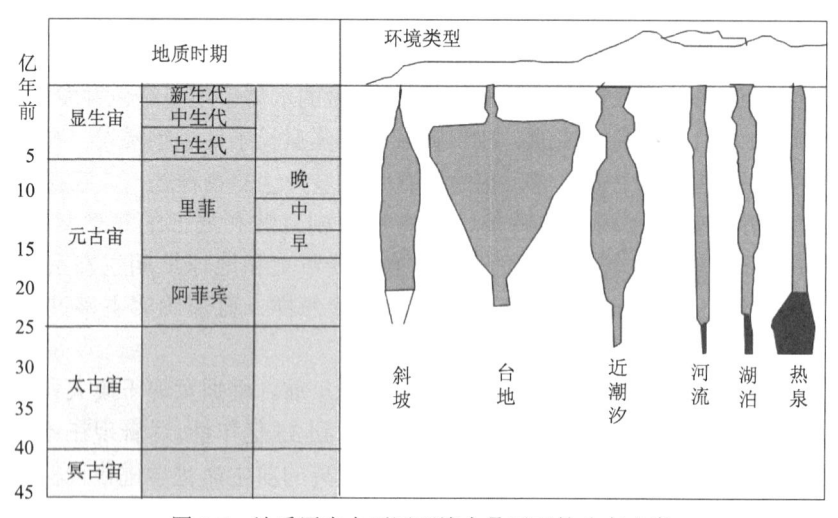

图 8.7 地质历史中不同环境中叠层石的分布丰度

叠层石的丰度是指叠层石的分布规模和堆积厚度,用柱状图的横截面宽窄大小来表示;颜色表示叠层石的分异度(属、种类型),不同颜色表示叠层石的分异度不同

结论主要是源于两种物质的巧合出现,即镍和产甲烷细菌[21]。它们之间是一种什么关系呢?镍是保证产甲烷细菌生存的重要元素。如果缺少元素镍,产甲烷细菌中至关重要的酶就会遭到破坏,从而导致产甲烷细菌死亡。而产甲烷细菌是破坏氧气层的重要微生物,它们在数亿年间一直阻止氧气在早期的地球大气里积聚。如果产甲烷细菌的数量大幅减少,则会使氧气免遭破坏,从而让大气中充满氧气,于是就有了"大氧化事件"的发生。氧气的产生是光合作用的结果,光合作用把太阳能转变成化学能和氧气。在27亿年前出现"大氧化事件"时,第一种光合微生物"蓝绿"藻或者称蓝细菌大约已经进化了3亿年,但是它们生成的氧气很快就被数量更多的产甲烷细菌生成的甲烷破坏掉了。

### 8.2.2.1 环境微生物对大气中氧气积累的影响

氧气的产生原因比较明确,在距今约30亿年前出现了一种能够通过光合作用给自己提供能量的生物,它在进行光合作用的同时会释放出氧气,这种生物就是蓝细菌。根据化石的研究结果,蓝细菌在大氧化事件(大约27亿年前)之前就已经出现了,这中间隔了整整3亿年。那么为什么这么长的时间里氧气含量没有增加呢?这些产生出来的氧气都去了哪里?一定存在某种原因阻止了氧气含量的上升。科学家经过几十年的研究,发现火山爆发在这当中起了关键的作用。从27亿年前开始,地球逐渐冷却,火山爆发减弱了,由火山爆发所释放出的镍含量开始下降。镍有什么用呢?它在一种专门破坏氧气的细菌中起关键作用。这种细菌叫产甲烷细菌。产甲烷细菌和蓝细菌都生活在原始海洋中,它们是竞争关系,而长期以来产甲烷细菌一直是占据优势的。蓝细菌制造氧气、产甲烷细菌制造甲烷,结果甲烷遇到氧气后就生成了二氧化碳,这一过程消耗了大量的氧气[22]。产甲烷细菌是严重依赖镍元素来生存的,这是因为用于产生甲烷的一种代谢酶需要依靠镍元素。一旦镍开始减少,产甲烷细菌就无法生存,进而甲烷的产量就会减少。在上述情况下,氧气破坏减少,生产氧气的微生物总量就会增多,最终的结果是氧气含量上升。由于甲烷也是一种温室气体,它的温室效应甚至是二氧化碳的23倍。地表甲烷浓度减少,温室效应下降,地表平均温度降低。因此伴随着大氧化事件又出现了另一个地质事件,即休伦冰期,时间跨度长达3亿年。在镍匮乏和低温的双重打击下,厌氧生物几乎全部灭绝。另外,一个最新的研究发现,火山喷发会把大量地球内部的物质喷射到地球表面上来,比如说熔岩、岩石、气体等。因为一直处在缺氧的环境下,所以这些岩石和气体都是还原态的,它们都非常容易和氧气结合[23]。频繁的火山爆发会不断地补充还原物质来消耗氧气。随着地球逐渐降温,火山活动减弱,还原物质释放逐渐减少,到距今约24亿年的时候终于到达了临界点,氧气最终占了上风开始逐渐在大气中聚集。可见,大氧化事件是整个地球生命演化的一个转折点。从这时起,真核生物开始占据主导地位并一直延续至今[21]。

研究人员分析水成岩发现,38亿年前地球上海洋里的镍含量较高。但27亿年前到25亿年前,即"大氧化事件"开始的时候,镍的含量急剧下降。镍元素的减少为"大氧化事件"打下了坚实基础。因为,镍含量下降有效降低了甲烷的生成。这就促使地球上的氧气迅速增多,在这种环境下生命将慢慢形成。而27亿年前正是地球上出现单细胞生物的时候,也是早期大气里的氧气突然增多的时候。所以,这种关系可以如此推理:镍减少→产甲烷细菌死亡→甲烷生成减少→氧气破坏减少→产生氧气的微生物增多→氧气大量产生("大氧化事件"开始)→单细胞生物大量出现→生命从单细胞到多细胞发展→低级生物→高级生物。那么,镍是如何减少的呢?研究人员认为,27亿年前地壳降温使镍的水平下降,地壳降温意味着很少有镍能通过火山爆发的方式进入海洋。同时,由于氧气的大量产生,对地球地形和地貌的变化也起到了一定作用[24]。例如,氧气的腐蚀作用引起了对岩石的侵蚀,促进了河流与海岸线的形成进程,这甚至把地球塑造成了圆形。不过,在康豪瑟尔得出"大氧化事件"结论之前,一些古生物学家认为地球上最为简单的单细胞生物的矿化沉积物是在北冰洋底部找到的。这些原始生物生活在距今大约 5.6 亿年之前。而在过了大约 1000 万年之后,这些生物开始拥有了多细胞的复杂结构并逐渐在海洋底部蔓延开来。又经过 2000 万年,多细胞生物开始发生分化,由于所处的生存环境存在差异,它们便走上了不同的进化之路。

实际上,把镍、产甲烷细菌与氧气增多联系起来也只是一种推论,这种联系是否真的存在因果关系,不仅需要其他研究结果来证实,还需要化石或实物证据来确认。2016年,加拿大女王大学的考古学家盖伊·纳波恩等提出了类似的观点,但是氧气迅速增加和生物大量出现的时间(距今大约 5.6 亿年前)则要比镍的含量急剧下降的时间(距今约 27 亿年前)晚得多。纳波恩等对北极冰层和北冰洋底部进行研究后发现,在这里分布着大量史前生物的沉积物。通过使用放射性碳测定法对它们进行鉴定,这些生物均出现在大气中氧气快速积累后大约 500 万年。而这一时期距今大约 5.6 亿年前。由于地球大气中的氧气开始迅速积累,显著促进了多细胞生物的发展。盖伊·纳波恩认为,在氧气大量出现在大气层中后,地球像是被接通了开关,山峦的景色开始变化,海洋中也出现了首批多细胞生命[25]。在氧气分子溶入海洋的 1000 万~1500 万年之后,海洋中开始出现最为原始的浮游植物。另外,纳波恩认为他们的发现揭开了一个曾经让达尔文也深感困惑的问题,即为什么在 500 万多年以前地球上会突然出现大型动物?纳波恩等的回答是,大型动物的突然出现有可能是全世界海洋中氧气含量急剧增加所导致的[26]。

#### 8.2.2.2 氧气浓度的增加对生物进化的影响

在 580 万年前的冰河世纪结束后不久,地球上的氧气含量便急剧增加。伴随着氧气的增加,加拿大纽芬兰的阿瓦隆半岛上率先出现了大型动物。纳波恩认为,当最古老的沉积物开始在阿瓦隆半岛上聚积时,全球海洋中几乎没有或完全没有游离态的氧气,而在那一段时期堆积的沉积物中根本没有动物化石。但在冰河世纪过去后不久,有证据表明,大气中的氧气含量急剧增加。当时的大气含氧量已经达到现今氧气含量的 15%,而这一时期的沉积物中就出现了与最古老的大型动物有关的化石证据。纳波恩和其研究小组在纽芬兰岛东南海岸的砂岩岩层之间发现了世界上最古老的复杂生物形态。这意味着地球上最早出现复杂生物的时间可推移至 575 万年前。在那时,冰河世纪的厚厚"雪球"刚刚融化不久。在此之前,地球上的生物曾经经历了长达 30 亿年的单细胞进化过程。纳波恩研究小组的研究也只是说明,氧气的大量出现使得约 5.6 亿年前出现大量的单细胞和多细胞简单生物,以后在 575 万年前出现了复杂生物和大型动物。对此有一种解释是,冰河的融化增加了海洋中营养成分的含量,并导致单细胞有机生物发生增殖性细胞分裂,它们开始通过光合作用释放氧气，而地球上 80%的光合作用是在海洋中发生的。深海里的植物也含有叶绿素，只是含量较少而已。它们除了含叶绿素外，还含有藻褐素、藻蓝素、藻红素等，这些色素掩盖了为数不多的叶绿素，而使它们并不呈现出绿色。太阳光照到海面之后，阳光含有的 7 种波长的光便依次进入了不同深度的海水。红光是叶绿素最喜欢的，在海面上就被绿藻吸收了；而蓝、紫光具有的能量最大，可以穿透表面直至深海中。藻红素、藻蓝素等虽然不能进行光合作用，但它们吸收阳光之后再把能量传递给叶绿素。加上海水中含有大量可进行光合作用的原料（二氧化碳盐类、重碳酸盐和水），海洋中由光合作用所创造出的有机物比陆地植物创造的总量还要多 7~8 倍。由于氧气浓度的增加，生物的进化开始提速，并逐渐出现了复杂的滤食性动物群落，接着又出现了行动自如的两栖动物。最终，到了约 540 万年前的寒武纪时期，地球上"爆炸性"地出现了大量的复杂生物和大型动物。

尽管研究人员目前对地球上氧气突然增多的因果关系有不同的解释，但却一致认为氧气的大量出现的确是地球上许多生命出现的关键转折点，也因此使地球有了今天丰富多样的生物和适宜人类生存的环境。这涉及生物的有氧呼吸和无氧呼吸。最早的原始地球上，大气中不含氧气，那时生物的呼吸方式都为无氧呼吸。当蓝藻等自养型生物出现以后，大气中有了氧气后才真正出现了有氧呼吸。有氧呼吸是在无氧呼吸的基础上发展而来的，而且是"青出于蓝而胜于蓝"。这主要体现在有氧呼吸的能量供应和最终产物上。有氧呼吸每分解 1 mol 葡萄糖，可以释放出 2870 kJ 的能量，其中有 1161 kJ 左右的能量储存在三磷酸腺苷（ATP）中，其余的能量都以热能的形式散失了。而无氧呼吸每分解 1 mol 葡萄糖，只能释放出 196.65 kJ 的能量，其中有 61.08 kJ 的能量储存在 ATP 中，其余的能量也以热能的形式散失掉。对于需氧型生物来说，生命活动所需要的能量大部分由有氧呼吸提供，而无氧呼吸所提供的能量无法满足并维持生物生命活动的需要。从这点看有氧呼吸要优于无氧呼吸。另外，有氧和无氧呼吸的最终产物不一样。有氧呼吸的终产物是二氧化碳和水，对生物体是无害的；而无氧呼吸的终产物是乳酸或酒精和二氧化碳，对生物体有害。例如，乳酸会使动物出现一些不良反应，如肌肉酸痛。乳酸过多甚至可导致酸中毒。酒精则对植物细胞有很强的毒害作用。这些情况就能解释为什么人和一些高级哺乳动物选择了有氧呼吸，因为生物由原来的无氧呼吸变成有氧呼吸后，呼吸效率提高了大约 19 倍，而且有氧呼吸的最终产物对生物体无毒无害，所以需氧型生物得到迅速而蓬勃的发展。

"大氧化事件"的产生也形成了地球生物发展的另一个重要条件，即臭氧层。过去没有臭氧层的保护时，高能量的紫外辐射会对生命的本质——核酸和蛋白质造成破坏，这使地球上难以孕育生命并演化成更为复杂的生命[22]。而大量氧气产生后会吸收紫外辐射并在地球中层大气形成保护地球的臭氧层，这便为海栖生物登陆发展及演变成大量的陆生动物提供了安全的自然环境。

#### 8.2.2.3 早期光合作用对大气中 $CO_2$ 的影响

植物不加控制地发展，使光合作用加强，消耗大气中大量的 $CO_2$。这种消耗虽可由植物和动物发展后的呼吸作用产生的 $CO_2$ 来补偿，但补偿量是不足的，结果早期地球大

气中 $CO_2$ 就减少了。$CO_2$ 的减少必然导致大气保温能力减弱,降低了温度。地质资料证明,新元古代大气圈的成分已不同于地球原始大气圈,最重要的变化是 $CO_2$ 含量下降和自由氧增多,地表平均气温逐渐下降[27]。

在水体中由于钙、镁离子浓度降低,可引起 pH 的明显变化。这些因素对蓝藻的生长和**繁殖**是不利的。但蓝藻衰败的关键原因是多门类生物在地球上的出现,特别是异养的捕食性后生动物的兴起。它们不仅与蓝藻争夺生存空间,而且以蓝藻作为其生活饲料,这直接遏制了蓝藻在地球上的发展。地球上距今 6.35 亿~5.42 亿年前的这段时间,地质学上称为埃迪卡拉纪。在埃迪卡拉纪伊始,蓝藻就已经淡出了生物进化的舞台,沦落为一个不起眼的配角。从我国湖北庙河、安徽蓝田、贵州瓮安等地陡山沱组的化石材料看,在埃迪卡拉纪早期多细胞绿藻、红藻、褐藻和后生动物已取代蓝藻在生物圈的主导地位,这些新物种已表现出明显的多细胞化、组织化和性分化功能。从澳大利亚南部庞德砂岩的化石资料看,在晚埃迪卡拉纪,至少有三个门(腔肠动物、环节动物、节肢动物)的宏体动物已经出现,动物的辐射演化已经开始。

推测在埃迪卡拉纪前夕,以蓝藻为主体的光合释氧微生物生态系统分布越来越局限,新的多细胞宏体藻类和后生动物为主体的浅水底栖生态系统开始建立。自此以后,蓝藻与其他物种,特别是动物之间形成复杂的相互作用、相互依存、相互遏制的关系。由蓝藻在地史上短暂复苏(或局部暴发)的实例剖析蓝藻在新元古代前夕由繁盛转向衰败,但这一转变过程并非不可逆转。从古生代直到新生代的地质记录上,不仅在海盆而且在内陆湖泊,蓝藻曾数度复苏。消失许久的蓝藻礁又突然现身局部水域,蓝藻家族似乎又复现昔日的辉煌。但是,它们复苏的时间短暂,影响范围也较为局部。有关实例颇多,现选择中生代内陆湖泊的实例进行剖析。我国东北松辽地区在中、新生代为一内陆湖泊。地史上湖泊曾数度变迁,最大面积达 20 万 $km^2$。湖泊内,中、新生代沉积的厚度累计达 6 km,其中富产叶肢介、轮藻、介形虫、双壳类、腹足类等多门类的淡水生物化石。依据化石资料,古松辽湖泊多为陆相淡水沉积,这一论断没有过多的争议。但在晚白垩世早期,湖泊内蓝藻突然繁盛,并沿湖近岸构成了一定规模的蓝藻礁[19](图 8.8)。

图 8.8 辽南纪马家屯期海洋叠层石

### 8.2.2.4 CO₂浓度和温度变化对蓝藻的影响

蓝藻礁的出现表明底栖蓝藻沿湖岸大面积暴发，与现生蓝藻局部疯长具有一定的可比性。在无人为污染的情况下，造成中生代蓝藻暴发的缘由何在？这是值得认真思考的问题。研究发现，松辽盆地中生代蓝藻礁具有两项显著特征。①礁体碳酸盐的 Sr/Ca($\times 10^3$) 值相当高，通常介于 6.8～7.2，达到现代海相钙藻礁 Sr/Ca($\times 10^3$) 平均值的两倍，超过新生代淡水湖泊蓝藻礁的 8～10 倍。生物成因的碳酸盐 Sr/Ca 值在一定程度上可以作为陆相或海相的指示器。当前淡水湖泊蓝藻礁 Sr 含量特高的不正常现象可能与陆相淡水湖接受高盐度的海水入侵有关。②蓝藻礁表现出明显的排他性。尽管礁体间隙充填物种除含砂粒外，还出现大量微体动植物化石的碎片，但在礁体内部几乎寻觅不到任何共生的生物化石，也见不到食草或钻孔动物破坏的痕迹。

通过对上述蓝藻礁的研究和分析，松辽盆地白垩纪蓝藻暴发的原因似乎可作如下解释：在正常的陆相淡水环境下，蓝藻仅是湖泊内生物大家庭中的普通成员之一，其地位并不"显赫"。它在盆地内的生长和发育受异养捕食性动物遏制，它们之间保持着复杂的动态平衡关系。由于白垩纪早期一次特殊的"污染"（高盐度海水入侵），新环境超出淡水生物的生理极限，故大批动植物，特别是异养捕食性动物遭受到灭顶之灾，它们大量迁移或死亡。但是蓝藻对极端环境具有超常的忍耐性，它们可以在咸度大于250%、温度高于70℃、pH超过10的水体中正常生活和繁殖。在高盐度海水入侵的情况下，蓝藻非但没有衰败，而且由于缺少空间竞争，特别是因为遏制蓝藻快速生长的动物灭绝，故其空前暴发[19]。

把当前蓝藻的暴发看作是一种生态效应，是极端环境下造成某一生态链的缺失导致的，这实际上是一种用生态理念控制现生蓝藻暴发的思路。通过对蓝藻盛衰变化的回顾不难看出，蓝藻、动物（主要指遏制蓝藻生长的异养捕食性动物）和环境之间保持着一种复杂的生态关系。蓝藻是动物的重要食物来源，动物遏制蓝藻的快速繁殖，水体中共生的蓝藻和动物均受同一环境的制约，但蓝藻和动物对环境的耐受性又各不相同。蓝藻暴发的原因似乎可以通过下列简单的生态数学模式图（图8.9）给出。从蓝藻暴发的生态数学模式示意图中可以看出，动物是生态链中的一个重要环节。

当动物生长速度极低或为 0（即动物灭绝或迁移）时可引起蓝藻的暴发[19]。当蓝藻与动物长速比例严重失调（前者过快或后者过慢）同样可以引起蓝藻的暴发。以上两种情况的发生通常与某些极端环境的突现有关。这类极端环境可以是自然因素造成，也可以是人为因素（污染）所致。因而，从生态理论出发，在短期内治理和防控蓝藻的暴发可以从两方面入手：①恢复原生态水体的环境，如杜绝污染源，定期清淤，改善水质；②修复原生态链，如投放以蓝藻为食物的白鲢、花鲢等动物，重建蓝藻与动物之间的动态平衡。但是，我们也应该清醒地认识到，自工业革命以来，人类大量使用化石燃料，再加上城市化程度的提高，陆地植被快速减少，大气中的 $CO_2$ 浓度已经比 18 世纪增加了近 40%，伴随而来的是"温室效应"带来的地球表面温度持续上升[28]。尽管科学家和各国政府都意识到了这一突出的现象，也采取了一些相应的措施，但收效甚微，$CO_2$ 浓度升高和温度上升的趋势是很难逆转的[29]。从蓝藻生态的角度来看，这一趋势正好适合蓝藻发展繁

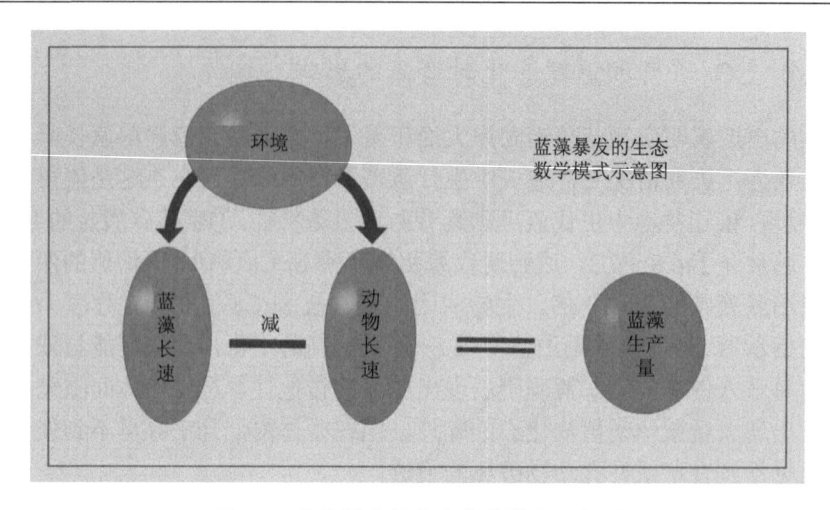

图 8.9　蓝藻暴发的生态数学模式示意图

盛。早期的地球和显生宙数次生物大灭绝之后的短暂间歇，$CO_2$ 浓度和地表温度都比其他时期要高，故蓝藻极易繁盛。比如在二叠-三叠纪之交的生物大灭绝之后，海洋中就出现了主要由蓝藻所形成的藻礁。现今的地球表面，很多地区是人为选择性的生物圈，是人类控制下的"生态系统"，生态平衡极易被打破。在一些地区局部高 $CO_2$ 排放更易于诱发蓝藻的暴发性生长。

## 8.3 藻类生物质用于替代燃料

如果以可持续的方式使用，藻类生物质能够缓解全球对石油资源的依赖并减少全球温室气体的排放[30]。根据所用生物质的来源不同，可以将生物燃料分为三种，分别是第一代生物燃料粮食作物（高粱、玉米等）、第二代生物燃料非粮作物（秸秆、木屑等）、第三代生物燃料藻类。在生物质的发展与利用过程中，由于存在"食品与燃料"的困境，针对能否使用传统农业和食品的第一代生物燃料产出能源引发了巨大的争论。这导致了以非粮食作物生物质为主的第二代生物燃料得以开发利用，例如开发农作物残留物和在无耕地上种植的能源作物等。第二代生物燃料具有存储量大、不占用耕地等优势，解决了由第一代生物燃料所带来的主要问题。然而，由于第二代燃料的主要成分为木质纤维素，有难以溶解、加工和利用的特性，故将此类物质转化为生物燃料时需要预处理步骤以克服木质纤维素基质的固有弊端。相较第一代和第二代生物燃料，藻类作为第三代生物燃料，具有生长速率快、生长周期短、不占用耕地和不含木质纤维素等优势。因此，藻类被视为另一种可行的替代能源，有着巨大的发展潜力[31]。然而藻类存在浮力和流动能力，容易在海边堆积，形成赤潮、绿潮等藻类泛滥现象，这类情况目前已经成为沿海地区的灾害性问题。

### 8.3.1 以 $CO_2$ 为碳源的光驱动合成生物技术

光驱动合成生物学，是用 $CO_2$ 作碳源的光合细胞工厂，在光合微生物中重构植物天然产物的合成途径,将 $CO_2$ 高效转化为一系列高值天然产物[32]。光合细胞工厂不再使用葡萄糖作为底物,而是使用温室气体 $CO_2$ 来生产所需的目标产物,因此生产成本更低、生产过程也更加环保,更加符合双碳目标的趋势和要求。具体的研究是基于合成生物学的理念,将光合微生物蓝藻进行功能性定制,开发一系列面向市场的生物基产品,包括活性光合微生物药剂和藻基化妆品等。为了能更好地将光驱动合成生物技术与产业应用相结合,构建直接利用温室气体 $CO_2$ 作为原料的"负碳"细胞工厂,用更加绿色的方式来赋能产业链。研究方向主要有两个,一个是光驱动合成生物学;另一个是木质纤维素高值化利用。总的来说,就是利用废弃的含碳资源,如二氧化碳、木质纤维素等,合成高附加值的天然产物,最终实现"负碳"和"减碳"的目的。光合效率研究及光合作用应用一直代表着人类探究自然、改造自然的前沿科技能力。研究人员在光合效率提升方面已经做了不少的研究。2013 年开始尝试改造光合微生物,在国际上最早利用光合细胞工厂成功生产了一系列高附加值的植物天然产物,这个领域被认为是一个全新的应用方向。国际上其实已有一些公司开始利用光合微生物来生产燃料和一些大宗化学品,而至今还没有真正意义上的光驱动合成生物技术公司。

光驱动合成生物学,就是用光合自养微生物来做底盘,通过合成生物技术进行代谢重塑,构建"负碳"细胞工厂,直接将 $CO_2$ 转化为目标产品的技术平台。工业革命以来人类其实一直在向自然索取资源,不断把化石资源变成工业产品并排放大量的温室气体 $CO_2$。目前基于大肠埃希氏菌和酵母菌等异养微生物底盘的合成生物学还是需要依赖大量葡萄糖等有机碳源并且还会释放 $CO_2$,这种方式从本质上来说还是对资源有所消耗。在目前全球寻求碳达峰、碳中和的时代大背景下,合成生物学研究人员应该思考如何从糖替代物质中获得碳原料,为可持续发展提供更好的方案。尽可能将排放出的 $CO_2$ 进行回收利用,这才是合成生物学的发展方向和使命所在。

光合微生物虽然被认为是地球上最古老的生物,但是对光合微生物的研究其实是在近十年才发展起来的。之前,对大多数光合微生物的利用还停留在野生菌的状态,比如螺旋藻、雨生红球藻等。这个阶段跟人们早前利用异养微生物来酿酒、生产氨基酸和抗生素差不多。对光合微生物的改造最初集中在燃料和简单分子,比如乳酸等。研究人员在 2013 年开始利用光合微生物蓝藻生产高附加值的天然产物,也开发了一系列的使能工具和策略[32]。近两年有些研究者开始尝试将固碳体系转移到异养微生物中,改造大肠埃希氏菌和酵母菌使它们直接利用 $CO_2$ 进行生长。但是这些体系难以实现较高效率的 $CO_2$ 固定,而且改造后的微生物生长会变得很慢。另外,光系统在异养微生物中的功能组装目前在学术界还是一个难点,因此需要添加额外的能源物质。如果在进行光合微生物培养的时候,让光合微生物全部从空气中自己吸收 $CO_2$,且不额外添加 $CO_2$,那么就不会使成本过高。当然现在也有一些研究通过额外补充 3%~5% 的 $CO_2$ 以加快光合微生物的生长。固碳效率比较高的微生物有很多,光合微生物中固碳效率比较高的是蓝藻,它们生长速度很快,其固碳效率要比陆生植物高出几十倍甚至上百倍。光合微生物的产业化应用现在已有很多,比如生产 DHA、EPA 或虾青素,当然这个跟合成生物学关系不大。国外有一些公司利用改造后的光合微生物生产乳酸、乙醇、丙二醇等大宗化学品(图 8.10)。还有公司用它们来生产一些抗体,然后把含有抗体蛋白的菌体直接吃下去,用于治疗胃肠道疾病[33]。

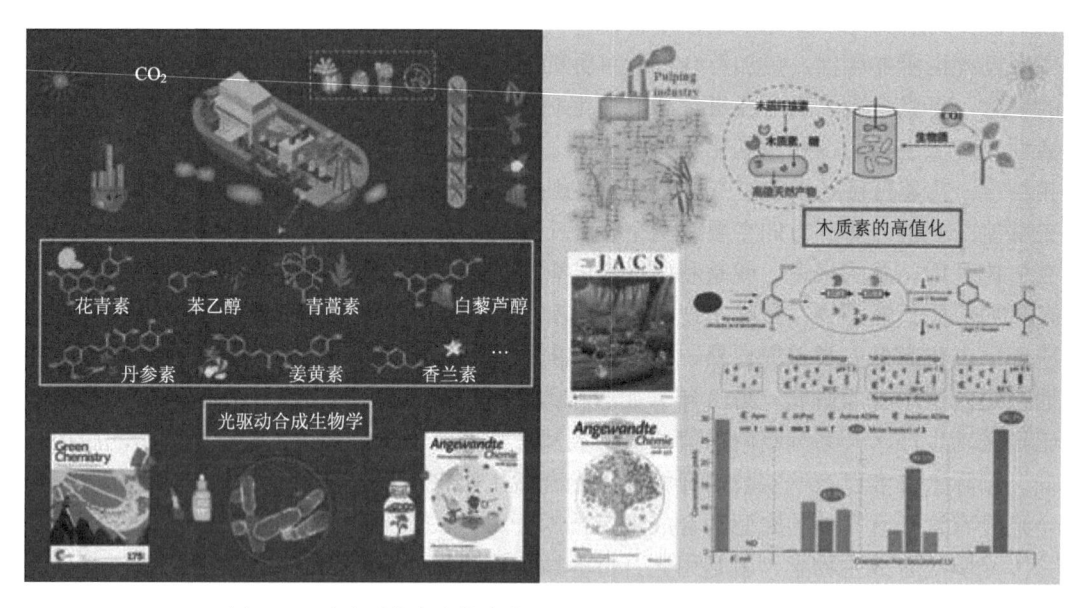

图 8.10　改造后的光合微生物可以便利生产多种高附加值产物

## 8.3.2　微生物固碳可能的发展前景

未来有一种可能就是把固碳菌和常规工程菌进行共同培养以实现共生的模式。这个方向目前发展势头良好，现在需要考虑的是如何实现稳定的共生关系，以及如何将碳流最大程度导向目标产物[32]。目前国际上比较多的做法是将固碳光合微生物跟大肠埃希氏菌、酵母菌、假单胞菌等异养菌共生培养，中间的连接碳源以蔗糖为主。2015 年，研究人员就开始做自养−异养共生菌群的研究了，开发的混菌体系生产了 1,3-丙二醇，第一次利用甘油作为中间碳源，避免了由大肠埃希氏菌等异养微生物碳源利用改造而增加的细胞负担。最近，研究人员做了一个光合微生物和需钠弧菌的共生培养，这个体系有如下几个优势：一是需钠弧菌生长非常快，代时比大肠埃希氏菌还要快一倍；二是它们都可以在较高盐浓度下生长，这种条件会促进光合微生物的蔗糖产量；三是需钠弧菌的最佳碳源本来就是蔗糖。利用这个体系已经生产了从大宗化学品到高值化合物等一系列产品。

在天然产物合成的产业化应用方面，研发人员认为不存在很大的困难。这是因为光合微生物在细胞层面有独特的优势和较强的代谢可塑性，许多天然产物的产量已经超过大肠埃希氏菌和酵母菌等工业微生物。当然，并不是所有化合物都适合光驱动合成，非常依赖简单前体的大宗化学品现阶段还很难进行产业化，比如乳酸，从中心代谢物丙酮酸到乳酸只要一个酶的催化，因此葡萄糖的转化效率非常高；但如果使用 $CO_2$ 来从头生物合成乳酸，则需要经过比较长的路径才能实现。碳固定的效率将限制这类化合物的产量，现阶段很难超越异养微生物的生产水平。不过，近期全球领先的聚乳酸制造商 NatureWorks 开始布局利用微生物将温室气体直接转化为乳酸的技术，这意味着光驱动合成生物技术也有工业化生产大宗化学品的潜力。

光驱动合成生物学虽然尚处于起步阶段，但其实不少光合微生物研究的发展速度已经超越某些工业微生物。当然，传统光合微生物应用的一大限制条件是生长速度较慢，比如螺旋藻代时为 4 h，真核衣藻代时为 5 h，小球藻代时长达 20 h，显然这样的生长速度并不适合作为光驱动合成生物技术的底盘菌株。研究人员开发的聚球藻光合底盘利用 $CO_2$ 生长的代时可以控制在 2 h 内，经光密度(optical density, OD)测定的增稠倍数最高达到 200，干重超过 30 g/L，已经超过酵母菌等异养微生物的生长速度。同时，聚球藻在电子链改造、光谱吸收、碳固定方面其实还存在一定可优化的空间。虽然目前光合微生物的生长速度跟大肠埃希氏菌还有差距，但它们在某些方面已经具有明显的优势。除了不依赖葡萄糖和可吸收温室气体外，光合微生物由于类囊体结构的存在和充足的电子驱动，非常适合生产天然产物。利用相关技术获得的许多天然产物的产量和产率已经超过异养微生物利用葡萄糖等有机碳源获得的产量和产率。

光合微生物还有一个优势是遗传背景明确，可以实现自然转化。这将比大肠埃希氏菌和酵母菌更适合于开发自动化的平台，也意味着人们可以更快速地开发和迭代菌株。此外，控制生物污染也是合成生物学产业化应用必须直面的一个问题。在工业生产阶段，一个批次发酵过程的污染就会带来数十万甚至上百万的损失。而光合微生物的培养基中不含有机碳源，故不易被异养微生物污染。此外，培养体系中无机成分的浓度和比例可以精准控制，改造后的光合微生物可以实现敞开式的培养，这无疑节约了大量灭菌和过程控制的成本。常用的培养设备是 U 形管，或者直接做成敞开式生产模式，光照用 LED 补光或者自然光都可以，这也是光合微生物产业化比较方便的一个地方[34]。与之相反，异养微生物通常需要搭建大型发酵罐，以严格控制生物污染。这类发酵装置的投入是非常大的，灭菌和过程控制的能耗也较高。

光驱动合成其实不需要有机碳源，基本上直接利用空气中的 $CO_2$ 就可以实现。当然，如果要求它们长得更快一点，也可以额外补充 3%～5%的 $CO_2$。光合培养的复用性也会比较好，这是因为培养基成分和培养条件相对简单且成分明确，越简单越明确的生产模式就越具有更好的复用性，不会受到原料批次的影响。

从本质上来看，工业发酵和传统化工其实都在消耗资源、排放温室气体，是时候开始考虑如何将温室气体再次利用起来以满足人类的可持续发展，这种模式才是真正的绿色合成。碳回收被认为是合成生物学的最高成就之一。越来越多的科学家开始将目光投向 $CO_2$ 的捕集和利用，开发和应用新一代合成生物技术其实是我们应该承担的历史使命和责任。国际上有公司已经开始利用光合微生物生产一些燃料和原料化合物，尽管它们离真正意义上的光驱动合成生物技术产业还有距离，但已经迈出了坚实的一步。传统化工生产能耗很大，当然能耗大就意味着碳排放量大，这与目前的碳中和目标是背道而驰的，同时产生的工业废弃物对环境造成了非常严重的损害。要想改变这种境况，就需要从底层技术上做颠覆性的创新。合成生物学就是带着解决这些问题的使命而出现的，这是合成生物技术最重要的价值。合成生物学确实可以生产出更便宜的产品，尤其是那些利用化工手段难以获取的天然小分子产物或者天然高分子化合物。

## 8.4 微生物对生活垃圾产生 $CO_2$ 的转化利用

任何经济条件下的人类社会都会面临生活垃圾问题的挑战。主要是因为没有实行有效的生活垃圾分类标准和政策：①生活垃圾处理过程中物质循环利用率低下。未分类收集的生活垃圾通常只能采用填埋技术或焚烧技术进行处理，虽然可回收利用填埋场气体的生物质能源(如沼气等)或回收利用垃圾焚烧发电的能源，但这类利用能源方式的物质循环利用率低下。②二次污染控制困难且代价高昂。填埋技术中生活垃圾开放填埋作业产生的恶臭异味气体因无组织排放难以被有效控制；垃圾渗滤液处理费用居高不下；生活垃圾焚烧发电项目须配套建设复杂的烟气净化处理系统，且运行费用较高，其产生的飞灰属危险废弃物，故须进行复杂且代价高昂的安全处理。③生活垃圾处理过程中碳排放难以被控制和削减。填埋技术虽可以资源化利用部分填埋场产生的甲烷气体，从而降低温室气体的排放，但难以从根本上实现碳减排；焚烧技术更是将各种含碳物质直接氧化成 $CO_2$ 并排放到大气中。对生活垃圾的合理处理和循环利用面临应对气候变化和双碳目标的双重挑战。2018 年 5 月 22 日欧盟各国部长会议通过了一项新的废弃物管理规定，根据新的废物管理规则，城市废物的循环利用率在 2035 年前要达到 65%[35]。2020 年 12 月 10 日，住房城乡建设部、中央宣传部、中央文明办等 12 部门联合印发《关于进一步推进生活垃圾分类工作的若干意见》，该意见表明力争到 2025 年，全国城市生活垃圾回收利用率达到 35%以上[36]。2015 年 12 月，《联合国气候变化框架公约》近 200 个缔约方在法国巴黎举行的联合国气候变化大会上通过了《巴黎协定》。协定指出，把全球平均气温较工业化前水平升高幅度控制在 2℃之内，并为把升温控制在 1.5℃以内而努力[37]。只有全球尽快实现温室气体排放峰值，并于 21 世纪下半叶实现温室气体净零排放，才能降低气候变化给地球带来的生态风险，以及给人类带来的生存危机。

2019 年 7 月 1 日上海市在全国率先实施系统彻底的生活垃圾分类管理，推行了"有害垃圾、可回收物、湿垃圾、干垃圾"四个分类标准[38]。其中湿垃圾，即厨余垃圾采用分散收集、集中处理的模式。垃圾分类实行一年多后，厨余垃圾收运处理的窘境依旧无法避免：①厨余垃圾分类收运推高成本。不仅需购置新的专用运输车辆，规划新的运输线路，还会增加分类分散运输的费用。②厨余垃圾中混入有害杂质，将导致厌氧产沼气和好氧稳定后大量残渣不能作为堆肥循环利用，只能送到焚烧厂进行焚烧处理。上海虽然动员全社会的力量实现了高度组织化的引导管理，但厨余垃圾中仍然不可避免地混入了塑料包装材料、金属和玻璃等有害杂质，影响了残渣可循环利用的性质；增加了巨额的收运和处理费用，却只能回收少量生物质能，难以真正实现物质的循环再利用。③不能有效减少碳排放。无论是厌氧产沼气，还是好氧稳定化处理，抑或是残渣焚烧，厨余垃圾产生的碳又全部以 $CO_2$ 的形式排放到大气中[39]。

厨余垃圾以家庭或居住小区为单位进行精细分散收集和处理是解决集中模式生物处理残渣不能循环利用最有效的方案之一。利用最小或较小生活垃圾产生单元进行精细分拣和收集，可以从根本上杜绝有害杂质的掺入，当然也会面临处理效率不高和二次污染管控难度增加的挑战：①居民小区由于面积不大，故可以采用分散处理技术及设备并实施高效率、集约化的解决方案;②由于处理设施距居民生活的安全距离有限,故需要实施更严格、更高水平的二次污染管控标准;③二次污染产物排放受限,尾气、尾水难以达标排放[40]。现有厨余垃圾一体化处理设备采用传统好氧堆肥技术,显然难以在如此严苛的环境中充分发挥其效能。

厨余垃圾仿生处理技术组合藻类光生物反应器单元形成的技术系统可实现厨余垃圾处理碳资源转化和碳减排(图8.11)。其主要技术原理及优势如下:

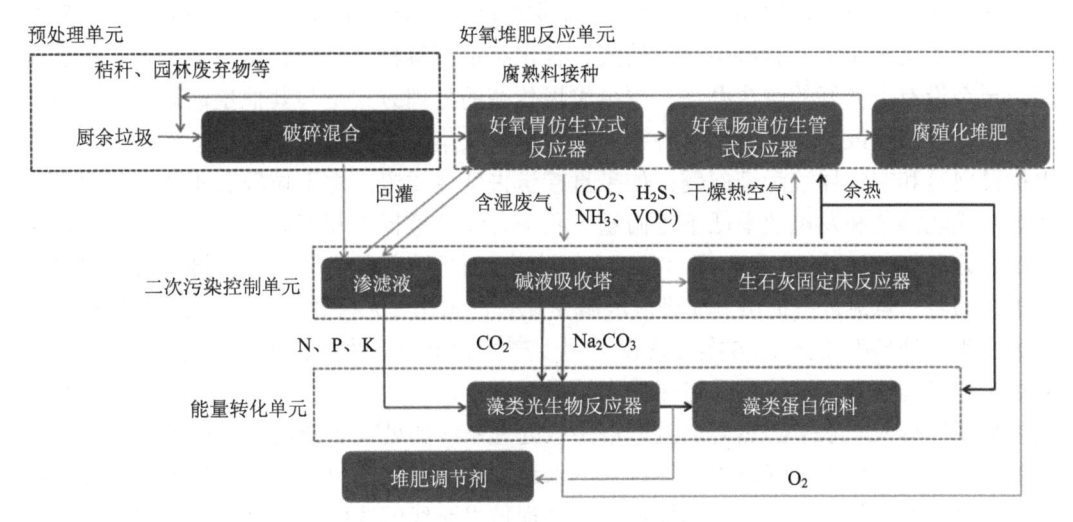

图 8.11 厨余垃圾处理偶联微藻生产生物质技术路线图

VOC 指挥发性有机化合物

(1)厨余垃圾首先被破碎并与秸秆或园林废弃物碎料混合以调节营养成分比例及含水率,再通过密闭管道先后输送进入胃仿生立式反应器和肠道仿生管式反应器,利用防返混技术构建的活塞流反应器,完成高效好氧堆肥的一次发酵和二次发酵过程,最终生产出可满足农用标准的优质堆肥产品。

(2)两次发酵过程产生的含 $CO_2$、$H_2S$、$NH_3$ 等尾气经稀释碱液吸收后,再进入藻类光生物反应器进行 $CO_2$ 固定化处理,藻类吸收 $CO_2$ 并释放 $O_2$,尾气再循环回流至两级好氧仿生反应器,为好氧堆肥过程补充 $O_2$,实现好氧堆肥仿生反应器与藻类光生物反应器二者协同耦合,即前者消耗 $O_2$ 产生的 $CO_2$ 输送至后者并被吸收,后者吸收 $CO_2$ 释放 $O_2$ 再传输给前者使用,从而形成了 $O_2$ 和 $CO_2$ 之间的物质动态平衡,同时减少碳排放量。

(3)物料破碎混合及好氧堆肥过程产生的渗滤液经过循环回灌至胃仿生立式反应器后,可形成富含 N、P 元素的尾水,可用作藻类光生物反应器营养物质的补充源,促进藻类的快速生长及 $CO_2$ 的高效固定和 $O_2$ 的高效释放,最终实现 N、P 营养元素的良性循环。

(4)两级仿生反应器单元尾气经碱液吸收系统后进入生石灰脱水处理单元,脱除尾气中的水分及酸性有害气体组分,同时释放反应热。利用余热可保障好氧堆肥仿生反应器在全流程中及全年各季节始终维持适宜的温度,最终实现热量消耗和能量产生的平衡。

综上所述,基于气体热量的平衡和营养元素的循环,不仅可以极大提高厨余垃圾处理过程好氧反应速率,还可以实现反应气体最大限度的封闭循环,从而不排放或极少排放由传统堆肥所逸散的恶臭异味气体。另外,通过藻类光生物反应器固定好氧堆肥能够将产生的 $CO_2$ 用于生产藻类,同时能够释放 $O_2$。这既能够实现碳减排,又可通过脱水、烘干、粉碎等处理将生产的藻类用作畜禽饲料的添加剂。此举有利于缓解我国大量进口豆类作物充当饲料蛋白添加剂的压力,推动实现厨余垃圾资源转化处理与利用的新模式。

中国的厨余垃圾具有产生比例较大、含水率偏高等特点,一直是一个普遍存在的难题,至今没有十分好的解决办法。厨余垃圾传统的处理方式是与其他生活垃圾混合收集后直接进行填埋或焚烧处理,这种模式通常导致收集、中转、运输及填埋作业过程中产生扰民问题和空气环境污染问题;如果直接送去焚烧发电,由于垃圾含水率高,将会出现影响燃烧热值和发电效率低下等问题。我国曾经借鉴日本和韩国的经验,试图推广家庭粉碎处理。2016 年 2 月 6 日,在《中共中央 国务院关于进一步加强城市规划建设管理工作的若干意见》中提出"促进垃圾减量化、资源化、无害化",还提出"推广厨余垃圾家庭粉碎处理"。但是此方案通常仅适用于产生厨余垃圾体量较小的单位。此外,中国多油脂加工的饮食习惯较容易造成排水管道堵塞。而且由于中国城市人口密度高,厨余垃圾粉碎后排入下水道必然会加重城市污水处理系统的处理负荷,影响其正常稳定运行。实践证明,厨余垃圾家庭粉碎处理排入下水道的方法在中国也不适用。借鉴世界先进国家厨余垃圾处理的成功经验,选择资源化处理技术路线解决中国厨余垃圾的问题已经成为各方的共识。

厨余垃圾资源化处理内涵包括肥料化处理、饲料化处理、能源化处理三大类,其中肥料化处理是利用厌氧或好氧发酵处理方法,生产农用肥料的处理技术;饲料化处理是利用粉碎、脱水和发酵的方法将厨余垃圾加工成养殖饲料,也可以采用食用废油真空油炸厨余垃圾的方法生产饲料;另外还可采用厨余垃圾喂养蝇蛆、黑水虻等生物梯级循环模式生产饲料蛋白,该方法能够避免饲料同源性污染[41];能源化处理主要包括焚烧法、热解法、厌氧产沼气产氢气等方法[40]。由此可见无论何种资源化处理技术,厌氧或好氧生物处理都将发挥不可替代的作用。

### 8.4.1 厌氧发酵处理技术

厌氧发酵技术具有无须通风、可回收生物质能等特点,是厨余垃圾主流处理技术之一。厌氧发酵工艺又分为湿式厌氧发酵与干式厌氧发酵两大类,湿式厌氧发酵是将物料加水粉碎调浆,对浆液进行厌氧发酵产沼气的技术;干式厌氧发酵是对物料破碎后直接进行厌氧发酵产沼气的技术。当物料固含率高于 25%时,重质物和轻质物通过有机物团聚包裹在一起基本没有游离水,同时也不会出现物料团聚体漂浮和沉淀的问题,可以采用干式厌氧发酵技术;而当物料固含率低于 20%时,游离水被释放后将导致重质物沉淀和轻质物漂浮,破坏系统稳定性,故多采用湿式厌氧发酵而不宜采用干式厌氧发酵。

近年来随着试点城市垃圾分类工作的推进,同时环保督察工作力度不断加大,社会对厨余垃圾厌氧发酵技术的需求越发迫切,几乎全球所有的厨余垃圾厌氧处理技术都以各种合作方式进入中国市场,其中包括 Kompogas、Eismann、OWS 等干式厌氧发酵技术。中国厨余垃圾含水率偏高,有些季节的含水率甚至能够达到 85%,故更适合采用湿式厌氧发酵技术。德国 Wehrle 公司智能家居技术环境下的淋滤水解湿法厌氧发酵技术也开启了在中国市场的应用[42]。即便如此,传统湿法厌氧发酵要求固含率低于 12%,所以要尽可能去除惰性物质,避免其在反应器内沉淀或上浮,可见湿法对厨余垃圾预处理要求比较高;另外,该工艺还需额外加入水,这导致水处理工作量较大。

### 8.4.2 好氧发酵(堆肥)处理技术

作为厨余垃圾的主流生物处理技术之一,堆肥技术诞生于农耕时代,具有数千年的悠久历史。根据耗氧与否又将其分为厌氧堆肥和好氧堆肥两类。常用的好氧堆肥是利用好氧微生物对易腐有机物进行降解,形成腐殖化堆肥产品的处理技术。相对于厌氧发酵技术,好氧堆肥技术具有降解快、资源化循环利用率高、运行费用低等优点。

好氧堆肥技术通常分为好氧静态堆肥技术、间歇式好氧动态堆肥技术、连续式好氧动态堆肥技术三大类。其中,好氧静态堆肥技术即常用的静态条垛式好氧堆肥技术,该技术又根据供氧方式不同分为翻堆式条垛堆肥工艺和强制通风条垛式堆肥工艺;间歇式好氧动态堆肥技术的工艺特点是发酵仓顶部每天均匀进一层料,底部相应地每天出一层料,采用分层发酵的反应模式,特别适用于间歇投配料的运行工况,相比于好氧静态堆肥技术工艺可以缩短发酵周期、大大减少占地面积、提高堆肥质量;连续式好氧动态堆肥技术适用于处理规模大、需要连续投料的情况,堆肥反应器在连续翻动的工况下可进一步提高发酵效率、缩短发酵周期。反应器有立式和卧式两种不同的形式,其中最经典的是法国 DANO 卧式回转窑反应器。DANO 系统的主体设备为一个倾斜的卧式回转筒(滚筒)。物料由转筒的上端进入,随着转筒的连续旋转而不断翻滚、搅混,并逐渐向转筒下端移动,最后从转筒中排出。空气由沿转筒轴向的两排喷管喷入,产生的废气通过回转窑上端的出口向外排放。DANO 动态工艺的特点是:由于堆料不停地翻动增加了有机成分、水分、温度、氧等条件的均匀性,有利于传质、传热,加快了有机物的降解速率,从而缩短了一次发酵周期,压缩了全流程的时间,相应地可节省工程总投资[43]。

#### 8.4.2.1 生物质炭对好氧堆肥过程中 $CO_2$ 的控制

由于生物质炭具有较高的比表面积、孔隙率、吸附能力,能够为微生物提供更好的生存环境,在堆体中投加生物质炭可以改善堆体内的通风情况并加速堆肥进程,同时还能减少因局部厌氧而产生 $CH_4$ 的情况。然而,添加生物质炭对于 $CO_2$ 排放的影响作用迄今仍存在较大的争议。Awasthi 等[44]在鸡粪堆肥中添加了约 10%的竹炭,随着竹炭添加量的增加,$CO_2$ 的排放量呈现逐渐下降的趋势,最高可减量 39.3%;而 Czekała 等[45]在鸡粪、秸秆混合堆肥中分别添加了 5%和 10%的木炭,而结果是 $CO_2$ 的排放量却分别增加了 6.9%和 7.4%。由于投加生物质炭可以加强微生物活性,在一定程度上会增加因呼吸作用而产生的 $CO_2$,而生物质炭对 $CO_2$ 的作用仍以吸附为主,对无机碳的固定效应并不显著,故容易再次解吸后释放入环境中。因此,生物质炭难以在好氧堆肥过程中真正对碳减排发挥积极作用。

#### 8.4.2.2 微生物菌剂对好氧堆肥过程中 $CO_2$ 的控制

通过添加微生物菌剂优化堆体内微生物菌群的结构，调节细菌代谢过程，从而影响各代谢产物的产量，以实现减少 $CO_2$ 的产生与排放。Duan 等[46]发现在牛粪和秸秆的混合堆肥中接种 0.5%枯草芽孢杆菌(Bacillus subtilis)能够降低堆体内微生物碳代谢基因的丰度和三羧酸(TCA)循环的强度，减少有机碳的损失。Zhao 等[47]在牛粪和玉米秸秆混合堆肥的各阶段接种了耐热纤维素降解菌链霉菌(Streptomyces sp.)，结果表明在堆肥各阶段特别是高温阶段接种纤维素降解菌，可以有效提高纤维素酶的活性，并提高纤维素降解产物通过糖胺缩合反应等转化为腐殖质的效率，从而减少因糖分解而带来的 $CO_2$ 排放。通过投加适宜的微生物菌剂，发挥微生物在堆肥过程中的主导作用，对于提高堆肥反应速率、堆肥产品品质及减少堆肥过程中温室气体排放等都具有重要意义。然而，微生物菌剂在应用时也存在适用范围窄、效果不佳甚至无效果等问题，主要原因在于添加的外源微生物对堆肥环境适应性较差，以及堆肥中的土著微生物与外源微生物之间存在竞争[48]，这对于在不同地区条件下的推广应用将产生较大的影响。同时，投加微生物仅能抑制 $CO_2$ 的产生，对于已经产生的 $CO_2$ 无法进行吸附或者封存[49]。

#### 8.4.2.3 堆肥调节剂对好氧堆肥过程中 $CO_2$ 的控制

堆肥调节剂是通过直接投加化学物质调节微生物三羧酸(TCA)循环等生化过程，从而抑制 $CO_2$ 的产生并促进小分子有机物等腐殖质前体转化为腐殖质(humic substances，HS)。Wang 等[50]发现 TCA 循环调节剂中三磷酸腺苷(ATP)和丙二酸(MA)可以减少鸡粪堆肥过程中 45%以上的 $CO_2$ 排放量，腐殖质含量分别提高 42.8%和 14.2%。该类调节剂的作用机理主要分为两种，一种是利用产物的负反馈调节来减缓代谢速率，如 ATP、烟酰胺腺嘌呤二核苷酸(NADH)的反馈抑制[51]；另一种是通过与关键酶竞争抑制来延缓代谢过程，如 MA 与琥珀酸脱氢酶竞争抑制，进而减少 $CO_2$ 排放。同时，该研究结果表明 ATP 和 MA 可以分别促进氨基酸、单糖转化为 HS。因此，在堆肥过程中添加调节剂可以通过调节生化过程显著减少无机碳的损失，并将剩余的有机碳转化为 HS，提高堆肥质量。与添加微生物菌剂相比，该方法无须考虑与土著微生物的竞争性问题，故适应性强、适用范围广。但直接添加 ATP、MA 纯物质成本较高，难以运用于实际中。若能寻找一种含有堆肥调节剂的生物培养液或发酵液废液代替纯物质，则可低成本、高效率地抑制 $CO_2$ 产生，并同步实现堆肥质量提升与生物废液的无害化处理。

目前，好氧堆肥过程中 $CO_2$ 控制措施都存在局限性，生物质炭虽然能通过吸附收集产生的 $CO_2$，但易于再次释放，故无法实现对 $CO_2$ 真正的固定与利用；添加微生物菌剂与堆肥调节剂虽然能有效地抑制堆肥过程中 $CO_2$ 的产生，但分别存在适用范围窄和使用成本高的问题，且无法有效控制已产生的 $CO_2$ 排放。

### 8.4.3 厌氧和好氧联合处理技术(MBT 技术)

机械生物处理技术(mechanical biological technology，MBT)的开发与应用是近 20 年

来有机垃圾处理领域重要的技术进步[42]。最开始，MBT 技术是在欧盟 1999 年发布的填埋场技术导则背景下催生和发展起来的，它将收集的城市生活垃圾通过机械设备进行物理和生物预处理，得到初步生物稳定的中间产物再进行后续的填埋，从而满足了欧盟对于可降解生活垃圾直接填埋比例强制削减的政策要求。当前用于处理厨余垃圾的 MBT 技术是将厌氧发酵和好氧发酵技术组合使用，通过厌氧发酵回收生物质能、好氧发酵生产堆肥产品，最终实现厨余垃圾最大限度的物质循环利用。其中德国 MYT 淋滤水解技术是 MBT 技术之一，其工艺原理是将厨余垃圾投入生物水解反应器中，利用循环回喷的渗滤液和有机垃圾间发生水解反应，将易降解有机物水解酸化并进入液相释放出来，浆液进入厌氧发酵系统后产生的沼气可作为生物质能被加以利用；而分离出来的固相组分转入生物干化反应器中降解至含水率达 10%后，再利用分选机械分出惰性物质、垃圾衍生燃料(RDF)和堆肥产品，分别对它们进行资源化利用。

传统厨余垃圾的处理方法是与其他生活垃圾混合收集后填埋或焚烧，是导致扰民、环境污染的主要原因，也难以最大限度地实现物质循环利用，因此该技术正逐步退出历史舞台。随着垃圾分类行动从试点到推广的不断深化，分类收集的厨余垃圾必然转向资源化处理以寻找最优的解决方案。根据上海等国内试点城市厨余垃圾分类收集、单独运输和建设 MBT 技术处理厂的实践经验，目前已暴露出若干深层次问题：①分类收集、单独运输及新建 MBT 处理厂的投资和运行维护成本巨大；②因为采用分类收集、集中处理的模式，导致厨余垃圾原料中有害杂质掺混难以控制，对 MBT 技术处理厂杂质分离和相关机械设备提出了更高要求；③厌氧和好氧发酵处理最终残渣因有害杂质掺混，分离难度较大，不能作为堆肥产品进行循环利用，通常需再用于焚烧发电，这会形成投入和产出不合理的倒挂。

要提高厨余垃圾分类收集原料的质量，防止有害杂质混入，最好的办法就是采用以家庭或小区为单位进行精细收集并分散处理的解决方案，而小规模分散处理及实现最大限度物质循环利用必然需要依托好氧发酵(堆肥)技术，而且须能严格控制由该技术所产生的二次污染问题。在全球变暖的大背景下，堆肥过程中释放的大量 $CO_2$ 将成为好氧堆肥面临的另一项严峻挑战。堆肥过程中 $CO_2$ 的产生主要有两个途径，一是由微生物呼吸作用产生，且微生物所处环境越适宜，呼吸作用也就越显著，产生的 $CO_2$ 也就越多；二是大分子有机物被生物降解为氨基酸、单糖等小分子有机物之后，有一部分被微生物合成为腐殖质(HS)，而另一部分则被彻底矿化为 $CO_2$，有机碳向 $CO_2$ 的转化必将导致堆肥中碳素的损失，最终腐殖质的产量会减少，以至于影响堆肥产物的质量。因此，控制堆肥过程中 $CO_2$ 的产生与排放对于保护环境、早日实现"双碳"目标具有积极意义，同时也有利于更多有机碳向腐殖质发生转化，提高堆肥的质量。目前堆肥过程中释放大量 $CO_2$ 的控制措施主要通过添加生物炭、微生物菌剂或堆肥调节剂来实现。

## 8.5 微藻固碳及生物资源利用研究进展

微藻是原生生物中种类繁多、个体微小(微米级)、分布极其广泛的一个类群。微藻广泛存在于淡水、苦咸水、海水等水生态系统中，也可以生存于陆生系统中相对湿润的位置及其他生物体内[52]。微藻资源化利用已经延伸到环境、养殖、能源、食品和医药等多个领域，特别是在碳减排和生物资源利用方面应用潜力巨大[53]。首先，微藻具有高效固定 $CO_2$ 的能力。微藻对光能的吸收和转化效率远高于一般农作物。微藻的光合固碳效率是陆生植物的 10~50 倍[54]，平均每生产 1 kg 微藻生物质能够固定 1.83 kg 的 $CO_2$[55]。微藻固碳过程还可以同时去除水中 N、P 等营养盐[56]。同时，微藻因富含蛋白质、糖类、脂类、核酸及各种矿物质等高附加值物质，所以作为生物资源进行加工和利用前景广阔。微藻固定 $CO_2$ 的过程本质上是微藻细胞利用 $H_2O$ 和 $CO_2$ 进行光合作用的过程。当 pH 较低(5.0~7.0)时，微藻主要通过扩散作用吸收 $CO_2$，再利用光合作用进行 $CO_2$ 固定；当 pH 高于 7.0 时，微藻则利用胞外碳酸酐酶(CA)将 $HCO_3^-$（溶液中最常见的无机碳形式）主动运输到微藻细胞内，再进一步转化成 $CO_2$ 后被同化吸收[57]。光能捕获、$CO_2$ 供应、$O_2$ 释放三个方面同时影响着碳同化过程，共同推动碳元素从无机气态到有机生物碳的转变。

微藻光合作用是在光能驱动下由 pH、温度、水分、DO 浓度、$CO_2$ 浓度、各矿质元素等共同作用下完成的复杂生理生化过程。因此，微藻的生长代谢和固碳能力也会受到这些因素的影响。元素氮和磷是生长基质中的限制性营养，在最佳 N 和 P 浓度条件下微藻合成反应的效率最高。Converti 等[58]指出，当培养液中氮源不足时，微拟球藻细胞内叶绿素含量明显降低，这将导致光合作用与呼吸作用减弱，固碳效率明显下降，脂质积累量大幅减少。对于光能的影响作用，主要从光源类型、光照强度、光质、光暗周期、光能传递等多个方面展开研究。光强的增加会在一定程度上提升微藻的光合作用。在合适的生长环境下，微藻的数量可以在短时间内倍增；但如果不对光照加以控制，藻细胞浓度快速增加反而会降低光线在水中的穿透力，形成光限制，使微藻光合效率和生长量降低。温度对微藻生长代谢过程影响巨大。在一定范围内，微藻的生长量随温度的升高而呈指数增长。固碳效率通常在低温条件下明显降低，微藻培养的最佳温度范围应保持在 20~30°C[53]。微藻生长的适宜 pH 范围是 6~8。尽管大多数微藻具有较强的 pH 耐受能力，但 pH 的剧烈变化将改变营养盐的浓度从而间接影响微藻的生长[59]。气体交换是微藻固碳过程的一个重要步骤。$CO_2$ 作为微藻生长最主要的碳源，其含量过低必将严重限制微藻的生长；$O_2$ 的浓度应当适宜，其浓度超过饱和量将引起叶绿素反应中心光氧化损伤，必然会阻碍光合作用[60]。

微藻的藻种是微藻生物固碳技术的主体。微藻固碳的规模化应用要求藻种既要具有较高的固碳能力（$CO_2$ 转化率高），又要能适应一些不利的生长环境。这就需要通过现代生物技术，从不同环境条件下筛选适于工业化大规模应用，具有高光能转换效率、强抗逆性的微藻或藻株[34]。张波等[61]筛选出适于在生活废水中快速生长的藻类，对不同水域的藻类进行分离纯化，最终培养得到的藻类能够适应生活污水且其生物量达到优化前的 4.5 倍；孟范平等[62]对耐酸性和耐高浓度 $CO_2$ 的海洋藻类进行了筛选，发现小新月菱形藻和海水小球藻能同时耐受高浓度 $CO_2$ 的冲击；岳丽宏等[63]从沈阳南郊稻田泥水混合物中分离筛选出一株在 10%浓度 $CO_2$ 中具有最大生长率的高固碳能力微藻，该微藻的 $CO_2$ 利用率均值可达到 39.7%。尽管藻种的筛选工作目前已取得了一些研究进展，但仍存在诸多技术和成本上的局限性，其中包括藻种筛选难度较大等。因此，高效经济的功能性藻种筛选技术是未来的一个重要的研究方向。

微藻进行规模化生产最常用的容器是光生物反应器,可分为开放式和封闭式两大类。促进微藻捕获光能和提高能量产出率是光生物反应器研制中需要重点考虑的因素[64]。开放式光生物反应器构造简单、操作方便、运行成本低,是目前产业化培养中最常使用的生物反应器;封闭式光生物反应器目前则主要应用于实验室或小规模培养微藻,其制造、运行、维护成本均高于前者,但能够较好地控制培养条件,易于实现微藻的无菌化培养,有利于科学研究活动[64]。封闭式光生物反应器主要有平板式、柱状、管道式三种类型。其中平板式和管道式因水分蒸发少、条件易控制、光照面积大、获得藻生物量大等优势被认为最具商业化潜力,但是造价及维护成本较高是其主要瓶颈。平板式受制于材料强度不高,故难以放大化应用;管道式则存在管道内部光线不足、能耗高、占地面积大等缺点。开放式光生物反应器有跑道式、膜式等类型。其中跑道式光生物反应器结构简单、建造容易,所以应用较为广泛;而膜式光生物反应器虽可以更高效地获得藻类资源,但因为膜污染问题较为严重,需定期更换或清洗膜组件,所以目前多处于实验室研发阶段。微藻在生长期间能积累大量脂质、蛋白质、色素等高价值化合物,是生物燃料、食品、饲料和药品等有效成分最主要的来源。微藻有望成为继粮食作物生物乙醇、纤维素生物乙醇、陆生作物生物柴油之后第三代生物质能源的主要原材料[65]。按单位质量藻细胞内油脂含量30%计算,1 hm² 土地的年油脂产量可达油菜籽的49倍、大豆的132倍、玉米的341倍[54]。部分微藻,如小球藻、螺旋藻等经深加工后可获得高浓度的藻蛋白,可作为食品、饲料等原料或添加剂使用,真正实现微藻生物质的资源化利用。将适量(10%以下)经加工处理后的微藻用作饲料蛋白添加剂,不仅能够提高饲料的稳定性,而且对畜禽生长性能和饲料利用率也有一定积极的影响[66]。

## 参 考 文 献

[1] 袁道先. 地球系统的碳循环和资源环境效应[J]. 第四纪研究, 2001, (3): 223-232.

[2] 连宾, 侯卫国. 真菌在陆地生态系统碳循环中的作用[J]. 第四纪研究, 2011, 31(3): 491-497.

[3] 张一鸣, 黄咸雨, 谢树成. 微生物磷脂脂肪酸单体碳同位素示踪碳循环过程[J]. 第四纪研究, 2021, 41(4): 877-892.

[4] 习近平. 坚定信心 共克时艰 共建更加美好的世界——在第七十六届联合国大会一般性辩论上的讲话[J]. 中华人民共和国国务院公报, 2021, (28): 8-10.

[5] 钟萃相. 全球气候变化的原因及其对策[J]. 科技资讯, 2013, (17): 125-126.

[6] 孙军. 海洋浮游植物与生物碳汇[J]. 生态学报, 2011, 31(18): 5372-5378.

[7] 骆亦其, 夏建阳. 陆地碳循环的动态非平衡假说[J]. 生物多样性, 2020, 28(11): 1405-1416.

[8] 宋金明. 中国近海生态系统碳循环与生物固碳[J]. 中国水产科学, 2011, 18(3): 703-711.

[9] 李静, 温国义, 杨晓飞, 等. 海洋碳汇作用机理与发展对策[J]. 海洋开发与管理, 2018, 35(12): 11-15.

[10] 方精云, 朴世龙, 赵淑清. $CO_2$ 失汇与北半球中高纬度陆地生态系统的碳汇[J]. 植物生态学报, 2001, (5): 594-602.

[11] 焦念志, 李超, 王晓雪. 海洋碳汇对气候变化的响应与反馈[J]. 地球科学进展, 2016, 31(7): 668-681.

[12] 刘慧, 唐启升. 国际海洋生物碳汇研究进展[J]. 中国水产科学, 2011, 18(3): 695-702.
[13] 焦念志. 海洋固碳与储碳——并论微型生物在其中的重要作用[J]. 中国科学: 地球科学, 2012, 42(10): 1473-1486.
[14] 焦念志, 汤凯, 张瑶, 等. 海洋微型生物储碳过程与机制概论[J]. 微生物学通报, 2013, 40(1): 71-86.
[15] 邓杰, 陈雪初, 黄莹莹, 等. 蓝藻群体颗粒驱动元素地球化学循环研究进展[J]. 微生物学报, 2020, 60(9): 1922-1940.
[16] 汪光义, 白默涵, 谢云轩, 等. 单细胞原生生物在海洋碳汇研究中的重要性和展望[J]. 微生物学通报, 2018, 45(4): 886-892.
[17] 李丽, 汪品先. 大洋"生物泵"——海洋浮游植物生物标志物[J]. 海洋地质与第四纪地质, 2004, (4): 73-79.
[18] 位梦华. 地球密码(六)[J]. 知识就是力量, 2013, (6): 72-73.
[19] 曹瑞骥, 袁训来. 回顾蓝藻在地史上的盛衰变化 浅谈遏制现生蓝藻暴发的思路[J]. 生物进化, 2008, (4): 34-38.
[20] 吴云华. 生物进化与氧气环境演化[J]. 地球, 2004, (2): 21-30.
[21] Zhong C X, A new theory of the origin of the solar system and the expansion of the universe[J]. International Journal of Geophysics and Geochemistry, 2015, 2(2): 18-28.
[22] 叶怀义, 张燕. 臭氧层破坏的另一个原因: 大气中氧气被过度消耗?[J]. 世界环境, 2001, (1): 2.
[23] 钟萃相. 从大气层的形成与演化揭示全球气候变化的原因[J]. 科技视界, 2016, (9): 22-23.
[24] 俞斐. 地球外衣是怎样"炼"成的?[J]. 大科技（科学之谜）, 2004, (7): 18-19.
[25] 李龙臣. 地球生命起源之谜 地球生命的历程[J]. 大自然探索, 2002, (10): 62-63.
[26] 齐文同, 柯叶艳. 早期地球的环境变化和生命的化学进化[J]. 古生物学报, 2002, 41(2): 295-301.
[27] 陈月强. 水光解及光合作用放氧引起的危机与革命[J]. 生物学教学, 1996, (2): 5-6.
[28] Solomon S, Qin D, Manning M, et al. Climate Change 2007: The Physical Science Basis. Contribution of Working Group I to the Fourth Assessment Report of the Intergovernmental Panel on Climate Change[J]. Global Climate Projections, 2007, 18(2): 95-123.
[29] Wrachien D D, Goli M B. Global warming effects on irrigation development and crop production: A world-wide view[J]. Journal of Agricultural Engineering, 2015, 6(7): 734-747.
[30] 吴峥. 藻类燃料乙醇生产技术专利分析[J]. 山东化工, 2019, 48(17): 82-84.
[31] 李磊, 张红兵, 李文涛, 等. 光生物反应器培养微藻研究进展[J]. 生物技术进展, 2020, 10(2): 117-123.
[32] 朱新广, 熊燕, 阮梅花, 等. 光合作用合成生物学研究现状及未来发展策略[J]. 中国科学院院刊, 2018, 33(11): 1239-1248.
[33] 吴翔, 吴正杰. 利用生物操纵技术控制藻类研究进展[J]. 山东化工, 2020, 49(10): 255-256.
[34] 李永富. 内置 LED 光源的新型平板式光生物反应器用于微藻高效固定 $CO_2$[D]. 青岛: 中国海洋大学, 2014.
[35] WTO 经济导刊. 国外 CSR 动态（欧盟各国制定废物和回收目标）[J]. WTO 经济导刊, 2018, (6): 11-13.
[36] 中华人民共和国住房和城乡建设部, 等. 关于进一步推进生活垃圾分类工作的若干意见[J]. 上海建材, 2021, (1): 14-17.

[37] 巢清尘, 张永香, 高翔, 等. 巴黎协定——全球气候治理的新起点[J]. 气候变化研究进展, 2016, 12(1): 61-67.

[38] 上海市生态环境局. 上海市生活垃圾管理条例[J]. 上海预防医学, 2019, 31(8): 669-673.

[39] 岳波, 张志彬, 孙英杰, 等. 我国农村生活垃圾的产生特征研究[J]. 环境科学与技术, 2014, 37(6): 129-134.

[40] 程国玲, 刘方婧, 段怡彤, 等. 家庭厨余管道破碎试验研究[J]. 哈尔滨商业大学学报(自然科学版), 2013, 29(1): 49-53.

[41] 闵海华, 刘淑玲, 郑苇, 等. 厨余垃圾处理处置现状及技术应用分析[J]. 环境卫生工程, 2016, 24(6): 5-7.

[42] 张进锋. 厨余垃圾处理技术适应性分析及能源化研究[J]. 环境卫生工程, 2019, 27(3): 12-16.

[43] 李国鼎. 环境工程手册·固体废物污染防治卷[M]. 北京: 高等教育出版社, 2003.

[44] Awasthi M K, Duan Y, Awasthi S K, et al. Influence of bamboo biochar on mitigating greenhouse gas emissions and nitrogen loss during poultry manure composting[J]. Bioresource Technology, 2020, 303: 122952.

[45] Czekała W, Malińska K, Cáceres R, et al. Co-composting of poultry manure mixtures amended with biochar - The effect of biochar on temperature and C-$CO_2$ emission[J]. Bioresource Technology, 2016, 200: 921-927.

[46] Duan M, Zhang Y, Zhou B, et al. Effects of *Bacillus subtilis* on carbon components and microbial functional metabolism during cow manure–straw composting[J]. Bioresource Technology, 2020, 303(1): 122868.

[47] Zhao Y, Zhao Y, Zhang Z, et al. Effect of thermo-tolerant actinomycetes inoculation on cellulose degradation and the formation of humic substances during composting[J]. Waste Management, 2017, 68: 64-73.

[48] Awasthi M K, Selvam A, Chan M T, et al. Bio-degradation of oily food waste employing thermophilic bacterial strains[J]. Bioresource Technology, 2018, 248: 141-147.

[49] Abtahi H, Parhamfar M, Saeedi R, et al. Effect of competition between petroleum-degrading bacteria and indigenous compost microorganisms on the efficiency of petroleum sludge bioremediation: Field application of mineral-based culture in the composting process[J]. Journal of Environmental Management, 2020, 258: 110013.

[50] Wang L, Zhao Y, Ge J, et al. Effect of tricarboxylic acid cycle regulators on the formation of humic substance during composting: The performance in labile and refractory materials[J]. Bioresource Technology, 2019, 292: 121949.

[51] Lu Q, Zhao Y, Gao X, et al. Effect of tricarboxylic acid cycle regulator on carbon retention and organic component transformation during food waste composting[J]. Bioresource Technology, 2018, 256: 128-136.

[52] Apt K E, Behrens P W. Commercial developments in microalgal biotechnology[J]. Journal of Phycology, 2002, 35 (2): 215-226.

[53] Zhu L. Microalgal culture strategies for biofuel production: A review[J]. Biofuels Bioproducts & Biorefining, 2016, 9(6): 801-814.

[54] Wang B, Li Y, Wu N, et al. $CO_2$ bio-mitigation using microalgae[J]. Applied Microbiology and

Biotechnology, 2008, 79(5): 707-718.

[55] Ho S H, Chen C Y, Lee D J, et al. Perspectives on microalgal CO-emission mitigation systems—A review[J]. Biotechnology Advances, 2011, 29(2): 189-198.

[56] 罗智展, 舒瑶, 许瑾, 等. 利用微藻处理污水的研究进展[J]. 水处理技术, 2019, 45(10): 17-23.

[57] Swarnalatha G V, Hegde N S, Chauhan V S, et al. The effect of carbon dioxide rich environment on carbonic anhydrase activity, growth and metabolite production in indigenous freshwater microalgae[J]. Algal Research, 2015, 9: 151-159.

[58] Converti A, Casazza A A, Ortiz E Y, et al. Effect of temperature and nitrogen concentration on the growth and lipid content of *Nannochloropsis oculata* and *Chlorella vulgaris* for biodiesel production[J]. Chemical Engineering and Processing: Process Intensification, 2009, 48(6): 1146-1151.

[59] 潘禹, 王华生, 刘祖文, 等. 微藻废水生物处理技术研究进展[J]. 应用生态学报, 2019, 30(7): 2490-2500.

[60] Aslan S, Kapdan I K. Batch kinetics of nitrogen and phosphorus removal from synthetic wastewater by algae[J]. Ecological Engineering, 2006, 28(1): 64-70.

[61] 张波, 崔梦瑶, 张安龙, 等. 适于生活废水中快速生长的微藻筛选及其培养条件优化[J]. 陕西科技大学学报, 2019, 37(3): 21-26.

[62] 孟范平, 谢爽, 于腾, 等. 耐酸性和耐高浓度 $CO_2$ 的海洋微藻筛选[J]. 化工进展, 2009, 28: 310-317.

[63] 岳丽宏, 陈宝智, 王黎, 等. 利用微藻固定烟道气中 $CO_2$ 的实验研究[J]. 应用生态学报, 2002, (2): 156-158.

[64] Zhu J, Rong J, Zong B. Factors in mass cultivation of microalgae for biodiesel[J]. Chinese Journal of Catalysis, 2013, 34(1): 80-100.

[65] Chisti Y. Biodiesel from microalgae[J]. Biotechnology Advances, 2007, 25(3): 294-306.

[66] 宣雄智, 李文嘉, 李绍钰, 等. 藻类在猪和鸡养殖生产中的应用研究进展[J]. 中国畜牧兽医, 2019, 46(11): 3262-3269.

# 第9章 水伏发电技术

## 9.1 水伏发电概述

《新时代的中国能源发展》白皮书指出优先发展非化石能源，建设多元清洁的能源供应体系。大力开发可再生能源是低碳、减碳发展的必经之路，以太阳能、水能、风能等为主导的新能源供电体系在我国已经基本建立。2023年3月，李克强总理在《政府工作报告》中指出，近五年我国可再生能源装机规模由6.5亿千瓦增至12亿千瓦以上。中国已成为全球最大的风能和太阳能生产国。尽管全球可再生能源的开发已经取得长足进步，但探索新型可再生能源的脚步却从未停止。2006年王中林院士团队发明了压电纳米发电机，2012年又提出了摩擦纳米发电机的概念。依靠压电效应和静电感应原理，可以将各种类型的机械能转化为电能，在微纳能源、蓝色能源、自驱动传感等领域的应用中具有重大战略意义。一系列可以直接获取环境中的低品位能源的发电设备应运而生，如热释电发电机、渗透能发电机、水伏发电机等。这些能量转换装置可以集成到电子设备中，有助于缓解使用传统电池造成的环境污染问题，显示出巨大的社会价值。

全球水文循环为世界各地带来了丰富的水资源，水以热的形式储存太阳能，从海面蒸发的水蒸气通过气压差输送到大陆内部，在低温区凝结释放潜热，然后流入海洋，完成水循环。覆盖地球表面71%的水吸收了入射到地球表面35%的太阳能，以这种方式每年接收$10^{12}$ kW的惊人能量，可以满足全球1000年的能源需求[1]。利用水力能为人类生产活动服务历史悠久，但无论是诞生于1700年前的水车，还是今天的水轮发电机，都是在利用水的机械能，而更多的能量则以潜热或化学势能的形式储存于水中。随着材料科学和纳米技术的快速发展，对可再生能源的持续探索使得获取水中的潜热能成为可能。在过去的十年里，从水蒸发、水滴、气泡、湿气中获取能量的研究活动蓬勃发展。2018年郭万林院士团队通过对一系列从水中获取电能的新途径进行总结，提出了水伏效应(hydrovoltaic effect)概念。自此，水伏发电技术越来越受到关注，因为该技术以绿色和可再生的方式利用水资源，与其他通过燃烧化石燃料将化学能转化为机械能的方法有根本上的差异，代表了对传统用液态水发电概念的突破。水伏发电技术涉及能量的传递过程，以及水分子和材料之间复杂的相互作用，尽管相关研究仍处于早期阶段，但理论研究已经预测了水伏发电作为清洁可再生能源的巨大潜力。

本章从水-固相互作用展开，详细介绍几种新兴的水伏发电机，主要包括由水蒸发驱动的发电机(EEG)、由水分吸附驱动的发电机(MEG)、由水滴驱动的发电机(DEG)、由气泡驱动的发电机(BEG)、由水分响应致动器驱动的发电机(MDG)，并简单介绍水伏发电技术的应用场景及在未来发展中所面临的机遇和挑战。

## 9.2 水-固相互作用基础

### 9.2.1 水分子的吸附机制

水分子的键角约为 104.5°，这将导致电子密度在氧原子和氢原子上呈现两个极端，从而产生极性。水分子的有效动态直径约为 0.275 nm，比包括 $N_2$、$O_2$、$CO_2$ 等在内的几乎所有气体分子的直径都要小。这些特性为水分子的蒸发、吸附和传输创造了便利的条件。地球上的水根据存在形式大致可以分为三类：①空气中的水蒸气，②江河湖泊中的大量液态水及地面附近的雾和天空中的云，③固态的冰。水蒸气主要以单个水分子的形式存在，其水分子的浓度远低于等体积的液态水，而且很难长时间保持氢键作用。然而，在某些条件下，水分子的二聚体、三聚体和团簇仍然存在于水蒸气中，例如人呼出的湿气和液态水上方的水蒸气。云和雾通常由直径在 1~40 μm 的微小水滴组成。在液态水和微小水滴中，所有水分子与相邻的水分子至少有一个氢键，并伴有低密度离子($H_3O^+$ 和 $OH^-$)。而固态的冰由于形成了稳定的晶体结构，其水分子几乎无法移动。水在地球表面无处不在，几乎占据了生命活动的所有空间，甚至是名义上的干物质，这为广泛地从水中获取能量提供了经济可行性和条件便利。

了解固体表面的吸水机理，可以优化水伏发电材料的选择和结构设计，为水伏发电技术的发展提供更好的指导。对于气态水而言，由于物理或化学相互作用，固体表面倾向于捕获环境中的水分子，并在固体表面形成吸附水层。根据水-固界面相互作用力的不同，水吸附初步可分为物理吸附和化学吸附(图 9.1)。在物理吸附过程中，水-固界面是由范德瓦耳斯力介导的。Brunauer-Emmett-Teller(BET)作为主流的吸附等温线模型，用于描述基于特定假设的物理吸附过程[2]：

$$\frac{p}{V(p_0 - p)} = \frac{1}{V_m c} + \frac{p(c-1)}{V_m c p_0} \tag{9.1}$$

$$c \approx \exp\frac{\Delta H_1 - \Delta H_n}{RT} \tag{9.2}$$

式中，$V$ 和 $V_m$ 分别为标准温度和空气压力下吸附的水分子的平衡体积和单层体积；$p$ 和 $p_0$ 分别是水蒸气的分蒸汽压和饱和蒸汽压；$c$、$R$、$T$ 分别为 BET 常数、气体常数和吸附

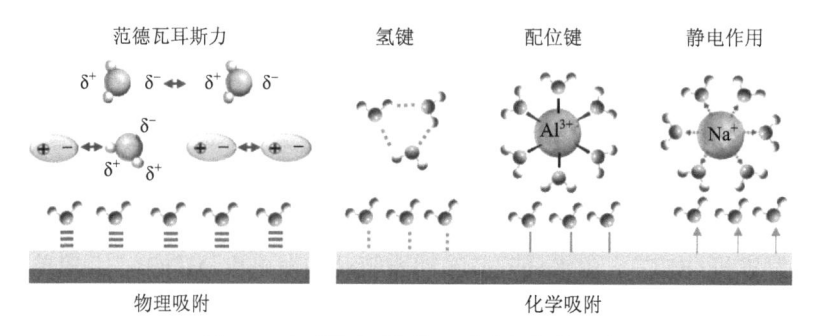

图 9.1 水-固界面的物理吸附和化学吸附

温度；$\Delta H_1$ 和 $\Delta H_n$ 分别是第一层和随后更多层的吸附焓。在物理吸附过程中，水分子被范德瓦耳斯力吸引到固体表面，吸附焓通常小于 20 kJ/mol，这导致吸附水的脱附过程存在较低的能垒。在这方面，固体的表面结构在水的物理吸附中起着重要作用。多孔结构和大的表面积有利于提高固体材料的吸附能力，加速水的吸附/脱附过程。在亲水性固体表面，水的吸附往往伴随着化学吸附，具有更强的化学相互作用，包括氢键、配位效应和静电相互作用。朗缪尔(Langmuir)吸附等温线模型可以用来描述亲水性固体表面的化学吸附行为[2]：

$$\theta = \frac{bp}{1+bp} \tag{9.3}$$

式中，$\theta$ 是单层覆盖的水分子的平衡分数，在一定程度上反映了吸附能力；$b$ 是与温度和吸附焓相关的 Langmuir 吸附常数；$p$ 是水蒸气的分蒸气压。所涉及的能垒通常高于 50 kJ/mol，在没有外部能量刺激的情况下是不可逆的。此外，为了在低相对湿度下实现有效的水伏发电过程，水伏发电材料需要对水分有高亲和力。因此，水伏发电材料的设计必须考虑水的吸附和脱附的平衡或趋势。从这个意义上说，氢键因其合适的键能（15～30 kJ/mol）而适用于水伏发电过程中水分的吸附和脱附，该键能高于物理吸附的范德瓦耳斯力，低于其他化学键，使其在水伏发电技术中得到广泛应用。

根据不同的水捕获模式，材料的吸附行为分为吸附和吸收。水分的吸附机理主要包括表面吸附、微孔填充和毛细管冷凝，这是一个仅发生在材料表面的放热过程，受到材料表面积和与水分子相互作用的影响（图 9.2）。

(a) 表面吸附　　(b) 微孔填充　　(c) 毛细管冷凝

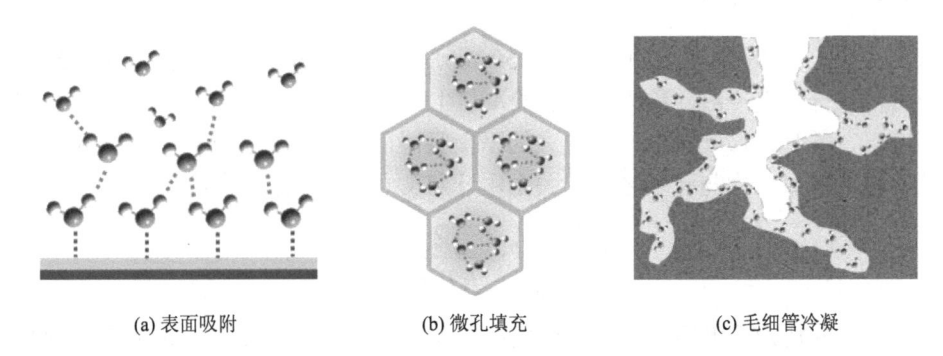

图 9.2　水分子在固体表面的吸附行为

#### 9.2.1.1　表面吸附

表面吸附是指吸附剂分子聚集在附着物表面的现象[图 9.2(a)]。对于水伏发电材料，其结构和表面性质决定了水的吸附动力学和吸附能力。亲水表面有利于在各种湿度条件下有效捕获水分子，因此，大多选择含有能与水形成氢键的官能团的材料。这些亲水性官能团（包括—OH、—COOH、—SO$_3$H、—OSO$_3$H、—NH$_2$ 等）含有电子和空穴，可以作为与水分子形成氢键的供体和受体。当暴露在潮湿的空气中时，水分子通过物理或化学作用吸附在材料表面，第一层结合水在固体表面有序排列，导致偶极矩的变化，进一步加速了水分子的多层吸附。随着更多的水分子被吸附，水分子变得活跃，表现出液态水的性质。因为水分子可以形成强氢键，一旦第一层结合水被吸附，就很容易形成接下来的第二层和第三层。通常，第一层的吸附尚未完成，而多层吸附已经开始。在给定的条件下，材料的亲水性与它们的表面积和官能团的类型/密度直接相关，增加材料的表面积或选择合适的表面基团是提高其亲水性的关键因素。

#### 9.2.1.2 微孔填充

对于具有孔结构的材料，除了表面外，吸附也发生在孔中。通常，当孔径小于水的临界直径($D_C$)时，孔壁的范德瓦耳斯电位重叠，导致比表面更高的吸附电位，这样的微孔可以在低相对湿度下吸收水分子。该过程与表面吸附的逐层机理完全不同，被称为"微孔填充"[图9.2(b)]。水分子的$D_C$计算如下：

$$D_C = \frac{4\sigma T_C}{T_C - T} \tag{9.4}$$

式中，$\sigma$是水分子的范德瓦耳斯直径，为0.275 nm；$T_C$和$T$分别是水的体积临界温度(647 K)和吸附温度。对于室温下的水吸附，$D_C$约为2 nm。水在微孔中的吸附由微孔的大小和化学性质决定。对于亲水性孔壁，水分子首先在孔壁上的亲水位点成核，并继续捕获水分子作为新的吸附位点，形成水团簇。之后小水团簇继续生长并相互连接，最终填充微孔。

#### 9.2.1.3 毛细管冷凝

对于孔径大于$D_C$的孔，如中孔(2~50 nm)和大孔(>50 nm)，当蒸汽压达到接近冷凝压力时，水分子会冷凝，称为毛细管冷凝[图9.2(c)]。毛细管冷凝通常发生在较高的相对湿度下，并且比微孔填充具有更大的平衡吸附能力。毛细管冷凝是中孔和大孔的吸附特性，临界冷凝压力与孔径之间的关系由开尔文(Kelvin)方程描述：

$$\ln\left(\frac{p}{p_0}\right) = \frac{2\gamma V_m}{RT(r_p - t_c)} \tag{9.5}$$

式中，$p$和$p_0$分别为吸附温度下的平衡蒸汽压和饱和蒸汽压；$\gamma$、$V_m$、$R$和$T$分别是液体的表面张力、摩尔体积、气体常数和温度；$r_p$是孔隙半径；$t_c$是在毛细管冷凝之前形成的吸附多层的厚度。水分子从孔隙中蒸发需要比冷凝过程更低的蒸汽压，因此毛细管冷凝在热力学上是不可逆的。冷凝水在毛细管中的释放需要提供额外的能量输入，这与水在微孔填充中的释放特性相反。

#### 9.2.1.4 吸收

对于大多数材料而言，还存在水的吸收行为，水分子通过物理或化学相互作用被材料表面的吸附位点捕获，并通过溶胀或溶解进一步扩散到材料的内部(图9.3)。与发生在材料表面或孔隙中的吸附行为不同，吸收包括水在材料表面或孔隙中的初始捕获，以及随后向内部体积的渗透过程，这可以被视为一个整体现象，因为它改变了材料的结构和体积(吸湿膨胀)。因此，对于这类材料，吸水行为不仅取决于表面性质和孔隙结构，还取决于溶胀性质。另外，这类材料由于具有更高的蒸发焓，其脱附过程也不同于水分子在表面和孔隙中的脱附过程，表面的水分子首先脱附，然后内部吸附的水在浓度梯度的驱动下迁移到表面并挥发，直至达到水吸附和脱附的动态平衡。

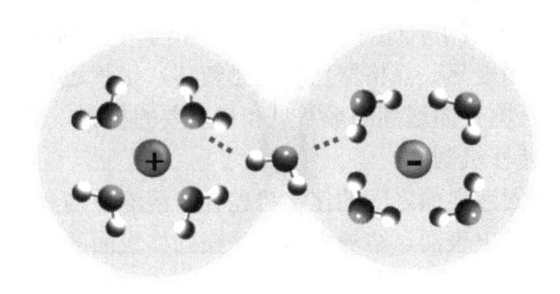

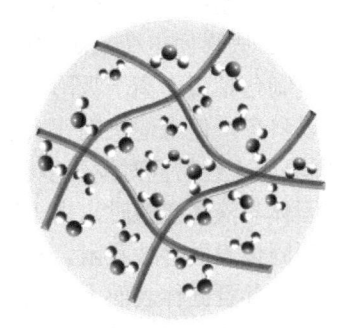

(a) 吸湿盐中的水合离子　　　　(b) 捕获的水分子填充进聚合物的网络中

图 9.3　水分子在固体中的吸收行为

例如，一些吸湿性盐和聚合物的吸水行为存在吸收的过程，它们的吸水行为由不同的分子相互作用控制。吸湿盐的吸水过程包括初始水合和随后的潮解，潮解主要取决于吸水能力。固体盐晶体在潮湿的环境中首先会通过水合作用吸收水分，持续的水吸附最终会导致盐溶解在吸附的水中，形成过饱和的盐溶液，然后转变为吸水过程。因此，水分子会以球形溶剂壳的形式与盐离子配位，水化壳中的配位水分子会继续通过氢键与周围的水分子交换连接，形成动态吸水系统[图 9.3(a)]。对于一些含有可电离官能团或亲水基团的聚合物，水分子的吸收过程由渗透压或浓度差驱动，主要发生在无定形区域。具体而言，水分子与聚合物链上的吸附位点相互作用，并通过氢键或配位键被吸附到聚合物网络中[图 9.3(b)]。水分的吸收行为通常需要缓慢的扩散过程才能达到最大吸附容量，这需要几个小时甚至几天的时间。

事实上，吸水材料在水环境中不仅仅只具有单一的吸附或吸收行为，而是表现出综合的吸附行为，其中材料的化学性质、物理结构及材料组合将对水伏发电过程产生重大影响。例如，对于一些吸湿性较差的材料，通过添加吸湿盐或离子聚合物可以显著改善吸湿性。因此，有必要从根本上了解材料的吸湿行为，以便从机理的角度设计下一代水伏发电材料，促进水伏发电技术的发展。

## 9.2.2　接触带电和双电层

接触带电是一种常见但极其复杂的电现象，当两种不同的材料相互接近到原子水平时，在两种材料的界面处将发生电荷转移，导致两种材料接触表面产生电荷，形成带电体。接触带电普遍存在于固体、液体和气体的任何界面。水分在特定固体表面上的吸附通常会导致吸附水层的形成，其中由于存在氢键、范德瓦耳斯力和静电力，水分子被牢固地吸附在固体表面，并表现出液态水的性质。然而，吸附水层的存在不仅是吸湿膨胀的主要原因，而且发生在吸附水层与固体界面的接触带电现象也具有更重要的研究价值。

液-固界面接触带电是化学中一个复杂而热门的话题,尤其是在电化学、催化等领域,大多数化学反应都发生在液-固界面。许多物理现象也与液-固界面的接触带电有关,如胶体悬浮、电润湿、动电效应等。通过适当调节液-固界面处的接触带电,可以将看似无用的电现象转变为具有重大意义的实际应用。在此之前,我们需要清楚地了解液-固界面的两个核心问题:界面电荷的来源和双电层(EDL)理论。

关于液-固界面电荷来源的讨论已经发展了几十年,研究人员提出了不同的机制。最常见的机制包括表面离子吸附、表面基团电离、晶格取代和电子转移。尽管还有更多的机制可以参考,但上述机制代表了在液-固界面遇到的最常见和最重要的机制。事实上,在液-固界面上经常同时发生多种电荷转移机制。

当固体与液体接触时,由于液相和固液界面之间的化学势差异,溶液中的离子倾向于迁移到固体表面并被吸附,从而产生带电表面。溶液中的离子在固体表面的吸附是有选择性的,并且固体表面上的电荷与吸附离子的电荷一致。根据 Fagan 定律[3],与固体表面具有相同组成并能形成不溶性物质的离子优先吸附在固体表面上。例如,当 AgCl 晶体浸入 KCl 水溶液中时,溶液中的 Cl$^-$ 倾向于与 Ag$^+$ 形成不溶性的 AgCl,因此 Cl$^-$ 会优先吸附在 AgCl 晶体表面并形成牢固的化学键,导致 AgCl 晶体的表面带负电荷[图 9.4(a)]。由于静电相互作用,过量的 K$^+$ 会被拉到带负电的 AgCl 晶体表面附近,热扩散运动使其有均匀分散到溶液中的趋势,从而使 AgCl 晶体的表面附近 K$^+$ 的浓度大于 Cl$^-$ 的浓度,并且两者的浓度在远离 AgCl 晶体的表面处趋于相等。如果在上述体系中加入可溶性 AgNO$_3$,Cl$^-$ 在晶体表面的吸附将受到抑制,导致表面负电荷减少。随着 AgNO$_3$

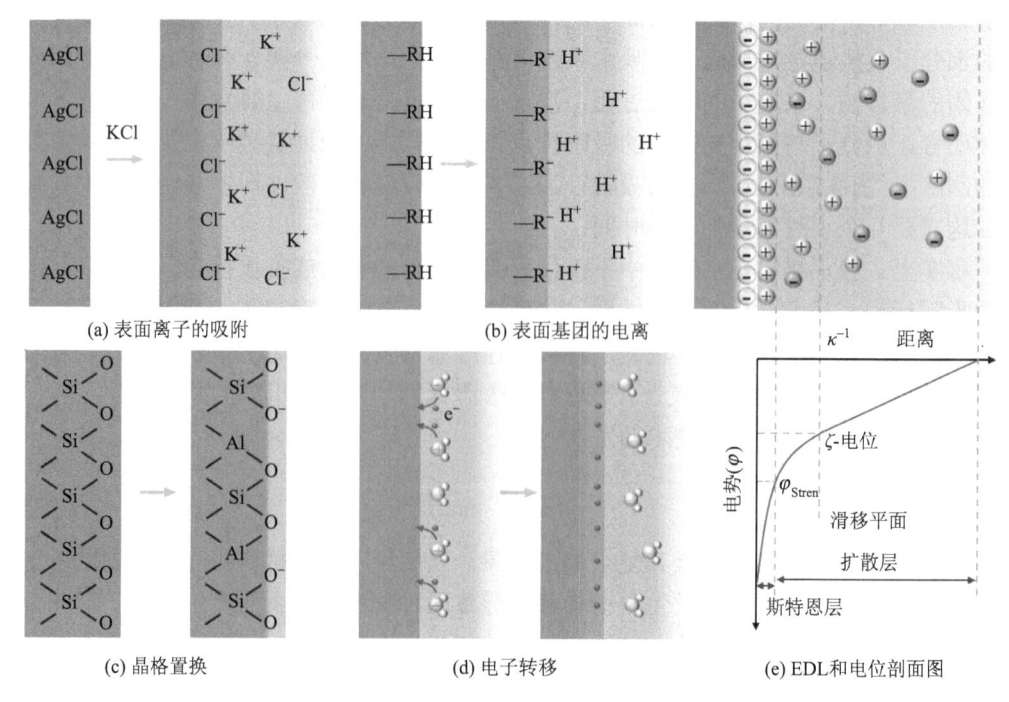

(a) 表面离子的吸附

(b) 表面基团的电离

(c) 晶格置换

(d) 电子转移

(e) EDL 和电位剖面图

图 9.4 液-固界面的电荷来源和双电层(EDL)

的不断加入，当 $AgNO_3$ 达到一定的临界浓度时，吸附在晶体表面的 $Cl^-$ 和 $Ag^+$ 的浓度将相等，此时固体表面呈电中性。如果继续添加 $AgNO_3$，$Ag^+$ 的吸附将在晶体表面产生正电荷。

一些材料的表面含有可直接电离以形成带相反电荷离子的基团，但其中一个离子与固体表面结合[图 9.4(b)]，这就是固体表面带电的第二个重要机制——表面基团电离[4]。许多有机和无机物质都具有这种可电离的性质。大多数典型的表面可电离有机固体含有以下基团：羧酸、磺酸、亚硫酸和硫酸酯及其盐（—COOH/—COO$^-$M$^+$、—SO$_3$H/-SO$_3^-$M$^+$、SO$_2$H/—SO$_2^-$M$^+$、—OSO$_3$H/—OSO$_3^-$M$^+$），以及碱性基团如氨基、亚氨基、季铵和含氮杂环（—NH$_2$、—NH—、—R$_3^+$X$^-$）。在某些情况下电离程度取决于可电离基团的酸碱强度和溶液的 pH。例如，对于羧酸和氨基等弱酸/碱，通过调节溶液 pH，表面电荷可以呈现正、负性甚至为零。但对于磺酸盐等强酸，改变表面电荷需要非常低的 pH。对于季铵盐，表面电荷与溶液 pH 无关，并且在所有 pH 条件下都可以获得带正电的表面。对于一些特殊的可电离有机聚合物，例如含有氨基酸[—CH(NH$_2$)COOH]官能团的表面，可以通过调节溶液 pH 将表面电荷从净正电荷调为净负电荷。对于无机物质，也可以通过表面基团的电离而带电。例如，普通玻璃是由硅酸盐（Na$_2$SiO$_3$、CaSiO$_3$、SiO$_2$ 或 Na$_2$O·CaO·6SiO$_2$）组成的混合物，玻璃在水-固界面会电离出 Na$^+$、Ca$^{2+}$、K$^+$ 等离子，使玻璃表面带负电荷。

在黏土、氧化物和矿物晶体中，存在这样一种现象，即一些阳离子被其他低价阳离子取代，而其晶体结构保持不变，表面产生过量电荷[5]。例如，黏土中的硅原子（4 价）被铝离子（3 价）取代，产生带负电荷的表面[图 9.4(c)]。类似地，铝氧八面体中的 $Al^{3+}$ 被 $Mg^{2+}$ 或 $Fe^{2+}$ 取代可以产生带负电荷的表面，这种负电荷的量取决于晶格中离子被取代的量。晶格取代导致永久的负电荷表面，这在蒙脱石、伊利石和蛭石中很常见。

传统上，当固体是导体或半导体时，通常考虑液-固界面的电子转移。当固体是绝缘体时，液-固界面的电荷载流子是离子，可以几乎不考虑电子转移。随着液-固摩擦电技术的兴起，对液-固界面接触带电机理进行了重新研究。最近的研究表明，电子转移存在于水-绝缘体界面[图 9.4(d)]。Lin 等[6]通过宏观和纳米尺度的热电子发射实验确定了陶瓷表面（$SiO_2$、$Al_2O_3$ 和 $Si_3N_4$）上产生的摩擦电荷，证实了电子转移和离子转移都发生在液-固界面，在某些情况下电子转移甚至可能起主导作用。实验结果与热离子发射理论一致，为接触带电中的电子转移提供了新的证据。此外，还详细研究了水-聚四氟乙烯（PTFE）界面上的电荷载流子行为，实验结果和理论计算表明，在某些情况下，接触带电在液-固界面上产生的电荷至少有 90%是由电子转移引起的。对于液-固界面，他们认为当液体中的分子与固体表面的原子接触时，电子云会重叠，同时转移电子在固体表面产生静电荷。因此，PTFE 的表面带负电，而水分子带正电。总之，电子转移在特定的液-固体系中起着重要作用，但该理论是否适用于其他体系还有待进一步探索。

带电固体表面将直接导致液-固界面液体一侧带电粒子的重新分布，其特征是水溶液中具有相反电荷（反离子）的载流子通过静电力和范德瓦耳斯力作用到固体表面[图 9.4(e)]。然而，由于热运动，离子会在固体表面附近扩散，形成浓度梯度，这表明反离子在固体表面的浓度高于电荷相同的离子浓度，而在远离固体表面的位置则相反。1879 年，Helmholtz 首次提出了液-固界面双电层（EDL）的概念[7]。随着实验技术的发展和理论的突破,液-固界面 EDL 模型得到了不断的改进,并逐渐发展成为我们今天所知的 Gouy-Chapman-Stern EDL 模型,这也是目前最常用的模型之一。该模型认为液-固界面的液侧由 Stern 层和扩散层组成。Stern 层(第一层)由带电表面上紧密吸附的反离子组成,这些反离子不能被做热运动的离子取代(至少在短时间内),从而有效地屏蔽了部分本征表面电荷。扩散层(第二层)由吸引的反离子和电荷相同的离子共同组成,这进一步屏蔽了固体表面电势,导致整个 EDL 结构呈现电中性。与 Stern 层中的固定电荷不同,扩散层中至少有一部分电荷表现出运动学活性,特别是它可以在外部切向应力下移动。因此,通常有一个滑移平面将固定电荷与可移动电荷分开,滑移平面的位置有两个在电化学和胶体化学中很重要的代表性参数。滑移面上的电势被称为 $\zeta$-电势(或 Zeta 电位),通常用于估计固体表面的电荷程度,在液-固界面动力学中起着重要作用。另一个代表性参数是德拜长度($\kappa^{-1}$),其定义为从滑移平面到带电表面的长度,反映了固体表面电场作用的距离,通常在几纳米到一百纳米之间。

### 9.2.3 吸水膨胀效应

吸水膨胀材料通常具有亲水部分,使水分子通过氢键结合进分子链或网络间隙内。如果吸湿材料从周围环境中吸收水分,分子链或网络之间的体积会随着水分子的流入而增加,导致组织膨胀并产生应力/应变(图 9.5)。与水分子的结合是可逆的,因此膨胀的组织在干燥时会收缩至原来的尺寸。这种效应称为吸湿膨胀,在自然界中很常见。自然界中的许多运动都是由某些组成材料的吸湿膨胀引起的。例如,长期的生物进化导致天竺葵进化出一种对水分有反应的种子芒,它可以随着湿度的波动而螺旋上升,在干燥时卷曲,在湿润时展开,从而旋转并将种子推入土壤中发芽。当花粉粒失去水分时,花粉粒向内弯曲,有效地阻止了进一步的蒸发;当花粉吸水时,即发生吸湿性膨胀并恢复到原始的膨胀状态。野生小麦种子的芒在水分的循环波动下反复弯曲和舒张,使它们沿着种子轴线向前移动,以便于钻入土壤。相对湿度的变化会导致松果的鳞片打开并释放内部的松果,也会导致紫荆的种子荚打开以释放里面的种子。

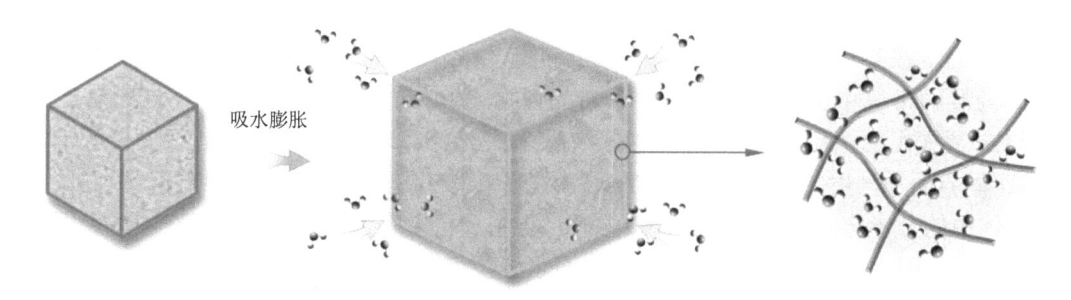

图 9.5 吸湿引起的固体体积的膨胀

植物细胞壁由纤维素微纤维、半纤维素、结构多糖、可溶性蛋白质和其他软基质复合物组成。细胞壁中的这些软基质很容易与水分子结合,水分子的大量涌入破坏了原始纤维素纤维之间的相互作用力,并以吸附水层的形式填充到纤维之间的空间,导致纤维之间发生相对滑动和体积膨胀/变形。膨胀和变形可能导致弹性势能和应力的积累。这种能量或应力可以通过机械不稳定性释放出来，如弯曲、断裂和爆炸等。

最新的研究表明，这些植物中水分控制的运动可能与结构上主动和被动单元的存在有关。例如，天竺葵种子芒的横截面呈现双层结构，其中作为主动层的圆柱形细胞对湿度敏感，表现出吸湿膨胀特性。相反，被动层中的细胞壁被微纤维紧密结合，使得它们表现出可忽略不计的吸湿膨胀。这种不对称的吸湿膨胀使天竺葵种子芒能够进行重要的螺旋卷绕运动。小麦芒、松果鳞片和紫荆荚的弯曲变形也取决于双层结构的控制。花粉粒由于不断暴露在恶劣的渗透环境中，形成了一种独特的应对机制。花粉粒的表面由两个区域组成：透水的多孔区域和不透水的孔间区域。微小的花粉粒为应对恶劣的渗透环境而找到的解决方案是设计它们的孔隙，使它们在从花药释放后失去水分时向内折叠成休眠状态，从而有效地防止水进一步蒸发，确保细胞物质的生存。花粉粒的规则折叠是完全可逆的，当水再次可用时，其将吸收水并膨胀，返回到预折叠状态。

来自动物的蛋白质纤维也表现出优异的吸湿膨胀特性。例如，随着湿度的波动，蜘蛛丝的长度变化最大可达 50% 以上，最大持续湿度响应应力和能量密度分别可达 80 MPa 和 500 kJ/m$^3$[90%相对湿度(RH)]，是大多数生物肌肉的 50 倍。尽管蚕丝的性能稍逊，最大湿度响应应力仅为 20 MPa，但其可以大量获得，因此在工程应用中具有广阔的发展前景。此外，动物毛发、角蛋白等也具有吸湿膨胀特性。这些蛋白质纤维的吸湿膨胀机制与纤维无定形区水分子的吸收有关。水分子的大量涌入导致蛋白质大分子的链间氢键被破坏，重排到更高的熵态将造成体积的膨胀。这些变形和运动所涉及的能量转换是令人兴奋的，因为吸附将水分中的潜热转化为材料变形的机械能，而水中储存的潜热是巨大的。

## 9.3 水伏发电机及发电机制

水伏发电技术从诞生到今天，短短几年时间已经发展成为一个庞大的发电体系。全球范围内，众多科研人员围绕着水伏发电技术开展了大量的研究，并涌现出大量的科研成果。水伏发电技术的产电机制来源于水-固界面的耦合，涉及从微观到宏观多个层次的表界面化学、物理和力学过程。在全球科研人员的积极参与下，水伏发电装置的理论设计、材料的结构优化和可控制备已经取得了长足进步，关键性研究不断取得突破。

### 9.3.1 由水蒸发驱动的发电机(EEG)

水的蒸发是一个普遍存在且伴随着能量变化的自然过程，它通过将显热转化为潜热从周围环境中获取热能。1 g 液态水的蒸发就可以吸收约 2.26 kJ 的能量，这接近一颗七号电池中储存的能量。蒸发在全球水循环中起着至关重要的作用。在全球范围内，蒸发所消耗的能量占水消耗总能量的 66%，并产生了高达 80 W/m$^2$ 的平均蒸发功率通量。在蒸发过程中，当液体水分子在液-气界面移动时，压力梯度将驱动水分子向气相侧扩散，导致界面处液相侧的密度降低。水中固有的内聚力将拖动附近的液体水分子以补偿这种密度的降低，这种驱动力沿着通道传递，形成连续的水流。这种动态的质量传递和热传递现象伴随着巨大的能量转移,尽管水蒸发长期以来被用于驱动蒸汽机,但自然蒸发所产生的丰富能量仍有待进一步被开发。基于自然水蒸发的水伏效应可以直接将来自周围环境的热能转换为电能。不同于对蒸汽机的驱动形式,蒸发水不是直接的能量载体,而是将环境热量转化为电能的介质。以 EEG 为代表的水伏发电机的出现为利用水的蒸发过程而收集能量提供了一个有效解决方案。

EEG 的发电机制主要以水-固相对运动所产生的动电效应为主。当液体在带电绝缘体表面流动时,EDL 液体侧滑移平面外的自由带电粒子将沿着溶液的流动方向移动。这些带电粒子运动的直接结果是在流体的上游和下游产生流动电流和动电效应(图 9.6),这提供了水-固界面直接发电的原始形式。如果将电极放置在流体的两端,则可以获得电能。在多孔介质中,只有当水在接近液-固界面德拜长度的通道宽度中流动时,才能获得高的电能输出。因为此时通道中的 EDL 最大限度地重叠,并且反离子存在于通道的中心。

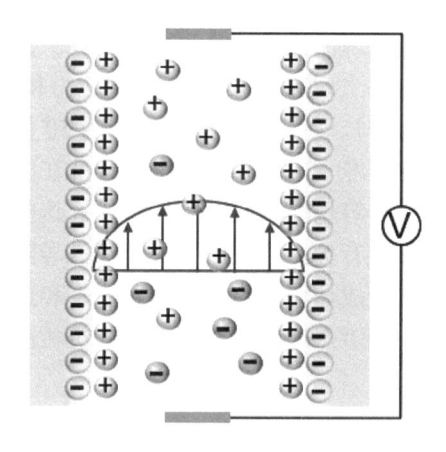

图 9.6 纳米通道内的动电效应

这种由液-固相对运动引起的流动电流/电势的动电效应在一个多世纪以前就已经被发现。1859 年,Quincke 就已经利用水和固体之间的直接相互作用的动电效应从水中发电。这种动电效应主要取决于固体表面电荷、通道尺寸和密度、通道摩擦等因素。流动电流($I_s$)和电势($V_s$)可以表示为[8]

$$I_s = \frac{A\varepsilon_0\varepsilon_r}{\eta l}\Delta P\zeta \quad 和 \quad V_s = \frac{\varepsilon_0\varepsilon_r}{\sigma\eta}\Delta P\zeta \tag{9.6}$$

式中,$A$ 是通道的横截面;$\varepsilon_0$ 是真空介电常数;$\varepsilon_r$、$\eta$ 和 $\sigma$ 是相对介电常数、溶液黏度、溶液电导率;$l$ 是通道长度;$\Delta P$ 和 $\zeta$ 分别是压差和 Zeta 电位。改变固体或液体的任何参数,如改变液体中的离子浓度或对固体进行亲水改性,都会影响 $I_s$ 或 $V_s$。

2017 年,郭万林院士团队的一项研究成功地将动电效应应用于从水蒸发中获取电能,该研究证实了从纳米结构碳材料表面蒸发水可以用来发电[9]。典型的 EEG 如图 9.7 所示,首先通过在火焰上烧陶瓷片来沉积碳纳米颗粒,以形成炭黑片,并在两端连接碳电极,随后将该装置的底部浸入去离子水中,上部暴露在空气中,以保持水分蒸发。与经典的流动电势相比，蒸发驱动的电能输出不需要施加外部压力梯度，只需通过水蒸发的自然过程将蒸发潜热转化为电能。在环境条件下，水从厘米级的炭黑材料表面蒸发可以稳定地产生高达 1 V 的持续电压。这种新现象很快引起了研究人员的广泛兴趣，但这种火焰沉积的制造方法存在质量不稳定的缺点，限制了 EEG 的批量生产。为此，Ding 等[10]很快找到了一种高效率的印刷方法来制造多孔碳膜。他们将由甲苯炭黑、乙基纤维素、萜品醇和乙醇按一定比例搅拌而成的炭黑浆料印刷在含有两根碳纳米管导电电极的氧化铝板上，通过高温退火制备了坚固的多孔碳膜用于水蒸发驱动的发电。这种新方法可以减小设备的厚度，提高设备的表面平整度。基于印刷的 EEG 可以产生超过 1 V 的持续电压输出，通过对器件进行集成，可以为低功耗电子器件供电。

图 9.7 EEG 的典型结构示意图

这些工作激发了人们对使用纳米材料收集蒸发能的兴趣，使 EEG 开始走进科研人员的视野。大量功能材料，如各种形式的碳材料、金属氧化物、纤维素等都被证实可以通过蒸发驱动的水伏效应发电。这些材料通常具有以下三个特征：首先，需要具有良好的亲水性和纳米级通道以实现快速、连续、有效地输送水；其次，为了能够在纳米通道中形成 EDL，材料表面通常需要具有高的 Zeta 电位和表面电荷密度；最后，纳米通道的大小需要与能够使 EDL 重叠的水的德拜长度相当。

金属氧化物以其独特的纳米结构和表面高电荷密度引起了人们的广泛关注。目前，研究人员已经开发出由常见的金属氧化物纳米材料制成的 EEG，如 $TiO_2$、$SiO_2$ 和 $Al_2O_3$ 等。这些纳米材料的特点是具有大表面积、超高介电常数、亲水性表面、高 Zeta 电位和良好的电子传输特性。Ji 等[11]提出了一种新型智能自供电设备概念。这一概念利用 $TiO_2$ 纳米线上的碳纳米球来制备高效的 EEG，单个 EEG 在水蒸发的情况下可以产生 1.6 V 的开路电压，这与商用干电池相当。此外，使用不同的液体会影响电压的输出。例如，甲醇的蒸发可以诱导产生高达 2.0 V 的输出电压。Shao 等[12]提出了一种通过使用刮刀涂布将 $Al_2O_3$ 纳米颗粒分布在亲水性薄膜上以大规模生产柔性 EEG 的方法。单个 EEG 能够在特定条件下提供超过 2.5 V 甚至高达 4.5 V 的输出电压，在环境条件下可以持续输出 10 天以上。该 EEG 具有优异的机械柔性，可以卷曲和折叠成三维结构，并具有一定的可拉伸的特性。弯曲和拉伸的机械变形对该 EEG 的电能输出影响很小，意味着其对机械变形具有较强的耐受性。目前，基于金属氧化物的 EEG 设计通常使用平面膜结构。大多数研究只是对膜进行表面改性，如使用等离子体处理提高其亲水性和表面电荷密度。然而，有关金属氧化物与水相互作用和载流子动力学对发电影响的研究尚处于早期阶段，需要进一步加大研究力度。

对环境和生态的保护迫切要求功能材料在废弃后具有生物相容性和可降解性。含有丰富官能团和纳米通道的天然产物如纤维素、半纤维素、木质素等在构建 EEG 中具有先天优势。生物质材料的化学成分主要包含碳、氢、氧三种元素，它们很容易被天然微生物降解为小分子，如水和二氧化碳，无须化学处理即可进入自然循环。因此，生物质材料具有可再生和可生物降解的优异性能。作为生物质材料的一个代表，天然山毛榉木含有丰富的羟基，以及各向异性的三维连续孔状通道，平均孔径约为 10 μm。Zhou 等[13]使用了柠檬酸对山毛榉木进行改性，制备了一种典型的 EEG，单个 EEG 可以产生约为 300 mV 和 10 μA 的开路电压和短路电流输出，功率密度可达 0.045 μW/cm$^2$，并可以在 24 h 内保持稳定的电能输出。当水在毛细作用诱导下渗入山毛榉木时，纤维素中的大量羟基及柠檬酸水解为带有负电荷的通道，促进了水分子和正电荷的迁移。因此，在自然蒸发的驱动下，山毛榉木成功地产生了恒定的电能。目前，包括木材、棉纤维、纤维素纸在内的常见生物质材料已被研究用于 EEG。这些生物质材料的使用不仅建立了一个绿色环保的供电系统，也实现了在材料领域将环境资源转化为能源的目标，开辟了天然材料在水伏器件中的新应用，这一方向有望成为未来的前沿研究课题。

然而，经典的动电效应只反映了离子在溶液中的运动，而忽略了电子在固体中的运动。2014 年，Yin 等[14, 15]发现了石墨烯上的固-液界面 EDL 的牵引电势和波动电势，强调了固体中的电子运动，它们扩展了移动 EDL 边界的经典动电理论。在随后的研究中，石墨烯层下的基底也被发现会影响产生的电信号，这些新发现推动了百年动电力学效应的发展。值得注意的是，最近的研究报道了基于导电通道的动电效应，这进一步扩展了基于绝缘通道的经典动电理论。

作为一种新兴的二维纳米材料，二维过渡金属碳(氮)化物($Ti_3C_2T_x$ MXene)具有与金属媲美的超高电导率(>15000 S/cm)和优异的亲水性。Bea 等[16]将 $Ti_3C_2T_x$ MXene 纳米片涂敷在棉纤维织物上制备了一种 EEG，与基于其他碳基 EEG 相比，其发电效率得到显著提高。该 EEG 在去离子水中蒸发时输出电压约为 0.24 V，电流约为 120 μA，当使用 NaCl 溶液时能够实现 0.55 V 和 2.28 mA 的电性能输出。此外，进一步引入导电聚合物聚苯胺，以增强离子扩散率，优化后的 EEG 在去离子水中蒸发时表现出 0.56 V 的电压和 37 μA 的电流输出，当使用 NaCl 溶液时产生的最大电压为 0.69 V，电流可达 7.55 mA，比功率密度为 30.9 mW/cm，足以为商用锂离子电池充电。$Ti_3C_2T_x$ MXene 的高电导率、固有亲水性和二维结构共同促进了水在毛细管中的快速流动，并增强了流动电流。此外，由于 $Ti_3C_2T_x$ MXene 表面的高负电荷密度提供了高的阳离子亲和力，这可以引起高电位差。在 EDL 和流动电流的基础上，Bea 等提出了伪电流机制[16]。传统流动电流与伪流动电流的主要区别在于纳米通道的导电性。传统的流动电流通道是不导电的，流动电流对应于通道中流动液体的电流。然而，对于导电的通道，伪流动电流中固体侧的电子随着毛细管水流的运动而传输，这意味着伪电流的流动方向与传统电流的流动方向相反。伪电流的大小与流速、表面电荷密度和分离度呈正相关关系，如下：

$$I_{PST} \propto Q\sigma d \tag{9.7}$$

式中，$I_{PST}$ 是伪电流；$Q$ 是水在毛细管中的流动速率；$\sigma$ 是表面电荷密度；$d$ 是离子和纳米片之间的分离度。其中，$Q$ 是唯一与时间有关的参数，它直接与电流相关。

EEG 利用自发的水蒸发产生电能，这将是一种新的、有前途的发电方法。与通常结构复杂、制造成本高、容易造成环境污染的电池相比，EEG 可以简单方便的制备方法大规模生产，且成本低廉，在水伏技术领域具有广阔的应用潜力。表 9.1 总结了部分已报道 EEG 的电性能输出，尽管功率密度整体较低，但相比其他水伏发电技术，EEG 最大的优势在于其可以在保持较高的直流电压输出的同时长时间工作。目前，EEG 得到了快速发展，这种绿色和可持续的能量转换方法为新的可持续发展带来了巨大的希望。应该注意的是，蒸发驱动的水伏效应直接将潜热转化为电能，而不是源于电极和流动水之间的化学相互作用。事实上，在水伏发电技术中，电极参与的氧化还原反应还未得到足够的重视。然而，在提高性能方面，如果能够找到水伏效应和氧化还原反应共存的机制，那么水伏发电设备的功率输出将会大大提高。

表 9.1 已报道的部分单个 EEG 的电性能输出对比

| 材料 | 开路电压/V | 短路电流/μA | 功率密度 | 文献 |
| --- | --- | --- | --- | --- |
| 乙炔炭黑 | 1.25 | 0.105 | 0.042 μW/cm$^2$ | [9] |
| 甲苯炭黑 | 1.0 | 3.0 | 8.1 μW/cm$^3$ | [10] |
| 碳纳米球/TiO$_2$ 纳米线 | 1.6 | 0.25 | — | [11] |
| Al$_2$O$_3$ 纳米颗粒 | 2.5 | 0.8 | — | [12] |
| 山毛榉木 | 0.3 | 10 | 0.045 μW/cm$^2$ | [13] |
| MXene/棉纤维 | 0.24 | 120 | — | [16] |

## 9.3.2 由水分吸附驱动的发电机 (MEG)

与通过吸收能量才能实现蒸发和升华的液态水和固态水相比，环境中的气态水分子处于更高的能量状态。作为生物圈水循环的重要组成部分，大气中储存着大量的水分。如果对储存在湿气中的能量以潜热的形式进行计算，则 1 m$^3$ 100%湿空气中所含的水蒸气潜热超过 10 kcal(30℃)。据估计，大气中的水量约为 12900 km$^3$，是世界河流总水量的 6 倍。因此，蕴含于水分中的这部分容易被忽视的能量在当前能源危机的时代将发挥关键作用。

当材料具有亲水性并含有大量可电离官能团，如—OH、—COOH、—NH$_3$Cl、—SO$_3$H、—OSO$_3$H 等时，可以用来构建 MEG 以直接从水分中获取电能。在这个过程中，材料会吸收水分使官能团离子化，并产生高密度的自由离子，如 H$^+$ 和 Cl$^-$。而带相反电荷的离子由于固定在材料主体上,其运动受到限制(图9.8)。由于吸湿引起的离子解离和随后的定向迁移是典型 MEG 吸湿发电的主要机制。当这些具有随机热运动的自由离子定向移动时,整个系统将产生显著的内置电场,从而将湿气中的化学势能转化为电能。离子定向运动背后的驱动力可以来自功能材料的不对称化学结构,也可以来自水分的不对称刺激,这将导致产生自由离子的浓度梯度,最终在渗透压的驱动下自由离子从较高浓度处扩散到较低浓度处,产生诱导电势。稳态电压取决于由离子浓度差和自由离子扩散引起的感应电势的平衡,可以描述为[17]

$$U = \int \frac{qD}{\sigma} \cdot \frac{dc}{dx} \tag{9.8}$$

式中,$U$、$q$、$D$、$c$、$\sigma$ 和 $x$ 分别表示输出电压、载流子电荷、扩散系数、自由离子浓度、电导率和距离。

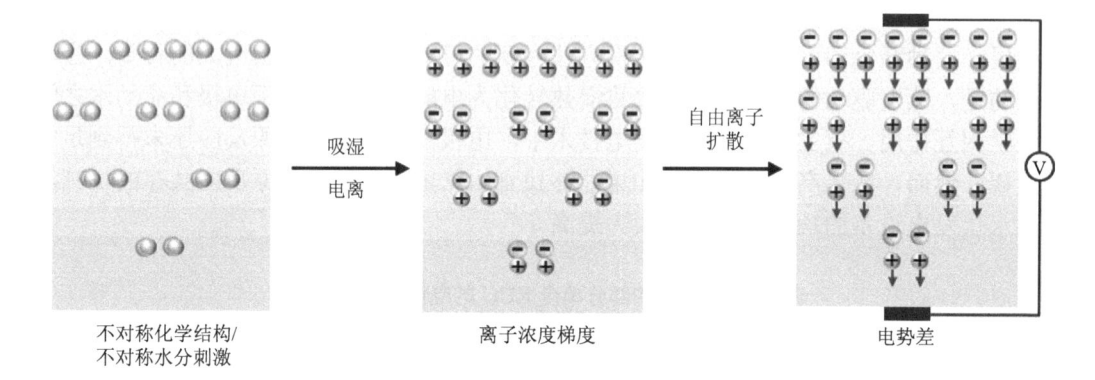

图9.8 基于离子梯度发电机的发电机制

MEG 可以直接利用环境中的气态水并转化为电能,代表了一种绿色环保、清洁高效的发电途径。在过去的几年里,研究人员通过材料筛选和结构优化对 MEG 进行了广泛的研究。石墨烯和氧化石墨烯由于可规模化制备且具有良好的性能,是制备 MEG 的首批材料。随后越来越多的功能材料加入其中,如天然材料(纤维素和蛋白质)、合成材料(聚吡咯、Nafion、聚乙烯醇、聚苯乙烯磺酸及多种聚电解质)。除了这些有机材料外,无机材料,如碳纳米管、炭黑、MXene、硅纳米线、二氧化钛,以及多孔软晶体材料如金属-有机框架材料(MOF)、共价有机框架材料(ZIF)等经过合理的设计,也被用于制备高性能的 MEG。

#### 9.3.2.1 不对称化学结构

对于不对称化学结构驱动的发电,水分的刺激方向没有特殊要求。如图 9.9 所示,在水分刺激下,高浓度的自由离子会出现在可电离官能团含量高的一侧,并在浓度差的作用下向低浓度一侧扩散,电场的方向仅与可电离官能团的梯度方向有关。以石墨烯/氧化石墨烯为代表的非对称结构的 MEG 被最先研究报道。Qu 的小组通过采用湿-电退火、激光热还原、电化学氧化还原、定向热还原等手段制备了一系列的石墨烯/氧化石墨烯梯度结构的 MEG。例如，他们在 2018 年报道了一种通过定向热还原过程制备的氧化石墨烯/还原氧化石墨烯梯度结构的 MEG[18]。不对称的含氧官能团浓度使 MEG 在吸水后产生离子梯度并加速电荷载流子的定向传输。具体而言，MEG 在吸水后，由于石墨烯/氧化石墨烯不对称结构中富含氧官能团一侧吸附的水分子的区域电离效应，羧基中的 O—H 键将减弱，又由于基于含氧基团（如羧基和羟基）梯度分布导致产生 H⁺浓度梯度，在浓度差的影响下 H⁺扩散到低浓度侧，产生强烈的诱导电位，从而诱导外部电路中自由电子运动。

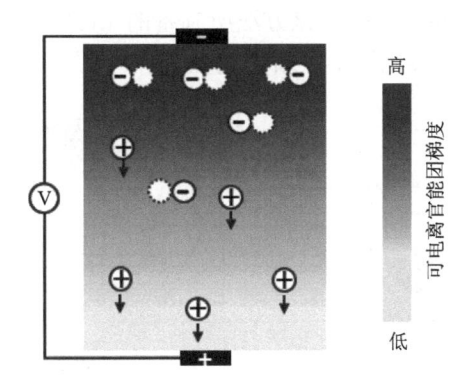

图 9.9　基于不对称化学结构的 MEG

除了厚度方向上的官能团梯度外，沿面方向上的官能团梯度也可以产生类似效果。Liu 等通过使用等离子体对多孔碳膜的一半进行处理，在沿面方向上构造了含氧官能团的梯度分布[19]。基于该梯度碳膜的 MEG 可以持续输出电压，主要归因于含氧官能团的不对称分布和由水分吸附引起的离子浓度差所驱动的自由离子的迁移。然而，尽管以上报道的 MEG 均产生了功率输出，但仍存在诸多问题，如电压输出较低、电流输出较小、不能持续输出等。后续研究中通过使用不同电极材料构建肖特基结、引入热电效应和光电效应等手段，使 MEG 的电压/电流输出得到了实质性的提高。近年来的研究发现，聚电解质材料由于含有大量可电离官能团，在增强 MEG 的电压/电流输出方面具有天然的优势。例如，Wang 等[20]开发了一种基于双层聚电解质膜非对称结构的 MEG。通过水分子在空气中自发吸附所带来的带有相反电荷离子的对向扩散，在相对湿度为 25%时，单个 MEG 单元可以产生约 0.95 V 的高电压输出。然而，持续的水吸附终将导致 MEG 达到吸水饱和，以至于无法继续输出电能。为此，Tan 等[21]制备了一种兼具吸湿和蒸发双功能的 MEG。该 MEG 的一侧使用负载了 LiCl 的纤维素纸作为吸水层，另一侧使用了负载炭黑的纤维素纸作为水蒸发层。这种 MEG 在环境湿度下可以产生大约 0.78 V 的电压和大约 7.5 μA 的电流，并持续输出超过 10 天。

尽管基于各种碳材料的 MEG 具有良好的电输出性能，但这些研究通常依赖于特定类型的功能材料，并需要复杂的制造过程。因此，迫切需要一种基于普通低成本材料的简单、通用、经济的策略来生产高性能 MEG。在这方面，南京理工大学孙东平教授团队[22]提出利用一种不对称干燥的方法来制备具有化学梯度结构的 MEG（图 9.10）。通过这种方法，他们在 A4 打印纸中成功构建了不对称柠檬酸梯度，并使用具有高导电性和亲水性

的 $Ti_3C_2T_x$ MXene 作为电极材料。该 MEG 可以直接有效地从水分中获取能量,可实现约 0.275 V 和 7.6 μA/cm² 的最大电压和电流输出,最大功率密度约为 2.1 μW/cm²。有机酸梯度在吸附水的刺激下会释放质子形成离子浓度梯度,离子在浓度差下扩散导致电荷分离以产生连续的电压输出。所制备的 MEG 保留了纸张的柔性,具有可批量加工性能,其大小或形状不受限制,可以串联或并联使用,以线性地增加电压或电流输出。通过与储能装置相结合,可以实现电能的不间断生产。更重要的是,该方法打破了当前功能材料的局限性,拓宽了 MEG 快速发展的材料选择,适用于不同类型的有机酸或介质材料,具有良好的通用性和可扩展性。基于该方法所制备的 MEG 具有成本低、可大规模制备的特点,为 MEG 的升级和换代提供了新的途径。

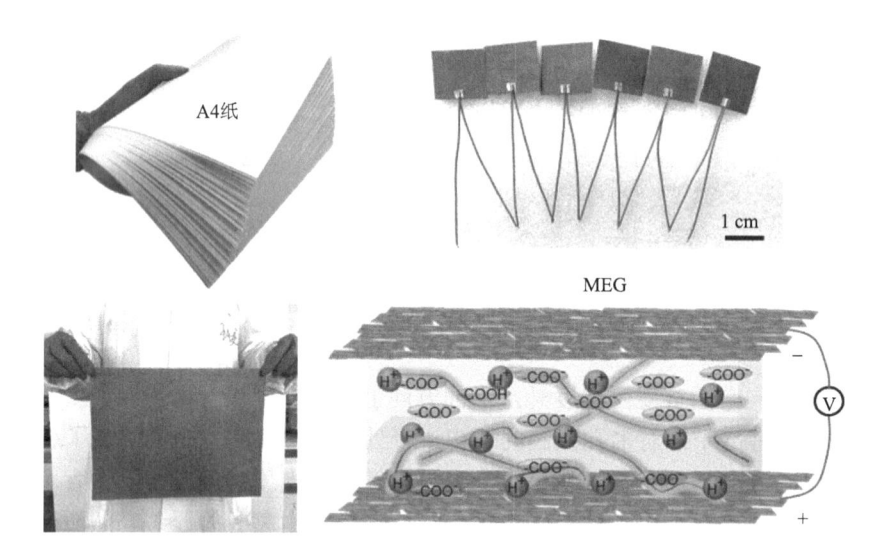

图 9.10 基于 A4 纸的 MEG

#### 9.3.2.2 不对称水分刺激

对于以水分的不对称刺激主导的发电,高浓度的自由离子出现在水分刺激的一侧,而另一侧(低水分)呈现出低浓度的带电粒子,这些带电粒子的再分配诱导了内置电场的产生。如图 9.11(a)所示,不对称的水分刺激可以来自通过对水分的吹扫方向的控制。例如 Li 等[23]通过控制水分的吹扫方向,探究了一系列生物纤维(TEMPO 氧化纤维素纳米纤维、2,3-环氧丙基三甲基氯化铵阳离子化的纤维素纳米纤维、甲壳素纳米纤维及蚕丝纳米纤维)的湿-电转换性能。这些生物纳米纤维的表面具有众多的极性基团,能够从潮湿空气中捕获水。在高湿度环境中,这些纳米纤维表面会形成纳米厚度的水合壳层,其由水分子通过氢键与纳米纤维结合的固定水层和自由水层组成。这些纳米纤维上的极性官能团电离后会立即释放大量反离子(如 $H^+$)并产生 EDL。因此,在纤维气凝胶内会形成水合离子层。当这些气凝胶材料暴露于潮湿气流中时,气流入口侧的水吸附和出口侧的蒸发之间存在平衡。因此,水在纳米纤维的水合壳和孔内流动,形成反离子的迁移和 EDL 的移动边界,产生最高接近 0.12 V 的经典的流动电势。在相对较高的孔隙率下,通过构建较小的孔以形成更多的纳米通道，可以进一步提高发电性能。Lyu 等[24]通过静电纺丝工艺制备了醋酸纤维素多孔膜并将其应用于吸湿发电，这种静电纺丝薄膜的孔径和孔隙率可以通过简单的压缩和退火过程轻松调节。进一步的实验表明，当醋酸纤维素膜的孔隙率为 52.6%和孔径小于 250 nm 时具有最优的电输出，可以产生 0.3 V 的持续电压输出，输出功率约为 8 nW/cm$^2$。

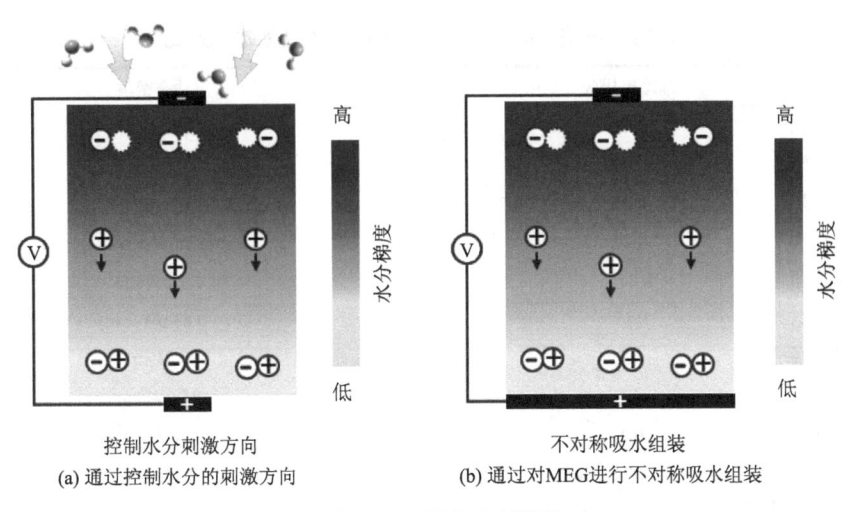

(a) 通过控制水分的刺激方向　　　(b) 通过对MEG进行不对称吸水组装

图 9.11　基于不对称水分刺激的 MEG

水分的不对称刺激还可以通过对装置进行吸水的不对称组装来实现。如图 9.11(b)所示，不对称的组装使功能材料的一部分保持疏水性，如将功能材料的一面密封做防水处理，而另一面暴露于湿度环境中。这种不对称组装同样能够在 MEG 中构建水分的梯度，从而产生离子梯度。例如，基于聚乙烯醇、植酸和甘油-水二元溶剂的水凝胶膜被设计成不对称吸水的 MEG[25]，单个 MEG 可以连续产生直流电，持续时间超过 1000 h，恒定开路电压约为 0.8 V，短路电流密度为 0.24 mA/cm$^2$，功率密度高达 35 μW/cm$^2$。水分的吸收使质子解离和传输是这种 MEG 发电的根本原因。近年来，基于这种不对称的结构组装制备的 MEG，由于结构简单、操作方便，已经发展为 MEG 的主流结构。例如，Liu 等[26]将导电蛋白质纳米线薄膜进行不对称组装，制备了一种可以持续输出电压和电流的 MEG。Shen 等[27]使用 TiO$_2$ 纳米线作为功能材料通过不对称组装制备了一种电压为脉冲输出的 MEG。Wang 等[28]制备了一种基于海藻酸钠、二氧化硅纳米纤维和还原氧化石墨烯的复合膜。对该复合膜进行不对称组装所制备的 MEG 可以在高湿度下自发地吸附水分，在低湿度下脱附水分，从而可以循环输出电能，为基于水分的能量转换提供了一条闭环路径。

MEG 的电性能输出来源于功能材料吸湿所引起的湿度差和随后的离子迁移。因此功能材料的吸湿性对 MEG 的电能输出至关重要，较弱的吸湿性可能导致离子解离程度低，而较强的吸湿性将导致水分吸附快速饱和。在实验中，材料的吸湿性可以通过对功能材料进行改性或组合，并结合器件结构来调节。表 9.2 总结了已报道的部分基于不同材料的 MEG 的电性能输出，这些 MEG 的开路电压输出整体低于 1 V，短路电流仍然为纳安级别，功率密度和 EEG 相当。值得注意的是，由于离子转移过程的不可逆性，大部分 MEG 的电流输出倾向于随时间的延长而衰减。尽管部分文献已经报道了超过数十甚至数百小时的连续功率输出，但是这种电流输出耐久性的潜在机制仍存在争议，有待进一步探索。总之，MEG 的结构是复杂的，并伴随着吸附、相变、电离、离子扩散、水流和脱附的多个过程，这需要进一步的实验和理论研究来详细阐述 MEG 技术。

表 9.2　已报道的部分单个 MEG 的电性能输出对比

| 材料 | 开路电压/V | 短路电流/μA | 功率密度 | 文献 |
| --- | --- | --- | --- | --- |
| 氧化石墨烯 | 0.45 | 0.9 | 2.02 μW/cm$^2$ | [18] |
| 碳纳米颗粒 | 0.05 | 0.03 | — | [19] |
| 聚电解质 | 0.95 | 0.08 | 5.52 μW/cm$^2$ | [20] |
| 纤维素纸 | 0.78 | 7.5 | 4.7 mW·h/kg | [21] |
| 纤维素纸 | 0.275 | 7.6 | 2.1 μW/cm$^2$ | [22] |
| 纤维素纳米纤维 | 0.12 | 0.025 | 0.63 nW/cm$^2$ | [23] |
| 醋酸纤维素 | 0.3 | 0.08 | 8 nW/cm$^2$ | [24] |
| 水凝胶 | 0.8 | 60 | 35 μW/cm$^2$ | [25] |
| 蛋白质纳米线 | 0.5 | 0.17 | 5 μW/cm$^2$ | [26] |
| TiO$_2$ 纳米线 | 0.52 | 8 | 4 μW/cm$^2$ | [27] |
| 海藻酸钠/二氧化硅/还原氧化石墨烯 | 0.5 | 50 | 12 μW/cm$^2$ | [28] |

### 9.3.3　由水滴驱动的发电机（DEG）

作为最常见的自然现象之一，降水将水滴的重力势能转化为动能。对于低能耗、便携式电子设备和传感器系统而言，收集水滴中的能量作为一种可持续能源已成为补充未来绿色能源需求的前沿方案。水滴驱动的能量收集技术的新兴潜力可以满足很大一部分未来绿色能源的需求，现在越来越多的研究人员转向从水滴中获取能量的研究。文献中报道的大多数基于水滴的发电机都是利用接触带电和静电感应工作的，水滴驱动的发电机依赖于水滴和介电材料之间 EDL 的形成和移动，关键是控制液滴和固体的接触行为。

在单层石墨烯上引入功能物质，因其丰富的物理化学行为而引起了人们的广泛关注。石墨烯和电解质之间的相互作用为设计一系列发电设备提供了良好的应用前景。如图 9.12 所示，2014 年，Yin 等[14]通过沿着单层石墨烯的表面移动液滴（NaCl 水溶液）成功实现了利用水滴发电，其最大输出电压和功率分别约为 30 mV 和 19.2 nW。根据经典的动电理论，当固体表面与离子溶液接触时，一层离子（阳离子或阴离子）将由于电化学相互作用而被吸附到表面，反离子的第二层将通过库仑力被吸引到第一层，从而形成 EDL。吸附的水合 Na$^+$ 从石墨烯中吸引电子，导致石墨烯表面上形成显著的电子积累。随着吸附的水合 Na$^+$ 数量增加，一层薄的电子积聚层沿着石墨烯上表面延伸，与吸附的 Na$^+$ 层形成赝电容器。对于石墨烯上的静态液滴，电荷在石墨烯上液滴的两侧重新对称分布，并且在其左侧和右侧之间没有电势差。当液滴被吸引而在石墨烯表面移动时，离子被吸附在前端，使赝电容器向前推进，并在石墨烯中吸引电子。同时，离子在液滴的后部被脱附，使赝电容器放电，并将电子释放到石墨烯上。与静态相比，整个过程导致移动液滴后面/前面的电子密度增加/减少，使前面的电势高于后面的电势。虽然产生的电压非常小，但这项研究事实上作为一种 DEG 的雏形，直接启发了后续的相关研究。

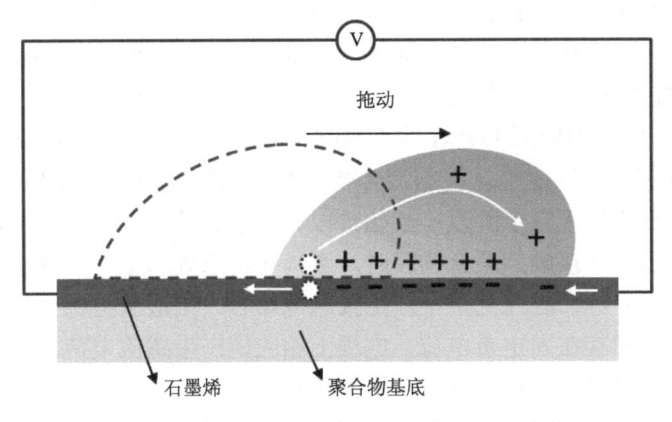

图 9.12　在石墨烯表面拖动一滴水发电

有研究表明，吸引水滴中离子的并不是石墨烯，而是聚合物基底，其中石墨烯只是起到了导电的作用，故可被任何具有弱屏蔽效应的导电材料所代替。Yang 等[29]发现，将水滴/石墨烯/聚苯二甲酸乙二醇酯(PET)体系中的 PET 基板换成聚甲基丙烯酸甲酯(PMMA)或聚偏二氟乙烯(PVDF)后，当连续的 NaCl 水滴撞击石墨烯表面时会产生不同大小的电压和电流。进一步的研究表明，聚合物基体对 $Na^+$ 的吸引力是由其表面偶极层引起的，由于表面偶极场的作用距离较短，石墨烯的屏蔽效果仍然较为明显，随着石墨烯层厚度的增加，离子的吸附显著降低。单层石墨烯(即导电层)可以被其他导电材料所取代，前提是导电层没有完全阻隔聚合物表面偶极层对离子的吸引力。此外，研究还发现了用于发电的离子特异性。感应电压随着水滴中溶剂原子序数的降低而增加，这归因于石墨烯吸引电子的能力和屏蔽效应的差异。然而，一些研究表明，即使是去离子水也能产生电压。Zhong 等[30]使用去离子水在石墨烯上滑动产生了 0.1 V 的电压，这种电压输出来自水、石墨烯和压电基板之间的相互作用，与石墨烯层相比，水对产生的压电电荷的屏蔽效应相对滞后，从而产生了电势。这项研究考虑了水、石墨烯和基底之间的动态电荷相互作用，突出了基底材料在石墨烯表面产生电压输出的关键作用。

提高水滴/石墨烯/基板发电装置的发电效率最有效、最直接的方法是优化导电层和基底的材料。Zhai 等[31]通过使用 $N_2$ 作为掺杂气体的等离子体辅助热丝化学气相沉积(HFCVD)在玻璃上制备了 N 掺杂石墨烯膜，将感应电压提高到了 320 mV。他们发现 N 掺杂提高了电荷载流子的浓度和迁移率，有利于石墨烯中的电子转移。开尔文探针力显微镜的结果表明，N 掺杂导致石墨烯表面电势增加，表明费米能级的增加，这导致产生较高的感应电压。此外，N 掺杂石墨烯较小的接触角是接触面积的增加而导致电压增加的原因之一。Aji 等[32]使用化学气相沉积(CVD)在聚乙烯萘酸酯薄膜(PEN)基板上制造了大尺寸单层 $MoS_2$ 膜，获得了更高的电压输出。尽管输出功率与沿石墨烯表面移动 NaCl

水滴所产生的功率相似,但由于 $MoS_2$ 的高电阻,液滴沿着 $MoS_2$ 运动产生了更大的电压。值得注意的是,使用 PEN 作为衬底可以产生更大的短路电流,这是因为聚合物基底促进了离子在 $MoS_2$ 表面上的吸附。

基于水滴的能量收集技术正在围绕着结构、机制和材料改性等方面进行广泛而深入的研究,以制造性能更好的 DEG。含氟固体材料由于其低表面自由能而表现出优异的液体排斥性,并且它们还具有相当大的负电荷亲和力,特别是聚四氟乙烯(PTFE)的使用真正意义上将 DEG 的输出功率提高到了实用水平。

图 9.13 显示了一种典型的 DEG 发电机制,用于从水滴冲击具有微/纳米结构的超疏水介电聚合物薄膜上获取能量。根据聚合物表面流动液滴不间断接触和分离,该 DEG 的发电过程可以分为以下三个阶段:起始阶段、不饱和阶段、饱和阶段。在起始阶段,当第一滴不带电的水滴接触到聚合物膜时,水滴在落点处和聚合物薄膜表面发生电荷转移,由于整体显电中性,因此几乎不产生接触电信号。当液滴与聚合物表面分离时,因落点处聚合物膜表面存在固定负电荷,电极上相应地产生感应电荷,电子流向大地,表面静电荷主要分布在水滴落点附近。在未饱和阶段,当第 10 滴水落到聚合物薄膜上时,由于聚合物薄膜表面已有静电荷,所以水滴中会被诱导产生极化电荷,使得电子流向电极,产生较小的接触电信号和较大的分离电信号,并且在不饱和阶段实现了负电流和正电流的循环。聚合物薄膜表面负电荷主要分布在水滴滑动路径的上游,因残留 $H_3O^+$ 带正

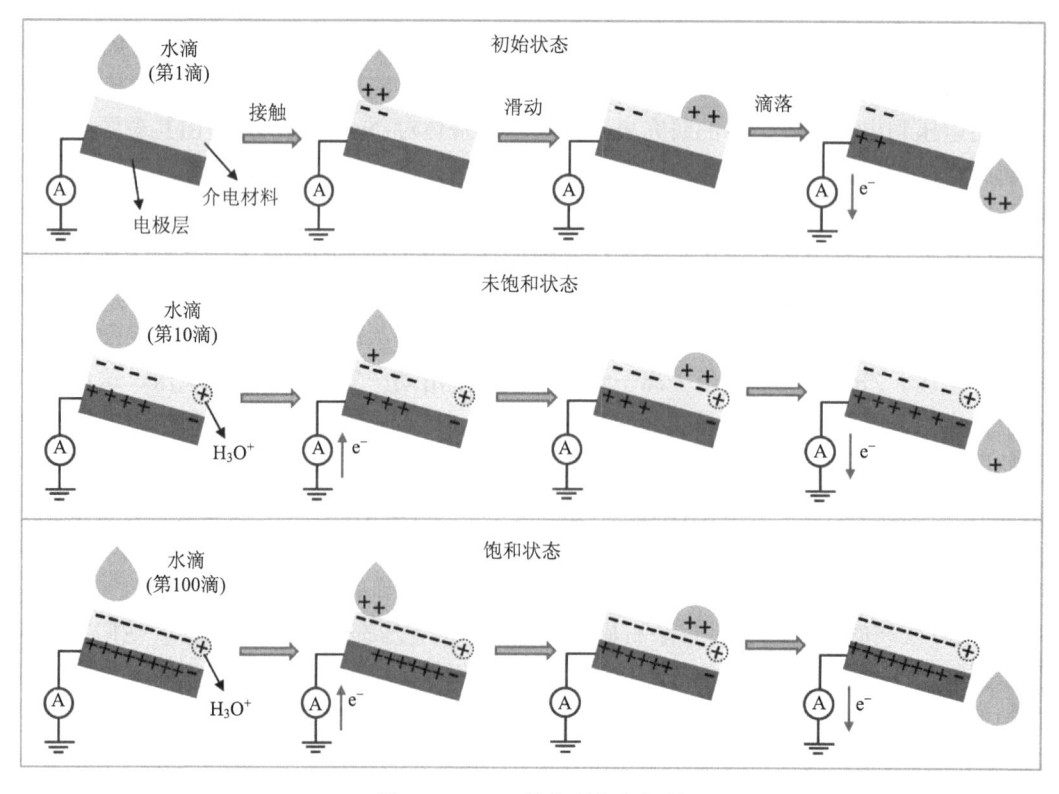

图 9.13 DEG 的典型发电机制

电,所以正电荷分布在液-固分离处。在最后的饱和阶段,经过大量液滴和聚合物薄膜的相互作用,聚合物膜的表面电荷达到峰值,电荷密度几乎恒定。接触电信号和分离电信号大小几乎相等,而方向相反。水滴与聚合物薄膜之间几乎不再发生接触带电现象,电信号输出全部归因于静电感应现象。

聚合物表面残留的水会严重影响 DEG 的电性能输出,因此减少聚合物表面水残留对于 DEG 的稳定输出格外重要,这要求使用具有低表面能材料的超疏水表面。因此,为了降低对聚合物表面的功能性损伤和保持器件稳定工作,在 DEG 的制造过程中使用了不同的材料或表面改性手段。Lin 等[33]设计了最早的一批由水滴驱动的发电机,该 DEG 的介电表面采用微纳米结构设计,使用具有纳米尺寸孔结构的阳极氧化铝作为模板,制备了具有微纳结构的 PTFE 薄膜。该 PTFE 薄膜的表面具有超疏水性和自清洁功能,极大地减少了水分在表面的残留。单个水滴可以产生 9.3 V 的峰值电压和 17 μA 的峰值电流,证明了其在现实生活中的适用性。使用该 DEG 可以收集厨房里水龙头流出的自来水的能量,电流输出和瞬时功率密度分别为 1.5 μA/cm$^2$ 和 20 mW/cm$^2$,可以直接驱动 20 个 LED。除了表面结构外,摩擦电层的材料对润湿性也有很大影响。Parvez 等[34]制备了一种由还原氧化石墨烯(rGO)和聚二甲基硅氧烷(PDMS)复合材料作为接触表面的新型DEG。通过适当优化 PDMS 基体中的填料量,该膜可以达到最优的疏水性和介电性能,其最高的输出电压约为 2 V,短路电流约为 2 nA。Chung 等[35]报道了一种含有三氯(1$H$,1$H$,2$H$,2$H$-全氟辛基)硅烷(HDFS)的自组装疏水层 DEG,并在其表面涂覆全氟聚醚(PFPE)液体,以促进水和表面的分离。此外,HDFS 和全氟聚醚液体具有高电子亲和力,有助于增强 DEG 的电性能输出。

尽管付出了很多努力,但由于用于发电的界面性质所带来的限制,DEG 的峰值功率密度仍然远小于 1 W/m$^2$。为了解决这一问题,研究者提出了一种高瞬时功率密度的 DEG 模型。如图 9.14 所示,该模型中间的介电材料表面用以接触水滴,还拥有两个电极,分别为介电材料底部的电极(不与水滴接触)和顶部的电极条(与水滴接触)。基于该模型,Xu 等[36]在透明氧化铟锡(ITO)/玻璃基板上沉积了超光滑的 PTFE 膜,并在其表面构建了一个铝电极条,由此开发了一个高瞬时功率密度的 DEG。在该 DEG 中,撞击后水滴在器件上的扩散将原本断开的组件桥接成闭环电气系统,将传统的界面效应转化为体效应,从而使瞬时功率密度比受界面效应限制的等效 DEG 提高了几个数量级。当水滴接触PTFE 但不接触铝电极时,没有明显的输出电流。一旦水滴与铝电极接触,单个水滴能产生高达约 150 V 的电压输出,输出电流达到约 270 μA,在负载电阻为 332.0 kΩ 时,瞬时峰值功率密度可以达到 50.1 W/m$^2$。在水滴连续快速滴落时仍能保持稳定的电性能输出,功率输出显著优于传统的 DEG。受该工作的启发,Wu 等[37]制造了一种基于电荷捕获的 DEG,用于从水滴中高效收集能量。使用均匀电润湿辅助电荷注入方法,将电荷注入该 DEG 所使用的疏水性含氟聚合物薄膜的表面,表面电荷密度将提高到 1.8 mC/m$^2$。离子注入后,基于电荷捕获的 DEG 可以从连续滴落的水滴中获得超过 2 mA 的瞬时电流、超过 160 W/m$^2$ 的功率密度和超过 11%的能量收集效率。该 DEG 在从水滴中收集能量方面表现出优异的稳定性,在 100 天的间歇测试中没有明显的退化。

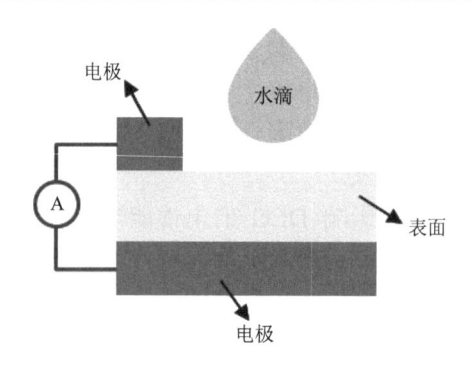

图 9.14 高瞬时功率密度的 DEG 模型

值得注意的是，除了自然界中的降水，还可以从潮湿的环境空气中获取水滴，这需要配合使用吸湿材料。Zhang 等[38]受仙人掌刺和甲虫鞘翅的启发，首先设计了一种不对称的两亲性表面，用于直接从空气中集水。随后，使用氟化乙丙烯工程塑料作为介电层、导电布作为下电极、铜箔作为上电极制备了一种 DEG。吸湿部件收集的水滴被用作电荷源，以触发 DEG 部件运行，从而实现水的收集和电能生产同步进行。更重要的是，DEG 所产生的电荷可以进一步反馈于吸湿集水部件，进一步增强静电吸附效果，实现高效集水。该装置不受天气的影响，无须额外创造水滴环境，可以直接利用潮湿的空气产生水滴并进一步实现高功率密度的电能输出，具有极强的环境适应性。

基于 DEG 经典结构，Zhang 等[39]设计了一种新的通用模型用于从水滴中获取电能。作为有史以来最简单的设计，该通用模型如图 9.15 所示，只包含一个放置在材料表面上的电极。这种设计可以缓解固体和液体界面之间的屏蔽效应，并基于体积效应有效地转移摩擦电荷，而无须任何传统设计中所见的底部电极和表面之间的静电感应过程。其工作机制也非常简单，以带负电荷的表面为例，当下落的水滴在带负电荷的表面上扩散时，首先在液-固界面处形成 EDL。同时，水滴与表面相互作用会在固体表面注入负电荷，并且自身携带正电荷。一旦扩散的水滴接触到单个电极，水滴就将固体表面和电极连接形成通路。在连接状态下，正电荷和负电荷将会分别流向固体表面和电极。电极和大地之间的电位平衡被打破。地上的正电荷自发地流向电极。当液滴收缩并离开电极和固体表面时，电极处的正电荷流回地面，固体表面的一些电荷也会逃逸或被中和，形成交流电的全循环。该模型所提出的基于 PTFE 表面的 DEG，可以从水滴中获得更大规模的能

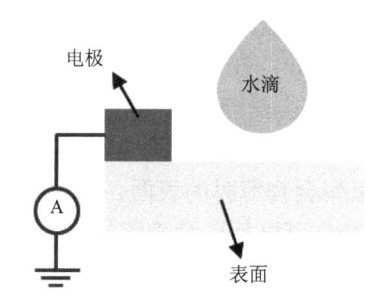

图 9.15 高瞬时功率密度 DEG 的新型通用模型

量,最大开路电压和短路电流输出约为 69.2 V 和 95.2 μA。在这种设计中,可以与水滴相互作用的表面材料极为丰富,包括天然材料和人造材料,如木材、芦荟、蝉翼、PTFE 薄膜、玻璃、石头等,这种可扩展性极大地拓宽了 DEG 的应用场景。

经过近些年的研究,DEG 的电性能输出已经达到较高水平(表 9.3),功率密度远超 EEG 和 MEG。尽管与电磁发电机相比,DEG 的发电功率仍然较低,但通过设备优化,功率输出可以得到显著改善。DEG 的功率输出可以通过实施表面工程技术来优化,如使用高度疏水的固体表面、增强液滴与介电层间相互作用等。除了表面工程,对电极进行修饰、施加额外的电荷沉积、优化水中的离子浓度等也是提高器件效率的有效方法。大多数 DEG 都能够在高湿度环境、大风天气、高温等不利条件下运行。对于 DEG 来说,可以在不利条件下工作的这种独特的优点比许多传统的发电机具有更大的优势。这些设备可以与太阳能电池和风力发电机等设备进行联合使用,使得无论在晴天、雨天、大风天,甚至沙尘暴天气等气候条件下都可以发电。

表 9.3 已报道的部分单个 DEG 的电性能输出对比

| 材料 | 开路电压/V | 短路电流/μA | 功率密度 | 文献 |
| --- | --- | --- | --- | --- |
| PVDF/石墨烯 | 0.016 | — | — | [30] |
| N 掺杂石墨烯 | 0.32 | — | — | [31] |
| $MoS_2$ | 6 | 0.005 | — | [32] |
| PTFE | 9.3 | 17 | 20 mW/cm$^2$ | [33] |
| rGO/PDMS | 2 | 0.002 | — | [34] |
| HDFS/PFPE | 20 | — | — | [35] |
| PTFE | 150 | 270 | 50.1 W/m$^2$ | [36] |
| 含氟聚合物 | — | 2000 | 160 W/m$^2$ | [37] |
| 氟化乙烯丙烯 | 103.2 | — | — | [38] |
| PTFE | 69.2 | 95.2 | — | [39] |

## 9.3.4 由气泡驱动的发电机(BEG)

作为地球上最常见的物质之一,气泡随处可见且具有极为广泛的应用。占地球表面面积 70%的海洋由于海底地质运动和生物活动无时无刻不在释放大量的气泡。手枪虾在捕食的时候会发射出一道高速水流,同时产生一些低压气泡,这些高能量密度的气泡在爆炸时的温度会高达几千摄氏度,可以使手枪虾更加容易捕捉到食物。座头鲸在鱼群下方盘绕时,利用喷水孔喷气形成一种接近闭合的圆柱形或者管形的气泡网,使鱼或浮游生物被气泡网所束缚而易被捕食。作为气泡的负面效应,在水翼、水轮机叶片、螺旋桨叶片等所处的流场中,也会产生大量的低压气泡,这些空泡溃灭时产生的局部高能冲击会导致材料表面空蚀破坏。尽管气泡的产生和用途多种多样,但是如何有效利用蕴藏在这些气泡中的能量能仍是个科学难题。

BEG 的出现为解决这一难题提供了一个绿色环保的方案。BEG 通过固-液界面接触带电在固体材料表面产生电荷,由固体材料表面上的气泡运动产生的静电场分布变化驱动外部电路中的电子流动，从而输出电信号。图 9.16 展示了典型的 BEG 在一个气泡刺激循环中的电荷分布和电流的流动机理图。在水环境中，介电材料-水界面上会形成稳定的 EDL，以屏蔽电极层的静电感应，直到气泡刺激破坏了静电屏蔽效果。首先，当气泡上升以接触材料表面时，原本稳定存在的 EDL 将遭到破坏，并且材料表面的负电荷将引起电极层带上正电，其中电极和地之间的负电势差驱动电子从电极流向大地以维持静电平衡。随后，气泡在材料表面滑动，并伴随着 EDL 的移动，这一过程并不会诱导电流流动。最后，当气泡离开材料表面时，EDL 将会恢复到最初状态，电子从大地流回电极，以中和电极上的正电荷，完成一个电流/电压输出的循环过程。然而，仅依靠气泡对 EDL 的破坏所产生的静电感应难以实现高功率发电。实际上，这种典型的 BEG 电压输出仅有百十毫伏[40]，因此这些设备只能用于传感器。

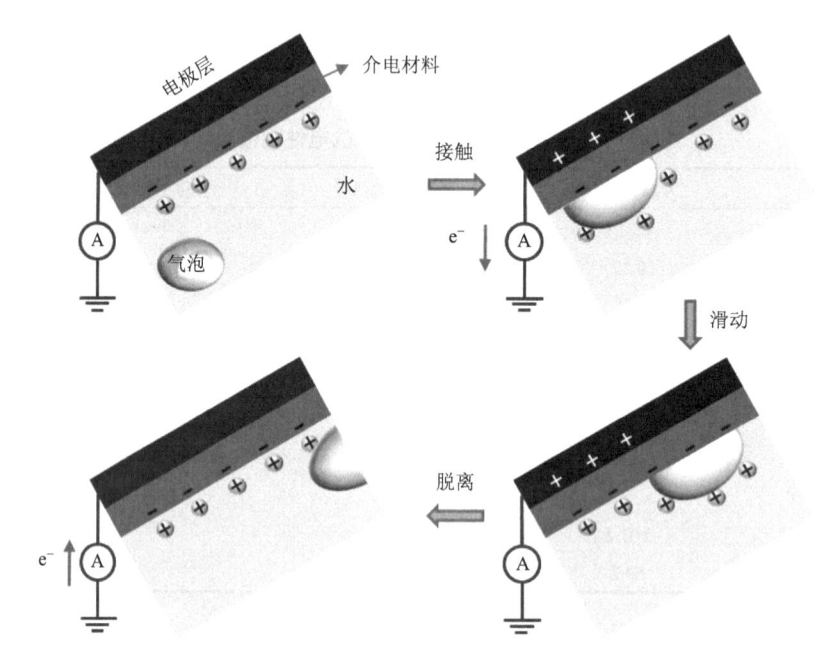

图 9.16 BEG 的典型发电机制

事实上，对于以上经典的 BEG，仅利用了气泡与材料表面接触和脱离瞬间引起的 EDL 波动所产生的静电能，对于气泡的整个运动过程来说，气泡在材料表面的滑动过程所引起的 EDL 波动并未得到有效利用。因此，增加 BEG 功率输出最简单的方法之一是增加介电材料上的电极数量，这样能有效利用气泡在材料表面滑动过程中所产生的能量。如图 9.17 所示，Wijewardhana 等[41]首先制备了一个具有两个电极的 BEG，每个气泡(约 123 μL)可以产生接近 0.4 μA 的电流和 3.9 nJ 的能量。随后，他们在介电材料上构造了更多的电极，并提出了一种通过引入单独整流的多电极(IRME)电路在不损失能量的情况下集成多组电极对的方法[42]。实验证明，基于 IRME 电路的 BEG 系统通过集成电极的数量显著提高了气泡能量收集效率，该系统的输出能量相对于电极数量线性增加。例如，连接 10 个电极的 BEG 系统可以直接作为电源点亮 LED。将 100 个电极嵌入一个水管，一个小气泡在管道中流动可以产生大约 0.4 μJ/m 的能量。此外，该 IRME 方法也适用于集成其他类型的非同步发电机，如 DEG、MDG 等。Li 等[43]进一步对这种多电极结构的 BEG 进行了放大化改进，增加了电极距离和气泡体积，制备了一个具有两个电极的管状 BEG。当向充满去离子水的管状 BEG 中释放一个体积为 10 mL 的小气泡时，该 BEG 可产生高达 120 V 的瞬时电压输出。电极长度、管径和气泡体积等因素都会对 BEG 的输出性能产生巨大影响。这种管状 BEG 具有成本低、结构简单、体积小、寿命长、电压输出高和环保等特点，为基于气泡的能量收集提供了一种有效的方法。

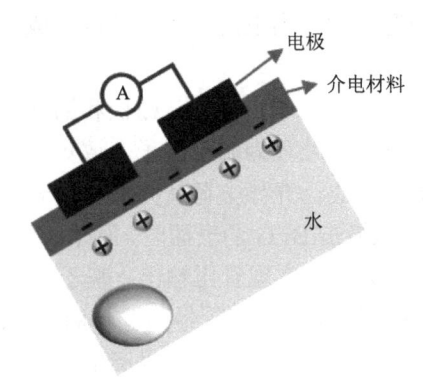

图 9.17 基于多电极设计的 BEG

通过改变电极的位置也可以起到增强 BEG 输出功率的目的。如图 9.18 所示，最初，介电材料的表面电荷被水中的反离子屏蔽。同时，水和另一端的内部电极也达到了静电

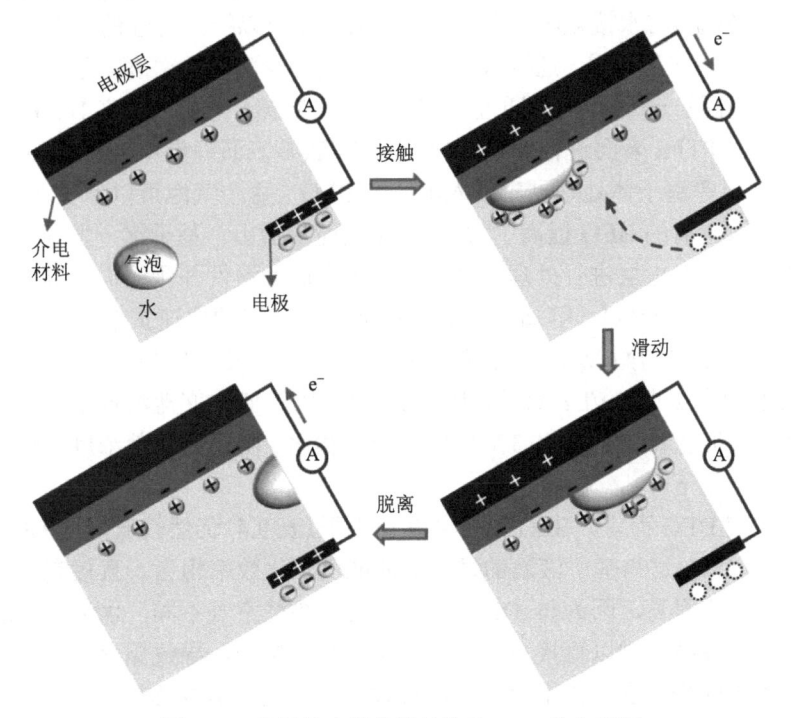

图 9.18 仿场效应晶体管结构的 BEG 发电机制

平衡状态，这时外部电路中没有电子流动。一旦气泡与介电材料表面接触，水和材料表面之间的静电平衡就会被打破，此时液-固界面转变为气-固界面。介电材料的绝缘特性使其表面电荷无法移动，新暴露于气泡的材料表面的固定电荷将在电极层上感应电荷，电荷将通过负载电路在两个电极之间重新分配并形成瞬时电流。由于两个电极上的电荷已经形成了新的静电平衡，当气泡在材料表面滑动时，并不会破坏二者之间的静电平衡，因此气泡的滑动过程不会诱导电流产生。当气泡继续移动并逐步脱离固体表面时，气-固界面重新转变为液-固界面。水和介电材料表面达到了新的静电平衡状态，将会引起电荷在两个电极之间的重新分配，并输出电流信号，从而完成一次由气泡引起的电流输出循环。

事实上，这种内部电极设计类似于由源极、栅极和漏极端子组成的场效应晶体管。与外部电极层结合的介电层可以被处理为源极端子，放置在水中的内部电极表现出类似于用于电荷释放的漏极端子的性质，介导电荷从介电材料表面释放的移动气泡可以作为栅极。基于这样的配置，当气泡撞击 BEG 的表面时，原始的液-固界面转化为气-固界面，以驱动两个电极之间发生电荷转移，实现升压输出。基于该原理，Li 等[44]制备了一种管状 BEG，并成功产生了较高的瞬时输出功率。他们选择商用 PTFE 管作为介电材料管层，将铝带粘贴在 PTFE 管一端的外表面作为电极，以产生感应电荷，将铝线浸入 PTFE 管另一端的水中作为内部电极。该类型的 BEG 可以产生约为 17.5 V 的稳定输出电压，并可以用作检测水位高度的传感器。最后他们系统地讨论了该型 BEG 的电极宽度、电极距离、气泡体积、移动频率等因素对其电输出性能的影响。

Wijewardhana 等[42]的研究进一步发现，介电材料表面上的电荷密度是影响功率输出的关键因素，当表面与水接触时，表面上高电荷密度可以产生更强的 EDL，并导致随后 EDL 波动产生出更多的能量。通过人工增加介电层的表面电荷密度，可以显著提高 BEG 的输出功率。基于这一概念，他们通过在 PTFE 面人工嵌入电荷来提高 BEG 的发电效率。使用等离子体对 PTFE 表面进行低功率处理，将 PTFE 表面静电电势从 –2464 mV 降低到 –4300 mV。经过等离子体处理预先嵌入电荷的 BEG，每个气泡可以产生 70 nJ 的能量，比没有预先嵌入电荷的 BEG 提高了大约 18 倍的能量输出。基于这一发现，Yan 等[45]通过使用等离子体对介电层进行处理来调整样品的表面润湿性并预先嵌入高密度电荷制备了一种高电压输出的 BEG。等离子体的处理促进了气泡的快速扩散和随后的脱离，在气泡的刺激下可以将初始液-固界面转变为气-固界面，并产生超过 70 V 的电压输出，平均能量密度约为 2.14 mJ/L。另外，该 BEG 也可以在低浓度盐溶液中工作，当盐浓度为 $10^{-3}$ mol/L 时仍能表现出约 40.3 V 的峰值电压输出，随后随着盐浓度的继续增加峰值输出电压开始急剧下降。

尽管相比较 DEG 而言，BEG 的整体功率水平（表 9.4）仍然较低，但 BEG 的能量转换效率大约为 1%，这与基于液滴的发电机的能量转化效率相当。直接有效地收集气泡中蕴含的能量并不容易，因为与 DEG 所面对的低黏性空气不同，水环境中的气泡受到黏性较大的水的束缚，难以直接与介电材料发生有效接触，导致储存在介电材料表面丰富电荷因为水的静电屏蔽作用而无法被有效释放。电荷不能被有效转移，导致在空气中运行良好的介电材料在水中的性能大打折扣，降低了发电性能。因此，相比于 DEG，现有的 BEG 大都面临输出电压低且需要超大尺寸气泡驱动的困境。总之，打破水的黏性所带来的负面影响将是今后 BEG 研究亟待解决的问题之一。

表 9.4 已报道的部分单个 BEG 的电性能输出对比

| 材料 | 开路电压/V | 短路电流/μA | 功率密度 | 文献 |
| --- | --- | --- | --- | --- |
| PTFE | 0.175 | — | — | [40] |
| PTFE | — | 0.4 | — | [41] |
| PTFE | — | 0.56 | — | [42] |
| PTFE | 120 | 0.24 | — | [43] |
| PTFE | 17.5 | 0.011 | — | [44] |
| PTFE | 40.3 | 2.4 | 56.4 W/m$^3$ | [45] |

## 9.3.5 由水分响应致动器驱动的发电机(MDG)

当环境中的水分子被一些吸湿材料吸附时，被吸附的水分子可以插入材料内部的微孔或分子链间，导致材料吸湿膨胀，吸湿膨胀材料在湿度波动条件下的可逆变形提供了一种将水分中的潜热转化为机械能的方法。吸湿膨胀材料的清单很长，它不仅包括天然材料(如棉花、纤维素、橡胶、淀粉、蛋白质等)，还包括合成材料(如聚乙二醇、Nafion、聚乙烯-共聚丙烯酸、聚酰胺、聚乙烯醇等)，无机材料(如氮化碳、二氧化硅、氧化钛)、多孔晶体材料(如 MOF 和 COF)在经过合理设计后也可以拥有吸湿膨胀性能，这些材料的吸湿膨胀行为高度依赖于它们的亲水性和吸水性。在大多数情况下，吸湿材料在微观尺度上的膨胀没有方向，即膨胀是各向同性的。这种膨胀类似于"吹气球"，由此产生的机械能很难收集和使用。通过设计和调节吸湿材料的结构及性能，使其整体呈现弯曲运动、扭转运动或伸缩运动，可以使无方向的膨胀变形转化为可控的机械运动(图 9.19)。尽管水分响应致动器产生的机械能在某些情况下可被直接利用，但在大多数情况下，这些能量被忽略了。随着材料技术的发展，水分响应致动器可以连接到不同类型的功能配件上，以实现可定制的特性，满足人类的各种特定需求。

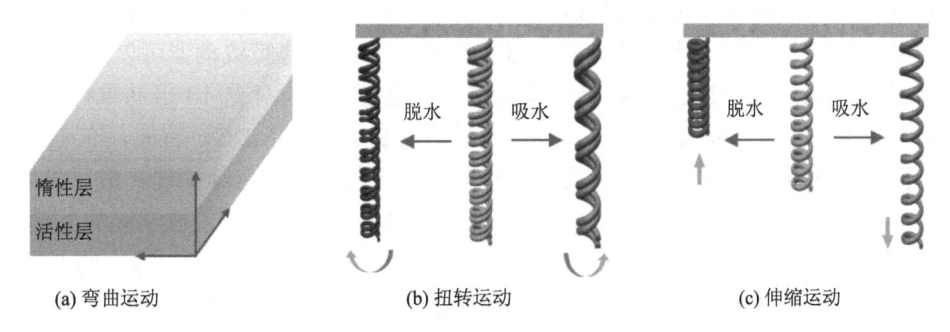

(a) 弯曲运动　　(b) 扭转运动　　(c) 伸缩运动

图 9.19 用于各种变形方式的水分响应致动器

耦合能量转换器可以有效地收集这种被忽略的机械能并将其转换为电能。目前，将机械能转化为电能的途径主要包括电磁感应、压电效应和摩擦电效应。在这些能量转换途径中，电磁感应和压电效应已被应用于将吸湿膨胀产生的机械能进一步转换为电能，并成功开发了两种类型的 MDG。这些 MDG 可以进一步将水分响应致动器所产生的机械能转化为电能，代表了从水分中获取电能的一种两步能量转换途径。

### 9.3.5.1 耦合压电效应

作为将机械能转化为电能的一种途径，压电效应最早是由法国科学家皮埃尔·居里和雅克·居里在 1880 年研究石英晶体时发现的。当一些材料受到外力作用时表面会带电，电荷密度与施加应力的大小呈线性关系，故被称为压电材料。从微观上看，压电效应本质上是施加的应力使压电材料发生轻微变形，导致材料中的正负电荷中心不再重合，在宏观上表现出带电现象。这种现象也被称为正压电效应。压电材料经常被用作换能器，使机械能和电能相互转换，因此正压电效应可以用于将吸湿膨胀产生的机械能转换为电能。如图 9.20 所示，对于一些柔性压电材料，如聚偏二氟乙烯（PVDF），湿度响应致动器弯曲运动所产生的应力可以作为机械能的有效输入源。因此，耦合压电材料和水分响应致动器从水分中获取电能代表了一种新的两步能量转换技术。

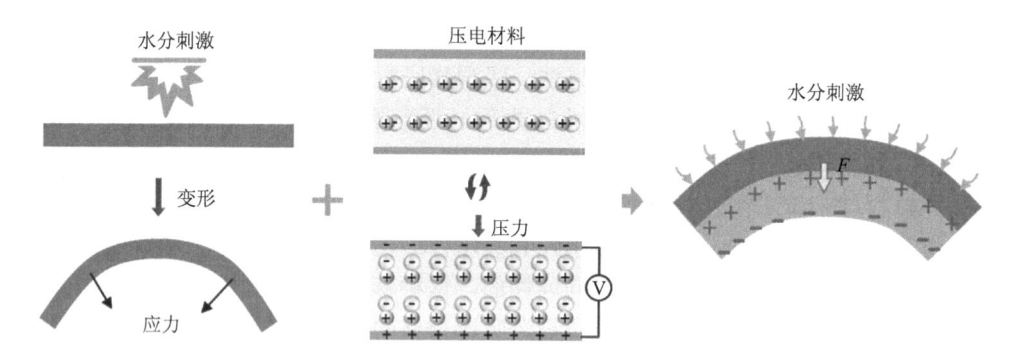

图 9.20 水分响应致动器耦合压电材料用以制备 MDG 的设计原理

2013 年，一个 PVDF 压电薄膜被耦合到一种水分响应聚合物薄膜（PEE-PPy）上，进而形成了一种基于压电效应的 MDG[46]。在这份工作中，水分响应聚合物薄膜是由刚性基质聚吡咯和动态网络多元醇硼酸盐所组成的。该聚合物薄膜可以与环境交换水分，从而导致薄膜膨胀和收缩，实现快速和连续的运动。聚合物薄膜致动器可以产生高达 27 MPa 的收缩应力，举起比自身重 380 倍的物体，或运输比自身重 10 倍的重物。随后，通过将该聚合物薄膜致动器与压电元件相结合，组装了一台 MDG。首先，在 PVDF 薄膜的两面进行金属导电化并连接导线，紧接着在电极外面进行绝缘处理，最后将处理后的 PVDF 连接到聚合物致动器的一面。当聚合物致动器那面朝下放置在潮湿的基板上时，受到基板表面湿度梯度的影响，致动器会反复弯曲并拉伸 PVDF 元件，输出约 0.3 Hz 的交流电。MDG 所产生的开路电压约为 3 V，如果将 10 MΩ 电阻器加载到该 MDG 上，峰值电压输出达到约 1.0 V，平均功率输出为 5.6 nW，功率密度约为 56 μW/kg。如果将该 MDG 所产生的电能储存在电容器中，可以为微型和纳米电子设备供电。例如，使用商用全波桥式整流器对发电机产生的交流电脉冲进行整流，然后存储在 2.2 μF 电容器中，充电 7 min 内，电容器的电压饱和至约 0.66 V。这种水分响应致动器耦合压电元件的概念可以将水分中的化学势能间接转化为电能，从而开辟了一种全新的从水分中获取电能的发电方式。

这种压电式 MDG 主要由两部分组成，包括主动单元水分响应驱动器和被动单元压电材料，其中致动器的体积形变为压电材料提供机械能输入。这种将聚合物致动器膜耦合 PVDF 压电膜的双层结构影响了后来许多 MDG 的设计和制备。例如，Gong 等[47]报道了一种用于从排气的水分中获取能量的 MDG。该 MDG 由吸湿致动层聚环氧乙烷(PEO)和压电层 PVDF 组成。将该 MDG 放置在湿纸、热水等上方时，可以实现自主重复弯曲运动，最大弯曲角度为 760°，在水分控制下产生了可观的发电量，具有从各种类型排气的水分中获取能量的潜力。将该 MDG 暴露于由呼吸、湿纸、热水、太阳能蒸发器等产生的水蒸气中时，峰值输出电压分别可以达到 4 V、0.5 V、3 V、2 V，这表明其具有高潜力的实用集成价值。Wang 等[48]将一种导电高分子聚(3,4-亚乙基二氧噻吩)：聚苯乙烯磺酸盐(PEDOT：PSS)作为水分响应驱动单元，并将其与 PVDF 耦合，制备了一种一体式的 MDG。该 MDG 在水分的刺激下只能单向变形，因此可以产生稳定的直流(DC)信号，其最大值可达 150 mV。直流输出不需要整流电路，这使其成为一种有前途的水伏发电技术。

对于这种基于压电 PVDF 单元的双层结构 MDG，其中的水分响应单元还可以通过仿生学的概念去设计和制备。例如，南京理工大学孙东平教授团队[49]采用共价键和氢键层间相互作用使 $Ti_3C_2T_x$ MXene 薄膜致密化，制备了一种聚多巴胺(PDA)处理的 rGO/MXene 膜水分响应致动器(PD-rGOMX)。该制动器呈现出一种仿贻贝珍珠层的层状结构，断裂强度高达 359 MPa，电导率高达 3693 S/cm。随后，将该制动器与 PVDF 压电薄膜进行耦合，制备了一种压电式 MDG(图 9.21)。当将 MDG 放置在潮湿的尼龙网上时，PD-rGOMX 薄膜吸湿发生形变并作用在 PVDF 上，导致 PVDF 压电薄膜的持续形变并持续输出电能。负载 1 MΩ 的电阻后该 MDG 可以输出约 1 V/1.6 μA 的峰值电压/电流，最大瞬时峰值功率超过 1.5 μW。另外，该 MEG 在连续约 500 次弯曲变形后仍可以输出电能，电压输出仅略有下降，显示出优异的稳定性和耐久性。同样采用仿贻贝珍珠层的层状结构，Yang 等[50]制备了 Fe(III)交联的氧化石墨烯/羧甲基纤维素钠(GO/CMC)仿生膜，用作 MDG 的驱动单元。该薄膜致动器可以响应手掌上非常小的湿度而快速翻转，当暴露于热水上方的水分中时，该致动器可以实现长期翻转运动，而不会产生任何疲劳。厚度仅为 10 μm 的致动器可以驱动厚度为 28 μm 的 PVDF 膜经历反复弯曲拉伸变形，产生

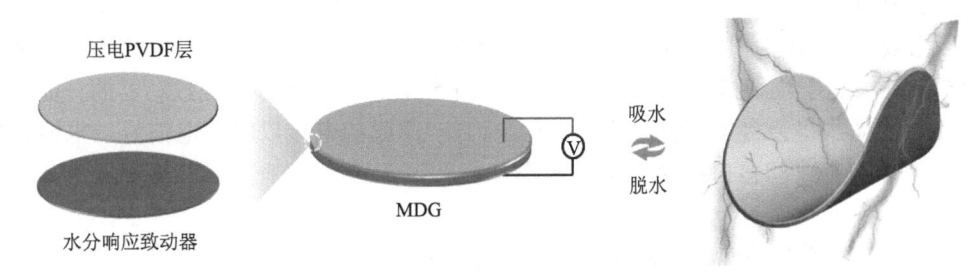

图 9.21 将水分响应致动器耦合压电 PVDF 薄膜所制备的 MDG

开路交流电压信号。在发电机上加载 10 MΩ 电阻后,峰值输出电压超过 1.0 V。值得注意的是,这里的发电是通过自然水蒸发实现的,无须外部热源。这些特征表明,利用自然水分作为能源的仿贻贝珍珠层结构致动器具有驱动压电单元的巨大潜力。

以软多孔晶体框架材料为例的金属有机框架(MOF)和共价有机框架(COF)由于其规整的框架、高孔隙率、结构灵活性等,成为 MDG 良好的水分响应候选材料。Yang 等[51]报道了一种柔性水分响应 MOF,即 ZPF-2-Co(ZPF 为沸石嘧啶框架),柔性的 ZPF-2-Co 可在水分刺激下发生可逆的 β 相到 α 相的结构转变,晶胞尺寸发生较大改变。由水分驱动的 ZPF-2-Co 致动器周期性变形可用于将水分中的化学势转换为机械能。随后,将 ZPF-2-Co 水分响应致动器与压电 PVDF 耦合,制备了一种基于 MOF 的压电式 MDG,在环境湿度周期性波动下可以连续输出交流电信号。在每个循环中水分吸附峰值时输出电压达到 20 mV,并在水分脱附结束时达到 −20 mV。将 1 MΩ 的电阻加载到该发电机上,峰值输出达到约 7 mV,电流约为 7 nA。该 MDG 的平均功率输出约为 0.049 nW,对应于 2.45 μW/kg 的功率密度。作为一类新兴的晶体框架材料,共价有机框架(COF)由于具有明确的孔径和有序的结构,在构建水分响应致动器方面有诸多优势。然而自支撑 COF 膜通常太脆弱,以至于无法满足驱动应用的要求。Mao 等[52]提出了一种将共价有机框架与亲水性聚合物结合制备 MDG 的水分响应单元的策略。为了制备刚柔耦合的 COF 膜以满足水分驱动的要求,他们将刚性 COF 与柔性聚乙二醇(PEG)结合,成功地制备了一系列刚柔耦合致动器。随后,将该制动器与 PVDF 耦合制备成一种基于 COF 的压电式 MDG。该 MDG 在水面上方表现出有趣的自振荡运动,并持续输出交流电。当该 MDG 负载 1 GΩ 的电阻时,最大瞬时电压输出超过 0.6 V,最大瞬时功率接近 0.4 nW,对应的功率密度为 1.07 μW/kg。这些研究为基于晶体智能材料制造 MDG 开辟了一条新的道路。

除了上述的这种双层设计,根据水分响应致动器和压电材料不同的耦合方式,MDG 的设计还存在多种形式。Naumov 的小组将水分响应致动器通过丝线与压电材料连接制备了两种拉扯式的 MDG[53, 54]。弯曲信号通过丝线传递到压电单元,从而引起压电 PVDF 的可逆弯曲,进而产生交流电输出。这种设计的好处是压电 PVDF 与潮湿环境处于分离状态,从而避免了水分对压电材料的不利影响。该 MDG 的电能输出与压电材料的弯曲程度有关,这取决于致动器的弯曲程度,然而受到二者相对位置固定的限制,压电材料的形变始终无法最大化,因此发电效率较低。MDG 还可以被设计为悬挂式[55, 56],在这种设计中,水分响应致动器和压电单元在边缘处相连接,并使压电材料保持悬挂状态。当水分响应单元放置在水面上方或湿滤纸上方时,致动器发生快速变形,这将带动致动器上方的 PVDF 压电材料发生摆动和变形,从而产生压电信号。PVDF 压电材料的形变还可以由致动器的连续振荡拍打来实现[57]。在该 MDG 的设计中,水分响应致动器和压电材料 PVDF 处于堆叠排列,二者相互接触但未结合。一旦水分响应致动器的一面接触到水分,致动器将会自发振荡并连续拍打 PVDF 薄膜的电极以输出电信号。电能输出取决于水分响应致动器自振荡运动的频率和振幅,无须人工干预即可实现从水分中获取电能。

尽管以上将水分响应致动器耦合压电材料的 MDG 已经在电气输出方面取得了一定的进展,然而,现有 MDG 的驱动单元和压电单元大多是独立的,这通常会导致大量能量损失或者所产生的电信号滞后于外部水分刺激。将 MDG 设计成一体式可以解决这个问题。Li 等[58]开发了一种机电耦合和湿度驱动二合一的一体式 MDG。该 MEG 由聚乙烯醇(PVA)包覆的高度排列的具有核/壳结构的多巴胺(DA)/PVDF 纳米纤维组成，该复合膜对湿度波动表现出高灵敏度和选择性，可以和周围空气交换水分，从而引起自身体积的膨胀和收缩，并可将这种形变转化为电力。优化后的复合膜在快速的环境湿度变化下可以产生超过 3 V 的电压输出，负载一个 10 MΩ 的电阻后其峰值输出约为 1 V。

#### 9.3.5.2 耦合电磁感应

1831 年，法拉第发现，如果将两个线圈缠绕在同一个铁环上，当一个线圈连接或断开电源时，另一个线圈会产生瞬时电流，这就是电磁感应。电磁感应是将机械能转化为电能的方法之一，这使得大规模产生电能成为可能。根据电磁感应定律，发明了发电机，为人类发展提供了稳定的能源供应。转子作为传统发电机的组成部分之一，承担着从机械能到电能的转换作用。作为机械能的输入端，转子在外力作用下绕中心轴线旋转，这为具有扭转运动的水分响应致动器扩大了发电机会。如图 9.22 所示，水分响应致动器的扭转运动为电磁发电机的转子提供了机械能输入，这将开辟水分响应致动器的新应用领域。

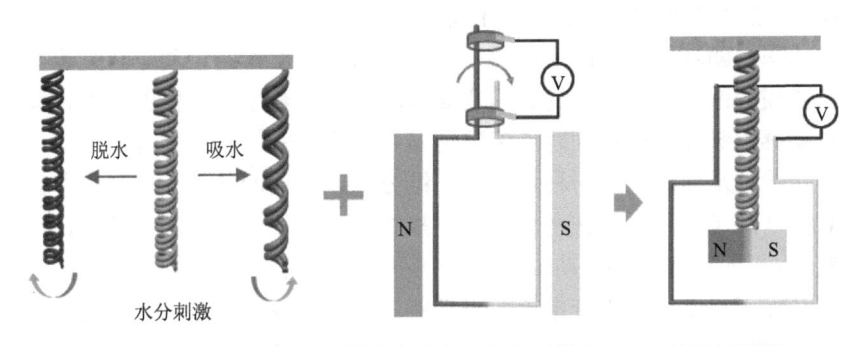

图 9.22　水分响应致动器耦合电磁发电机用以制备 MDG 的设计原理

为了将水分响应致动器输出的机械能输入电磁感应装置中并产生电能，需要水分响应致动器和电磁感应装置协同作用和高效耦合，这就要对水分响应致动器进行合理的设计以匹配电磁感应装置在机械能输入端的要求。这种匹配对于弯曲运动的水分响应致动器来说是一个巨大的挑战，因为这需要将致动器的弯曲运动转化为电磁发电机转子的振荡或旋转运动。为此，Chen 等[59]设计了一种基于弯曲运动的水分响应致动器和电磁感应原理的 MEG，用以实现将水分中的化学势能转化为电能。首先，他们发现芽孢杆菌的孢子对水分刺激的机械响应表现出超过 10 MJ/m³ 的能量密度，并且在水分的波动下表现出体积的膨胀和收缩，其直径变化高达 12%。这说明芽孢杆菌的孢子是一种高能量密度的水分响应材料，并具备推动电磁感应装置发电的潜力。他们首先将芽孢杆菌孢子组装在橡胶板上，制备成一种双层结构的水分响应致动器，该制动器在水分波动下可以产生弯曲运动。为了制备用于发电的 MDG，将所制备的水分响应致动器连接到电磁发电机的转子磁铁上。当干燥和潮湿空气在致动器表面交替流动时，致动器会发生交替弯曲运动，这将导致转子磁铁前后旋转，产生电流/电压输出。对于电阻为 300 kΩ 的负载，该 MDG 的最大输出电压超过 1 V，最大输出功率超过 5 μW，平均功率约为 0.7 μW。值得注意的是，只需要约 3 mg 的孢子就可以产生这种能量输出，根据估算，孢子的相应功率密度约为 233 mW/kg。

尽管上述基于孢子的 MDG 已经显示出了依靠电磁感应原理将致动器产生的机械能进一步转化为电能的潜力，然而创建稳定、持续、高效的电输出装置仍然面临多重挑战。尽管水分中蕴含大量的能量，但水分子转移速率是缓慢的，这限制了吸湿材料的膨胀和收缩速率。由于吸附和脱附中水分的体积相对较小，因此在致动器变形过程中必须产生足够的压力以实现有效的能量转换。简单地放大吸湿材料的尺寸不会增加功率，甚至可能会导致功率降低，因为吸湿和干燥的时间通常正比于水分子扩散距离的平方。然而，仅解决分子动力学的局限性不足以增加功率输出，这是因为在非人为控制下典型环境条件中的湿度变化太慢，无法产生有实际应用价值的功率，而人为控制湿度变化是不可取的。在致动器表面附近空间中建立相对湿度梯度为能量的可持续输出提供了机会。如果孢子致动器产生的一小部分能量可用于控制致动器附近的湿度，或者说可以将孢子致动器移入和移出高湿度区域，则孢子致动器所经历的相对湿度将以周期性的方式快速变化。为此，Chen 等[60]演示了一种通过放大纳米级能量转换机制创建宏观器件的 MDG 制备策略。该 MDG 的驱动单元为孢子。将孢子覆盖在塑料薄膜上，由于孢子的吸湿膨胀特性，这些薄膜的曲率会随环境湿度的变化而变化，从而表现出弯曲运动。将孢子交替涂覆在长条形塑料薄膜的两面，可以将局部的弯曲运动转化为整个致动器的线性伸缩运动。将多个条状致动器组装成一组，同时各条致动器之间留有空气间隙，有助于水分快速在孢子和空气中传输，从而制备了一种可以在一维方向上伸缩的条状阵列致动器。该条状阵列致动器被设计成了一种可以在水分刺激下执行活塞式线性运动的振荡器，将该振荡器放置在空气-水界面时可自动启动，只要空气不饱和即可运行，并以周期性的方式吸附/脱附水分，从而可以持续从水分中提取机械能。将该振荡器连接到电磁发电机所制备的 MDG 上可以连续输出交流电。对于 100 kΩ 的负载，最大输出电压超过 2 V，最大瞬时输出功率可达 60 μW，平均功率达到 1.8 μW，这种水平的功率输出可以直接点亮一个 LED 小灯泡。

除了上述这种可以产生伸缩运动的水分响应致动器，还可以利用致动器的扭转运动制备 MDG，这依赖于纤维式水分响应致动器。Cheng 等[61]通过扭转策略制备了旋转运动的扭转氧化石墨烯纤维(TGF)，TGF 作为可逆旋转电机表现出优异的性能，旋转速度高达 86.5 r/s，这种湿度响应驱动行为为开发基于旋转运动的 MDG 奠定了基础。如图 9.23 所示，将 TGF 的一端固定，在另一端固定一根磁棒，磁棒位于几个铜线圈的中心。当整个装置暴露在湿度变化的环境中时，TGF 的旋转运动带动磁体进行可逆旋转，从而在铜线圈中产生电流/电压。由于在这种 MDG 的初步研究中未进行设备优化，因此该发电机产生的开路电压仅为 1 mV，短路电流可达 40 μA。通过控制湿度的变化、驱动材料选择及线圈的电感和数量，可以进一步提高这种 MDG 的发电能力。Gong 等[62]制备了一种基于聚合物和碳纳米管(CNT)包覆的商业布料 MDG。MDG 的驱动部件水分响应致动器在结构上由一块商业布料制成的支架组成，该布料包含垂直排列的螺旋状棉微纤维阵列和聚酰胺微纤维束，以及支架内部原位生成的纳米多孔聚合物混合物。该致动器提供了包括折叠、扭转、滚动等多种运动形式，在干燥-湿润循环中可以观测到 212 r/m 的旋转速度。在该致动器的一端固定一个磁体并置于四个铜线圈中间，制造成一种基于布料致动器的旋转式 MDG。该 MDG 在水分的周期性刺激下产生了超过 75 mV 的开路电压，这远远超过了上述基于氧化石墨烯（GO）的 MDG 的电压输出（1 mV）。Wang 等[63]创新性地将海藻酸盐纤维致动器与电磁发电机进行结合，制备了一种具有高电流输出的 MDG。为了制备基于海藻酸盐的旋转式纤维致动器（TAFA），他们扭转湿法纺丝制备的凝胶状态海藻酸盐纤维，赋予了海藻酸盐纤维在水分刺激下的优异吸附和脱附性能。当受到水分刺激时，TAFA 良好的溶胀和去溶胀行为导致在扭转过程中储存的能量得到释放，这使得 TAFA 产生 13000 r/min 的转速和超过 400 转的转数。将该扭转纤维的一端连接到磁体上，并垂直悬挂在几个铜线圈中间，当扭转纤维受到水分的刺激时，磁铁发生快速旋转运动，产生交变电信号。该 MDG 输出的交流电压和交流电流分别超过 18 mV 和 200 mA，这一电流值超过上述提及的所有基于电磁式的 MDG。

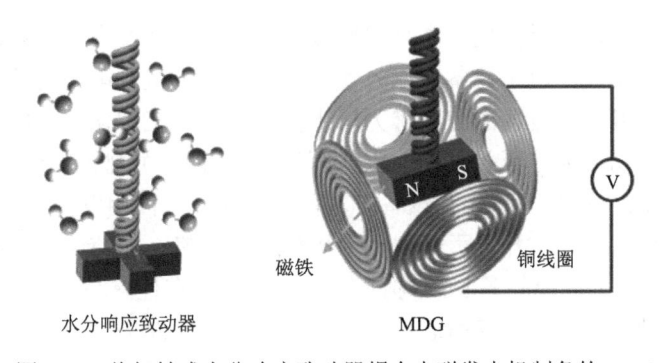

图 9.23　将扭转式水分响应致动器耦合电磁发电机制备的 MDG

表 9.5 展示了部分已报道的 MDG 的电输出性能，对比其他发水伏发电技术，MDG 的功率输出优势并不突出。近些年，MDG 的发展也未引起足够的重视，主要因为其电性能输出很大程度上受制于水分响应致动器、压电材料和电磁发电技术。另外，较长的能量传输链也会导致能量的利用率较低，这严重限制了 MDG 的发展。因此，MDG 的发展还需要依靠各个领域的共同努力。

表 9.5　已报道的部分单个 MDG 的电性能输出对比

| 发电途径 | 开路电压/V | 短路电流/μA | 功率密度 | 文献 |
| --- | --- | --- | --- | --- |
| 压电效应 | 1 | — | 56 μW/kg | [46] |
| 压电效应 | 3 | — | — | [47] |
| 压电效应 | 0.152 | — | — | [48] |
| 压电效应 | 1 | 1.6 | — | [49] |
| 压电效应 | 1 | — | — | [50] |
| 压电效应 | 0.02 | 0.007 | 2.45 μW/kg | [51] |
| 压电效应 | 0.61 | — | 1.07 μW/kg | [52] |

续表

| 发电途径 | 开路电压/V | 短路电流/μA | 功率密度 | 文献 |
|---|---|---|---|---|
| 电磁感应 | 1.25 | — | 233 mW/kg | [59] |
| 电磁感应 | 2.3 | — | — | [60] |
| 电磁感应 | 0.001 | 40 | — | [61] |
| 电磁感应 | 75 | — | — | [62] |
| 电磁感应 | 0.018 | 200 | — | [63] |

## 9.4 水伏发电技术的应用和面临的挑战

### 9.4.1 水伏发电技术的应用

#### 9.4.1.1 供电应用

由于具有低成本、高灵活性、高功率密度等优势，水伏发电设备可以轻松实现工程化放大，并且容易集成进电子设备，以方便使用。各种水伏发电设备的开发和大规模集成催生了其作为能源供应设备的应用潜力。水伏发电机可工程化放大的特点对于利用环境空气实现高性能功率输出至关重要。Xu 等[36]制备了四个并排的 DEG，当从 15 cm 的高度释放的四个 100 μL 的液滴接触设备时，可以为 400 个商用发光二极管（LED）供电，使其瞬间点亮。Wang 等[20]开发了一种顺序排列堆叠策略，并使用激光对电极和产电材料进行自动加工，以大规模制备 MEG 阵列。该方法可以在任意基板上制造 MEG 柔性集成器件，集成器件的电压输出随串联单元的数量增加而线性增加。尺寸与 A4 纸相同的集成设备可提供高达 209 V 的输出电压。而通过串联 1600 个 MEG 单元可以很容易地在环境条件（25% RH，25℃）下产生超过 1000 V 的输出电压。这种集成的 MEG 设备还可以直接对锂离子电池进行充电，其能量足以点亮一个功率为 10 W 的小灯泡。这种工程化放大策略为水伏发电技术的进一步规模化、系统化、模块化应用指明了前进的方向。

通过集成 MEG 单元，MEG 阵列可以实现电压/电流的可控调节，以适应各种电子设备的功率要求。例如，Wang 等[28]报道了一种基于多孔可电离部件的水分吸附-脱附发电机，该 MEG 可以在高 RH 下自发地吸附水分、在低 RH 下脱附水分，形成循环电输出，并提供接近 120 mW/m 的最大输出功率密度。这样的 MEG 阵列可以产生足够的功率直接点亮 LED 灯。Xue 等[9]将四个 EEG 串联，蒸发诱导电位可达到 4.8 V，这足以为液晶显示器（LCD）供电，并且当四个 EEG 并联时，蒸发诱导电流可以达到约 380 nA。值得注意的是，对于一些直流输出的 MEG，可以有一些特殊的应用，比如电镀过程通常要求使用直流电。Yang 等[25]将所制备的离子水凝胶 MEG 组装成发电阵列，该设备可以用于毫米级电镀金属镍镀层，在 5 min 的电镀过程中，两个电极之间的工作电流和电压约为 130 μA 和 1.2 V，显示出了小型封装 MEG 的高功率输出性能。MEG 产生的功率输出还可以运行一些逻辑电路和晶体管。例如，Wang 等[20]将 MEG 用于控制自供电场效应晶体管中 $MoS_2$ 通道的开关特性，其中 MEG 在环境条件下提供栅极电压源。Liu 等[26]证实，单个基于导电蛋白质纳米线的 MEG 可以为半导体纳米线晶体管提供逻辑运算，展示了典型的 p 型传输行为。尽管，目前水伏发电技术在电压和电流的高水平与持续稳定输出方面还存在较大困难，但随着水伏发电技术的发展，功率输出越来越高的水伏发电设备必将陆续被开发出来，未来水伏发电完全有可能实现更持久的输出和更高功率水平的应用。

#### 9.4.1.2 传感应用

随着世界进入信息时代，准确和可靠的信息获取依赖于各种类型的传感器的使用，响应外部刺激的可穿戴式传感器可以将人体的各种信号进行可视化，极大地保障了人类的健康生活。Yang 等[64]开发了一种基于氧化石墨烯 MEG 的多模式传感器，该传感器由单个 MEG 自供电，可同时监测温度、湿度、压力、光强等多种环境刺激。随后进一步构建了一种基于该传感设备的人机交互腕带，以多维方式监测脉搏、体温和汗液、手势和手语命令等信号。值得注意的是，通过使用自供电传感器同时对人体的体温、汗液、脉搏信号进行监测，可以提示人们所存在的心脏病隐患或其他风险，这将为实时多刺激响应和复杂的信息识别系统提供一种很有前景的技术手段。Li 等[65]将基于 $Ti_3C_2T_x$ MXene 的 MEG 植入医用口罩中，用以实时监测人体呼吸过程中的水分变化，并且可以通过电压的变化清楚地分辨人类的正常呼吸和深呼吸模式。水伏发电技术还可以应用于智能医疗监护中。Chen 等[40]开发了一种 DEG 和 BEG 二合一的水伏发电机，利用液滴/气泡通过毛细管产生的电信号计算两个信号之间的间隔时间，并累积一定间隔时间内的信号数，获得气体和液体流量。该水伏发电机可以对患者输液过程中注射器产生的气流/液滴进行实时监测，结果表明水伏发电技术在构建自供电的流量分析系统方面具有巨大潜力。

MEG 还可以用于制备具有传感功能的电子皮肤，作为智能机器设备或机器人的感知模块。Cheng 等[66]将基于氧化石墨烯的 MEG 作为具有湿度传感功能的人工皮肤黏附在机器人的手臂上，使该机器人可以感知环境湿度的变化及生物体的靠近。此外，MEG 还可以应用于农业生产中[67]，将基于非对称离子气凝胶的 MEG 安装在植物附近，可以实时监测和量化植物的蒸腾过程。直接提取汗液中潜在的能量对于低功耗可穿戴电子设备具有重要价值。Li 等[58]报道了一种机电耦合和湿度驱动的二合一 MDG，它可以利用皮肤挥发汗液的过程来产生连续的电能。该 MDG 显示出高灵敏度和准确性，可以通过监测皮肤表面的湿度来检测由情绪波动引起的精神出汗。这种 MDG 可以识别来自针刺刺激、突然惊吓声、深呼吸、心算等引起的精神出汗。当志愿者重复参与这种复杂的心理活动时，会产生类似的电压分布且具有良好的可重复性，在监测人的心理活动中具有潜在的应用前景(如测谎设备)。这种湿-电设备为自供电传感器的开发提供了一个崭新的平台，在健康监测、人工电子皮肤、物联网领域显示出巨大的应用潜力。

### 9.4.2 水伏发电技术所面临的挑战

过去的几年，水伏发电技术得到了快速的发展，各种水伏发电材料包括氧化石墨烯、MXene、黏土、天然纤维、蛋白质、MOF、COF、金属氧化物、碳纳米颗粒、各种聚合物材料等，涵盖了从零维、一维、二维到块状固体，研究人员已经就其在水伏发电系统中的有效性进行了研究。迄今为止，基于水伏发电技术已经取得了巨大的进展，但作为一个新兴的研究领域，仍然面临各种挑战，需要做更多的工作来全面了解相关现象，以及不断地探索和完善并充分实现其潜在的应用，具体可以参考以下几点：

(1) 进一步优化水伏发电体系的电能输出。水伏发电系统的输出电压范围从几十毫伏到几百伏，已经接近应用水平，然而电流密度远低于实际应用中的毫安水平，并且很难通过扩大设备尺寸或并联来解决。虽然可以与储能设备进行联合使用，但复杂的电路极大地限制了该技术的直接应用。在这方面，仍然需要持续优化水伏发电体系的电性能，特别是电流输出性能。因此，水伏发电技术真正成为颠覆性技术仍然需要大量的实验探索，以及理论研究和技术攻关。

(2) 加深对水伏发电过程机理的理解。在过去几年中，已经建立了水伏发电技术的一些主要模型和机制。然而，提出的大多数机制仍然是基于现象的。目前仍然缺乏原位表征技术来揭示原子水平上水-固体相互作用的潜在电荷生成和转移过程，水伏效应更加精确和深入的产电机制仍然需要被进一步发掘。尽管在各种用于水伏发电的功能材料上都实现了电输出机制的自圆其说，但这些功能材料之间还存在某种程度上的理论隔阂，使得这些发电机制无法互补。在未来的研究中，对力学和物理等学科的交叉，或许能够帮助我们进一步掌握水-固界面电荷的产生、传递和输运规律，开拓对水伏发电技术的物理机制的认知，更好地理解水伏发电技术并开发出高性能和具有实用价值的水伏发电机。

(3) 扩大水伏发电系统的环境适应性。开发具有优异吸湿性能的水伏发电材料可以扩大水伏发电设备在低湿度地区的应用范围。对于 MDG，目前的局限性仍然在其对水分的高标准要求上，大多数的报道都是在非对称水分的刺激下工作，需要额外的能量以产生水分梯度或非对称水分刺激，这极大地限制了 MDG 在自然环境中的自发产电能力。目前大多数已经报道的 MEG 都在相对湿度较高的环境中工作，而 DEG 需要水滴存在的环境，EEG 则需要液态水的存在。在干燥缺水的环境中，如沙漠和干旱地区，MEG 的电性能输出将大打折扣，而 DEG 和 EEG 则无法使用，这大大限制了其使用范围。对于 BEG 而言，PTFE 等介电材料具有电荷衰减的问题，并且在高浓度盐溶液中使用时会加速这一衰减过程，因此，这些 BEG 很难在海水中长时间稳定工作。从实际应用的角度来看，已报道的大多数水伏发电设备都是实验室演示的原型，在不稳定和恶劣环境中运行的实用型水伏发电设备仍然很少。此外，水伏发电材料的温度依赖性通常被忽略，已报道的适用温度通常为室温，而在很多情况下低温($<10°C$)和高温($>40°C$)也是常态，开发温度适应性的水伏发电材料是扩大其全球范围应用的必要条件。

(4) 扩大水伏发电设备的工程化应用。到目前为止，大多数水伏发电设备只能够为小型电子设备如电子表或计算器的液晶屏、LED 小灯泡等低功耗设备供电，或结合储能设备实现电能的小功率存储。受限于目前自身较小的功率输出，其对于功率较大的电子设备还无法直接进行供电。因此，目前的水伏发电技术在低功耗的领域比如可穿戴设备、物联网、传感等方面大有可为。比如，水 MEG 可以用作自发电可穿戴设备，直接从人体皮肤或呼吸气体中获取水分，并实时反馈人体的生理特征。又如，考虑到诸如新冠肺炎、流感等经呼吸道传播的病毒无法根除，口罩的使用范围逐渐扩大，将 MEG 集成到口罩中为物联网电子设备供电，可以有效地实时监测呼吸状况。随着水伏发电技术的发展,低成本大规模生产水伏发电材料已成为可能,通过工程化放大策略为水伏发电技术提供实际应用功率水平的技术支持,在更大功率层次上(如电网系统中)使用水伏发电设备供电是有希望实现的。水伏发电技术的诸多优势将为医疗保健、信息、环境、安全和人工智能等领域的新应用的发展带来巨大的希望。

总之,在化学、物理、材料和能源等多学科领域的共同努力下,水伏发电技术比以往任何时候都处于更高的地位。水伏发电技术是众多利用可持续能源获取电能的最佳方式之一,也是解决日益增长的能源需求的未来重要的研究方向之一。对于微电子器件和传感器网络,水伏发电设备有望在不久的将来用清洁能源取代传统电池,从而发挥出独特作用。水伏发电设备最显著的优点是不需要昂贵或有毒的材料,也不需要经过可能对环境有害的制造步骤。这些材料的合成也具有更大的灵活性,与大型发电设备相比,基于水伏发电装置的器件配置并不复杂,且根据应用前景可以非常容易地对其结构进行改进。另外,这些纳米发电机的功率管理系统也非常方便。对于水伏发电技术的探索是一个富有挑战性的研究课题,不仅会推动水-固界面相互作用的研究,也能为构建清洁低碳、安全高效的能源体系提供一个绿色环保的解决方案。因此,进一步开发水伏发电技术,并深入研究其能量转换过程和机制具有重要的意义。除一些干旱缺水地区外,水仍然是世界上最可持续的能源之一,水伏发电技术值得在未来的研究中被重点关注。

## 参 考 文 献

[1] Wang X, Lin F, Wang X, et al. Hydrovoltaic technology: From mechanism to applications[J]. Chemical Society Reviews, 2022, 51(12): 4902-4927.

[2] Zhou X, Lu H, Zhao F, et al. Atmospheric water harvesting: A review of material and structural designs[J]. ACS Materials Letters, 2020, 2(7): 671-684.

[3] Myers D. Adsorption//Surfaces, Interfaces, and Colloids: Principles and Applications[M]. Weinheim: Wiley-VCH, 2002: 179-213.

[4] Wang K, Li J. Electricity generation from the interaction of liquid-solid interface: A review[J]. Journal of Materials Chemistry A, 2021, 9(14): 8870-8895.

[5] Glenn G R. X-Ray studies of lime-bentonite reaction products[J]. Journal of the American Ceramic Society, 1967, 50(6): 312-316.

[6] Lin S, Xu L, Wang A C, et al. Quantifying electron-transfer in liquid-solid contact electrification and the formation of electric double-layer[J]. Nature Communications, 2020, 11(1): 399.

[7] Helmholtz H. Studien über electrische grenzschichten[J]. Annalen der Physik, 1879, 243(7): 337-382.

[8] Zhao X, Shen D, Duley W W, et al. Water-enabled electricity generation: A perspective[J]. Advanced Energy and Sustainability Research, 2022, 3(4): 2100196.

[9] Xue G, Xu Y, Ding T, et al. Water-evaporation-induced electricity with nanostructured carbon materials[J]. Nature Nanotechnology, 2017, 12(4): 317-321.

[10] Ding T, Liu K, Li J, et al. All-printed porous carbon film for electricity generation from evaporation-driven water flow[J]. Advanced Functional Materials, 2017, 27(22): 1700551.

[11] Ji B, Chen N, Shao C, et al. Intelligent multiple-liquid evaporation power generation platform using distinctive Jaboticaba-like carbon nanosphere@TiO$_2$ nanowires[J]. Journal of Materials Chemistry A,

2019, 7(12): 6766-6772.

[12] Shao C, Ji B, Xu T, et al. Large-scale production of flexible, high-voltage hydroelectric films based on solid oxides[J]. ACS Applied Materials & Interfaces, 2019, 11(34): 30927-30935.

[13] Zhou X, Zhang W, Zhang C, et al. Harvesting electricity from water evaporation through microchannels of natural wood[J]. ACS Applied Materials & Interfaces, 2020, 12(9): 11232-11239.

[14] Yin J, Li X, Yu J, et al. Generating electricity by moving a droplet of ionic liquid along graphene[J]. Nature Nanotechnology, 2014, 9(5): 378-383.

[15] Yin J, Zhang Z, Li X, et al. Waving potential in graphene[J]. Nature Communications, 2014, 5(1): 3582.

[16] Bae J, Kim M S, Oh T, et al. Towards Watt-scale hydroelectric energy harvesting by $Ti_3C_2T_x$-based transpiration-driven electrokinetic power generators[J]. Energy & Environmental Science, 2022, 15(1): 123-135.

[17] Zhao F, Liang Y, Cheng H, et al. Highly efficient moisture-enabled electricity generation from graphene oxide frameworks[J]. Energy & Environmental Science, 2016, 9(3): 912-916.

[18] Cheng H, Huang Y, Zhao F, et al. Spontaneous power source in ambient air of a well-directionally reduced graphene oxide bulk[J]. Energy & Environmental Science, 2018, 11(10): 2839-2845.

[19] Liu K, Yang P, Li S, et al. Induced potential in porous carbon films through water vapor absorption[J]. Angewandte Chemie International Edition, 2016, 55(28): 8003-8007.

[20] Wang H, Sun Y, He T, et al. Bilayer of polyelectrolyte films for spontaneous power generation in air up to an integrated 1,000 V output[J]. Nature Nanotechnology, 2021, 16(7): 811-819.

[21] Tan J, Fang S, Zhang Z, et al. Self-sustained electricity generator driven by the compatible integration of ambient moisture adsorption and evaporation[J]. Nature Communications, 2022, 13(1): 3643.

[22] Yang L, Zhang L, Sun D. Harvesting electricity from atmospheric moisture by engineering an organic acid gradient in paper[J]. ACS Applied Materials & Interfaces, 2022, 14(48): 53615-53626.

[23] Li M, Zong L, Yang W, et al. Biological nanofibrous generator for electricity harvest from moist air flow[J]. Advanced Functional Materials, 2019, 29(32): 1901798.

[24] Lyu Q, Peng B, Xie Z, et al. Moist-induced electricity generation by electrospun cellulose acetate membranes with optimized porous structures[J]. ACS Applied Materials & Interfaces, 2020, 12(51): 57373-57381.

[25] Yang S, Tao X, Chen W, et al. Ionic hydrogel for efficient and scalable moisture-electric generation[J]. Advanced Materials, 2022, 34(21): 2200693.

[26] Liu X, Gao H, Ward J E, et al. Power generation from ambient humidity using protein nanowires[J]. Nature, 2020, 578(7796): 550-554.

[27] Shen D, Xiao M, Zou G, et al. Self-powered wearable electronics based on moisture enabled electricity generation[J]. Advanced Materials, 2018, 30(18): 1705925.

[28] Wang H, He T, Hao X, et al. Moisture adsorption-desorption full cycle power generation[J]. Nature Communications, 2022, 13(1): 2524.

[29] Yang S, Su Y, Xu Y, et al. Mechanism of electric power generation from ionic droplet motion on polymer supported graphene[J]. Journal of the American Chemical Society, 2018, 140(42): 13746-13752.

[30] Zhong H, Xia J, Wang F, et al. Graphene-piezoelectric material heterostructure for harvesting energy from water flow[J]. Advanced Functional Materials, 2017, 27(5): 1604226.

[31] Zhai Z, Shen H, Chen J, et al. Direct growth of nitrogen-doped graphene films on glass by plasma-assisted hot filament CVD for enhanced electricity generation[J]. Journal of Materials Chemistry A, 2019, 7(19): 12038-12049.

[32] Aji A S, Nishi R, Ago H, et al. High output voltage generation of over 5 V from liquid motion on single-layer MoS$_2$[J]. Nano Energy, 2020, 68: 104370.

[33] Lin Z-H, Cheng G, Lee S, et al. Harvesting water drop energy by a sequential contact-electrification and electrostatic-induction process[J]. Advanced Materials, 2014, 26(27): 4690-4696.

[34] Parvez A N, Rahaman M H, Kim H C, et al. Optimization of triboelectric energy harvesting from falling water droplet onto wrinkled polydimethylsiloxane-reduced graphene oxide nanocomposite surface[J]. Composites Part B: Engineering, 2019, 174: 106923.

[35] Chung J, Cho H, Yong H, et al. Versatile surface for solid–solid/liquid–solid triboelectric nanogenerator based on fluorocarbon liquid infused surfaces[J]. Science and Technology of Advanced Materials, 2020, 21(1): 139-146.

[36] Xu W, Zheng H, Liu Y, et al. A droplet-based electricity generator with high instantaneous power density[J]. Nature, 2020, 578(7795): 392-396.

[37] Wu H, Mendel N, Van Der Ham S, et al. Charge trapping-based electricity generator (CTEG): An ultrarobust and high efficiency nanogenerator for energy harvesting from water droplets[J]. Advanced Materials, 2020, 32(33): 2001699.

[38] Zhang S, Chi M, Mo J, et al. Bioinspired asymmetric amphiphilic surface for triboelectric enhanced efficient water harvesting[J]. Nature Communications, 2022, 13(1): 4168.

[39] Zhang N, Gu H, Lu K, et al. A universal single electrode droplet-based electricity generator (SE-DEG) for water kinetic energy harvesting[J]. Nano Energy, 2021, 82: 105735.

[40] Chen J, Guo H, Zheng J, et al. Self-powered triboelectric micro liquid/gas flow sensor for microfluidics[J]. ACS Nano, 2016, 10(8): 8104-8112.

[41] Wijewardhana K R, Shen T-Z, Song J-K. Energy harvesting using air bubbles on hydrophobic surfaces containing embedded charges[J]. Applied Energy, 2017, 206: 432-438.

[42] Wijewardhana K R, Ekanayaka T K, Jayaweera E N, et al. Integration of multiple bubble motion active transducers for improving energy-harvesting efficiency[J]. Energy, 2018, 160: 648-653.

[43] Li C, Zhang H, Wang Y, et al. Liquid-solid triboelectric nanogenerator for bubble energy harvesting[J]. Advanced Materials Technologies, 2023, 8(11): 2201791.

[44] Li C, Liu X, Yang D, et al. Triboelectric nanogenerator based on a moving bubble in liquid for mechanical energy harvesting and water level monitoring[J]. Nano Energy, 2022, 95: 106998.

[45] Yan X, Xu W, Deng Y, et al. Bubble energy generator[J]. Science Advances, 2022, 8(25): eabo7698.

[46] Ma M, Guo L, Anderson D G, et al. Bio-inspired polymer composite actuator and generator driven by water gradients[J]. Science, 2013, 339(6116): 186-189.

[47] Gong F, Li H, Huang J, et al. Low-grade energy harvesting from dispersed exhaust steam for power generation using a soft biomimetic actuator[J]. Nano Energy, 2022, 91: 106677.

[48] Wang G, Xia H, Sun X-C, et al. Actuator and generator based on moisture-responsive PEDOT: PSS/PVDF composite film[J]. Sensors and Actuators B: Chemical, 2018, 255: 1415-1421.

[49] Yang L, Zhang L, Cui J, et al. Tailoring MXene-based films as moisture-responsive actuators for

continuous energy conversion[J]. Journal of Materials Chemistry A, 2022, 10(29): 15785-15793.

[50] Yang T, Yuan H, Wang S, et al. Tough biomimetic films for harnessing natural evaporation for various self-powered devices[J]. Journal of Materials Chemistry A, 2020, 8(37): 19269-19277.

[51] Yang M, Wang S-Q, Liu Z, et al. Fabrication of moisture-responsive crystalline smart materials for water harvesting and electricity transduction[J]. Journal of the American Chemical Society, 2021, 143(20): 7732-7739.

[52] Mao T, Liu Z, Guo X, et al. Engineering covalent organic frameworks with polyethylene glycol as self-sustained humidity-responsive actuators[J]. Angewandte Chemie International Edition: e202216318.

[53] Zhang L, Naumov P. Light- and humidity-induced motion of an acidochromic film[J]. Angewandte Chemie International Edition, 2015, 54(30): 8642-8647.

[54] Zhang L, Chizhik S, Wen Y, et al. Directed motility of hygroresponsive biomimetic actuators[J]. Advanced Functional Materials, 2016, 26(7): 1040-1053.

[55] Wang S, Yan S, Zhang L, et al. Bioinspired poly(vinyl alcohol) film actuator powered by water evaporation under ambient conditions[J]. Macromolecular Materials and Engineering, 2020, 305(6): 2000145.

[56] Liu Y, Sun X-C, Lv C, et al. Green nanoarchitectonics with PEDOT:PSS–gelatin composite for moisture-responsive actuator and generator[J]. Smart Materials and Structures, 2021, 30(12): 125014.

[57] Wang Q, Wu Z, Li J, et al. Spontaneous and continuous actuators driven by fluctuations in ambient humidity for energy-harvesting applications[J]. ACS Applied Materials & Interfaces, 2022, 14(34): 38972-38980.

[58] Li T, Jin F, Qu M, et al. Power generation from moisture fluctuations using polyvinyl alcohol-wrapped dopamine/polyvinylidene difluoride nanofibers[J]. Small, 2021, 17(36): 2102550.

[59] Chen X, Mahadevan L, Driks A, et al. Bacillus spores as building blocks for stimuli-responsive materials and nanogenerators[J]. Nature Nanotechnology, 2014, 9(2): 137-141.

[60] Chen X, Goodnight D, Gao Z, et al. Scaling up nanoscale water-driven energy conversion into evaporation-driven engines and generators[J]. Nature Communications, 2015, 6(1): 7346.

[61] Cheng H, Hu Y, Zhao F, et al. Moisture-activated torsional graphene-fiber motor [J]. Advanced Materials, 2014, 26(18): 2909-2913.

[62] Gong J, Lin H, Dunlop J W C, et al. Hierarchically arranged helical fiber actuators derived from commercial cloth[J]. Advanced Materials, 2017, 29(16): 1605103.

[63] Wang W, Xiang C, Liu Q, et al. Natural alginate fiber-based actuator driven by water or moisture for energy harvesting and smart controller applications[J]. Journal of Materials Chemistry A, 2018, 6(45): 22599-22608.

[64] Yang C, Wang H, Yang J, et al. A machine-learning-enhanced simultaneous and multimodal sensor based on moist-electric powered graphene oxide[J]. Advanced Materials, 2022, 34(41): 2205249.

[65] Li P, Su N, Wang Z, et al. A $Ti_3C_2T_x$ MXene-based energy-harvesting soft actuator with self-powered humidity sensing and real-time motion tracking capability [J]. ACS Nano, 2021, 15(10): 16811-16818.

[66] Cheng H, Huang Y, Qu L, et al. Flexible in-plane graphene oxide moisture-electric converter for touchless interactive panel[J]. Nano Energy, 2018, 45: 37-43.

[67] Yang W, Li X, Han X, et al. Asymmetric ionic aerogel of biologic nanofibrils for harvesting electricity from moisture[J]. Nano Energy, 2020, 71: 104610.

# 第 10 章 能源发展政策规划与导向

## 10.1 概　　述

能源是经济社会发展的基础和动力，事关国计民生和国家战略竞争力。随着新一轮科技革命和产业变革的深入发展，全球气候治理呈现出新局面，新能源和信息技术紧密融合，人们生产和生活方式加快转向低碳化、智能化，而社会能源体系和发展模式正在进入非化石能源主导的崭新阶段。加快构建现代能源体系是保障国家能源安全，力争实现碳达峰、碳中和的内在要求，也是推动实现经济社会高质量发展的重要支撑。

2022 年 6 月，国家发改委印发的《"十四五"可再生能源发展规划》中明确提出，2035 年我国将基本实现社会主义现代化。届时非化石能源消费占比达到 25%左右，风电、太阳能发电总装机容量将达到 12 亿 kW 以上。可再生能源加速替代化石能源，新型电力系统取得实质性成效，可再生能源产业竞争力进一步巩固提升，基本建成清洁低碳、安全高效的能源体系。

本章内容根据《中华人民共和国国民经济和社会发展第十四个五年规划和 2035 年远景目标纲要》和《江苏省国民经济和社会发展第十四个五年规划和 2035 年远景目标纲要》编写，主要阐明我国能源发展方针、主要目标和任务举措，重点阐明"十四五"期间江苏省能源发展形势、基本原则、主要任务等。助力加快推动全国和江苏省现代能源体系构建、推动绿色先进能源高质量发展。

## 10.2 我国能源发展指导方针

### 10.2.1 能源发展基本原则

保障安全，绿色低碳。统筹发展和安全，坚持先立后破、通盘谋划，以保障安全为前提构建现代能源体系，不断增强风险应对能力，确保国家能源安全。践行绿水青山就是金山银山的理念，坚持走生态优先、绿色低碳的发展道路，加快调整能源结构，协同推进能源供给保障与低碳转型。

创新驱动，智能高效。坚持把创新作为引领发展的第一动力，着力增强能源科技创新能力，加快能源产业数字化和智能化升级，推动质量变革、效率变革、动力变革，推进产业链现代化。

深化改革，扩大开放。充分发挥市场在资源配置中的决定性作用，更好地发挥政府作用，破除制约能源高质量发展的体制和机制障碍，坚持实施更大范围、更宽领域、更深层次的对外开放，开拓能源国际合作新局面。

民生优先，共享发展。坚持以人民为中心的发展思想，持续提升能源普遍服务水平，强化民生领域能源需求保障,推动能源发展成果更多、更好惠及广大人民群众,为实现人民对美好生活的向往提供坚强的能源保障。

### 10.2.2 能源发展目标

我国在"十四五"期间对现代能源体系建设的主要目标包括如下几个方面。

能源保障更加安全有力。到 2025 年,国内能源年综合生产能力达到 46 亿 t 标煤以上,原油年产量回升并稳定在 2 亿 t 水平,天然气年产量达到 2300 亿 $m^3$ 以上,发电装机总容量达到约 30 亿 kW,能源储备体系更加完善,能源自主供给能力进一步增强。重点城市、核心区域、重要用户电力应急安全保障能力明显提升。

能源低碳转型成效显著。单位 GDP 二氧化碳排放五年累计下降 18%。到 2025 年,非化石能源消费比重将提高到 20%左右,非化石能源发电量比重将达到 39%左右,电气化水平持续提升,电能占终端用能比重达到 30%左右。

能源系统效率大幅提高。节能降耗成效显著,单位 GDP 能耗五年累计下降 13.5%。能源资源配置更加合理,就近高效开发利用规模进一步扩大,输配效率明显提升。电力协调运行能力不断加强,到 2025 年,灵活调节电源占比达到 24%左右,电力需求侧响应能力达到最大用电负荷的 3%~5%。

创新发展能力显著增强。新能源技术水平持续提升,新型电力系统建设取得阶段性进展,安全高效储能、氢能技术创新能力显著提高,减污降碳技术加快推广应用。能源产业数字化初具成效,智慧能源系统建设取得重要进展。"十四五"期间能源研发经费投入年均增长 7%以上,新增关键技术突破领域达到 50 个左右。

普遍服务水平持续提升。人民生产、生活用能便利度和保障能力进一步增强,电、气、冷、热等多样化清洁能源可获得率显著提升,人均年生活用电量达到 1000 kW·h 左右,天然气管网覆盖范围进一步扩大。城乡供能基础设施均衡发展,乡村清洁能源供应能力不断增强,城乡供电质量差距明显缩小。

展望 2035 年,能源高质量发展将取得决定性的进展,基本建成现代能源体系。能源安全保障能力大幅提升,绿色生产和消费模式将广泛形成,非化石能源消费比重在 2030 年达到 25%的基础上进一步大幅提高,可再生能源发电将成为主体电源,新型电力系统建设取得实质性成效。

## 10.3 加快推动能源绿色低碳转型

坚持生态优先、绿色发展,壮大清洁能源产业,实施可再生能源替代行动,推动构建新型电力系统,促进新能源占比逐渐提高,推动煤炭和新能源优化组合。坚持全国一盘棋,科学有序推进实现碳达峰、碳中和目标,不断提升绿色发展能力。

### 10.3.1 大力发展非化石能源

加快发展风电、太阳能发电。全面推进风电和太阳能发电大规模开发和高质量发展,优先就地就近开发利用,加快负荷中心及周边地区分散式风电和分布式光伏建设,推广应用低风速风电技术。在风能和太阳能资源禀赋较好、建设条件优越、具备持续整装开发条件、符合区域生态环境保护等要求的地区，有序推进风电和光伏发电集中式开发，加快推进以沙漠、戈壁、荒漠地区为重点的大型风电光伏基地项目建设，积极推进黄河上游、新疆、冀北等多能互补清洁能源基地建设。积极推动工业园区、经济开发区等屋顶光伏开发利用，推广光伏发电与建筑一体化应用。开展风电、光伏发电制氢示范。鼓励建设海上风电基地，推进海上风电向深水远岸区域布局。积极发展太阳能热发电。

因地制宜开发水电。坚持生态优先、统筹考虑、适度开发、确保底线，积极推进水电基地建设，推动金沙江上游、雅砻江中游、黄河上游等河段水电项目开工建设。实施雅鲁藏布江下游水电开发等重大工程。实施小水电清理整改，推进绿色改造和现代化提升。推动西南地区水电与风电、太阳能发电协同互补。到2025年，常规水电装机容量将达到3.8亿kW左右。

积极安全有序发展核电。在确保安全的前提下，积极有序推动沿海核电项目建设，保持平稳建设节奏，合理布局新增沿海核电项目。开展核能综合利用示范，积极推动高温气冷堆、快堆、模块化小型堆、海上浮动堆等先进堆型示范工程，推动核能在清洁供暖、工业供热、海水淡化等领域的综合利用。切实做好核电厂址资源保护。到2025年，核电运行装机容量将达到7000万kW左右。

因地制宜发展其他可再生能源。推进生物质能多元化利用，稳步发展城镇生活垃圾焚烧发电，有序发展农林生物质发电和沼气发电，因地制宜发展生物质能清洁供暖，在粮食主产区和畜禽养殖集中区统筹规划建设生物天然气工程，促进先进生物液体燃料产业化发展。积极推进地热能供热制冷，在具备高温地热资源条件的地区有序开展地热能发电示范。因地制宜开发利用海洋能，推动海洋能发电在近海岛屿供电、深远海开发、海上能源补给等领域的应用。

### 10.3.2 推动构建新型电力系统

推动电力系统向适应大规模高比例新能源方向演进。统筹高比例新能源发展和电力安全稳定运行，加快电力系统数字化升级和新型电力系统建设迭代发展，全面推动新型电力技术应用和运行模式创新，深化电力体制改革。以电网为基础平台，增强电力系统资源优化配置的能力，提升电网智能化水平，推动电网主动适应大规模集中式新能源和量大面广的分布式能源发展。加大力度规划建设以大型风光电基地为基础、以其周边清洁高效先进节能的煤电为支撑、以稳定安全可靠的特高压输变电线路为载体的新能源供给消纳体系。建设智能高效的调度运行体系，探索电力、热力、天然气等多种能源联合调度机制，促进协调运行。以用户为中心，加强供需双向互动，积极推动源网荷储一体化发展。

创新电网结构形态和运行模式。加快配电网改造升级，推动智能配电网、主动配电网建设，提高配电网接纳新能源和多元化负荷的承载力和灵活性，促进新能源优先就地、就近开发利用。积极发展以消纳新能源为主的智能微电网，实现与大电网兼容互补。完善区域电网主网架结构，推动电网之间柔性可控互联，构建规模合理、分层分区、安全可靠的电力系统，提升电网适应新能源的动态稳定水平。科学推进新能源电力跨省、跨区输送，稳步推广柔性直流输电，优化输电曲线和价格机制，加强送受端电网协同调峰运行，提高全网消纳新能源的能力。

增强电源协调优化运行能力。提高风电和光伏发电功率预测水平，完善并网标准体系，建设系统友好型新能源场站。全面实施煤电机组灵活性改造，优先提升30万千瓦级煤电机组深度调峰能力，推进企业燃煤自备电厂参与系统调峰。因地制宜建设天然气调峰电站和发展储热型太阳能热发电，推动气电、太阳能热发电与风电、光伏发电融合发展、联合运行。加快推进抽水蓄能电站建设，实施全国新一轮抽水蓄能中长期发展规划，推动已纳入规划、条件成熟的大型抽水蓄能电站开工建设。优化电源侧多能互补调度运行方式，充分挖掘电源调峰潜力。力争到2025年，煤电机组灵活性改造规模累计超过2亿kW，抽水蓄能装机容量达到6200万kW以上、在建装机容量达到6000万kW左右。

加快新型储能技术规模化应用。大力推进电源侧储能发展，合理配置储能规模，改善新能源场站出力特性，支持分布式新能源合理配置储能系统。优化布局电网侧储能，发挥储能消纳新能源、削峰填谷、增强电网稳定性和应急供电等多重作用。积极支持用户侧储能多元化发展，提高用户供电可靠性，鼓励电动汽车、不间断电源等用户侧储能参与系统调峰调频。拓宽储能应用场景，推动电化学储能、梯级电站储能、压缩空气储能、飞轮储能等技术多元化应用，探索储能聚合利用、共享利用等新模式新业态。

大力提升电力负荷弹性。加强电力需求侧响应能力建设，整合分散需求响应资源，引导用户优化储用电模式，高比例释放居民、一般工商业用电负荷的弹性。引导大工业负荷参与辅助服务市场，鼓励电解铝、铁合金、多晶硅等电价敏感型高载能负荷改善生产工艺和流程，发挥可中断负荷、可控负荷等功能。开展工业可调节负荷、楼宇空调负荷、大数据中心负荷、用户侧储能、新能源汽车与电网（V2G）能量互动等各类资源聚合的虚拟电厂示范。力争到2025年，电力需求侧响应能力达到最大负荷的3%~5%，其中华东、华中、南方等地区达到最大负荷的5%左右。

### 10.3.3 减少能源产业碳足迹

推进化石能源开发生产环节碳减排。推动化石能源绿色低碳开采，强化煤炭绿色开采和洗选加工，加大油气田甲烷采收利用力度，加快二氧化碳驱油技术推广应用。到2025年，煤矿瓦斯利用量达到60亿$m^3$，原煤入选率达到80%。推广能源开采先进技术装备，加快对燃油、燃气、燃煤设备的电气化改造，提高海上油气平台供能中的电力占比。

促进能源加工储运环节提效降碳。推进炼化产业转型升级，严控新增炼油产能，有序推动落后和低效产能退出，延伸产业链，增加高附加值产品比重，提升资源综合利用水平，加快绿色炼厂、智能炼厂建设。推进煤炭分质分级梯级利用。有序淘汰煤电落后产能，"十四五"期间淘汰（含到期退役机组）3000万kW。新建煤矿项目优先采用铁路、水运等清洁化煤炭运输方式。加强能源加工储运设施节能及余能回收利用，推广余热余压、LNG冷能等余能综合利用技术。

推动能源产业和生态治理协同发展。加强矿区生态环境治理修复，开展煤矸石综合利用。创新矿区循环经济发展模式，探索利用采煤沉陷区、露天矿排土场、废弃露天矿坑、关停高污染矿区发展风电、光伏发电、生态碳汇等产业。因地制宜发展"光伏+"综合利用模式，推动光伏治沙、林光互补、农光互补、牧光互补、渔光互补，实现太阳能发电与生态修复、农林牧渔业等协同发展。

### 10.3.4 更大力度强化节能降碳

完善能耗"双控"与碳排放控制制度。严格控制能耗强度，能耗强度目标在"十四五"规划期内统筹考核，并留有适当弹性，新增可再生能源和原料用能不纳入能源消费总量控制。加强产业布局和能耗"双控"政策衔接，推动地方落实用能预算管理制度，严格实施节能评估和审查制度，坚决遏制高耗能、高排放、低水平项目盲目发展，优先保障居民生活、现代服务业、高技术产业和先进制造业等用能需求。加快全国碳排放权交易市场建设，推动能耗"双控"向碳排放总量和强度"双控"进行转变。

大力推动煤炭清洁高效利用。"十四五"时期严格合理控制煤炭消费增长。严格控制钢铁、化工、水泥等主要用煤行业煤炭消费。大力推动煤电节能降碳改造、灵活性改造、供热改造"三改联动"，"十四五"期间节能改造规模不低于3.5亿kW。新增煤电机组全部按照超低排放标准建设、煤耗标准达到国际先进水平。持续推进北方地区冬季清洁取暖，推广热电联产改造和工业余热、余压综合利用，逐步淘汰供热管网覆盖范围内的燃煤小锅炉和散煤，鼓励公共机构、居民使用非燃煤高效供暖产品。力争到2025年，大气污染防治重点区域散煤基本清零，基本淘汰35 t/h以下燃煤锅炉。

实施重点行业领域节能降碳行动。加强工业领域节能和能效提升，深入实施节能监察、节能诊断，推广节能低碳工艺技术装备，推动重点行业节能改造，加快工业节能与绿色制造标准制订与修订，开展能效对标、达标和能效"领跑者"行动，推进绿色制造。持续提高新建建筑节能标准，加快推进超低能耗、近零能耗、低碳建筑规模化发展，大力推进城镇既有建筑和市政基础设施节能改造。加快推进建筑用能电气化和低碳化，推进太阳能、地热能、空气能、生物质能等可再生能源应用。构建绿色低碳交通运输体系，优化调整运输结构，大力发展多式联运，推动大宗货物中长距离运输"公转铁""公转水"，鼓励重载卡车、船舶领域使用LNG等清洁燃料替代，加强交通运输行业清洁能源供应保障。实施公共机构能效提升工程。推进数据中心、5G通信基站等新型基础设施领域节能和能效提升，推动绿色数据中心建设。积极推进南方地区集中供冷、长江流域冷热联供。避免"一刀切"限电、限产或运动式"减碳"。

提升终端用能低碳化电气化水平。全面深入拓展电能替代，推动工业生产领域扩大电锅炉、电窑炉、电动力等应用，加强与落后产能置换的衔接。积极发展电力排灌、农产品加工、养殖等农业生产加工方式。因地制宜推广空气源热泵、水源热泵、蓄热电锅炉等新型电采暖设备。推广商用电炊具、智能家电等设施，提高餐饮服务业、居民生活等终端用能领域电气化水平。实施港口岸电、空港陆电改造。积极推动新能源汽车在城市公交等领域的应用，到2025年，新能源汽车新车销量占比将达到20%左右。优化充电基础设施布局，全面推动车桩协同发展，推进电动汽车与智能电网间的能量和信息双向互动，开展光、储、充、换相结合的新型充换电场站试点示范。

实施绿色低碳全民行动。在全社会倡导节约用能，增强全民节约意识、环保意识、生态意识，引导形成简约适度、绿色低碳的生活方式，坚决遏制不合理的能源消费。深入开展绿色低碳社会行动示范创建，营造绿色低碳生活新时尚。大力倡导自行车、公共交通工具等绿色出行方式。大力发展绿色消费，推广绿色低碳产品，完善节能低碳产品认证与标识制度。完善节能家电、高效照明产品等推广机制，以京津冀、长三角、粤港澳等区域为重点，鼓励建立家庭用能智慧化管理系统。

## 10.4 江苏省能源发展形势

能源资源进入定位重构期。江苏是全国高质量发展的先行区，是美丽中国建设的样板间，能源低碳化、绿色化是"十四五"时期主攻方向，各主要能源品种将经历再定位、再组合、再优化。煤炭方面，受资源禀赋条件、能源价格成本影响，煤炭消费在一次能源消费中仍占主导地位，但随着政策性减煤和结构性替代的深入实施，煤炭消费比重呈现下降态势，转而承担托底保障的"压舱石"作用。油气方面，资源占有率不足、对外依存度高是江苏油气发展的现实情况，油气资源链、供应链安全是江苏能源安全的优先领域。石油受电能加速替代的影响，将逐步进入平台峰值期；天然气将成为江苏省的主体能源之一，但其消费结构分化，发电用气、城市燃气、工业燃料增速有所放缓。电力方面，"十四五"期间，电动汽车、数据中心、自动制造、新一代通信设施等新型用电单元广泛推广，清洁电能替代深入推进，江苏电力消费将继续保持稳中有升、结构优化的发展态势。

能源需求进入深度调整期。高质量发展推动能源消费弱脱钩。江苏省经济高质量发展成效显著。"十三五"期间，能源消费总量以1.6%的年均增速支撑了地区生产总值6.1%的年均增长，单位GDP能耗继续保持下降趋势，以经济体系现代化、产业结构高端化为标志的经济新动能与江苏省能源消费逐步呈弱脱钩状态。能源"双控"制度形成硬约束。"十四五"时期国家将继续坚决实施节能优先战略，坚持和完善能源消费总量和强度制度，分地区分解下达能源消费总量控制目标。用能权成为新型基础设施建设的关键要素。

能源流向进入分区优化期。推动能源流向再均衡。依托国家能源总体安全基石，畅通省内省外能流循环、实现时域区域资源互济是江苏能源安全的大逻辑。目前区外来电主要由网际间特高压输电通道进行平衡调剂，油气主要由国家主干管网从中亚、四川等地输入，能源大流向呈现"北电南送、西气东输"的供应模式。"十四五"期间，提升跨江能源输送能力、补齐苏北能源设施短板、完善全省能源物流体系成为重点任务。开启蓝色能源新通道。江苏省港口岸线资源丰富，海域资源辽阔，海上风电初显成效，沿海LNG接收站初具规模。适应省内产业布局沿海转移，江苏能源供应增量依海而生、沿海而建，海上来电、海外来气等"蓝色能源"将成为"十四五"及未来一段时期保障能源安全的主要增量。

零碳能源进入加速提升期。碳中和目标激发低碳发展。受消费基数大、资源禀赋少、产业结构重等省情的限制，"能源结构偏煤"是江苏省能源消费的结构性短板，全力以赴推进核能、可再生能源的安全高效开发利用，是实现碳达峰的重要途径。可再生能源平价低价上网走进现实。目前，分布式光伏用户侧平价上网、集中式光伏发电侧平价上网已经实现，风机利用效率、光电转化效率的双提升将反促装备成本、运维成本的双降低，并通过耦合储能实现与电网自动适配、友好互动。"十四五"期间，江苏省可再生能源将加快迈入全面平价上网的时代。

## 10.5 江苏省能源发展基本原则

坚持以我为主，保障能源安全。立足省情实际，强化底线思维，着眼省内外环境变化和风险挑战，着力补强江苏省能源供应链、技术链、产业链的短板和弱项，抓紧抓实抓细各项保障措施和应急预案，建立健全省内省外相结合、供应需求相平衡、政府和市场相补充的能源安全供给体系，切实提高能源安全保障能力和风险管控应对能力。

坚持以质为先，提升系统效能。建设能源节约型社会，增强能源供给对能源需求的适配性，把提升能源供给质量作为战略基点，优化存量资源配置，扩大优质增量供给，严格能耗强度控制，合理增加总量弹性，推进能量梯级利用、介质循环利用、资源综合利用，推动产业结构和能耗结构双优化、物耗水平和能耗水平双提升。

坚持以绿为优，推动低碳发展。把发展清洁能源作为"十四五"能源发展改革的主线。大幅提升化石能源清洁利用水平，推进煤炭清洁高效开发利用和清洁替代，安全高效利用天然气，聚力推进非化石能源开发利用，形成应用引领、创新驱动、生态友好、开放共享的开发格局，切实促进能源底色变绿。

坚持以人为本，增进民生福祉。以满足人民群众美好生活的需求为出发点，以全域一体化为着力点，强化民生用能基础设施的统筹规划和组织实施，加快能源惠民利民工程建设，提高城乡电、气、油等能源品种可获得率，推动重大能源设施和基本能源服务优化布局、均衡配置，全方位提升能源普遍服务水平。

## 10.6 江苏省能源发展重点任务

### 10.6.1 构建自主可控、多轮驱动的能源安全体系

均衡优化能源流向。统筹能源供需，发挥省内能源市场规模效应和区位节点优势，发展利用"蓝色能源"，推进建设沿海LNG接收站集群、海上风电集群，规划建设连云港、盐城、南通综合能源基地，推动海上风电、液化天然气等"蓝色能源"成为保障"十四五"能源安全的重要屏障。畅通能源循环，提升国家天然气主干管网、特高压输电工程的利用效率和调节能力，推动省内能源设施跨江均衡配置、协同发展，促进省属企业投资重大能源基础设施，积极培育产销一体、供需协同的分布式供能系统，激活能源"毛细血管"。优化能源布局，增强能源设施的基础性、公益性、保障性，将油气长输管道、输电线路纳入国土空间。综合交通规划，实现统揽布局、统一规划、统筹推进，保护电力和天然气过江通道、核电等特别珍贵线(站)址资源。"十四五"时期，江苏能源布局将实现从"背海发展"向"拥海发展"转变，形成海陆并举、东西互济、南北平衡的发展

新格局。

以下为江苏省内若干具有代表性的综合能源示范基地情况简介。

连云港徐圩新区综合能源基地：开展光、水、核、储一体化示范，形成煤电、核能相互支撑，风电、光伏、抽水蓄能灵活调剂的多能互补系统，着力提升清洁能源的本地生产、就地消纳能力。以连云港国家级石化产业基地建设为依托，统筹规划建设公用工程岛。目前已经开展了核能综合供热示范工程研究论证。

盐城滨海港综合能源基地：开展风、火、气、储一体化示范，发挥临海煤炭中转、液化天然气接卸优势，优化各类电源规模配比，进一步提升海上风电、光伏装机比重，加快推进千万吨级 LNG 接收站规划建设。研究开展冷能商业化、规模化示范应用项目。

南通如东港、吕四港综合能源基地：开展风、气、火、储一体化示范，建设海上能源装备集群，重点建设海上风电母港，加快建设如东、启东 LNG 接收基地扩建工程和调峰储备项目，成立区域性 LNG 交易中心，多方位提高清洁低碳能源自平衡、自调节水平。

保障化石能源供应。以国内大循环为依托，以省内大能流为基础，统筹好国内国际两种资源、两个市场，平衡好化石能源资源链、供应链、消费链，加强极端情况下的重点能源资源把控力，保障开放条件下的能源安全。

实施能源安全储备。加强煤炭产、供、储、销体系建设，深化实施能源安全储备制度，提升省级自主调配和安全运行管控水平，全面强化能源需求管理能力、储备调节能力、应急替代能力、资源保障能力。完善日常调节与战略保障相结合的煤炭储备体系，构建江海陆联运、公铁水集疏、南中北兼顾的煤炭物流格局。实施重点电厂最高存煤和最低存煤制度，形成全省年消费量 5%当量的煤炭产品储备能力。完善政府储备与企业储备相结合的石油储备体系，加强供需统筹，坚持安全优先，兼顾经济合理。建设泰兴、徐州等国家石油、成品油储备库群，加快形成政府储备、企业社会责任储备和生产经营库存相结合、互补充的石油储备体系。完善输送能力和储气能力同步加强的天然气储备体系。加快推进地方政府和城镇燃气企业重点储气设施建设，积极支持不可中断大用户统筹做好供气安全保障，完善配套应急措施。

## 10.6.2 构建全域覆盖、全民共享的能源网络系统

建设可靠智能电网。建设与特高压馈入、综合能源基地相衔接的 500 kV 电网，以满足省内核电、沿海风电、光伏基地等大型电源输送的要求，提升电能跨江配置和功率支援能力，提高负荷密集地区电网安全稳定运行水平。建设与产业布局调整、跨区潮流转移相协调的分区电网，优化 220 kV 输电网分区规模，在现有分区的基础上根据需要调整优化、设置备用联络线，提高区域间事故支援和转供负荷能力。建设与新型城镇化、用能电气化相适应的主动配电网，全面推行模块化设计、规范化选型、标准化建设，完善提升配网规划体系、建设标准和供能质量，提升分布式能源、微电网、储能、电动汽车充电站等多元化负荷接入能力。开展局部电网建设、营造全国一流用电营商环境等专项行动。

建设安全智慧油气管网。以产业布局为导向优化原油及成品油管道布局,加快管道互联互通,提高原油及成品油应急保障能力。结合全省沿海、沿江两大石化产业带及化工钢铁产业布局的调整要求,统筹优化原油管道设施布局,开展原油输送管道路由方案的研究。优化省内成品油主干支线管道,不断提高成品油管输比例。在国家管网体制改革框架下,加快全省天然气市场化改革,推进管网互联互通,逐步形成全省"一张网"。完善天然气管道及配套设施,加快推进省内输气管道建设,有序推进与长三角及周边区域天然气管道的互联互通,重点推进江苏滨海 LNG 配套外输管道、沿海管道、中俄东线江苏段等工程建设,提高江苏地区天然气资源调配和市场保供能力。实施油气管道安全保护专项行动。到 2023 年,实现全省县(市、区)管道气全覆盖。

以下内容为江苏省内能源产供储销体系的主要建设工程。

省内煤炭产供储销体系重点工程主要包括:泰州港靖江港区新港作业区江苏省煤炭物流靖江基地项目二期工程、国家能源集团常州绿色煤炭储备物流基地、连云港现代煤炭供应链服务示范基地、盐城港滨海港区国家储配煤项目、江苏利电能源集团中信码头煤炭储备基地适应性改造、苏州港太仓港区华能煤炭码头二期工程、如皋港务集团有限公司煤炭储备改造项目、沛县东方物流煤炭储备基地。

电力产供储销体系重点工程主要包括:射阳港电厂 2×100 万 kW 煤电扩建项目,华能南通电厂创新发展示范项目,大唐南电二期创新发展示范项目,望亭发电厂二期创新发展示范项目,江阴燃机创新发展示范项目,田湾核电 6~8 号机组,白鹤滩-江苏±800 kV 特高压直流工程,青海、陕西等清洁能源送电江苏特高压项目,江苏东吴 1000 kV 特高压变电站扩建第四台主变工程,射阳站、丰海站、通海站等 500 kV 汇流站、500 kV 东二过江通道,南通、盐城海上风电场项目。

油气产供储销体系重点工程主要包括:江苏华电赣榆 LNG 接收站,滨海 LNG 接收站二期,江苏如东协鑫 LNG,中石油如东 LNG 三期,江苏省液化天然气储运调峰工程,广汇启东储罐扩建,苏州、江阴、镇江等沿江 LNG 接收站;江苏苏盐井神张兴储气库、中石油楚州储气库、中石油淮安储气库、中石油金坛储气库二期二阶段、中石化金坛储气库、港华金坛储气库。

率先建设通用泛在的能源设施网。发挥能源基础设施全覆盖、深渗透、高可靠、广兼容的系统优势,推进能源各类基础设施融合共用、跨界协同,推动城镇综合基础设施一体化,构建"动脉"能源基础设施体系。推动煤炭港口兼容石灰石、粉煤灰、生物质燃料运输储备,降低主料物耗、畅通辅料物流;推进燃煤电厂耦合生物质发电、城镇生活污泥和垃圾等一体化设计、集约化管理,实现锅炉燃烧、烟气处理等设施复合共用,探索推进固体医疗废物综合处置;推动变电站配置充(换)电设施、台区储能、光伏发电系统,深化拓展输变电节点的系统功能和应用场景;推动加油站(加气站)布局充换电设施。探索开展油气、电力过江综合管廊研究。

### 10.6.3 构建布局合理、发展可续的低碳能源体系

#### 10.6.3.1 高比例发展可再生能源

**1. 光伏**

坚持集散并举、以散为主，多种形式促进光伏系统应用。全力发展分布式光伏系统，实施"沐光"专项行动。新建工业园区、新增重大项目原则上预留发展分布式光伏系统的荷载能力和配网结构。鼓励建设和发展与建筑一体化的分布式光伏发电系统，推动光伏发电入社区、进家庭。统筹推进集中式光伏电站，优化光伏景观设计，结合场址资源、电网消纳和技术进步等综合因素，因地制宜推动"光伏+"渔业、农业、牧业等综合利用平价示范基地建设。推动泗洪、阜宁、响水等集中式光伏基地建设。到2025年底，预计全省光伏发电装机总量达到3200万kW，其中分布式光伏发电1400万kW。

**2. 风电**

坚持沿海规模化发展和内陆分散式应用并举的发展思路，着力打造陆上和海上"双千万千瓦级风电基地"。加力推进近海风电建设，2021年底前已实现盐城、南通、连云港等地主要海上风电项目并网，形成了近海千万千瓦级海上风电基地。统筹规划远海风电发展，综合评价中远海资源风速、水文、航道等因素，优先开发海上风电平价上网项目，积极推进领海外海上风电示范项目。合理划定陆上风电开发区域，利用垦区农场、沿海滩涂、山地丘陵等闲置空间资源，有序建设环境友好型分散式风电。到2025年底，全省预计风电装机达到2600万kW，其中海上风电约1400万kW。

江苏省位于中纬度地区，季风气候特征明显，海上风能资源丰富且品质较好，是国家确定的7个千万千瓦级风电基地之一。海上风电起步较早且发展成就显著，2019年全省海上风电并网装机423万kW，规模连续多年领跑全国。"十四五"初期，应加快完成灌云、滨海、射阳、大丰、如东、启东等地存续海上风电项目建设，集中打造盐城、南通海上风电基地，力争存量海上风电项目2023年底前实现全容量并网，近海海上风电基地规模1000万kW。"十四五"中后期积极推进近海平价和领海外示范项目，加快推动海上风电技术进步和成本降低，优先开发风能资源好、技术成本低、并网消纳条件好的中远海海上风电项目。力争推动深远海海上风电示范项目建设，探索开展海上风电柔性直流集中送出示范、海洋牧场、波浪能耦合、海上综合能源岛、海上风电制氢等前沿技术示范工程。

**3. 生物质**

科学规划生物质直燃发电，优先布点农林生物质资源丰富地区，健全完善农林废弃物收储、加工、物流体系，推广生物质成型燃料锅炉。试点开展沼气发电项目建设，安全经济推进畜禽养殖场、城市生活污水处理厂及造纸、酿酒、印染等企业工业有机废水的沼气提取项目。统筹布局垃圾焚烧电站建设，在做好环保治理的基础上，着力破解设施"邻避"难题，加快推进全省生活垃圾焚烧发电及飞灰处置、炉渣资源化利用等配套

设施建设。到 2025 年底，计划全省生物质发电装机规模达到约 300 万 kW。

#### 10.6.3.2 安全经济发展低碳能源

高效安全发展核能。严格操作规程，确保在役机组安全运行。规划建设连云港千万千瓦级核电基地，严格建设标准，安全推进核电项目建设，按期建成田湾核电三期工程，开工建设连云港中俄战略合作核电示范工程。加快推进在役核电机组供热改造，研究启动绿色核能供热示范项目前期工作。坚持"科学有序、适度从紧"的原则发展天然气发电项目，在抓紧推进江苏省列入国家能源局第一批燃气轮机创新发展示范项目的基础上，根据地区负荷发展需要，优先支持示范项目补单机组。2025 年，预计全省气电装机规模达到 2650 万 kW 左右。

#### 10.6.3.3 构建可再生能源消纳新机制

建设面向可再生能源的新型电力系统，加强源网荷储协同，注重发输配用衔接，全面提升可再生能源消纳能力。提升跨区配置能力，加快沿海第二通道和过江通道建设，畅通绿电能流，扩大消纳空间。提升系统调节能力，实施煤电机组灵活性改造专项行动，支持发展储能+常规火电等调峰调频联合体，试点推进规划、建设、运维"三统一"的可再生能源侧云储能系统，合理确定风光储配比。提升市场调节能力，完善辅助服务市场，支持各类市场主体提供多元辅助服务，发展高载能工业负荷、工商业可中断负荷、能效电厂等新型主体，探索推动可再生能源电力参与现货市场交易。

#### 10.6.3.4 培育绿电消费新风尚

倡导绿色能源消费新理念，开展碳足迹普及教育，引导形成支持发展可再生能源、优先使用可再生能源的社会风尚，推动金湖、扬中等地开展绿色能源消纳示范区建设。率先开展零碳标识认证，试点推动零碳园区、零碳厂区、零碳社区建设。建立健全可再生能源电力消纳保障机制，推动售电企业和电力用户公平、协同承担消纳责任。鼓励优先生产消费可再生电量，超出激励性消纳责任权重部分的消纳量折算的能源消费量不纳入区域能评考核。完善可再生能源绿色电力证书交易制度，发展绿色证书、温室气体核证自愿减排量等绿色金融市场。

### 10.6.4 构建自主可控、科学先进的能源创新体系

坚持科技决定能源未来、科技创造未来能源，发挥创新在构建现代能源体系中的核心作用，面向核心通用技术、面向低碳转型目标、面向国内能源需求，积极推进技术创新、产业创新、模式创新、体制创新，着力打造国内领先的重大能源科技工程示范区、重要能源技术创新先行区、高端能源装备集聚区。

#### 10.6.4.1 实施能源产业强链工程

推动核心技术自主化，着力突破关系能源安全的"卡脖子"技术装备短板，优先发展高技术含量、高价值附加、高综合效益的能源产业体系，打造电气和发电装备、光伏

发电、风电、燃气轮机、核电装备 5 个能源装备产业集群。推动制造基础高端化，实施能源产业基础再造工程，支持省内主要发电企业和省内能源装备企业融通创新、互补发展，重点解决高温材料、控制系统、修造工艺、电力电子等关键共性技术，加力打造一批"链主企业""隐形冠军"，推动形成更加完备、更富活力、更趋精密的高端能源装备产业链。推动产业价值延伸化，立足江苏省能源产业规模优势、品牌优势、配套优势、技术优势，做大做强能源产业链供应链长板，发展能源服务型制造，综合提升江苏省能源领域战略规划、咨询设计、承包建设、运行维护的品牌美誉度和市场占有率，加快发展数字能源经济，支持互联网、大数据、人工智能融合新能源发展，推进能源产业链标准化、品牌化建设。

#### 10.6.4.2　强化能源科技支撑力量

增强自主创新能力，构建以企业为主体、市场为导向、产学研用为保障的能源创新体系。加快能源科技成果转移转化，支持企业与高校院所合作共建成果产业化基地，实现校企需求对接、研发融合、市场共拓。强化人才队伍建设，壮大基础研究人才队伍，培养造就具有国际水平的能源科技人才，打造"人才高地"和"能源智库"。建设产业创新载体，充分利用省内高校院所优势，依托国家、省能源科技专项资金和各类社会资本，集中力量支持各类能源研发(实验)中心建设，培育一批高水平能源科技创新平台。促进创新资源共享，推动"大产业基地+大创新计划"融合发展，围绕光伏领跑者、高功率海上风电、第三代先进核电应用、超临界燃煤发电、国产化燃气轮机等示范应用，在确保安全的前提下开放研发端口、共享实证数据、实现信息复用、促进成果转化。发挥产业集群优势，依托南京智能电网产业、常州苏州光伏产业、盐城南通海上风电产业、连云港苏州核电产业、无锡燃气轮机产业等集聚区，加快推动创新链与产业链"双向融合"，增强源头创新能力、技术引领能力、产业链融通能力，推动成为战略性新兴产业创新的重要策源地。

#### 10.6.4.3　完善能源科技创新梯度

坚持自力更生，注重多元合作，按照"应用推广一批、示范试验一批、集中攻关一批"的路径要求，统筹推进基础性、综合性、战略性能源科技研发，优先突破清洁低碳技术，打造江苏省能源科技新优势。广泛推广高效节能技术，重点发展高效锅炉、先进电动、绿色建筑、多能互补等"一站式"解决方案，倡导推动智能化家居、低能耗工厂等生产生活新方式。加快应用清洁低碳技术，重点发展高效太阳能电池、中远海高功率海上风电、高效生物质锅炉、第四代先进核电等技术方案，优先推进高可靠储能电池和高里程动力电池、面向可再生能源新型电力技术等综合系统。大力发展智慧能源技术，加强新能源并网、微电网、需求侧管理等分布式技术研发，重点推进多信令、多能流的能源路由器，推动区块链技术在绿色电力证书、碳核算等领域应用。科学推动前沿创新技术，力争在氢能系统催化剂、交换膜、电极材料等关键环节取得突破，发展电堆、氢燃料电池等动力系统产业链，稳慎论证加氢站、输氢管道等应用示范项目。积极探索碳汇创新技术，开展国家能源集团泰州电厂二氧化碳捕获、利用和封存(CCUS)技术研发和示范，降低二氧化碳分离回收成本，逐步形成低成本、低功耗、低漏泄的碳汇技术体系。